21世纪高等教育环境工程系列规划教材

# 现代环境工程原理

主　编　李永峰　陈　红
副主编　程国玲　唐　利　周雪飞
主　审　周　琪

U0345733

机械工业出版社

本书较全面、系统地阐述了现代环境工程原理及相应生物技术。主要介绍了流体的流动过程、沉降与过滤、传热与传质、吸收机制、吸附机理、膜分离、化学反应工程原理、生物反应工程原理、环境生态工程原理、环境工程分子生物学原理、水污染控制工程原理、大气污染控制工程原理、固废污染控制工程原理。

本书可作为高等学校环境科学与工程系、生物工程系和化学工程系等有关专业的本科及研究生教材，也可作为环保系统、农林系统的培训教材和相关科研、技术人员的参考书。

**图书在版编目（CIP）数据**

现代环境工程原理/李永峰，陈红主编．—北京：机械工业出版社，2012.6
21世纪高等教育环境工程系列规划教材

ISBN 978-7-111-38151-8

Ⅰ.①现…　Ⅱ.①李…②陈…　Ⅲ.①环境工程学—高等学校—教材
Ⅳ.①X5

中国版本图书馆CIP数据核字（2012）第078639号

机械工业出版社（北京市百万庄大街22号　邮政编码100037）
策划编辑：马军平　责任编辑：马军平　臧程程　任正一
版式设计：霍永明　责任校对：申春香
封面设计：路恩中　责任印制：乔　宇
北京瑞德印刷有限公司印刷（三河市胜利装订厂装订）
2012年9月第1版第1次印刷
184mm×260mm·29.25印张·725千字
标准书号：ISBN 978-7-111-38151-8
定价：58.00元

凡购本书，如有缺页、倒页、脱页，由本社发行部调换
电话服务　　　　　　　　　　网络服务
社服务中心：(010)88361066　　教材网：http://www.cmpedu.com
销售一部：(010)68326294　　机工官网：http://www.cmpbook.com
销售二部：(010)88379649　　机工官博：http://weibo.com/cmp1952
读者购书热线：(010)88379203　　**封面无防伪标均为盗版**

# 前　言

本书较全面、系统地阐述了环境工程原理及相应生物技术。全书共分为 14 章，第 1 章的任务是让读者对环境污染控制工程有基本的认识，为深入理解、掌握和正确利用环境工程技术原理与具体的污染控制过程打下良好的基础。第 2 章研究了流体的宏观运动规律，讨论了流体流动过程的基本原理和流体在管内流动的规律。第 3 章简要地介绍了重力沉降、离心沉降及过滤等分离法的操作原理及设备。第 4 章主要介绍一般传递过程中的传热与传质两种基本物理现象，研究热能传递与能量转换过程，分析传热与传质过程的基本规律。第 5 章主要介绍相组成的表示方法、吸收的气液相平衡关系及其应用、吸收传质机理及速率方程、吸收塔的有关计算等。第 6 章主要介绍各种吸附机理。第 7 章主要介绍膜分离原理及膜的性质，其中着重介绍反渗透、电渗析和超滤。第 8 章在介绍了反应动力学基础以及解析方法的基础上，同时介绍了各种均相化学反应器与非均相化学反应器。第 9 章系统地介绍了生物反应工程的基本理论、基本规律、传递因素对生物反应过程的影响及生物反应器设计和操作的基本原理与方法，并对生物反应工程领域的一些新的进展进行了简要的介绍。第 10 章从环境生态工程的基本原理入手，阐述了污水的土地处理、稳定塘、人工湿地、生态浮岛、固体废物处理生态工程以及大气污染防治生态工程的基本概况、类型、基本原理以及工程实例。第 11 章首先介绍同环境工程研究密切相关的一些分子生物学知识，然后根据应用广度和深度依次探讨了基因指纹技术、16S rRNA 基因文库技术、荧光原位杂交技术及宏基因组技术的原理及其在环境工程领域中的应用。第 12 章详细介绍了水污染控制工程中常用的物理法、化学法、物化法及生物处理法的基本原理以及其在水处理中的应用。第 13 章以大气污染控制为主要内容，介绍了大气污染物的种类及来源和环境空气质量控制标准的种类和作用，侧重介绍燃烧过程的基本原理、燃料燃烧产生的污染物的种类及其生成机理、如何控制燃烧过程，以便减少污染物的排放量，并介绍了各种除尘装置的结构原理、性能特点。第 14 章围绕着固废的性质及其处理方式展开讨论，对固体废物控制工程原理进行了介绍，并配备了相应电子教材。本书可作为高等学校环境科学与工程系、生物工程系和化学工程系等有关专业的本科及研究生教材，也可作为环保系统、农林系统的培训教材和相关科研、技术人员的参考书。

由于编者水平有限，书中有未尽之处，请读者指正。

# 目　录

# 第1章 绪论

1

**本章提要：**随着环境问题的日趋突出，产生了一门新兴的综合性边缘学科——环境科学。近年来，人们又将目光转向如何将这一领域应用到实际中，因此关于环境工程学的大量研究逐步展开。“环境工程原理”是环境工程专业、环境科学专业、给水排水工程专业以及其他相关专业的专业基础课。在本书的起始篇章中，我们会介绍环境工程学的一系列基本概念及其研究领域等内容。本章的任务是让读者对环境污染控制工程有基本的认识，为深入理解、掌握和正确利用环境工程技术原理与具体的污染控制过程打下良好的基础。

## 1.1 环境工程基础

### 1.1.1 环境工程学的概念

环境工程是一门独特的技术学科，它所关注的主要问题是环境污染物及其对环境的影响。最早的环境工程应用于处理人类废物的历史，可以追溯到人类认识到废物会携带疾病这一性质之后。据介绍，早期人类历史上所出现的有关水质的文献记载大概出现在公元前2000年，是用煮沸和过滤的方法来净化水。

环境工程学就是在人类同环境污染作斗争、保护和改善生存环境的过程中形成的，是环境科学的一个分支。主要研究运用工程技术和有关学科的原理和方法，保护和合理利用自然资源，防治环境污染，以改善环境质量。

环境工程原理是环境类及其相近专业的一门主干课程，它是综合运用数学、物理、化学、计算技术等基础知识，分析和解决环境工程领域内环境治理过程中各种物理操作问题的技术基础课，是以环境工程学中涉及的一些基本概念和一些常见的单元操作作为研究对象，系统地研究这些单元操作的基本原理、典型设备的结构、典型工艺以及在环境工程实践中的应用，为后续专业课程的学习打下坚实的基础。

### 1.1.2 环境污染与环境工程学

“环境”是与某个中心事物相关的周围事物的总称，是一个相对的概念。环境学科中涉及的环境，其中心事物从狭义上讲是人类，从广义上讲是地球上所有的生物。环境污染是人类面临的主要环境问题之一，它主要是由于人为因素造成环境质量恶化，从而扰乱和破坏了生态系统、生物生存和人类生活条件的一种现象。狭义地说，环境污染是指由有害物质引起的大气、水体、土壤和生物的污染。

环境工程的研究内容是环境资源的质量和可利用性，以及那些会对它们产生影响的废物流。环境资源包括生物生存的地球—大气系统中的所有自然物质。然而，环境工程关注更多的是两种主要的环境流体——水和空气。土壤也受到人们的关注，但是与水和空气相比其受关注的程度要少一些。

环境工程的中心任务是利用环境学以及工程学的方法，研究环境污染控制理论、技术、措施和政策，以改善环境质量，保证人类的身体健康和生存以及社会的可持续发展。人们需要做一系列的工作以实现这个目标，如对环境污染做出评价、设计并运行处理工艺和排放控制设施来满足环境质量标准的需要、设计控制战略等，也包括起草环境标准。环境工程学是在吸收土木工程、卫生工程、化学工程、机械工程等经典学科基础理论和技术方法的基础上，为了改善环境质量而逐步形成的一门新兴的学科，它脱胎于上述经典学科，但无论是学科任务还是研究对象都与这些学科有显著的区别，其学科内涵远远超过了这些学科。而随着环境工程学的广泛研究，其发展迅速，更向反应工程、应用微生物学、生态学、生物工程、计算机与信息工程以及社会学的各个学科渗透，使其理论体系日趋完善，学科分支日趋扩展，并逐渐建立成为具有鲜明特色的独立的学科体系。图 1-1 所示为环境工程学的学科体系。

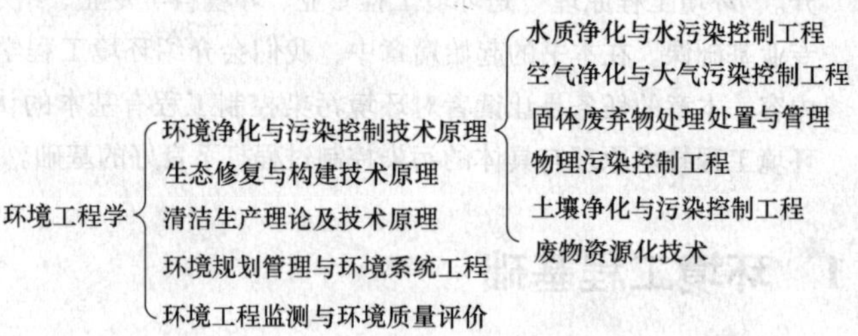


图 1-1 环境工程学的学科体系

## 1.2 污染治理与单元操作

### 1.2.1 水污染控制工程

水污染控制工程，是以工程技术措施防止、减轻乃至消除水环境的污染，改善和保持水环境质量，保障人民健康，以及有效地保护和合理地综合利用水资源。它主要是由给水与排水工程特别是水处理工程发展起来的。给水处理的目标是将水源取来的水经过处理后使之满足特定的使用用途。而所采用的处理工艺随水源的不同和应用目的的不同而有所变化。排水处理即将使用过的水进行废水处理。废水在被排放到环境之前，需要收集起来用物理、化学和生物的方法进行处理。需要使用何种特定的废水处理工艺取决于水的使用情况和处理后的废水排放到何处。

最初，人们将生活和生产中产生的废水随意地排放，致使庭院、街道等污秽不堪，影响了人们的正常生活，因此人们开始探索污水的排放方式，出现了渗坑、渗井。而这种排放方式仅仅把污水从地面排放转移为地下排放，仍会对地下水进行污染。大约公元前 3750 年前，在印度的尼普尔人们修建了拱形水道。我国早在公元前 2000 多年前在河南淮阳就设有给水管道。在早期的欧洲，随着工商业的发展，城市人口不断增加，污水、污物也随之增多，而且随意排放，导致城市及其附近的水体的环境卫生日益恶劣，霍乱、痢疾等传染病盛行。这与缺乏必要的下水道系统，地下饮用水源受到污染有直接的关系。于是从19世纪初开始，在欧美一些大城市开始建造下水道工程。因此，水质工程从历史上看具有两个主要的目标：一个是提供外观和口味都良好的饮用水，第二是防止流行病通过饮用水传播。水质工程的另外一个重要目标是晚些时候才出现的，即保护我们的自然环境免受废水污染的不利影响。

氧化塘是另一种自然处理方法，其利用自然生长的藻菌共生系统对污水进行自然生物处理。我国在2000多年前就利用城镇和农村附近的水塘处理污水和人畜粪便，并通过繁殖藻类、水草等用于养鱼、养鸭、鹅等。随着工业不断发展，产生的工业废水的量越来越大，其中所含污染物的种类和数量也越来越多，包括重金属、放射性核素、有机毒物等，其中有些是致癌、致畸和致突变物质。因此人们积极研究、开发和应用了一些经济、节能和有效的单元处理方法，如化学沉淀、吸附、溶剂萃取、蒸发浓缩、电解、膜分离、氧化还原等。水处理方法种类繁多，归纳起来可以分为物理法、化学法和生物法三大类。各种水处理方法的原理见表1-1。

**表1-1 水的物理、化学、生物处理法的原理**

| 物理法 | | 化学法 | | 生物法 | | |
|---|---|---|---|---|---|---|
| 处理方法 | 主要原理 | 处理方法 | 主要原理 | 处理方法 | | 主要原理 |
| 沉淀 | 重力沉降作用 | 中和法 | 酸碱反应 | 好氧处理法 | 活性污泥法 | 生物吸附、生物降解 |
| 离心分离 | 离心沉降作用 | 化学沉淀法 | 沉淀反应、固液分离 | | 生物膜法 | |
| 气浮 | 浮力作用 | 氧化法 | 氧化反应 | | 流化床法 | |
| 过滤（砂滤等） | 物理阻截作用 | 还原法 | 还原反应 | 生态技术 | 氧化塘 | 生物吸附、生物降解 |
| 过滤（筛网过滤） | 物理阻截作用 | 电解法 | 电解反应 | | 土地渗滤 | 生物降解、土壤吸附 |
| 反渗透 | 渗透压 | 超临界分解法 | 热分解、氧化还原反应、游离基反应等 | | 湿地系统 | 生物降解、土壤吸附、植物吸附 |
| 膜分离 | 物理截留等 | 汽提法 | 污染物在不同相间的分配 | 厌氧处理法 | 厌氧消化池 | 生物吸附、生物降解 |
| 蒸发浓缩 | 水与污染物的蒸发性差异 | 吹脱法 | 污染物在不同相间的分配 | | 厌氧接触法 | |
| | | 萃取法 | 污染物在不同相间的分配 | | 厌氧生物滤池 | |
| | | 吸附法 | 界面吸附 | | 高效厌氧反应器 | |
| | | 离子交换法 | 离子交换 | 厌氧-好氧联合工艺 | | 生物吸附、生物降解、硝化-反硝化、生物摄取与排出 |
| | | 电渗析法 | 离子迁移 | | | |
| | | 混凝法 | 电中和吸附架桥作用 | | | |

物理法是利用物理作用在处理过程中不改变污染物的化学性质而分离水中污染物的一类方法；化学法是利用化学反应的作用，通过改变污染物在水中的存在形式，使之从水中去

除，或者使污染物彻底氧化分解、转化为无害物质，从而达到水质净化和污水处理的目的；生物法是利用生物特别是微生物的作用，使水中的污染物分解、转化成无害物质的一类方法。

### 1.2.2 大气污染控制工程

大气污染控制是一门综合性很强的技术，影响大气环境质量的因素很多，仅考虑各个污染源的单项治理是不够的，必须考虑区域性的综合防治，从各个单元的治理过渡到区域的治理。空气中污染物的种类繁多，根据其存在的状态，可分为颗粒/气溶胶状态污染物和气态污染物(图1-2)。空气中的污染物不但能引起各种疾病，危害人体健康，还会引起大气组分的变化，导致气候变化，从而影响树木、农作物等的生长。

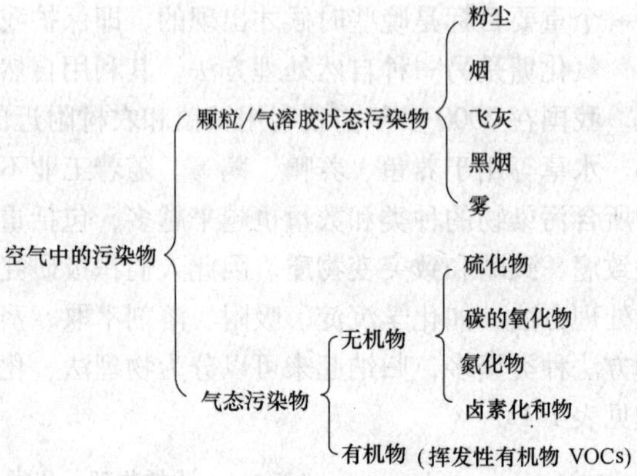


图1-2 空气中的污染物分类

对主要大气污染物的分类统计表明，其主要来源有3大方面：燃料燃烧、工业生产过程和交通运输。前两类污染源通称为固定源，交通运输工具（机动车、火车、飞机等）则称为流动源。

自20世纪70年代的能源危机以来，为了节约能源，多国普遍开始建造密闭性房屋以增加保暖效果。室内空调的普遍采用和室内装潢的流行，都严重影响着室内空气质量。国外学者调查表明室内空气污染物种类已高达900多种，主要包括甲醛等挥发性有机物、$O_3$、CO、$CO_2$、氡及其子体等。

近几十年来开始受到人们关注的几种其他空气污染问题概述如下：

（1）酸沉降　酸沉降是指大气中的酸性物质以降水的形式或者在气流作用下迁移到地面的过程。酸沉降包括“湿沉降”和“干沉降”。湿沉降通常指pH值低于5.6的降水，包括雨、雪、雾、冰雹等各种降水形式。最常见的就是酸雨。干沉降是指大气中的酸性物质在气流的作用下直接迁移到地面的过程。美国对于酸沉降的研究和立法所做的努力，大部分都是集中在治理中西部发电用煤炭燃烧所产生的含硫物质上，这些含硫物质导致了东部一些州酸沉降的发生。

（2）平流层的臭氧损耗　氯氟烃（CFCs）被广泛用做空调和冰箱的工作流体，它们也被用做气溶胶喷雾推进剂和发泡剂。经过这些使用途径后，大量的氯氟烃被排放到大气中。在低层大气中氯氟烃是不起反应的，可是，一旦到达距地球表面15～50km的高空，受到紫外线的照射，就会生成新的物质和氯离子，氯离子可发生一系列破坏多达上千到十万个臭氧分子的反应，而本身不受损害。这样，臭氧层中的臭氧被消耗得越来越多，臭氧层变得越来越薄，局部区域如南极上空甚至出现臭氧层空洞。

（3）有害空气污染物　1990年美国的《清洁空气法修正案》中有一部分内容明确指定了189种物质为有害空气污染物（HAPs）。这项法规要求那些每年排放某种有害空气污染物的量超过10t，或所有的有害空气污染物的量之和超过25t的排放源，必须使用最大可达控制技术（MACT）来减少污染物的排放。

（4）生物质烹调用炉 在世界范围内，最大的空气污染问题可能是在发展中国家的农村地区，烹调用炉燃烧的排放物。通常情况下，没有烟道或通风口，燃烧后产生的副产物直接被排放到生活空间中。在做饭期间，室内空气中一氧化碳、悬浮颗粒物和苯并[α]芘的含量经测量要大大高于那些受污染的城市空气。

大气污染控制技术可分为分离法和转化法两大类。分离法是利用污染物与空气的物理性质的差异使污染物从空气或废气中分离的一类方法；转化法是利用化学反应或生物反应，使污染物转化成无害物质或易于分离的物质，从而使空气或废气得到净化与处理的一类方法。常见的空气净化与废气处理技术见表1-2。

表1-2 空气净化与废气处理技术

| 处理技术 | 主要原理 |
|---|---|
| 机械除尘 | 重力沉降作用、离心沉降作用 |
| 过滤除尘 | 物理阻截作用 |
| 静电除尘 | 静电沉降作用 |
| 湿式除尘 | 惯性碰撞作用、洗涤作用 |
| 物理吸收法 | 物理吸收 |
| 化学吸收法 | 化学吸收 |
| 吸附法 | 界面吸附作用 |
| 催化氧化法 | 氧化还原作用 |
| 生物法 | 生物降解作用 |
| 燃烧法 | 燃烧反应 |
| 稀释法 | 扩散 |

### 1.2.3 土壤污染控制工程

通过各种途径输入土壤环境中的物质种类十分繁多，有的是有益的，有的是有害的，有的在少数情况下是有益的，而在多数情况下是有害的；有的虽无益，但也无害。我们把输入土壤环境中的足以影响土壤环境正常功能，降低作物产量和生物学质量，有害于人体健康的那些物质，统称为土壤环境污染物。根据污染物的性质，可以把土壤污染物大致分为无机污染物和有机污染物两大类。土壤中的污染物主要有重金属、挥发性有机物、原油等。土壤的重金属污染主要是由于人为活动或自然作用释放出的重金属经过物理、化学或生物的过程，在土壤中逐渐积累而造成的。土壤的有机污染主要是由化学品的泄漏、非法投放、原油泄漏等造成的。与水污染和大气污染不同，土壤污染通常是局部性的污染，但是在一些情况下通过地下水的扩散，亦会造成区域性污染。

根据土壤环境主要污染物的来源和土壤环境污染的途径，我们可以把土壤环境污染的发生类型归纳为：

（1）水质污染型 污染源主要是工业废水、城市生活废水和受污染的地面水体。经由水体污染所造成的土壤环境污染，其分布特点是：由于污染物质大多以污水灌溉形式从地表进入土体，所以污染物一般集中于土壤表层。但是随着时间的延续，某些污染物可随水自上向土体下部迁移，一直到达地下水层。它的特点是沿已被污染的河流或干渠呈树枝状或呈片状分布。

(2) 大气污染型　土壤环境污染物来自被污染的大气。经由大气的污染而引起的土壤环境污染，主要表现在：工业或民用煤的燃烧所排放出的废气中含有大量的酸性气体；工业废气中的颗粒状浮游物质（包括飘尘）；炼铝厂、磷肥厂、砖瓦窑厂等排放的含氟废气，既会直接影响周围农作物，又会造成土壤的氟污染；原子能工业、核武器的大气层试验产生的放射性物质随降雨、降尘而进入土壤，对土壤环境产生放射性污染。

(3) 固体废弃物污染　在土壤表面堆放或处理处置固体废物、废渣，不仅占用大量耕地，而且可以通过大气扩散或降水淋滤使周围地区的土壤受到污染。其污染特征属点源性质，主要是造成土壤环境的重金属污染，以及油类、病原菌和某些有害有机物的污染。

(4) 农业污染型　农业污染型就是由于农业生产的需要而不断地使用化肥、农药、城市垃圾堆肥等引起的土壤环境污染。其中主要污染物质是化学农药和污泥中的重金属。污染物质主要集中于表层或耕层，其分布比较广泛，属于面源污染。

(5) 综合污染型　对于同一区域受污染的土壤，其污染源同时来自受污染的地面水体和大气，或同时遭受固体废物，以及农药、化肥的污染。因此，土壤环境的污染往往是综合污染型的。

由于土壤的物理结构和化学成分较复杂，污染土壤的净化比废水与废气处理困难得多。污染土壤的净化技术可分为物理法、化学法和生物法。表 1-3 列出了几种代表性的土壤污染控制技术。

表 1-3　土壤污染控制技术

| 处理技术 | 主要原理 |
|---|---|
| 客土法 | 稀释作用 |
| 隔离法 | 物理隔离（防止扩散） |
| 清洗法（萃取法） | 溶解作用 |
| 吹脱法（通气法） | 挥发作用 |
| 热处理法 | 热分解作用、挥发作用 |
| 电化学法 | 电场作用（移动） |
| 焚烧法 | 燃烧反应 |
| 微生物净化法 | 生物降解作用 |
| 植物净化法 | 植物转化、植物挥发、植物吸收/固定 |

### 1.2.4 危险废物管理

危险废物又称为“有害废物”、“有毒废渣”。关于危险废物的定义，各国、各组织有自己的提法，在国际上还没有形成统一的意见。

人类接触危险废物的历史已经相当悠久了。自然界本身就存在着许多有害物质，但这些危险物质的数量以及其和人类的接触是极其有限的。工业革命在欧洲兴起并迅速在世界各地蔓延发展至今，它给人类带来的不仅是超过历史上任何时期的物质文明发展，同时还带来了超过所有时期产生数量总和的危险废物。危险废物之所以会引起危害主要是由于这些废物具有危害特性，这些特性主要包括可燃性、腐蚀性、急性毒性、浸出毒性、反应性、传染性、放射性等。

危险废物的管理包括两个主要目标。一个目标是开发和应用正确使用、处理和处置危险物质的方法，以防止其造成污染。过去二十几年来在正确管理危险废物方面已经取得了巨大的进步。第二个目标是识别和修复由于过去不适当的使用、储存和处置危险废物而被污染的废物场。表1-4列出了几种危险废物的处理方法及原理。

**表1-4 几种危险物的处理方法及原理**

| 处理技术 | 主要原理 |
| --- | --- |
| 焚烧 | 燃烧反应 |
| 固化/稳定化 | 用适当的添加剂与污染物混合，以降低其毒性并减小迁移率 |
| 化学浸取 | 置换反应、氧化还原反应、配合反应 |
| 生物浸取 | 微生物的生长代谢、淋溶作用、吸附作用、转化作用 |

## 1.3 生物过程

### 1.3.1 好氧悬浮生长处理技术

好氧生物处理是在有氧的情况下，利用好氧微生物（主要是好氧菌，包括兼性微生物）的作用来进行的。由于微生物具有来源广、易培养、繁殖快、对环境适应性强、易变异等特性，因此在使用上能较容易地采集菌种进行培养增殖，并在特定条件下进行驯化使之适应有毒工业废水的水质条件。微生物的生存条件温和，新陈代谢过程中不需高温高压，它是不需投加催化剂的催化反应，用生化法促使污染物的转化过程与一般化学法相比优越得多。

除活性污泥法外，生物滤池、生物转盘、污水灌溉和生物塘等也都是废水好氧处理的方法。向生活污水注入空气进行曝气，并持续一段时间以后，污水中即生成一种絮凝体。这种絮凝体主要是由大量繁殖的微生物群体所构成，它有巨大的表面积和很强的吸附性能，称为活性污泥。活性污泥由有活性的微生物、微生物自身氧化的残留物、吸附在活性污泥上不能被生物降解的有机物和无机物组成。其中微生物是活性污泥的主要组成部分。活性污泥中的微生物又是由细菌、真菌、原生动物、后生动物等多种微生物群体相结合所组成的一个生态系。

活性污泥在运行中最常见的故障是在二次沉淀池中泥水的分离问题。造成污泥沉降性问题的原因从效果上分类有污泥膨胀、微小絮体、不絮凝、起泡沫和反硝化。所有的活性污泥沉降性问题，皆因污泥絮体的结构不正常造成。活性污泥颗粒的尺寸的差别很大，其幅度从游离的个体细菌的0.5~5.0μm，直到直径超过1000μm（1mm）的絮体。污泥絮体最大尺寸取决于它的粘聚强度和曝气池中紊流剪切作用的大小。

活性污泥的净化过程与机理分为三个部分：初期去除与吸附作用、微生物的代谢作用和絮凝体的形成与凝聚沉降。

（1）初期去除与吸附作用 它引起了污水与活性污泥接触后很短的时间内就出现了很高的有机物（COD）去除率的现象。由于污泥表面积很大且表面具有多糖类粘质层，因此，污水中悬浮的和胶体的物质是被絮凝和吸附去除的。

（2）微生物的代谢作用　在有氧的条件下，活性污泥中的微生物以污水中各种有机物作为营养，将一部分有机物合成新的细胞物质，将另一部分有机物进行分解代谢，最终形成$CO_2$和$H_2O$等稳定物质。

（3）絮凝体的形成与凝聚沉降　为了使菌体从水中分离出来，现多采用重力沉降法。如果每个菌体都处于松散状态，由于其大小与胶体颗粒大体相同，它们将保持稳定悬浮状态，沉降分离是不可能的。为此，必须使菌体凝聚成为易于沉降的絮凝体。絮凝体的形成是通过丝状细菌来实现的。

### 1.3.2　厌氧生物处理技术

长期以来好氧生物处理技术，尤其是活性污泥法一直是我国城市污水处理厂的主体工艺，它具有处理效率高、出水水质好的特点，但它也存在能耗高、运行费用大、剩余污泥产量多等缺点。随着大批城镇污水处理厂建设事业的发展，急需开发能耗低、剩余污泥产量少、适合中小型污水处理厂的新工艺。厌氧生物处理技术因其具有能耗低、污泥产量少的特点，在许多发展中国家的城市污水处理中得到广泛应用。厌氧生物处理工艺传统上称之为厌氧消化，也称污泥消化。过去它多用于城市污水处理厂的污泥、有机废料以及部分高含量有机废水的处理。20世纪50年代后，随着环境污染的加剧和全球性能源危机的日益突出，在废水处理领域内，人们开始对厌氧生物处理工艺产生了新的认识和估价。尤其是20世纪70年代以来，生物相分离技术提出以后，研究开发的第二代厌氧生物处理工艺和装置，使废水厌氧生物处理系统的有机负荷率和处理效率大大提高，进一步拓展了厌氧生物处理的应用领域。厌氧生物处理方法和基本功能有酸发酵和甲烷发酵。

废水厌氧生物处理是指在无分子氧条件下通过厌氧微生物的作用，将废水中的各种复杂有机物分解转化成甲烷和二氧化碳等物质的过程，也称为厌氧消化。与好氧过程的根本区别在于不以分子态氧作为受氢体，而以化合态氧、碳、硫、氮等作为受氢体。厌氧生物处理是一个复杂的微生物化学过程，依靠三大主要类群的细菌，即水解产酸细菌、产氢产乙酸细菌和产甲烷细菌的联合作用完成。传统观点认为，有机物的厌氧生物处理分为两个阶段：产酸（或酸化）阶段和产甲烷（或甲烷化）阶段。产酸阶段几乎包括所有的兼性细菌；产甲烷阶段的细菌主要为产甲烷细菌。Bryant认为，厌氧消化过程划分为三个连续的阶段，即水解酸化阶段、产氢产乙酸阶段和产甲烷阶段。

按微生物生长状态分为厌氧活性污泥法和厌氧生物膜法；按投料、出料及运行方式分为分批式、连续式和半连续式；厌氧活性污泥法包括普通消化池、厌氧接触工艺、上流式厌氧污泥床反应器等；厌氧生物膜法包括厌氧滤池、厌氧流化床、厌氧生物转盘等。

根据厌氧消化中物质转化反应的总过程是否在同一反应器中并在同一工艺条件下完成，又可分为一步厌氧消化与两步厌氧消化等。

### 1.3.3　生物脱氮除磷技术

污水生物处理主要是指利用微生物的生命活动过程，对废水中的污染物进行转移和转化，从而使废水得到净化的处理方法。通过微生物酶的作用，在好氧条件下污染物最终被分解成$CO_2$和$H_2O$；在厌氧条件下污染物最终形成的则是$CH_4$、$CO_2$、$H_2S$、$N_2$、$H_2$和$H_2O$以及有机酸和醇等。

**1. 生物脱氮**

生物脱氮就是利用适当的运行方式，将自然界中的氮循环现象运用到废水生物处理系统中，从而取得废水中脱氮的效果。生物处理过程中，废水中的含氮有机物首先被异养型微生物氧化分解为氨氮，然后由自养型硝化细菌将氨氮转化为 $NO_3^-$，最后再由反硝化细菌将 $NO_3^-$ 还原转化为 $N_2$ 和 $NO_2$，从而达到脱氮的目的。

（1）氨化作用　含氮有机物经微生物降解释放出氨的过程，被称为氨化作用。在未处理的废水中，含氮化合物主要以有机氮的形式存在。它们在氨化菌的作用下，发生氨化反应，其反应式为

$$RCHNH_2COOH + O_2 \rightarrow NH_3 + CO_2 + RCOOH$$

（2）硝化作用　硝化作用是由氨到 $NO_3^-$ 的生物氧化过程，而 $NO_2^-$ 为反应过程中的主要的中间产物。首先，在亚硝酸菌的作用下，氨转化为 $NO_2^-$，称为氨化作用（矿化作用），这是有机氮转化为氨的生物转化形式；在硝酸菌的作用下，$NO_2^-$ 进一步转化为 $NO_3^-$。反应式为

$$2NH_4^+ + 3O_2 \rightarrow 2NO_2^- + 2H_2O + 4H^+$$

$$NO_2^- + 0.5O_2 \rightarrow NO_3^-$$

总的反应方程式为

$$NH_4^+ + 2O_2 \rightarrow NO_3^- + H_2O + 2H^+$$

亚硝酸菌和硝酸菌为好氧自养菌，以无机碳化合物为碳源，从 $NH_4^+$ 或 $NO_2^-$ 氧化反应中获取能量。

（3）反硝化作用　反硝化是异养型兼性厌氧菌，在缺氧的条件下，以硝酸盐氮为电子受体，以有机物为电子供体进行厌氧呼吸，将硝酸盐氮还原为 $N_2$ 或 $N_2O$，同时降解有机物的过程。参与这一反应的微生物是反硝化细菌。反应式为

$$NO_3^- + 5H \rightarrow \frac{1}{2}N_2 + 2H_2O + OH^-$$

$$NO_2^- + 3H \rightarrow \frac{1}{2}N_2 + H_2O + OH^-$$

**2. 生物除磷**

生物除磷就是利用聚磷菌一类的细菌，过量地、超出其生理需要地从外部摄取磷，并将其以聚合形态储藏在体内，形成高磷污泥排除系统，从而达到从废水中除磷的效果。

（1）厌氧——好氧除磷工艺　主要是通过排出富含磷的剩余污泥，来达到除磷的目的。它的优点是：水力停留时间比较短；BOD 的去除率大致与一般的活性污泥系统相同；磷的去除率大致在76%左右；沉淀污泥含磷率约为4%，污泥的肥效好；混合液的 SVI 值低于100，易沉淀，不膨胀；同时工业流程简单，建设费用及运行费用都较低；而且厌氧反应器能够保持良好的厌氧状态。其缺点是除磷率难以进一步提高，且在沉淀池内容易产生磷的释放现象。

（2）Phostrip 工艺　与厌氧-好氧除磷工艺相比，Phostrip 工艺除磷效果很好，处理水中含磷量一般都低于1mg/L；产生的污泥含磷量高，适于作肥料；可以根据 BOD/P 值来灵活

地调节回流污泥与混凝污泥的比例。但是本工艺流程复杂，运行管理比较麻烦，建设和运行费用高。

**3. 生物脱氮**

（1）活性污泥脱氮系统　活性污泥法脱氮传统工艺是以氨化、硝化和反硝化这三个反应过程为基础的三级活性污泥法。在第一级曝气池内，废水中的 BOD、COD 被去除，有机氮被转化为 $NH_3$ 或 $NH_4^+$；废水经沉淀后进入第二级硝化曝气池，在这里进行硝化反应，使 $NH_3$ 及 $NH_4^+$ 氧化为 $NO_3^- - N$；在第三级的反硝化反应器内 $NO_3^- - N$ 被最终还原为氮气，并逸往大气。在这一级应采取厌氧-缺氧交替的运行方式。

这种系统由于将污泥分成数级分隔开来，各级构筑物中生物相较单一，去氮、硝化和反硝化作用都比较稳定，处理效果好。但是处理设备多，造价高，管理不便。

根据脱氮时所用的碳源，可将传统的活性污泥法脱氮系统分为内源碳和外加碳源两类。在传统的多级工艺上，还开发了单级污泥系统，就是将去碳和硝化在一个曝气池中进行。

缺氧-好氧活性污泥法脱氮工艺是将反硝化反应器放在了系统的最前端，故又称前置反硝化生物脱氮系统。反硝化、硝化和去碳是在两个不同的反应器内分别完成的。与传统的活性污泥脱氮系统相比，缺氧-好氧活性污泥法脱氮工艺有如下优点：无需外加碳源；可不必另行投碱以调节 pH 值；出水水质较高；流程简单，建设费用和运行费用较低。目前，这种工艺被广泛应用。

（2）生物膜脱氮系统　生物膜法脱氮工艺至今大多数还处于小试、中试及半生产性试验阶段。生物滤池、生物转盘、生物流化床等常用的生物膜法处理构筑物均可设计使其具有去除含碳有机物和硝化/反硝化功能。目前所研究的生物膜脱氮系统几乎都是将硝化和反硝化分离开来。在好氧去碳和硝化部分，可以使用普通的好氧生物滤池，也可以使用普通的活性污泥曝气池；而缺氧的反硝化反应器，可以使用缺氧的生物滤池，也可以使用缺氧的生物转盘及缺氧生物流化床。同活性污泥法一样，反硝化反应器可以在去碳、硝化反应器的前面，也可以在后面。

**4. 同步脱氮除磷工艺**

$A^2/O$ 工艺为厌氧-缺氧-好氧脱氮工艺的简称，这是一种典型的应用广泛的生物脱氮除磷的工艺。

污水首先进入厌氧反应器与回流污泥混合，在兼性厌氧发酵菌的作用下将部分易生物降解的大分子有机物转化为乙酸，发生氨化反应；聚磷菌在吸收乙酸的同时释放出体内的磷。在缺氧反应器中，反硝化菌利用污水中的有机物和经混合液回流而带来的硝酸盐进行反硝化，同时去碳脱氮。在好氧反应器中，有机物含量相当低，有利于自养硝化菌生长繁殖，进行硝化反应，同时聚磷菌过量摄取磷。最后，通过沉淀，排除剩余污泥达到除磷的目的。

## 1.4 背景知识和概念

### 1.4.1 含量和其他度量单位

**1. 含量**

含量有多种表示方法。在含有组分 A 的混合物中，A 的含量可以用单位体积混合物中含有组分 A 的质量或物质的量（mol）表示，1mol 等于元素的阿伏加德罗常数：$N_A=6.02\times10^{23}$。为了方便起见，1mol 化学元素或化合物的质量等于它的相对原子质量或相对分子质量，单位为 g。流体体积最常用的表达方式是立方厘米（$cm^3$）、升（L）或立方米（$m^3$），$1m^3=1000L=10^6cm^3$。因而，表示水中污染物含量常用的单位时 mg/L 或 mol/L，后者常用特殊符号 M 来表示，称为物质的量浓度。空气中表示组分含量的单位通常用 μg/L 或 $mol/m^3$。含量也可以用组分 A 的量与混合物总量或混合物中惰性组分量的比值表示。

**2. 质量浓度与物质的量浓度**

（1）质量浓度 单位体积混合物中某组分的质量称为该组分的质量浓度，以符号 $\rho$ 表示，单位为 $kg/m^3$。组分的质量浓度定义式为

$$\rho=m/V$$

式中 $m$——混合物中组分的质量（kg）；

$V$——混合物的体积（$m^3$）。

若混合物由 $N$ 个组分组成，则混合物的总质量浓度为

$$\rho\sum_{i=1}^{N}\rho_i$$

（2）物质的量浓度 以单位体积溶液里所含溶质的物质的量来表示溶液组成的物理量，叫做溶质的物质的量浓度。

## 1.4.2 物质衡算和能量衡算

物质守恒是环境工程中最重要的原理。其基本思想很简单，那就是：物质既不会凭空产生，也不会通过迁移和转化过程而消失。在工业生产的过程中，投入的原料不可能全部转化成产品，会有一部分废弃物排放到环境中。这些废弃物则在不同的环境条件下，以不同的种类、形态、数量、含量、排放方式、去向、时间和速率进入环境。但随着科技的进步与发展，过去的废物在今天可能会变废为宝。

物质衡算是依据质量守恒定律，进入与离开某一操作规程的物料质量之差，等于该过程中累积的物料质量，即

$$\text{输入量}-\text{输出量}=\text{累积量}$$

对于练习操作的过程，若各物理量不随时间改变，即处于稳定存在状态时，过程中不应有物料的积累。则物料衡算关系为

$$\text{输入量}=\text{输出量}$$

我们可以把物质守恒应用到流体存在于开放或封闭的容器内的环境系统中。一个开放的容器允许与周围环境有物质交换，而一个封闭容器的内容物是独立的。一个容器可以代表一个实际存在的器皿或罐子，也可以简单地代表空间中所选定的某一受控体积。图 1-3 列出了用于表示环境系统的几种典型的容器及其物质流程图。

常见的应用物质守恒定理的一些物质及其属性见表 1-5。

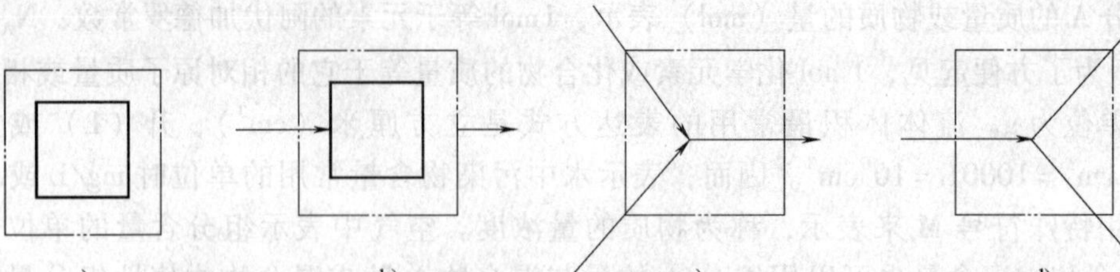


图 1-3 用于表示环境系统的部分模型容器及物质流程图

a）封闭容器 b）开放容器 c）汇聚流程 d）分叉流程

**表 1-5 常见的应用物质守恒定理的一些物质及其属性**

| | |
|---|---|
| 水的物质的量或质量 | 悬浮颗粒物的数量或质量 |
| 空气的物质的量或质量 | 微生物的数量或质量 |
| 化学元素的物质的量或质量 | 离子所带电荷的当量值 |
| 特定化合物的物质的量或质量 | 化学元素的氧化态 |

## 1.4.3 能量衡算

与质量衡算相同，进行能量衡算时，首先需要确定衡算系统。开放系统是指能量和物质都能够穿越系统的边缘的系统；封闭系统是只有能量可以穿越边界而物质不能穿越边界的系统。根据热力学第一定律，任何系统经过某一过程时，其内部能量的变化等于该系统从环境吸收的热量与它对外做的功之差，即

$$\Delta E = Q - W$$

式中 $Q$——系统内物料从外界吸收的能量（kJ）；

$W$——系统内物料对外界所做的功（kJ）；

$\Delta E$——系统内部总能量的变化量（kJ）。

物质的总能量 $E$ 是内能、动能、势能和静压能的总和。

系统内部能量的变化等于输出系统的物质携带的总能量与输入系统的物质携带的总能量之差加上系统内部能量的积累。因此，对于任意衡算系统，能量衡算方程可以表述为：

输出系统的物料的总能量-输入系统的物料的总能量 + 系统内物料能量的积累 = 系统从外界吸收的热量-系统对外界所做的功

## 1.4.4 传递速率

传递速率是单位时间内传递过程的变化率。它表明了过程进行的快慢。在生产中，过程速率比平衡关系更为重要。如果一个过程可以进行，但速率十分缓慢，则该过程无生产应用价值。

在某些过程中，传递速率与过程推动力成正比，与过程阻力成反比，即

传递速率 = 推动力/阻力

过程的传递速率是决定设备结构、尺寸的重要因素，传递速率大时，设备尺寸可以小

些。由于过程不同，推动力与阻力的内容各不相同。通常，过程离平衡状态越远，则推动力越大，达到平衡时，推动力为零。

【案例】

1g 食盐 NaCl 溶解在纯水中配成 1L 溶液，求溶液中 $Na^+$ 的质量分数、质量浓度、物质的量浓度。

**解**：首先求出溶液中 NaCl 的物质的量。NaCl 的分子质量为 $(23+35.5)$ g/mol = 58.5g/mol因此，1g NaCl 包含 $(1/58.5)$ mol = 0.017mol 的 $Na^+$，即 $0.017\times 23$g = 0.39g 的 $Na^+$。因为盐在水中的质量分数很小，可以假设溶液的密度等于纯水的密度，即 1g/cm$^3$ 或 1000g/L。所以，溶液中 $Na^+$ 的质量分数为 (0.39g)/(1000g) = 0.039%，质量浓度为 (0.39g)/(1L) = 390mg/L，物质的量浓度为 (0.017mol)/(1L) = 0.017mol/L。

## 思考题

某肉联厂综合废水量为 3000t/d，$COD_{Cr}$ 为 800mg/L，$BOD_5$ 大约 500mg/L，SS 为 150mg/L，氨氮为 60mg/L。要求出水处理后水质达到 GB8978—1996 一级排放标准，请针对此种废水提出处理方案。

## 参考文献

[1] 威廉 W 纳扎洛夫，莉萨·阿尔瓦雷斯-科恩环境工程原理 [M]. 漆新华，刘春光，译. 北京：化学工业出版社，2006.

[2] 张自杰. 排水工程：下册 [M]. 4 版. 北京：中国建筑工业出版社，2000.

[3] 王宝贞. 水污染控制工程 [M]. 北京：高等教育出版社，1990.

[4] 林永波，李慧婷，李永峰. 基础水污染控制工程 [M]. 哈尔滨：哈尔滨工业大学出版社，2010.

2

# 第 2 章 流体的流动过程

**本章提要**：流体可分为液体和气体。流体的特征是具有流动性，即其抗剪和抗张的能力很小；无固定形状，随容器的形状的变化而变化；在外力作用下其内部发生相对运动。环境工程中所处理的物料，包括大气、水等均是流体。环境污染物处理过程中，往往按照生产工艺的要求把它们依次输送到各种设备内，进行化学反应或物理反应；其产物又常需要输送到储存设备内储存。过程进行的好坏，如动力的消耗及设备的投资，与流体的流动状态密切相关。

讨论流体流动的问题，着眼点不在于流体的分子运动，而是把流体看成是大量质点组成的连续介质。因为质点的大小与管道或设备的尺寸相比是微不足道的，可认为质点间是没有间隙的，可用连续函数描述。但是，高真空下的气体，连续性假定不能成立。

流体流动主要是研究流体的宏观运动规律，讨论流体流动过程的基本原理和流体在管内流动的规律。运用流体流动的规律可以解决管径的选择及管路的布置问题；估测输送流体所需的能量，确定流体输送机械的形式及其所需的功率；测量流体的流速、流量及压强等；为强化设备操作及设计高效能设备提供最适宜的流体流动条件。

## 2.1 流体流动中的作用力

流动中的流体受到的作用力可分为体积力和表面力两种。体积力作用于流体的每一个质点上，并与流体的质量成正比，所以也称质量力，对于均质流体也与流体的体积成正比。流体在重力场运动时受到的重力，在离心力场运动时受到的离心力都是典型的体积力。单位质量流体所受体积力随空间位置和时间而变，它是时间和空间位置的函数。此外，在流体中还可能作用着其他性质的体积力，如带电流体所受的静电力，有电流通过的流体所受的电磁力等，本书中仅讨论与环境工程有关的惯性力和重力。

表面力即作用在所取的流体分离体表面上的力。这种力指的是分离体以外的流体通过接触面作用在分离体上的力，表面力与表面积成正比。若取流体中任一微小平面，作用于其上的表面力可分为垂直于表面的力和平行于表面的力。前者称为压力，后者称为剪力（或切力）。单位面积上所受的压力称为压强，单位面积上所受的剪力称为剪应力。

### 2.1.1 质量力和密度

流体在重力场运动时受到的重力，是典型的质量力，均质流体所受的重力与流体的体积和密度成正比。

单位体积流体所具有的质量称为密度，通常用$\rho$来表示，单位为$kg/m^3$。

$$\rho = \frac{m}{V} \tag{2-1}$$

式中 $m$——流体的质量（kg）；

$V$——流体的体积（$m^3$）。

在一定的压力与温度下，流体的密度为定值。液体的密度基本不随压力改变，仅随温度而变，查取液体密度时，要指明其温度。气体是可压缩的，若压力变化不大，密度改变也不大时，可按不可压缩流体处理。真实气体的压力、温度与体积之间的复杂关系，一般在常温常压下按理想气体考虑。

理想气体的密度，可按理想气体定律计算

$$\rho = \frac{pM}{RT} \tag{2-2}$$

式中 $p$——压力（$kN/m^2$）；

$M$——气体的相对分子质量（g/mol）；

$R$——摩尔气体常数，$R=8.314J/(mol \cdot K)$；

$T$——气体的热力学温度（K）。

当指定气体在某状态下（$T_1$、$p_1$）的密度（$\rho_1$）已知时，我们还可以借助式（2-3）获得该气体在其他状态（$T_2$、$p_2$）的密度（$\rho_2$）的换算公式为

$$\rho_2 = \rho_1 \times \left(\frac{p_2}{p_1}\right)\left(\frac{T_1}{T_2}\right) \tag{2-3}$$

【**例2-1**】试求干空气在1atm、20℃及80℃条件下的密度。

**解**：在工程计算过程中，为简便起见，常将干空气的组成视为：$O_2$—21%、$N_2$—79%（以上均为摩尔分数）。据此可由式（2-3）求得空气的平均摩尔质量为

$$\overline{M} = (0.21 \times 32 + 0.79 \times 28)\,kg/kmol \approx 29kg/kmol$$

将已知条件代入式（2-2），则可求出空气在1atm及20℃条件下的密度为

$$\rho = \frac{pM}{RT} = \frac{101.3 \times 29}{8.314 \times 293}kg/m^3 = 1.206kg/m^3$$

由式（2-3）求出空气在1atm及80℃条件下的密度为

$$\rho_2 = \rho_1 \times \left(\frac{p_2}{p_1}\right)\left(\frac{T_1}{T_2}\right) = 1.206 \times \frac{293}{353}kg/m^3 = 1.001kg/m^3$$

将计算值与文献值相比较误差极小，但随着气体压强的增加，由式（2-2）计算的误差也随之增加，所以，应采用专用公式计算高压下的气体密度。

气体混合物的密度，以$1m^3$混合物为基准，$\rho_1$，$\rho_2$，…，$\rho_n$为各组分的密度，$x_1$，$x_2$，…，$x_n$为各组分的体积分数，则混合气体的密度为

$$\rho = \rho_1 x_1 + \rho_2 x_2 + \cdots + \rho_n x_n \tag{2-4}$$

对理想气体混合物，式（2-4）中各组分的体积分数可以用摩尔分数代替之。

液体混合物的密度，可取 1kg 混合物为基准，$\rho_1$，$\rho_2$，…，$\rho_n$ 为各组分的密度，$a_1$，$a_2$，…，$a_n$ 为各组分的质量分数，则其密度为

$$\frac{1}{\rho}=\frac{a_1}{\rho_1}+\frac{a_2}{\rho_2}+\cdots+\frac{a_n}{\rho_n} \tag{2-5}$$

**【例 2-2】** 已知30℃时苯的密度为869kg/m³，甲苯的密度为858kg/m³，对二甲苯的密度为852kg/m³。试求含苯60%（质量分数，下同）、甲苯30%、对二甲苯10%的苯-甲苯-对二甲苯溶液的密度。

**解：** 依据式（2-5）计算

$$\frac{1}{\rho_L}=\left(\frac{0.6}{869}+\frac{0.3}{858}+\cdots+\frac{0.1}{852}\right)m^3/kg=1.16\times10^{-3}m^3/kg$$

则 $\rho_L=862kg/m^3$

单位质量物体的体积称为比体积，以 $v$ 表示，它是密度的倒数 $v=\frac{1}{\rho}$，其单位为 m³/kg，作用于单位体积流体上的重力称为流体的重度，以 $\gamma$ 表示，则

$$\gamma=\frac{G}{V} \tag{2-6}$$

式中 $\gamma$——流体的重度（N/m³）；
$G$——流体的重量（N）；
$V$——流体的体积（m³）。

因重量 $G$ 等于质量 $m$ 与重力加速度 $g$ 的乘积，所以重度与密度的关系可用下式表示：

$$\gamma=\rho g \tag{2-7}$$

相对密度是物质的密度与标准大气压下温度为4℃的水的密度之比，以 $d$ 表示，则

$$d=\frac{\rho}{\rho_{水}} \tag{2-8}$$

流体的相对密度可借助比重计测量，方法简便易行。通常在工程手册中可查到部分常见液体的相对密度曲线图，图 2-1 所示的是硫酸-水溶液的相对密度曲线图。利用相对密度曲线图可查出液体在各种温度、质量分数条件下的相对密度数据，用式（2-8）即可换算成液体的密度。

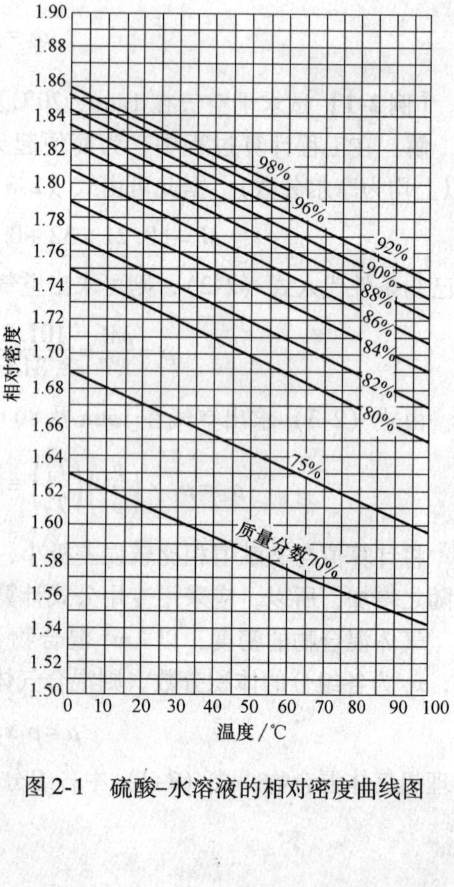

图 2-1 硫酸-水溶液的相对密度曲线图

**【例 2-3】** 试确定温度为60℃、质量分数为70%的硫酸-水溶液的密度。

**解：** 硫酸-水溶液的密度可借助其相对密度曲线图确定。由图 2-1 查得 60℃、质量分数为70%的硫酸-水溶液的相对密度为 1.575，水的密度以 1000kg/m³ 计，则由式（2-8）可得硫

酸–水溶液的密度为

$$(1.575\times1000)\text{kg/m}^3=1575\text{kg/m}^3$$

## 2.1.2 压力和压强

### 1. 压力和压强的定义及计量

垂直作用于任意流体微元表面的力称做压力。很明显，作为表面力的压力的大小是和受力面积成正比的，受力面积越大，所受压力越大。通常，我们把流体单位表面积上所受的压力称为流体的静压强，简称压强，用 $p$ 表示，即

$$p=\frac{F}{A} \tag{2-9}$$

式中 $p$——流体静压强（$N/m^2$）；

$F$——垂直作用于流体表面的压力（N）；

$A$——作用面的表面积（$m^2$）。

静压强的法定计量单位是 $N/m^2$，即 Pa（帕斯卡）。此外，过去用的压强单位很多，如物理大气压（atm）、工程大气压（at）、巴（bar）等。在工程实践过程中，有时为了简便直观，还常用流体柱的高度来表示流体压强的大小，如毫米汞柱（mmHg），米水柱（$mH_2O$）。若将式（2-9）中流体对作用面在垂直方向上的作用力 $F$ 替换成高度为 $z$ 的流体柱的重力，则有

$$p=\frac{F}{A}=\frac{Az\rho g}{A}=z\rho g \tag{2-10}$$

或

$$z=\frac{p}{\rho g}\ (\text{m 流体柱}) \tag{2-11}$$

以上各压强单位之间的换算关系如下：

$1\text{atm}=1.033\text{kgf/cm}^2=760\text{mmHg}=10.33\text{mH}_2\text{O}=1.0133\text{bar}=1.013\times10^5\text{Pa}$

$1\text{at}=1\text{kg f/cm}^2=735.6\text{mmHg}=10\text{mH}_2\text{O}=0.9807\text{bar}=9.807\times10^4\text{Pa}$

由式（2-11）可知，在压强一定的条件下，当流体的密度不同时，$z$ 值不同，所以，在书写单位时应说明流体的种类。

**【例 2-4】** 将 1 标准物理大气压用 mmHg 及 $mH_2O$ 表示。

**解：** 由 $1\text{atm}=1.0133\times10^5\text{Pa}$，代入式（2-11）可分别求得

$$1\text{atm}=\frac{1.0133\times10^5}{13600\times9.807}\text{mHg}\approx0.76\text{mHg}=760\text{mmHg}$$

$$1\text{atm}=\frac{1.0133\times10^5}{1000\times9.807}\text{mmH}_2\text{O}=10.33\text{mmH}_2\text{O}$$

流体压力采用两种表示方法：一种是绝对压力；另一种是表压力。

大气压力是地表以上空气对地球表面的压力，简称大气压。由于地表高度不同及气候影响，各地大气压力不同。标准大气压是标准状态下海平面上的压力，以单位 atm 表示。

绝对压力是以绝对零值（绝对真空）为基准起算的压力。它表示了压力的真实大小，它总是正值。在气体状态方程式中的压力都是绝对压力。绝对压力可能大于大气压力，也可

能小于大气压力。

压力常用仪表来测量，所用仪表本身受大气压力的作用，在大气中的读数为零。因此多数压力仪表测得的压力只是实际压力与当地大气压力的差值。这种压力差值是被测压力对大气压力的相对值，习惯称作表压力（或表压强），表压力是以当地大气压作为基准零值起算的压力，它与绝对压力的关系为

绝对压力 = 大气压 + 表压力

当绝对压力大于大气压时，表压力为正值，当绝对压力小于大气压时，表压力为负值。此时呈现真空状态，习惯上用真空度表示，负的表压力就是真空度。因此，当绝对压力小于大气压时，真空度与绝对压力的关系为

绝对压力 = 大气压 - 真空度

当绝对压力为零时，真空度最大，称为完全真空。理论最大真空为一个大气压力，但实际上把容器内抽成完全真空是很难实现的，只要压力降低到液体的饱和蒸气压时，液体就开始沸腾汽化，致使压力不再降低。

图 2-2 表示了绝对压力、大气压力、表压力与真空度之间的关系。在环境流体计算中常以表压强表示。

目前，工业上广泛使用的测压表多为弹簧管结构。弹簧管压强表的结构如图 2-3 所示，它是利用金属弹簧管受压后，产生弹性变形的原理来测量压强的。

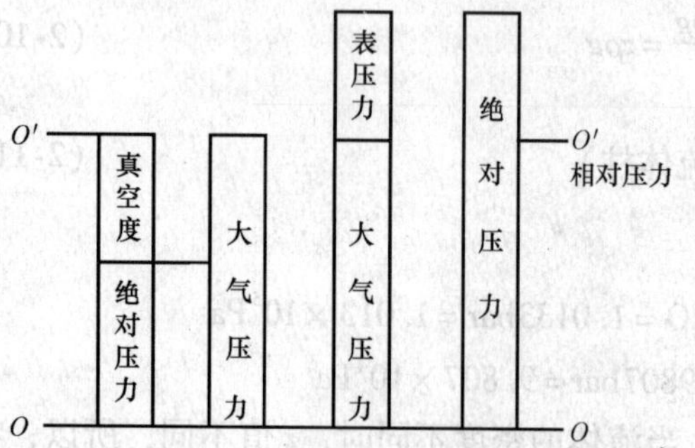


图 2-2　几种压力之间的关系图

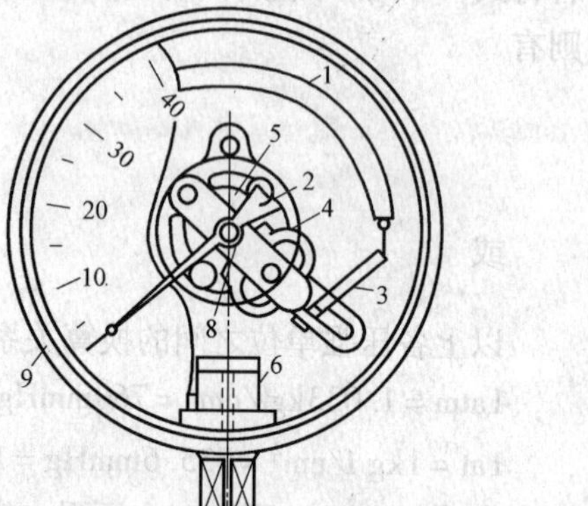


图 2-3　弹簧管压强表

1—金属弹簧管　2—指针　3—连杆　4—扇形齿轮
5—弹簧　6—底座　7—测压接头　8—小齿轮　9—外壳

必须指出，大气压强的数值并不是固定不变的，它随大气的温度、湿度及所在地区的海拔而变，计算时，应以当时、当地气压表上的读数为准。在未加说明的情况下，大气压强均以标准大气压（即 101. 3kPa）计算。

此外，为避免混淆，当系统的压强以表压或真空度表示时，应在其单位的后面用括号注明，如 30 kPa（真空度）、400kPa（表）等。凡未加注明的则视为绝对压强。

**【例 2-5】** 由某压力表测出的读数为 5at，试换算成绝对压强（MPa）。

**解：** 因为压强表的读数为表压值，1at = 98. 07kPa；因题目未给出当地大气压强，故当

地大气压强可按 101.3kPa 计算。

由 绝对压强 = 表压强 + 大气压强

得 $p = (5 \times 98.07 \times 10^3 + 101.3 \times 10^3)\,\mathrm{Pa} = 591\,650\mathrm{Pa} = 0.5917\mathrm{MPa}$

**2. 压强的特性**

图 2-4 所示的是流体静压强的特性。

1）取截面 1-1′至 2-2′间的流体柱来研究。由于流体在截面 1-1′上的压强 $p_1$ 相对于截面 1-1′至 2-2′间的流体柱而言，具有推进作用，方向指向截面 1-1′至 2-2′间的流体柱内部，截面 1-1′至 2-2′间的流体柱将在 $p_1$ 的推动下沿管轴方向向右运动；而流体在截面 2-2′上的压强 $p_2$ 相对于截面 1-1′至 2-2′间流体的运动而言，则起阻碍作用，方向也是指向截面 1-1′至 2-2′间的流体柱内部。

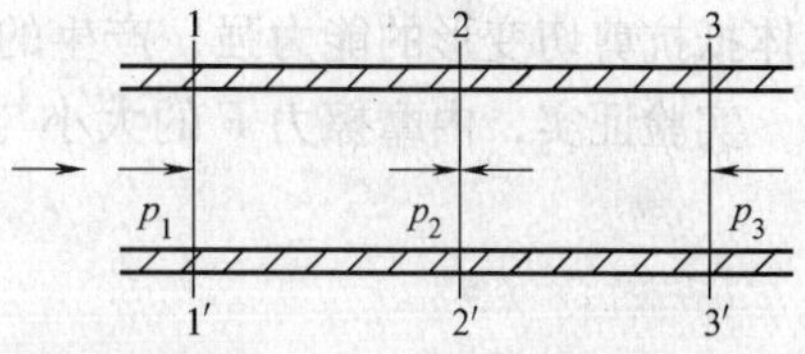


图 2-4 流体静压强的特性

2）取截面 2-2′至 3-3′间的流体柱来研究。此时截面 2-2′上的压强 $p_2$ 对截面 2-2′至 3-3′间的流体柱而言具有向右方的推进作用，方向指向截面 2-2′至 3-3′间的流体柱的内部。由此可以获得流体静压强的重要特性之一：流体静压强的方向总是和作用面相垂直，并指向所考虑的那部分流体的内部。

由于系统为稳定流动系统，在指定截面上的压强应为常数。对截面 2-2′上的压强 $p_2$ 而言，在对截面 1-1′至 2-2′间和对截面 2-2′至 3-3′间的流体柱作用时，虽作用方向相反但数值相等。据此则可获得流体静压强的重要特性之二：流体系统中任意一点的压强在各个方向上相等。

了解流体静压强的特性很有必要，它可以帮助人们对流体系统进行受力分析，以解决工程实际问题。

## 2.1.3 剪力、剪应力和粘滞性

流体流动时存在内摩擦力，流体在流动时必须克服内摩擦力做功。所谓内摩擦力就是一种平行于流体微元表面的表面力。我们通常把这种力称作剪力，单位面积上所受的剪力称作剪应力。

流体都具有一定的特性。粘性指流体流动时在流体内部显示出的一种抵抗剪切变形的特性。流体粘性表现了流体内部摩擦力的性质。可通过以下实验观察流体粘性的物理本质。

如图 2-5 所示，设有一股速度均匀的流体，以速度 $u_\infty$ 流过一块与速度 $u$ 的方向平行的静止平板，观察平板前沿某处法线 $Oy$ 上各点的流速，紧贴平板表面的一层的流体速度为零，沿平板外法线方向，流体速度由零渐增，至离平板相当远的位置，流体速度才接近原来的速度 $u_\infty$。

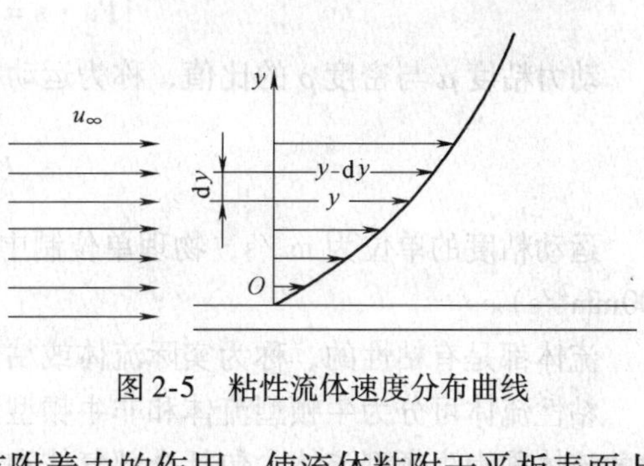


图 2-5 粘性流体速度分布曲线

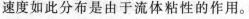

速度如此分布是由于流体粘性的作用。平板表面上一层流体，因流体分子与平板之间有附着力的作用，使流体粘附于平板表面上，速度为零。由于内摩擦力的作用，使距薄板稍远一层的流体速度减慢，该层流体又影响与其

相邻一层的流体，并使其速度减慢，如此沿 $Oy$ 方向影响下去，形成如图 2-5 所示的速度分布曲线。

由速度分布曲线可看出，流速慢的流体层对流速快的流体层起到阻滞作用，流速快的流体层对流速慢的流体层起到拖拉作用。这样，在速度不同的流体层互相滑动时，便产生一种摩擦力。它发生在流体内部，为区别于固体之间的摩擦力，称为内摩擦力。流体的粘性大，流体抵抗剪切变形的能力强，产生的内摩擦力也大。

实验证实，内摩擦力 $F$ 的大小与速度梯度 $du/dy$ 及接触面积 $A$ 成正比，其表达式为

$$F=\mu A\frac{du}{dy} \tag{2-12a}$$

式中 $\mu$ 表示流体粘性性质的比例常数，称做粘性系数或称为动力粘度，简称粘度。此式称为流体的内摩擦定律，亦称牛顿粘性定律。

流体层间单位面积上所产生的内摩擦力叫做内摩擦应力，以 $\tau$ 表示，则

$$\tau=\frac{F}{A}=\mu\frac{du}{dy} \tag{2-12b}$$

此式亦为牛顿粘性定律的表达式。

流体的粘性与流体的种类有关，不同的流体有着不同的粘性，温度对流体的粘性有较大影响。温度升高液体粘性降低，气体温度升高，其粘性加大。

压力改变时，液体的粘性基本不变、压力变化不大时气体的粘性可视为不变。

粘度的单位可通过式（2-12b）给出。

在 SI 单位中

$$[\mu]=\left[\frac{\tau}{\mu/y}\right]=\frac{N/m^2}{(m/s)/m}=\frac{N\cdot s}{m^2}=Pa\cdot s$$

在物理单位制中

$$[\mu]=\left[\frac{\tau}{\mu/y}\right]=\frac{\text{达因/厘米}^2}{(\text{厘米/秒})/\text{厘米}}=\frac{\text{达因秒}}{\text{厘米}^2}=\text{泊(P)}$$

规定 $\frac{1}{100}P=1cP$；P 称泊，cP 称厘泊。

手册中查得的粘度多以 cP 或 P 表示，它们之间的换算关系为

$$1Pa\cdot s=10P=1000cP$$

动力粘度 $\mu$ 与密度 $\rho$ 的比值，称为运动粘度，以 $\nu$ 表示，即

$$\nu=\frac{\mu}{\rho} \tag{2-13}$$

运动粘度的单位为 $m^2/s$，物理单位制中运动粘度的单位为斯托克斯，以 St 表示（$1St=100mm^2/s$）。

流体都是有粘性的，称为实际流体或粘性流体。

粘性流体可分为牛顿型流体和非牛顿型流体。剪应力与速度梯度的关系符合牛顿粘性定律的流体称为牛顿型流体，包括全部气体和大部分液体。还有很多粘性流体不符合牛顿粘性定律，称为非牛顿型流体。牛顿型流体与非牛顿型流体特性见表 2-1。

**表2-1 牛顿型流体与非牛顿型流体特性**

| 类型 | | 典型举例 | 特 点 | 剪应力表达式 |
|---|---|---|---|---|
| 牛顿型流体 | | 气体、水、大多数液体 | 剪应力正比于法向速度梯度 | $\tau=\mu\dfrac{du}{dy}$ |
| 非牛顿型流体 | 塑性流体 | 油墨、木浆 | 剪应力超过某临界值后才能流动，剪应力正比于法向速度梯度 | $\tau=\tau_0+\mu\dfrac{du}{dy}$ |
| | 假塑性流体 | 高分子溶液<br>油漆 | 表观粘度随速度梯度的增大而降低 | $\tau=k\left(\dfrac{du}{dy}\right)^n$<br>$n<1$ |
| | 涨塑性流体 | 高固体含量的悬浮液 | 表观粘度随速度梯度的增大而增加 | $\tau=k\left(\dfrac{du}{dy}\right)^n$<br>$n>1$ |

【例2-6】从某手册中查得水在40℃时的粘度为0.656cP（厘泊），试把粘度换算成以Pa·s为单位。

**解：**
$$1\text{cP}=0.01\text{P}=0.01\,\frac{\text{dyn}\cdot\text{s}}{\text{cm}^2}=\frac{1}{100}\times\frac{\frac{1}{100000}\text{N}\cdot\text{s}}{\left(\frac{1}{100}\right)^2\text{m}^2}=\frac{1}{1000}\,\frac{\text{N}\cdot\text{s}}{\text{m}^2}=\frac{1}{1000}\text{Pa}\cdot\text{s}$$

或
$$1\text{Pa}\cdot\text{s}=1000\text{cP}$$

则
$$0.656\text{cP}=65.6\times10^{-5}\text{Pa}\cdot\text{s}$$

## 2.1.4 压缩性和热胀性

流体受压时体积缩小、密度增大的性质，称为流体的压缩性；流体受热时体积膨胀、密度减小的性质，称为流体的热胀性。

**1. 液体的压缩性和热胀性**

液体的压缩性用压缩系数表示，它表示单位压增所引起的体积变化率，记为$\beta$，单位为$m^2/N$。数学表达式为

$$\beta=\frac{1}{\rho}=\frac{\Delta\rho}{\Delta p} \tag{2-14}$$

或

$$\beta=-\frac{1}{V}\frac{\Delta V}{\Delta p} \tag{2-15}$$

式中 $\rho$——液体原密度（$kg/m^3$）；

$\Delta\rho$——液体密度变化量（$kg/m^3$）；

$\Delta p$——作用在液体上的压力增加量（Pa）；

$V$——液体原体积（$m^3$）；

$\Delta V$——液体体积变化量（$m^3$）。

当$\Delta p$为正时，$\Delta V$必然为负。换言之，压力与体积的变化方向刚好相反，压力增大时体积缩小。式（2-15）中负号的目的是使$\beta$保持为正值。压缩系数$\beta$越大，则液体的压缩性越大。

表2-2列举了0℃的水在不同压力下的压缩系数。

表 2-2 水在 0℃时的压缩系数

| 压力/MPa | 0.49 | 0.981 | 1.961 | 3.923 | 7.845 |
|---|---|---|---|---|---|
| $\beta$ | $0.538\times10^{-9}$ | $0.536\times10^{-9}$ | $0.531\times10^{-9}$ | $0.528\times10^{-9}$ | $0.515\times10^{-9}$ |

液体的热胀性，用热胀系数 $\alpha$ 表示，它表示温度增加 1K 时，液体密度或体积的相对变化率，数学表达式为

$$\alpha = \frac{1}{\rho} = \frac{\Delta\rho}{\Delta p} \tag{2-16}$$

或

$$\alpha = -\frac{1}{V}\frac{\Delta V}{\Delta p} \tag{2-17}$$

由于密度与温度的变化方向也正好相反，式（2-17）中加一负号，以使 $\alpha$ 始终为正值。$\alpha$ 的单位为 $K^{-1}$。

由此可知，流体的热胀性和压缩性不仅与压力有关，而且受到温度的影响。表 2-3 列举了水在一个大气压下不同温度的密度。

表 2-3 水在一个大气压下的密度随温度的变化值

| 温度/℃ | 密度/(kg/m³) | 温度/℃ | 密度/(kg/m³) |
|---|---|---|---|
| 0 | 999.9 | 50 | 988.1 |
| 5 | 1000 | 60 | 983.2 |
| 10 | 999.7 | 70 | 977.8 |
| 20 | 998.2 | 80 | 971.8 |
| 30 | 995.7 | 90 | 965.3 |
| 40 | 992.2 | 100 | 958.4 |

表 2-3 表明，温度超过 5℃之后，密度随温度的增加而减小，但减小的比例很小。在温度较低时（10～20℃），温度每增加 1℃，水的密度减小约为 1.5/1000；在温度较高时（90～100℃），水的密度减小也只有 7/1000。密度的减小意味着比体积增大，因此随着温度的升高水的体积发生膨胀，但膨胀的比例很小，一般情况下可以忽略不计。

**2. 气体的压缩性和热胀性**

压力和温度的改变对气体密度的影响很大，因此气体具有十分显著的压缩性和热胀性。在压力不是很高、温度不太低的条件下，气体的压缩性和热胀性可用理想气体状态方程来描述，即

$$\frac{p}{\rho} = R_g T \tag{2-18}$$

式中 $R_g$——气体常数 [J/(kg·K)]，$R_g$ 的值与气体的性质有关，而与气体的状态无关。

对于同一种气体 $R_g$ 为一常数，不同气体的 $R_g$ 值各不相同。当温度不变时

$$\frac{p}{\rho} = 常数 \tag{2-19}$$

式（2-19）表明温度不变时气体的密度与压力成正比。压力增大 1 倍，则密度也会增大 1 倍。当然，密度的增加存在一个极限，不可能无限度地增加。

式（2-18）中令压力为常数，则有

$$\rho T = 常数 \tag{2-20}$$

式（2-20）说明压力不变时密度与温度成反比，温度增大1倍，则密度减小1倍。但是，在气体温度降到其液化温度时，式（2-20）不再适用。

对于速度远低于声速的低速气流（$v<68\text{m/s}$），若压强和温度变化较小，在通风工程中的气流密度非常小，可按不可压缩流体来处理。

### 2.1.5 表面张力特性

流体分子间存在着相互吸引力，液体内部的每一个分子都受到周围其他分子的吸引，且因各方向的吸引力相等而处于平衡状态。但在自由液面附近的情况却不相同。对于靠近液体与气体的交界面（又称自由液面）附近的液体分子，来自液体内部的吸引力大于来自液面外部气体分子的吸引力。力的不平衡对界面液体表面造成微小的作用，将液体表层的分子拉向液体内部，使液面有收缩到最小的趋势。这种因吸引力不平衡所造成的作用在自由液面的力称为表面张力。表面张力不仅在液体与气体接触的界面上发生，而且还会在液体与固体（如水银和玻璃），或两种不渗混的液体（如水银和水等）的接触面上发生。

气体不存在表面张力，气体因其分子的扩散作用而不存在自由界面。表面张力是液体的特有性质。

表面张力的大小可用表面张力系数来表示。表面张力系数是指液体自由表面与其他介质相交曲线上单位线性长度所承受的作用力，记为$\sigma$，单位为N/m。液体自由表面与其他介质的交线，在液体与面体接触时最为明显。试管中自由液面与试管壁接触的周长即为相交曲线，其长度为$2\pi r$。整个自由液面所承受的表面张力则为$2\pi r\sigma$。表面张力系数与液体的种类和温度有关，可由实验测定，也可在相关资料中查出。表2-4列出了部分液体的表面张力系数。

**表2-4 部分液体的表面张力系数**

| 种类 | 相接触介质 | 温度/℃ | $\sigma$/(N/m) | 种类 | 相接触介质 | 温度/℃ | $\sigma$/(N/m) |
|---|---|---|---|---|---|---|---|
| 水 | 空气 | 0 | 0.0756 | 定子油 | 空气 | 20 | 0.0317 |
| 水 | 空气 | 20 | 0.0728 | 甘油 | 空气 | 20 | 0.0223 |
| 水 | 空气 | 60 | 0.0662 | 四氯化碳 | 空气 | 20 | 0.0268 |
| 水 | 空气 | 100 | 0.0589 | 橄榄油 | 空气 | 20 | 0.032 |
| 苯 | 空气 | 20 | 0.0289 | 氧 | 空气 | -193 | 0.0157 |
| 肥皂液 | 空气 | 20 | 0.025 | 氖 | 空气 | -247 | 0.0052 |
| 水银 | 空气 | 20 | 0.465 | 乙醚 | 空气 | 20 | 0.0168 |
| 水银 | 水 | 20 | 0.38 | 乙醚 | 水 | 20 | 0.0099 |

液体表面性质取决于液体内部分子间的吸引力和与相邻介质接触面的附着力的相对大小，也就与表面张力有关。水滴落在洁净的玻璃板上，立即就蔓延开去，因为水滴内分子的吸引力小于水分子与玻璃的附着力，或者说水的表面张力较小。而水银滴落在玻璃上会紧缩成小球状在玻璃上滚动，因为水银分子间吸引力比水银与玻璃的附着力大，即水银的表面张

力较大。凡是液体内分子间吸引力大于液体与固体间附着力时，称该液体对此固体不湿润，该液体称为不湿润液体。相反，液体分子间的吸引力小于液体与固体间的附着力时，称该液体对此固体湿润，该液体称为湿润液体。水对玻璃湿润，水是湿润液体；水银对玻璃不湿润，水银是不湿润液体。容器内盛装湿润液体时，贴近器壁的液体表面向上弯曲；细小的试管插入后，出于表面张力的牵引作用管内液面上升。容器内盛装不湿润液体时，贴近器壁的液体表面向下弯曲，细小的试管插入后，由于表面张力作用管内液面下降。上述现象即毛细管现象，如图 2-6 所示。

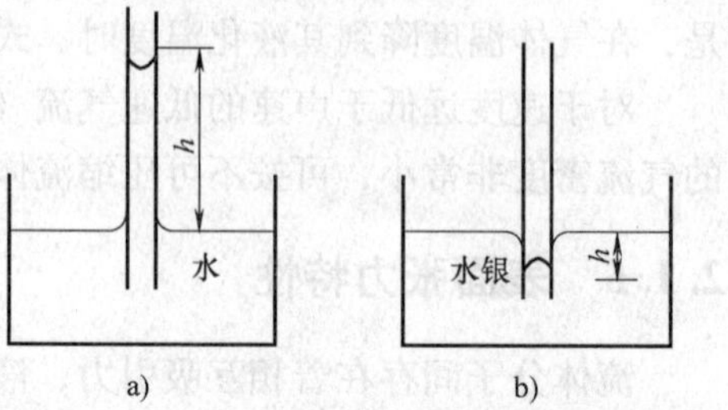

图 2-6 水和水银的毛细管现象

力都有其方向性，表面张力也不例外。图 2-6a 中湿润液体贴近管壁的液面向上弯曲，弯曲液面在图中表现为曲线，表面张力沿曲线的切线方向斜指向上。表面张力的作用是将细管中液体提升一个高度。图 2-6b 中不湿润液体贴近管壁的液面向下弯曲，弯曲液面在图中表现为曲线，表面张力沿曲线的切线方向斜指向下。表面张力使细管中液体下降了一个高度。

细管插入湿润液体或不湿润液体中，液体沿管壁上升或下降的现象都称为毛细管现象，所用细管称为毛细管。毛细管现象是表面张力造成的，通过简单的推导可以计算毛细管中液体上升或下降的高度。水在毛细管中上升的高度为 $h$ 时，液柱的重量为 $\pi r^2 h\rho g$，方向为垂直向下。液体表面张力为 $2\pi r\sigma$，方向沿曲线切线方向斜指向上。若切线与垂直线的夹角为 $\alpha$，则表面张力在垂直方向的分量为 $2\pi r\cos\alpha$，方向为垂直向上。平衡时液柱重量与表面张力的垂直分量相等，由此可列出方程

$$\pi r^2 h\rho g = 2\pi r\sigma\cos\alpha \tag{2-21a}$$

式中 $r$——毛细管半径（m）；

$\rho$——水的密度（$kg/m^3$）；

$\sigma$——水的表面张力系数（N/m）；

$\alpha$——液体曲面切线与管壁的夹角，称为湿润角或接触角。

对于湿润液体，如水，$\alpha=0°\sim9°$；对于不湿润液体，如水银，$\alpha=130°\sim180°$。相对而言，不湿润液体的接触角要大出很多。

由式（2-21a）中解出 $h$

$$h=\frac{2\sigma}{r\rho g}\cos\alpha \tag{2-21b}$$

式（2-21b）表明液体上升的高度与表面张力成正比，与毛细管半径及液体密度成反比。细小的毛细管可使 $h$ 增大。这种正反比关系的物理意义是显而易见的。

水银在毛细管中的下降高度，仍可用式（2-21b）计算。对于 20℃ 的水和水银，在毛细管中上升和下降的高度分别是

$$h_{H_2O}=\frac{15}{r}$$

$$h_{Hg}=\frac{5.07}{r}$$

式中 $h$ 和 $r$ 均以 mm 计。可见，管径越小则 $h$ 越大。

## 2.2　流体静力学方程

流体静力学主要研究静止流体内部静压力的分布规律，即研究流体在外力作用下处于静止或相对静止的规律。流体静力学的基本原理在工业生产中有着广泛的应用，本节主要讨论流体静力学的基本原理及其应用。

### 2.2.1　静力学基本方程

流体在相对静止状态下，受重力和压力作用，处于平衡状态。由于重力就是地心吸力，可以看做是不变的，起变化的是压力。所以流体静力学规律实质上是静止流体内部压力（压强）变化的规律。描述这一规律的数学表达式，称为流体静力学基本方程式。此方程式可通过下面的方法推导而得。

在密度为 $\rho$ 的静止流体中，取一立方体微元，其边长分别为 $dx$、$dy$、$dz$，它们分别与 $x$、$y$、$z$ 轴平行，如图 2-7 所示。

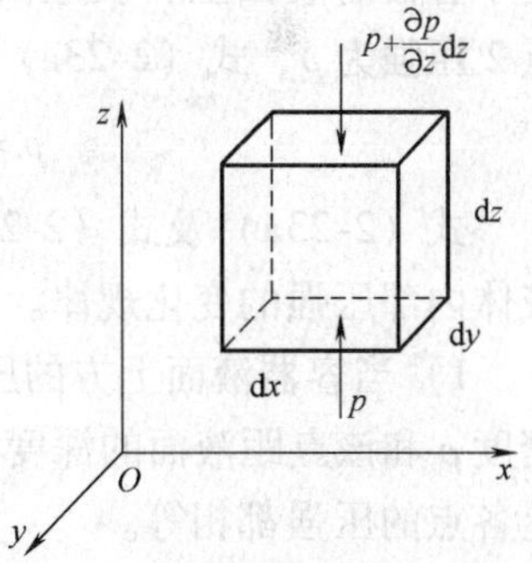

图 2-7　微元流体的静平衡

由于流体处于静止状态，因此所有作用于该立方体上的力在坐标轴上的投影之代数和应等于零。

对于 $z$ 轴，作用于该立方体上的力有：

1）作用于下底面的压力为的 $p\mathrm{d}x\mathrm{d}y$。

2）作用于上底面的压力为 $-\left(p+\frac{\partial p}{\partial z}\mathrm{d}z\right)\mathrm{d}x\mathrm{d}y$。

3）作用于整个立方体的重力为 $-\rho g p\mathrm{d}x\mathrm{d}y\mathrm{d}z$。

$z$ 轴方向力的平衡可写成

$$p\mathrm{d}x\mathrm{d}y-\left(p+\frac{\partial p}{\partial z}\mathrm{d}z\right)\mathrm{d}x\mathrm{d}y-\rho g p\mathrm{d}x\mathrm{d}y\mathrm{d}z=0$$

即

$$-\frac{\partial p}{\partial z}\mathrm{d}x\mathrm{d}y\mathrm{d}z-\rho g\mathrm{d}x\mathrm{d}y\mathrm{d}z=0$$

上述各项除以 $\mathrm{d}x\mathrm{d}y\mathrm{d}z$，则 $z$ 轴方向力的平衡式可简化为

$$-\frac{\partial p}{\partial z}-\rho g=0 \tag{2-22a}$$

对于 $x$、$y$ 轴，作用于该立方体的力仅有压力，亦可写出其相应的力的平衡式，简化后得

$x$ 轴
$$-\frac{\partial p}{\partial x}=0 \tag{2-22b}$$

$y$ 轴
$$-\frac{\partial p}{\partial y}=0 \tag{2-22c}$$

式（2-22a）、式（2-22b）、式（2-22c）称为流体平衡微分方程式，积分该微分方程组，可得到流体静力学基本方程式。

将式（2-22a）、式（2-22b）、式（2-22c）分别乘以 $\mathrm{d}x$、$\mathrm{d}y$、$\mathrm{d}z$，并相加后得

$$\frac{\partial p}{\partial x}\mathrm{d}x + \frac{\partial p}{\partial y}\mathrm{d}y + \frac{\partial p}{\partial z}\mathrm{d}z = -\rho g \mathrm{d}z \tag{2-22d}$$

式（2-22d）等号的左侧即为压强的全微分 d$p$，于是

$$\mathrm{d}p + \rho g \mathrm{d}z = 0 \tag{2-22e}$$

对于不可压缩流体，$\rho$ = 常数，积分式（2-22e），得

$$\frac{p}{\rho} + gz = 常数 \tag{2-22f}$$

液体可视为不可压缩的流体，在静止的液体中任取两点，如图 2-8 所示，则有

$$\frac{p_1}{\rho} + gz_1 = \frac{p_2}{\rho} + gz_2 \tag{2-23a}$$

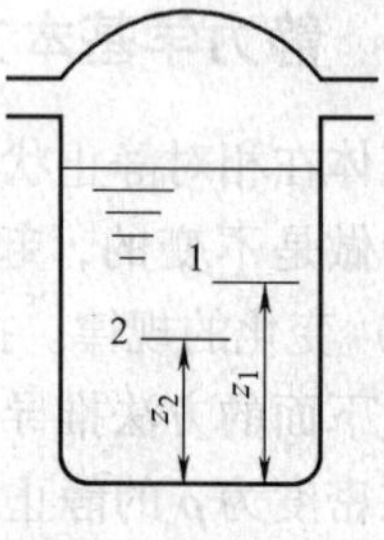

图 2-8　静止液体内的压强分布

为讨论方便，对式（2-23a）进行适当的变换，即使点 1 处于容器的液面上，设液面上方的压强为 $p_0$，距液面 $h$ 处的点 2 压强为 $p$，式（2-23a）可改写为

$$p = p_0 + \rho g h \tag{2-23b}$$

式（2-23a）及式（2-23b）称为液体静力学基本方程式，说明在重力场作用下，静止液体内部压强的变化规律。由式（2-23b）可见：

1）当容器液面上方的压强 $p_0$ 一定时，静止液体内部任一点压强 $p$ 的大小与液体本身的密度 $\rho$ 和该点距液面的深度 $h$ 有关，因此，在静止的、连续的同一液体内，处于同一水平面上各点的压强都相等。

2）当液面上方的压强 $p_0$ 有改变时，液体内部各点的压强 $p$ 也发生同样大小的改变。

3）式（2-23b）可改写为

$$\frac{p - p_0}{\rho g} = h \tag{2-23c}$$

式（2-23c）说明压强或压强差的大小可以用一定高度的液体柱表示，这就是前面所介绍可以用 mmHg、mm$H_2O$ 等单位来计量的依据。当用液体高度来表示压强或压强差时，必须注明是何种液体，否则就失去了意义。

式（2-23a）及式（2-23b）是以恒密度推导出来的。液体的密度可视为常数，而气体的密度除随温度变化外还随压强而变化，因此也随它在容器内的位置高低而改变，但在环境工程中这种变化一般可以忽略。因此，式（2-23a）及式（2-23b）也适用于气体，所以这些公式统称为流体静力学基本方程式。

值得注意的是，上述方程式只能用于静止的连通着的同一种连续流体。

**【例 2-7】** 图 2-9 所示的开口容器内盛有油和水。油层高度 $h_1$ = 0.7m、密度 $\rho_1$ = 800kg/m$^3$，水层高度 $h_2$ = 0.6m、密度 $\rho_2$ = 1000kg/m$^3$。

1）判断下列两关系是否成立，即

$$p_A = p_{A'}$$

$$p_B = p_{B'}$$

2）计算水在玻璃管内的高度 $h$。

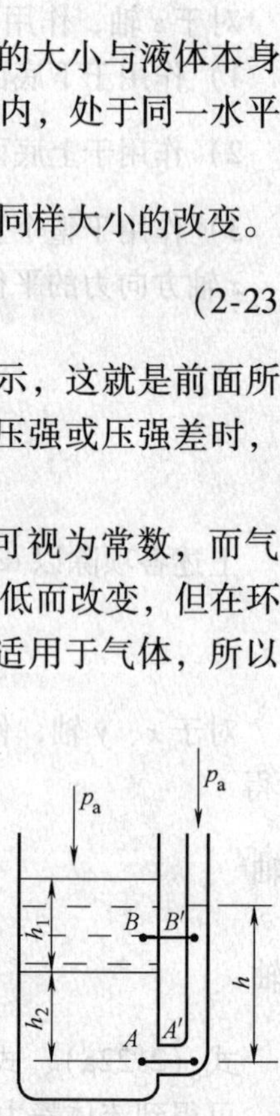

图 2-9　例 2-7 附图

**解：** 1）判断所给两关系是否成立。$p_A=p_{A'}$的关系成立。因为$A$及$A'$两点在静止的连通着的同一流体内，并在同一水平面上，所以截面$A-A'$称为等压面。

$p_B=p_{B'}$的关系不能成立。因$B$及$B'$两点虽在静止流体的同一水平面上，但不是连通中的同一流体，即$B-B'$截面不是等压面。

2）计算玻璃管内水面高度$h$。由上面讨论知，$p_A=p_{A'}$，而$p_A$与$p_{A'}$都可以用流体静力学基本方程式计算，即

$$p_A=p_a+\rho_1gh_1+\rho_2gh_2$$

$$p_{A'}=p_a+\rho_2gh$$

于是

$$p_a+\rho_1gh_1+\rho_2gh_2=p_a+\rho_2gh$$

简化上式并将已知值代入，得

$$(800\times0.7+1000\times0.6)\text{m}=1000h$$

解得

$$h=1.16\text{m}$$

## 2.2.2　静力学方程的应用

### 1. 压强与压强差的测量

测量压强的仪表很多，现仅介绍以流体静力学基本方程式为依据的测压仪器，这种测压仪器统称为液柱压差计，可用来测量流体的压强或压强差，较典型的有下述两种。

（1）U管压差计　U管压差计的结构如图2-10所示，它是一根U形玻璃管，内装有液体作为指示液。指示液要与被测流体不互溶，不起化学作用，且其密度应大于被测流体的密度。

当测量管道中1-1′与2-2′两截面处流体的压强差时，可将U管的两端分别与1-1′及2-2′两截面测压口相连通，由于两截面的压强$p_1$和$p_2$不相等，所以在U管的两侧便出现指示液面的高度差$R$，$R$称为压差计的读数，其值大小反映1-1′与2-2′两截面间的压强差（$p_1-p_2$）的大小。（$p_1-p_2$）与$R$的关系式，可根据流体静力学基本方程式进行推导。

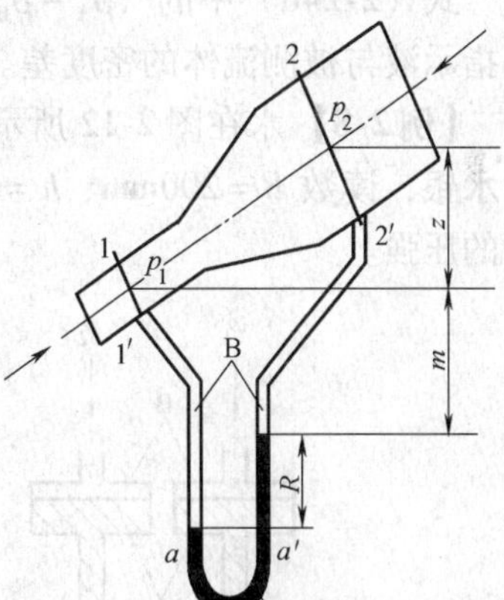

图2-10　U管压差计

图2-10所示的U管底部装有指示液A，其密度为$\rho_A$，U管两侧臂上部及连接管内均充满待测流体B，其密度为$\rho_B$。图中$a$、$a'$两点都在连通着的同一种静止流体内，并且在同一水平面上，所以这两点的静压强相等，即$p_a=p_{a'}$。根据流体静力学基本方程式可得

$$p_a=p_1+\rho_Bg(m+R)$$

$$p_{a'}=p_2+\rho_Bg(z+m)+\rho_AgR$$

于是

$$p_1+\rho_Bg(m+R)=p_2+\rho_Bg(z+m)+\rho_AgR \tag{2-24a}$$

整理式（2-24a），得压强差（$p_1-p_2$）的计算式为

$$p_1 - p_2 = (\rho_A - \rho_B)gR + \rho_B gz \tag{2-24b}$$

当被测管段水平放置，$z=0$，则式（2-24b）可简化为

$$p_1 - p_2 = (\rho_A - \rho_B)gR \tag{2-24c}$$

U 管压差计不但可用来测量流体的压强差，也可测量流体在任一处的压强。若 U 管一端与设备或管道某一截面连接，另一端与大气相通，这时读数 $R$ 所反映的是管道中某截面处流体的表压强或真空度。

（2）微差压差计　由式（2-24c）可以看出，若所测量的压强差很小，U 管压差计的读数也就很小，有时难以准确读出 $R$ 值。为把读数 $R$ 放大，除了在选用指示液时，尽可能地使其密度 $\rho_A$ 与被测流体的密度 $\rho_B$ 相接近外，还可采用图 2-11 所示的微差压差计。

其特点是：

1）压差计内装有两种密度相近且不互溶的指示液 A 和 C，而指示液 C 与被测流体 B 亦应不互溶。

2）为了读数方便，使 U 管的两侧臂顶端各装有扩大室，俗称为“水库”。扩大室的截面积要比 U 管的截面积大很多，即使 U 管内指示液的液面差很大，但两扩大室内的指示液 C 的液面变化却很微小，可以认为维持等高。

于是压强差（$p_1 - p_2$）便可用下式计算，即

$$p_1 - p_2 = (\rho_A - \rho_C)gR \tag{2-24d}$$

式（2-24d）中的（$\rho_A - \rho_B$）是两种指示液的密度差，而式（2-24c）中的（$\rho_A - \rho_B$）是指示液与被测流体的密度差。

**【例 2-8】** 水在图 2-12 所示的管道内流动。在管道某截面处连接一 U 管压差计，指示液为水银，读数 $R=200\text{mm}$、$h=1000\text{mm}$。当地大气压强为 $1.0133\times10^5\text{Pa}$，试求流体在该截面的压强。

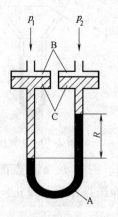

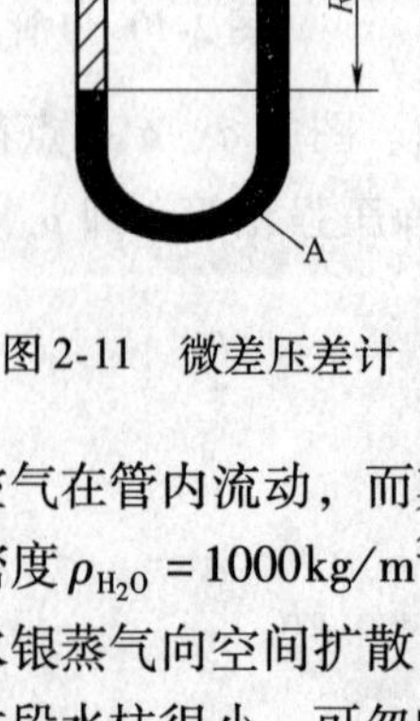


图 2-11　微差压差计

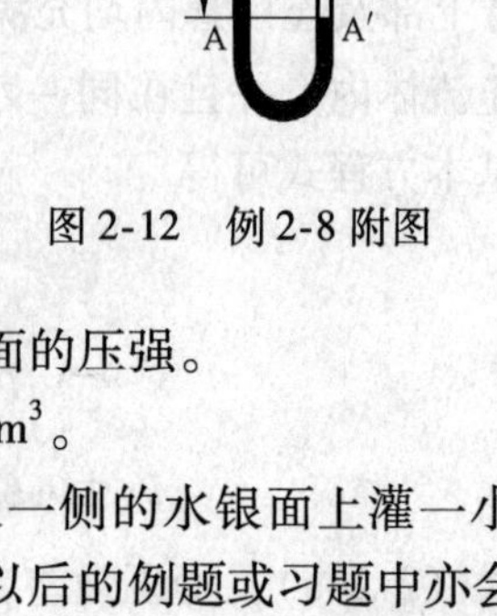


图 2-12　例 2-8 附图

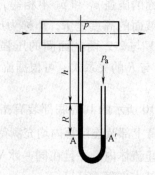

若换以空气在管内流动，而其他条件不变，再求该截面的压强。

取水的密度 $\rho_{H_2O}=1000\text{kg/m}^3$，水银密度 $\rho_{Hg}=1360\text{kg/m}^3$。

为防止水银蒸气向空间扩散，通常在 U 管与大气相通一侧的水银面上灌一小段水。在本题中，因这段水柱很小，可忽略，故在图中没有画出。以后的例题或习题中亦会遇到类似

情况，就不再重述。

**解**：(1) 水在管内流动时　过 U 管右侧的水银面作水平面 $A-A'$，根据流体静力学基本原理知

$$p_A = p_{A'} = p_a\text{（当地大气压强）}$$

又由流体静力学基本方程式可得

$$p_A = p + \rho_{H_2O}gh + \rho_{Hg}gR$$

于是

$$p = p_a - \rho_{H_2O}gh - \rho_{Hg}gR \tag{2-25}$$

式中

$$p_a = 101330\text{Pa} \qquad \rho_{H_2O} = 1000\text{kg/m}^3$$

$$\rho_{Hg} = 1360\text{kg/m}^3 \qquad h = 1\text{m} \qquad R = 0.2\text{m}$$

所以

$$p = (101330 - 1000 \times 9.81 \times 1 - 13600 \times 9.81 \times 0.2)\text{Pa} = 64840\text{Pa}$$

由计算结果可知，该截面流体的绝对压强小于大气压强，故该截面流体的真空度为

$$(101330 - 64840)\text{Pa} = 36490\text{Pa}$$

(2) 空气在管内流动时　此时，该截面流体的压强计算式可仿照式（2-25）求解。设空气的密度为 $\rho$，则

$$p = p_a - \rho gh - \rho_{Hg}gR$$

由于 $\rho \ll \rho_{Hg}$，则上式可简化为

$$p \approx p_a - \rho_{Hg}gR$$

故

$$p \approx (101330 - 13600 \times 9.81 \times 0.2)\text{Pa} = 74650\text{Pa}$$

或

$$p = (101330 - 74650)\text{Pa} = 26680\text{Pa}\text{（真空度）}$$

【例 2-9】在图 2-13 所示的密闭容器 A 与 B 内，分别盛有水和密度为 $810\text{kg/m}^3$ 的某溶液，A、B 间由一水银 U 管压差计相连。

(1) 当 $p_A = 29 \times 10^3\text{Pa}$（表压）时，U 管压差计读数 $R = 0.25\text{m}$，$h = 0.8\text{m}$。试求容器 B 内的压强 $p_B$。

(2) 当容器 A 液面上方的压强减小至 $p_{A'} = 20 \times 10^3\text{Pa}$（表压），而 $p_B$ 不变时，U 管压差计的读数为多少？

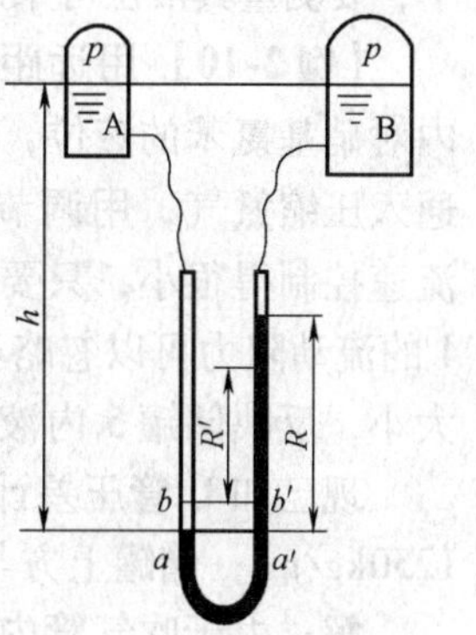

图 2-13　例 2-9 附图

**解**：(1) 容器 B 内的压强 $p_B$ 根据静力学基本原则，水平面 $a-a'$ 是等压面，所以 $p_a = p_{a'}$。由静力学基本方程式得

$$p_a = p_{A'} + p_A\left(h - \frac{R-R'}{2}\right)$$

$$p_{a'} = p_B + p_B g(h - R) + \rho_{Hg}gR$$

所以

$$p_B = p_A + (\rho_A - \rho_B)gh - (\rho_{Hg} - \rho_B)gR$$

将已知数代入上式得

$$p_B = 29 \times 10^3\text{Pa} + (1000 - 810) \times 9.81 \times 0.8\text{Pa} - (13600 - 810) \times 9.81 \times 0.25\text{Pa} = -876.4\text{Pa}\text{（表压）}$$

(2) U 管压差计读数 $R'$　由于容器 A 液面上方压强下降，U 管压差计读数减小，则 U

管左侧水银面上升$(R-R')/2$，右侧水银面下降$(R-R')/2$。水平面$b-b'$为新的等压面，即$p_b=p_{b'}$。根据流体静力学基本方程式得

$$p_b=p_{A'}+\rho_A g\left(h-\frac{R-R'}{2}\right)$$

$$p_{b'}=p_B+\rho_B g\left(h-R+\frac{R-R'}{2}\right)+\rho_{Hg}gR'$$

所以

$$R'=\frac{p_{A'}-p_B+(\rho_A-\rho_B)g\left(h-\frac{R}{2}\right)}{\left(\rho_{Hg}-\frac{\rho_B}{2}-\frac{\rho_A}{2}\right)g}$$

将已知数代入上式得

$$R'=\frac{20000+876.4+(1000-810)\times 9.81\times\left(0.8-\frac{0.25}{2}\right)}{\left(13600-\frac{810}{2}-\frac{1000}{2}\right)\times 9.81}\mathrm{m}=0.178\mathrm{m}$$

**2. 液位的测量**

化工厂中经常要了解容器里的储存量，或要控制设备里的液面，因此要进行液位的测量。大多数液位计的作用原理均遵循静止液体内部压强变化的规律。

最原始的液位计是在容器底部器壁及液面上方器壁处各开一小孔，两孔间用玻璃管相连。玻璃管内所示的液面高度即为容器内的液面高度。这种构造易破损，而且不便于远处观测。若容器离操作室较远或埋在地面以下，要测量其液位可采用图 2-14 所示的装置。

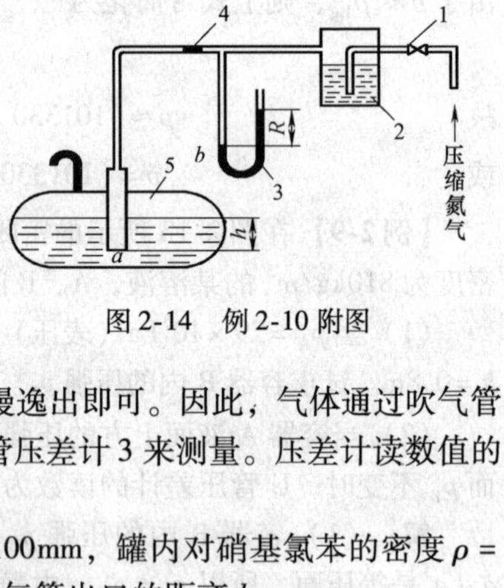

图 2-14　例 2-10 附图

【例 2-10】用远距离测量液位的装置来测量储罐内对硝基氯苯的液位，其流程如图 2-14 所示。自管口通入压缩氮气，用调节阀 1 调节其流量。管内氮气的流速控制得很小，只要在鼓泡观察器 2 内看出有气泡缓慢逸出即可。因此，气体通过吹气管 4 的流动阻力可以忽略不计。管内某截面上的压强用 U 管压差计 3 来测量。压差计读数值的大小，反映储罐 5 内液面的高度。

现已知 U 管压差计的指示液为水银，其上读数 $R=100\mathrm{mm}$，罐内对硝基氯苯的密度 $\rho=1250\mathrm{kg/m^3}$，储罐上方与大气相通，试求储罐中液面离吹气管出口的距离 $h$。

**解：**由于吹气管内氮气的流速很小，且管内不能存有液体，故可以认为管子出口 $a$ 处与 U 管压差计 $b$ 处的压强近似相等，即 $p_a\approx p_b$。

若 $p_a$ 与 $p_b$ 均用表压强表示，根据流体静力学基本方程式得

$$p_a=\rho gh,\ p_b=\rho_{Hg}gR$$

所以

$$h=\rho_{Hg}R/\rho=(13600\times 0.1/1250)\mathrm{m}=1.09\mathrm{m}$$

## 2.3　流体动力学基本方程

环境工程中所涉及的流体大多沿密闭或敞开的管（渠）道流动，液体从低位流到高位

或从低压流到高压，需要输送设备对液体提供能量；从高位向设备输送一定量的料液时，高位设备所需的安装高度等问题，都是在流体输送过程中经常遇到的。要解决这些问题，必须找出流体的流动规律。反映流体流动规律的有连续性方程式与伯努利方程式。

## 2.3.1 流量与流速

（1）流量　单位时间内流过管道任一截面的流体量称为流量。若流体量用体积来计量，称为体积流量，以 $V_s$ 表示，其单位为 $m^3/s$；若流体量用质量来计量，则称为质量流量，以 $W_s$ 表示，其单位为 kg/s。

体积流量与质量流量的关系为

$$W_s = V_s\rho$$

式中　$\rho$——流体的密度（$kg/m^3$）。

（2）流速　单位时间内流体在流动方向上所流经的距离称为流速。以 $u$ 表示，其单位为 m/s。

实验表明，流体流经管道任一截面上各点的流速沿管径而变化，即在管截面中心处为最大，越靠近管壁流速将越小，在管壁处的流速为零。流体在管截面上的速度分布规律较为复杂，在工程计算中为简便起见，流体的流速通常指整个管截面上的平均流速，其表达式为

$$u = \frac{V_s}{A} \tag{2-26}$$

式中　$A$——与流动方向相垂直的管道截面（$m^2$）。

流量与流速的关系为

$$W_s = V_s\rho = uA\rho \tag{2-27}$$

由于气体的体积流量随温度和压强而变化，因而气体的流速亦随之而变。因此采用质量流速就较为方便。

质量流速，单位时间内流体流过管路截面积的质量，以 $G$ 表示，其表达式为

$$G = \frac{W_s}{A} = \frac{V_s\rho}{A} = u\rho \tag{2-28}$$

式中　$G$——质量流速，亦称质量通量[$kg/(m^2 \cdot s)$]。

必须指出，任何一个平均值都不能全面代表一个物理量的分布。式（2-26）所表示的平均流速在流量方面与实际的速度分布是等效的，但在其他方面则并不等效。

一般管道的截面均为圆形，若以 $d$ 表示管道内径，则

$$u = \frac{V_s}{\frac{\pi}{4}d^2}$$

于是

$$d = \sqrt{\frac{4V_s}{\pi u}} \tag{2-29}$$

流体输送管路的直径可根据流量及流速进行计算。流量一般由生产任务所决定，而合理

的流速则应在操作费与基建费之间通过经济权衡来决定。某些流体在管路中的常用流速范围列于表2-5中。

从表2-5可以看出，流体在管道中适宜流速的大小与流体的性质及操作条件有关。

按式（2-29）算出管径后，还需从有关手册中选用标准管径来圆整，然后按标准管径重新计算流体在管路中的实际流速。

**表2-5 某些流体在管路中的常用流速范围**

| 流体的类别及状态 | 流速范围/($m \cdot s^{-1}$) | 流体的类别及状态 | 流速范围/($m \cdot s^{-1}$) |
|---|---|---|---|
| 自来水($3.04 \times 10^5$Pa左右) | 1~1.5 | 过热蒸汽 | 30~50 |
| 水及低粘度液体($1.013 \sim 10.13 \times 10^5$Pa) | 1.5~3.0 | 蛇管、螺旋管内的冷却水 | >1.0 |
| 高粘度液体 | 0.5~1.0 | 低压空气 | 12~15 |
| 工业供水($8.106 \times 10^5$Pa以下) | 1.5~3.0 | 高压空气 | 15~25 |
| 锅炉供水($8.106 \times 10^5$Pa以下) | >3.0 | 一般气体(常压) | 10~20 |
| 饱和蒸汽 | 20~40 | 真空操作下气体 | <10 |

**【例2-11】**某厂要求安装一根输水量为$30m^3/h$的管路，试选择合适的管径。

**解：**根据式（2-29）计算管径

$$d=\sqrt{\frac{4V_s}{\pi u}}$$

式中，$V_s=\frac{30}{3600}m^3/s$

参考表2-5，选取水的流速$u=1.8m/s$

$$d=\sqrt{\frac{\frac{30}{3600}}{0.785\times 1.8\pi}}m=0.077m$$

查五金手册确定选用$\phi 89\times 4$（外径89mm，壁厚4mm）的管子，其内径为

$$d=89mm-(4\times 2)mm=81mm=0.081m$$

因此，水在输送管内的实际流速为

$$u=\frac{\frac{30}{3600}}{0.785\times 0.081^2}m/s=1.62m/s$$

## 2.3.2 连续性方程

设流体在图2-15所示的管道中作连续稳定流动，从截面1-1流入，从截面2-2流出，若在管道两截面之间流体无漏损，根据质量守恒定律，从截面1-1进入的流体质量流量$W_{s1}$应等于从2-2截面流出的流体质量流量$W_{s2}$，即

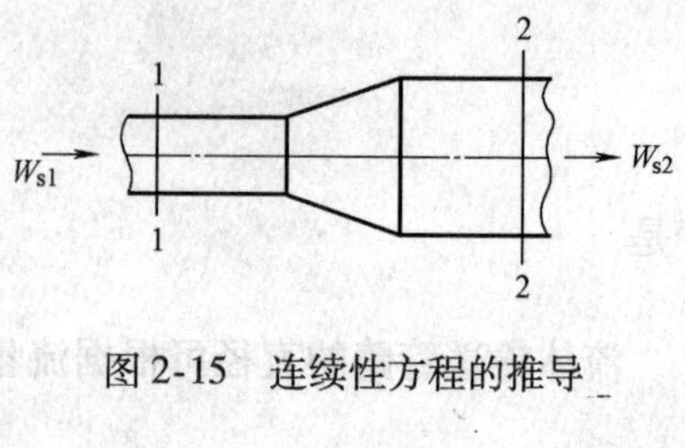


图2-15 连续性方程的推导

$$W_{s1} = W_{s2}$$

由式（2-27）得

$$u_1 A_1 \rho_1 = u_2 A_2 \rho_2 \tag{2-30a}$$

此关系可推广到管道的任一截面，即

$$W_s = u_1 A_1 \rho_1 = u_2 A_2 \rho_2 = \cdots = uA\rho = 常数 \tag{2-30b}$$

式（2-30b）称为连续性方程。若流体不可压缩，$\rho$ = 常数，则式（2-30b）可简化为

$$V_s = u_1 A_1 = u_2 A_2 = \cdots = uA = 常数 \tag{2-30c}$$

式（2-30b）说明不可压缩流体不仅流经各截面的质量流量相等，它们的体积流量也相等。

式（2-30a）~式（2-30c）都称为管内稳定流动的连续性方程。它反映了在稳定流动中，流量一定时，管路各截面上流速的变化规律。

管道截面大多为圆形，故式（2-30c）又可改写成

$$\frac{u_1}{u_2} = \left(\frac{d_2}{d_1}\right)^2 \tag{2-30d}$$

式（2-30d）可以明确表明，管内不同截面流速之比与其相应管径的平方成反比。

**【例2-12】** 在稳定流动系统中，水连续从粗管流入细管，粗管内径 $d_1 = 10\text{cm}$，细管内径 $d_2 = 5\text{cm}$，当流量为 $4 \times 10^{-3}\text{m}^3/\text{s}$ 时，求粗管内和细管内水的流速。

**解**：根据式（2-29）

$$u_1 = \frac{V_s}{A_1} = \frac{4 \times 10^{-3}}{\frac{\pi}{4} \times 0.1^2}\text{m/s} = 0.51\text{m/s}$$

根据不可压缩流体的连续性方程

$$u_1 A_1 = u_2 A_2$$

由此

$$\frac{u_2}{u_1} = \left(\frac{d_1}{d_2}\right)^2 = \left(\frac{10}{5}\right)^2 = 4$$

$$u_2 = 4u_1 = 4 \times 0.51\text{m/s} = 2.04\text{m/s}$$

### 2.3.3 总能量衡算和伯努利方程

理想正压流体在有势体积力作用下作定常运动时，运动方程沿流线积分而得到的表达运动流体机械能守恒的方程，称为伯努利方程，由著名的瑞士科学家 D. 伯努利于 1738 年提出。伯努利方程是流体动力学中重要的方程式，可用于求流体中各点的位置、所含能量等。伯努利方程可通过能量衡算的方法推导。可以取流体流动中任一微元体从牛顿第二定律出发来推导，亦可以根据流体流动系统总能量衡算来推导。本节采用后者。

**1. 总能量衡算**

在图 2-16 所示的稳定流动系统中，流体从 1-1 截面流入，从 2-2 截面流出。流体本身所具有的能量有以下几种形式：

（1）位能　流体因受重力作用，在不同的高度处具有不同的位能。相当于质量为 $m$ 的

流体自基准水平面升举到某高度 $z$ 处所做的功，即位能 $=mgz$，单位为 J。

位能是个相对值，随所选的基准面位置而定，在基准水平面以上为正值，以下为负值。

（2）动能 流体以一定的速度运动时，便具有一定的动能，质量为 $m$，流速为 $u$ 的流体所具有的动能为动能 $=\frac{1}{2}mu^2$，单位为 J。

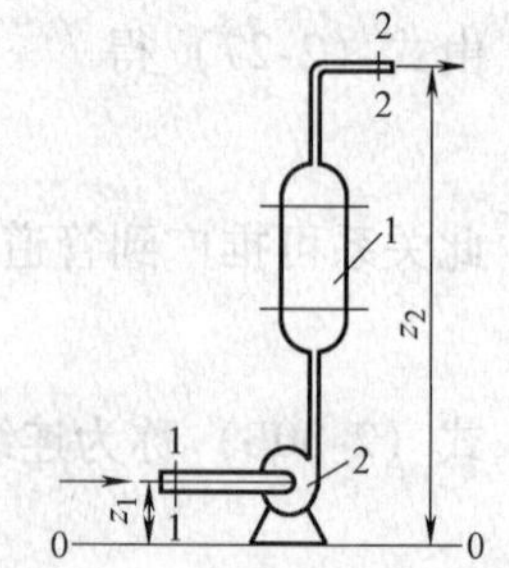


图 2-16 伯努利方程的推导
1—换热设备 2—输送设备

（3）静压能 静止流体内部任一处都有一定的静压强。流动着的流体内部任何位置也都有一定的静压强。如果在内部有液体流动的管壁上开孔，并与一根垂直的玻璃管相接，液体便会在玻璃管内上升，上升的液体高度便是运动着流体在该截面处的静压强的表现。流动流体通过某截面时，由于该处流体具有一定的压力，这就需要对流体作相应的功，以克服此压力，才能把流体推进系统里去。故要通过某截面的流体只有带着与所需功相当的能量时才能进入系统。流体所具有的这种能量称为静压能或流动功。

设质量为 $m$，体积为 $V_1$ 的流体通过图 2-16 所示的 1-1 截面时，把该流体推进此截面所流过的距离为 $V_1/A_1$，则流体带入系统的静压能为输入静压能 $=p_1A_1\frac{V_1}{A_1}=p_1V_1$，单位为 J。

（4）内能 内能是储存于物质内部的能量，它决定于流体的状态，因此与流体的温度有关。压力的影响一般可忽略，单位质量流体的内能以 $U$ 表示，质量为 $m$ 的流体所具有的内能为：内能 $=mU$，单位为 J。

除此之外，能量也可以通过其他途径进入流体。它们是：

1）热。若管路上连接有换热设备，单位质量流体通过时吸热或放热，以 $Q_e$ 表示。质量为 $m$ 的流体吸收或放出的热量为热量 $=mQ_e$，单位为 J。

2）功。若管路上安装了泵或鼓风机等流体输送设备向流体做功，便有能量输送给流体。单位质量流体获得的能量以 $W_e$ 表示，质量为 $m$ 的流体所接受的功为功 $=mW_e$，单位为 J。

流体接受外功为正，向外做功则为负。

根据能量守恒定律，连续稳定流动系统的能量衡算是以输入的总能量等于输出的总能量为依据的。流体通过截面 1-1 输入的总能量用下标 1 标明，经过截面 2-2 输出的总能量用下标 2 标明，则对图 2-16 所示流动系统的总能量衡算为

$$mU_1+mgz_1+\frac{mu_1^2}{2}+p_1V_1+mQ_e+mW_e=$$

$$mU_2+mgz_2+\frac{mu_2^2}{2}+p_2V_2 \tag{2-31}$$

将式（2-31）的每一项除以 $m$，其中 $V/m=v$ 为比容，得到以单位质量流体为基准的总能量衡算式

$$U_1+gz_1+\frac{u_1^2}{2}+p_1v_1+Q_e+W_e=U_2+gz_2+\frac{u_2^2}{2}+p_2v_2 \tag{2-32a}$$

$$\Delta U + g\Delta z + \frac{\Delta u^2}{2} + \Delta(pv) = Q_e + W_e \tag{2-32b}$$

式（2-31）中所包括的能量可划分为两类：一类是机械能，即位能、动能和静压能，功也可以归入此类。此类能量在流体流动过程中可以相互转变，亦可转变为热或流体的内能。另一类包括内能和热，它们在流动系统内不能直接转变为机械能。考虑流体输送所需能量及输送过程中能量的转变和消耗时，可以将热和内能撇开而只研究机械能相互转变的关系，这就是机械能衡算。

**2. 流动系统的机械能衡算式与伯努利方程**

设流体是不可压缩的，式（2-32a）中的 $v_1 = v_2 = 1/\rho$；流动系统中无换热设备，式中 $Q_e = 0$；流体温度不变，则 $U_1 = U_2$。流体在流动时，为克服流动阻力而消耗一部分机械能，这部分能量转变成热，致使流体的温度略微升高，而不能直接用于流体的输送。从实用上说，这部分机械能损失掉了，因此常称为能量损失。设单位质量流体在流动时因克服流动阻力而损失的能量为 $\sum h_f$，其单位为 J/kg 于是式（2-32a）成为

$$gz_1 + \frac{u_1^2}{2} + \frac{p_1}{\rho} + W_e = gz_2 + \frac{u_2^2}{2} + \frac{p_2}{\rho} + \sum h_f \tag{2-33a}$$

或

$$g\Delta z + \frac{\Delta u^2}{2} + \frac{\Delta p}{\rho} = W_e - \sum h_f \tag{2-33b}$$

若流体流动时不产生流动阻力，则流体的能量损失 $\sum h_f = 0$，这种流体称为理想流体。实际上这种流体并不存在。但这种设想可以使流体流动问题的处理变得简单，对于理想流体流动，又没有外功加入，即 $\sum h_f = 0$，$W_e = 0$ 时，式（2-32a）可简化为

$$gz_1 + \frac{u_1^2}{2} + \frac{p_1}{\rho} = gz_2 + \frac{u_2^2}{2} + \frac{p_2}{\rho} \tag{2-34a}$$

式（2-34a）称为伯努利方程。式（2-33a）及式（2-33b）为实际流体的机械能衡算式，习惯上也称为伯努利方程。

**3. 伯努利方程的物理意义**

1）式（2-34a）表示理想流体在管道内作稳定流动而又没有外功加入时，在任一截面上的单位质量流体所具有的位能、动能、静压能之和为一常数，称为总机械能，以 $E$ 表示，其单位为 J/kg。即单位质量流体在各截面上所具有的总机械能相等，但每一种形式的机械能不一定相等，这意味着各种形式的机械能可以相互转换，但其和保持不变。

2）如果系统的流体是静止的，则 $u = 0$，没有运动，就无阻力，也无外功，即 $\sum h_f = 0$，$W_e = 0$，于是式（2-33a）变为

$$gz_1 + \frac{p_1}{\rho} = gz_1 + \frac{p_2}{\rho} \tag{2-34b}$$

式（2-34b）即为流体静力学基本力程。

3）式（2-33a）中各项单位为 J/kg，表示单位质量流体所具有的能量。应注意 $gz$、$\frac{u^2}{2}$、$\frac{p}{\rho}$ 与 $W_e$、$\sum h_f$ 的区别。前三项是指在某截面上流体本身所具有的能量，后两项是指流体在

两截面之间所获得和所消耗的能量。

式中 $W_e$ 是输送设备对单位质量流体所做的有效功，是决定流体输送设备的重要数据。单位时间输送设备所做的有效功称为有效功率，以 $N_e$ 表示，即

$$N_e = W_e W_s \tag{2-35}$$

式中 $W_s$ 为流体的质量流量，所以 $N_e$ 的单位为 J/s 或 W。

4）对于可压缩流体的流动，若两截面间的绝对压强变化小于原来绝对压强的 20% $\left(\text{即}\dfrac{p_1 - p_2}{p_1} < 20\%\right)$时，伯努利方程仍适用，计算时流体密度 $\rho$ 应采用两截面间流体的平均密度 $\rho_m$。

对于不稳定流动系统的任一瞬间，伯努利方程式仍成立。

5）如果流体的衡算基准不同，式（2-33a）可写成不同形式：

① 以单位重量流体为衡算基准。将式（2-33a）各项除以 $g$，则得

$$z_1 + \frac{u_1^2}{2g} + \frac{p_1}{\rho g} + \frac{W_e}{g} = z_2 + \frac{u_2^2}{2g} + \frac{p_2}{\rho g} + \frac{\sum h_f}{g}$$

令

$$H_e = \frac{W_e}{g},\ H_f = \frac{\sum h_f}{g}$$

则

$$z_1 + \frac{u_1^2}{2} + \frac{p_1}{\rho} + H_e = z_2 + \frac{u_2^2}{2} + \frac{p_2}{\rho} + H_f \tag{2-36}$$

式（2-36）各项的单位为 $\dfrac{\text{N}\cdot\text{m}}{\text{kg}\cdot\dfrac{\text{m}}{\text{s}^2}} = \text{N}\cdot\text{m/N} = \text{m}$，表示单位重量的流体所具有的能量。常把 $z$、$\dfrac{u^2}{2g}$、$\dfrac{p}{\rho g}$与 $H_f$ 分别称为位压头、动压头、静压头与压头损失，$H_e$ 则称为输送设备对流体所提供的有效压头。

② 以单位体积流体为衡算基准。将式（2-33a）各项乘以流体密度 $\rho$，则

$$z_1\rho g + \frac{u_1^2}{2}\rho + p_1 + W_e\rho = z_2\rho g + \frac{u_2^2}{2}\rho + p_2 + \rho\sum h_f \tag{2-37}$$

式（2-37）各项的单位为 $\dfrac{\text{N}\cdot\text{m}}{\text{kg}}\cdot\dfrac{\text{kg}}{\text{m}^3} = \text{N/m}^2 = \text{Pa}$，表示单位体积流体所具有的能量，简化后即为压强的单位。

采用不同衡算基准的伯努利方程式（2-36）与式（2-37）对流体输送管路的计算很重要。

**4. 伯努利方程的应用**

伯努利方程是流体流动的基本方程，结合连续性方程，可用于计算流体流动过程中流体的流速、流量、流体输送所需功率等问题。

应用伯努利方程解题时，需要注意以下几点：

（1）作图与确定衡算范围　根据题意画出流动系统的示意图，并指明流体的流动方向。定出上下游截面，以明确流动系统的衡算范围。

（2）截面的选取　两截面均应与流动方向相垂直，并且在两截面间的流体必须是连续的。所求的未知量应在截面上或在两截面之间，且截面上的 $z$、$u$、$p$ 等有关物理量，除所需求取的未知量外，都应该是已知的或能通过其他关系计算出来的。

两截面上的 $z$、$u$、$p$ 与两截面间的 $\sum h_f$ 都应相互对应。

（3）基准水平面的选取　选取基准水平面的目的是为了确定流体位能的大小，实际上在伯努利方程式中所反映的是位能差（$\Delta z = z_2 - z_1$）的数值，所以，基准水平面可以任意选取，但必须与地面平行。$z$ 值是指截面中心点与基准水平面间的垂直距离。为了计算方便，通常取基准水平面通过衡算范围的两个截面中的任意一个截面。如该截面与地面平行，则基准水平面与该截面重合，$z=0$；如衡算系统为水平管道，则基准水平面通过管道的中心线，$\Delta z=0$。

（4）单位必须一致　在用伯努利方程式之前，应把有关物理量换算成一致的单位。两截面的压强除要求单位一致外，还要求表示方法一致；即只能同时用表压强或同时使用绝对压强，不能混合使用。

下面举例说明伯努利方程的应用。

（1）确定设备间的相对位置

**【例 2-13】** 将高位水箱内的水注入水池（图 2-17）。高位水箱和水池的压力均为大气压。要求水在管内以 0.5m/s 的速度流动。设水在管内的压头损失为 1.2m（不包括出口压头损失），试求高位水箱的液面应该比水池入口处高出多少米。

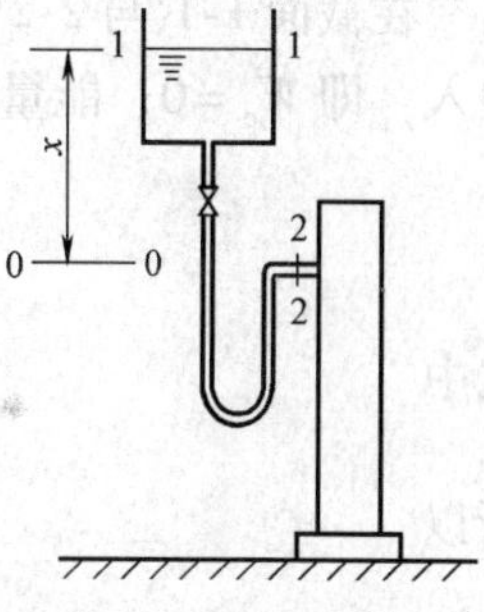

图 2-17　例 2-13 附图

**解：** 取管出口高度的 0-0 为基准面，高位水箱的液面为 1-1 截面，因要求计算高位水箱的液面比水池入口处高出多少米，所以把 1-1 截面选在此即可直接算出所求的高度 $x$，同时在此液面处的 $u_1$ 及 $p_1$ 均为已知值。2-2 截面选在管出口处。在 1-1 及 2-2 截面间列伯努利方程为

$$gz_1 + \frac{p_1}{\rho} + \frac{u_1^2}{2} = gz_2 + \frac{p_2}{\rho} + \frac{u_2^2}{2} + \sum h_f$$

式中，$p_1=0$（表压），高位水箱截面与管截面相差很大，故高位水箱截面的流速与管内流速相比，其值很小，即 $u_1=0$，$z_1=x$，$p_2=0$（表压），$u_2=0.5\text{m/s}$，$z_2=0$，$\sum h_f=1.2\text{m}$。

将上述各项数值代入，则

$$(9.81x)\text{m/s}^2 = \frac{(0.5)^2}{2}\text{m}^2/\text{s}^2 + 1.2 \times 9.81\text{m}^2/\text{s}^2$$

$$x = 1.2\text{m}$$

计算结果表明，动能项数值很小，流体位能的降低主要用于克服管路阻力。

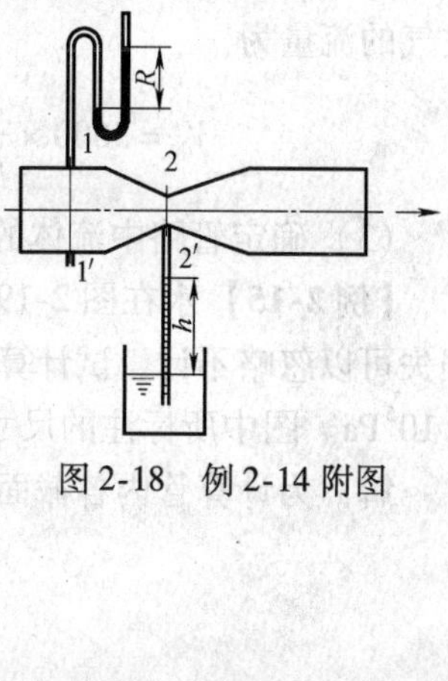

图 2-18　例 2-14 附图

（2）确定管道中流体的流量

**【例 2-14】** 20℃的空气在直径为 80mm 的水平管流过。现于管路中接一文丘里管，如图 2-18 所示。文丘里管的上游接一水银 U 管压差计，在直径为 20mm 的喉颈处接一细管，其

下部插入水槽中。空气流过文丘里管的能量损失可忽略不计。当 U 管压差计读数 $R=25\text{mm}$，$h=0.5\text{m}$ 时，试求此时空气的流量（当地大气压强为 $101.33\times10^3\text{Pa}$）。

**解**：文丘里管上游测压口处的压强为

$$p_1=\rho_{\text{Hg}}gR=13600\times9.81\times0.025\text{Pa}=3335\text{Pa}\ （表压）$$

喉颈处的压强为

$$p_2=-\rho gR=-1000\times9.81\times0.5\text{Pa}=-4905\text{Pa}\ （表压）$$

空气流经截面 1-1′与 2-2′的压强变化为

$$\frac{p_1-p_2}{p_1}=\frac{(101330+3335)-(101330-4905)}{101330+3335}=0.079=7.9\%<20\%$$

故可按不可压缩流体来处理。

两截面间的空气平均密度为

$$\rho=\rho_{\text{m}}=\frac{M}{22.4}\times\frac{T_0P_{\text{m}}}{TP_0}=\frac{29}{22.4}\times\frac{273\times\left[101330+\frac{1}{2}\times(3335-4905)\right]}{293\times101330}\text{kg/m}^3=1.20\text{kg/m}^3$$

在截面 1-1′与 2-2′之间列伯努利方程式，以管道中心线作基准水平面。两截面间无外功加入，即 $W_{\text{e}}=0$；能量损失可忽略，$\sum h_{\text{f}}=0$。据此，伯努利方程式可写为

$$gz_1+\frac{u_1^2}{2}+\frac{p_1}{\rho}=gz_2+\frac{u_2^2}{2}+\frac{p_2}{\rho}$$

式中 $$z_1=z_2=0$$

所以 $$\frac{u_1^2}{2}+\frac{3335}{1.2}=\frac{u_2^2}{2}-\frac{4905}{1.2}$$

化简得 $$u_2^2-u_1^2=13733 \qquad (2\text{-}38\text{a})$$

根据连续性方程有 $$u_1A_1=u_2A_2$$

得 $$u_2=u_1\frac{A_1}{A_2}=u_1\left(\frac{d_1}{d_2}\right)^2=u_1\left(\frac{0.08}{0.02}\right)^2$$

$$u_2=16u_1 \qquad (2\text{-}38\text{b})$$

以式（2-38b）代入式（2-38a），即 $$(16u_1)^2-u_1^2=13733$$

解得 $$u_1=7.34\text{m/s}$$

空气的流量为

$$V_{\text{h}}=3600\times\frac{\pi}{4}d_1^2u_1=3600\times\frac{\pi}{4}\times0.08^2\times7.34\text{m}^3/\text{h}=132.8\text{m}^3/\text{h}$$

（3）确定管路中流体的压强

**【例 2-15】** 水在图 2-19 所示的虹吸管内流动，管路直径没有变化，水流经管路的能量损失可以忽略不计，试计算管内截面 2-2′、3-3′、4-4′和 5-5′处的压强。大气压强为 $1.0133\times10^5\text{Pa}$。图中所标注的尺寸均以 mm 计。

**解**：为计算管内各截面的压强，应首先计算管内水的流速。先在储槽水面 1-1′及管子出

口内侧截面6-6′间列伯努利方程式，并以截面6-6′为基准水平面。由于管路的能量损失忽略不计，即$\sum h_f=0$，故伯努利方程式可写为

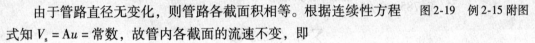

$$gz_1+\frac{u_1^2}{2}+\frac{p_1}{\rho}=gz_6+\frac{u_6^2}{2}+\frac{p_6}{\rho}$$

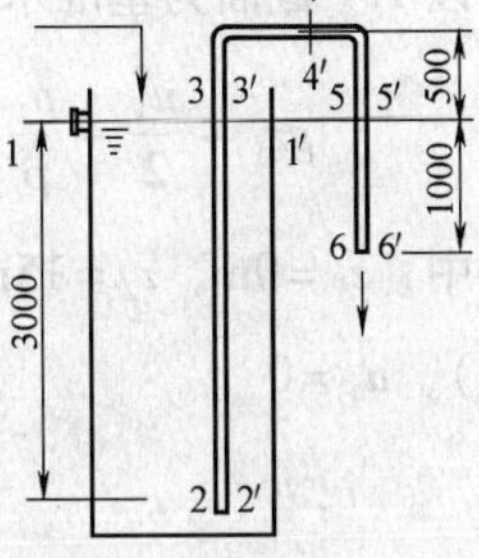


图2-19 例2-15附图

其中，$z_1=1\text{m}$，$z_6=0$，$p_1=0$（表压），$p_1=0$（表压），$u_1\approx0$。

将以上数值代入上式，并简化得

$$9.81\times1\text{m}^2/\text{s}^2=\frac{u_6^2}{2}$$

解得
$$u_6=4.43\text{m/s}$$

由于管路直径无变化，则管路各截面积相等。根据连续性方程式知$V_s=Au=$常数，故管内各截面的流速不变，即

$$u_2=u_3=u_4=u_5=u_6=4.43\text{m/s}$$

则
$$\frac{u_2^2}{2}=\frac{u_3^2}{2}=\frac{u_4^2}{2}=\frac{u_5^2}{2}=\frac{u_6^2}{2}=9.81\text{J/kg}$$

因流动系统的能量损失可忽略不计，故水可视为理想流体，则系统内各截面上流体的总机械能$E$相等，即

$$E=\left(9.81\times3+\frac{101330}{1000}\right)\text{J/kg}=130.8\text{J/kg}$$

计算各截面压强时，亦应以截面2-2′为基准水平面，则$z_2=0$，$z_3=3\text{m}$，$z_4=3.5\text{m}$，$z_5=3\text{m}$。

1）截面2-2′的压强

$$p_2=\left(E-\frac{u_2^2}{2}-gz_2\right)\rho=(130.8-9.81)\times1000\text{Pa}=120990\text{Pa}$$

2）截面3-3′的压强

$$p_3=\left(E-\frac{u_3^2}{2}-gz_3\right)\rho=(130.8-9.81-9.81\times3)\times1000\text{Pa}=91560\text{Pa}$$

3）截面4-4′的压强

$$p_4=\left(E-\frac{u_4^2}{2}-gz_4\right)\rho=(130.8-9.81-9.81\times3.5)\times1000\text{Pa}=86660\text{Pa}$$

4）截面5-5′的压强

$$p_5=\left(E-\frac{u_5^2}{2}-gz_5\right)\rho=(130.8-9.81-9.81\times3)\times1000\text{Pa}=91560\text{Pa}$$

从以上结果可以看出，压强不断变化，这是位能与静压强反复转换的结果。

（4）确定输送设备的有效功率

**【例2-16】** 如图2-20所示，用泵将储槽中密度为$1200\text{kg/m}^3$的溶液送到蒸发器内，储槽内液面维持恒定，其上方压强为$101.33\times10^3\text{Pa}$，蒸发器上部的蒸发室内操作压强为26670Pa（真空度），蒸发器进料口高于储槽内液面15m，进料量为$20\text{m}^3/\text{h}$，溶液流经全部

管路的能量损失为120J/kg，求泵的有效功率。管路直径为60mm。

**解**：取储槽液面为1-1截面，管路出口内侧为2-2截面，并以1-1截面为基准水平面在两截面间列伯努利方程。

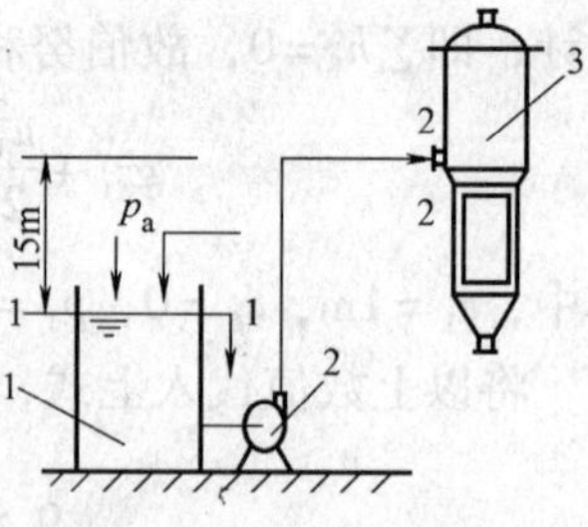

图2-20 例2-16附图
1—储槽 2—泵 3—蒸发器

$$gz_1 + \frac{u_1^2}{2} + \frac{p_1}{\rho} + W_e = gz_2 + \frac{u_2^2}{2} + \frac{p_2}{\rho} + \sum h_f$$

式中，$z_1=0\text{m}$，$z_2=15\text{m}$，$p_1=0$（表压），$p_2=-26670\text{Pa}$（表压），$u_1=0$

$$u_2 = \frac{\frac{20}{3600}}{0.785\times0.06^2}\text{m/s} = 1.97\text{m/s}$$

$$\sum h_f = 120\text{J/kg}$$

将上述各项数值代入，则

$$W_e = \left(15\times9.81 + \frac{1.97^2}{2} + 120 - \frac{26670}{1200}\right)\text{J/kg} = 246.9\text{J/kg}$$

泵的有效功率 $N_e$ 为

$$N_e = W_e W_s$$

$$W_s = V_s\rho = \frac{20\times1200}{3600}\text{kg/s} = 6.67\text{kg/s}$$

$$N_e = 246.9\times6.67\text{W} = 1647\text{W} = 1.65\text{kW}$$

实际上泵所做的功并不是全部有效的，故要考虑泵的效率 $\eta$，实际上泵所消耗的功率（称轴功率）$N$ 为

$$N = \frac{N_e}{\eta}$$

设本题泵的效率为0.65，则泵的轴功率为

$$N = \frac{1.65}{0.65}\text{kW} = 2.54\text{kW}$$

**【例2-17】** 如图2-21所示，敞空容器液面与排液管出口的垂直距离 $h_1=9\text{m}$，容器内径 $D=3\text{m}$，排液管内径 $d_0=0.04\text{m}$，液体流过系统的能量损失可按 $\sum h_f=40u^2$ 计算，式中 $u$ 为流体在管内的流速。试求经4h后，容器液面下降的高度。

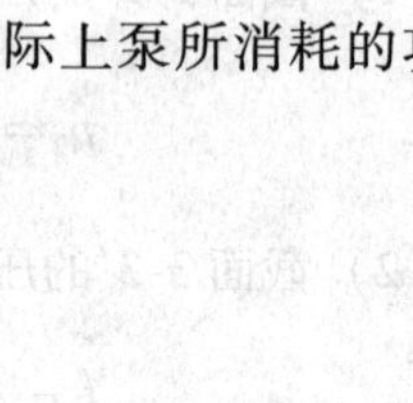

图2-21 例2-17附图

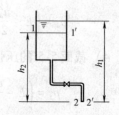

**解**：本题属不稳定流动。经4h后容器内液面下降的高度可通过微分时间内的物料衡算和瞬间的伯努利方程求解。

在d$t$时间内对系统作物料衡算。设 $F'$、$D'$分别为瞬时进、出水效率，d$A'$为d$t$时间内的积累量，则d$t$时间内的物料衡算为

$$F'\text{d}t - D'\text{d}t = \text{d}A'$$

又设在d$t$时间内，容器内液面下降d$h$，液体在管内瞬间流速为$u$，故

$$F' = 0,\ D' = \frac{\pi}{4}d_0^2 u,\ dA' = \frac{\pi}{4}D^2 dh$$

代入上式，得

$$-\frac{\pi}{4}d_0^2 u dt = \frac{\pi}{4}D^2 dh$$

$$dt = -\left(\frac{D}{d_0}\right)^2 \frac{dh}{u} \tag{2-39a}$$

式（2-39a）中瞬时液面高度 $h$（以排液管出口为基准）与瞬时流速 $u$ 的关系，可由瞬时伯努利方程求得。

在瞬间液面 1-1 与管出口内侧截面 2-2 间列伯努利方程，并以 2-2 截面为基准水平面

$$gz_1 + \frac{u_1^2}{2} + \frac{p_1}{\rho} = gz_2 + \frac{u_2^2}{2} + \frac{p_2}{\rho} + \sum h_f$$

式中，$z_1 = h$，$z_2 = 0$，$p_1 = p_2$，$u_1 \approx 0$，$u_2 = u$，$\sum h_f = 40u^2$。

将上述各项数值代入，得

$$9.81h = 40.5u^2,\ u_2 = 0.492\sqrt{h} \tag{2-39b}$$

将式（2-39b）代入式（2-39a），得

$$dt = -\left(\frac{D}{d_0}\right)^2 \frac{dh}{0.492\sqrt{h}} = -\left(\frac{3}{0.04}\right)^2 \frac{dh}{0.492\sqrt{h}} = 11433\frac{dh}{\sqrt{h}}$$

将上式积分

$$t_1 = 0 \qquad h_1 = 9\text{m}$$

$$t_2 = 4 \times 3600\text{s} \qquad h_2 = h$$

$$\int_{t_1}^{t_2} dt = 11433\int_{h_1}^{h_2} \frac{dh}{\sqrt{h}}$$

$$h = 5.62\text{m}$$

所以经 4h 后容器内液面下降高度为

$$9 - 5.62\text{m} = 3.38\text{m}$$

## 2.4 流体流动现象

在使用伯努利方程进行流体流动过程有关参数计算时，必须先确定机械能损失的数值。本节将讨论能量损失产生的原因及管内速度分布等，为讨论流体流动时的阻力计算提供必要的基础。

### 2.4.1 流动中的动量传递

在图 2-5 中，沿流动方向相邻两流体层由于速度的不同，它们的动量也就不同。速度较快的流体层中的流体分子，在随机运动的过程中有一些进入速度较慢的流体层中，与速度较

慢的流体分子互相碰撞，使速度较慢的分子速度加快，动量增大。同时，速度较慢的流体层中亦有同量分子进入速度较快的流体层。流体层之间的分子交换使动量从速度大的流体层向速度小的流体层传递。由此可见，分子动量传递是由于流体层之间速度不等，动量从速度大处向速度小处传递，这与在物体内部因温度不同，有热量从温度高处向温度低处传递类似。

牛顿粘性定律表达式就是表示这种分子动量传递的。式（2-12b）可改写成下列形式

$$\tau = \frac{\mu}{\rho}\frac{\mathrm{d}(\rho u)}{\mathrm{d}y}$$

由于 $\nu = \dfrac{\mu}{\rho}$，则

$$\tau = \nu\frac{\mathrm{d}(\rho u)}{\mathrm{d}y}$$

式中，$\rho u = \dfrac{mu}{V}$为单位体积流体的动量，$\dfrac{\mathrm{d}(\rho u)}{\mathrm{d}y}$为动量梯度。而剪应力的单位可表示为

$$[\tau] = \frac{\mathrm{N}}{\mathrm{m}^2} = \frac{\mathrm{kg \cdot m/s^2}}{\mathrm{m}^2} = \frac{\mathrm{kg \cdot m/s}}{\mathrm{m}^2 \cdot \mathrm{s}}$$

因此，剪应力可看做单位时间单位面积传递的动量，称为动量传递速率，动量传递速率与动量梯度成正比。

## 2.4.2 两种不同的流动形态和雷诺准数

为了探讨流动阻力损失与流速间的关系，英国物理学家雷诺于 1883 年经过实验，发现了流体流动有两种性质不同的流动形态，它们的内部规律有很大的差异，因而能量损失的机理应有不同解释。

雷诺实验是在如图 2-22 所示的装置中进行的。由水箱 A 引出玻璃管 B，用出口阀 C 调节水的流量。容器 D 内装有密度与水相近的颜色水，经细管 E 流入玻璃管 B 中，阀门 F 可调节颜色水的流量。

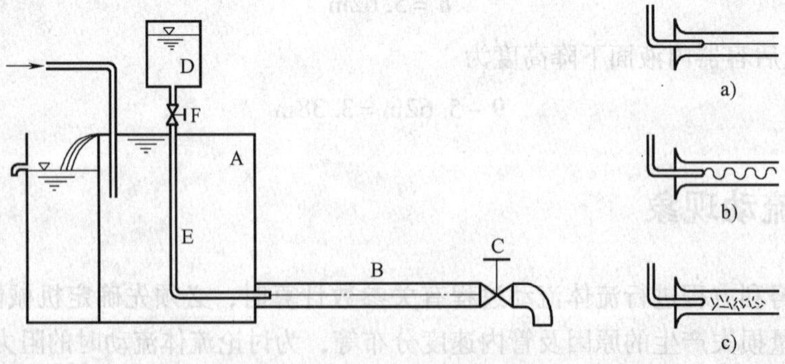


图 2-22 流态实验装置

实验装置设置在周围环境无振动的室内，这样对实验性能影响最小。

实验开始时，打开阀门 C，使玻璃管 B 内水的流速很小，然后打开阀门 F，放出少量颜色水，这时可见玻璃管内颜色水呈一细直的流线，不同液层间毫不相混。这种流动形态称为

层流，如图2-22a所示。继续开大阀门C，则流速增加，到某一临界流速$u_k$时，颜色水出现摆动，呈现一曲折流线，如图2-22b所示。阀门继续开大，则颜色水迅速与周围清水掺混，如图2-22c所示。此时液体质点的运动轨迹是随机的，有沿流动方向的位移，且有垂直于流动方向的位移，流速的大小和方向随时间而变化，这种流动状态称为湍流。

层流流动中，流体质点沿流体流动方向做有规则的一维分层流动，层次分明，互不混杂。与层流流动不同的湍流的基本特征是出现了速度的脉动，质点沿流动方向运动的同时，还做随机的脉动。

直管阻力损失与流体的流动形态有关，因此流动形态的判别是阻力计算的前提，用介于层流与湍流之间的临界流速来判别流动形态并不方便，因为临界流速随管道几何尺寸和流体种类而改变。

雷诺及其以后的实验者曾对直径不同的圆管和多种液体进行实验，发现流动形态与流速$u$、管径$d$、流体的粘度$\mu$和密度$\rho$等四个因素有关。雷诺将上述四个因素组合成一个量纲为一的准数，称雷诺准数，用$Re$表示，即

$$Re=\frac{du\rho}{\mu}=\frac{du}{\nu}$$

对应于临界流速下的雷诺准数，称为临界雷诺准数，用$Re_k$表示。虽然不同条件下的临界流速$u_k$不同，但实验表明对于任何管径和任何一种牛顿型流体，它们的临界雷诺准数都是相同的，其值约为2000，即

$$Re=\frac{du_k}{\mu}=2000 \tag{2-40}$$

这个雷诺准数的数值，是指在临界流速$u_k$下的雷诺准数。

对应于上临界流速的雷诺准数是不固定的，对于工程实际问题意义不大，这里不作为判别流动形态的依据。

2000~4000是下临界雷诺准数与上临界雷诺准数的变动范围，即由层流向湍流转变的过渡区。这样，若流体在管内流动：

1）当$Re<2000$时，为层流区。

2）当$2000<Re<4000$时，有时出现层流，有时出现湍流，由实验设备所处的环境受扰动情况所决定，此为过渡区。

3）当$Re>4000$时，一般都呈现湍流，此为湍流区。

这里要指出，以雷诺准数为判据，将流体流动划分为三个区域：层流区、过渡区、湍流区，但是只有两种流动形态，过渡区并非是一种流型，只是表示在该区域内出现层流或出现湍流，需视外界环境扰动情况而定。

应当指出，即使管内流动的流体作湍流流动，若用红墨水注入紧靠管壁附近的流体薄层中，则可发现有作直线流动的红墨水线。这说明，无论流体的湍流程度如何剧烈，在管壁处总是有一层作层流流动的流体薄层，此层流体称层流内层（或称滞流底层）。

**【例2-18】** 用内径$d=100$mm的管道，输送流量为12kg/s的水，如果水温为5℃，试确定管内水的流动形态。如果用此管道输送同样质量流量的石油，已知石油密度$\rho=850$kg/m$^3$，运动粘度$\nu=1.14$cm$^2$/s，试确定石油的流动形态。

**解**：5℃水，$\rho$ 取 $1000\text{kg/m}^3$，$\mu = 1.5\times10^{-3}\text{Pa}\cdot\text{s}$

输送水时

$$V = m_s/\rho_{水} = (12/1000)\text{m}^3/\text{s} = 0.012\text{m}^3/\text{s}$$

$$u = \frac{4V}{\pi d^2} = \frac{4\times0.012}{\pi\times0.1^2}\text{m/s} = 1.53\text{m/s}$$

$$Re = \frac{du\rho}{\mu} = \frac{0.1\times1.53\times10^3}{1.5\times10^{-3}} = 10199 > 4000$$

所以水的流动形态为湍流。

输送石油时

$$\nu = 1.14\text{cm}^2/\text{s} = 1.14\times10^{-4}\text{m}^2/\text{s}$$

$$V = m_s/\rho_{石油} = (12/850)\text{m}^3/\text{s} = 0.014\text{m}^3/\text{s}$$

$$u = \frac{4V}{\pi d^2} = \frac{4\times0.014}{\pi\times0.1^2}\text{m/s} = 1.78\text{m/s}$$

$$Re = \frac{du}{\nu} = \frac{0.1\times1.53\times10^3}{1.14\times10^{-4}} = 1561 < 2000$$

**【例 2-19】** 有一圆管形风道，内径为200mm，输送的空气温度为20℃，求气流保持层流时的最大流量，若输送的空气量为250kg/h，气流是层流还是湍流。

**解**：20℃的空气，$\nu = 15.06\times10^{-6}\text{m}^2/\text{s}$，$\rho = 1.205\text{kg/m}^3$

1）

$$Re = \frac{du}{\nu} = 2000$$

$$u = \frac{2000\nu}{d} = \frac{2000\times15.06\times10^{-6}}{0.2}\text{m/s} = 0.15\text{m/s}$$

所以层流时的最大流量

$$V_s = \frac{\pi}{4}d^2u = \frac{\pi}{4}\times0.2^2\times0.15\text{m}^3/\text{s} = 4.7\times10^{-3}\text{m}^3/\text{s} = 16.9\text{m}^3/\text{h}$$

$$m_s = V_s\rho = 4.7\times10^{-3}\times1.205\text{kg/s} = 5.7\times10^{-3}\text{kg/s} = 20.2\text{kg/h}$$

2）

$$V_s = \left(\frac{250}{3600}\middle/1.205\right)\text{m}^3/\text{s} = 0.0576\text{m}^3/\text{s}$$

$$u = \frac{4V}{\pi d^2} = \frac{4\times0.0576}{\pi\times0.2^2}\text{m/s} = 1.83\text{m/s}$$

$$Re = \frac{du}{\nu} = \frac{0.2\times1.83}{15.06\times10^{-6}} = 243000 > 4000$$

所以当输送空气量为250kg/h时，气流为湍流。

## 2.4.3 流体在圆管内的流速分布

### 1. 层流流体在圆管内的速度分布

无论是层流还是湍流，流体在管内流动时管截面上各点的速度随该点与管中心的距离而变化，这种变化关系称为速度分布。一般，管壁处流体质点流速为零，离开管壁后速度渐增，到管中心处速度最大。速度在管道截面上的分布规律则因流型而异。

（1）圆管内层流流动的速度分布　当流体在圆管内流动，其雷诺准数小于临界数值时，即 $Re<2000$，流体的流动形态为层流，各流速相互平行，无横向流动。

对于层流应用牛顿粘性定律分析速度分布。如图 2-23 所示，在一圆管中心取一半径为 $r$ 长度为 $l$ 的等直径圆柱体流体段，设两截面 1-1 和 2-2 中心距基准面的垂直高度为 $z_1$ 和 $z_2$，压力分别为 $p_1$ 和 $p_2$，取流速方向为正，作用于两截面的总压力为

$$F_1=\pi r^2 p_1$$

$$F_2=\pi r^2 p_2$$

作用于流体段的重力轴向分力为 $\pi r^2 l\rho g\sin\theta$。

作用于流体段侧表面的粘性阻力为 $2\pi rl\tau$。

根据牛顿粘性定律

$$\tau=\mu\frac{\mathrm{d}u}{\mathrm{d}r}$$

粘性阻力与流速方向相反，取负值；粘性应力 $\tau$ 取负值；因 $u$ 随 $r$ 的增大而减小，所以 $\mathrm{d}u/\mathrm{d}r$ 为负。

由图 4-23 可知

$$\sin\theta=\frac{z_2-z_1}{l}\qquad(2\text{-}41\text{a})$$

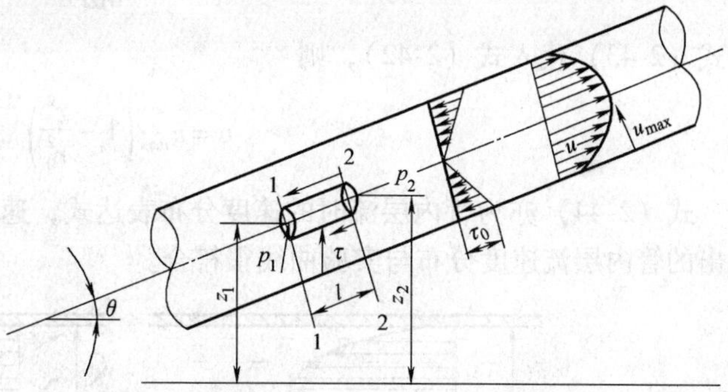

图 2-23　圆管内层流分析

对于稳定流动，满足力的平衡条件，则

$$\pi r^2(p_1-p_2)+2\pi rl\mu\frac{\mathrm{d}u}{\mathrm{d}r}-\pi r^2 l\rho g\sin\theta=0\qquad(2\text{-}41\text{b})$$

将式（2-41a）代入式（2-41b），得到

$$\mathrm{d}u=-\frac{\rho g}{2\mu l}\left(\frac{p_1-p_2}{\rho g}+z_1-z_2\right)r\mathrm{d}r\qquad(2\text{-}41\text{c})$$

列截面 1-1 和 2-2 的伯努利方程

$$h_{\mathrm{f}}=\frac{p_1-p_2}{\rho g}+z_1-z_2\qquad(2\text{-}41\text{d})$$

将式（2-41d）代入式（2-41c）得到

$$\mathrm{d}u=-\frac{\rho g h_{\mathrm{f}}}{2\mu l}r\mathrm{d}r\qquad(2\text{-}41\text{e})$$

将式（2-41e）积分则

$$u=-\frac{\rho g h_{\mathrm{f}}}{4\mu l}r^2+C\qquad(2\text{-}41\text{f})$$

根据管壁的边值条件，当 $r=r_0$（圆管半径），$u=0$，则

$$C=-\frac{\rho g h_{\mathrm{f}}}{4\mu l}r_0^2\qquad(2\text{-}41\text{g})$$

将式（2-41g）代入式（2-41f），则

$$u = -\frac{\rho g h_f}{4\mu l}(r_0^2 - r^2) \tag{2-41h}$$

当管路水平放置时，将 $h_f = \frac{\Delta p}{\rho g}$ 代入式（2-41h），则

$$u = -\frac{\Delta p}{4\mu l}(r_0^2 - r^2) \tag{2-42}$$

式（2-42）为圆管内流体层流时的速度分布式，它表明速度在流动截面上按抛物线规律变化，如图 2-24a 所示。

在管轴线上，$r=0$，速度达到最大值。以 $u_{max}$ 表示，则

$$u_{max} = \frac{\Delta p}{4\mu l}r_0^2 \tag{2-43}$$

将式（2-43）代入式（2-42），则

$$u = u_{max}\left(1 - \frac{r^2}{r_0^2}\right) \tag{2-44}$$

式（2-44）亦为管内层流时的速度分布表达式，速度分布情况如图 2-24a 所示。以上推导出的管内层流速度分布与实验曲线很符合。

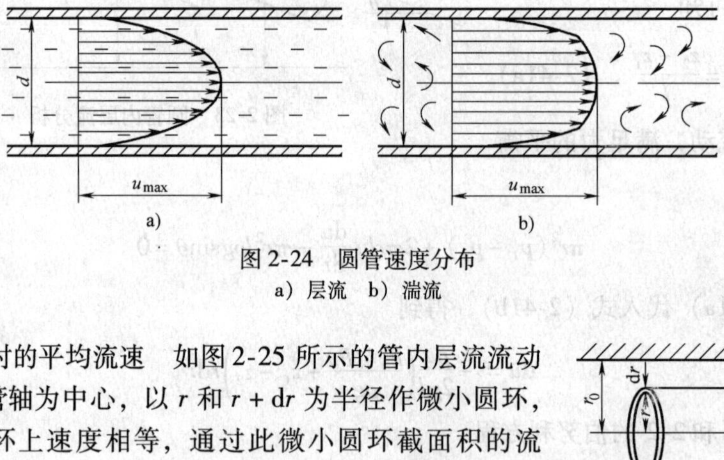


a) b)

图 2-24 圆管速度分布

a）层流 b）湍流

（2）层流时的平均流速 如图 2-25 所示的管内层流流动的流体中，以管轴为中心，以 $r$ 和 $r+dr$ 为半径作微小圆环，假定此微小圆环上速度相等，通过此微小圆环截面积的流量为

$$dV_s = 2\pi r dr u = 2\pi u r dr \tag{2-45a}$$

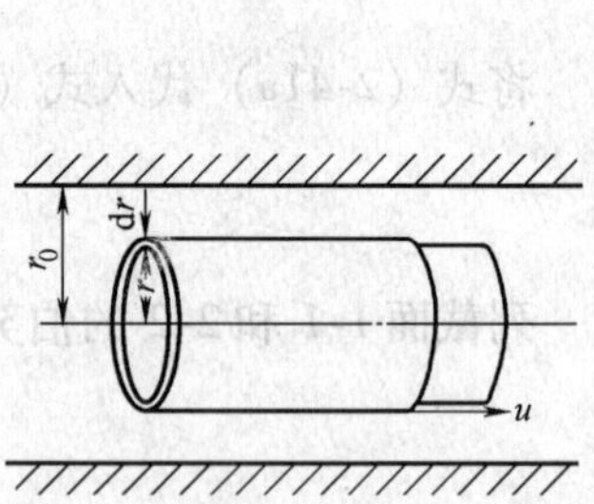


图 2-25 平均流速的推导

将式（2-41h）代入式（2-45a），则

$$dV_s = \frac{\pi\rho g h_f}{2\mu l}(r_0^2 - r^2)rdr \tag{2-45b}$$

积分式（2-45b），积分限从 $0 \sim r_0$，则

$$V_s = \frac{\pi\rho g}{8\mu l}h_f r_0^4 \tag{2-45c}$$

所以管内流体平均流速

$$u = \frac{V_s}{A} = \frac{\rho g}{8\mu l}r_0^2 = \frac{1}{2}u_{max} \tag{2-46}$$

式（2-46）表明层流时，管截面平均流速为管中心最大流速的一半。

（3）层流时流体的动能　图 2-25 所示通过微小圆环截面的质量流量为

$$dm_s = \rho u 2\pi r dr$$

单位时间内通过该微小圆环截面流体的动能

$$dE = (\rho u 2\pi r dr)(u^2/2) = \pi\rho u^3 r dr$$

$$= \pi\rho u_{max}^3 \left(1 - \frac{r^2}{r_0^2}\right)^3 r dr$$

$$= 8\pi\rho u^3 \left(1 - \frac{r^2}{r_0^2}\right)^3 r dr$$

单位时间内通过圆管整个截面的动能

$$E = -4\pi\rho r_0^2 u^2 \int_{r=0}^{r=r_0} \left(1 - \frac{r^2}{r_0^2}\right) d\left(1 - \frac{r^2}{r_0^2}\right) \tag{2-47}$$

$$= \pi\rho r_0^2 u^3$$

通过圆管整个截面每千克流体的动能

$$\left(\frac{E}{m_s} = \frac{\pi\rho r_0^2 u^3}{\pi r_0^2 u\rho} = u^2 \tag{2-48}$$

**2. 圆管内流体湍流流动的速度分布**

（1）湍流的速度分布　流体湍流流动时，流体质点的运动情况比较复杂，目前还不能完全用理论方法得出其速度分布规律。

比较图 2-24a 与图 2-24b，湍流时的速度分布曲线中部较平坦，靠近管壁处基本呈直线状，湍流时的层流内层的流体速度可视为呈线性分布，中部平坦部分可用普兰特提出的速度指数型分布规律表达

$$u = u_{max}\left(1 - \frac{r}{r_0}\right)^{1/n} \tag{2-49a}$$

或

$$u = u_{max}\left(\frac{y}{r_0}\right)^{1/n} \tag{2-49b}$$

式中 $y = r_0 - r$，为流体质点离壁面的距离，$n$ 在 6 ~ 10 之间，雷诺准数越大，$n$ 越大。当 $Re = 10^5$ 左右时，$n = 7$，此时称为 1/7 次方定律，此式为经验公式。

以上速度分布规律，流动达到平稳（或充分发展）时才成立。管口附近，干扰影响未消失，弯管、分支、合流或阀门附近，流动受到干扰，速度分布曲线会发生变形。

（2）湍流时的平均速度　假定流动符合 1/7 次方定律，则通过如图 2-25 所示的微小圆环截面的流体体积流量为

$$dV_s = 2\pi r u_{max}(y/r_0)^{1/7} dr$$

$$= -2\pi u_{max}(r_0 - y)(y/r_0)^{1/7} dy$$

通过圆管截面的体积流量为

$$V_s = -2\pi u_{\max} r_0^2 \int_{y=r_0}^{y=0} \left(1-\frac{y}{r_0}\right)\left(\frac{y}{r_0}\right)^{1/7} \mathrm{d}\left(\frac{y}{r_0}\right)$$

$$= -2\pi u_{\max} r_0^2 \left[\frac{7}{8}\left(\frac{y}{r_0}\right)^{8/7} - \frac{7}{15}\left(\frac{y}{r_0}\right)^{15/7}\right]_{r_0}^{0}$$

$$= 2\pi u_{\max} r_0^2 \left(\frac{7}{8}-\frac{7}{15}\right)$$

$$= (49/60)\pi r_0^2 u_{\max}$$

$$= 0.82\pi r_0^2 u_{\max}$$

平均速度

$$u = \frac{V_s}{\pi r_0^2} = \frac{0.82\pi r_0^2 u_{\max}}{\pi r_0^2} = 0.82 u_{\max} \tag{2-50}$$

由此可知湍流时平均速度约等于管中心处最大速度的 0.82 倍。

（3）湍流时流体的动能　如图 2-25 所示，单位时间通过环形截面的动能

$$\mathrm{d}E = (2\pi r \mathrm{d}r \cdot u\rho)(u^2/2)$$

$$= \rho\pi\left(u_{\max}\left(\frac{y}{r_0}\right)^{1/7}\right)^3 (r_0 - y)\mathrm{d}(r_0 - y)$$

$$= -\rho\pi u_{\max}^3 r_0^2 \left(1-\frac{y}{r_0}\right)\left(\frac{y}{r_0}\right)^{3/7} \mathrm{d}\left(\frac{y}{r_0}\right)$$

单位时间通过圆管截面流体的动能为

$$-\pi\rho u_{\max}^3 r_0^2 \int_{y/r_0=1}^{y/r_0=0} \left[\left(\frac{y}{r_0}\right)^{3/7} - \left(\frac{y}{r_0}\right)^{10/7}\right] d\left(\frac{y}{r_0}\right)$$

$$= \pi\rho u_{\max}^3 r_0^2 \left(\frac{7}{10}-\frac{7}{17}\right)$$

$$= \frac{49}{170}(\pi\rho r_0^2)\left(\frac{60u}{49}\right)^3$$

$$= 0.53\pi\rho r_0^2 u^3$$

通过圆管截面每千克流体的动能为

$$0.53\pi\rho r_0^2 u^3 / \pi r_0^2 u\rho = 0.53u^2 \approx u^2/2$$

在总能量衡算中的动能项，未考虑速度分布，按平均速度取为 $u^2/2$。这种取法对湍流来说基本符合，对层流来说小了一半。但动能一项占总能量的比例很小。所以动能取法引起的误差可忽略。

**3. 圆管内层流与湍流的比较**

综合上述，圆管内流体流动的基本性质与流动形态密切相关，速度分布却都是从中心向边缘逐渐变小，轴线速度最大，边缘速度为零。为区别清晰起见，归纳成表 2-6。

表 2-6　圆管内层流与湍流的比较

| 类别 | 层流 | 湍流 |
|---|---|---|
| 速度分布 | $u=u_{\max}\left(1-\frac{r^2}{r_0^2}\right)$<br>$u_{\max}=\frac{\Delta p}{4\mu l}r_0^2$ | $u=u_{\max}\left(1-\frac{r}{r_0}\right)^{1/n}$<br>（$n=7$ 较常用） |
| 平均速度 | $u=\frac{1}{2}u_{\max}$ | $u=0.82u_{\max}$ |
| 动能 | $u^2$ | $\frac{u^2}{2}$ |

## 2.4.4　边界层的概念

从前面讨论已知，由于流体有粘性，当它在管内流动时，会出现速度分布，其形态与流动状态直接相关。现在，我们进一步研究流体沿固体表面流动的情况，着重讨论靠近壁面，被称为边界层的那部分流体的流动现象。

**1. 边界层的形成和发展**

（1）流体沿半无限平板流动　如图 2-26 所示，当速度为 $u_0$，且速度分布均匀的来流与一半无限固体平板前缘接触时，在板面处的流体速度为零。随着距板面距离的增加，沿 $x$ 向的流速也增加，并且逐渐接近流体的主流速度 $u_0$，出现图示的速度分布。

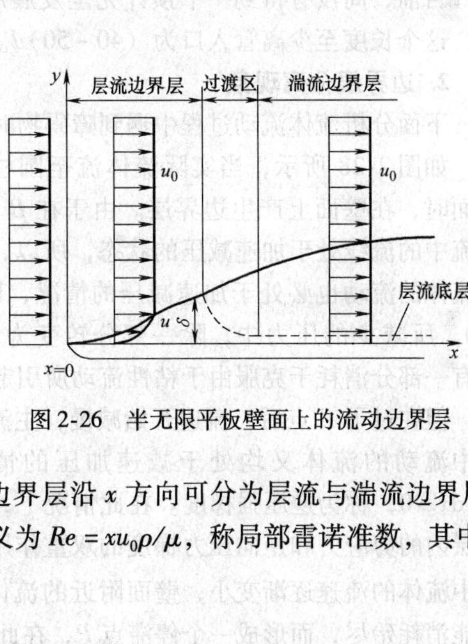


图 2-26　半无限平板壁面上的流动边界层

我们把粘性流体流动受固体表面影响的那部分流体称做边界层。边界层的厚度 $\delta$ 人为地取至流速达到 99% 主体流速 $u_0$ 处。图 2-26 所示虚线即为边界层界线，$\delta$ 为该处边界层厚度。边界层沿 $x$ 方向可分为层流与湍流边界层，其临界点可由雷诺准数求出。此时，雷诺准数定义为 $Re=xu_0\rho/\mu$，称局部雷诺准数，其中 $x$ 是距平板前缘的距离。

对上述情况，实验数据表明：

$$\begin{cases} Re_x<2\times10^5 & \text{边界层是层流} \\ 2\times10^5<Re_x<3\times10^6 & \text{边界层可能是层流也可能是湍流（视平板壁面情况而定）} \\ Re_x>2\times10^6 & \text{边界层是湍流} \end{cases}$$

值得注意的是，当边界层流动为湍流时，在紧靠近壁面处，仍有一层很薄的流体呈层流流动，称层流底层。流体在层流底层中出现很大的速度梯度。在层流底层与边界层湍流部分之间有一区域，其中既非层流又非完全湍流，这是缓冲层。边界层内由于粘性剪应力引起的曳力称表面曳力，或表面摩擦力。流体沿平板流动时，这是唯一的曳力。

（2）流体在圆形直管内流动　当流体以均匀流速 $u_0$ 流入一个圆管时，边界层便会在管壁上形成，而且随离入口处越远变得越厚。因流体在边界层内受到阻滞，且总流量又维持不变，故在管中央的流体将被加速。即在管入口段流速不仅在径向有分布，而且还随入口距离

$L_0$ 变化，是二维分布问题。在距管入口某一距离处，已形成的边界层在轴心处汇合，并且此后占据整个管截面，其厚度将不再变化。在此以后的流动成为完全发展了的流动，速度分布形态不再发生变化。在完全发展了的流动开始时，如边界层仍为层流，则此后管内的流动保持层流。反之，如边界层已经是湍流，则管内将保持湍流流动，如图 2-27 所示。

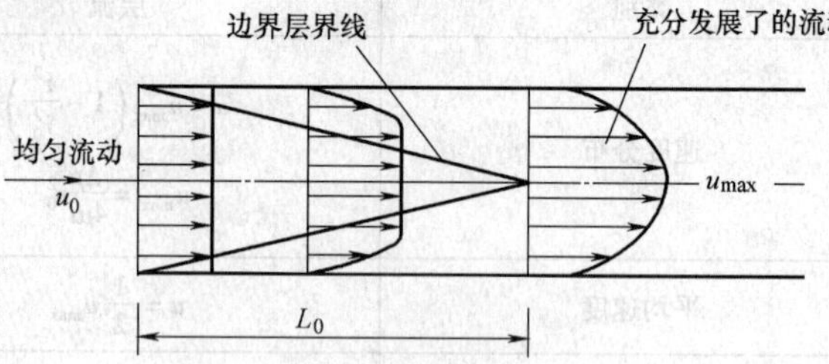


图 2-27 管入口附近的边界层

完全发展了的流动为层流时所需的入口长度 $L_0$ 可以用下式估计：

$$L_0/d = 0.0575Re \tag{2-51}$$

其中，$d$ 为管内径。该式为解析结果，与实验结果基本一致。

目前，尚没有得到一个预计完全发展后的流动为湍流时的入口长度关系式。但实验表明，这个长度至少离管入口为 $(40\sim50)d$。

**2. 边界层分离现象**

下面分析流体流动过程中遇到障碍物时所发生的现象。

如图 2-28 所示，当实际流体流至圆柱体上侧壁面时，在壁面上产生边界层。由于在 $B$ 点之前，主流中的流线处于加速减压的状态，所以，边界层内流体的流动也必处于加速减压的情况，即 $dp/dx<0$。所减少的压力中，除一部分转变为动能外，还有一部分消耗于克服由于粘性流动所引起的剪应力。但在过了 $B$ 点后，流速开始减慢，主流和边界层中流动的流体又均处于减速加压的情况，即 $dp/dx>0$，称为逆压强梯度。在此情况下，由于边界层内的剪应力和逆向压力梯度的双重作用，边界层中流体的流速逐渐变小，壁面附近的流体质点到达 $P$ 点后，终于在 $Re$ 相当低的情况下，动能消耗殆尽，而形成一个停滞点 $P$，在此点处速度为零，其压力要比上游的压力大。

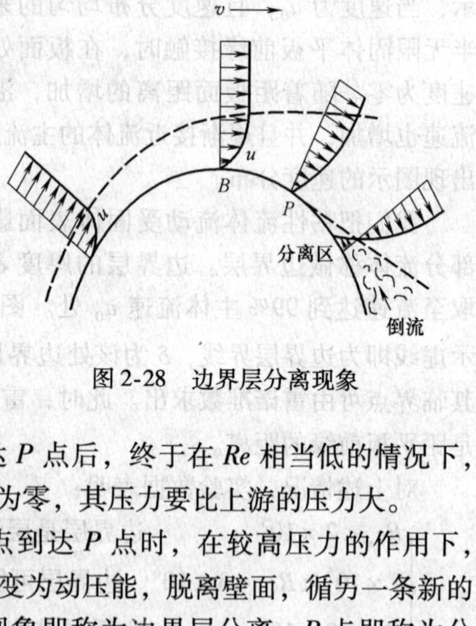


图 2-28 边界层分离现象

由于液体可视为不可压缩，所以后续流体的质点到达 $P$ 点时，在较高压力的作用下，被迫离开壁面和原流线方向，将自己的部分静压能转变为动压能，脱离壁面，循另一条新的流线方向继续向下游流去。这种边界层脱离壁面的现象即称为边界层分离。$P$ 点即称为分离点。

在 $P$ 点的下游，由于形成了流体的空白区，所以在逆向压力梯度的作用下，必有倒流的流体来补充，这些倒流的流体由于不能靠近处于高压下的 $P$ 点又被迫退回，从而产生旋涡。因此，在回流与主流之间，必存在一个分离面，如图 2-28 所示。这个分离面称为分界面。

由上述可知，边界层分离是旋涡形成的一个重要原因，这种现象通常在流道截面忽然扩大或流体绕物体（流线性物体除外）流过时发生。

综上所述：流动流体如遇流道扩大，便会产生逆压强梯度；在逆压梯度与剪应力（摩擦力）的共同作用下，容易造成边界层分离；边界层分离后，产生旋涡，造成形体阻力，消耗了机械能。为了减少机械能损失，可采用流线型结构。

## 2.5　流体在管内的流动阻力

管路系统主要由直管和管件组成。管件包括弯头、三通、短管、阀门等。无论直管和管件都对流体有一定的阻力，消耗一定的机械能。直管造成的机械能损失称为直管阻力损失（或称沿程阻力损失），是由流体内摩擦而产生的。管件造成的机械能损失称为局部阻力损失，主要是流体流经管件、阀门及管局部地方截面的突然扩大或缩小所引起的。在运用伯努利方程时，应先分别计算直管阻力和局部阻力损失的数值，然后求和。

### 2.5.1　管、管件及阀门

管路系统是由管、管件、阀门以及流体输送机械等组成的。当流体流经管和管件、阀门时，会产生漩涡而消耗能量。因此，在讨论流体在管内的流动阻力时，必须对管、管件以及阀门有所了解。

**1. 管**

管的种类很多，目前已在化工生产中广泛应用的有铸铁管、钢管、特殊钢管、有色金属管、塑料管及橡胶管等。钢管又有有缝与无缝之分；有色金属管又可分为纯铜管、黄铜管、铅管及铝管等。有缝钢管多用低碳钢制成；无缝钢管的材料有普通碳钢、优质碳钢以及不锈钢等。不锈钢管价格昂贵，但适于输送强腐蚀性的流体，如稀硝酸用管、混酸用管等。铸铁管常用于埋在地下的给水总管、煤气管及污水管等。输送浓硝酸、稀硫酸则应分别使用铝管及铅管。

管的规格有以下几种表示方法：

1）用 $\phi A \times B$ 表示，其中 $A$ 指管外径，$B$ 指管壁厚度，如 $\phi 108\text{mm} \times 4\text{mm}$ 即管外径为 108mm，管壁厚为 4mm。这种方法常用于普通无缝钢管。

2）用公称直径 $DN$ 表示，常用于承插式铸铁管、输水管及燃气输送管路。如 $DN800$ 管，1/8in（1in = 0.0254m）管，800mm 和 1/8in 并不等于内径或外径。

**2. 管件**

管件为管与管的连接部件，它主要是用来改变管道方向、连接支管、改变管径及堵塞管道等，常用的管件有三通、弯头、活管接、大小头等。图 2-29 所示为管路中常用的几种管件。

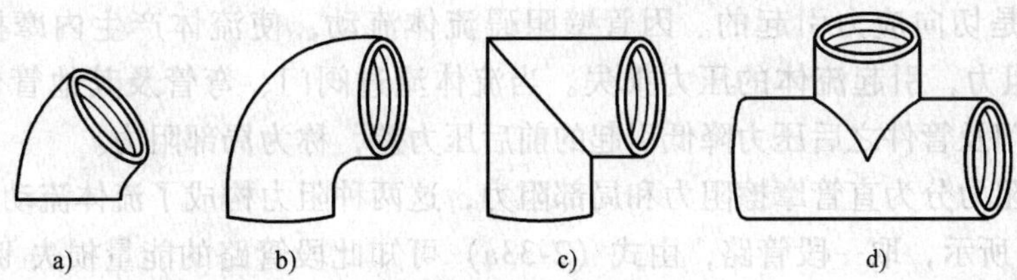


图 2-29　常用管件
a）45°弯头　b）90°弯头　c）90°方弯头　d）三通

**3. 阀门**

阀门装于管道中用以调节流量。常用的阀门有以下几种：

（1）截止阀　截止阀构造如图 2-30 所示，它是依靠阀盘的上升或下降，改变阀盘与阀座的距离，以达到调节流量的目的。

截止阀构造比较复杂，在阀体部分流体流动方向经数次改变，流动阻力较大。但这种阀门严密可靠，而且可较精确地调节流量，所以常用于蒸气、压缩空气及液体输送管道。若流体中含有悬浮颗粒时应避免使用。

（2）闸阀　闸阀又称闸板阀，如图 2-31 所示，闸阀是利用闸板的上升或下降，以调节管路中流体的流量。

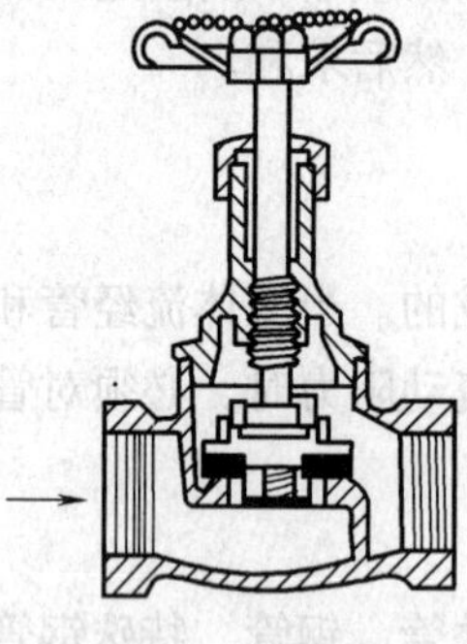

图 2-30　截止阀

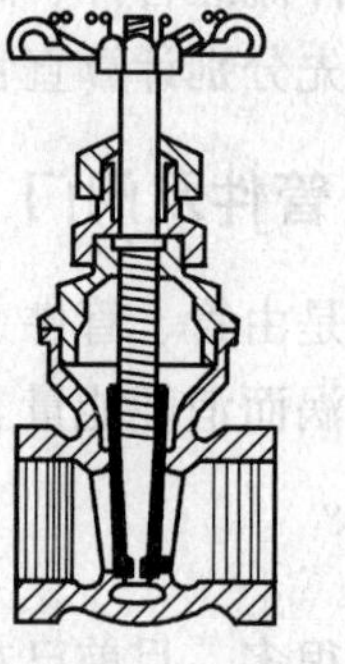

图 2-31　闸阀

闸阀构造简单，液体阻力小，且不易被悬浮物堵塞，故常用于大直径管道。其缺点是闸阀阀体高，制造、检修比较困难。

（3）单向阀　其用途在于只允许流体沿单方向流动。如遇到有反向流动时，阀自动关闭，如图 2-32 所示。单向阀只能在单向开关的特殊情况下使用。离心泵吸入管路上就装有单向阀，往复泵的进口和出口也装有单向阀。

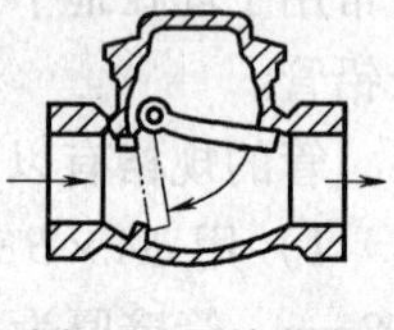

图 2-32　单向阀

除以上几种外，常用的阀门还有球阀、疏水阀、安全阀等。

### 2.5.2　管道阻力损失及通式

流体在管道中流动，管道内壁是阻力产生的外因。流体在管道中流动时，管壁受到流体压力和切应力的作用。这些力的合力可分解为两个力，一个是与来流速度方向一致的作用力，一个是垂直于来流速度方向的力。而管壁对流体阻碍的力与前一个力大小相等方向相反，这种阻力是切向应力引起的。因管壁阻碍流体流动，使流体产生内摩擦，可谓直管（沿程）摩擦阻力，引起流体的压力损失。当流体流过阀门、弯管及其他管件后，形成旋涡，由于在阀门及管件之后压力降低引起的前后压力差，称为局部阻力。

这样，把阻力分为直管摩擦阻力和局部阻力，这两种阻力构成了流体流动的总阻力。

如图 2-33 所示，取一段管路，由式（2-33a）可知此段管路的能量损失 $W_f = g(z_1 - z_2) + \frac{u_1^2 - u_2^2}{2} + \frac{p_1 - p_2}{\rho}$，即能量损失等于两截面 1-1 和 2-2 的位能、动能及压力能变化之和，但

通常位能及动能变化很小。若取水平管的直径不变，则 $W_f\rho = h_f g\rho = p_1 - p_2 = \Delta p$，即这一段管路的阻力损失引起了压力的降低，所以 $\Delta p = \Delta p_f$，称压力损失。

由于机械能衡算式形式不同［式（2-33a）、式（2-36）、式（2-37）］，所以阻力损失一项的单位有 $W_f$(J/kg)，$h_f$(J/N)，$h_f\rho g$($J/m^3$)之分。

如图2-33所示，取一段等直径水平管段，长度为 $l$，速度为 $u$，以截面1-1和2-2与管内壁间的流体柱为控制体，截面1-1的压力 $F_1$、截面2-2的压力 $F_2$ 及剪切力 $F_w$，三力达到平衡，则

$$F_1 - F_2 - F_w = 0 \qquad (2\text{-}52)$$

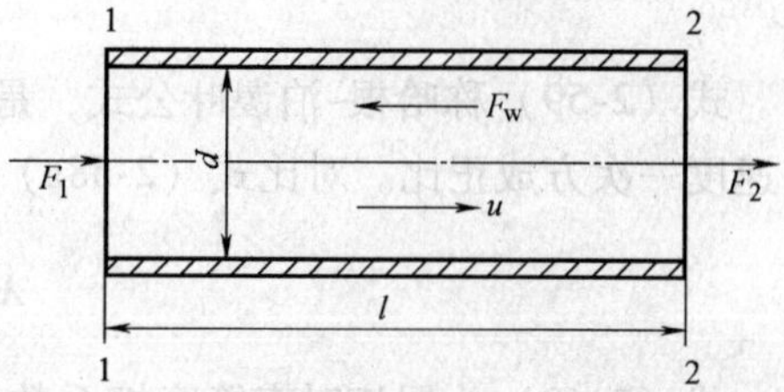


图2-33　管内流体流动时压力与剪力的平衡

且

$$F_1 - F_2 = (p_1 - p_2)\frac{\pi}{4}d^2 = \Delta p_f \frac{\pi}{4}d^2 \qquad (2\text{-}53)$$

$$F_w = \pi dl\,\tau_w \qquad (2\text{-}54)$$

将式（2-53）、式（2-54）代入式（2-52），得

$$\Delta p_f = \frac{4l\,\tau_w}{d} \qquad (2\text{-}55)$$

式（2-55）表示摩擦损失 $\Delta p_f$ 与剪应力 $\tau_w$ 的关系。因 $\Delta p_f$ 与 $u$ 有关，所以将式（2-55）中 $\Delta p_f$ 以流体动能的倍数表示，于是

$$\Delta p_f = 8\left(\frac{\tau_w}{\rho u^2}\right)\left(\frac{l}{d}\right)\frac{\rho u^2}{2} \qquad (2\text{-}56)$$

令

$$\lambda = 8\frac{\tau_w}{\rho u^2} \qquad (2\text{-}57)$$

并代入式（2-56）中，则

$$\Delta p_f = \lambda\,\frac{l}{d}\cdot\frac{\rho u^2}{2} \qquad (2\text{-}58a)$$

$$W_f = \frac{\Delta p_f}{\rho} = \lambda\,\frac{l}{d}\cdot\frac{u^2}{2} \qquad (2\text{-}58b)$$

$$h_f = \frac{\Delta p_f}{\rho g} = \lambda\,\frac{l}{d}\cdot\frac{u^2}{2g} \qquad (2\text{-}58c)$$

式（2-58a）、式（2-58b）及式（2-58c）为计算管内流体摩擦损失的通用计算式。式中 $\lambda$ 与剪应力有关，称为摩擦系数，量纲为一。

在导出式（2-57）时，并未指定流型，故它适用于层流也适用于湍流，只是在层流和湍流两种流动形态下，摩擦损失的性质有所不同，其 $\lambda$ 的求法也不相同。以下将分别讨论层流摩擦系数与湍流摩擦系数。

## 2.5.3　圆管内层流的阻力损失

由式（2-43）知管内最大流速为

$$u_{max} = \frac{\Delta p_f}{4\mu l} r_0^2$$

将由式（2-46）得出的 $u_{max}=2u$，及 $r_0=d/2$ 代入上式，得

$$\Delta p_f = \frac{32\mu lu}{d^2} \tag{2-59}$$

式（2-59）称哈根-泊谡叶公式，是计算层流时阻力损失的公式，说明层流时压力损失与速度一次方成正比。对比式（2-58a）与式（2-59），得

$$\lambda = 64\frac{\mu}{du\rho} = \frac{64}{Re} \tag{2-60}$$

式（2-60）为层流时直管摩擦系数计算式，$\lambda$ 只与雷诺准数有关，$\lambda$ 与 $Re$ 在双对数坐标系上呈一直线关系。层流时，应用式（2-60）计算摩擦阻力损失更为方便。

### 2.5.4 量纲分析法

当流体作湍流流动时，不能用层流时摩擦损失的计算方法来计算其摩擦损失，因为此时牛顿粘性定律已不适用于湍流。因影响湍流摩擦阻力损失的因素较多，至今从理论上来计算湍流时的摩擦损失还有困难。

对于这类复杂问题，如果采用实验的方法，将会很困难。如流体因内摩擦而出现的压力损失 $\Delta p_f$ 与下列几个因素有关：管径 $d$、管长 $l$、平均速度 $u$、流体粘度 $\mu$、流体密度 $\rho$、绝对粗糙度 $\Delta$ 等，即 $\Delta p_f = f(d, l, u, \rho, \mu, \Delta)$。实验时先固定 6 个变量中的 5 个，如 $l$、$u$、$\rho$、$\mu$、$\Delta$，求 $d$ 与 $\Delta p_f$ 的关系，每个变量取 10 个实验值、6 个变量都这样做，如 $\rho$ 与 $\Delta p_f$ 的关系做 10 个实验值，要选 10 种液体做实物，将给实验工作带来很大的难度，总计需要 $10^6$ 次实验，且最终得到大量的实验数据，难以综合分析使用。

利用量纲分析方法，将变量组合成无量纲数群。用无量纲数群代替单个变量，无量纲数群数目比单个变量数目少，这样给实验工作带来了可能与方便。

量纲分析方法的基础是量纲的一致性，又称量纲和谐性，指的是物理方程所包含的各项量纲相等。如伯努利方程 $z + p/\rho g + u^2/2g = C$，方程中每一项都具有长度的量纲。

这一有量纲的物理方程，可转变为无量纲方程，用常数项 $C$ 去除方程每一项，则得无量纲方程

$$z/C + \frac{p}{\rho g}\Big/C + \frac{u^2}{2g}\Big/C - 1 = 0$$

因此，对于复杂的物理现象，不能导出物理方程时，可将有关的物理量组成无量纲数群，再通过实验，定出数群之间的定量关系式为经验关系式，在工程技术中使用它，与理论公式具有同等的重要性。

量纲分析法所得到的无量纲准数的数目等于有因次的独立变量数 $n$ 减去基本量纲数 $m$，称为白金安 $\pi$ 定理。

如对影响压力损失 $\Delta p_f$ 的因素分析，得知它与管径 $d$、管长 $l$、流速 $u$、流体密度 $\rho$、流体粘度 $\mu$ 以及管壁的绝对粗糙度 $\Delta$ 有关，这 7 个物理量用一般函数式表示如下

$$f(d, l, u, \rho, \mu, \Delta, \Delta p_f) = 0 \tag{2-61}$$

这7个物理量，涉及的基本量纲有三个，即长度L，质量M，时间T。按照π定理，无量纲数群的数目为（7－3）个＝4个。令这四个无量纲数群为$\pi_1$、$\pi_2$、$\pi_3$及$\pi_4$，则式（2-61）可转换为

$$\Phi(\pi_1,\pi_2,\pi_3,\pi_4)=0 \tag{2-62}$$

$\pi_1$、$\pi_2$、$\pi_3$、$\pi_4$可按下述步骤得出

1）列出各个物理量的量纲。

$\Delta p_f$——压力损失（$MT^{-2}L^{-1}$）；

$d$——圆管直径（L）；

$u$——流体速度（$LT^{-1}$）；

$l$——管长（L）；

$\rho$——流体密度（$ML^{-3}$）；

$\mu$——流体粘度（$MT^{-1}L^{-1}$）；

$\Delta$——管壁绝对粗糙度（L）。

2）按下述条件选择$m$个（此例中$m=3$）物理量作为$n-m$个无量纲数群（又称无量纲准数）的核心物理量：

① 不包含待定的物理量（本例中为$\Delta p_f$）。

② $m$个物理量应当包括问题所涉及的全部基本量纲，但它们本身却又不能组成无量纲准数。本例中选$d$、$u$、$\mu$作为4个无量纲准数$\pi_1$、$\pi_2$、$\pi_3$、$\pi_4$的核心物理量，且$d$、$u$、$\mu$构不成无量纲准数。

3）$n-m$个物理量分别与这$m$个选定的核心物理量组合成$n-m$个无量纲准数$\pi$，每个无量纲准数$\pi$由$m+1$个物理量组成。本例中$n-m$个剩余物理量为$l$、$\Delta$、$\rho$、$\Delta p_f$，将分别与$d$、$u$、$\mu$组合成4个无量纲准数，则

$$\pi_1=d^a u^b \mu^c l \tag{2-63}$$

$$\pi_2=d^e u^f \mu^g \Delta \tag{2-64}$$

$$\pi_3=d^h u^i \mu^j \rho \tag{2-65}$$

$$\pi_4=d^k u^l \mu^m \Delta p_f \tag{2-66}$$

将$\pi_1$的量纲展开，得

$$M^0T^0L^0=L^{a+b-c+1}T^{-b-c}M^c$$

因等式两端量纲相等，则

对质量M　$c=0$

对时间T　$-b-c=0$

对长度L　$a+b-c+1=0$

联立求解　$c=0,b=0,a=-1$

代入式(2-63)得

$$\pi_1=\left(\frac{l}{d}\right) \tag{2-67}$$

将 $\pi_2$ 的量纲展开，按量纲相等得参数 $g=0$，$f=1$，$e=-1$，代入式（2-64）得

$$\pi_2=\left(\frac{\Delta}{d}\right) \tag{2-68}$$

将 $\pi_3$ 的量纲展开，按量纲相等得参数 $j=-1$，$i=1$，$h=1$，代入式（2-65）得

$$\pi_3=\left(\frac{du\rho}{\mu}\right)=(Re) \tag{2-69}$$

将 $\pi_4$ 的量纲展开，按量纲相等得参数 $m=-1$，$l=-1$，$k=1$，代入式（2-66）得

$$\pi_4=\left(\frac{\Delta p_f d}{\mu u}\right)$$

将 $d$、$u$、$\mu$ 的基本量纲 L、$LT^{-1}$、$MT^{-1}L^{-1}$ 代入 $\pi_4$ 的准数方程中，经整理得

$$\pi_4=\left(\frac{\Delta p_f}{\rho u^2}\right) \tag{2-70}$$

在 $\pi_4$ 中包含待定的物理量 $\Delta p_f$，称之为被决定准数，其他 $\pi_1$、$\pi_2$、$\pi_3$ 准数称之为决定准数。

令$\frac{\Delta p_f}{\rho u^2}=E_u$，由此，得出湍流流动时摩擦阻力损失的准数一般关系式

$$E_u=f\left(\frac{l}{d},\frac{\Delta}{d},Re\right) \tag{2-71}$$

或

$$\frac{\Delta p_f}{\rho u^2}=a\left(\frac{l}{d}\right)^b\left(\frac{du\rho}{\mu}\right)^c\left(\frac{\Delta}{d}\right)^e \tag{2-72}$$

式（2-72）中，$\frac{l}{d}$为管的长度与直径之比，反映管的几何特性；$Re=du\rho/\mu$，表征惯性力与粘性力比值关系，反映流体湍动程度；$\frac{\Delta p_f}{\rho u^2}$表示压力与惯性力之比，称为欧拉准数；$\frac{\Delta}{d}$表示管壁绝对粗糙度 $\Delta$ 与管径之比，称为相对粗糙度，反映管壁几何特性。

4）π 定理的物理意义及几点解释。

① π 定理的物理本质是以研究对象中含有全部基本量纲的物理量作为基本物理量，再与其余物理量组合成无量纲准数，来描述物理量之间的关系。

② π 定理由 $n$ 个有量纲的变量组成 $n-m$ 个无量纲准数，函数结构简化，实验变量大为减少，实验变为现实了。

③ π 定理是研究复杂物理现象的一种手段，只是对复杂现象中各物理量之间关系进行研究，正确组合成无量纲准数，但它不能代替对物理现象本身的研究。

④ 量纲分析之前，确定与物理现象有关的因素时，不应忽视重要的物理量，也不能把不必要的物理量划进来。这样，才能得出正确的准数关系。

⑤ 量纲分析法只是将有量纲的变量组合成 $n-m$ 个无量纲准数，但准数方程的系数与指

数需通过实验确定。

⑥ 在选定 $m$ 个基本物理量时，在符合 2）的原则下可任意选择，如本例可选 $d$、$u$、$\rho$ 或 $l$、$\rho$、$\mu$ 作为基本物理量，经过变换最终都会得到式（2-72）的结果。

⑦ 如果把湍流状态摩擦阻力损失式（2-72）的准数关联中，去掉 $\Delta/d$ 项，则得

$$\frac{\Delta p_{\mathrm{f}}}{\rho u^2}=a\left(\frac{l}{d}\right)^b\left(\frac{du\rho}{\mu}\right)^c \tag{2-73}$$

将式（2-59）$\Delta p_{\mathrm{f}}=32\mu lu/d^2$ 加以变换，则得

$$\frac{\Delta p_{\mathrm{f}}}{\rho u^2}=32\left(\frac{l}{d}\right)\left(\frac{\mu}{du\rho}\right) \tag{2-74}$$

对比式（2-73）与式（2-74），若令式（2-73）中的 $a=32$，$b=1$，$c=-1$，则两式相同。式（2-73）可视为层流与湍流的摩擦阻力的表达通式。

## 2.5.5　圆管内湍流的阻力损失

实验证明，对于均匀直管，流体流动的阻力损失是与管长 $l$ 成正比的，因此对于湍流流动，可以取式（2-72）中 $l/d$ 一项的指数 $b=1$，则式（2-72）变成

$$\frac{\Delta p_{\mathrm{f}}}{\rho u^2}=a\left(\frac{l}{d}\right)\left(\frac{du\rho}{\mu}\right)^c\left(\frac{\Delta}{d}\right)^e \tag{2-75}$$

对照式（2-58a）

$$\Delta p_{\mathrm{f}}=\lambda\ \frac{l}{d}\cdot\frac{\rho u^2}{2}$$

可以得出

$$\lambda=\varphi\left(Re,\frac{\Delta}{d}\right) \tag{2-76}$$

通过实验可以获得摩擦系数与流动状态 $Re$ 和管道相对粗糙度 $\frac{\Delta}{d}$ 的关系。

### 1. 莫狄摩擦系数图

为了计算方便，通过实验把摩擦系数 $\lambda$ 与 $Re$ 数和 $\Delta/d$ 之间的关系绘于双对数坐标内，这就是莫狄摩擦系数图（图2-34），图中有 4 个不同的区域。

（1）层流区　当 $Re\leqslant 2000$ 时，$\lg\lambda$ 随 $\lg Re$ 的增大呈线性下降，斜率为 -1，表达这一直线的关系式为

$$\lambda=\frac{64}{Re}$$

需注意的是，这一线性下降关系说明，层流流动时的阻力损失并非如式（2-58a）直观表示的那样与流体流速的二次方成正比。而是与流速的一次方成正比，这叫做层流阻力的一次方定律。

（2）过渡区　当 $2000<Re<4000$ 时，管内流动随外界条件的影响而出现不同的流型，摩擦系数也因之出现波动。为了保险起见，在工程计算中一般按湍流处理，将相应湍流时的

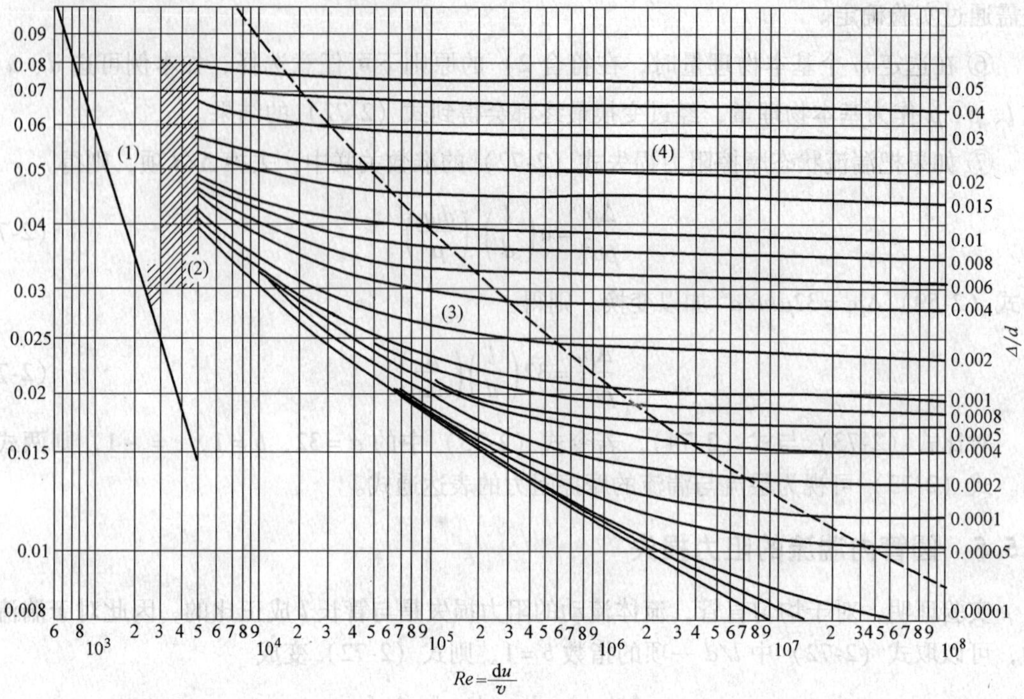


图 2-34　莫狄图

曲线延伸，以便查取 $\lambda$ 值。

（3）湍流区　当 $Re \geqslant 4000$ 且在图 2-34 中虚线以下时，流体流动进入湍流区。$\lambda$ 值随 $Re$ 的增大而减小，$Re$ 增大到一定值以后，$\lambda$ 值随 $Re$ 的增大下降缓慢。

（4）完全湍流区　图 2-34 虚线以上区域，$\lambda$ 与 $Re$ 曲线近乎于水平直线，即 $Re$ 足够大时，摩擦系数基本上不随 $Re$ 的变化而变化。在此区域内 $\lambda$ 值近似为常数，此时流体流动阻力取决于涡流粘度 $\varepsilon$，而分子粘度 $\mu$ 已基本上不起作用。根据式（2-58a），若 $l/d$ 一定，则阻力损失与流速的二次方成正比，称作阻力平方区。

**2. 粗糙度对摩擦系数 $\lambda$ 的影响**

莫狄摩擦系数图中也反映出粗糙度对 $\lambda$ 的影响。对于层流区，粗糙度对 $\lambda$ 不产生影响，这一点很容易得到解释，层流中流体是分层流动的，粗糙度的大小并未改变层流的速度分布和内摩擦规律，因此它不对流动的阻力损失产生明显的影响。

在湍流流动时，管壁高低不平的突出物将对摩擦系数产生影响（图 2-35），这种影响随 $Re$ 的增大而越发显得明显。当 $Re$ 较小时（图 2-35a），湍流流动中的层流底层较厚，只有较高的壁面突出物突出于湍流核心当中，它将阻挡湍流的流动而造成较大的阻力损失。随 $Re$ 的增大（图 2-35b），层流底层减薄，其他较小的突出物也会暴露于湍流之中，造成更大的阻力。由于突出物对于流体湍动的影响，粗糙度越大的管道达到完全湍流区即阻力平方区的 $Re$ 值越低。

图 2-34 中的相对粗糙度一般是通过人工的方法在管壁内粘接颗粒大小相向的均匀砂粒而构成的，故其值可以精确测定。一般工业用管道内壁的突出物高低是不均匀的，其相对粗糙度无法准确予以测定。通常通过实验测定 $\lambda$ 值后反推其相对粗糙度，再依据管径计算其

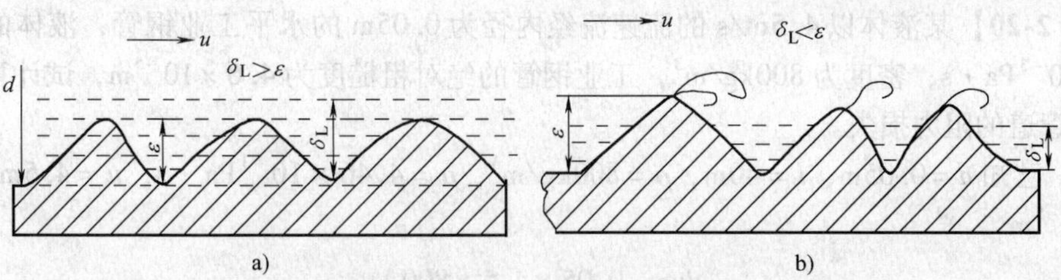


图 2-35 流体流过管壁面的情况

绝对粗糙度，表 2-7 中列出了常用的管道的绝对粗糙度。

**表 2-7 某些工业管道的绝对粗糙度**

| 管道类别 | | 绝对粗糙度 Δ/mm |
|---|---|---|
| 金属管 | 无缝黄铜管、铜管及铝管 | 0.01 ~ 0.05 |
| | 新的无缝钢管或镀锌钢管 | 0.1 ~ 0.2 |
| | 新的铸铁管 | 0.3 |
| | 具有轻度腐蚀的无缝钢管 | 0.2 ~ 0.3 |
| | 具有显著腐蚀的无缝钢管 | 0.5 以上 |
| | 旧的铸铁管 | 0.85 以上 |
| 非金属管 | 干净玻璃管 | 0.0015 ~ 0.01 |
| | 橡皮软管 | 0.01 ~ 0.03 |
| | 木管道 | 0.25 ~ 1.25 |
| | 陶土排水管 | 0.45 ~ 6.0 |
| | 很好整平的水泥管 | 0.33 |
| | 石棉水泥管 | 0.03 ~ 0.8 |

由于管道在生产过程中被腐蚀、结垢，其粗糙度会发生变化，若生产中发生严重腐蚀，其管道的粗糙度会明显增大，这些因素在管路设计计算中应予以考虑。

**3. 计算 λ 值的经验关系式**

根据实验结果，不少学者提出了多种形式的经验关系式，这里择其中重要的予以介绍。

（1）布拉修斯（Blasius）光滑管公式

$$\lambda = \frac{0.3164}{Re^{0.25}} \tag{2-77}$$

该式一般适用于计算 $Re = 5000 \sim 10000$ 的光滑管内湍流流动的摩擦系数。

（2）粗糙管公式 我国化工专家顾毓珍教授提出了如下的关联式：

$$\lambda = 0.01227 + 0.7543Re^{0.38} \tag{2-78}$$

此式适用于 $Re = 3000 \sim 3000000$ 的范围，粗糙管是指钢管。

处于湍流区的摩擦系数也可以采用下式进行计算：

$$\frac{1}{\sqrt{\lambda}} = -2\lg\left(\frac{\Delta}{3.7d} + \frac{2.5l}{Re\sqrt{\lambda}}\right) \tag{2-79}$$

当 $Re$ 很大，流动进入阻力平方区时，摩擦系数可以用下述公式计算：

$$\lambda = 0.11\left(\frac{\Delta}{d} + \frac{68}{Re}\right)^{0.25} \tag{2-80}$$

【例 2-20】某液体以 4.5m/s 的流速流经内径为 0.05m 的水平工业钢管，液体的粘度为 $4.46\times10^{-3}$ Pa·s，密度为 800kg/m$^3$，工业钢管的绝对粗糙度为 $4.6\times10^{-5}$m，试计算流体流经 40m 管道的阻力损失。

**解**：已知 $d=0.05$m，$l=40$m，$\rho=800$kg/m$^3$，$\mu=4.46\times10^{-3}$ Pa·s，$u=4.5$m/s，$\Delta=4.6\times10^{-5}$m

$$Re=\frac{du\rho}{\mu}=\frac{0.05\times4.5\times800}{4.46\times10^{-3}}=40359$$

显然，为湍流流动，又有

$$\frac{\Delta}{d}=4.6\times10^{-5}/0.05=0.00092$$

根据所得 $Re$ 和 $\Delta/d$ 值，查图 2-34 得

$$\lambda=0.024$$

故阻力损失 $\omega_f$ 为

$$\omega_f=\lambda\frac{l}{d}\cdot\frac{u^2}{2}=0.024\times\frac{40}{0.05}\times\frac{4.5^2}{2}\text{J/kg}=194.4\text{J/kg}$$

## 2.5.6 非圆形管内阻力损失

环境工程中，流体流道不完全是圆形管道，如流体有时在两个直径不同的内外管之间的环隙流动，有些气体输送管的截面呈矩形，原水输送渠道多为梯形等。对于非圆形管道中流体流动的阻力损失，一般引入当量直（半）径的概念进行计算。

对于圆形管道，流体流经的管道截面为 $\pi d^2/4$，流体润湿的周边长度为 $\pi d$，可以得出

$$d=\frac{4\times\text{流道截面积}}{\text{润湿周边长度}}=4R$$

$R$ 为当量半径，也称为水力半径，即管（渠）道水力截面积与润湿周边长度之比。

利用类比的方法，可以定义非圆形管道当量直径 $d_e$

$$d_e=\frac{4\times\text{流道截面积}}{\text{润湿周边长度}}=4R \tag{2-81}$$

由式（2-81）很容易导出一些非圆形管道的当量直径，对于一根外径为 $d_1$ 的内管和一根内径为 $d_2$ 的外管构成的环形通道

$$d_e=\frac{4\pi(d_2^2-d_1^2)/4}{\pi(d_1+d_2)}=d_2-d_1$$

对于长和宽分别为 $a$ 和 $b$ 的矩形管道

$$d_e=\frac{4ab}{2(a+b)}=\frac{2ab}{a+b}$$

流体在非圆形直管内作湍流流动时，仍可采用公式（2-58a）计算阻力损失，但计算时，应以当量直径 $d_e$ 代替管径 $d$。一些研究结果表明，当量直径用于湍流流动的情况下阻力损失的计算，结果比较可靠；用于矩形截面管道时，其截面的长与宽之比不能超过 3∶1；用于环形截面管道时，可靠性较差。对于层流流动，用当量直径进行计算时，除管径由当量直径

取代外，摩擦系数应采用下式计算：

$$\lambda = \frac{C}{Re} \tag{2-82}$$

式中的 $C$ 值，根据管道截面形状而定，其值列于表2-8。

**表2-8 某些非圆形管的常数 $C$ 值**

| 非圆管形的截面形状 | 正方形 | 等边三角形 | 环形 | 长方形 | |
|---|---|---|---|---|---|
| | | | | 长宽比 = 2∶1 | 长宽比 = 4∶1 |
| 常数 $C$ | 57 | 53 | 96 | 62 | 73 |

【例2-21】两条长度相等，截面积相向的风道，它们的断面形状不同，一条为圆形，一条为正方形。若它们的直管阻力损失相等，且流动都处于阻力平方区，试问哪条管道的过流能力大？大多少？

解：$a^2 = \frac{\pi}{4}d^2$，$a = 0.886d$，$d_e = \frac{4a^2}{4a} = a = 0.886d$

$$\Delta p_e = \Delta p_f$$

$$\lambda_e \frac{l}{d_e} \cdot \frac{u_e^2}{2g} = \lambda \frac{l}{d} \cdot \frac{u^2}{2g}$$

所以

$$\lambda_e \frac{u_e^2}{d_e} = \lambda \frac{u^2}{d}$$

$$\frac{\lambda_e u_e^2}{0.886d} = \frac{\lambda u^2}{d}$$

$$1.128\lambda_e u_e^2 = \lambda u^2 \tag{2-83a}$$

因为流动处于阻力平方区，式（2-80）忽略第二项，对圆管

$$\lambda = 0.11\left(\frac{\Delta}{d}\right)^{0.25} \tag{2-83b}$$

对正方形管

$$\lambda_e = 0.11\left(\frac{\Delta_e}{d}\right)^{0.25} = 0.11\left(\frac{1.128\Delta}{d}\right)^{0.25} \tag{2-83c}$$

将式（2-83b）与式（2-83c）代入式（2-83a）得

$$u_e = 0.927u$$

$$V = 0.785d^2u$$

正方形截面管的体积流量

$$V_e = a^2u_e = (0.886d)^2 \times 0.927u = 0.728d^2u$$

$$V/V_e = 0.785/0.728 = 1.078$$

所以圆形管的流量为正方形管的1.078倍。

由本题计算可知，截面积相同，正方形截面的当量直径 $a$ 小于圆管直径，而润湿周边正方形管却比圆管大，流体流过正方形截面阻力比圆管大。在阻力相同时，流体流过圆管的流量比正方形管道大。

### 2.5.7 局部阻力

管道中的流动阻力损失除流体流经管的沿程阻力外，还有流体流经各类管件的阻力损失。和直管阻力在沿程均匀分布不同，管件阻力损失集中于管件所在处，故称作局部阻力损失。

前已述及，管件处的局部阻力是形体阻力和摩擦阻力之和。局部阻力损失的主要原因是流道急剧变化使流体边界层分离，造成大量旋涡，导致机械能的消耗。

**1. 局部阻力损失的计算**

局部阻力损失的计算一般可采用两种方法：阻力系数法和当量长度法。

（1）阻力系数法　阻力系数法近似地认为局部阻力损失服从速度平方定律，即

$$h_f = \xi \frac{u^2}{2g} \tag{2-84a}$$

式中　$\xi$——阻力系数，由实验测定。

（2）当量长度法　当量长度法近似地认为局部阻力损失可以相当于某个长度的直管的阻力损失，即

$$h_f = \lambda \frac{l_e}{d} \cdot \frac{u^2}{2g} \tag{2-84b}$$

式中　$l_e$——管件的当量长度。

**2. 几种典型的局部阻力**

（1）管道截面突然扩大　如图 2-36 所示的管道截面突然扩大时，流体从小直径的管道流向大直径的管道，由于惯性力作用，它不可能按照管道形状突然扩大，而是离开小管后流束逐渐地扩大。因此在管壁拐角与流束之间形成旋涡，旋涡靠主流束带动旋转，主流束把能量传递给旋涡，旋涡又把得到的能量由于旋转变成热量而消散。流体从直径小的管道流出的速度较大，必然与大直径管中速度较低的流体质点碰撞，这种碰撞会损失流体的能量。

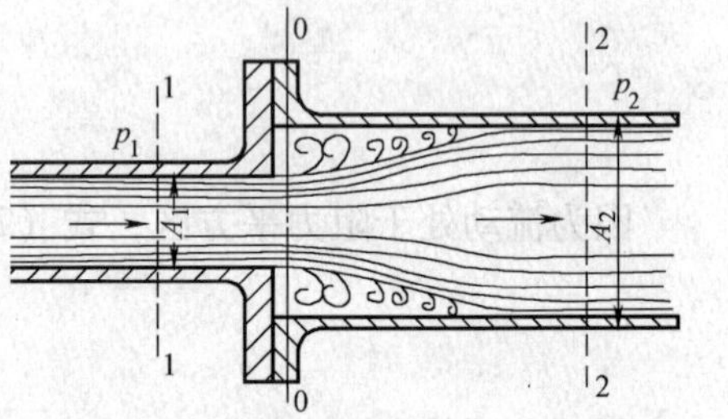

图 2-36　管道截面突然扩大

下面对管道截面突然扩大的能量损失给予分析计算。取截面 0-0、2-2 与其间的管壁作为控制体，根据能量衡算，动量变化及连续性方程，求出截面突然扩大的阻力系数。

根据牛顿第二定律，作用于控制体外的合力等于动量输出速率与动量输入速率之差。

作用于截面 0-0 上的压力等于流束未扩大前的压力 $F_1$，作用于截面 2-2 上的压力等于流束扩大以后的压力 $F_2$。截面 0-0、2-2 之间的壁面作用于流体的应力忽略，则作用于划定控制体的合力 $F$

$$F = F_1 - F_2 = p_1 A_2 - p_2 A_2 = (p_1 - p_2) A_2$$

设 $u_1$ 为流体通过截面 $A_1$ 的流速，$u_2$ 为流体通过截面 $A_2$ 的流速，则动量输入速率为 $(\rho u_1 A_1)u_1$，动量输出速率为 $(\rho u_2 A_2)u_2$，所以

$$(p_1 - p_2)A_2 = \rho u_2^{\ 2} A_2 - \rho u_1^{\ 2} A_1 = \rho u_2 A_2 (u_2 - u_1)$$

即

$$\frac{p_1 - p_2}{\rho} = u_2(u_2 - u_1) \tag{2-85}$$

在两种截面 1-1、2-2 间作机械能衡算

$$\frac{p_1}{\rho} + \frac{u_1^2}{2} = \frac{p_2}{\rho} + \frac{u_2^2}{2} + (W_f)_e$$

式中 $(W_f)_e$——突然扩大的机械能损失。

$$\frac{p_1 - p_2}{\rho} = \frac{u_2^2}{2} - \frac{u_1^2}{2} + (W_f)_e \tag{2-86}$$

联立式（2-85）与式（2-86），则得

$$(W_f)_e = \frac{u_1^2}{2}\left(1 - \frac{A_1}{A_2}\right)^2 \tag{2-87}$$

对比式（2-84a）与式（2-87），则突然扩大的阻力系数为

$$\xi_e = \left(1 - \frac{A_1}{A_2}\right)^2 \tag{2-88}$$

上式计算值比实际的 $\xi_e$ 稍小，原因是推导中用的是平均速度表示动能与动量而未作校正，且假定截面 0-0 处的压力等于未扩大前的压力，与实际有偏差。要注意对管道截面突然扩大的能量损失计算时采用小管中的速度。

(2) 管道截面突然缩小　如图 2-37 所示，流体从大直径管道向小直径管道流动，流束必然收缩。当流体进入小直径管道后，由于惯性力作用，流束将继续收缩至最小截面，称为缩颈，而后又逐渐扩大，直至充满整个小直径截面 2-2。在缩颈附近的流束与管壁之间有旋涡的低压区，在大直径截面与小直径截面连接的凸肩处，也有旋涡形成。流体质点间的摩擦、碰撞及主体流体质点带动旋涡体质点流动等原因都会增加能量损失。由以上分析可见，流动截面突然缩小的阻力由两部分组成，从截面 1-1 到缩颈为加速收缩损失，从缩颈到截面 2-2 为减速扩散损失，且后者较大，此时的阻力系数可用下式计算：

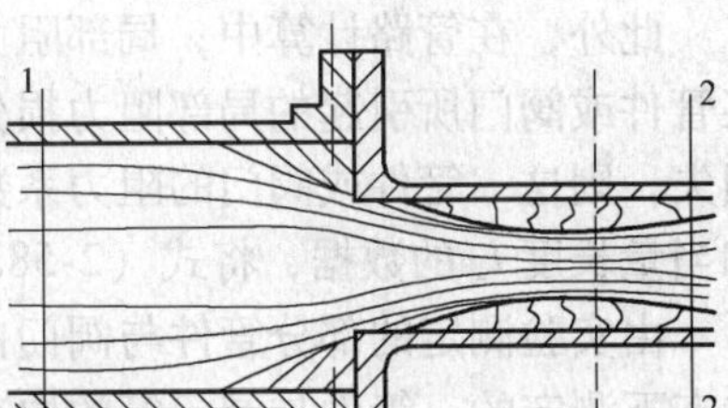

图 2-37　管道截面突然缩小

$$\xi_e = 0.5\left(1 - \frac{A_2}{A_1}\right) \tag{2-89}$$

该式计算简便，但计算值与表 2-9 的实验值相比偏小。

管道截面突然缩小阻力系数实测值列入下表 2-9。

表 2-9 $\xi$ 与 $A_2/A_1$ 的关系

| $A_2/A_1$ | 0.01 | 0.1 | 0.2 | 0.3 | 0.4 | 0.5 | 0.6 | 0.7 | 0.8 | 0.9 | 1.0 |
|---|---|---|---|---|---|---|---|---|---|---|---|
| $\xi$ | 0.5 | 0.47 | 0.45 | 0.38 | 0.34 | 0.30 | 0.25 | 0.20 | 0.15 | 0.09 | 0 |

（3）管出口与管入口　流体自管出口流入容器，或自管出口排放到大气中，相当于截面突然扩大，$A_1/A_2 \approx 0$。按式（2-88）计算，则管出口的阻力系数为

$$\xi = 1.0$$

流体自容器流入管的入口，截面突然缩小 $A_2/A_1 \approx 0$，按式（2-89），管入口的阻力系数为

$$\xi = 0.5$$

（4）管件与阀门的损失　管路上管件与阀门的局部阻力系数列于表 2-10。

表 2-10　管件与阀门的阻力系数及当量长度数据（湍流）

| 名称 | 阻力系数 $\xi$ | 当量长度与管径之比 $l_e/d$ | 名称 | 阻力系数 $\xi$ | 当量长度与管径之比 $l_e/d$ |
|---|---|---|---|---|---|
| 弯头，45° | 0.35 | 17 | 标准阀 | — | — |
| 弯头，90° | 0.75 | 35 | 全开 | 6.0 | 300 |
| 三通 | 1 | 50 | 半开 | 9.5 | 475 |
| 回弯头 | 1.5 | 75 | 角阀，全开 | 2.0 | 100 |
| 管接头 | 0.04 | 2 | 单向阀 | — | — |
| 活接头 | 0.04 | 2 | 球式 | 70.0 | 3500 |
| 闸阀 | — | — | 摇板式 | 2.0 | 100 |
| 全开 | 0.17 | 9 | 水表，盘式 | 7.0 | 350 |
| 半开 | 4.5 | 225 | | | |

此外，在管路计算中，局部阻力用当量长度表示更为方便，由式 $\xi = \lambda(l/d)$ 可知，若某管件或阀门所引起的局部阻力损失等于一段与它直径相同的长度为 $l_e$ 的直管引起的阻力损失，则这一管件或阀门的阻力系数便为 $\lambda(l_e/d)$。$l_e$ 称为管件或阀门的当量长度。只要已知当量长度 $l_e$ 的数据，将式（2-58a）中的 $l$ 代以 $l_e$，便可算出局部阻力损失。

由实验测定的部分管件与阀门的当量长度数据，列于表 2-10。表中的数值都是在湍流状态下测定的。管件与阀门等的构造和加工的精细程度差别很大，其当量长度与阻力系数都会有一个变动范围，因此表中所列数值只是其约值，而局部阻力的计算也只是一种粗略估算。

局部阻力之间互有干扰，在设计新管道时，使各局部阻力之间的距离都大于三倍管道直径，这样基本能消除局部阻力之间的干扰，使计算结果更接近实际情况。

**【例 2-22】** 水通过一突然扩大管，如图 2-36 所示，已知 $d_1 = 5\text{cm}$，$d_2 = 12\text{cm}$，水的流量为 $5 \times 10^{-5}\text{m}^3/\text{s}$，截面 1-1、2-2 间的测压计水柱差 $\Delta h = 0.1\text{m}$。求：

1）突然扩大的局部阻力系数。

2）如果流量不变，水倒流，计算测压计的水位差。

**解：** 1）$u_1 = \dfrac{4V_s}{\pi d_1^2} = \dfrac{4 \times 5 \times 10^{-3}}{\pi \times 0.05^2}\text{m/s} = 2.55\text{m/s}$

$$u_2 = \frac{4V_s}{\pi d_2^2} = \frac{4 \times 5 \times 10^{-3}}{\pi \times 0.12^2}\text{m/s} = 0.44\text{m/s}$$

在截面1-1与2-2间列机械能衡算式，由于相距较近，忽略摩擦损失，只考虑局部阻力损失，则

$$\frac{p_1}{\rho g} + \frac{u_1^2}{2g} = \frac{p_2}{\rho g} + \frac{u_2^2}{2g} + h_f$$

$$\frac{p_2 - p_1}{\rho g} = \frac{u_1^2 - u_2^2}{2g} - h_f \tag{2-90a}$$

又

$$\frac{p_2 - p_1}{\rho g} = \Delta h \tag{2-90b}$$

$$h_f = \xi \frac{u_1^2}{2g} \tag{2-90c}$$

将式（2-90b）、式（2-90c）代入式（2-90a），经过整理，则得

$$\xi = \left(\frac{u_1^2 - u_2^2}{2g} - \Delta h\right)\frac{2g}{u_1^2}$$

$$= \left(\frac{2.55^2 - 0.44^2}{2 \times 9.81} - 0.1\right) \times \frac{2 \times 9.81}{2.55^2} = 0.66$$

由此得实测的管道截面突然扩大的局部阻力系数为0.66。

2）水倒流，在截面2-2与1-1间列机械能衡算式，则

$$\frac{p_1}{\rho g} + \frac{u_1^2}{2g} + h_f = \frac{p_2}{\rho g} + \frac{u_2^2}{2g}$$

$$\Delta h = \frac{p_2 - p_1}{\rho g} = \frac{u_1^2 - u_2^2}{2g} + h_f \tag{2-91a}$$

$$h_f = \xi \frac{u_1^2}{2g} \tag{2-91b}$$

管道截面突然缩小的阻力系数采用式（2-89），则

$$\xi = 0.5\left(1 - \frac{A_2}{A_1}\right) \tag{2-91c}$$

将式（2-91b）、式（2-91c）代入式（2-91a），则

$$\Delta h = \frac{u_1^2 - u_2^2}{2g} + 0.5 \times \left(1 - \frac{0.05^2}{0.12^2}\right) \times \frac{2.55^2}{2 \times 9.81}\text{m} = 0.45\text{m}$$

流量不变，水倒流时，截面2-2的压力高于截面1-1的压力值为：

$$\Delta p = p_2 - p_1 = \Delta h \rho g = 0.45 \times 10^3 \times 9.81\text{Pa} = 4.4 \times 10^3\text{Pa}。$$

## 2.6 管路计算

### 2.6.1 管路计算的依据和类型

工业生产中的管路可分为简单管路和复杂管路（包括管网）两类。管路计算所使用的基本关系式有连续性方程、伯努利方程及各种阻力损失算式。

管路设计中，管径一般根据生产任务要求流量的大小而决定。对于给定的流量，选定的流速越大，则管径越细，因而节省了管材用量即管路设备费。但另一方面，根据阻力计算方程可知：流速增大，流体阻力也随之增大，因而动力消耗费即操作费提高。因此，设计管路时，需要同时考虑这两个互相矛盾的经济因素，以选择适宜的流速或确定经济合理的管径，使操作费与设备费之和最小为原则，如图2-38所示。通常，根据工业生产上积累的经验，选择流速时要考虑流体的性质。粘度及密度较大的流体（如油类等），流速应低些；含有固体悬浮物的液体，为了防止固体颗粒沉积堵塞管路，流速不宜太低；密度很小的气体，流速可以大些；容易获得压力的气体（如饱和水蒸气）流速可以更高些；对于真空管路，所选择的流速必须保证压力降低于允许值。某些流体常用的流速范围见表2-11。

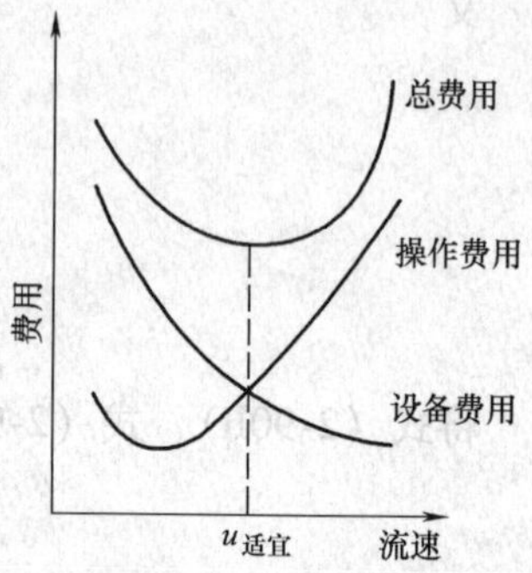


图2-38 管径优化

**表2-11 某些流体在管道中的常用流速范围**

| 流体的种类及状况 | 常用流速范围/(m/s) |
|---|---|
| 自来水（$3\times10^5$Pa左右） | 1.0~1.5 |
| 水及低粘度液体（$10^5$~$10^6$Pa） | 1.5~3.0 |
| 粘度较大的液体 | 0.5~1.0 |
| 工业供水（$8\times10^5$Pa以下） | 1.5~3.0 |
| 锅炉供水（$8\times10^5$Pa以下） | >3.0 |
| 饱和蒸汽（$3\times10^5$Pa以下） | 20~40 |
| 过热蒸汽 | 30~50 |
| 蛇管、螺旋管内的冷却水 | <1.0 |
| 低压空气 | 8~25 |
| 高压空气 | 15~25 |
| 一般空气（常压） | 10~20 |
| 易燃、易爆的低压气体（如乙炔等） | <8 |
| 真空操作下气体 | <10 |
| 饱和水蒸气（$8\times10^5$Pa以下） | 40~60 |
| 鼓风机吸入管 | 10~15 |
| 鼓风机排出管 | 15~20 |

（续）

| 流体的种类及状况 | 常用流速范围/(m/s) |
|---|---|
| 离心泵吸入管（水一类液体） | 1.5～2.0 |
| 离心泵排出管（水一类液体） | 2.5～3.0 |
| 往复泵吸入管（水一类液体） | 0.75～1.0 |
| 往复泵排出管（水一类液体） | 1.0～2.0 |
| 液体自流（冷凝水等） | 0.5 |

管路计算中按照阻力损失计算的特点，又可分为“长管”和“短管”，管路系统中动压头与局部阻力损失两项之和与直管阻力损失相比不能忽略时，这种管路称为“短管”；在管路系统中动压头和局部阻力之和远小于直管阻力损失的计算值，此时这两项阻力损失不作专门计算，按直管阻力损失的5%～10%估计，称这种管路系统为“长管”。属于“短管”的如离心泵的进水管路，采暖系统管路，润滑系统、液压系统等一般管路；属于“长管”的如长距离的输油管路和输水管路。应当指出，“长管”与“短管”不是按管路的几何长度划分的，而是由直管阻力和局部阻力二者的比值大小来决定的。

## 2.6.2 简单管路

首先讨论简单管路中的流体流动规律及其计算。所谓简单管路即具有相同直径相同流量的管路，它是组成复杂管路的基本单元。由于流量不变，直径不变，各截面的速度相同，若两截面的高度差不大时，对于稳定不可压缩流体，如图2-39所示，列两截面1-1和2-2的机械能衡算方程，则

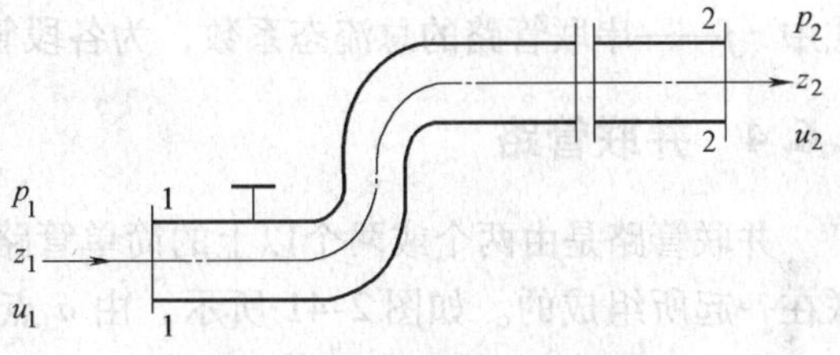

图2-39 简单管路

$$\Delta p_f = \left(\lambda \frac{l}{d} + \sum \xi\right)\frac{\rho u^2}{2}$$

将 $u = 4V/(\pi d^2)$ 代入上式，则

$$\Delta p_f = \frac{8\left(\lambda \frac{l}{d} + \sum \xi\right)\rho}{\pi^2 d^4} V^2 \tag{2-92}$$

令

$$f = \frac{8\left(\lambda \frac{l}{d} + \sum \xi\right)\rho}{\pi^2 d^4} \tag{2-93}$$

则

$$\Delta p_f = fV^2 \tag{2-94}$$

式中 $\Delta p_f$——管路长度为 $l$ 时的压力损失（$N/m^2$）；

$f$——流态系数（$kg/m^7$）。

从 $f$ 的表达式看，它包含了管路的几何尺寸（管长 $l$、管径 $d$ 及粗糙度 $\Delta$ 等），管路的附属装置及管件，工作介质及流动形态。对已确定的管路系统，$d$、$l$、$\xi$ 及一定流体的密度 $\rho$ 均为常数。$f$ 值仅与 $\lambda$ 即 $Re$ 有关，当流动形态一定时，$f$ 为一常数，所以称做流态系数，另

外也有称做流量模数的。

式（2-94）表示了简单管路的流动规律，即简单管路中，总的压力损失与体积流量的平方成正比关系。此规律在管路计算中有广泛应用。

### 2.6.3 串联管路

由几段直径不同的简单管路串联起来的管路称为串联管路，如图2-40所示。因此，串联管路与简单管路的计算方法相同。

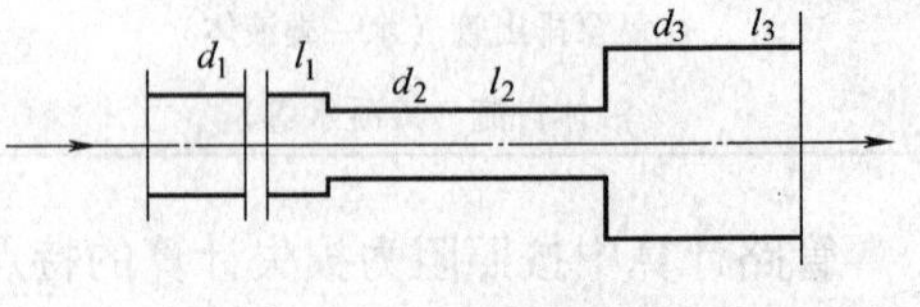

图2-40 串联管路

串联管路的特点：

1）通过各管段的流体质量流量相等，对不可压缩流体的体积流量相等，即

$$V_1 = V_2 = \cdots = V_n = V \tag{2-95}$$

2）串联管路的总阻力损失等于各管段的阻力损失之和，即

$$\Delta p_{\mathrm{f}} = \Delta p_{\mathrm{f}_1} + \Delta p_{\mathrm{f}_2} + \cdots + \Delta p_{\mathrm{f}_n} = \sum_{i=1}^{n} \Delta p_{\mathrm{f}_i} = f_1 V^2 + f_2 V^2 + \cdots + f_n V^2 = fV^2 \tag{2-96}$$

$$f = f_1 + f_2 + \cdots + f_n \tag{2-97}$$

式中 $f$——串联管路的总流态系数，为各段管路流态系数之和（$\mathrm{kg/m^7}$）。

### 2.6.4 并联管路

并联管路是由两个或两个以上的简单管路或串联管路并联在一起所组成的。如图2-41所示，由 $a$ 点分支到 $b$ 点汇合，$a$、$b$ 间的各段管路称为并联管路。

图2-41 并联管路

并联管路的特点：

1）总管流量等于各并联分管路流量之和，若为不可压缩流体，即为体积流量，则

$$V = V_1 + V_2 + V_3 \tag{2-98}$$

2）各并联分管路压降相等，即

$$\Delta p_{\mathrm{f}} = \Delta p_{\mathrm{f1}} = \Delta p_{\mathrm{f2}} = \Delta p_{\mathrm{f3}} \tag{2-99}$$

或

$$h_{\mathrm{f}} = h_{\mathrm{f1}} = h_{\mathrm{f2}} = h_{\mathrm{f3}} \tag{2-100}$$

参照式（2-94），将式（2-99）写成，$V = \sqrt{\dfrac{\Delta p_{\mathrm{f}}}{f}}$，$V_1 = \sqrt{\dfrac{\Delta p_{\mathrm{f1}}}{f_1}}$，$V_2 = \sqrt{\dfrac{\Delta p_{\mathrm{f2}}}{f_2}}$，$V_3 = \sqrt{\dfrac{\Delta p_{\mathrm{f3}}}{f_3}}$，代入式（2-98），则

$$\frac{1}{\sqrt{f}} = \frac{1}{\sqrt{f_1}} + \frac{1}{\sqrt{f_2}} + \frac{1}{\sqrt{f_3}} \tag{2-101}$$

从上式可看出并联管路流态系数平方根的倒数等于各分管路流态系数平方根倒数之和。式（2-98）~式（2-101）为并联管路流量分配规律，即各支路的流量是按流态系数平方根

的倒数分配的，即流态系数大的支路，其流量小。通过改变各支管的长度、管径及局部管件的阻力系数调节其流量，来满足以上各式的关系，称为阻力平衡措施。

**【例2-23】** 如图2-42所示，A、F为上下两敞口容器，底部用钢管连接，A容器出口为$B$，$BC$段管道直径$d_1=300\text{mm}$，$BC$段长$l_1=3000\text{m}$；而后分为两支管$CD$段与$CE$段与F容器相通，$CD$段直径$d_2=200\text{mm}$，长度$l_2=2000\text{m}$，CE段直径$d_3=180\text{mm}$，长度$l_3=2500\text{m}$。已知A容器向F容器输水量为$200\text{m}^3/\text{h}$，忽略所有局部阻力，水温为10℃，求：

1）两分管路的流量；

2）两容器的液面差$H$。

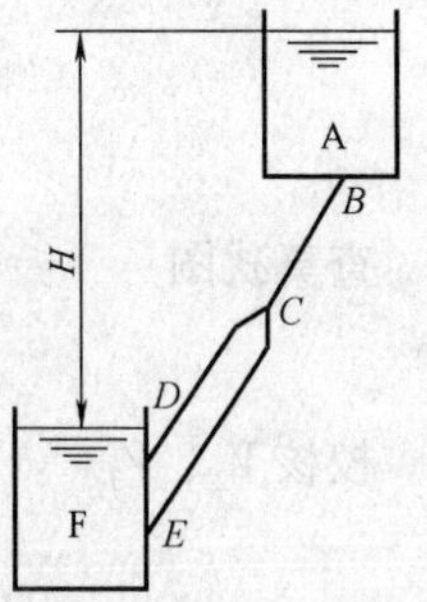


图2-42　例2-23附图

**解**：10℃水，取$\rho=1000\text{kg/m}^3$

$$v=0.1306\times10^{-5}\text{m}^2/\text{s}$$
$$\Delta=0.05\text{mm}$$
$$V=0.056\text{m}^3/\text{s}$$

根据并联管路的特点

$$V=V_1+V_2 \tag{2-102a}$$
$$h_{f2}=h_{f3} \tag{2-102b}$$

取两容器液面为截面1-1和2-2，列机械能衡算方程

$$H=h_{f1}+h_{f2}$$

根据式（2-102b），$h_{f2}=\lambda_2\dfrac{l_2}{d_2^5}\cdot\dfrac{8}{\pi^2 g}V_2^2$，$h_{f3}=\lambda_3\dfrac{l_3}{d_3^5}\cdot\dfrac{8}{\pi^2 g}V_3^2$

$$\lambda_2\frac{l_2}{d_2^5}V_2^2=\lambda_3\frac{l_3}{d_3^5}V_3^2$$

$$\frac{V_2}{V_3}=\sqrt{\frac{\lambda_3 l_3/d_3^5}{\lambda_2 l_2/d_2^5}}$$

设$\lambda_2=\lambda_3$，则

$$\frac{V_2}{V_3}=\sqrt{\frac{l_3}{d_3^5}}\Bigg/\sqrt{\frac{l_2}{d_2^5}}=\sqrt{\frac{2500}{(0.18)^5}}\Bigg/\sqrt{\frac{2000}{(0.20)^5}}=1.46$$

由式（2-102a），$0.056=1.46V_3+V_3$

所以

$$V_2=0.0332\text{m}^3/\text{s}$$
$$V_3=0.0228\text{m}^3/\text{s}$$

验算

$$u_2=4V_2/\pi d_2^2=[4\times0.0332/\pi\times(0.2)^2]\text{m/s}=1.057\text{m/s}$$

$$\frac{\Delta}{d_2}=\frac{0.05}{200}=2.5\times10^{-4}$$

$$Re_2=d_2u_2/v=0.2\times1.057/0.1306\times10^{-5}=161868$$

查莫狄图

$$\lambda_2 = 0.017$$

$$u_3 = 4V_3/\pi d_3^2 = [4 \times 0.0228/\pi \times 0.18^2]\,\mathrm{m/s} = 0.896\mathrm{m/s}$$

$$Re_3 = d_3 u_3/v = 0.18 \times 0.896/0.1306 \times 10^{-5} = 123568$$

查莫狄图

$$\lambda_3 = 0.019$$

校核 $V_2$、$V_3$

$$\frac{V_2}{V_3} = 1.46\sqrt{\frac{\lambda_3}{\lambda_2}} = 1.46\sqrt{\frac{0.019}{0.017}} = 1.54$$

$$1.54V_3 + V_3 = 0.056$$

$$V_2 = 0.034$$

$$V_3 = 0.022$$

重新验算

$$u_2 = \frac{4 \times 0.034}{\pi \times 0.2^2}\mathrm{m/s} = 1.08\mathrm{m/s}$$

$$Re_2 = d_2 u_2/v = 0.2 \times 1.08/0.1306 \times 10^{-5} = 165390$$

$$\frac{\Delta}{d_2} = 2.5 \times 10^{-4}$$

查莫狄图

$$\lambda_2 = 0.018$$

$$u_3 = 4V_3/\pi d_3^2 = [4 \times 0.022/\pi \times 0.18^2]\,\mathrm{m/s} = 0.865\mathrm{m/s}$$

$$Re_3 = d_3 u_3/v = 0.18 \times 0.865/0.1306 \times 10^{-5} = 119218$$

$$\frac{\Delta}{d_3} = 2.78 \times 10^{-4}$$

查莫狄图

$$\lambda_3 = 0.019$$

重新校核 $V_2$、$V_3$

$$\frac{V_2}{V_3} = 1.46\sqrt{\frac{0.019}{0.018}} = 1.5$$

$$V_2 = 0.0336\mathrm{m^3/s} = 120\mathrm{m^3/h}$$

$$V_3 = 0.0224\mathrm{m^3/s} = 80\mathrm{m^3/h}$$

流态系数

$$f_2 = \lambda_2 \frac{l_2}{d_2^5} \cdot \frac{8}{\pi^2 g} = 0.018 \times \frac{2000}{0.2^5} \times \frac{8}{\pi^2 \times 9.81}\mathrm{s^2/m^5} = 9295\mathrm{s^2/m^5}$$

$$f_3=\lambda_3\frac{l_3}{d_3^5}\cdot\frac{8}{\pi^2 g}=0.019\times\frac{2500}{0.18^5}\times\frac{8}{\pi^2\times9.81}\text{s}^2/\text{m}^5=20777\text{s}^2/\text{m}^5$$

$$u_1=4V_1/\pi d_1^2=(4\times0.056/\pi\times0.3^2)\text{m/s}=0.786\text{m/s}$$

$$Re=d_1u_1/v=0.3\times0.786/0.1306\times10^{-5}=180551$$

$$\frac{\Delta}{d_1}=\frac{0.05}{300}=1.67\times10^{-4}$$

查莫狄图

$$\lambda_1=0.017$$

$$f_1=\lambda_1\frac{l_1}{d_1^5}\cdot\frac{8}{\pi^2 g}=0.017\times\frac{3000}{0.3^5}\times\frac{8}{\pi^2\times9.81}\text{s}^2/\text{m}^5=1734\text{s}^2/\text{m}^5$$

$$H=f_1V_1^2+f_2V_2^2=1734\times0.056^2\text{m}+9295\times0.0336^2\text{m}=15.93\text{m}$$

从计算结果看，分支管路3流量小于分支管路2的流量，这是由于分支管路3的流态系数$f_3$大于分支管路2的流态系数$f_2$。在实际管路中，若使两支管路流量相等，必须减小$f_3$、即调整分支管路3的管径、管长及其他局部管件，以增加分支管路3的流量，达到设计要求，此即所谓阻力平衡措施。

## 2.6.5　分支管路

各支管路只在流体入口处或出口处连接在一起，而另一端分开不相连接，这样的管路系统称为分支管路，如图2-43所示。

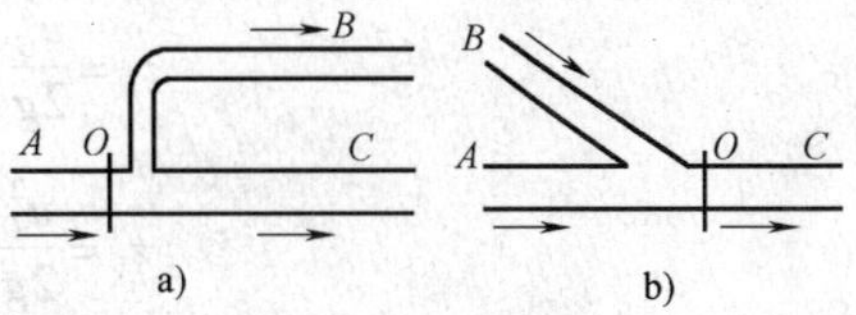


图2-43　分支管路

图2-43a所示管路为在出口$O$处分支，称为分支管路，图2-43b所示为在入口$O$处汇合，亦称分支管路，或称汇合管路。

分支管路的特点：

1）总管流量等于各分支管路流量之和。如对图2-43a出口处分支管路，可列出

$$V_O=V_B+V_C \tag{2-103a}$$

式中　$V_O$、$V_B$、$V_C$——截面$O$、$B$、$C$处的流量。

2）对分支管路的分流点或汇合点，如图2-43中的$O$点，称为节点。两条（或多条）支管在节点处的总压头相等，据此可以建立各支管路间的机械能衡算式，确定各支管路的流量分配，如对图2-43a分支管路，可列出

$$h_O=h_B+(h_f)_{OB}=h_C+(h_f)_{OC} \tag{2-103b}$$

式中　$h_O$、$h_B$、$h_C$——$O$、$B$、$C$截面处的总压头；

$(h_f)_{OB}$、$(h_f)_{OC}$——截面$O$至截面$B$或$C$处的总压头损失。

3）分支管路和阻力损失按串联管路叠加计算。几条分支管路从起点算起流径最长的一条为主干管路。对分支管路，在满足主干管路的总压头和流量时，其他分支管路的流量和压头会供大于求，此时要采用“阻力平衡措施”。

【例2-24】液面恒定的高位水箱从$C$、$D$两分支管排水。如图2-44所示，$AB$段长度$l_1$

=10m，内径 $d_1=38\text{mm}$，$BC$ 段 $l_2=18\text{m}$，内径 $d_2=25\text{mm}$，$BD$ 段 $l_3=25\text{m}$，内径 $d_3=25\text{mm}$，以上各段管长包括阀门及其他局部阻力的当量长度，分支点 $B$ 的能量损失，略而不计，出口损失不包括在当量长度之内，试求：

1）$C$、$D$ 两支管的流量及水箱的总排水量。

2）当 $C$ 阀关闭时，水箱由 $D$ 支管流出的水量。

设摩擦系数为0.025，水箱水面至基准面为12m。

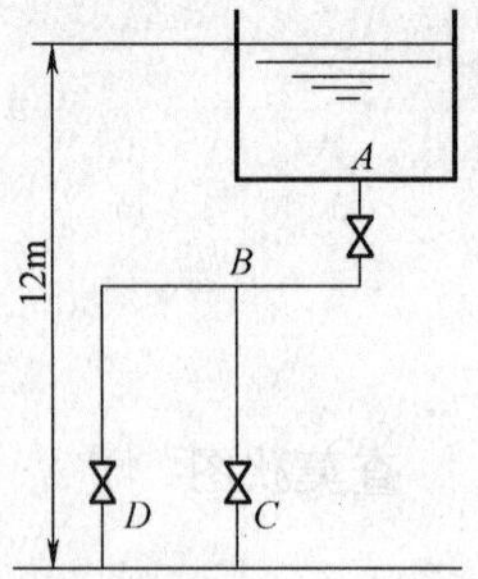

图2-44 例2-24附图

**解**：1）从节点 $B$ 至两支管出口，列机械能衡算式

$$(h_f)_C+\frac{u_C^2}{2g}=(h_f)_D+\frac{u_D^2}{2g}$$

$$\left(\lambda\frac{l_2}{d_2}\cdot\frac{1}{2g}+\frac{1}{2g}\right)u_C^2=\left(\lambda\frac{l_3}{d_3}\cdot\frac{1}{2g}+\frac{1}{2g}\right)u_D^2$$

$$\left(0.025\times\frac{18}{0.025}\times\frac{1}{19.62}+\frac{1}{19.62}\right)u_C^2=\left(0.025\times\frac{25}{0.025}\times\frac{1}{19.62}+\frac{1}{19.62}\right)u_D^2$$

$$u_D=0.85u_C$$

$$u_Ad_1^2=u_Cd_2^2+u_Dd_3^2=u_Cd_2^2+0.85u_Cd_3^2$$

$$u_A=0.8u_C,\ u_C=1.25u_A \tag{2-104a}$$

取水箱水面及 $C$ 管出口为截面1-1和2-2，则

$$z_1=\frac{u_C^2}{2g}+\lambda\frac{l_1}{d_1}\cdot\frac{u_A^2}{2g}+\lambda\frac{l_2}{d_2}\cdot\frac{u_C^2}{2g}$$

$$z_1=\frac{u_C^2}{2g}\left(1+\lambda\frac{l_2}{d_2}\right)+\lambda\frac{l_1}{d_1}\cdot\frac{u_A^2}{2g}$$

$$12\text{m}=\frac{1}{19.62}\text{m/s}^2\times\left(1+0.025\times\frac{18}{0.025}\right)u_C^2+0.025\times\frac{10}{0.038}\times\frac{1}{19.62}\text{m/s}^2u_A^2$$

$$12\text{m}=(0.968\text{s}^2/\text{m})u_C^2+(0.33\text{s}^2/\text{m})u_A^2 \tag{2-104b}$$

将式（2-104a）代入式（2-104b），则

$$12\text{m}=(0.968\text{s}^2/\text{m})(1.25u_A)^2+(0.33\text{s}^2/\text{m})u_A^2$$

所以

$$u_A=2.55\text{m/s}$$

$$u_C=3.19\text{m/s}$$

$$u_D=2.71\text{m/s}$$

各管流量为

$$V_A=\frac{\pi}{4}d_1^2u_A=\frac{\pi}{4}\times(0.038)^2\times2.55\text{m}^3/\text{s}=2.89\times10^{-3}\text{m}^3/\text{s}$$

$$=10.40\text{m}^3/\text{h}$$

$$V_C=\frac{\pi}{4}d_2^2u_C=\frac{\pi}{4}\times(0.025)^2\times3.19\text{m}^3/\text{s}=1.56\times10^{-3}\text{m}^3/\text{s}$$

$$=5.64\text{m}^3/\text{h}$$

$$V_D=\frac{\pi}{4}d_3^2u_D=\frac{\pi}{4}\times(0.025)^2\times2.71\text{m}^3/\text{s}=1.33\times10^{-3}\text{m}^3/\text{s}$$

$$=4.76\text{m}^3/\text{h}$$

2）当 $C$ 阀关闭，$u_C=0$

$$u_Ad_1^2=u_Dd_2^2$$

$$u_A(0.038)^2=u_D(0.025)^2$$

$$u_D=2.31u_A \tag{2-104c}$$

取水面与 $D$ 阀出口为截面1、2，则

$$z_1=\lambda\frac{l_1}{d_1}\cdot\frac{u_A^2}{2g}+\lambda\frac{l_3}{d_3}\cdot\frac{u_D^2}{2g}+\frac{u_D^2}{2g}$$

$$z_1=\lambda\frac{l_1}{d_1}\cdot\frac{u_A^2}{2g}+\left(\lambda\frac{l_3}{d_3}\cdot\frac{1}{2g}+\frac{1}{2g}\right)u_D^2$$

$$12\text{m}=0.025\times\frac{10}{0.038}\times\frac{u_A^2}{19.62\text{m/s}^2}+\left(0.025\times\frac{25}{0.025}\times\frac{1}{19.62\text{m/s}^2}+\frac{1}{19.62\text{m/s}^2}\right)u_D^2$$

$$12\text{m}=(0.33\text{s}^2/\text{m})u_A^2+(1.325\text{s}^2/\text{m})u_D^2 \tag{2-104d}$$

将式（2-104c）代入式（2-104d），则

$$u_A=1.27\text{m/s}$$

$$u_D=2.93\text{m/s}$$

当 $C$ 阀关闭，由 $BD$ 支管流出水量为

$$V_D=\frac{\pi}{4}d_3^2u_D=\frac{\pi}{4}\times(0.025)^2\times2.93\text{m}^3/\text{s}=1.44\times10^{-3}\text{m}^3/\text{s}$$

$$=5.18\text{m}^3/\text{h}$$

## 2.7　流速和流量测定

环境工程中经常需要对流体的流速和流量进行测量，用于此类测量的测量装置种类很多，本节只介绍几种以流体流动的守恒原理为基础的测量装置，如毕托管测速计、孔板流量计、文丘里流量计和转子流量计。

### 2.7.1　毕托管

这是一种测量流体点速度的装置。

**1. 原理**

图2-45为毕托管测速计示意图，$B$ 点称为驻点。如略去 $A$、$B$ 间的流动阻力，在两点间列伯努利（Bernoulli）方程式，有

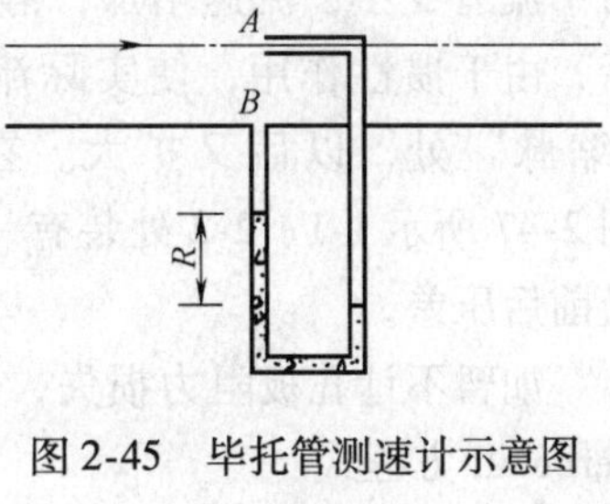


图2-45　毕托管测速计示意图

$$p_A/\rho + u_A^2/2 = p_B/\rho$$

移项整理得

$$u_A = \sqrt{\frac{2(p_B - p_A)}{\rho}} \tag{2-105}$$

参考图2-45，据流体静力学原理，应有

$$p_B - p_A = gR(\rho_i - \rho)$$

代入式（2-105）最后可得

$$u_A = \sqrt{\frac{2gR(\rho_i - \rho)}{\rho}}$$

其中 $\rho_i$ 为U形压差计中指示液密度，$R$ 为压差计读数。

显然，利用毕托管可以测得管截面上的速度分布。对于圆形管道，为了测得其流量，可以测出管中心的最大速度 $u_{max}$，再根据最大流速与平均流速的关系，计算出管截面的平均流速，进而求出流量。

**2. 实用毕托管的结构与安装**

如图2-46所示，实用的毕托管是由两根同心的铜或不锈钢质圆管构成的。内管开口，管口截面与流体流向垂直，用以测取驻点压强 $p_B$。外管口处封闭，在侧面圆周一定距离处开有若干小孔，用以测取 $p_A$。两处的压差由U形管压差计测得。

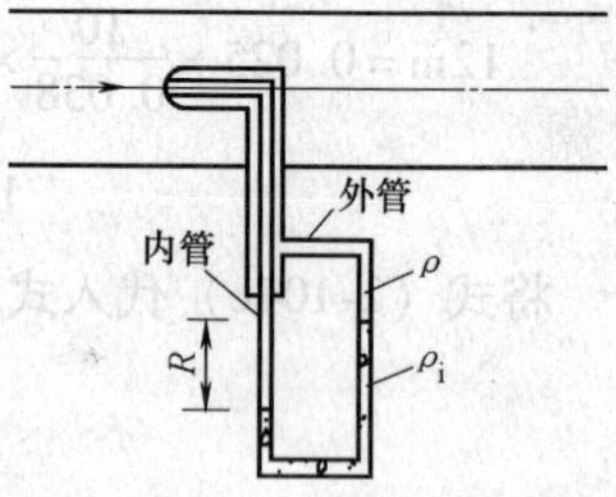

图2-46 实用毕托管示意图

安装毕托管应注意以下几点；

1）要求测点上、下游各有 $50d$ 的直管段，以保证测点处于均匀流段。

2）测速计测点管口截面必须垂直于流体流向，偏离较大时（大于5°），将会造成明显的偏差。

3）毕托管的直径 $d_0 < d/50$。

## 2.7.2 孔板流量计

**1. 原理**

图2-47为孔板流量计示意图，通常在管道水平段中垂直装一带有同心圆孔的薄金属板。当流体流过圆孔时，由于流道变小，流速增加，静压力减小。流体流过孔板后，由于惯性作用，使实际流径继续缩小，至截面2-2"缩脉"处，以后又扩大。在孔板两侧适当位置，如图2-47所示1-1、2-2处装有一U形管压差计，以测量孔板前后压差。

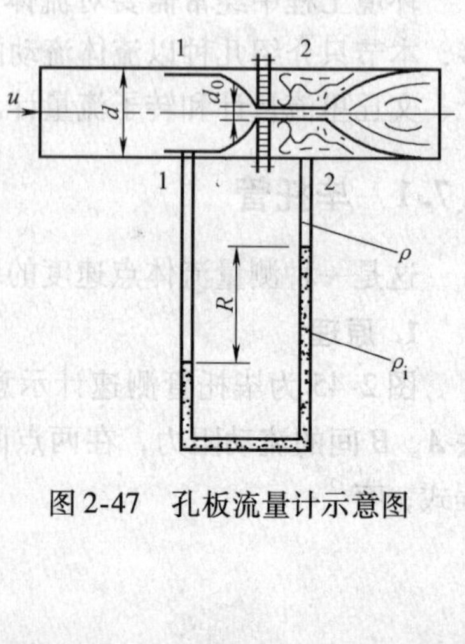

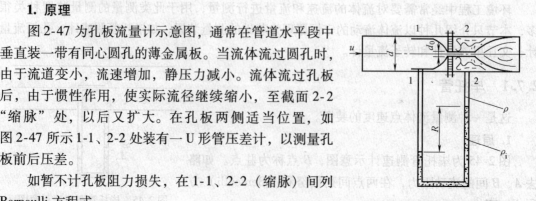

图2-47 孔板流量计示意图

如暂不计孔板阻力损失，在1-1、2-2（缩脉）间列Bernoulli方程式

$$\frac{p_1}{\rho}+\frac{u_1^2}{2}=\frac{p_2}{\rho}+\frac{u_2^2}{2}$$

变形为

$$\sqrt{u_2^2-u_1^2}=\sqrt{\frac{2(p_1-p_2)}{\rho}} \tag{2-106}$$

以孔板孔口处速度 $u_0$ 代替缩脉处速度 $u_2$，同时考虑两截面间的阻力损失，引入一压降校正系数 $c$，则式（2-106）变为

$$\sqrt{u_0^2-u_1^2}=c\sqrt{\frac{2(p_1-p_2)}{\rho}} \tag{2-107}$$

据连续性方程，有

$$u_1A_1=u_0A_0$$

并且由静力学原理，有

$$p_1-p_2=Rg(\rho_i-\rho)$$

把上面二式代入（2-107），经整理可得

$$u_0=\frac{c}{\sqrt{1-(A_0/A_1)^2}}\sqrt{\frac{2gR(\rho_i-\rho)}{\rho}} \tag{2-108}$$

令 $c_0=c/\sqrt{1-(A_0/A_1)^2}$，称孔板的流量系数或孔流系数，则

$$u_0=c_0\sqrt{\frac{2gR(\rho_i-\rho)}{\rho}} \tag{2-109}$$

从而得到所测流量为

$$V_s=u_0A_0=c_0A_0\sqrt{\frac{2gR(\rho_i-\rho)}{\rho}} \tag{2-110}$$

孔流系数的引入并未改变问题的复杂性，只是使表达形式得以简化。只有在正确确定了 $c_0$ 时，孔板流量计才能用以测定流体流量。

由上面的推导过程知，$c_0$ 与 $A_0/A_1$、收缩情况及阻力损失等有关。此关系难以用理论解析，只能通过实验测定。实验表明，对测压方式、结构尺寸、孔板加工状况等均已规定的标准孔板，有

$$c_0=f(Re_1,A_0/A_1) \tag{2-111}$$

实验结果以 $m=A_0/A_1$、$Re_1$ 为参数，绘制 $c_0$ 曲线，如图2-48所示。

由图2-48可见，$Re_1$ 增大到一定数值后，曲线为水平直线，即 $c_0$ 不随 $Re_1$ 变化，而只取决于 $A_0/A_1$ 值。合适的孔板流量计应该设计在这个范围内（图示虚线右面），一般数值范围大约在 $c_0=0.6\sim0.7$。

目前，孔板结构已标准化。安装时应注意孔板上、下游应分别留有 $(15\sim40)d$ 和 $5d$ 的一段直管。

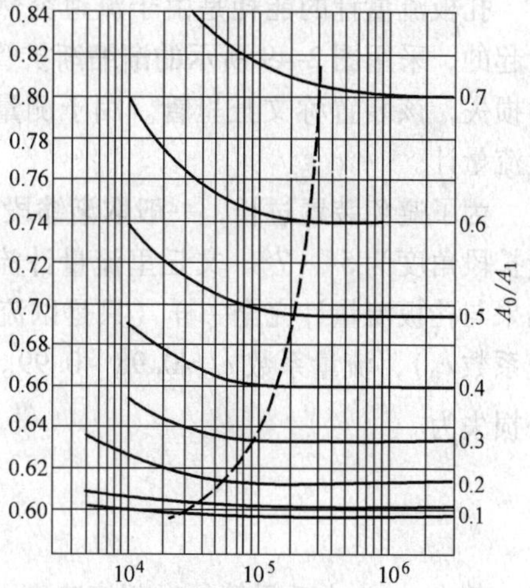

图2-48　孔板孔流系数关联图

**2. 阻力损失**

孔板流量计的严重缺点是阻力损失较大，存

在由于流道突然扩大而造成的压降 $-\Delta p_f$，且不能恢复。作为局部阻力处理，该损失可表示为

$$h_f = \frac{-\Delta p_f}{\rho g} = \xi \frac{u_0^2}{2g}$$

$$= 0.8 c_0^2 \frac{R(\rho_i - \rho)}{\rho} \tag{2-112}$$

式中 $\xi$——测定的局部阻力系数，$\xi = 0.8$。

式（2-112）表明，$h_f \propto R$，这说明读数 $R$ 是以机械能损失为代价的，孔板流量计设计的核心问题是选取一适当的 $A_0/A_1$ 值，并需兼顾 $R$ 和 $h_f$。

**3. 测量范围**

由式（2-110）可知，当 $c_0$ 为常数时，有

$$V_s \propto \sqrt{R} \text{ 或 } R \propto V_s^2$$

这表明，流量的少许变化会导致读数 $R$ 的较大变化。这使流量计具有较大的灵敏度和准确度。但另一方面也使该流量计的允许测量范围缩小了，即有

$$\frac{V_{max}}{V_{min}} = \sqrt{\frac{R_{max}}{R_{min}}}$$

式中 $R_{max}$——一定允许相对误差下的最小读数；

$R_{min}$——决定于 U 形管的长度。

这说明，$V_{max}/V_{min}$ 与孔板选择无关，仅与 $R_{max}$、$R_{min}$ 有关，即只取决于 U 形压差计的长度。

为了扩大测量范围，必须要增加 $R_{max}$，同时局部阻力损失 $h_f$ 也增大了。因此，孔板流量计不适于流量范围太宽的场合。

## 2.7.3 文丘里流量计

孔板流量计的能耗是由于流道突然缩小和突然扩大引起的，采用图 2-49 所示的渐缩渐扩管，可大大降低阻力损失，该装置称文丘里管。用于测量流量时，称文丘里流量计。

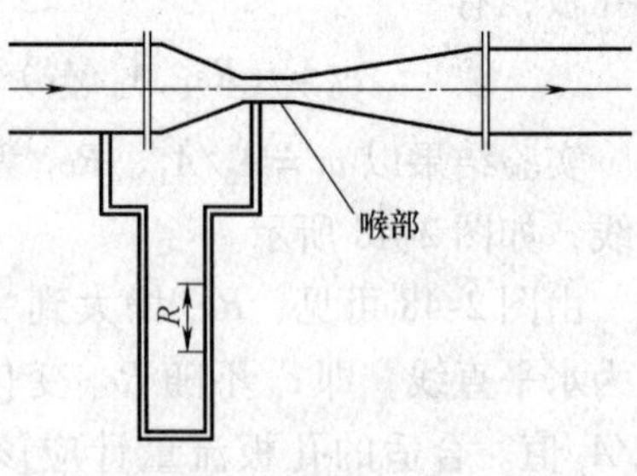

图 2-49　文丘里流量计

为了避免装置过长，一般取渐缩段角度为 15°~20°，渐扩段角度为 5°~7°。文丘里流量计流量关系式的推导结果与孔板流量计完全一样（只是以流量系数 $c_v$ 代替孔流系数 $c_0$），流量系数 $c_v \approx 0.98 \sim 0.99$。由阻力产生的压头损失为

$$h_f = 0.1 \frac{u_0^2}{2g} \tag{2-113}$$

其中 $u_0$ 为文丘里管的喉部流速。

由于文丘里流量计的能量损失较小，常用于低压气体输送过程。其缺点是装置较长，费

用较高。

## 2.7.4 转子流量计

**1. 原理**

如图2-50所示，装置主体为一个具有锥度约为4°左右标有刻度的玻璃管，管内有一个可用不同材料做成的陀螺形状的转子（或称浮子）。转子上沿凸缘周围刻有几条斜槽，以使流体流过时，转子发生旋转，保证转子位于管中部而不碰到管壁。

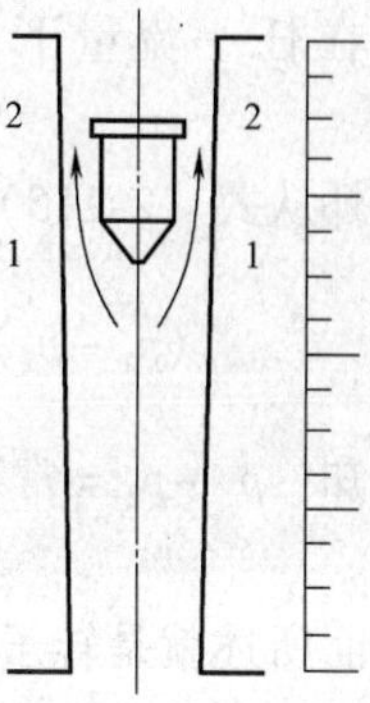

图2-50 转子流量计示意图

当流体流过环隙时，流速增大，在转子上、下两端产生一压差，净力方向向上。当此力与转子质量平衡时，转子悬浮在某一位置处。如流量加大，环隙流速增加，从而转子两端压差增大，又使转子上浮。同时环隙增大，流速减小，当由于两端压差减小造成的升力与转子净重相等时，转子则悬浮在该高度上，即转子的平衡位置（悬浮高度）随流量而变。转子流量计就是根据这一原理，利用转子的位置指示流量的大小的。

流量关系式可以由转子受力平衡规律导出。当转子处于平衡位置时，有

压差造成的升力 = 转子重力

即

$$(p_1 - p_2)A_f = V_f\rho_f g \tag{2-114}$$

其中 $A_f$、$V_f$、$\rho_f$ 分别表示转子的最大横截面、体积和材料密度。

在图2-50中截面1-1、2-2间列机械能衡算方程，两边乘以 $A_f$，整理成下面形式：

$$(p_1 - p_2)A_f = \frac{\rho(u_2^2 - u_1^2)}{2}A_f + \rho g\Delta Z A_f \tag{2-115}$$

其中项 $\rho g\Delta Z A_f \approx V_f\rho g$，连同式（2-114）一起代入式（2-115），整理可得

$$\frac{\rho(u_2^2 - u_1^2)}{2}A_f = V_f g(\rho_f - \rho) \tag{2-116}$$

根据连续性方程，有

$$u_1 = \frac{A_2}{A_1}u_2$$

其中 $A_2$ 为环隙面积。代入式（2-116）整理得

$$u_2 = \frac{1}{\sqrt{1-(A_2/A_1)^2}}\sqrt{\frac{2V_f g(\rho_f - \rho)}{\rho A_f}} \tag{2-117}$$

引入系数 $c_R$ 以考虑转子形状及阻力损失影响，则

$$u_2 = c_R\sqrt{\frac{2V_f g(\rho_f - \rho)}{\rho A_f}} \tag{2-118}$$

或

$$V_s = u_2 A_2 = c_R A_2\sqrt{\frac{2V_f g(\rho_f - \rho)}{\rho A_f}} \tag{2-119}$$

对于特定的转子流量计，$c_R=f(Re)$，$Re$ 为环隙的流动雷诺准数。对图 2-50 所示形状的转子，经实验测得 $c_R-Re$ 关系如图 2-51 所示。当 $Re \geqslant 10^4$ 时，$c_R \approx 0.98$。

当流量计结构及被测流体已知时，$V_f$、$\rho_f$、$\rho$、$A_f$ 均为已知数。如 $Re \geqslant 10^4$，$c_R$ 也近似为常数。由式（2-118）可知，$u_2$ = 常数。即在任一流量下，转子达平衡位置处，必有恒定的环隙流速。

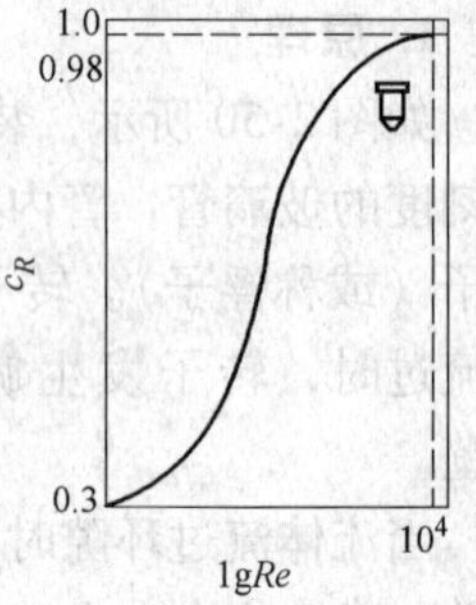

图 2-51　$c_R-Re$ 关系曲线

另外从式（2-115）推出下式：

$$(p_1-p_2)A_f=\frac{\rho u_2^2}{2}\left[1-\left(\frac{A_2}{A_1}\right)^2\right]A_f+V_f\rho g$$

可知：$p_1-p_2$ = 常数，即不论流量大小，转子两端的压差恒为常数。

上面所述就是转子流量计恒流速、恒压差的特点。此特点的直接结果是

$$h_f=\xi\frac{u_2^2}{2g}=\text{常数}$$

即转子流量计的阻力损失不随流量变化，这与孔板流量计截然不同。由于此特点，转子流量计常用于宽范围的流量测量。

**2. 测量范围**

从式（2-119）可知，当 $c_R$ 为常数时，因 $V_s \propto A_2$，则有

$$\frac{V_{s,\max}}{V_{s,\min}}=\frac{A_{2,\max}}{A_{2,\min}} \tag{2-120}$$

式中　$A_{2,\max}$、$A_{2,\min}$——当转子在玻璃管上、下两端时的环隙面积。

对长度、锥度相同的玻璃管，管下部环隙面积越小，则上式比值越大。所以，为获得较大的测量范围，$A_f$ 不能比管下端截面差很多。当然，如环隙太小，则转子容易被杂质卡住，因此这种流量计适于测量清洁流体。

**3. 刻度换算**

转子流量计出厂时，是用 20℃的水，或 20℃、$1.013\times10^5$ Pa 下的空气进行标定的，并将流量值刻于管上。当与实用流体不符时，应该做刻度换算。

如 $c_R$ 为常数时，在同一刻度下，$A_2$ 不变，从式（2-119）可得

$$\frac{V_{RB}}{V_{RA}}=\sqrt{\frac{\rho_A(\rho_f-\rho_B)}{\rho_B(\rho_f-\rho_A)}} \tag{2-121}$$

其中角码 A、B 分别表示出厂标定流体与实用流体。

可按式（2-121）对已有刻度进行计算，并重新标在管上。

**4. 安装**

转子流量计在安装时应注意：

1）必须垂直安装，以免环隙通道的形状发生变化，甚至使转子接触管壁影响测量的准确度。

2）为便于检修，在安装中应加设旁通支路。

## 2.7.5　湿式气体流量计

湿式气体流量计是一种用来测量气体体积的容积式流量计，其构造如图2-52所示。流量计内装有一个能转动的转筒，并将一半转筒浸在水中，转筒分成几个室，操作时气体进入转筒内的一个室，称为充气室。由于充气室内气体压力的推动，转筒按图中箭头方向旋转。此时，充气室前方的排气室中部分空间浸入水中而使气体排出。转筒旋转一周，从入口进来而从出口排出气体的体积等于转筒内部几个室的体积。流量计所读出的气体积的数值是某一段时间内的累积值。要想知道流量，需要另外计时。

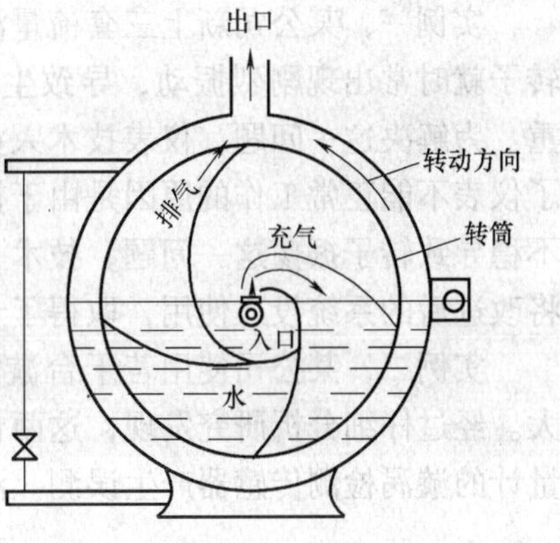

图2-52　湿式气体流量计的构造

湿式气体流量计由于很难加快转筒的旋转速度，故只用于小流量气体的测量，常在实验室中使用。

【案例】

### 漩涡流量计与转子流量计的比较及应用

**1. 两种流量计的工作原理**

1）转子流量计又称浮子流量计，是以浮子在垂直锥形管中随着流量变化而升降，改变它们之间形成的流通环隙面积来进行测量的体积流量仪表。转子流量计测量部分基本上由两个部分组成，一个是由下往上逐渐扩大的锥形管；另一个是放在锥形管内可自由运动的转子。有时是采用锥形浮子和安装在金属管内的孔板相互配合。

工作时，被测流体（气体或液体）由锥形管下端进入，沿锥形管向上运动，流过转子与锥形管之间的环隙，再从锥形管上端流出。当流体流过锥形管时，位于锥形管中的转子受到一个向上的力，使转子浮起。当这个力正好等于浸没在流体里的转子重力（即等于转子重量减去流体对转子的浮力）时，则作用在转子上的上下两个力达到平衡，此时转子就停浮在一定的高度上。假如被测流体的流量突然由小变大，作用在转子上的力就加大，所以转子就上升。当流体作用在转子上的力再次等于转子在流体中的重力时，转子又稳定在一个新的高度。这样，转子在锥形管中的平衡位置的高低与被测介质的流量大小相对应。转子平衡位置的高低采用磁耦合方式传递出来，然后通过放大器转换成4～20mA的电流输出，这就是转子流量计测量流量的基本原理。

转子流量计结构简单、工作可靠、价格低廉、反应快、使用维护方便。主要适用于中小管径、低流速和较低雷诺准数的单相液体或气体的中小流量测量。缺点是由于其浮子为可动部件，当流体流速超过一定值或介质压力不稳时，浮子稳定性变差，容易产生振荡。

2）漩涡流量计又称涡街流量计，它可以用来测量各种管道中的液体、气体、蒸汽的流量，是目前工业控制、能源计量及节能管理中常用的新型流量仪表。

漩涡流量计是利用有规则的漩涡剥离现象来测量流体流量的仪表。在流体中垂直插入一个非流线型的柱状物（圆柱或三角柱）作为漩涡发生体。当雷诺准数达到一定数值时，会在柱状物的下游处产生两列不对称但有规律的交替漩涡，该漩涡涡列通常是不稳定的。当两漩涡涡列之间的距离 $h$ 和同列的两漩涡之间的距离 $L$ 之比能满足 $h/L=0.281$ 时，所产生的非对称漩涡涡列才能达到稳定，像这样的漩涡涡列称为卡曼涡列。

**2. 两种流量计应用情况**

实例一，某公司新上三套流量测量装置，流量计选用转子流量计。投用伊始，流量计的转子就时常出现剧烈振动，导致生产装置压力波动、防爆膜炸裂、装置停车、经济损失严重。为解决这一问题，仪表技术人员对生产工艺及流量计进行了仔细分析和测试，最终找到了仪表不能正常工作的原因是由于被测介质压力不稳，导致转子流量计转子振荡。针对压力不稳导致转子振荡这一问题，技术人员决定采用无可动部件的漩涡流量计取代转子流量计。将改进后的系统投入使用，取得了十分满意的效果。

实例二，某公司使用若干台漩涡流量计测量介质流量，其中两台测量值误差经常比较大。经过仔细分析研究发现，这两台流量计附近均有较强振动源。振动源振动，导致漩涡流量计的漩涡检测传感器产生误测。消除振动源后，流量计工作正常。

## 思 考 题

1. 求空气在真空度为 440mmHg、温度为 −40℃时的密度。当地大气压为 750mmHg。

【答案】0.614kg/m$^3$

2. 用 U 形管压力计测量某密闭容器中水面上的压力 $p_0$。压力计内的指示液为汞，其中一端与大气相通，如图 2-53 所示。已知 $H=4\text{m}$，$h_1=1.3\text{m}$，$h_2=1\text{m}$，问 $p_0$ 为多少工程大气压？

【答案】1.14kgf/cm$^2$

3. 用一高位水箱向一常压容器供水，如图 2-54 所示，管为 $\phi$48mm × 3.5mm 钢管，系统阻力与管内水流速的关系为 $\sum h_f=5.8u^2/2$，求水的流量，若流量需要增加 20%，可采取什么措施？

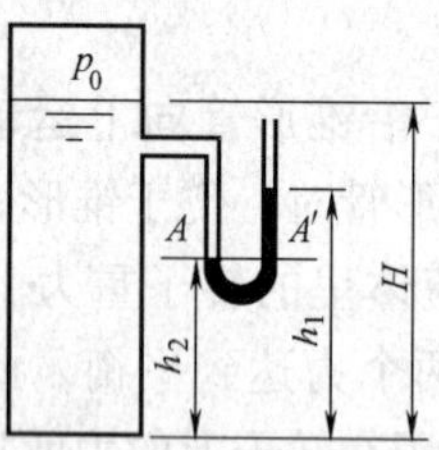


图 2-53　思考题 2 附图

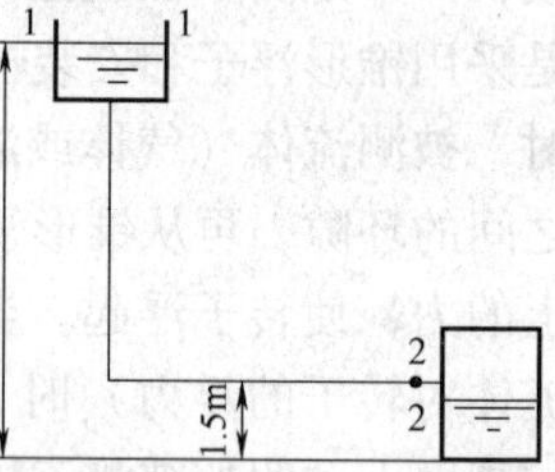


图 2-54　思考题 3 附图

【答案】18.9m$^3$/h，若要使流量增加 20%（即流速增加 20%），可以改用管径较大的管，在管径不变的条件下，则可以提高高位水箱的位置或降低容器的位置。

4. 用虹吸管将水从 A 槽吸入 B 槽，如图 2-55 所示管道为玻璃管，$\lambda=0.02$，$d=20\text{mm}$。

1）求每小时流体流量。

2）在 C 处安装一水银压差计，求其读数。

3）当阀门关死时，压差计读数又为多少（A、B 槽中水面可忽略变化）？

【答案】1）3.54m$^3$/h；2）198mm；3）317.4mmHg

5. 套管换热器由内管为 $\phi$25mm × 2.0mm、外管为 $\phi$51mm × 2.5mm 的钢管组成。每小时有 8730kg 的液体在两管间的环隙内流过。液体的密度为 1150kg/m$^3$、粘度为 1.2mPa · s。试判断液体在环隙空间内流动时的流型。

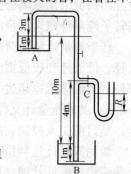

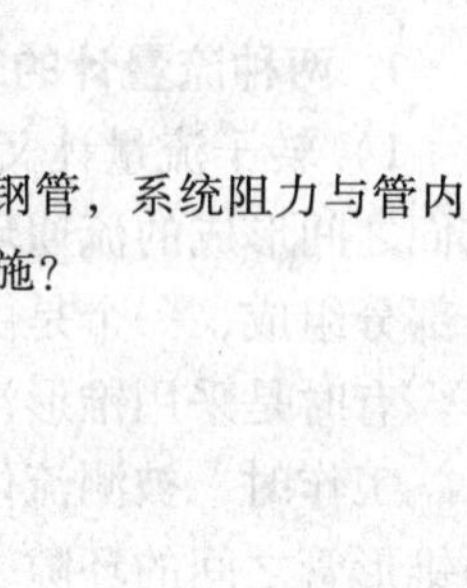


图 2-55　思考题 4 附图

【答案】$Re=15500>4000$，为湍流

6. 某化工厂原料糠油在管中以层流流动，流量不变，问：1）管长增加1倍；2）管径增加1倍；3）油温升高使粘度变为原来的1/2（设密度变化不大），三种情况下摩擦阻力的变化情况。

【答案】三种情况均可根据哈根–泊谡叶方程式讨论：1）$\Delta p_2=2\Delta p_1$；2）$\Delta p_2=\Delta p_1/16$；3）$\Delta p_2=\Delta p_1/2$

7. 水从蓄水箱经过水管相喷嘴在水平方向射出，如图2-56所示。假设$z_1=120\text{m}$，$z_2=z_3=6.5\text{m}$，$d_2=13\text{mm}$，$d_3=7.5\text{mm}$，管路的摩擦损失为2m水柱。试求：1）管嘴出口处的速度$u_3$；2）接近管嘴的截面2-2处的速度$u_2$与压强$p_2$；3）水射到地面的地方与管嘴相距的水平距离$x$。

【答案】$u_3=5.26\text{m/s}$；$u_2=2.75\text{m/s}$，$p_2=30527\text{Pa}$（表压）；$x=9.5\text{m}$

8. 为测定90°弯头的局部阻力系数$\xi$，可采用如图2-57所示的装置。已知$AB$段直管总长$l$为10m，管内径$d$为50mm，摩擦系数$\lambda$为0.03。水箱液面恒定。实测数据为：$A$、$B$两截面测压管水柱高差$\Delta h$为0.425m；水箱流出的水量为$0.135\text{m}^3/\text{min}$。求弯头的局部阻力系数$\xi$。

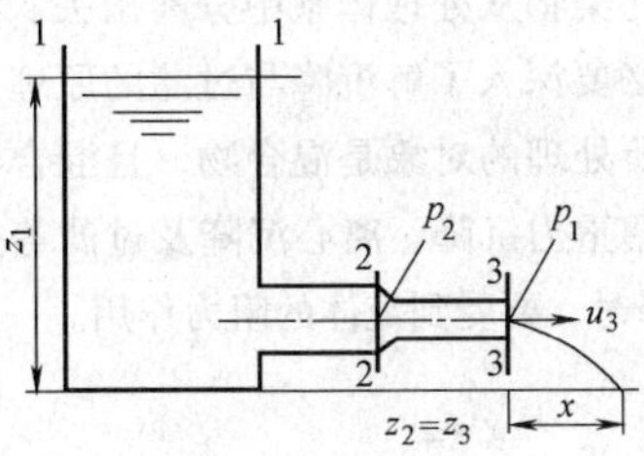


图2-56　思考题7附图

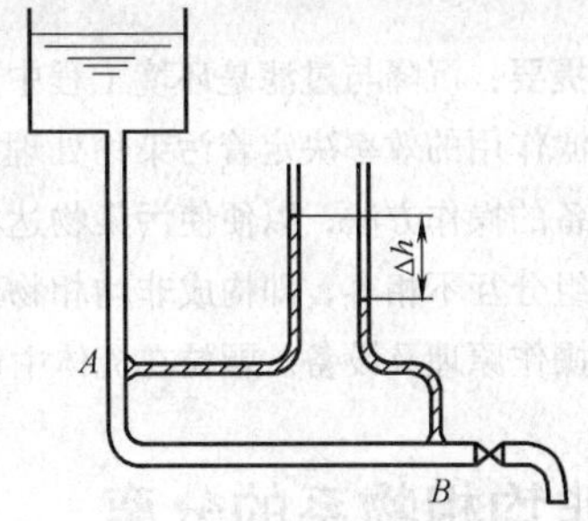


图2-57　思考题8附图

【答案】$\xi=0.306$

9. 流率为$5000\text{m}^3/\text{h}$的水通过$20\times10^3\text{m}$长的水平钢管，现于其中点处接一直径相同的平行管，将水送至$10\times10^3\text{m}$远的终点，如图2-58所示。设接管以后上游的总压头与接支管前的相同，求接管后总流率（忽略局部阻力，接管前、后流动状态均为高速湍流）。

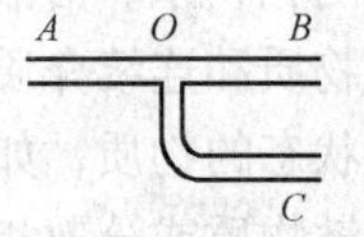


图2-58　思考题9附图

【答案】$6324\text{m}^3/\text{h}$

## 参考文献

[1] 姚玉英. 化工原理：上册［M］. 修订版. 天津：天津科学技术出版社，2005.
[2] 崔鹏，魏凤玉. 化工原理［M］. 合肥：合肥工业大学出版社，2003：8-64.
[3] 赵文，王晓红，唐继国，等. 化工原理［M］. 东营：中国石油大学出版社，2001：8-63.
[4] 昌友权. 化工原理［M］. 北京：中国计量出版社，2006：6-64.
[5] 陈礼，余华明. 流体力学及泵与风机［M］. 北京：高等教育出版社，2007：7-12.
[6] 李凤华，于士君. 化工原理［M］. 大连：大连理工大学出版社，2004：22-23.
[7] 张言文. 化工原理60讲：上册［M］. 北京：中国轻工业出版社，1997：36-38.
[8] 钟秦，王娟，陈迁乔，等. 化工原理［M］. 北京：国防工业出版社，2001：6-54.
[9] 于震江，傅振英. 化工原理基础理论——流体流动［M］. 徐州：中国矿业大学出版社，1990：38-39.
[10] 汪楠，陈桂珍. 工程流体力学［M］. 北京：石油工业出版社，2007：66-70.
[11] 毛根海. 应用流体力学［M］. 北京：高等教育出版社，2006：115-129.
[12] 余志豪，苗曼倩，蒋全荣，等. 流体力学［M］. 3版. 北京：气象出版社，2004：83-92.
[13] 张立军. 漩涡流量计与转子流量计的比较及应用［J］. 科技信息，2009（12）：426.

# 3

# 第 3 章 沉降与过滤

**本章提要**：沉降与过滤是环境工程中常用的方法，用以将污染物从处理体系中分离出去。沉降与过滤作用的效率决定着污染物处理工艺的成败。因此有必要深入了解沉降与过滤的原理及相关设备的操作方法，以便使污染物达标排放。沉降与过滤所处理的对象是混合物，且混合物中的各组分互不相容，即构成非均相物系。本章将简要地介绍重力沉降、离心沉降及过滤等分离法的操作原理及设备。颗粒在流体中作重力沉降或离心沉降时，要受到流体的阻力作用。

## 3.1 非均相物系的分离

自然界的大多数物质是混合物。若物系内部各处均匀且不存在相界面，则称为均相混合物或均相物系，溶液及混合气体都是均相混合物。由具有不同物理性质（如密度差别）的分散物质和连续介质所组成的物系称为非均相混合物或非均相物系。在非均相物系中，处于分散状态的物质，如分散于流体中的固体颗粒、气体中的尘粒、乳浊液中的液滴或气泡，称为分散物质或分散相；包围分散物质且处于连续状态的物质称为分散介质或连续相。根据连续相的状态，非均相物系分为两种类型，即：

1）气态非均相物系，如含尘气体、含雾气体等。

2）液态非均相物系，如悬浮液、乳浊液及泡沫液等。

环境工程中的气体净化、污染物从水中的分离均要求分离非均相物系。由于非均相物系中分散相和连续相具有不同的物理性质，一般都采用机械方法将两相进行分离。要实现这种分离，必须使分散相与连续相之间发生相对运动。根据两相运动方式的不同，机械分离可按两种操作方式进行，即：

1）颗粒相对于流体（静止或运动）运动的过程称为沉降分离。实现沉降操作的作用力可以是重力，也可以是惯性离心力。因此，沉降过程有重力沉降与离心沉降之分。

2）流体相对于固体颗粒床层运动而实现固液分离的过程称为过滤。实现过滤操作的外力可以是重力、压强差或惯性离心力。因此，过滤操作又可分为重力过滤、加压过滤、真空过滤和离心过滤等。

气态非均相混合物的分离，工业上主要采用重力沉降和离心沉降方法。在某些场合，根据颗粒的粒径和分离程度要求，也可使用惯性分离器、袋滤器、静电除尘器或湿法除尘设备等。

对于液态非均相物系，根据工艺过程要求可采用不同的分离操作。若要求悬浮液在一定程度上增浓，可使用重力增稠器或离心沉降设备；若要求固液较彻底地分离，则要通过过滤操作达到目的；乳浊液的分离可在离心分离机中进行。

根据相态和分散物质尺寸的大小的不同，非均相混合物的各种分离方法汇总如图 3-1 所示。

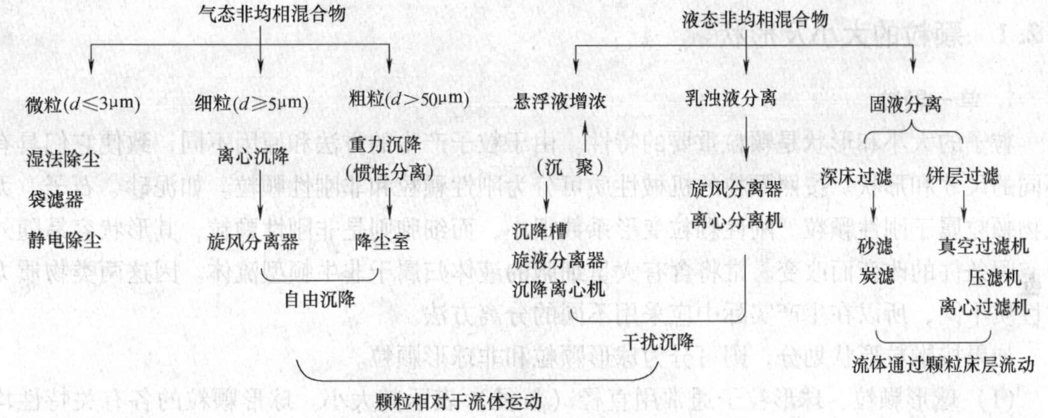


图 3-1　非均相物系分离方法

工业上分离非均相混合物的目的如下：

（1）回收有价值的分散物质　如从催化反应器出来的气体，往往夹带着有价值的催化剂颗粒，必须将这些颗粒加以回收循环使用；从某些类型干燥器出来的气体及从结晶器出来的晶浆中都带有一定量的固体颗粒，也必须收回这些悬浮的颗粒作为产品。另外，在某些金属冶炼过程中，烟道气中常悬浮着一定量的金属化合物或冷凝的金属烟尘，收集这些物质不仅能提高该种金属的产率，而且为提炼其他金属提供原料。

（2）净化分散介质以满足工艺的要求　如污水处理过程中，将污泥颗粒从水体中去除，以满足污水的达标排放；在环境污染物的高级催化反应中，原料气中夹带有会影响催化剂活性的杂质，因此，在气体进入反应器之前，必须除去其中尘粒状的杂质，以保证催化剂的活性。

（3）环境保护和安全生产　为了保护人类生态环境，清除工业污染，要求对排放的废气、废液中有毒的物质加以处理，使其含量符合规定的排放标准；很多含碳物质及金属细粉与空气形成爆炸物，必须除去这些物质以消除爆炸的隐患。

机械分离过程中不仅涉及颗粒相对于流体运动和流体通过静止颗粒床层的流动，而且还可利用流动流体的作用，将颗粒悬浮在流体中，以实现某些生产过程（如传热、传质及生化反应等），即流态化技术。它们均遵循流体力学原理。

本章将简要地介绍重力沉降、离心沉降及过滤等分离法的操作原理及设备。颗粒在流体中作重力沉降或离心沉降时，要受到流体的阻力作用。因此在这里先介绍颗粒与流体运动时所受的阻力。

## 3.2 颗粒和颗粒群的特性

非均相体系的不连续相常常是固体颗粒。由于不同的条件和过程将形成不同性质的固体颗粒，且组成颗粒的成分不同则其理化性质也不同，所以在分离操作过程中就要采用不同的工艺，因而有必要认识颗粒的性质。

### 3.2.1 颗粒的大小及形状

**1. 单一颗粒**

粒子的大小和形状是颗粒重要的特性。由于粒子产生的方法和原因不同，致使它们具有不同的尺寸和形状。按照颗粒的机械性质可分为刚性颗粒和非刚性颗粒。如泥砂、石子，无机物颗粒属于刚性颗粒。刚性颗粒变形系数很小，而细胞则是非刚性颗粒，其形状容易随外部空间条件的改变而改变。常将含有大量细胞的液体归属于非牛顿型流体。因这两类物质力学性质不同，所以在生产实际中应采用不同的分离方法。

如果按颗粒形状划分，则可分为球形颗粒和非球形颗粒。

（1）球形颗粒　球形粒子通常用直径（粒径）表示其大小。球形颗粒的各有关特性均可用单一的参数，即直径 $d$ 全面表示，诸如

体积
$$V=\frac{\pi}{6}d^3 \tag{3-1}$$

表面积
$$S=\pi d^2 \tag{3-2}$$

比表面积（单位体积颗粒具有的表面积）
$$a=6/d \tag{3-3}$$

式中　$d$——颗粒直径（m）；

$V$——球形颗粒的体积（$m^3$）；

$S$——球形颗粒的表面积（$m^2$）；

$a$——比表面积（$m^2/m^3$）。

（2）非球形颗粒　工业上遇到的固体颗粒大多是非球形的。非球形颗粒可用当量直径及形状系数来表示其特性。

当量直径是根据实际颗粒与球体某种等效性而确定的。根据测量方法及在不同方面的等效性，当量直径有不同的表示方法。工程上体积当量直径用得最多。

令实际颗粒的体积等于当量球形颗粒的体积$\left(V_p=\frac{\pi}{6}d_p^3\right)$，则体积当量直径定义为

$$d_e=\sqrt[3]{\frac{6V_p}{\pi}} \tag{3-4}$$

式中　$d_e$——体积当量直径（m）；

$V_p$——非球形颗粒的实际体积（$m^3$）。

**2. 形状系数**

形状系数又称球形度，它表征颗粒的形状与球形颗粒的差异程度，根据定义可以写出

$$\phi=\frac{S}{S_{\mathrm{p}}} \tag{3-5}$$

式中　$\phi$——颗粒的形状系数或球形度；

$S_{\mathrm{p}}$——颗粒的表面积（$\mathrm{m}^2$）；

$S$——与该颗粒体积相等的圆球的表面积（$\mathrm{m}^2$）。

由于体积相同时球形颗粒的表面积最小，因此，任何非球形颗粒的形状系数皆小于1。对于球形颗粒，$\phi=1$。颗粒形状与球形差别越大，$\phi$ 值越低。

对于非球形颗粒，必须有两个参数才能确定其特征。通常选用体积当量直径和形状系数来表征颗粒的体积、表面积和比表面积，即

$$V_{\mathrm{p}}=\frac{\pi}{6}d_{\mathrm{e}}^3$$

$$S_{\mathrm{p}}=\pi d_{\mathrm{e}}^2/\phi$$

$$a_{\mathrm{p}}=6/(\phi d_{\mathrm{e}})$$

## 3.2.2　颗粒群的特性

工程中遇到的颗粒大多是由大小不同的粒子组成的集合体，称为均一性粒子或多分散性粒子；将具有同一粒径的称为单一性粒子或单分散性粒子。

**1. 粒度分布**

不同粒径范围内所含粒子的个数或质量，即粒度分布。可采用多种方法测量多分散性粒子的粒度分布。对于大于40μm的颗粒，通常采用一套标准筛进行测量。这种方法称为筛分分析。泰勒标准筛的目数与对应的孔径见表3-1。

**表3-1　泰勒标准筛**

| 目数 | 孔径 | | 目数 | 孔径 | |
|---|---|---|---|---|---|
| | in | μm | | in | μm |
| 3 | 0.263 | 6680 | 48 | 0.0116 | 295 |
| 4 | 0.185 | 4699 | 65 | 0.0082 | 208 |
| 6 | 0.131 | 3327 | 100 | 0.0058 | 147 |
| 8 | 0.093 | 2362 | 150 | 0.0041 | 104 |
| 10 | 0.065 | 1651 | 200 | 0.0029 | 74 |
| 14 | 0.046 | 1168 | 270 | 0.0021 | 53 |
| 20 | 0.0328 | 833 | 400 | 0.0015 | 38 |
| 35 | 0.0164 | 417 | | | |

当使用某一号筛子时，通过筛孔的颗粒量称为筛过量，截留于筛面上的颗粒量则称为筛余量。称取各号筛面上的颗粒筛余量即得筛分分析的基本数据。

**2. 颗粒的平均直径**

颗粒平均直径的计算方法很多，其中最常用的是平均比表面积直径。设有一批大小不等的球形颗粒，其总质量为 $G$，经筛分分析得到相邻两号筛之间的颗粒质量为 $G_i$，筛分直径

(即两筛号筛孔的算术平均值) 为 $d_i$。根据比表面积相等原则，颗粒群的平均比表面积直径可写为

$$\frac{1}{d_a} = \sum \frac{1}{d_i}\frac{G_i}{G} = \sum \frac{x_i}{d_i}$$

或
$$d_a = 1/\sum \frac{x_i}{d_i} \tag{3-6}$$

式中 $d_a$——平均比表面积直径 (m)；

$d_i$——筛分直径 (m)；

$x_i$——筛分直径 $d_i$ 粒径段颗粒的质量分数。

### 3.2.3 粒子的密度

单位体积内的粒子质量称为密度。若粒子体积不包括颗粒之间的空隙，则称为粒子的真密度 $\rho_s$，其单位为 $kg/m^3$。颗粒的大小和真密度对于机械分离效果有重要影响。若粒子所占体积包括颗粒之间的空隙，则测得的密度为堆积密度或表观密度 $\rho_b$，其值小于真密度。设计颗粒储存设备及某些加工设备时，应以堆积密度为准。

## 3.3 重力沉降

沉降操作是指在某种力场中利用分散相和连续相之间的密度差异，使之发生相对运动而实现分离的操作过程。实现沉降操作的作用力可以是重力，也可以是惯性离心力。因此，沉降过程有重力沉降和离心沉降两种方式。

### 3.3.1 沉降速度

颗粒受到重力加速度的影响而沉降的过程叫做重力沉降。

**1. 球形颗粒的自由沉降**

将表面光滑的刚性球形颗粒置于静止的流体介质中，如果颗粒的密度大于流体的密度，则颗粒将在流体中降落。此时，颗粒受到三个力的作用，即：重力、浮力和阻力，如图 3-2 所示。重力向下，浮力向上，阻力与颗粒运动的方向相反（即向上）。对于一定的流体和颗粒，重力与浮力是恒定的，而阻力却随颗粒的降落速度而变。

图 3-2 沉降颗粒的受力情况

令颗粒的密度为 $\rho_s$，直径为 $d$，流体的密度为 $\rho$，则

重力
$$F_g = \frac{\pi}{6}d^3\rho_s g$$

浮力
$$F_b = \frac{\pi}{6}d^3\rho g$$

阻力 $$F_d = \xi A \frac{\rho u^2}{2}$$

式中 $\xi$——阻力系数，量纲为一；

$A$——颗粒在垂直于其运动方向的平面上的投影面积，其值为 $A = \frac{\pi}{4} d^2 (m^2)$；

$u$——颗粒相对于流体的降落速度（m/s）。

根据牛顿第二运动定律可知，上面三个力的合力应等于颗粒的质量与其加速度 $a$ 的乘积，即

$$F_g - F_b - F_d = ma \tag{3-7a}$$

或 $$\frac{\pi}{6} d^3 (\rho_s - \rho) g - \xi \frac{\pi}{4} d^2 \left(\frac{\rho u^2}{2}\right) = \frac{\pi}{6} d^3 \rho_s \frac{du}{dt} \tag{3-7b}$$

式中 $m$——颗粒的质量（kg）；

$a$——加速度（$m/s^2$）；

$t$——时间（s）。

颗粒开始沉降的瞬间，速度 $u$ 为零，因此阻力 $F_d$ 也为零，故加速度 $a$ 具有最大值。颗粒开始沉降后，阻力随运动速度 $u$ 的增加而相应加大，直至 $u$ 达到某一数值 $u_i$ 后，阻力、浮力与重力达到平衡，即合力为零。质量 $m$ 不可能为零，故只有加速度 $a$ 为零。此时，颗粒便开始作匀速沉降运动。由前面分析可见，静止流体中颗粒的沉降过程可分为两个阶段，起初为加速阶段而后为等速阶段。

由于小颗粒具有相当大的比表面积，使得颗粒与流体间的接触表面很大，故阻力在很短时间内便与颗粒所受的净重力（重力减浮力）接近平衡。因而，经历加速段的时间很短，在整个沉降过程中往往可以忽略。

等速阶段中颗粒相对于流体的运动速度 $u_t$ 称为沉降速度。由于这个速度是加速阶段终了时颗粒相对于流体的速度，故又称为“终端速度”。由式（3-7b）可得到沉降速度 $u_t$ 的关系式。当 $a=0$ 时，$u=u_t$，则

$$u_t = \sqrt{\frac{4gd(\rho_s - \rho)}{3\xi\rho}} \tag{3-8}$$

式中 $u_t$——颗粒的自由沉降速度（m/s）；

$d$——颗粒直径（m）；

$\rho_s$、$\rho$——颗粒和流体的密度（$kg/m^3$）；

$g$——重力加速度（$m/s^2$）。

**2. 阻力系数**

当流体以一定速度绕过静止的固体颗粒流动时，由于流体的粘性，会对颗粒有作用力。反之，当固体颗粒在静止流体中移动时，流体同样会对颗粒有作用力。这两种情况的作用力性质相同，通常称为曳力或阻力，如图3-3所示。

只要颗粒与流体之间有相对运动，就会有这种阻力产生。除了上述两种相对运动情况外，还有颗粒在静止流体中沉降时的相对运动，或运动着的颗粒与流动着的流体之间的相对运动。对于一定的颗粒和流体，不论哪一种相对运动，只要相对运动速度相同，流体对颗粒

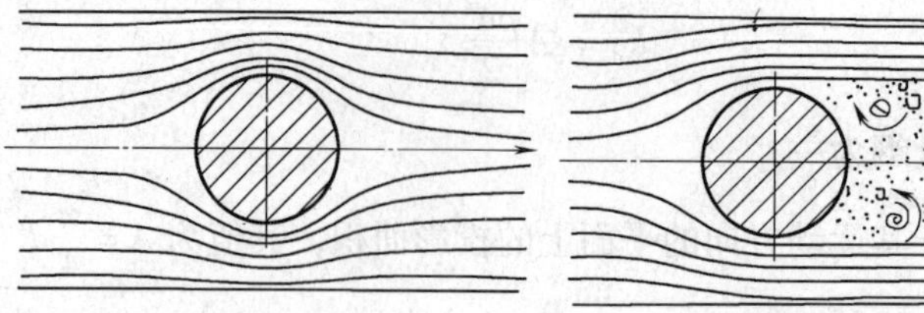


图 3-3 流体绕流颗粒现象示意图

的阻力就一样。

式（3-8）中的无因次阻力系数 $\xi$ 是流体相对于颗粒运动时的雷诺准数 $Re = d_p u\rho/\mu$ 的函数，即

$$\xi = \phi(Re) = \phi(d_p u\rho/\mu)$$

此函数关系需由实验测定。球形颗粒的 $\xi$ 实验数据，示于图 3-4 中。图中曲线大致可分为三个区域，各区域的曲线可分别用不同的计算式表示为

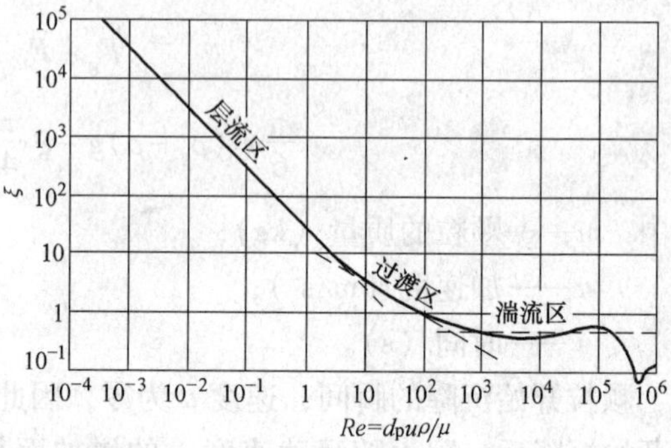


图 3-4 球形颗粒的 $\xi$ 与 $Re$ 关系曲线

层流区（$10^{-4} < Re < 2$） $$\xi = 24/Re \tag{3-9}$$

过渡区（$2 < Re < 500$） $$\xi = 18.5/Re^{0.6} \tag{3-10}$$

湍流区（$500 < Re < 2\times10^5$） $$\xi = 0.44 \tag{3-11}$$

这三个区域，又分别称为斯托克斯（Stokes）区（层流区）、艾仑（Allen）区（过渡区）、牛顿（Newton）区（湍流区）。其中斯托克斯区的计算是准确的，其他两个区域的计算是近似的。

将式（3-9）、式（3-10）及式（3-11）分别代入式（3-8），便可得到颗粒在各区相应的沉降速度公式，即

层流区 $$u_t = \frac{d^2(\rho_s - \rho)g}{18\mu} \tag{3-12}$$

过渡区 $$u_t = d\sqrt[3]{\frac{4g^2(\rho_s - \rho)^2}{225\mu\rho}} \tag{3-13}$$

湍流区 $$u_t = 1.74\sqrt{\frac{d(\rho_s - \rho)g}{\rho}} \tag{3-14}$$

式（3-12）、式（3-13）及式（3-14）分别称为斯托克斯公式、艾仑公式及牛顿公式。在层流沉降区内，由流体粘性引起的表面摩擦力占主要地位。在湍流区，流体粘性对沉降速度已无影响，由流体在颗粒后半部出现的边界层分离所引起的形体阻力占主要地位。在过渡区，表面摩擦阻力和形体阻力二者都不可忽略。在整个范围内，随雷诺准数 $Re$ 的增大，表面摩擦阻力的作用逐渐减弱，而形体阻力的作用逐渐增强。当雷诺准数 $Re$ 超过 $2\times10^5$ 时，山现湍流边界层，此时反而不易发生边界层分离，故阻力系数 $\xi$ 值突然下降，但在沉降操作

中很少达到这个区域。

**3. 影响沉降速度的因素**

上面的讨论都是针对表面光滑、刚性球形颗粒在流体中作自由沉降的简单情况。所谓自由沉降是指在沉降过程中，颗粒之间的距离足够大，任一颗粒的沉降不因其他颗粒的存在而受到干扰，且可以忽略容器壁面的影响。单个颗粒在空间中的沉降或气态非均相物系中颗粒的沉降都可视为自由沉降。如果分散相的体积分数较高，颗粒间有显著的相互作用，容器壁面对颗粒沉降的影响也不可忽略，则称为干扰沉降或受阻沉降；液态非均相物系中，当分散相含量较高时，往往发生干扰沉降。在实际沉降过程中，影响沉降速度的因素有如下几个方面：

（1）颗粒的体积分数　前述各种沉降速度关系式中，当颗粒的体积分数小于0.2%时，理论计算值的偏差在1%以内，但当颗粒体积分数较高时，由于颗粒间相互作用明显，便发生干扰沉降。

（2）器壁效应　容器的壁面和底面均增加颗粒沉降时的曳力，使颗粒的实际沉降速度较自由沉降速度低。当容器尺寸远远大于颗粒尺寸时（如在100倍以上），器壁效应可忽略，否则需加以考虑。在斯托克斯定律区，器壁对沉降速度的影响可用下式修正：

$$u_t' = \frac{u_t}{1 + 2.1\dfrac{d}{D}} \tag{3-15}$$

式中　$u_t'$——颗粒的实际沉降速度（m/s）；

$D$——容器直径（m）。

（3）颗粒形状的影响　同一种固体物质，球形或近球形颗粒比同体积非球形颗粒的沉降要快一些。非球形颗粒的形状及其投影面积 $A$ 均影响沉降速度。

几种 $\phi$ 值下的阻力系数 $\xi$ 与雷诺准数 $Re$ 的关系曲线，已根据实验结果标绘在图3-5中。对于非球形颗粒，雷诺准数 $Re$ 中的直径 $d$ 要用颗粒的当量直径 $d_e$ 代替。

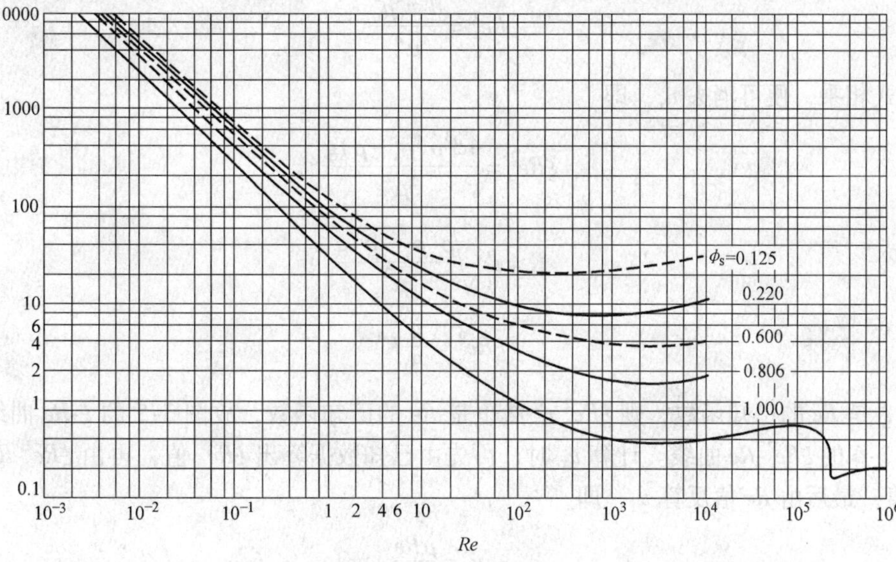


图3-5　$\xi$—$Re$ 关系曲线

由图3-5可见，颗粒的球形度越小，对应于同一 $Re$ 值的阻力系数 $\xi$ 越大，但 $\phi$ 值对 $\xi$ 的影响在层流区内并不显著。随着 $Re$ 的增大，这种影响逐渐变大。

另外，自由沉降速度公式不适用于非常微细颗粒（如 $d<0.5\mu m$）的沉降计算，这是由于流体分子热运动使得颗粒发生布朗运动。当 $Re>10^4$ 时，便可不考虑布朗运动的影响。

需要指出，上述各区沉降速度关系式适用于多种情况下颗粒与流体在重力方向上的相对运动的计算，如：

既可适用于颗粒密度 $\rho_s$ 大于流体密度 $\rho$ 的沉降操作，也可适用于颗粒密度 $\rho_s$ 小于流体密度 $\rho$ 的颗粒浮升运动。

既可适用于在静止流体中颗粒的沉降，也可适用于流体相对于静止颗粒的运动。

既可适用于颗粒与流体逆向运动的情况，也可适用于颗粒与流体同向运动但具有不同速度的相对运动速度的计算。

**4. 沉降速度的计算**

计算在给定介质中球形颗粒的沉降速度可采用以下两种方法。

（1）试差法　根据式（3-12）、式（3-13）及式（3-14）计算沉降速度 $u_t$ 时，需要预先知道沉降雷诺准数 $Re$ 值才能选用相应的计算式。但是 $u_t$ 待求，$Re$ 值也就未知。所以沉降速度 $u_t$ 的计算需要用试差法，即先假设沉降居于某一流型（如层流区），则可直接选用与该流型相应的沉降速度公式计算 $u_t$，然后按求出的 $u_t$ 检验 $Re$ 值是否在原设的流型范围内。如果与原设一致，则求得的 $u_t$ 有效。否则，按算出的 $Re$ 值另选流型，并改用相应的公式求 $u_t$，直到按求得 $u_t$ 算出的 $Re$ 值恰与所选用公式的 $Re$ 值范围相符为止。

（2）摩擦数群法　该法是把图3-5加以转换，使其两个坐标轴之一变成不包含 $u_t$ 的无量纲数群，进而便可求得 $u_t$。

由式（3-8）可得到

$$\xi=\frac{4d(\rho_s-\rho)g}{3\rho u_t^2}$$

又

$$Re^2=\frac{d^2u_t^2\rho^2}{\mu^2}$$

以上两式相乘，便可消去 $u_t$，即

$$\xi Re^2=\frac{4d^3\rho(\rho_s-\rho)g}{3\mu^2} \tag{3-16}$$

再令

$$K=d\sqrt[3]{\frac{\rho(\rho_s-\rho)g}{\mu^2}} \tag{3-17}$$

则得

$$\xi Re^2=\frac{4}{3}K^3$$

因 $\xi$ 是 $Re$ 的已知函数，则 $\xi Re^2$ 必然也是 $Re$ 的已知函数，故图3-5的 $\xi$-$Re$ 曲线便可转化成图3-6的 $\xi Re^2$-$Re$ 曲线。计算 $u_t$ 时，可先由已知数据算出 $\xi Re^2$ 值，再由 $\xi Re^2$-$Re$ 曲线查得 $Re$ 值，最后由 $Re$ 值反算 $u_t$，即

$$u_t=\frac{\mu Re}{d\rho}$$

如果要计算在一定介质中具有某一沉降速度 $u_t$ 的颗粒的直径，也可用类似的方法解决。令 $\xi$ 与 $Re^{-1}$ 相乘，得

$$\xi Re^{-1}=\frac{4\mu(\rho_s-\rho)g}{3\rho^2u_t^3} \tag{3-18}$$

$\xi Re^{-1}$-$Re$ 曲线绘于图 3-6 中。由 $\xi Re^{-1}$ 值从图中查得 $Re$ 的值，再根据沉降速度 $u_t$ 值计算 $d$，即

$$d=\frac{\mu Re}{\rho u_t}$$

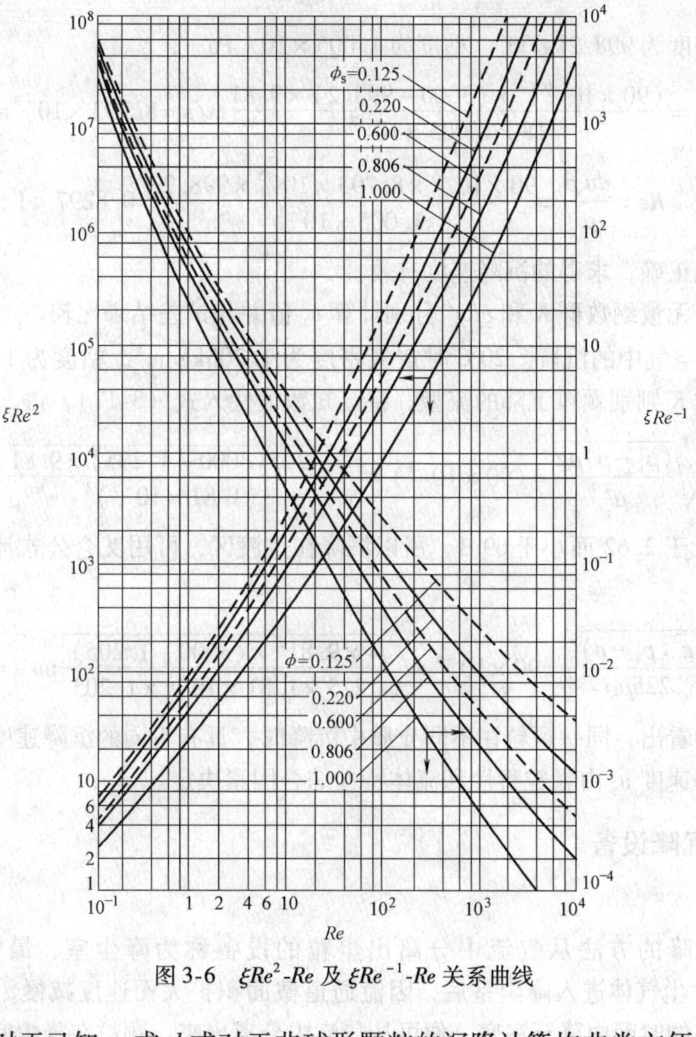


图 3-6 $\xi Re^2$-$Re$ 及 $\xi Re^{-1}$-$Re$ 关系曲线

摩擦数群法对于已知 $u_t$ 求 $d$ 或对于非球形颗粒的沉降计算均非常方便。此外，也可用无量纲数群 $K$ 值判别流型。将式（3-12）代入雷诺准数 $Re$ 的定义式得

$$Re=\frac{d^3(\rho_s-\rho)\rho g}{18\mu^2}=\frac{K^3}{18}$$

当 $Re=1$ 时，$K=2.62$，此值是斯托克斯定律区的上限。

同理，将式（3-14）代入 $Re$ 的定义式，可得牛顿定律区的下限 $K$ 值为69.1。

这样，计算已知直径的球形颗粒的沉降速度时，可根据 $K$ 值选用相应的公式计算 $u_t$，从而避免采用试差法。

**【例3-1】** 试计算直径为90μm、密度为3000kg/m³ 的固体颗粒分别在20℃的空气和水中的自由沉降速度。

**解：** 1）在20℃水中的沉降。沉降操作所涉及的粒径往往很小，常在斯托克斯定律区进行沉降，故先假设颗粒在层流区内沉降，沉降速度可用式（3-12）计算，即

$$u_t = \frac{d^2(\rho_s - \rho)g}{18\mu}$$

20℃水的密度为998.2kg/m³，粘度为 $1.005 \times 10^{-3}$ Pa·s

$$u_t = \frac{(90 \times 10^{-6})^2 \times (3000 - 998.2) \times 9.81}{18 \times 1.005 \times 10^{-3}} \text{m/s} = 8.793 \times 10^{-3} \text{m/s}$$

核算流型 $$Re = \frac{du_t\rho}{\mu} = \frac{90 \times 10^{-6} \times 8.793 \times 10^{-3} \times 998.2}{1.005 \times 10^{-3}} = 0.8297 < 1$$

原设层流区正确，求得的沉降速度有效。

读者可以用无量纲数群 $K$ 和 $\xi Re^2$ 分别计算 $u_t$ 值并与试差结果比较。

2）在20℃空气中的沉降。20℃时空气密度为1.205kg/m³，粘度为 $1.81 \times 10^{-5}$ Pa·s。根据无量纲数群 $K$ 判别颗粒沉降的流型。将已知数值代入式（3-17），得

$$K = d\sqrt[3]{\frac{(\rho_s - \rho)\rho g}{\mu^2}} = (90 \times 10^{-6}) \times \sqrt[3]{\frac{1.205(3000 - 1.205) \times 9.81}{(1.81 \times 10^{-5})^2}} = 4.282$$

由于 $K$ 值大于2.62而小于69.1，所以沉降在过渡区，可用艾仑公式计算沉降速度，由式（3-13）得

$$u_t = d\sqrt[3]{\frac{4g^2(\rho_s - \rho)^2}{225\mu\rho}} = 90 \times 10^{-6} \times \sqrt[3]{\frac{4 \times 9.81^2 \times (3000 - 1.205)^2}{225 \times 1.81 \times 10^{-5} \times 1.205}} \text{m/s} = 0.811 \text{m/s}$$

由以上计算看出，同一颗粒在不同介质中沉降时，具有不同的沉降速度，且属于不同的流型。所以沉降速度 $u_t$ 由颗粒特性和流体特性综合因素决定。

## 3.3.2 重力沉降设备

**1. 降尘室**

采用重力沉降的方法从气流中分离出尘粒的设备称为降尘室，最常见的降尘室如图3-7a所示。含尘气体进入降尘室后，因流通道截面积扩大而速度减慢，只要颗粒能够在气体通过降尘室的时间内降至室底，便可从气流中分离出来。颗粒在降尘室内的运动情况示于图3-7b中。

令 $l$——降尘室的长度（m）；

$H$——降尘室的高度（m）；

$b$——降尘室的宽度（m）；

$u$——气体在降尘室中的水平通过速度（m/s）；

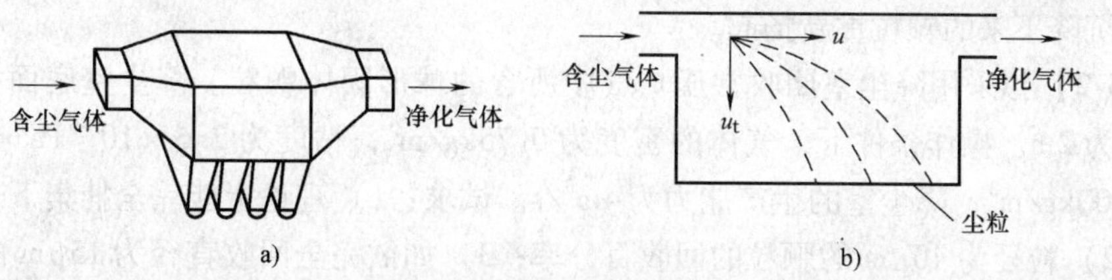


图 3-7 降尘室示意图
a）降尘室 b）尘粒在降尘室内的运动情况

$V_s$——降尘室的生产能力（即含尘气体通过降尘室的体积流量，$m^3/s$）。

位于降尘室最高点的颗粒沉降至室底需要的时间为

$$t_t = \frac{H}{u_t}$$

气体通过降尘室的时间为

$$t = \frac{l}{u}$$

为满足降尘要求，气体在降尘室内的停留时间至少需等于颗粒的沉降时间，即

$$t \geqslant t_t \text{ 或 } \frac{l}{u} \geqslant \frac{H}{u_t}$$

气体在降尘室内的水平通过速度为

$$u = \frac{V_s}{Hb}$$

将此式代入上式并整理得

$$V_s \leqslant blu_t \tag{3-19a}$$

可见，理论上降尘室的生产能力只与其沉降面积 $bl$ 及颗粒的沉降速度 $u_t$ 有关，而与降尘室高度 $H$ 无关，故降尘室应设计成扁平隔板，构成多层降尘室，如图 3-8 所示。隔板间距一般为 40 ~ 100mm。

若降尘室内设置 $n$ 层水平隔板，则多层降尘室的生产能力为

$$V_s \leqslant (n+1)blu_t \tag{3-19b}$$

降尘室结构简单，流体阻力小，但体积庞大，分离效率低，通常只适用于分离粒度大于 50μm 的粗颗粒，一般作为预除尘使用。多层降尘室虽能分离较细的颗粒且节省占地，但清灰比较麻烦。

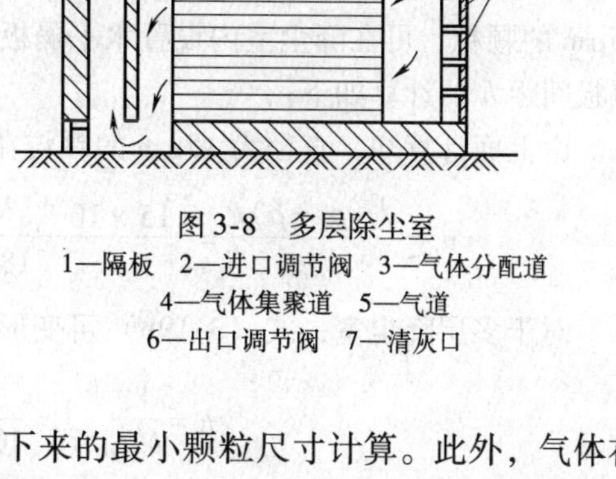

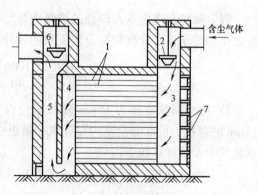


图 3-8 多层除尘室
1—隔板 2—进口调节阀 3—气体分配道 4—气体集聚道 5—气道 6—出口调节阀 7—清灰口

需要指出，沉降速度 $u_t$ 应根据需要完全分离下来的最小颗粒尺寸计算。此外，气体在降尘室内的速度不应过高，一般应保证气体流动的雷诺准数处于层流区，以免干扰颗粒的沉

降或把已沉降下来的颗粒重新扬起。

**【例 3-2】** 拟采用降尘室回收常压炉气中所含的球形固体颗粒。降尘室底面积为 $10m^2$，宽和高均为 2m。操作条件下，气体的密度为 $0.75kg/m^3$，粘度为 $2.6\times10^{-5}Pa\cdot s$；固体的密度为 $3000kg/m^3$；降尘室的生产能力为 $4m^3/s$。试求：1）理论上能完全捕集下来的最小颗粒直径；2）粒径为 $40\mu m$ 的颗粒的回收百分率；3）如欲完全回收直径为 $15\mu m$ 的尘粒，在原降尘室内需设置多少层水平隔板，隔板间距是多少。

**解：** 1）理论上能完全捕集下来的最小颗粒直径。由式（3-19a）可知，降尘室能够完全分离出来的最小颗粒的沉速为

$$u_t = \frac{V_s}{bl} = \frac{4}{10}m/s = 0.4m/s$$

用摩擦数群法由 $u_t$ 求 $d_{min}$，即

$$\xi Re^{-1} = \frac{4\mu(\rho_s - \rho)g}{3\rho^2 u_t^3}$$

$$= \frac{4\times2.6\times10^{-5}\times(3000-0.75)\times9.81}{3\times0.75^2\times0.4^3} = 28.3$$

由图 3-6 查得 $Re = 0.92$，则

$$d_{min} = \frac{2.6\times10^{-5}\times0.92}{0.75\times0.4}m = 7.97\times10^{-5}m = 79.7\mu m$$

2）粒径为 $40\mu m$ 颗粒的回收百分率。由上面计算知，直径为 $40\mu m$ 颗粒的沉降必定在层流区，其沉降速度可用斯托克斯公式计算，即

$$u_t' = \frac{d^2(\rho_s - \rho)g}{18\mu} = \frac{(40\times10^{-6})^2\times(3000-0.75)\times9.81}{18\times2.6\times10^{-5}} = 0.1006m/s$$

假定颗粒在降尘室入口处的炉气中是均布的，则颗粒在降尘室内的沉降高度与降尘室高度之比约等于该尺寸颗粒被分离下来的百分率。因此，直径为 $40\mu m$ 的颗粒回收率约为

$$\frac{H'}{H} = \frac{u_t'\theta}{u_t\theta} = \frac{0.1006}{0.40} = 0.2515，即 25.15\%$$

3）完全回收直径为 $15\mu m$ 颗粒时应设置的水平隔板数及板间距。欲完全回收直径为 $15\mu m$ 的颗粒，可在降尘室内设置水平隔板，使之变为多层降尘室。降尘室内隔板层数 $n$ 及隔板间距 $h$ 的计算如下：

由上面计算知，直径为 $15\mu m$ 的颗粒在层流区内沉降，故

$$u_t = \frac{d^2(\rho_s - \rho)g}{18\mu} = \frac{(15\times10^{-6})^2\times(3000-0.75)\times9.81}{18\times2.6\times10^{-5}} = 0.01415m/s$$

对于多层降尘室，式（3-19b）可变形为

$$n = \frac{V_s}{blu_t} - 1 = \frac{4}{10\times0.01415} - 1 = 27.3$$

现取 28 层，则隔板间距为

$$h=\frac{H}{n+1}=\frac{2}{29}=0.069\text{m}$$

在原降尘室内设置28层隔板理论上可全部回收直径为15μm的颗粒。

**2. 沉降槽**

沉降槽是用来提高悬浮液含量并同时得到澄清液体的重力沉降设备。所以，沉降槽又称增浓器或澄清器。沉降槽可间歇操作或连续操作。

间歇沉降槽通常为带有锥底的圆槽，其中的沉降情况与间歇沉降试验时玻璃筒内的情况相似。需要处理的悬浮液在槽内静置足够时间以后，增浓的沉渣由槽底排出，清液则由槽上部排出管排出。连续沉降槽是底部略成锥状的大直径浅槽，如图3-9所示。悬浮液经中央进料口送到液面以下0.3～0.1m处，在尽可能减小扰动的条件下，迅速分散到整个横截面上，液体向上流动，清液经由槽顶端四周的溢流堰连续流出，称为溢流；固体颗粒则沉至底部，槽底有徐徐旋转的耙将沉泥缓慢地聚拢到底部中央的排泥口连续排出，排出的稠泥称为底流。

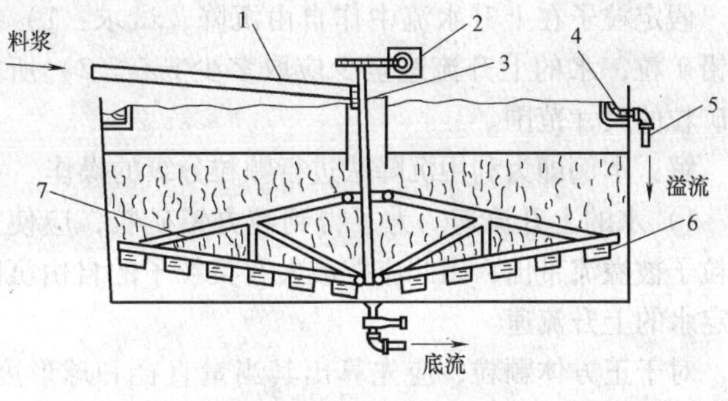


图3-9 连续沉降槽

1—进料管 2—转动机构 3—配料室 4—溢流堰 5—出液管 6—刮泥板 7—转耙

沉降槽有澄清液体和增浓悬浮液的双重功能。为了获得澄清液体，沉降槽必须有足够大的横截面积，以保证任何瞬间液体向上的速度小于颗粒的沉降速度。为了把沉渣增浓到指定的稠度，要求颗粒在槽中有足够的停留时间。所以沉降槽加料口以下的增浓段必须有足够的高度，以保证压紧沉渣所需要的时间。

在沉降槽的增浓段中大都发生颗粒的干扰沉降，所进行的过程称为沉聚过程。

连续沉降槽的直径，小者为数米，大者可达数百米；高度为2.5～4m。有时将数个沉降槽垂直叠放，共用一根中心竖轴带动各槽的转耙。这种多层沉降槽可以节省占地，但操作控制较为复杂。单层沉降槽的高度大约为2～3m。

连续沉降槽适用于处理量大而含量不高，且颗粒不甚细微的悬浮料液，常见的污水处理就是一例。经过这种设备处理后的沉渣中还含有约50%的液体。

为了在给定尺寸的沉降槽内获得最大可能的生产能力，应尽可能提高沉降速度。向悬浮液中添加少量电解质（絮凝剂）或活化剂，使细粒发生"凝聚"或"絮凝"；改变一些物理条件（如加热、冷冻或振动），使颗粒的粒度或相界面积发生变化，都有利于提高沉降速度。沉降槽中装设搅拌耙，除能把沉渣导向排出口外，还能降低非牛顿型悬浮物系的表观粘度，并能促使沉淀物的压紧，从而加速沉聚过程。搅拌耙的转速应选择适当，通常小槽耙的转速为1r/min，大槽耙在0.1r/min左右。

**3. 分级器**

利用重力沉降可将悬浮液中两种不同密度的颗粒进行分类，也可将不同粒度的颗粒进行粗略分离，这样的操作称为分级。实现分级操作的设备称为分级器。

**【例3-3】** 图3-10所示为一个双锥分级器，混合粒子由上部加入，水经可调锥与外壁的环形间隙向上流。沉降速度大于水在环隙处上升流速的颗粒进入底流，而沉降速度小于该流速的颗粒则被溢流带出。

利用此双锥分级器对方铅矿与石英两种粒子的混合物进行分离。已知粒子形状为正方体，棱长为0.08～0.7mm，方铅矿密度$\rho_{s1}=7500\text{kg/m}^3$ 石英密度$\rho_{s2}=2650\text{kg/m}^3$，20℃水的密度和粘度分别为$\rho=998.2\text{kg/m}^3$，$\mu=1.005\times10^{-3}\text{Pa}\cdot\text{s}$。

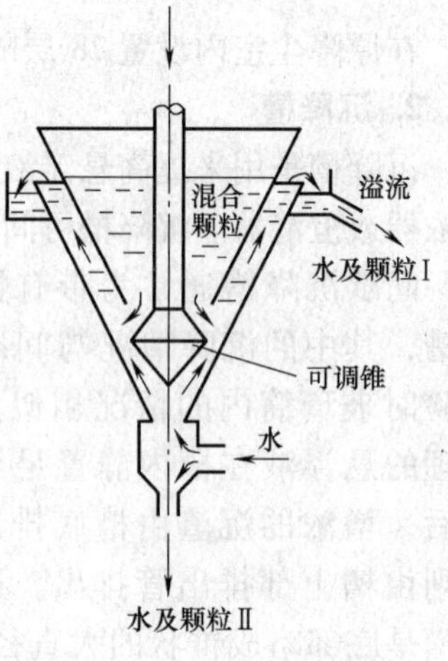

图 3-10　例 3-3 附图

假定粒子在上升水流中作自由沉降，试求：1）欲得纯方铅矿粒，水的上升流速至少应取多少 m/s。2）所得纯方铅矿粒的尺寸范围。

**解**：本例即为利用沉降法进行颗粒分级的操作。

1）水的上升流速。为了得到纯方铅矿粒，应使全部石英粒子被溢流带出，因此应按最大石英粒子的自由沉降速度决定水的上升流速。

对于正方体颗粒，应先算出其当量直径和球形度。令$l$代表棱长，$V_p$代表一个颗粒的体积。

由式（3-4）计算颗粒的当量直径，即

$$d_e=\sqrt[3]{\frac{6}{\pi}V_p}=\sqrt[3]{\frac{6}{\pi}l^3}=(0.7\times10^{-3})\sqrt[3]{\frac{6}{\pi}}\text{m}=8.656\times10^{-4}\text{m}$$

由式（3-5）计算颗粒的球形度，即

$$\phi=\frac{S}{S_p}=\frac{\pi d_e^2}{6l^2}=\frac{\pi\left(l\sqrt[3]{\frac{6}{\pi}}\right)^2}{6l^2}=0.806$$

用摩擦数群法求最大石英粒子的沉降速度，即

$$\xi Re^2=\frac{4d_e^3(\rho_{s2}-\rho)\rho g}{3\mu^2}$$

$$=\frac{4\times(8.685\times10^{-4})^3\times(2650-998.2)\times998.2\times9.81}{3\times(1.005\times10^{-3})^2}=14000$$

已知$\phi=0.806$，由图 3-6 查得，$Re=60$，则

$$u_t=\frac{Re\mu}{d_e\rho}=\frac{60\times1.005\times10^{-3}}{998.2\times8.685\times10^{-4}}\text{m/s}=0.0696\text{m/s}$$

故水的上升流速应取为0.0696m/s 或略大于此值。

2）纯方铅矿粒的尺寸范围。所得到的纯方铅矿粒中尺寸最小者应是沉降速度恰好等于0.0696m/s 的粒子。用摩擦数群法计算该粒子的当量直径。由式（3-18）得

$$\xi Re^{-1}=\frac{4\mu(\rho_{s1}-\rho)g}{3\rho^2u_t^3}=\frac{4\times1.005\times10^{-3}\times(7500-998.2)\times9.81}{3\times998.2^2\times(0.0696)^3}=0.2544$$

已知$\phi=0.806$，由图 3-6 查得，$Re=22$，则

$$d_e=\frac{Re\mu}{\rho u_t}=\frac{22\times1.005\times10^{-3}}{998.2\times0.0696}\text{m}=3.182\times10^{-4}\text{m}$$

与此当量直径对应的正方体棱长为

$$l'=\frac{d_e}{\sqrt[3]{\frac{6}{\pi}}}=\frac{3.182\times10^{-4}}{\sqrt[3]{\frac{6}{\pi}}}\mathrm{m}=2.565\times10^{-4}\mathrm{m}$$

所得纯方铅矿粒的棱长范围为0.2565~0.7mm。

## 3.4　离心沉降

利用惯性离心力的作用而实现的沉降过程称为离心沉降。对于两相密度差较小、颗粒粒度较细的非均相物系，在重力场中的沉降效率很低甚至完全不能分离，若改用离心沉降则可大大地提高沉降速度，设备尺寸也可缩小很多。

通常，气固非均相物系的离心沉降是在旋风分离器中进行的，液固悬浮物系一般可在旋液分离器或沉降离心机中进行。

### 3.4.1　离心沉降速度与分离因数

当流体围绕某一中心轴作圆周运动时，便形成了惯性离心力场。在与转轴距离为$R$、切向速度为$u_T$的位置上，惯性离心力场强度为$u_T^2/R$（即离心加速度）。可见，惯性离心力场强度不是常数，随位置及切向速度而变，其方向是沿旋转半径从中心指向外周。而重力场强度$g$（即重力加速度）基本上可视作常数，其方向指向地心。

当流体带着颗粒旋转时，如果颗粒的密度大于流体的密度，则惯性离心力将会使颗粒在径向上与流体发生相对运动而飞离中心。和颗粒在重力场中受到三个作用力相似，惯性离心力场中颗粒在径向上也受到三个力的作用，即惯性离心力、向心力（与重力场中的浮力相当，其方向为沿半径指向旋转中心）和阻力（与颗粒径向运动方向相反，其方向为沿半径指向中心）。如果球形颗粒的直径为$d$、密度为$\rho_s$，流体密度为$\rho$，颗粒与中心轴的距离为$R$，切向速度为$u_T$，颗粒与流体在径向上的相对速度为$u_r$，则上述三个力分别为

$$\text{惯性离心力}=\frac{\pi}{6}d^3\rho_s\frac{u_T^2}{R}$$

$$\text{向心力}=\frac{\pi}{6}d^3\rho\frac{u_T^2}{R}$$

$$\text{阻力}=\xi\frac{\pi}{4}d^2\frac{\rho u_r^2}{2}$$

如果上述三个力达到平衡，则

$$\frac{\pi}{6}d^3\rho_s\frac{u_T^2}{R}-\frac{\pi}{6}d^3\rho\frac{u_T^2}{R}-\xi\frac{\pi}{4}d^2\frac{\rho u_r^2}{2}=0$$

平衡时颗粒在径向上相对于流体的运动速度$u_r$便是它在此位置上的离心沉降速度。上式对$u_r$求解得

$$u_r = \sqrt{\frac{4d(\rho_s - \rho)}{3\rho\xi} \cdot \frac{u_T^2}{R}} \tag{3-20}$$

比较式（3-20）与式（3-8）可以看出，颗粒的离心沉降速度 $u_r$ 与重力沉降速度 $u_t$ 具有相似的关系式，若将重力加速度 $g$ 改为离心加速度 $u_T{}^2/R$，则式（3-8）可变为（3-20）。但是二者又有明显的区别，首先，离心沉降速度 $u_r$ 不是颗粒运动的绝对速度，而是绝对速度在径向上的分量，且方向不是向下而是沿半径向外；其次，离心沉降速度 $u_r$ 不是恒定值，随颗粒在离心力场中的位置（$R$）而变，而重力沉降速度 $u_t$ 则是恒定的。

离心沉降时，如果颗粒与流体的相对运动属于层流，阻力系数 $\xi$ 也可用式（3-9）表示，于是得到

$$u_r = \frac{d^2(\rho_s - \rho)}{18\mu} \cdot \frac{u_T^2}{R} \tag{3-21}$$

式（3-21）与式（3-12）相比可知，同一颗粒在同种介质中的离心沉降速度与重力沉降速度的比值为

$$\frac{u_r}{u_t} = \frac{u_T^2}{gR} = K_c \tag{3-22}$$

比值 $K_c$ 就是粒子所在位置上的惯性离心力场强度与重力场强度之比，称为离心分离因数。分离因数是离心分离设备的重要指标。对某些高速离心机，分离因数 $K_c$ 值可高达数十万。旋风或旋液分离器的分离因数一般在 5 ~ 2500 之间。如当旋转半径 $R = 0.4\text{m}$、切向速度 $u_T = 20\text{m/s}$ 时，分离因数为

$$K_c = \frac{20^2}{9.81 \times 0.4} = 102$$

这表明颗粒在上述条件下的离心沉降速度比重力沉降速度约大百倍，足见离心沉降设备的分离效果远较重力沉降设备好。

## 3.4.2 旋风分离器

**1. 旋风分离器的操作原理**

旋风分离器是利用惯性离心力的作用从气流中分离出尘粒的设备。图 3-11 所示是具有代表性的结构形式，称为标准旋风分离器。主体的上部为圆筒形，下部为圆锥形。各部件的尺寸比例均标注于图中。含尘气体由圆筒上部的进气管切向进入，受器壁的约束而向下作螺旋运动。在惯性离心力作用下，颗粒被抛向器壁而与气流分离，再沿壁滑落至锥底的排灰口。净化后的气体在中心轴附近由下而上做螺旋运动，最后由顶部排气管排出。图 3-12 描绘了气体在器内的运动情况。通常，把下行的螺旋形气流称为外旋流，上行的螺旋形气流称为内旋流（又称气芯）。内、外旋流气体的旋转方向相同。外旋流的上部是主要除尘区。

旋风分离器内的静压强在器壁附近最高，仅稍低于气体进口处的压强，往中心逐渐降低，在气芯处可降至气体出口压强以下。旋风分离器内的低压气芯由排气管入口一直延伸到底部出灰口。因此，如果出灰口或集尘室密封不良，便易漏入气体，把已收集在锥形底部的粉尘重新卷起，严重降低分离效果。

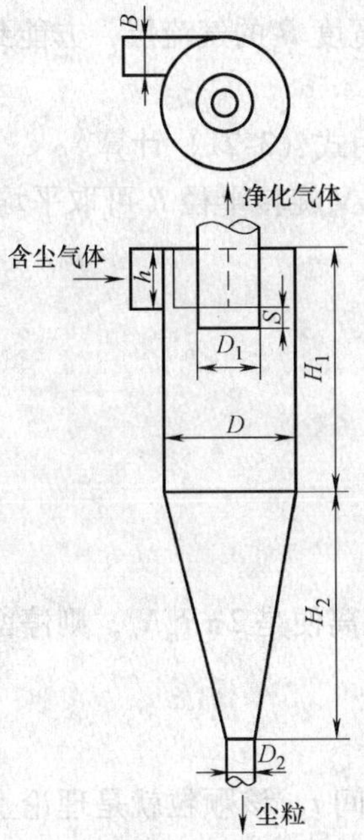


图 3-11 标准旋风分离器

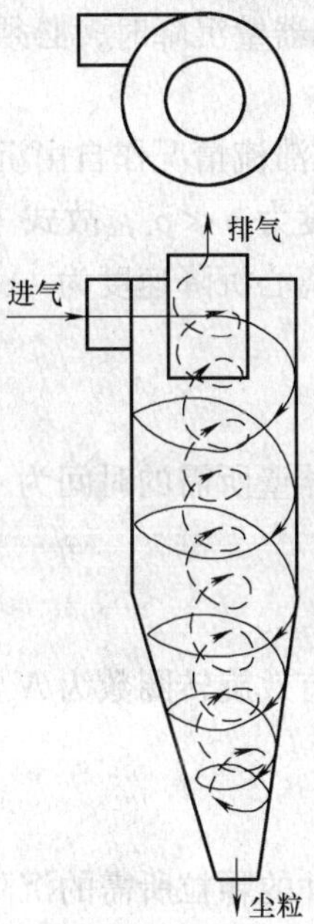


图 3-12 气体在旋风分离器中的运动轨迹

图 3-11 中的主要设计参数如下：

$$h=\frac{D}{2},\ B=\frac{D}{4},\ D_1=\frac{D}{2},\ H_1=2D,\ H_2=2D,\ S=\frac{D}{8},\ D_2=\frac{D}{4}$$

旋风分离器的应用已有近百年的历史，因其结构简单，造价低廉，没有活动部件，可用多种材料制造，操作条件范围宽广，分离效率较高，所以至今仍是环保、化工、采矿、冶金、机械等领域最常用的一种除尘、分离设备。旋风分离器一般用来除去气流中直径在 5μm 以上的尘粒。对颗粒含量高于 $200g/m^3$ 的气体，由于颗粒聚结作用，它甚至能除去直径在 3μm 以下的颗粒。旋风分离器还可以从气流中分离出雾沫。对于直径在 200μm 以上的粗大颗粒，最好先用重力沉降法除去，以减少颗粒对分离器器壁的磨损；对于直径在 5μm 以下的颗粒，一般旋风分离器的捕集效率不高，需用袋滤器或湿法捕集。旋风分离器不适用于处理粘性粉尘、含湿量高的粉尘及腐蚀性粉尘。此外，气量的波动对除尘效果及设备阻力影响较大。

**2. 旋风分离器的性能**

评价旋风分离器性能的主要指标是尘粒从气流中的分离效果及气体经过旋风分离器的压强降。

（1）临界粒径　研究旋风分离器分离性能时，常从分析其临界粒径入手。所谓临界粒径，是理论上在旋风分离器中能被完全分离下来的最小颗粒直径。临界粒径是判断分离效率高低的重要依据。

计算临界粒径的关系式，可在如下简化条件下推导出来。

1）进入旋风分离器的气流严格按螺旋形路线做匀速运动，其切向速度等于进口气速 $u_1$。

2）颗粒向器壁沉降时，必须穿过厚度等于整个进气宽度 $B$ 的气流层，方能到达壁面而被分离。

3）颗粒在滞流情况作自由沉降，其径向沉降速度可用式（3-21）计算。

因流体密度为 $\rho \ll \rho_s$，故式（3-21）中的 $\rho_s-\rho \approx \rho_s$；又旋转半径 $R$ 可取平均值 $R_m$，则气流中颗粒的离心沉降速度为

$$u_r = \frac{d^2 \rho_s u_1^2}{18\mu R_m}$$

颗粒到达器壁所需的时间为

$$t_t = \frac{B}{u_r} = \frac{18\mu R_m B}{d^2 \rho_s u_1^2}$$

令气流的有效旋转圈数为 $N_e$，它在分离器内运行的距离便是 $2\pi R_m N_e$，则停留时间为

$$t = \frac{2\pi R_m N_e}{u_1}$$

若某种尺寸的颗粒所需的沉降时间 $t_t$ 恰好等于停留时间 $t$，该颗粒就是理论上能被完全分离下来的最小颗粒。以 $d_0$ 代表这种颗粒的直径，即临界直径，则

$$\frac{18\mu R_m B}{d_0^2 \rho_s u_1^2} = \frac{2\pi R_m N_e}{u_1}$$

解得

$$d_0 = \sqrt{\frac{9\mu B}{\pi N_e \rho_s u_1}} \tag{3-23}$$

一般旋风分离器是以圆筒直径 $D$ 为参数，其他尺寸都与 $D$ 成一定比例，由式（3-23）可见，临界粒径随分离器尺寸增大而增大，因此分离效率随分离器尺寸增大而减小。所以，当气体处理量很大时，常将若干个小尺寸的旋风分离器并联使用（称为旋风分离器组），以维持较高的除尘效率。

在推导式（3-23）时所作的简化条件 1）、2）两项与实际情况差距较大，但因这个公式非常简单，只要给出合适的 $N_e$ 值，尚属可用。$N_e$ 的数值一般为 0.5~3.0，但对标准旋风分离器，可取 $N_e=5$。

（2）分离效率　旋风分离器的分离效率有两种表示法，一是总效率，以 $\eta_0$ 代表；一是分效率，又称粒级效率，以 $\eta_p$ 代表。

总效率是指进入旋风分离器的全部颗粒中被分离下来的质量分数，即

$$\eta_0 = \frac{C_1 - C_2}{C_1} \tag{3-24}$$

式中　$C_1$——旋风分离器进口气体含尘质量浓度（$g/m^3$）；

$C_2$——旋风分离器出口气体含尘质量浓度（$g/m^3$）。

总效率是工程中最常用的，也是最易于测定的分离效率。这种表示方法的缺点是不能表明旋风分离器对各种尺寸粒子的不同分离效果。

含尘气流中的颗粒通常是大小不均的。通过旋风分离器之后，各种尺寸的颗粒被分离下来的百分数互不相同。按各种粒度分别表明其被分离下来的质量分数，称为粒级效率。通常

是把气流中所含颗粒的尺寸范围等分成 $n$ 个小段，而其中第 $i$ 个小段范围内的颗粒（平均粒径为 $d_i$）的粒级效率定义为

$$\eta_p = \frac{C_{1i} - C_{2i}}{C_{1i}} \tag{3-25}$$

式中 $C_{1i}$——进口气体中粒径在第 $i$ 小段范围内的颗粒质量浓度（$g/m^3$）；

$C_{2i}$——出口气体中粒径在第 $i$ 小段范围内的颗粒质量浓度（$g/m^3$）。

粒级效率 $\eta_p$ 与颗粒直径 $d_i$ 的对应关系可用曲线表示，称为粒级效率曲线。这种曲线可通过实测旋风分离器进、出气流中所含尘粒的含量及粒度分布而获得。图3-13为某旋风分离器的实测粒级效率曲线。根据计算，其临界粒径 $d_0$ 约为 $10\mu m$。理论上，凡直径大于 $10\mu m$ 的颗粒，其粒级效率都应为100%，而小于 $10\mu m$ 的颗粒，粒级效率都应为零，即应以 $d_0$ 为界作清晰的分离，如图3-13中折线 $BCD$ 所示。但由图3-13中实测的粒级效率曲线可知，对于直径小于 $d_0$ 的颗粒，也有可观的分离效果，而直径大于 $d_0$ 的颗粒，还有部分未被分离下来。这主要是因为直径小于 $d_0$ 的颗粒中，有些在旋风分离器进口处已很靠近壁面，在停留时间内能够到达壁面上；或者在器内聚结成了大的颗粒，因而具有较大的沉降速度。直径大于 $d_0$ 的颗粒中，有些受气体涡流的影响未能到达壁面，或者沉降后又被气流重新卷起而带走。

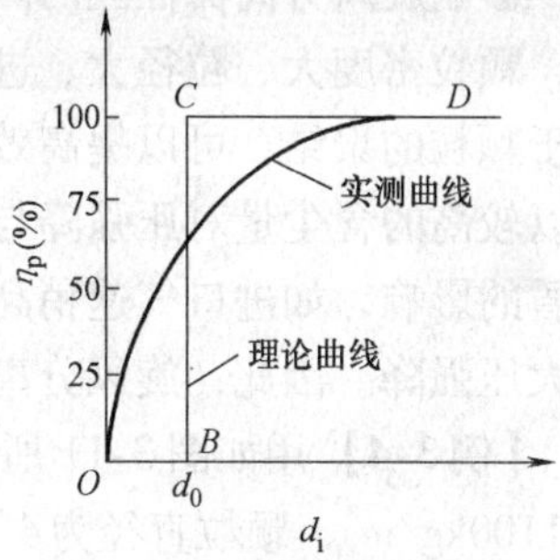


图3-13 粒级效率曲线

有时也把旋风分离器的粒级效率 $\eta_p$ 标绘成粒径比 $d_0/d_{50}$ 的函数曲线。$d_{50}$ 是粒级效率恰为50%的颗粒直径，称为分割粒径。图3-11所示的标准旋风分离器，其 $d_{50}$ 可用下式估算：

$$d_{50} \approx 0.27\sqrt{\frac{\mu D}{u_i(\rho_s - \rho)}} \tag{3-26}$$

这种标准旋风分离器的 $\eta_p$-$d_0/d_{50}$ 关系曲线如图3-14所示。对于同一形式且尺寸比例相同的旋风分离器，无论大小，皆可通用同一条 $\eta_p$-$d_0/d_{50}$ 关系曲线，这就给旋风分离器效率的估算带来了很大方便。

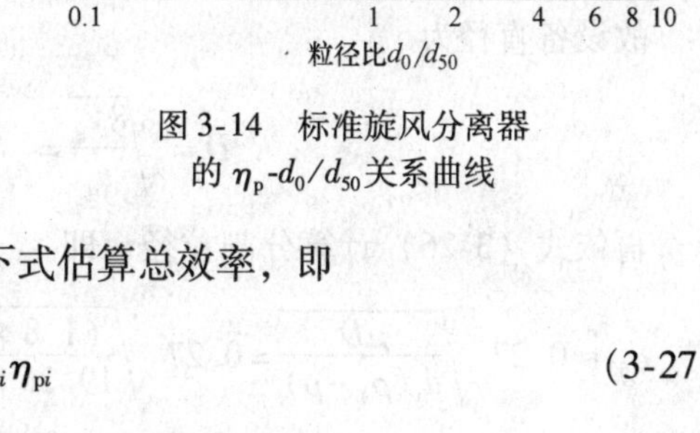

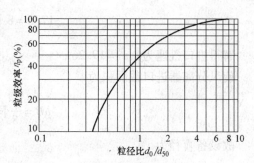


图3-14 标准旋风分离器的 $\eta_p$-$d_0/d_{50}$ 关系曲线

前述的旋风分离器总效率 $\eta_0$，不仅取决于各种尺寸颗粒的粒级效率，而且取决于气流中所含尘粒的粒度分布。即使同一设备处于同样操作条件下，如果气流含尘的粒度分布不同，也会得到不同的总效率。如果已有粒级效率曲线，并且已知气体含尘的粒度分布数据，则可按下式估算总效率，即

$$\eta_0 = \sum_{i=1}^{n} x_i \eta_{pi} \tag{3-27}$$

式中 $x_i$——粒径在第 $i$ 小段范围内的颗粒占全部颗粒的质量分数；

$\eta_{pi}$——第 $i$ 小段范围内颗粒的粒级效率；

$n$——全部粒径被划分的段数。

（3）压强降　气体经旋风分离器时，由进气管和排气管及主体器壁所引起的摩擦阻力，流动时的局部阻力以及气体旋转运动所产生的动能损失等，造成气体的压强降。压强降可看做与进口气体动能成正比，即

$$\Delta p = \xi \frac{\rho u_i^2}{2} \tag{3-28}$$

式中　$\xi$——比例系数，亦即阻力系数。

对于同一结构形式及尺寸比例的旋风分离器，$\xi$ 为常数，不因尺寸大小而变。如图 3-11 所示的标准旋风分离器，其阻力系数 $\xi = 8.0$。旋风分离器的压强降一般为 500 ~ 2000Pa。

影响旋风分离器性能的因素多而复杂，物系情况及操作条件是其中的重要方面。一般说来，颗粒密度大、粒径大、进口气速高及粉尘含量高等情况均有利于分离。如含尘量高则有利于颗粒的聚结，可以提高效率，而且颗粒含量增大可以抑制气体涡流，从而使阻力下降，所以较高的含尘量对压强降与效率两个方面都是有利的。但有些因素则对这两个方面有相互矛盾的影响，如进口气速稍高有利于分离，但过高则导致涡流加剧，反而不利于分离，陡然增大压强降。因此，旋风分离器的进口气速保持在 10 ~ 25m/s 范围内为宜。

**【例 3-4】** 用如图 3-11 所示的标准旋风分离器除去气流中所含固体颗粒；已知固体密度为 $1100\text{kg/m}^3$、颗粒直径为 4.5μm；气体的密度为 $1.2\text{kg/m}^3$、粘度为 $1.8 \times 10^{-5}\text{Pa}\cdot\text{s}$、流量为 $0.40\text{m}^3/\text{s}$；允许压强降为 1780Pa。试估算采用以下各方案时的设备尺寸及分离效率。

1）一台旋风分离器。

2）四台相同的旋风分离器串联。

3）四台相同的旋风分离器并联。

**解：** 1）一台旋风分离器。已知图 3-11 所示的标准旋风分离器的阻力系数 $\xi = 8.0$，依式（3-28）可以写出

$$1780 = 8.0 \times 1.2\left(\frac{u_i^2}{2}\right)$$

解得进口气速为：$u_i = 19.26\text{m/s}$

旋风分离器进口截面积为

$$hB = \frac{D^2}{8} \text{同时} \ hB = \frac{V_s}{u_i}$$

故设备直径为

$$D = \sqrt{\frac{8V_s}{u_i}} = \sqrt{\frac{8 \times 0.40}{19.26}}\text{m} = 0.408\text{m}$$

再依式（3-26）计算分割粒径，即

$$d_{50} \approx 0.27\sqrt{\frac{\mu D}{u_i(\rho_s - \rho)}} = 0.27\sqrt{\frac{(1.8 \times 10^{-5}) \times 0.408}{19.26 \times (1100 - 1.2)}}\text{m} = 5.029 \times 10^{-6}\text{m} = 5.029\mu\text{m}$$

$$\frac{d_i}{d_{50}} = \frac{4.5}{5.029} = 0.8948$$

查图3-14得 $\eta=44\%$。

2）四台旋风分离器串联。当四台相同的旋风分离器串联时，若忽略级间连接管的阻力，则每台旋风分离器允许的压强降为

$$\Delta p=\frac{1}{4}\times 1780\text{Pa}=445\text{Pa}$$

则各级旋风分离器的进口气速为

$$u_i=\sqrt{\frac{2\Delta p}{\xi\rho}}=\sqrt{\frac{2\times 445}{8\times 1.2}}\text{m/s}=9.63\text{m/s}$$

每台旋风分离器的直径为

$$D=\sqrt{\frac{8V_s}{u_i}}=\sqrt{\frac{8\times 0.40}{9.63}}\text{m}=0.5765\text{m}$$

又
$$d_{50}\approx 0.27\sqrt{\frac{(1.8\times 10^{-5})\times 0.5765}{9.63\times(1100-1.2)}}=8.46\times 10^{-6}\text{m}=8.46\mu\text{m}$$

$$\frac{d_i}{d_{50}}=\frac{4.5}{8.46}=0.532$$

查图3-14得每台旋风分离器的效率为22%，则串联四级旋风分离器的总效率为

$$\eta=1-(1-0.22)^4=63\%$$

3）四台旋风分离器并联。当四台旋风分离器并联时，每台旋风分离器的气体流量为 $\frac{1}{4}\times 0.4=0.1\text{m/s}$，而每台旋风分离器的允许压强降仍为1780Pa，则进口气速仍为

$$u_i=\sqrt{\frac{2\Delta p}{\xi\rho}}=\sqrt{\frac{2\times 1780}{8\times 1.2}}\text{m/s}=19.26\text{m/s}$$

因此，每台分离器的直径为

$$D=\sqrt{\frac{8\times 0.1}{19.26}}\text{m}=0.2038\text{m}$$

$$d_{50}\approx 0.27\sqrt{\frac{(1.8\times 10^{-5})\times 0.2038}{19.26\times(1100-1.2)}}=3.55\times 10^{-6}\text{m}=3.55\mu\text{m}$$

$$\frac{d_i}{d_{50}}=\frac{4.5}{3.55}=1.268$$

查图3-14得 $\eta=61\%$。

由上面的计算结果可以看出，在处理气量及压强降相同的条件下，本例中串联四台旋风分离器与并联四台旋风分离器的效率大体相同，但并联时所需的设备小、投资省。

**【例3-5】** 采用图3-11所示的标准型旋风分离器除去气流中的尘粒，分离器的 $\eta_p$-$d_0/d_{50}$ 曲线如图3-14所示。已根据设备尺寸、操作条件及系统物性估算出分割粒径 $d_{50}=5.7\mu\text{m}$，求除尘总效率。

气流中所含粉尘的粒度分布见表3-2。

表3-2 例3-5附表1

| 粒径范围 μm | 0~5 | 5~10 | 10~15 | 15~20 | 20~25 | 25~30 | 30~40 | 40~50 | 50~60 | 60~70 |
|---|---|---|---|---|---|---|---|---|---|---|
| 质量分数 $x_i$ | 0.02 | 0.05 | 0.14 | 0.38 | 0.19 | 0.12 | 0.05 | 0.03 | 0.01 | 0.01 |

**解**：依式（3-27）计算总效率，即

$$\eta_0 = \sum_{i=1}^{n} x_i \eta_{pi}$$

计算过程及结果见表3-3。

表3-3 例3-5附表2

| 粒径范围/μm | 平均粒径 $d_i$/μm | 质量分数/$x_i$ | 粒径比 $d_0/d_{50}$ ($d_i$/5.7) | 粒级效率 $\eta_{pi}$ (由 $d_0/d_{50}$ 查图3-14) | $x_i\eta_{pi}$ |
|---|---|---|---|---|---|
| 0~5 | 2.5 | 0.02 | 0.44 | 0.16 | 0.0032 |
| 5~10 | 7.5 | 0.05 | 1.32 | 0.61 | 0.031 |
| 10~15 | 12.5 | 0.14 | 2.19 | 0.80 | 0.112 |
| 15~20 | 17.5 | 0.38 | 3.07 | 0.90 | 0.342 |
| 20~25 | 22.5 | 0.19 | 3.95 | 0.93 | 0.177 |
| 25~30 | 27.5 | 0.12 | 4.82 | 0.96 | 0.115 |
| 30~40 | 35 | 0.05 | 6.14 | 0.97 | 0.048 |
| 40~50 | 45 | 0.03 | 7.89 | 0.99 | 0.030 |
| 50~60 | 55 | 0.01 | 9.65 | 0.99 | 0.01 |
| 60~70 | 65 | 0.01 | 11.4 | 1.00 | 0.01 |

$$\eta_0 = \sum_{i=1}^{n} x_i \eta_{pi} = 0.88$$

求得除尘总效率为88%。

## 3.4.3 旋液分离器

旋液分离器又称水力旋流器，是利用离心沉降原理从悬浮液中分离固体颗粒的设备，它的结构与操作原理和旋风分离器类似。设备主体也是由圆筒和圆锥两部分组成，如图3-15所示。悬浮液经入口管沿切向进入圆筒，向下作螺旋形运动，固体颗粒受惯性离心力作用被甩向器壁，随下旋流降至锥底的出口，由底部排出的增浓液称为底流；清液或含有微细颗粒的液体则成为上升的内旋流，从顶部的中心管排出，称为溢流。

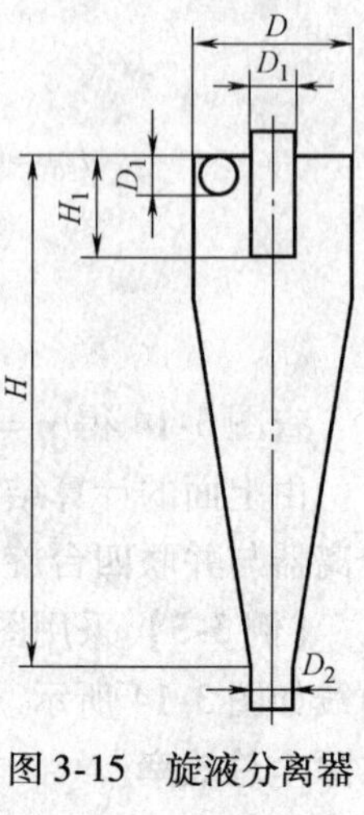

图3-15 旋液分离器

旋液分离器的结构特点是直径小而圆锥部分长。因为固液间的密度差比固气间的密度差小，在一定的切线进口速度下，小直径的圆筒有利于增大惯性离心力，以提高沉降速度。同时，锥形部分加长可增大液流的行程，从而延长了悬浮液在器内的停留时间。

旋液分离器不仅可用于悬浮液的增浓，在分级方面更有显著特点，而且还可用于不互溶液体的分离、气液分离以及传热、传质和

雾化等操作中。

根据增浓或分级用途的不同，旋液分离器的尺寸比例也有相应的变化，可参照表3-4。在进行旋液分离器设计或选型时，应根据工艺的不同要求，对技术指标或经济指标加以综合权衡，以确定设备的最佳结构及尺寸比例。如用于分级时，分割粒径通常为工艺所规定，而用于增浓时，则往往规定总收率或底流含量。从分离角度考虑，在给定处理量时，选用若干个小直径旋液分离器并联运行，其效果要比使用一个大直径的旋液分离器好得多。正因如此，多数制造厂家都提供不同结构的旋液分离器组，使用时可单级操作，也可串联操作，以获得更高的分离效率。

**表3-4 旋液分离器的主要设计参数**

| 参数 | 增浓 | 分级 |
| --- | --- | --- |
| $D_1$ | $D/4$ | $D/7$ |
| $D_2$ | $D/3$ | $D/7$ |
| $H$ | $5D$ | $2.5D$ |
| $H_1$ | (0.3～0.4) $D$ | (0.3～0.4) $D$ |

注：锥形段倾斜角一般为10°～20°。

近年来，世界各国对超小型旋液分离器（指直径小于15mm的旋液分离器）进行开发。超小型旋液分离器组特别适用于微细物料悬浮液的分离操作，颗粒直径可小到2～5μm。

旋液分离器的粒级效率和颗粒直径的关系曲线与旋风分离器颇为相似，并且同样可根据粒级效率及粒径分布计算总效率。

在旋液分离器中，颗粒沿器壁快速运动时产生严重磨损，为了延长分离器的使用年限，应采用耐磨材料制造或采用耐磨材料做内衬。

### 3.4.4 离心沉降机

离心沉降机用于液体非均相混合物（乳浊液或悬浮液）的分离，与旋流器比较，它有转动部件，转速可以根据需要任意增加，对于难分离的混合物可以采用转速高、离心分离因数大的设备。

根据离心分离因数 $K_c$ 的大小，离心沉降机可分为：

常速离心沉降机，$K_c<3000$（一般为600～1200）。

高速离心沉降机，$K_c=3000\sim50000$。

超速离心沉降机，$K_c>50000$。

**1. 转鼓式离心沉降机**

图3-16为转鼓式离心沉降机的转鼓示意图。它的主体是上面带有翻边的圆筒，由中心轴带动其高速旋转，由于惯性离心力的作用，筒内液体形成环状柱体，这样，悬浮液从底部进入，同时受离心力的作用向筒壁沉降，如果颗粒随液体到达顶端以前沉到筒壁，即可从液体中除去，否则仍随液体流出。

**2. 碟式分离机**

碟式分离机的转鼓内装有许多倒锥形碟片，碟片直径一般为0.2～0.6m，碟片数目为50～100片，转鼓以4700～8500r/min的转速旋转，分离因数可达4000～10000。这种分离机可用做澄清悬浮液中少量细小颗粒以获得澄清的液体，也可用于乳浊液中轻、重两相的分离。图 3-17a 所示为用于分离乳浊液的碟式分离机的工作原理。料液由空心转轴顶部进入后流到碟片组的底部，碟片上带有小孔，料液通过小孔分配到各碟片通道之间。在离心力作用下，重液逐步沉于每一碟片的下方并向转鼓外缘移动，经汇集后由重液出口连续排出。轻液则流向轴心由轻液出口排出。图 3-17b 所示为用于澄清液体的碟式分离机的工作原理示意图。这种分离机的碟片上不开孔，料液从转动碟片的四周进入碟片间的通道并向轴心流动。同时固体颗粒则逐渐向每一碟片的下方沉降，并在离心力作用下向碟片外缘移动，沉积在转鼓内壁的沉渣可在停车后用人工卸除或间歇地用液压装置自动排除。重液出口用垫圈堵住，澄清液体由轻液出口排出。人工卸渣要停车清洗，故只适用于含固量小于 1% 的悬浮液。

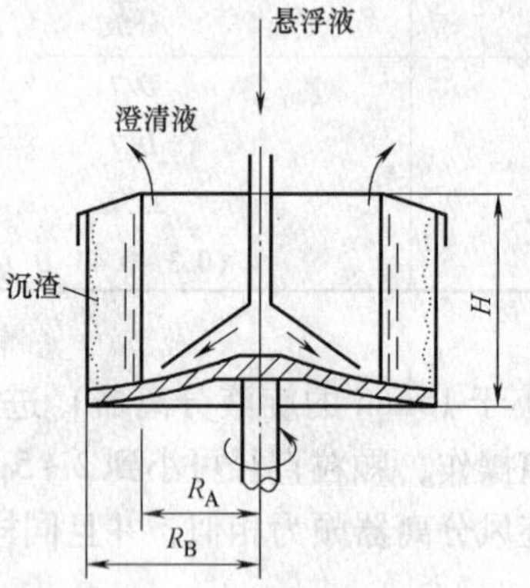


图 3-16 转鼓式离心沉降机的转鼓示意图

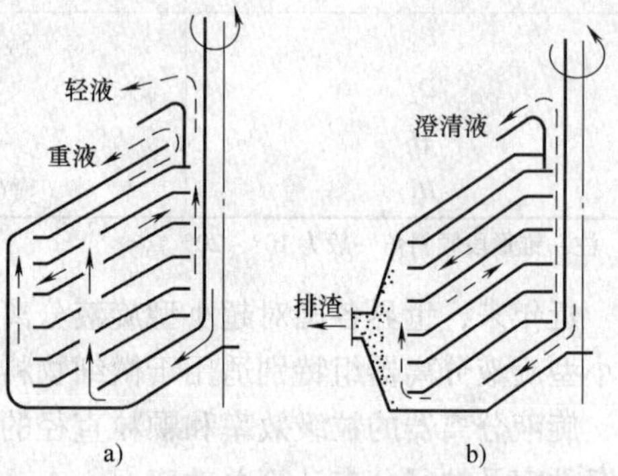


图 3-17 碟式分离机
a）分离 b）澄清

## 3.5 过滤

当生产过程需处理固相含量较高的悬浊液，或处理固相含量极低且粒径微小的气—固混合物时，前面所介绍的沉降方法已不适宜，在此类情况下宜采用过滤操作来进行。

### 3.5.1 过滤的基本概念与过滤机理

过滤是在推动力的作用下，利用非均相混合物中各相对多孔固体介质的透过性差异来分离混合物的操作。与沉降操作相比较，具有操作时间短、分离较为完全的优点。在生产实践过程中，为提高生产效益，过滤操作往往与沉降设备串联，作为沉降的后续操作，以达到缩短分离时间、降低能耗的目的。

过滤在生产实际中主要用于处理固相含量较高的悬浊液。对所处理的悬浊液称为料浆，所用的多孔性介质称为过滤介质，透过介质孔道的液体称为滤液，被介质截留的固体颗粒层称为滤饼或滤渣，如图 3-18 所示。

**1. 过滤介质**

过滤介质是过滤设备的核心，它应具有足够的机械强度和尽可能小的流动阻力。过滤介质通常随分离要求、操作条件、料浆等性质的不同而不同。工业上常用的过滤介质大致有以下几类：

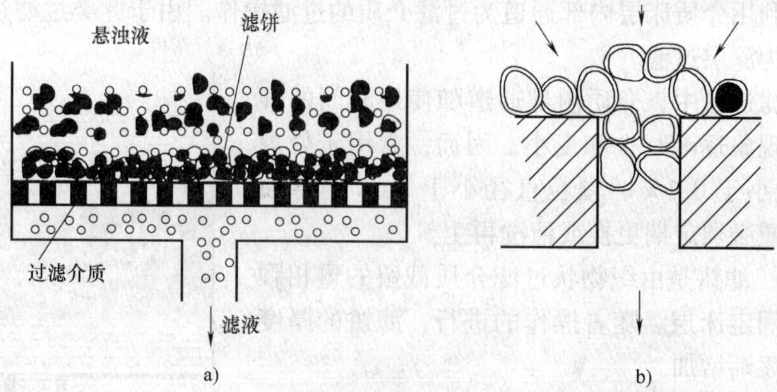


图3-18 饼层过滤示意图
a）示意图 b）架桥现象

（1）织物状介质 织物状介质又称滤布，在工业上应用最为广泛，包括由棉、毛、丝、麻等天然纤维及由各种合成纤维制成的织物，以及由玻璃丝、金属丝等织成的网。其规格习惯称为“目”或“号”，指每平方英寸（$1in^2=6.4516\times10^{-4}m^2$）介质所具有的孔数。“目”或“号”数越大，表明孔径越小，对悬浊液的拦截能力越强。通常是本着滤布的孔径略大于拟除去最小颗粒直径的原则来确定滤布规格。

（2）粒状介质 粒状介质又称堆积介质，包括细砂、无烟煤、活性炭、石棉、硅藻土等细小坚硬的颗粒状物质，如家用净水器中的活性炭芯。

（3）多孔固体介质 多孔固体介质是具有很多微细孔道的固体材料，如多孔陶瓷、多孔塑料、由纤维制成的深层多孔介质（如由纤维绕成的绕线式滤芯）、多孔金属制成的管或板等。此类介质多耐腐蚀，且孔道细微，适用于处理只含少量细小颗粒及有腐蚀性的悬浊液。

**2. 滤饼过滤与深层过滤**

根据过滤过程使用的介质和对颗粒截留原理的不同，过滤可分为滤饼过滤和深层过滤两类。

（1）滤饼过滤 滤饼过滤又称表面过滤，以织物状介质（滤布）为过滤介质。由于滤布的网孔直径通常稍大于颗粒直径，所以，过滤初期总会有部分颗粒穿过介质而使滤液浑浊（此种滤液应送回滤浆槽重新处理）。但当过滤开始一段时间后，会在孔道表面及内部迅速发生“架桥现象”（图3-18b），因而使得尺寸小于孔道直径的颗粒也能被拦截，于是在过滤介质的上游则形成滤饼。在滤饼形成以后，主要起截留颗粒作用的实际上是滤饼本身，而非过滤介质，此种过滤则称为滤饼过滤。所以滤饼过滤是以滤饼本体为实际过滤介质的过滤操作。

滤饼过滤要求滤饼能够迅速生成，常用于分离固相体积分数大于1%的悬浊液，是生产中应用最广的过滤形式，也是本节所要讨论的主要内容。

（2）深层过滤 深层过滤广泛应用于城市水处理过程，以堆积状介质构成一定厚度的床层为过滤介质（如水厂的快滤池）。如图3-19所示，在过滤过程中，介质床层较厚且孔道直径较大时，重相颗粒将通过在床层内部的架桥现象而被截留或吸附在孔隙中，在过滤介质表面无滤饼生成。很显然，此过滤形式下起截留颗粒作用的是介质内部曲折而细长的通道，即深层过滤是利用介质床层内部通道为过滤介质的过滤操作。由于此类过滤过程介质床层通常很厚，故称为深层过滤。

在深层过滤过程中，介质内部通道随使用时间的推移，会因架桥现象逐渐减少和变小，因而，常用于处理固相体积分数小于 0.1%、颗粒直径小于 5μm 的悬浊液，且过滤介质必须定期更换或清洗再生。

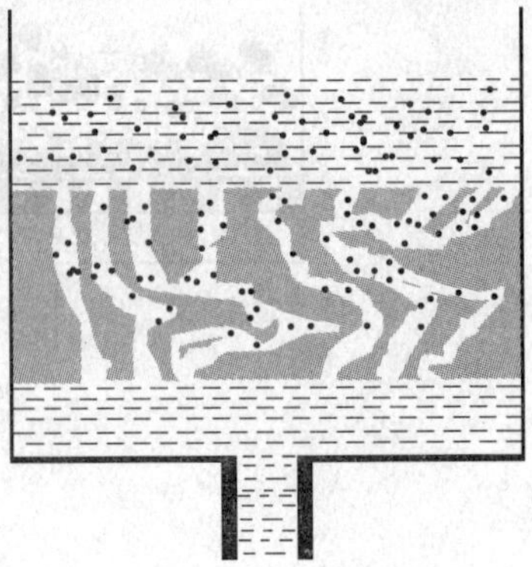

图 3-19 深层过滤示意图

(3) 滤饼 滤饼是由织物状过滤介质截留的重相颗粒垒积而成的固定床层。随着操作的进行，滤饼的厚度与流动阻力将逐渐增加。

若滤饼由不易变形的坚硬固体颗粒（如硅藻土、碳酸钙等）所构成，则当滤饼两侧的压强差增大时，颗粒的形状及颗粒间的空隙都不会有显著变化，故单位厚度滤饼的流体阻力可以认为恒定，对此类滤饼称为不可压缩滤饼。反之，若滤饼是由某些氢氧化物之类的胶体物质所构成，则当两侧压强差增大时，颗粒的形状和颗粒间的空隙便有显著的改变，使得单位厚度滤饼的流动阻力增大，此类滤饼则称为可压缩滤饼。

(4) 助滤剂 对于可压缩滤饼，当过滤推动力增大时滤饼中的孔道会变窄，甚至因颗粒过于细密而将通道堵塞；或因滤饼粘嵌在过滤介质的表面或孔隙中而不利于卸渣，导致生产周期加长，从而降低生产效益并缩短介质的使用寿命。为了减小可压缩滤饼的过滤阻力，减少细微颗粒对过滤介质中孔道的堵塞现象，可使用助滤剂改善饼层结构。助滤剂通常是具有多孔性、形状不规则、不可压缩的细小固体颗粒，如硅藻土、石棉、炭粉等。其基本要求如下：

1）能与滤渣形成多孔床层的细小颗粒，以保证滤饼有良好的渗透性及较低的流动阻力。

2）具有化学稳定性，应与悬浊液间无化学反应且不能被液相溶解。

3）在过滤操作条件下，具有不可压缩性，以保持滤饼具有较高的空隙率。

可将助滤剂用环氧树脂调和后预涂在过滤介质表面，或直接加入悬浊液中以改善滤饼结构，使滤液得以畅流并有利于卸渣。但后者不宜用于滤饼需回收的过滤过程。

(5) 过滤推动力 过滤过程的推动力可以是重力、离心力或压强差。以重力为推动力的过滤过程称为重力过滤。它是以压在饼层上方的料浆的重力形成的表压强为推动力来推动滤液在滤饼层及过滤介质中流动。重力过滤的过滤速度慢，仅适用于小规模、大颗粒、含量少的悬浊液过滤，如实验室中的滤纸过滤。

以离心力为推动力的过滤过程称为离心过滤。离心过滤速度快，但往往受过滤介质强度及其孔径的制约，设备投资和动力消耗也比较大，多用于固相粒度大、含量高的悬浊液过滤。如家用洗衣机的脱水机、工业生产过程中的过滤式离心机均属此类。离心过滤实际上是利用悬浊液在离心力场的作用下，在过滤介质内外形成的压差来实现分离的，其具有分离速度快、效率高等优点，缺点是处理小颗粒悬浊液时除渣比较困难。

人为地在滤饼上游和滤液出口间造成压强差，并以此压强差为推动力的过滤称为压差过滤。压差过滤在工业生产过程中应用最广，可分为加压过滤和真空吸滤，操作压强差可根据情况调节。

在压差过滤过程中，维持操作压强差不变的称为恒压过滤。在恒压过滤过程中，随着滤饼层的增厚过滤速度将逐渐下降。若逐渐加大压强差则可维持过滤速度不变，此种过滤则称为恒速过滤。相比较而言，恒压过滤过程便于实施，故多为实际采用，而恒速过滤过程由于控制困难，在生产中并不常见。

综上所述，在工业过程中，以恒压条件下的滤饼过滤最为常用，因而也是本节要讨论的主要对象。

必须指明，在恒压过滤过程中，由于介质上截留的滤饼厚度随过滤时间逐渐增大，过滤速度逐渐减小，当过滤速度减小到一定程度时，继续操作不经济，需进行卸渣操作，待装机复原后再开始新一轮的过滤。此外，由于滤饼中往往带有液体成分，故需对滤饼进行洗涤以保障所得滤饼的纯度，所以过滤操作存在一定的周期性，通常由过滤、洗涤、卸渣、复原四个基本环节组成。

### 3.5.2　过滤速率基本方程式

**1. 滤液通过饼层的流动特点**

滤液通过饼层（包括滤饼和过滤介质）的流动与在普通管内的流动相仿，但有其突出特点。

（1）非定态过程　过滤操作中，滤饼厚度随过程进行而不断增加，若过滤过程中维持操作压强不变，则随滤饼增厚，过滤阻力加大，滤液通过的速度将减小；若要维持滤液通过速率不变，则需不断增大操作压强。

（2）层流流动　由于构成滤饼层的颗粒尺寸通常很小，形成的滤液通道不仅细小曲折，而且相互交联，形成不规则的网状结构，所以滤液在通道内的流动阻力很大，流速很小，多属于层流流动的范围。

为了对滤液流动现象加以数字描述，常将复杂的实际流动过程加以简化。

简化模型是将床层中不规则的通道假设成长度为 $L$，当量直径为 $d_e$ 的一组平行细管，并且规定：

1）细管的全部流动空间等于颗粒床层的空隙容积。

2）细管的内表面积等于颗粒床层的全部表面积。

在上述简化条件下，以 $1m^3$ 床层体积为基准，细管的当量直径可表示为床层空隙率 $\varepsilon$ 及比表面积 $a_b$ 的函数，即

$$d_e = 4 \times \frac{\text{床层流动空间}}{\text{细管的全部内表面积}} = \frac{4\varepsilon}{a_b} = \frac{4\varepsilon}{(1-\varepsilon)a} \tag{3-29}$$

由于滤液通过饼层的流动常属于层流流型，因此，可以仿照圆管内层流流动的泊谡叶公式来描述滤液通过滤饼的流动。泊谡叶公式为

$$u_1 \propto \frac{d_e^2(\Delta p_c)}{\mu L} \tag{3-30}$$

式中　$u_1$——滤液在床层孔道中的流速（m/s）；

$L$——床层厚度（m）；

$\Delta p_c$——滤液通过滤饼层的压强降（Pa）。

阻力与压强降成比例，故可认为式（3-30）表达了过滤操作中滤液流速与阻力的关系。

在与过滤介质层相垂直的方向上，床层空隙中的滤液流速 $u_1$ 与按整个床层截面积计算的滤液平均流速 $u$ 之间的关系为

$$u_1 = \frac{u}{\varepsilon} \tag{3-31}$$

将式（3-29）、式（3-31）代入式（3-30），并写成等式，得

$$u = \frac{1}{K'} \cdot \frac{\varepsilon^3}{a^2(1-\varepsilon)^2}\left(\frac{\Delta p_c}{\mu L}\right) \tag{3-32a}$$

对于颗粒床层内的层流流动，$K'$值可取为 5，于是

$$u = \frac{\varepsilon^3}{5a^2(1-\varepsilon)^2}\left(\frac{\Delta p_c}{\mu L}\right) \tag{3-32b}$$

**2. 过滤速率与速度**

单位时间获得的滤液体积称为过滤速率，单位为 $m^3/s$。单位过滤面积上的过滤速率称为过滤速度，单位为 m/s。若过滤过程中其他因素不变，则由于滤饼厚度不断增加而使过滤速度逐渐变小。任一瞬间的过滤速度可写成如下形式：

$$u = \frac{dV}{Adt} = \frac{\varepsilon^3}{5a^2(1-\varepsilon)^2}\left(\frac{\Delta p_c}{\mu L}\right) \tag{3-32c}$$

而过滤速率为

$$\frac{dV}{dt} = \frac{\varepsilon^3}{5a(1-\varepsilon)^2}\left(\frac{A \cdot \Delta p_c}{\mu L}\right) \tag{3-33}$$

式中 $V$——滤液量（$m^3$）；

$t$——过滤时间（s）；

$A$——过滤面积（$m^2$）。

**3. 过滤阻力**

（1）滤饼的阻力　式（3-32a）及式（3-33）中的$\dfrac{\varepsilon^3}{5a^2\ (1-\varepsilon)^2}$反映了颗粒及颗粒床层的特性，其值随物料而不同，但对于特定的不可压缩滤饼其为定值。若以 $r$ 代表其倒数，即

$$r = \frac{5a^2(1-\varepsilon)^2}{\varepsilon^3} \tag{3-34}$$

式中 $r$——滤饼的比阻（$1/m^2$）。

则式（3-32c）可写成

$$\frac{dV}{Adt} = \frac{\Delta p_c}{\mu rL} = \frac{\Delta p_c}{\mu R} \tag{3-35}$$

式中 $R$——滤饼阻力（1/m）。其计算式为

$$R = rL \tag{3-36}$$

显然，式（3-35）具有速度 = 推动力/阻力的形式，式中 $\mu rL$ 或 $\mu R$ 为过滤阻力。其中 $\mu r$ 为比阻，但因 $\mu$ 代表滤液的影响因素，$rL$ 代表滤饼的影响因素，因此习惯上将 $r$ 称为滤饼的

比阻，$R$ 称为滤饼阻力。

比阻 $r$ 是单位厚度滤饼的阻力，它在数值上等于粘度为 1Pa·s 的滤液以 1m/s 的平均流速通过厚度为 1m 的滤饼层时所产生的压强降。比阻反映了颗粒形状、尺寸及床层的空隙率对滤液流动的影响。床层空隙率 $\varepsilon$ 越小及颗粒比表面积 $a_b$ 越大，则床层越致密，对流体流动的阻滞作用也越大。

（2）介质的阻力　过滤介质的阻力与其材质、厚度等因素有关。通常把过滤介质的阻力视为常数，仿照式（3-35）可以写出滤液穿过过滤介质层的速度关系式

$$\frac{\mathrm{d}V}{A\mathrm{d}t}=\frac{\Delta p_{\mathrm{m}}}{\mu R_{\mathrm{m}}} \tag{3-37}$$

式中　$\Delta p_{\mathrm{m}}$——过滤介质上、下游两侧的压强差（Pa）；

$R_{\mathrm{m}}$——介质阻力（1/m）。

（3）过滤总阻力　由于过滤介质的阻力与最初形成的滤饼层的阻力往往是无法分开的，因此很难划定介质与滤饼之间的分界面，更难测定分界面处的压强，所以过滤计算中总是把过滤介质与滤饼联合起来考虑。

通常，滤饼与滤布的面积相同，所以两层中的过滤速度应相等，则

$$\frac{\mathrm{d}V}{A\mathrm{d}t}=\frac{\Delta p_{\mathrm{c}}+\Delta p_{\mathrm{m}}}{\mu(R+R_{\mathrm{m}})}=\frac{\Delta p}{\mu(R+R_{\mathrm{m}})} \tag{3-38}$$

式中 $\Delta p=\Delta p_{\mathrm{c}}+\Delta p_{\mathrm{m}}$，代表滤饼与滤布两侧的总压强差，称为过滤压强差。在实际过滤设备上，常有一侧处于大气压下，此时 $\Delta p$ 就是另一侧表压的绝对值，所以 $\Delta p$ 也称为过滤的表压强。式（3-38）表明，过滤推动力为滤液通过串联的滤饼与滤布的总压强差，过滤总阻力为滤饼与介质的阻力之和，即 $\sum R=\mu(R+R_{\mathrm{m}})$。

为方便起见，假设过滤介质对滤液流动的阻力相当于厚度为 $L_{\mathrm{e}}$ 的滤饼层的阻力，即

$$rL_{\mathrm{e}}=R_{\mathrm{m}}$$

于是，式（3-38）可写为

$$\frac{\mathrm{d}V}{A\mathrm{d}t}=\frac{\Delta p}{\mu(rL+rL_{\mathrm{e}})}=\frac{\Delta p}{\mu r(L+L_{\mathrm{e}})} \tag{3-39}$$

式中　$L_{\mathrm{e}}$——过滤介质的当量滤饼厚度，或称虚拟滤饼厚度（m）。

在一定操作条件下，以一定介质过滤一定悬浮液时，$L_{\mathrm{e}}$ 为定值；但同一介质在不同的过滤操作中，$L_{\mathrm{e}}$ 值不同。

**4. 过滤基本方程式**

若每获得 $1\mathrm{m}^3$ 滤液所形成的滤饼体积为 $\nu\mathrm{m}^3$，则任一瞬间的滤饼厚度与当时已经获得的滤液体积之间的关系为

$$LA=\nu V$$

则

$$L=\frac{\nu V}{A} \tag{3-40}$$

式中　$\nu$——滤饼体积与相应的滤液体积之比（量纲为一或 $\mathrm{m}^3/\mathrm{m}^3$）。

同理，如生成厚度为 $L_{\mathrm{e}}$ 的滤饼所应获得的滤液体积以 $V_{\mathrm{e}}$ 表示，则

$$L_e = \frac{\nu V_e}{A} \tag{3-41}$$

式中　$V_e$——过滤介质的当量滤液体积，或称虚拟滤液体积（$m^3$）。

$V_e$ 是与 $L_e$ 相对应的滤液体积，因此，一定操作条件下，以一定介质过滤一定的悬浮液时，$V_e$ 为定值，但同一介质在不同的过滤操作中，$V_e$ 值不同。

如果知道悬浮液中固相的体积分率 $X_V$ 和滤饼的孔隙率，可通过物料衡算求得 $L$ 与 $V$ 之间的关系，即

$$V_F = V + LA$$

$$V_F X_V = LA(1-\varepsilon)$$

解得

$$L = \frac{V}{A} \cdot \frac{X_V}{(1-\varepsilon-X_V)}$$

显然

$$\nu = \frac{LA}{V} = \frac{X_V}{1-\varepsilon-X_V} \tag{3-42}$$

式中　$V_F$——料浆的体积（$m^3$）；

$X_V$——悬浮液中固相的体积分数。

（1）不可压缩滤饼的过滤基本方程式　将式（3-40）、式（3-41）代入式（3-39）中，得

$$\frac{dV}{dt} = \frac{A^2 \Delta p}{\mu r \nu (V + V_e)} \tag{3-43a}$$

若令

$$q = \frac{V}{A}, \quad q_e = \frac{V_e}{A}$$

则

$$\frac{dq}{dt} = \frac{\Delta p}{\mu r \nu (q + q_e)} \tag{3-43b}$$

式中　$q$——单位过滤面积所得滤液体积（$m^3/m^2$）；

$q_e$——单位过滤面积所得当量滤液体积（$m^3/m^2$）。

式（3-43a）是过滤速率与各相关因素间的一般关系式，为不可压缩滤饼的过滤基本方程式。

（2）可压缩滤饼的过滤基本方程式　对可压缩滤饼，比阻在过滤过程中不再是常数，它是两侧压强差的函数。通常用下面的经验公式来粗略估算压强差增大时比阻的变化，即

$$r = r' \Delta p^s \tag{3-44}$$

式中　$r'$——单位压强差下滤饼的比阻（$1/m^2$）；

$\Delta p$——过滤压强差（Pa）；

$s$——滤饼压缩指数，量纲为一，一般情况下 $s=0\sim1$，对于不可压缩滤饼，$s=0$。

几种典型物料的压缩指数值，列于表 3-5 中。

**表 3-5　典型物料的压缩指数**

| 物料 | 硅藻土 | 碳酸钙 | 钛白（絮凝） | 高岭土 | 滑石 | 黏土 | 硫酸锌 | 氢氧化铝 |
|---|---|---|---|---|---|---|---|---|
| $s$ | 0.01 | 0.19 | 0.27 | 0.33 | 0.51 | 0.56~0.6 | 0.69 | 0.9 |

在一定压强差范围内，上式对大多数可压缩滤饼都适用。

将式（3-44）代入式（3-43a）、式（3-43b）得到

$$\frac{\mathrm{d}V}{\mathrm{d}t}=\frac{A^2\Delta p^{1-s}}{\mu r'\nu(V+V_\mathrm{e})} \tag{3-45a}$$

或

$$\frac{\mathrm{d}q}{\mathrm{d}t}=\frac{\Delta p^{1-s}}{\mu r'\nu(q+q_\mathrm{e})} \tag{3-45b}$$

式（3-45a）为过滤基本方程式的一般表达式，适用于可压缩滤饼及不可压缩滤饼。表示过滤进程中任一瞬间的过滤速率与各有关因素间的关系，是过滤计算及强化过滤操作的基本依据。对于不可压缩滤饼，因 $s=0$。

**【例 3-6】** 直径为 0.1mm 的球形颗粒状物质悬浮于水中，用过滤方法予以分离。过滤时形成不可压缩滤饼，其空隙率为 60%。试求滤饼的比阻 $r$。

又知此悬浮液中固相所占的体积分数为 10%，求每平方米过滤面积上获得 0.5m³ 滤液时的滤饼阻力 $R$。

**解：** 1）滤饼的比阻 $r$。根据式（3-34）知 $r=\dfrac{5a^2(1-\varepsilon)^2}{\varepsilon^3}$

已知滤饼的空隙率 $\varepsilon=0.6$

球形颗粒的比表面 $a=\dfrac{颗粒表面积}{颗粒体积}=\dfrac{\pi d^2}{\dfrac{\pi}{6}d^3}=\dfrac{6}{d}=\dfrac{6}{0.1\times10^{-3}}\mathrm{m^2/m^3}=6\times10^4\mathrm{m^2/m^3}$

所以 $r=\dfrac{5\times(6\times10^4)^2\times(1-0.6)^2}{0.6^3}(1/\mathrm{m^2})=1.333\times10^{10}(1/\mathrm{m^2})$

2）滤饼的阻力 $R$。根据式（3-36）知 $R=rL$

式中，$L=\dfrac{V}{A}\nu=q\nu$

而 $\nu=\dfrac{X_\mathrm{V}}{1-\varepsilon-X_\mathrm{V}}=\dfrac{0.1}{1-0.6-0.1}\mathrm{m^3/m^3}=1/3\mathrm{m^3/m^3}$

则 $R=rL=1.333\times10^{10}\times0.5\times1/3$（1/m）$=2.22\times10^9$（1/m）

**5. 强化过滤的途径**

过滤技术大体上向两个方向发展：开发新的过滤方法和过滤设备，以适应物料特性；加快过滤速率以提高过滤机（池）的生产能力。

就加速过滤过程而言，可采取如下途径：

（1）改变悬浮液中颗粒的聚集状态　采取措施对原料液进行预处理使细小颗粒聚集成较大颗粒。预处理包括添加凝聚剂、絮凝剂。调整物理条件（加热、冷冻、超声波振动、电磁场处理、辐射等）。

（2）改变滤饼结构　通常改变滤饼结构的方法是使用助滤剂（掺滤和预敷）。助滤剂不但能改变滤饼结构，降低滤饼可压缩性，减小流动阻力，而且还可防止过滤介质早期堵塞和吸附悬浮液中细小颗粒以获得清洁滤液。

（3）采用机械、水力或电场人为地干扰（或限制）滤饼的增厚　近几年开发的动态过滤技术可大大增加过滤速率。适当提高悬浮液温度以降低滤液粘度，当压缩指数 $s<1$ 时加大过滤推动力，选择阻力小的滤布等对加快过滤速率都有一定效果。

### 3.5.3 恒压与恒速过滤

**1. 恒压过滤**

（1）恒压过滤方程式　对恒压过滤过程，$\Delta p$ 为常数。对于一定的悬浊液，若滤饼不可压缩，则 $\mu$、$r'$、$\nu$、$V_e$、$A$ 均为定值，故式（3-45a）中$\frac{1}{r'\mu\nu}$的值为常数，令其为 $k$，称为过滤常数（$m^2/s$），即

$$k=\frac{1}{r\mu\nu} \tag{3-46}$$

很显然，过滤常数 $k$ 与过滤推动力及悬浊液的性质等有关，其值通常由实验测定。

若将式（3-46）代入式（3-45a），则有

$$\frac{dV}{dt}=\frac{k\Delta p^{1-s}A^2}{V+V_e} \tag{3-47a}$$

式（3-47a）为恒压过滤过程的滤液流量计算式。

当介质阻力与滤饼阻力相比可忽略时，式（3-47）中的 $V_e$ 即可略去，故可改写为

$$\frac{dV}{dt}=\frac{k\Delta p^{1-s}A^2}{V} \tag{3-47b}$$

由于式（3-47a）中只存在滤液体积 $V$、时间 $t$ 两个变量，因此，可将式（3-47a）分离变量，并按 $t=0$，$V=0$；$t=t$，$V=V$ 的边界条件积分，即

$$\int_0^V (V+V_e)\,dV = k\Delta p^{1-s}A^2\int_0^t dt$$

$$V^2+2V_eV=2k\Delta p^{1-s}A^2t \tag{3-48a}$$

式（3-48a）表达了恒压过滤过程中过滤时间与所获滤液体积间的定量关系。

令 $K=2k\Delta p^{1-s}$，$K$ 仍称为过滤常数，则式（3-48a）可改写为

$$V^2+2V_eV=KA^2t \tag{3-48b}$$

对式（3-48b），若令 $q=\frac{V}{A}$，$q_e=\frac{V_e}{A}$，则可得

$$q^2+2q_eq=Kt \tag{3-48c}$$

式（3-48c）表达了过滤时间 $t$ 与单位过滤介质面积上所获滤液体积 $q$（$m^3/m^2$）之间的关系。

式（3-48b）、式（3-48c）统称为恒压过滤方程式。

虽然滤饼有可能是可压缩的，其压缩性会影响到 $K$、$V_e$ 或 $q_e$ 的值。但在一定的过滤条件下，它们均为常数并可由实验测定。因此，上述恒压过滤方程式也可用于可压缩滤饼的计算。

当介质阻力与滤饼阻力相比可忽略时，式（3-48b）、式（3-48c）中的 $V_e$ 与 $q_e$ 均可略去，则有

$$V^2=KA^2t \tag{3-49a}$$

$$q^2 = Kt \tag{3-49b}$$

（2）$K$、$V_e$、$q_e$ 的测定　在恒压过滤基本方程式中出现的 $K$、$V_e$、$q_e$ 是进行过滤工艺计算必须确定的参数。当过滤操作条件及悬浊液的性质一定时，它们均为常数并可借助实验测定。

根据式（3-48b），只要在恒压差条件下测出过滤中的任意两个时刻 $t_1$、$t_2$ 以前所获滤液体积 $V_1$、$V_2$，即可由式（3-48b）建立方程组

$$\begin{cases} V_1^2 + 2V_eV_1 = KA^2t_1 \\ V_2^2 + 2V_eV_2 = KA^2t_2 \end{cases}$$

解之，即可估算出 $K$、$V_e$ 或 $q_e$ 的值。

在实验室里测定过滤常数时，为减小测定误差往往需测得多组 $t-V$ 数据，并由 $q=\dfrac{V}{A}$ 转化为 $t-q$ 数据，然后借助解析法即可求出 $K$ 和 $q_e$ 的值，其原理是：

将式（3-48c）变形为

$$\frac{t}{q} = \frac{1}{K}q + \frac{2q_e}{K} \tag{3-50}$$

很显然，在以 $\dfrac{t}{q}$ 为纵坐标、以 $q$ 为横坐标的直角坐标系下，式（3-50）应为直线，其斜率为 $\dfrac{1}{K}$，截距为 $\dfrac{2q_e}{K}$，故可采用解析法求出 $K$ 和 $q_e$。

为保证测出的 $K$、$V_e$ 及 $q_e$ 有足够的可信度，以便用于工业过滤装置，实验条件必须尽可能与工业条件相吻合，要求采用相同的悬浊液、相同的介质、相同的操作温度和压强差。

**【例3-7】** 过滤固相体积分数为1%的碳酸钙悬浊液。已知：颗粒的真实密度为2710kg/m³，清液密度为1000kg/m³，滤饼含液量为46%（质量分数）。求滤饼得率 $v$。

解：根据题意，取1m³ 料浆为衡算基准，则：

纯固相量 0.01m³，$0.01 \times 2710\text{kg} = 27.1\text{kg}$

纯液相量 0.99m³，$0.99 \times 1000\text{kg} = 990\text{kg}$

若固体颗粒全部被介质截留，则根据题意设所得滤渣中液相的质量为 $x$，则有

$$\frac{x}{27.1\text{kg} + x} = 46\%$$

解得 $x = 23.09\text{kg}$

因为，碳酸钙颗粒依前述可视为不可压缩滤渣，故所得滤渣体积为

$$\frac{27.1}{2710}\text{m}^3 + \frac{23.09}{1000}\text{m}^3 = 0.03309\text{m}^3$$

所得滤液体积为

$$\frac{990 - 23.09}{1000}\text{m}^3 = 0.9669\text{m}^3$$

故滤饼得率为

$$v = 0.03309/0.9669 = 0.03422$$

【**例 3-8**】用一过滤面积为 0.2m$^2$ 的过滤机测定某碳酸钙悬浊液的过滤常数。已知：操作压强差为 0.15MPa，温度为 20℃。经测定，当过滤进行到 5min 时，共得滤液 0.034m$^3$；进行到 10min 时，共得滤液 0.05m$^3$。试求：1）估算 $K$、$V_e$ 及 $q_e$ 的值；2）当过滤进行到 1h 时，所得滤液量为多少？

解：1）根据题意 $t_1=300\text{s}$，$V_1=0.034\text{m}^3$；$t_2=600\text{s}$，$V_2=0.050\text{m}^3$；

根据式（3-48b），则有

$$(0.034\text{m}^3)^2+2\times0.034\text{m}^3 V_e=300\text{s}\times(0.2\text{m}^2)^2K \tag{3-51a}$$

$$(0.05\text{m}^3)^2+2\times0.05\text{m}^3 V_e=600\text{s}\times(0.2\text{m}^3)^2K \tag{3-51b}$$

联解式（3-51a）、（3-51b），得

$$K=1.26\times10^{-4}\text{m}^2/\text{s}$$

$$V_e=5.22\times10^{-3}\text{m}^3$$

$$q_e=\frac{V_e}{A}=2.61\times10^{-2}\text{m}$$

2）由式（3-48b）有

$$V^2+2\times5.22\times10^{-3}\text{m}^3 V=1.26\times10^{-4}\text{m}^2/\text{s}\times(0.2\text{m}^2)^2\times3600\text{s}$$

解得 $V=0.130\text{m}^3$

**2. 恒速过滤**

过滤设备（如板框压滤机）内部空间的容积是一定的，当料浆充满此空间后，供料的体积流量就等于滤液流出的体积流量，即过滤速率。所以，当用排量固定的正位移泵向过滤机供料而未打开支路阀时，过滤速率便是恒定的。这种维持速率恒定的过滤方式称为恒速过滤。

恒速过滤时的过滤速度为

$$\frac{\text{d}V}{A\text{d}t}=\frac{V}{At}=\frac{q}{t}=u_R=\text{常数}$$

所以

$$q=u_Rt \tag{3-52a}$$

或

$$V=Au_Rt \tag{3-52b}$$

式中 $u_R$——恒速阶段的过滤速度（m/s）。

上式表明，恒速过滤时，$V$（或 $q$）与 $t$ 的关系是通过原点的直线。

对于不可压缩滤饼，根据式（3-43b），可写出

$$\frac{\text{d}q}{\text{d}t}=\frac{\Delta p}{\mu r\nu(q+q_e)}=u_R=\text{常数}$$

在一定的条件下，式中的 $\mu$、$r$、$\nu$、$u_R$ 及 $q_e$ 均为常数，仅 $\Delta p$ 及 $q$ 随 $t$ 而变化，于是得到

$$\Delta p=\mu r\nu u_R^2t+\mu r\nu u_Rq_e \tag{3-53a}$$

或写成

$$\Delta p=at+b \tag{3-53b}$$

式中常数：$a=\mu r\nu u_R^2$，$b=\mu r\nu u_R q_e$。

式（3-53b）表明，对不可压缩滤饼进行恒速过滤时，其操作压强差随过滤时间呈直线增高。所以，实际上很少采用把恒速过滤进行到底的操作方法，而是采用先恒速后恒压的复合式操作方法。

由于采用正位移泵，过滤初期维持恒定速率，泵出口表压强逐渐升高。经过 $t_R$ 时间后，获得体积为 $V_R$ 的滤液，若此时表压强恰已升至能使支路阀自动开启的给定数值，则开始有部分料浆返回泵的入口，进入压滤机的料浆流量逐渐减小，而压滤机入口表压强维持恒定。后阶段的操作即为恒压过滤。

对于恒压阶段的 $V$-$t$ 关系，仍可用过滤基本方程式式（3-45a）求得，即

$$\frac{dV}{dt}=\frac{kA^2\Delta p^{1-s}}{V+V_e}$$

或

$$(V+V_e)\ dV=kA^2\Delta p^{1-s}dt$$

若令 $V_R$、$t_R$ 分别代表升压阶段终了瞬间的滤液体积及过滤时间，则上式的积分形式为

$$\int_{V_R}^{V}(V+V_e)dV=kA^2\Delta p^{1-s}\int_{t_R}^{t}dt$$

积分上式并将 $K=2k\Delta p^{1-s}$ 代入，得

$$(V^2-V_R^2)+2V_e(V-V_R)=KA^2(t-t_R) \tag{3-54}$$

此式即为恒压阶段的过滤方程，式中（$V-V_R$）、（$t-t_R$）分别代表转入恒压操作后所获得的滤液体积及所经历的过滤时间。

**【例 3-9】** 在 $0.06m^2$ 的过滤面积上以 $1.5\times10^{-4}m^3/s$ 的速率进行过滤试验，测得的两组数据列于表 3-6 中。

今欲在框内尺寸为 635mm×635mm×60mm 的板框过滤机内处理同一料浆，所用滤布与试验时的相同。过滤开始时，以与试验相同的滤液流速进行恒速过滤，至过滤压强达到 $6\times10^4$Pa时改为恒压操作。每获得 $1m^3$ 滤液所生产的滤饼体积为 $0.02m^3$。试求框内充满滤饼所需的时间。

**表 3-6 例 3-9 附表 1**

| 过滤时间 $t$/s | 100 | 500 |
|---|---|---|
| 过滤压强 $\Delta p$/Pa | $3\times10^4$ | $9\times10^4$ |

**解：** 欲求滤框充满滤饼所需的时间 $t$，可用式（3-54）进行计算。为此，需先求得式中有关参数。

依式（3-53b），对不可压缩滤饼进行恒速过滤时的 $\Delta p-t$ 关系为

$$\Delta p=at+b$$

将测得的两组数据分别代入上式

$$3\times10^4\text{Pa}=100\text{s}\cdot a+b,\ 9\times10^4\text{Pa}=500\text{s}\cdot a+b$$

解得

$$a=150\text{Pa/s},\ b=1.5\times10^4\text{Pa}$$

即

$$\Delta p=(150\text{Pa/s})t+1.5\times10^4\text{Pa}$$

因板框过滤机所处理的悬浮液特性及所用滤布均与试验时相同，且过滤速度也一样，故板框过滤机在恒速阶段的 $\Delta p-t$ 关系也符合上式。

恒速终了时的压强差 $\Delta p_R=6\times10^4\text{Pa}$，故

$$t_R=\frac{\Delta p-b}{a}=\frac{6\times10^4\text{Pa}-1.5\times10^4\text{Pa}}{150\text{Pa/s}}=300\text{s}$$

由过滤试验数据算出的恒速阶段的有关参数列于表 3-7 中。

**表 3-7 例 3-9 附表 2**

| $t$/s | 100 | 300 |
|---|---|---|
| $\Delta p$/Pa | $3\times10^4$ | $6\times10^4$ |
| $V=1.5\times10^{-4}\text{Pa}\cdot t/\text{m}^3$ | 0.015 | 0.045 |
| $q=\frac{V}{A}/(\text{m}^3/\text{m}^2)$ | 0.25 | 0.75 |

由式（3-47a）知

$$\frac{\mathrm{d}V}{\mathrm{d}t}=\frac{kA^2\Delta p^{1-s}}{V+V_e}$$

将上式改写为

$$2(q+q_e)\frac{\mathrm{d}V}{\mathrm{d}t}=2k\Delta p^{1-s}A=KA$$

应用表 3-7 中数据便可求得过滤常数 $K$ 和 $q_e$，即

$$K_1A=2(q_1+q_e)\frac{\mathrm{d}V}{\mathrm{d}t}=2\times1.5\times10^{-4}\text{m}^3/\text{s}(0.25\text{m}^3/\text{m}^2+q_e) \tag{3-55a}$$

$$K_2A=2(q_2+q_e)\frac{\mathrm{d}V}{\mathrm{d}t}=2\times1.5\times10^{-4}\text{m}^3/\text{s}(0.75\text{m}^3/\text{m}^2+q_e) \tag{3-55b}$$

本题中正好 $\Delta p_2=2\Delta p_1$，于是，$K_2=2K_1$。 (3-55c)

联解式（3-55a）、式（3-55b）、式（3-55c）式得到

$$q_e=0.25\text{m}^3/\text{m}^2,\ K_2=5\times10^{-3}\text{m}^2/\text{s}$$

上面求得的 $q_e$、$K_2$ 为在板框过滤机中恒速过滤终点，即恒压过滤的过滤常数。

$$q_R=u_Rt_R=\left(\frac{1.5\times10^{-4}}{0.06}\right)\times300\text{m}^3/\text{m}^2=0.75\text{m}^3/\text{m}^2$$

$$A=2\times0.635^2\text{m}^2=0.8065\text{m}^2$$

滤饼体积及单位过滤面积上的滤液体积为

$$V_c=0.635^2\times0.06\text{m}^3=0.0242\text{m}^3$$

$$q=\left(\frac{V_c}{A}\right)\Big/v=\frac{0.0242}{0.8065\times0.02}\text{m}^3/\text{m}^2=1.5\text{m}^3/\text{m}^2$$

将式（3-54）改写为

$$(q^2-q_R^2)+2q_e(q-q_R)=K(t-t_R)$$

再将 $K$、$q_e$、$q_R$ 及 $q$ 的数值代入上式，得

$$(1.5^2-0.75^2)\mathrm{m}^2+2\times0.25\times(1.5-0.75)\mathrm{m}^2=5\times10^{-3}\mathrm{m}^2/\mathrm{s}(t-300\mathrm{s})$$

解得
$$t=712.5\mathrm{s}$$

## 3.5.4 过滤设备与滤池

**1. 过滤机**

环保工程常用的过滤机械设备有板框压滤机、转鼓真空过滤机和叶滤机。

(1) 板框压滤机　图3-20所示为板框压滤机的过滤流程。在流程图中可看到，板框压滤机的主要部件是板和框。在板和框的四角都钻有垂直于板和框平面的垂直孔，每个垂直孔的编号与端板上孔的编号相同。在框内的1号转角上钻有与1号垂直孔相通的暗道；其中，只在3号内转角上钻有与3号垂直孔相通的暗道；这种板称做洗涤板；只在2、4号内转角上钻有与2、4号垂直孔相通的暗道，这种板叫非洗涤板；洗涤板和非洗涤板的两侧面都刻有凹槽形流道，并与暗道相通。另外，在板与框之间滤布的四角上，也钻有相应的孔。当按照洗涤板-滤布-滤框-滤布-非洗涤板的顺序组装时，将得到由1、2、3、4号垂直孔组成的四条通道。其中1号是待过滤料浆的通道，2、3、4号是过滤液流出的通道，特别地，3号通道也是注进洗涤水的通道。为了保证装合时不出错误，在板框压滤机出厂时，厂方已在板和框上刻上了装合的先后序号。

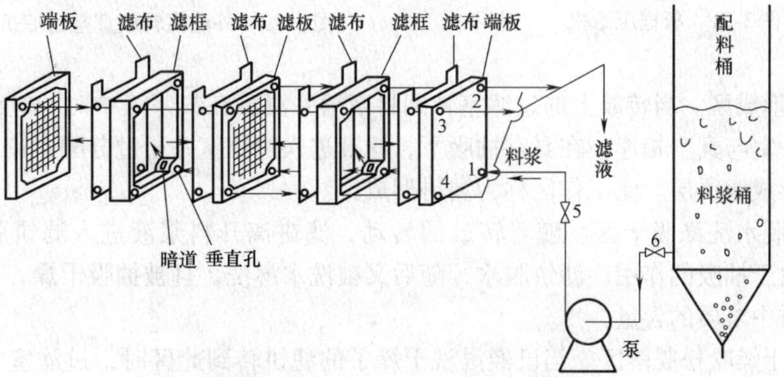


图3-20　板框压滤机的过滤流程
1—料浆通道　2、3、4—滤液通道　5、6—阀门

板框压滤机的工作流程是：离心泵将料浆送入1号通道，料浆从框的1号暗道流进框内，滤液透过滤布进入板的凹槽流道，顺着与垂直孔相通的暗道流过滤液通道而排出滤液；滤渣则留在了框中。当框内积累了一定量的滤渣后，停止输送料浆，关闭连接1号通道的5号阀门，用清水泵从3号通道输入清水，对框内滤渣进行洗涤，洗涤完成后，卸开板与框，卸去滤渣，更换滤布后重新装合，进行下一轮的过滤操作。因此，一个过滤生产操作周期包括了板框装合、通入料浆过滤、洗涤滤渣、卸渣、整理五个操作环节。图3-21是装合后的板框压滤机实物图。

如果要进行精密过滤，只要将普通滤布换成相应规格的微孔滤膜即可。

(2) 转鼓真空过滤机　转鼓真空过滤机由转鼓、液槽、抽真空装置和喷气喷水装置组

成。核心部件是转鼓和分布装置。转鼓外形是一个长圆筒，其内部顺圆筒轴心线用金属板隔成了 18 个扇形小区，每一个小区就是一个过滤室，每一个过滤室都有一个通道与转鼓轴颈端面连通，轴颈端面紧密地接触在气体分布器上。气体分布器是分布真空和压缩气体的设备，设计有四个气室。随着转鼓的转动，每一个过滤室相继与分布器的各室接通，这样就使过滤面形成四个工作区，如图 3-22 所示。

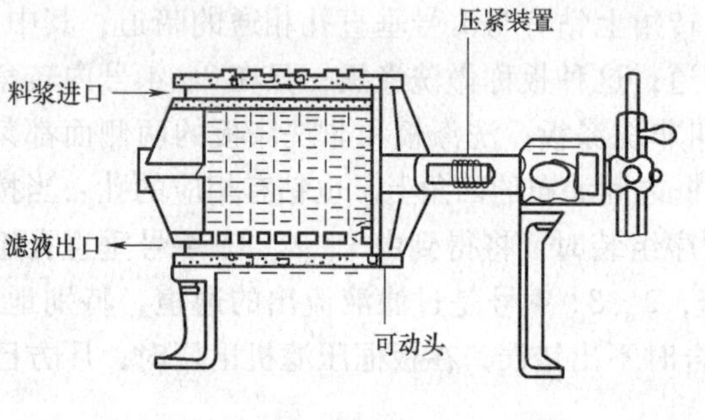


图 3-21　板框压滤机

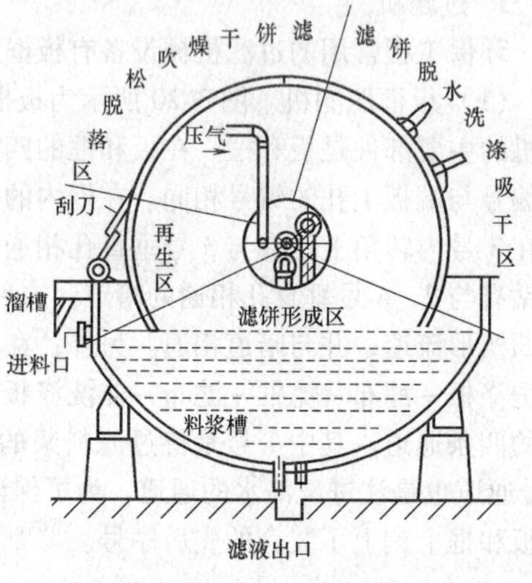


图 3-22　外滤式转鼓真空过滤机的工作过程

1）滤饼形成区。当转鼓上的过滤室转到料浆槽并浸没在料浆液中时，过滤室与分布器一室相通，一室与真空相连，在真空抽吸下，滤液进入过滤室并通过分配器流出管外，而转鼓表面上则形成滤饼层。此工作区称为滤饼形成区。

2）滤饼脱水洗涤吸干区。随着转鼓的转动，滤饼离开料浆液进入滤饼脱水洗涤吸干区，在此区由于抽吸的作用，滤饼脱水，随后又被洗水淋洗，且被抽吸干燥，在此区，进一步降低了滤饼中溶质的含量。

3）滤饼干燥吹松脱落区。当已经淋洗干燥了的滤饼转到此区时，过滤室与分布器的三号气室相通。三号气室与压缩空气相通，因此，转鼓表面上的滤饼层被吹松，并脱落下来，随后刮刀开始清除剩余的滤饼。

4）再生区。在此区，压缩空气通过分布器进入再生区的过滤室，吹落滤布上的微细颗粒，使滤布再生，以备进行下一轮过滤操作。

因为转鼓在不断地转动，每个过滤室相继通过上述四个过滤区域，就构成了一个连续进行的操作循环，这种循环将周而复始地进行，直至过滤操作结束。

分布器控制着连续操作的各个工序，分布室的气密性和耐用性非常重要，它直接影响整个过滤操作的效果，因此分布器技术参数是进行设备选型的一个重要指标。

(3) 叶滤机　叶滤机由许多滤叶构成，滤叶安装在密闭的筒壳内。图 3-23 所示为直立式叶滤机。滤叶由外面包有滤布的骨架构成，骨架为多孔金属板或金属丝制成的空心框。操作时，悬浮液在加压（$p \leqslant 0.4$MPa 表压）下注满筒壳，滤液经滤布和滤叶骨架，经排出管排入叶滤机旁的汇流槽内，当滤布上的滤渣达到足够厚度时，将机壳内悬浮液放出，而滤渣在加压下用水洗涤，洗涤路径与过滤时一样，为置换洗涤法。洗涤后取出滤叶组件，卸除滤渣，安装后进行下一循环操作。

与板框压滤机比较，叶滤机有如下优点：洗涤水用量少而洗涤效果好、滤布磨损较轻、管理简单、单位过滤面积生产能力大。缺点是：制造复杂、成本高、滤布更换较麻烦。

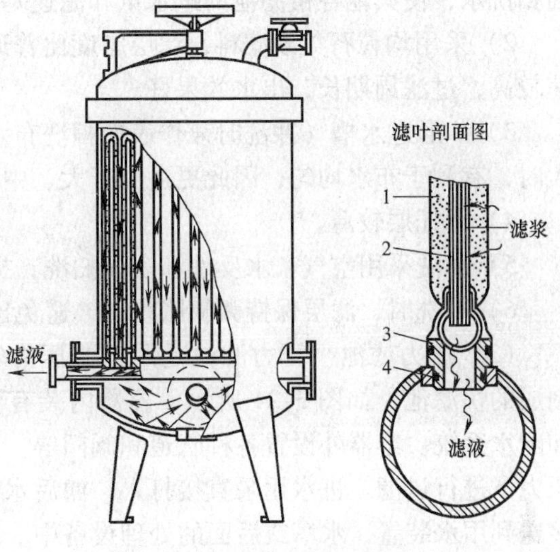


图 3-23 直立式叶滤机

1—滤布 2—滤饼 3—汇流槽 4—排出管

**2. 滤池**

在城市水处理中，广泛采用以石英砂等粒状滤料为过滤介质的滤池，用于截留水中悬浮杂质而获得澄清水。由于属于深层过滤形式，因此要求原水悬浮物含量较低，一般与沉淀池联用，置于沉淀池之后。

滤池有多种形式。以石英砂作为滤料的普通快滤池使用历史最久。在此基础上，人们从不同的工艺角度发展了其他形式快滤池。为充分发挥滤料层截留杂质的能力，出现了滤料粒径循水流方向减小或不变的过滤池，如双层、多层及均质滤料滤池，上向流和双向流滤池等。为了减少滤池阀门，出现了虹吸滤池、无阀滤池、移动罩冲洗滤池以及其他水力冲洗滤池等。在冲洗方式上，有单水冲洗和气水反冲洗两种。

（1） 普通快滤池 普通快滤池为传统的快滤池布置形式，滤料一般为单层细砂级配滤料或煤、砂双层滤料，冲洗采用单水冲洗，冲洗水由水塔（箱）或水泵供给。

普通快滤池站的设施，主要由以下几个部分组成：

滤池本体——它主要包括进水管渠、排水槽、过滤介质（滤料层）、过滤介质承托层（垫料层）和配（排）水系统。

管廊——它主要设置有五种管（渠），即浑水进水管、清水出水管、冲洗进水管、冲洗排水管及初滤排水管，以及阀门、一次监测表设施等。

冲洗设施——它包括冲洗水泵、水塔及辅助冲洗设施等。

控制室——它是值班人员进行操作管理和巡视的工作现场，室内设有控制台、取样器及二次监测指示仪表等。

相比其他形式滤池，普通快滤池具有以下特点：

1）有成熟的运转经验，运行稳妥可靠。

2）采用砂滤料，材料易得，价格便宜。

3）采用大阻力配水系统，单池面积可做得较大；池深较浅。

4）可采用降速过滤，水质较好。

（2） 均粒滤料滤池

均粒滤料滤池的基本形式是由法国德利满（Degremont）公司开发的一种重力式快滤池，采用气、水反冲洗，目前在我国已大量应用，适用于大中型水厂。其主要特点如下：

1）恒水位等速过滤。滤池出水阀随水位变化不断调节开启度，使池内水位在整个过滤周期内保持不变，滤层不出现负压。当某单格滤池冲洗时，待滤水继续进入该格滤池作为表面扫洗水，使其他各格滤池的进水量和滤速基本不变。

2）采用均粒石英砂滤料，滤层厚度比普通快滤池厚，截污量也比普通快滤池大，故滤速较高，过滤周期长，出水效果好。

3）V形进水槽（冲洗时兼作表面扫洗布水槽）和排水槽沿池长方向布置，单池面积较大时，有利于布水均匀，因此更适用于大、中型水厂。

4）承托层较薄。

5）冲洗采用空气、水反洗和表面扫洗，提高了冲洗效果并节约冲洗用水。

6）冲洗时，滤层保持微膨胀状态，避免出现跑砂现象。

（3）压力滤池　压力滤池是用钢制压力容器为外壳制成的快滤池，如图3-24所示，容器内装有滤料及进水和配水系统。容器外设置各种管道和阀门等。压力滤池在压力下进行过滤。进水用泵直接打入，滤后水常借压力直接送到用水装置、水塔或后面的处理设备中。压力滤池常用于工业给水处理中，往往与离子交换器串联使用。配水系统常用小阻力系统中的缝隙式滤头，水头损失一般约1.0~1.2m。期终允许水头损失值一般可达5~6m，可直接从滤层上、下压力表读数得知。为提高冲洗效果，可考虑用压缩空气辅助冲洗。

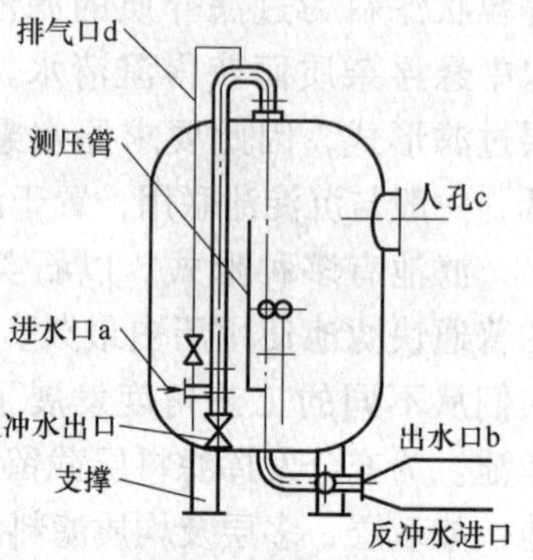


图3-24　压力滤池示意图

压力滤池有现成产品，直径一般不超过3m。它的特点是，可以省去清水泵站；运转管理较方便；可移动位置，临时性给水也很适用。但耗用钢材多，滤料的装卸不方便。

## 3.6　空气净化工程

气体的净制过程是大气污染治理过程中较为常见的分离操作之一。实现气体的净制过程除可用前面所介绍的重力沉降与离心沉降方法外，还可利用惯性、袋滤、静电等作用，或者用液体对气体进行洗涤，即所谓的湿法分离。此外，为提高分离效率，还可在颗粒直径很小的情况下，预先增大粒子的有效直径而后加以分离。如使含尘或含雾气体与过饱和蒸汽接触，则发生以粒子为核心的冷凝；又如将气体引入超声场内，则可增加粒子的振动能量，从而使之碰撞并附聚，可令微小尘粒附聚成直径约为10μm的颗粒以便分离。空气净化过程中所用的设备为除尘器。除尘器的发展已经有百余年的历史，早期的除尘器主要用于从气流中回收有用的物料，因而有时也称做收尘器。进入20世纪60年代，环境保护的问题越来越突出，使除尘器的用途发生了改变，也促使除尘器的性能得到了很大的提高。

除尘器按其作用机理不同，可以分为机械除尘器和电力除尘器两大类。按其清灰方式不同，可分为干式除尘器和湿式除尘器。

目前一般习惯上将除尘器分为四大类：

（1）机械除尘器　利用质量力（重力、惯性力、离心力）的作用使粉尘与气流分离的装置。机械除尘器的分类见表3-8。

表 3-8 机械除尘器的分类

| 除尘器 | 最小捕集粒径/μm | 阻力/Pa | 效率（%） |
|---|---|---|---|
| 重力沉降室 | 50～100 | 50～130 | <50 |
| 惯性除尘器 | 20～50 | 300～800 | 50～70 |
| 旋风除尘器（中效） | 20～40 | 400～800 | 60～85 |
| 旋风除尘器（高效） | 5～10 | 1000～1500 | 80～90 |

这类除尘器结构简单、造价低、维护方便，但除尘效率不高，往往用做多级除尘系统中的前级预除尘。

（2）过滤式除尘器　使含尘气流通过织物或多孔填料层进行过滤分离的装置。过滤式除尘器的分类见表 3-9。

表 3-9 过滤式除尘器的分类

| 除尘器 | 最小捕集粒径/μm | 阻力/Pa | 效率（%） |
|---|---|---|---|
| 袋式除尘器 | <0.1 | 800～1500 | >99 |
| 颗粒层除尘器 | 20～50 | 1000～2000 | 90～96 |

依据所选用的滤料和设计参数不同，袋式除尘器的效率可以很高。

（3）湿式除尘器　利用液滴或液膜洗涤含尘气流，使粉尘与气流分离的装置。湿式除尘器的分类见表 3-10。

表 3-10 湿式除尘器的分类

| 除尘器 | 最小捕集粒径/μm | 阻力/Pa | 效率（%） |
|---|---|---|---|
| 水浴除尘器 | 2 | 200～500 | 85～95 |
| 旋风水膜除尘器 | 2 | 800～1250 | 60～85 |
| 文丘里洗涤器 | <0.1 | 5000～20000 | 90～98 |

它可用于除尘，又可用于气体吸收，所以又称湿式气体洗涤器，包括低能湿式除尘器和高能文氏管除尘器。这类除尘器的特点是主要用水作为除尘介质，一般来说，湿式除尘器的除尘效率较高，但所消耗的能量较高，同时会产生污水，需要进行处理。

（4）电除尘器　利用高压电场使粉尘荷电，在电场力的作用下使粉尘与气流分离的装置。电除尘器的分类见表 3-11。

表 3-11 电除尘器的分类

| 除尘器 | 最小捕集粒径/μm | 阻力/Pa | 效率（%） |
|---|---|---|---|
| 干式电除尘器 | <0.1 | 125～200 | 90～98 |
| 湿式电除尘器 | <0.1 | 125～200 | 90～98 |

依据清灰方式不同分干式电除尘器和湿式电除尘器。这类除尘器的除尘效率高，消耗动力少，主要缺点是消耗钢材多，一次性投资高。

下面对几种常用的空气净化设备作概略介绍。

### 3.6.1 惯性分离器（组）

惯性分离器又称动量分离器，是利用夹带于气流中的颗粒或液滴的惯性而实现分离。在气体流动的路径上设置障碍物，气流绕过障碍物时发生突然的转折，颗粒或液滴便撞击在障碍物上被捕集下来。如图 3-25 所示的是惯性分离器组，在每一容器内，气流中的颗粒撞击挡板后落入底部。容器中的气速必须控制适当，使之既能进行有效的分离，又不致重新卷起已沉降的颗粒。

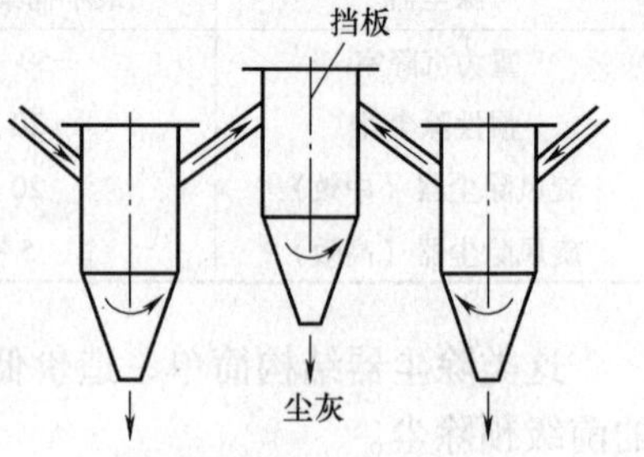

图 3-25 惯性分离器（组）

惯性分离器与旋风分离器的道理相近，颗粒的惯性越大，气流转折的曲率半径越小，则其效率越高。所以，颗粒的密度及直径越大，则越易分离；适当增大气流速度及减小转折处的曲率半径也有助于提高效率。一般来说，惯性分离器的效率比降尘室的略高，能有效地捕集粒径在 10μm 以上的颗粒，压强降在 100 ~ 1000Pa，可作为预除尘器使用。

为增强分离效果，惯性分离器内也可充填疏松的纤维状物质以代替刚性挡板。在此情况下，沉降作用、惯性作用及过滤作用都产生一定的分离效果。若以粘性液体润湿填充物，则分离效率还可进一步提高。工业生产中惯性分离器的常见形式有多种，如蒸发器及塔器顶部的折流式除沫器、冲击式除沫器等。

## 3.6.2 袋滤器

袋滤器是工业过滤除尘设备中使用最广的一类，它的捕集效率高，一般不难达到 99% 以上，而且可以捕集不同性质的粉尘，适用性广，处理气体量可由每小时几百立方米到数十万立方米，使用灵活，结构简单，性能稳定，维修也较方便；但其应用范围主要受滤材的耐温、耐腐蚀性的限制，一般用于 300℃ 以下时除尘，不适用于粘性很强及吸湿性强的粉尘；设备尺寸及占地面积也很大。

如图 3-26 所示，在袋滤器中，过滤过程分成两个阶段，首先是含尘气体通过清洁滤材，由于前述的惯性碰撞、拦截、扩散、沉降等各种机理的联合作用而把气体中的粉尘颗粒捕集在滤材上；当这些捕集的粉尘不断增多时，一部分粉尘嵌入或附着在滤材上形成粉尘层。

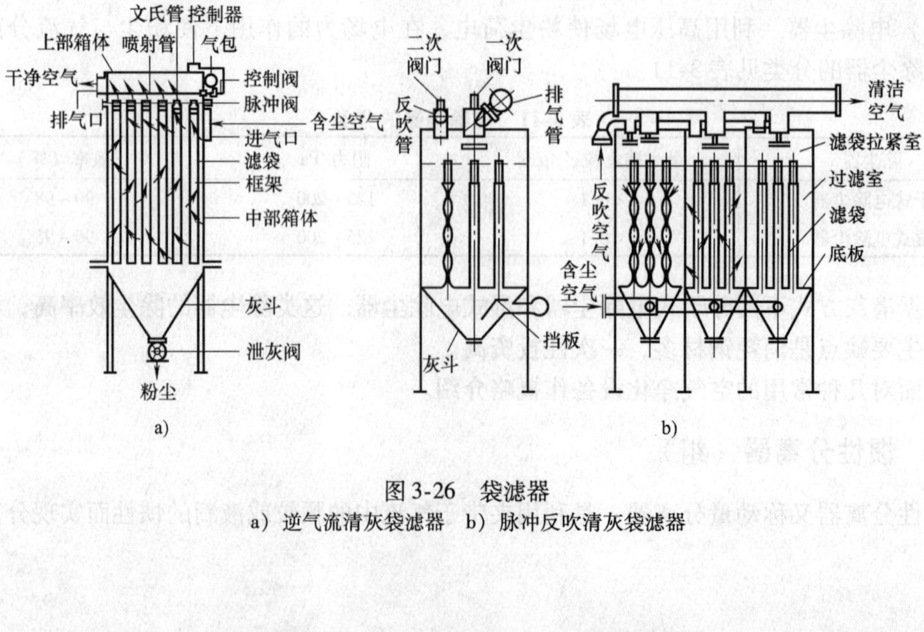

图 3-26 袋滤器
a) 逆气流清灰袋滤器 b) 脉冲反吹清灰袋滤器

此时的过滤主要是依靠粉尘层的筛滤效应，捕集效率显著提高，但压降也随之增大。由此可见，工业袋滤器的除尘性能受滤材上粉尘层的影响很大，所以根据粉尘的性质而合理地选用滤材是保证过滤效率的关键。一般当滤材孔径与粉尘直径之比小于10时，粉尘就易在滤材孔上架桥堆积而形成粉尘层。

通常滤材上沉积的粉尘负荷量达到0.1~0.3kg/m$^3$，压降达到1000~2000Pa时，便需进行清灰。应尽量缩短清灰的时间，延长两次清灰的间隔时间，这是当今过滤问题研究中的关键问题之一。

袋滤器的结构形式很多，按滤袋形状可分为圆袋及扁袋两种，前者结构简单，清灰容易，应用最广；后者可大大提高单位体积内的过滤面积，有新的发展。更主要的是按清灰方式分为：机械清灰、逆气流清灰、脉冲喷吹清灰及逆气流振动联合清灰等形式。

### 3.6.3 泡沫除尘器

图3-27为一台泡沫除尘器的结构简图，其外壳呈圆形或方形，上下分成两室，中间装有筛板，筛孔直径为2~8mm，开孔率为8%~30%。当水或其他液体由上室的一侧靠近筛板处的进液室流过筛板，而含尘气体以一定速度（一般为10~30m/s）由筛板下进入，穿过筛孔与液体接触时，板上即出现气、液两相充分混合的泡沫层，这种泡沫层处于剧烈运动的状态，具有很大的两相接触面积，而且接触面是不断破灭和更新的，因此形成良好的捕尘条件。含尘气体经筛板上升时，较大的尘粒先被少部分由筛板泄漏下降的含尘液体洗去一部分，由锥形底排出，气体中的微小尘粒则在通过筛板后，被泡沫层所捕捉，并随泡沫层从除尘器的另一侧经溢流挡板流出。溢流板的高度直接影响到泡沫层的高度，一般溢流板的高度不超过40mm，否则流体阻力会增加过大。净制后的气体由器顶排出。

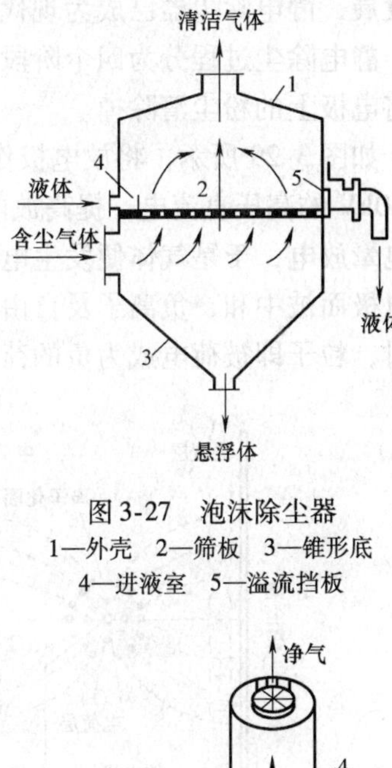

图3-27 泡沫除尘器
1—外壳 2—筛板 3—锥形底
4—进液室 5—溢流挡板

泡沫除尘器适用于净制含尘或含雾沫的气体。其优点是除尘效率高（对于除去5μm以上的微粒，除尘效率可达99%），阻力也不大，一般在700N/m$^2$左右；其缺点是污水要处理，同时对筛板安装要求严格，特别是筛板要保持水平，不然对操作影响很大。

### 3.6.4 文丘里除尘器

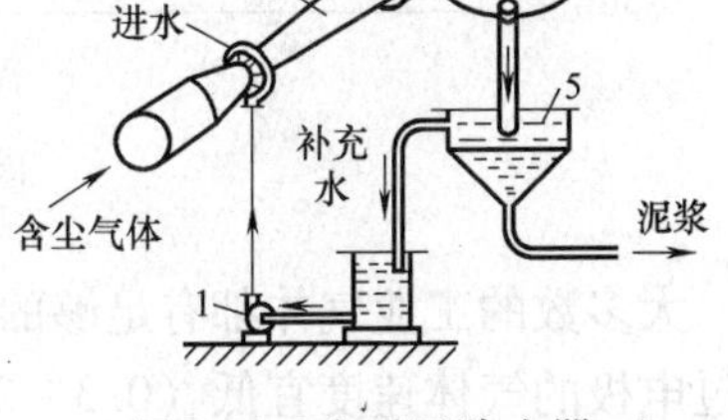

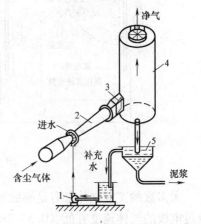

图3-28 文丘里除尘器
1—水泵 2—文氏管 3—进气口
4—旋风除尘器 5—重力沉降池

文丘里除尘器又称文丘里洗涤器，由文丘里管（即文氏管，包括收缩管、喉管和扩散管三部分）和旋风分离器组成，如图3-28所示。

操作时，含尘气体以60~120m/s的高速通过喉管时，把由喉管外围的环形夹套经若干径向小孔引入的液体喷成很细的雾滴而形成很大的两相接触面积，在高速湍流的气流中，尘粒与雾滴聚集成较大的颗粒，这样就等于加大了原来尘粒的直径，随后引入旋风分离器进行分离，达到净化气体的目的。

文丘里管的几何尺寸对除尘效果有很大影响，各部分尺寸应满足一定的要求，如收缩管的中心角一般不大于25°，扩散管的中心角为7°，液体用量约为气体体积流量的1/1000。

文丘里除尘器的优点是构造简单，操作方便，除尘效率高（对于粒径0.5~1.5μm的尘粒，除尘效率可达99%）；其缺点是流体阻力大，一般在4~10kN/$m^2$范围之内。

### 3.6.5 静电除尘器

前述的重力沉降和离心沉降两种操作方式，虽然能用于含尘气体或含颗粒溶液中粒子的分离，但是，前者能够分离的粒子粒径不能小于50~70μm，而后者也不能小于1~3μm，对于更小的颗粒，常用分离方法之一就是静电除尘，即在电力场中，将微小粒子集中起来再除去，自Cottrell（1907年）首先成功地将电除尘用于工业气体净化以来，经过一个世纪多的发展，静电除尘器已成为现代处理微粉分离的主要高效设备之一。

静电除尘过程分为四个阶段——气体电离、粉尘获得离子而荷电、荷电粉尘向电极移动及将电极上的粉尘清除掉。

如图3-29所示，将放电极作为负极，平板集尘极作为正极而构成电场，一般对电场施加60kV的高压直流电，提高放电极附近的电场强度，可将电极周围的气体绝缘层破坏，引起电晕放电，于是气体便发生电离，成为负离子和正离子及自由电子，正离子立即就被吸至放电极而被中和，负离子及自由电子则向集尘极移动并形成负离子屏障。当含尘气体通过这里时，粒子即被荷电成为负的荷电粒子，在库仑力的作用下移向集尘极而被捕集。

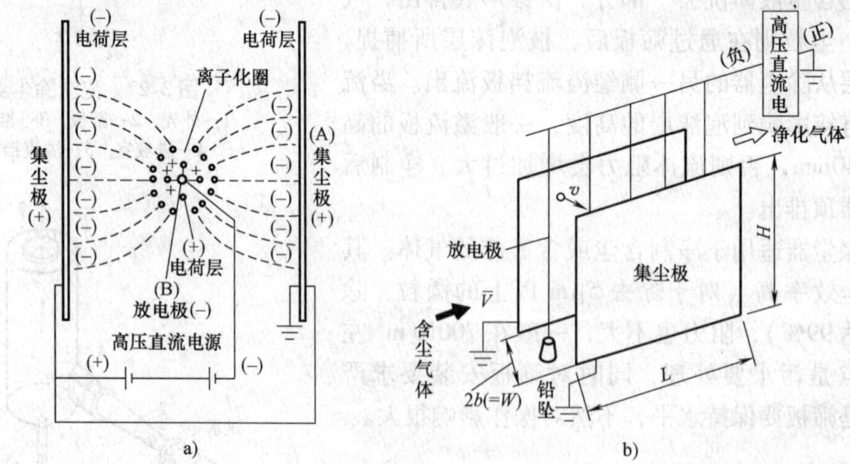


图3-29 静电除尘原理示意图

大多数的工业气体都有足够的导电性，易于被电离，若气体电导率低，可以加水蒸气，流过电极的气体速度宜低（0.3~2m/s），以保证尘粒有足够的时间来沉降。颗粒越细，要求分离的程度越高，气流速度越接近低限。

按集尘极的分类不同又可分成管式电除尘器和板式电除尘器（图3-30）两种，管式电除尘器的集尘极为直径为200~300mm的圆管或蜂窝管，其特点是电场强度比较均匀，有较高的电场强度，但粉尘的清理比较困难，一般不宜用于干式除尘，而通常用于湿式除尘；板式电除尘器，具有各种形式的集尘极板，极间距离一般为250~400mm，电晕极安放在板的中间，悬挂在框架上，电除尘器的长度根据对除尘效率的要求确定，它是工业中最广泛采用的形式。

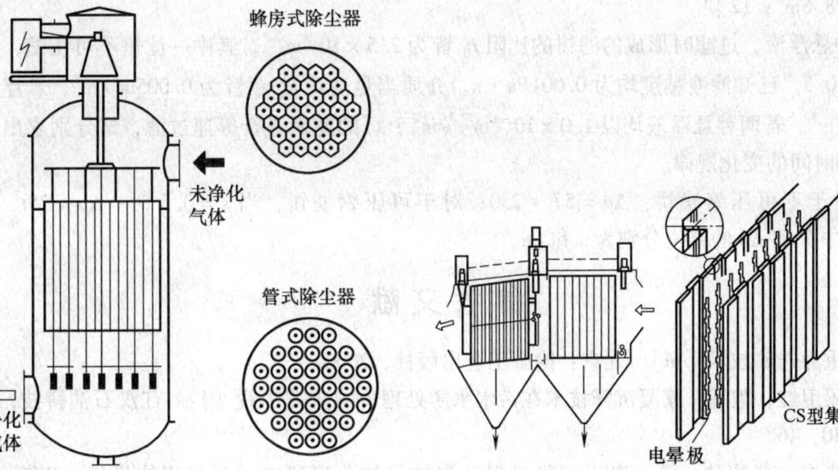


图3-30 管式和板式电除尘器

在化学工业中，电除尘器常用于硫酸、氯化铵、炭黑、焦油沥青及石油油水分离等生产过程，用于除去粉尘或烟雾。其中使用最多的是硫酸中的干、湿法静电除尘器。电除尘器的设备复杂，价格昂贵，但因能够除去极细小的颗粒，除尘效率很高，所以在工业生产中已得到应用。

## 思 考 题

1. 描述非球形颗粒的参数有哪些？

2. 颗粒在旋风分离器内沿径向沉降的过程中，其沉降速度是否为常数？

3. 提高离心分离因数的途径是什么（旋流器和离心机分别讨论）？

4. 恒压过滤和恒速过滤的主要区别是什么？

5. 环境工程领域中的过滤过程，使用的过滤介质主要有哪些？

6. 已算出直径为40μm的某小颗粒在20℃常压空气内的沉降速度为0.08m/s，另一种直径为1μm的较大颗粒的沉降速度为10m/s，试计算：

1）密度与小颗粒相同、直径减半的颗粒，其沉降速度为多大。

2）密度与大颗粒相同、直径加倍的颗粒，其沉降速度为多大。

【答案】1）0.02m/s；2）14.1m/s

7. 密度为1700kg/m$^3$的某微小颗粒，在温度为10℃的水中的沉降运动处于斯托克斯定律区，并测得颗粒沉降速度为10mm/s。今将此固体颗粒置入另一待测粘度的混合液体中，此混合液体的密度为750kg/m$^3$，测得颗粒沉降速度为4.5mm/s，试求混合液体的粘度。

【答案】$3.92\times10^{-3}$Pa·s

8. 设颗粒的沉降速度处于斯托克斯区，颗粒初速度为零，试推导颗粒下降速度与降落时间的关系。现有密度为1600kg/m³，直径为0.18mm的塑料小球，在温度为20℃的水中自由沉降（初速度为零），试求塑料球加速至沉降速度的99%需多少时间，在该段时间内下降的距离为多少。

【答案】$1.326\times10^{-2}$s；$1.1\times10^{-4}$m

9. 欲用降尘室净化温度为20℃、流量为2500m³/s的常压空气，空气中所含灰尘的密度为1800kg/m³，要求净化后的空气不含有直径大于10μm的尘粒，试求所需沉降面积为多大。若降尘室底面的宽为2m、长为5m，室内需要设多少块隔板？

【答案】128.6m²；12块

10. 有两种悬浮液，过滤时形成的滤饼的比阻 $r_0$ 皆为 $2.5\times10^{10}\text{m}^{-2}$，其中一滤饼不可压缩，另一滤饼的压缩系数 $s=0.5$。已知滤液粘度均为0.001Pa·s，介质当量滤液量 $q_e$ 皆为 $0.005\text{m}^3/\text{m}^2$，悬浮液的固体含量皆为20kg/m³。若两种悬浮液均以 $1.0\times10^{-4}\text{m}^3/(\text{m}^2\cdot\text{s})$ 的速率进行等速过滤，试分别求出两种悬浮液的压差 $\Delta p$ 随时间的变化规律。

【答案】对于不可压缩滤饼：$\Delta p=5T+250$；对于可压缩滤饼，当 $s=0.5$ 时：$\Delta p=25t^2+2500t+6.25\times10^4$。式中 $T$ 和 $\Delta p$ 的单位分别为s和Pa。

## 参考文献


[1] 周晓四. 重力选矿技术 [M]. 北京：冶金工业出版社，2006.

[2] 卢瑜林，侯卫红，戴莉. 絮凝沉降技术在污水水质处理中的研究实践 [J]. 江汉石油科技，2008，18 (1)：38-40，46.

[3] 周邵萍，张杰，葛晓陵，等. 离心沉降极限分离粒径的分形研究 [J]. 流体机械，2009，37 (4)：29-32.

[4] 王洪泰，李占勇. 滤布阻力对恒压过滤最佳操作周期的影响 [J]. 过滤与分离，2008，18 (2)：34-36.

[5] 王兰洁，田雪，张发有. 急冷油旋液分离器及其过滤器配管优化设计 [J]. 石油化工设计，2010，27 (1)：39-41.

[6] 王宏. 旋液分离器的设计 [J]. 氯碱工业，2007 (s)：57-58.

[7] 李强，黄荣国，缪正清，等. 入口截面高宽比对旋风分离器内流场的影响 [J]. 煤气与热力，2010，30 (12)：1-4.

[8] 付烜，孙国刚，刘书贤，等. 单、双入口旋风分离器环形空间流场的数值模拟 [J]. 炼油技术与工程，2010，40 (8)：27-30.

[9] 于鸿斌，陶亮. PV型旋风分离器在催化裂化旋分式三旋中应用验证 [J]. 科技资讯，2011 (7)：42-43.

[10] 霍夫曼，斯坦因. 旋风分离器（原理设计和工程应用）[M]. 彭维明，姬忠礼，译. 北京：化学工业出版社，2004.

[11] 梁政，王进全，任连城，等. 固液分离水力旋流器流场理论研究 [M]. 北京：石油工业出版社，2011.

# 第4章 传热与传质

4

**本章提要：**热现象是自然界、各个工程技术领域及日常生活中最普遍的物理现象，并且各种其他形式的能量最终大都是以热的形式耗散于环境中。因此，传热传质学作为研究热量及质量传递规律的工程技术科学，是许多大类专业必须掌握的主干技术基础课程，本章主要介绍一般传递过程中的传热与传质两种基本物理现象，研究热能传递与能量转换过程，分析传热与传质过程的基本规律。

## 4.1 传热学概述

传热是指由于温度差引起的能量转移，又称热传递。由热力学第二定律可知，凡是有温度差存在时，热量就必然会从高温处传递到低温处，因此传热是自然界和工程技术领域中极普遍的一种传递现象。无论在能源、宇航、化工、动力、冶金、机械、建筑等工业部门，还是在农业、环境保护等部门中都涉及许多有关传热的问题。

应予指出，热力学和传热学两门学科既有区别又有联系。热力学不研究引起传热的机理和传热的快慢，它仅研究物质的平衡状态，确定系统由一种平衡状态变到另一种平衡状态所需的总能量，而传热学研究能量的传递速率，因此可以认为传热学是热力学的扩展。热力学（能量守恒定律）和传热学（传热速率方程）两者结合，才可能解决传热问题。

### 4.1.1 传热学在工程中的作用

在环境工程及化学工程中，传热是广泛应用的单元操作之一。一般来说，传热过程总是与其他单元操作结合在一起，或者作为另一单元操作的一部分，也可以作为进一步加工的预处理。如在环境工程中的常见作用有：

1）污泥中温与高温消化过程都需要外界向消化体系输送热量，以维持消化细菌正常新陈代谢所需的温度。

2）污水的中和反应过程要在一定温度下进行，为了达到并保持一定的温度，就需要向反应器输入或从它输出热；又如在蒸发、蒸馏、干燥等单元操作中，都要向这些设备输入或输出热。

3）生产设备的保温，污水处理厂废水处理过程中热能的合理利用以及废热的回收，循环水冷却等都涉及传热的问题。

对传热过程的要求经常有以下两种情况：一种是强化传热过程，在传热设备中加热或冷却物料，控制热量并以所期望的方式传递，使其达到指定温度，如各种换热设备中的传热；另一种是削弱传热过程，如对设备或管道进行保温，减少热损失。为此必须掌握传热的共同规律。

在工业生产过程中需要解决的传热问题大致可以分为两类：一是传热计算，如设计或校核换热器；另一类是改进和强化换热设备，这两个问题常常是联系在一起的。

传热过程既可连续进行亦可间歇进行。对于前者，传热系统（如换热器）中不积累能量（即输入的能量等于输出的能量），称为定态传热。定态传热的特点是传热速率（单位时间传递的热量）在任何时刻都为常数，并且系统中各点的温度仅随位置变化而与时间无关。对于后者，传热系统中各点的温度既随位置又随时间而变，此种传热过程为非定态传热。本章中除非另有说明，讨论的都是定态传热。

本章将从传热学的基本理论出发，介绍传热的基本规律及其在工业生产中的应用。

### 4.1.2 三种基本传热方法

根据传热机理的不同，热传递有三种基本方式：热传导、热对流和热辐射。传热可依靠其中的一种方式或几种方式同时进行，净热流总是由高温处向低温处流动。

**1. 热传导**

若物体各部分之间不发生相对位移，仅借分子、原子和自由电子等微观粒子的热运动而引起的热量传递称为热传导（又称导热）。热传导的条件是系统两部分之间存在温度差，此时热量将从高温部分传向低温部分，或从高温物体传向与它接触的低温物体，直至整个物体的各部分温度相等为止。热传导在固体、液体和气体中均可进行，但它的微观机理因物态而异。固体中的热传导属于典型的导热方式。在金属固体中，热传导起因于自由电子的运动；在不良导体的固体中和大部分液体中，热传导是通过晶格结构的振动，即原子、分子在其平衡位置附近的振动来实现的；在气体中，热传导则是由于分子不规则运动而引起的。对于纯热传导的过程，它仅是静止物质内的一种传热方式，也就是说没有物质的宏观位移。

**2. 热对流**

流体各部分之间发生相对位移所引起的热传递过程称为热对流。热对流仅发生在流体中。在流体中产生对流的原因有二：一是因流体中各处的温度不同而引起密度的差别，使轻者上浮、重者下沉，流体质点产生相对位移，这种对流称为自然对流；二是因泵（风机）或搅拌等外力所致的质点强制运动，这种对流称为强制对流。流动的原因不同，对流传热的规律也不同。应予指出，在同一种流体中，有可能同时发生自然对流和强制对流。

在化工传热过程中，常遇到并非单纯的对流方式，而是流体流过固体表面时发生的热对流和热传导联合作用的传热过程，即热由流体传到固体表面（或反之）的过程，通常将它称为对流传热（又称为给热）。对流传热的特点是靠近壁面附近的流体层依靠热传导方式传热，而流体主体则主要依靠对流方式传热。由此可见，对流传热与流体流动状况密切相关。虽然热对流是一种基本的传热方式，但是由于热对流总伴随着热传导，要将两者分开处理是很困难的。因此一般并不讨论单纯的热对流，而是着重讨论具有实际意义的对流传热。

**3. 热辐射**

因热的原因而产生的电磁波在空间的传递，称为热辐射。所有物体（包括固体、液体和气体）都能将热能以电磁波形式发射出去，而不需要任何介质，也就是说它可以在真空中传播。

自然界中一切物体都在不停地向外发射辐射能，同时又不断地吸收来自其他物体的辐射能，并将其转变为热能。物体之间相互辐射和吸收能量的总结果称为辐射传热。由于高温物体发射的能量比吸收的多，而低温物体则相反，从而使净热量从高温物体传向低温物体。辐射传热的特点是：不仅有能量的传递，而且还有能量形式的转换，即在放热处，热能转变为辐射能，以电磁波的形式向空间传送；当遇到另一个能吸收辐射能的物体时，即被其部分地或全部地吸收而转变为热能。应予指出，只有在物体温度较高时，热辐射才能成为主要的传热方式。

实际上，上述的三种基本传热方式，在传热过程中常常不是单独存在的，而是以两种或三种传热方式的组合的形式存在，称为复杂传热。如在化工厂中普遍使用的间壁式换热器内，冷、热流体分别流过间壁两侧，它是热流体通过固体壁面将热传给冷流体的传热过程，涉及壁面两侧与接触流体间的对流传热和通过固体壁面的热传导。又如高温气体与固体壁面之间的传热，就要同时考虑对流传热和辐射传热。

## 4.1.3 载热体

在化工生产中，物料在换热器内被冷却或加热时，通常需要用某种流体取走或供给热量，此种流体称为载热体，其中起冷却或冷凝作用的载热体称为冷却剂（或冷却介质）；起加热作用的载热体称为加热剂（或加热介质）。

对一定的传热过程，待冷却或待加热物料的初始与终了温度常由工艺条件所决定，因此需要取出或提供的热量是一定的。热量的多少决定了传热过程的操作费用。但是，单位热量的费用因载热体而异。如当冷却时，温度要求越低，费用越高；当加热时，温度要求越高，费用越高。因此为了提高传热过程的经济效益，必须选择适当温位的载热体。同时选择载热体时应考虑以下原则：

1）载热体的温度易调节控制。

2）载热体的饱和蒸气压较低，加热时不易分解。

3）载热体的毒性小，不易燃、不易爆，不易腐蚀设备。

4）价格便宜，来源广泛。

工业上常用的冷却剂有水、空气和各种冷冻剂。水和空气可将物料最低冷却至环境温度，其值随地区和季节而异，一般不低于20~30℃。在水资源紧缺地区，常采用空气冷却。一些常用冷却剂及其适用温度范围见表4-1。工业上常用的加热剂有热水、饱和蒸汽、矿物油、联苯混合物、熔盐及烟道气等。它们适用温度范围见表4-2。若所需的加热温度很高，则需采用电加热。

**表4-1 常用冷却剂及其适用温度范围**

| 冷却剂 | 水（自来水、河水、井水） | 空气 | 盐水 | 氨蒸气 |
|---|---|---|---|---|
| 适用温度/℃ | 0~80 | >30 | 0~−15 | <−15~−30 |

表 4-2 常用加热剂及其适用温度范围

| 加热剂 | 热水 | 饱和蒸汽 | 矿物油 | 联苯混合物 | 熔盐（$KNO_3$ 53%，$NaNO_2$ 40%，$NaNO_3$ 7%） | 烟道气 |
|---|---|---|---|---|---|---|
| 适用温度/℃ | 40～100 | 100～180 | 180～250 | 255～380（蒸气） | 142～530 | <1000 |

## 4.1.4 间壁换热过程分析

### 1. 间壁式换热器

进行换热的设备称为换热器。工业生产中冷、热两种流体的热交换，一般情况下不允许两种流体直接接触，而要求用固体壁面隔开，这种换热器称为间壁式换热器，详见本章第5节。套管式换热器是其中的一种。它是由两根同心的管套在一起组成的。如图4-1所示，两种流体分别在内管及两根管的环隙中流动，进行热量交换。热流体的温度由 $T_{h1}$ 降至 $T_{h2}$；冷流体的温度由 $T_{c1}$ 升至 $T_{c2}$。

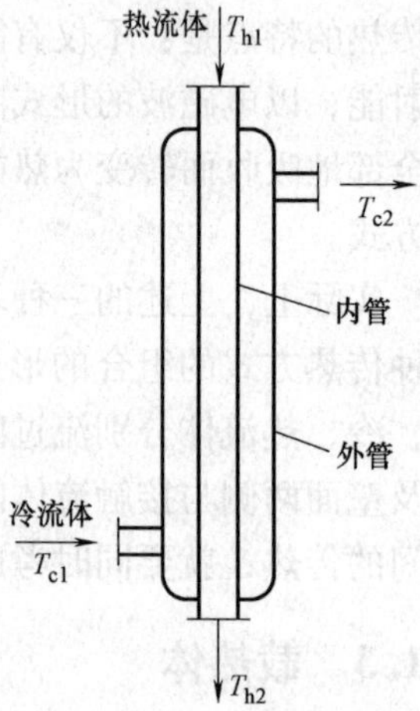


图 4-1 套管式换热器

### 2. 传热速率与热流密度

传热速率 $Q$ 是指单位时间内通过传热面的热量，单位为W。传热速率也称热流量。传热速率是传热过程的基本参数，用来表示换热器传热的快慢。

热流密度 $q$ 是指单位时间内通过单位传热面积的热量，即单位传热面积的传热速率，单位为 $W/m^2$。热流密度又称为热通量。

传热速率与热流密度的关系为

$$q = \frac{Q}{A} \tag{4-1}$$

与其他传递过程类似，传热速率与传热推动力成正比，与传热阻力成反比，即

$$传热速率 = \frac{传热温差}{热阻（传热阻力）}$$

### 3. 稳态传热与非稳态传热

在传热过程中物系各点温度不随时间变化的热量传递过程称为稳态传热。连续的工业生产过程大都属于稳态传热。在传热过程中物系各点温度随时间变化的热量传递过程称为非稳态传热。生产中的间歇操作传热过程和连续生产中开、停车或改变操作参数时的传热过程属于非稳态传热。

### 4. 两流体通过间壁的换热过程

两流体通过间壁的传热过程由对流、导热、对流三个过程串联组成，如图4-2所示。

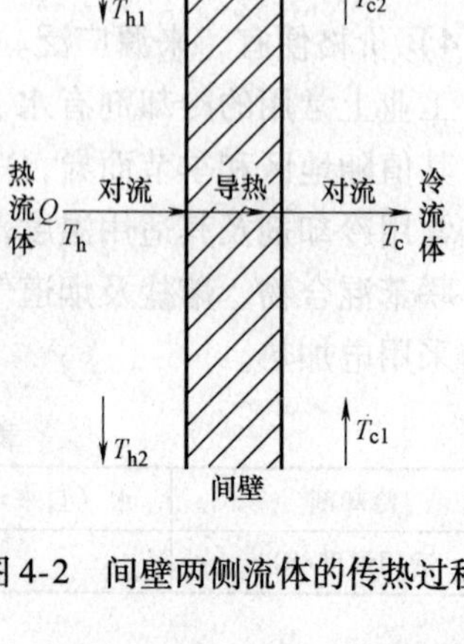


图 4-2 间壁两侧流体的传热过程

1）热流体以对流方式将热量 $Q_1$ 传递到间壁的左侧。

2）热量 $Q_2$ 从间壁的左侧以热传导的方式传递到间壁的右侧。

3）最后以对流方式将热量 $Q_3$ 从间壁的右侧传递给冷流体。

热流体沿流动方向温度不断下降，而冷流体温度不断上升，即在不同的空间位置温度是不同的，但对于某一固定位置，温度不随时间而变，属于稳态传热过程。

$$Q_1 = Q_2 = Q_3 \tag{4-2}$$

流体与固体壁面之间的传热以对流为主，并伴有分子热运动引起的热传导。研究间壁式换热器内热流体与冷流体之间如何换热，受哪些因素影响，怎样提高传热速率，是本章的重点。

**5. 传热速率方程式**

传热过程的推动力是两流体的温度差，沿传热管长度，各位置的温差不同，故使用平均温度差，以 $\Delta T_m$ 表示。在稳态传热中，传热速率与平均温度差、传热面积成正比。即得传热速率方程式为

$$Q = KA\Delta T_m \tag{4-3}$$

式中 $Q$——传热速率（W）；

$K$——比例系数，称为总传热系数[W/(m²·℃)或W/(m²·K)]；

$A$——传热面积（m²）；

$\Delta T_m$——两流体的平均温度差（℃或K）。

式（4-3）又称传热基本方程式，它是换热器设计最重要的方程式。当所要求的传热速率 $Q$、平均温度差 $\Delta T_m$ 及总传热系数是已知时，可用传热速率方程式计算所需要的传热面积 $A$。传热速率方程式可以写成推动力与阻力的形式，即

$$Q = \frac{\Delta T_m}{\frac{1}{KA}} = \frac{\Delta T_m}{R} \tag{4-4}$$

或

$$q = \frac{Q}{A} = \frac{\Delta T_m}{\frac{1}{K}} = \frac{\Delta T_m}{r} \tag{4-5}$$

式中 $R$——总传热面的热阻（K/W）；

$r$——单位传热面积的热阻[(m²·K)/W]。

由式（4-4）和式（4-5）可知，若求传热速率，关键要求出传热过程的热阻；若提高传热速率，关键在于减小传热过程的热阻。

间壁式换热器的传热由热传导和热对流组成，因此，要掌握传热过程的原理，首先要分别研究热传导和对流传热的基本原理。

## 4.2 热传导

### 4.2.1 温度场、等温面和温度梯度

物体或系统内各点间的温度差，是热传导的必要条件。由热传导方式引起的热传递速率

（简称导热速率）决定于物体内温度的分布情况。温度场就是任一瞬间物体或系统内各点的温度分布总和。

一般情况下，物体内任一点的温度为该点的位置以及时间的函数，故温度场的数学表达式为

$$T=f(x,y,z,t) \tag{4-6}$$

式中 $x$、$y$、$z$——物体内任一点的空间坐标；

$T$——温度（℃或K）；

$t$——时间（s）。

若温度场内各点的温度随时间而变，此温度场为非定态温度场，这种温度场对应于非定态的导热状态。若温度场内各点的温度不随时间而变，即为定态温度场。定态温度场的数学表达式为

$$T=f(x,y,z),\ \frac{\partial T}{\partial t}=0 \tag{4-7}$$

特殊情况下，若物体内的温度仅沿一个坐标方向发生变化，此温度场为定态的一维温度场，即

$$t=f(x),\ \frac{\partial T}{\partial t}=0,\ \frac{\partial T}{\partial y}=0,\ \frac{\partial T}{\partial z}=0 \tag{4-8}$$

温度场中同一时刻下相同温度各点所组成的面称为等温面。由于某瞬间内空间任一点上不可能同时有不同的温度，故温度不同的等温面彼此不能相交。

由于等温面上温度处处相等，故沿等温面将无热量传递，而沿和等温面相交的任何方向，因温度发生变化则有热量的传递。温度随距离的变化程度以沿与等温面垂直的方向为最大，通常，将两相邻等温面的温度 $T+\Delta T$ 与 $T$ 之间的温度差 $\Delta T$，与两面间的垂直距离 $\Delta n$ 之比值的极限称为温度梯度。温度梯度的数学定义式为

$$\mathbf{grad}T=\lim_{\Delta n\to 0}\frac{\Delta T}{\Delta \boldsymbol{n}}=\frac{\partial T}{\partial \boldsymbol{n}}$$

温度梯度$\frac{\partial T}{\partial \boldsymbol{n}}$为矢量，它的正方向是指向温度增加的方向，如图4-3所示。通常，将温度梯度的标量$\frac{\partial T}{\partial n}$也称为温度梯度。

对定态的一维温度场，温度梯度可表示为

$$\mathbf{grad}T=\frac{\mathrm{d}T}{\mathrm{d}\boldsymbol{x}}$$

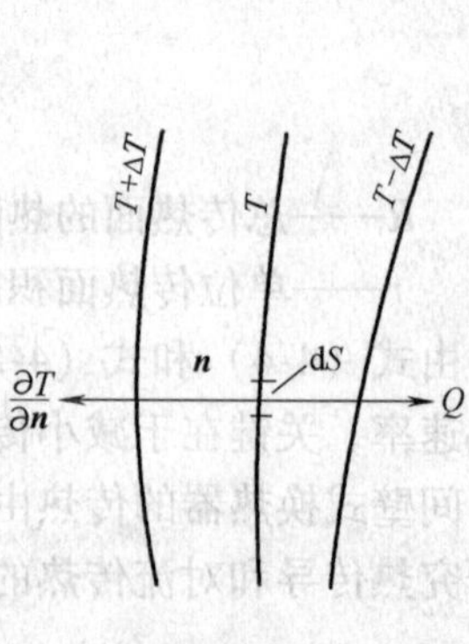

图4-3 温度梯度与傅里叶定律

### 4.2.2 傅里叶（Fourier）定律

傅里叶定律为热传导的基本定律，表示通过等温表面的导热速率与温度梯度及传热面积成正比，即

$$\mathrm{d}Q\propto-\mathrm{d}S\frac{\partial T}{\partial n}$$

或
$$dQ = -\lambda dS\frac{\partial T}{\partial n} \tag{4-9a}$$

式中 $Q$——导热速率，即单位时间内传导的热，其方向与温度梯度相反（W）；

$S$——等温表面的面积（$m^2$）；

$\lambda$——比例系数，称为导热系数[W/(m·℃)]。

式（4-9a）中的负号表示热流方向总是和温度梯度的方向相反，如图4-3所示。应予指出，傅里叶定律不是根据基本原理推导得到的，它与牛顿粘性定律类似，导热系数 $\lambda$ 与粘度 $\mu$ 一样，也是粒子微观运动特性的表现。$\lambda$ 作为导热系数是表示材料导热性能的一个参数，$\lambda$ 越大，表明该材料导热越快。可见，热量传递和动量传递具有类似性。

### 4.2.3 导热系数

式（4-9a）可改写为

$$\lambda = -\frac{dQ}{dS\frac{\partial T}{\partial n}} \tag{4-9b}$$

上式即为导热系数的定义式，由此式可知，导热系数在数值上等于单位温度梯度下的热通量。因此，导热系数表征物质导热能力的大小，是物质的物理性质之一。导热系数的数值和物质的组成、结构、密度、温度及压强有关。

各种物质的导热系数通常用实验方法测定。导热系数数值的变化范围很大。一般来说，金属的导热系数最大，非金属固体的次之，液体的较小，气体的最小。工程计算中常见物质的导热系数可从有关手册中查得。一般情况下各类物质的导热系数大致范围见表4-3。

**表4-3 物质的导热系数大致范围**

| 物质种类 | 气体 | 液体 | 非金属固体 | 金属 | 绝热材料 |
|---|---|---|---|---|---|
| λ/[W/(m·℃)] | 0.006~0.6 | 0.07~0.7 | 0.2~3.0 | 15~420 | <0.25 |

**1. 固体的导热系数**

固体材料的导热系数与温度有关，对于大多数均质固体，其 $\lambda$ 值与温度大致呈线性关系

$$\lambda = \lambda_0(1 + a'T) \tag{4-10}$$

式中 $\lambda$——固体在 $T$℃时的导热系数[W/(m·℃)]；

$\lambda_0$——物质在0℃时的导热系数[W/(m·℃)]；

$a'$——温度系数（$℃^{-1}$）；对大多数金属材料 $a'$ 为负值，而对大多数非金属材料 $a'$ 为正值。

同种金属材料在不同温度下的导热系数可在化工手册中查到，当温度变化范围不大时，一般可采用温度范围内的平均值。

**2. 液体的导热系数**

液态金属的导热系数比一般液体高，而且大多数液态金属的导热系数随温度的升高而减

小。在非金属液体中，水的导热系数最大。除水和甘油外，绝大多数液体的导热系数随温度的升高而略有减小。一般说来，纯液体的导热系数比其溶液的要大。溶液的导热系数在缺乏数据时可按纯液体的 $\lambda$ 值进行估算，估算公式如下

有机化合物的水溶液 $$\lambda = 0.9\sum a_i\lambda_i \tag{4-11}$$

互溶的有机混合液 $$\lambda = \sum a_i\lambda_i \tag{4-12}$$

式中 $a_i$——组分 $i$ 的质量分数；

$\lambda_i$——组分 $i$ 的导热系数[W/(m·℃)]。

**3. 气体的导热系数**

气体的导热系数最小，对导热不利，但有利于保温绝热。工业上所用的保温材料，就是因其空隙中有气体，故适宜于保温隔热。

气体的导热系数随温度升高而增大。在通常的压力范围内，其导热系数随压力变化很小，只有在过高或过低的压力（高于 $2\times10^5$kPa 或低于 3kPa）下，导热系数才随压力的增加而增大。常压下气体混合物的导热系数用下式计算

$$\lambda = \frac{\sum \lambda_i y_i M_i^{1/3}}{\sum y_i M_i^{1/3}} \tag{4-13}$$

式中 $y_i$——气体混合物中组分 $i$ 的摩尔分数；

$M_i$——气体混合物中组分 $i$ 的相对分子质量。

## 4.2.4 平壁的稳态热传导

**1. 单层平壁的稳态热传导**

图 4-4 所示为单层平壁热传导。壁厚为 $b$，壁的面积为 $A$，假定平壁的材质均匀，导热系数 $\lambda$ 不随温度变化，视为常数，平壁的温度只沿着垂直于壁面的 $x$ 轴方向变化，故等温面皆为垂直于 $x$ 轴的平行平面。若平壁侧面的温度 $T_1$ 及 $T_2$ 不随时间而变化，则该平壁的热传导为一维稳态热传导。传热速率 $Q$、传热面积 $A$ 均为恒定值，傅里叶定律可以表示为

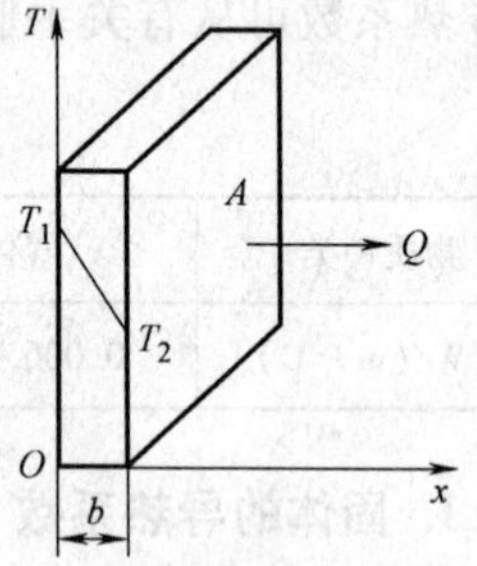

图 4-4 单层平壁热传导

$$Q = -\lambda A\frac{dT}{dx}$$

当 $x=0$ 时，$T=T_1$；$x=b$ 时，$T=T_2$，且 $T_1>T_2$，积分上式可得

$$Q\int_0^b dx = -\lambda A\int_{T_1}^{T_2}\frac{dT}{dx}$$

求得导热速率方程式

$$Q = \frac{\lambda}{b}A(T_1-T_2) \tag{4-14}$$

或 $$Q = \lambda A\frac{T_1-T_2}{b} = \frac{T_1-T_2}{\dfrac{b}{\lambda A}} = \frac{\Delta T}{R} \tag{4-15}$$

或
$$q=\frac{Q}{A}=\frac{T_1-T_2}{\frac{b}{\lambda}}=\frac{\Delta T}{r} \tag{4-16}$$

式中　$b$——平壁厚度（m）；

$\Delta T$——温度差，导热的推动力（K 或℃）；

$R$——导体的热阻（K/W 或℃/W）；

$r$——单位传热面积的导体的热阻[（$m^2\cdot K$）/W 或（$m^2\cdot$℃）/W]。

由式（4-15）、式（4-16）可以看出，导热速率与传热推动力成正比，与热阻成反比。壁厚 $b$ 越厚，传热面积 $A$ 与导热系数 $\lambda$ 越小，则热阻越大。

设壁厚 $x$ 处的温度为 $T$，则由式（4-14）可得
$$Q=\frac{\lambda A}{x}(T_1-T) \tag{4-17}$$

即
$$T=T_1-\frac{Q}{\lambda A}x \tag{4-18}$$

或
$$T=T_1-\frac{q}{\lambda}x \tag{4-19}$$

式（4-18）、式（4-19）即为平壁的温度分布关系式，由此可以看出平壁内温度沿壁厚呈直线关系（需注意的是平壁内温度分布呈直线关系的前提是导热系数 $\lambda$ 为常数）。

**【例 4-1】** 现有一平壁，厚度为 400mm，内壁温度为 500℃，外壁温度为 100℃。试求：1）通过平壁的导热能量（$W/m^2$）；2）平壁内距内壁 150mm 处的温度。已知该温度范围内砖壁的平均导热系数 $\lambda=0.6W/(m\cdot$℃）。

**解：** 1）由式（4-16）得
$$q=\frac{T_1-T_2}{\frac{b}{\lambda}}=\frac{500-100}{\frac{0.4}{0.6}}W/m^2=600W/m^2$$

2）由式（4-19）得
$$T=T_1-\frac{q}{\lambda}x=\left(500-\frac{600}{0.6}\times 0.15\right)℃=350℃$$

**2. 多层平壁的稳态热传导**

工业上常遇到由多层不同材料组成的平壁，称为多层平壁。如生产工业普通砖用的窑炉，其炉壁通常由耐火砖、保温砖、普通建筑砖组成。现以三层平壁为例，讨论多层平壁的稳态热传导问题。如图 4-5 所示，假设各层平壁的厚度分别为 $b_1$、$b_2$、$b_3$，各层材质均匀，导热系数分别为 $\lambda_1$、$\lambda_2$、$\lambda_3$，皆可视为常数，层与层之间接触良好，相互接触的表面上温度相等，各等温面亦皆为垂直于 $x$ 轴的平行平面。平壁的面积为 $A$，在稳态热传导过程中，通过各层的导热速率必相等。与单层平壁同样处理，可得下列方程：

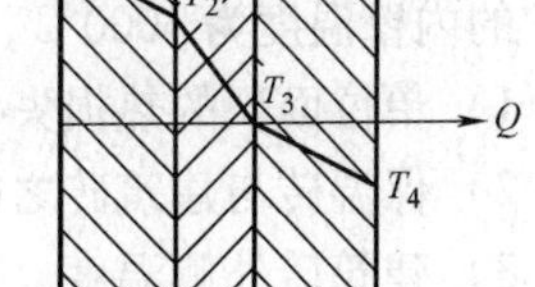

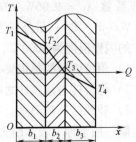

图 4-5　多层平壁的稳态热传导

第一层
$$Q_1=\lambda_1 A\frac{T_1-T_2}{b_1}=\frac{\Delta T_1}{\dfrac{b_1}{\lambda_1 A}}$$

第二层
$$Q_2=\frac{\Delta T_2}{\dfrac{b_2}{\lambda_2 A}}$$

第三层
$$Q_3=\frac{\Delta T_3}{\dfrac{b_3}{\lambda_3 A}}$$

对于稳态热传导过程
$$Q_1=Q_2=Q_3=Q$$

因此
$$Q=\frac{\Delta T_1+\Delta T_2+\Delta T_3}{\dfrac{b_1}{\lambda_1 A}+\dfrac{b_2}{\lambda_2 A}+\dfrac{b_3}{\lambda_3 A}}$$

亦可写成下面形式

$$Q=\frac{\Delta T_1+\Delta T_2+\Delta T_3}{R_1+R_2+R_3}=\frac{T_1-T_4}{R_1+R_2+R_3} \tag{4-20}$$

同理，对 $n$ 层平壁，穿过各层导热速率的一般公式为

$$Q=\frac{\sum_{i=1}^{n}\Delta T_i}{\sum_{i=1}^{n}\Delta R_i}=\frac{T_1-T_{n+1}}{\sum_{i=1}^{n}\Delta R_i} \tag{4-21}$$

即
$$Q=\frac{\sum_{i=1}^{n}\Delta T_i}{\sum_{i=1}^{n}\Delta R_i}=\frac{\text{总推动力}}{\text{总阻力}} \tag{4-22}$$

式中　$i$——$n$ 层平壁的壁层序号。

多层平壁热传导是一种串联的传热过程，由式（4-20）和式（4-21）可以看出，串联传热过程的推动力（总温度差）为各分传热过程的温度差之和，串联传热过程的总热阻为各分传热过程的热阻之和，此为串联热阻叠加原则。这与电学中串联电阻的欧姆定律类似。热传导中串联热阻叠加原则，对传热过程的分析及传热计算都是非常重要的。

**【例 4-2】** 有一锅炉的墙壁由三种保温材料组成。最内层是耐火砖，厚度 $b_1=150\text{mm}$，导热系数 $\lambda_1=1.06\text{W/(m·℃)}$；中间为保温砖，厚度 $b_2=310\text{mm}$，导热系数 $\lambda_2=0.15\text{W/(m·℃)}$；最外层为建筑砖，厚度 $b_3=200\text{mm}$，导热系数 $\lambda_3=0.69\text{W/(m·℃)}$。测得炉的内壁温度为1000℃，耐火砖与保温砖之间界面处的温度为946℃。试求：

1）单位面积的热损失；

2）保温砖与建筑砖之间界面的温度；

3）建筑砖外侧温度。

**解**：用下标 1 表示耐火砖，2 表示保温砖，3 表示建筑砖。$T_3$ 为保温砖与建筑砖的界面温度，$T_4$ 为建筑砖的外侧温度。

1）热损失（即热通量）$q$

$$q=\frac{Q}{A}=\frac{\lambda_1(T_1-T_2)}{b_1}=\frac{1.06}{0.15}\times(1000-946)\mathrm{W/m^2}=381.6\mathrm{W/m^2}$$

2）保温砖与建筑砖的界面温度 $T_3$。

由于是稳态热传导，所以 $q_1=q_2=q_3=q$

$$q=\frac{\lambda_2(T_2-T_3)}{b_2}$$

$$381.6\mathrm{W/m^2}=\frac{0.15\mathrm{W/(m\cdot ℃)}}{0.31\mathrm{m}}\times(946℃-T_3)$$

解得

$$T_3=157.3℃$$

3）建筑外侧温度 $T_4$。

同理

$$q=\frac{\lambda_3(T_3-T_4)}{b_3}$$

$$381.6\mathrm{W/m^2}=\frac{0.69\mathrm{W/(m\cdot ℃)}}{0.2\mathrm{m}}\times(157.3℃-T_3)$$

解得

$$T_3=46.7℃$$

各层温度差与热阻的数值如下。

$$\Delta T_1=(1000-946)℃=54℃,\ r_1=0.142(\mathrm{m^2\cdot ℃})/\mathrm{W}$$

$$\Delta T_2=(946-157.3)℃=788.7℃,\ r_2=2.07(\mathrm{m^2\cdot ℃})/\mathrm{W}$$

$$\Delta T_3=(157.3-24.6)℃=132.7℃,\ r_3=0.28(\mathrm{m^2\cdot ℃})/\mathrm{W}$$

以上的计算结果表明，多层平壁的稳态热传导中，热阻大的保温层，分配于该层的温度差亦大，即温度差与热阻成正比。

## 4.2.5　圆筒壁的稳态热传导

### 1. 单层圆筒壁的稳态热传导

如图 4-6 所示，设圆筒的内半径为 $r_1$，内壁温度为 $T_1$，外半径为 $r_2$，外壁温度为 $T_2$（$T_1>T_2$），圆筒的长度为 $L$，平均导热系数 $\lambda$ 为常数。若圆筒壁的长度超过其外径的 10 倍以上，沿轴向散热可忽略不计，温度只沿半径方向变化，等温面为同心圆柱面。圆筒壁与平壁的不同点是其传热面积随半径而变化。在半径 $r$ 处取一厚度为 d$r$ 的薄层，则半径为 $r$ 处的传热面积为 $A=2\pi rL$。由傅里叶定律，此薄圆筒层传热速率为

$$Q=-\lambda A\frac{\mathrm{d}T}{\mathrm{d}r}=-\lambda 2\pi rL\frac{\mathrm{d}T}{\mathrm{d}r}$$

稳态热传导时，$Q$ 为常量，将上式分离变量并积

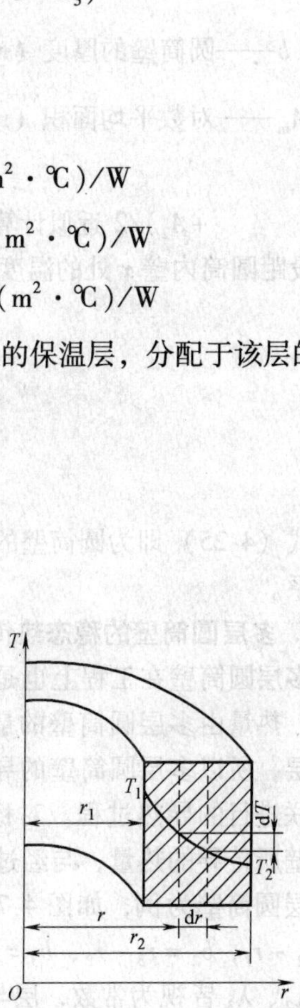


图 4-6　单层圆筒壁的稳态热传导

分，得

$$Q\int_{r_1}^{r_2}\frac{\mathrm{d}r}{r}=-2\pi L\lambda\int_{T_1}^{T_2}\mathrm{d}T$$

$$Q\ln\frac{r_2}{r_1}=2\pi L\lambda(T_1-T_2)$$

$$Q=2\pi L\lambda\frac{T_1-T_2}{\ln\frac{r_2}{r_1}}=\frac{T_1-T_2}{\frac{1}{2\pi L\lambda}\ln\frac{r_2}{r_1}}=\frac{\Delta T}{R} \tag{4-23}$$

式（4-23）即为单层圆筒壁的稳态热传导速率方程式。该式可以进行下面的转换，写成与平壁热传导速率方程式相似的形式。

$$Q=\frac{2\pi L(r_2-r_1)\lambda(T_1-T_2)}{(r_2-r_1)\ln\frac{2\pi r_2L}{2\pi r_1L}}=\frac{(A_2-A_1)\lambda(T_1-T_2)}{(r_2-r_1)\ln\frac{A_2}{A_1}}$$

$$=\lambda A_{\mathrm{m}}\frac{T_1-T_2}{b}=\frac{T_1-T_2}{\frac{b}{\lambda A_{\mathrm{m}}}} \tag{4-24}$$

式中　$b$——圆筒壁的厚度（m），$b=r_2-r_1$；

$A_{\mathrm{m}}$——对数平均面积（$\mathrm{m}^2$），$A_{\mathrm{m}}=\frac{A_2-A_1}{\ln\frac{A_2}{A_1}}$。当 $A_2/A_1\leqslant 2$ 时，可用算数平均值 $A_{\mathrm{m}}=(A_1+A_2)/2$ 近似计算。

设距圆筒内壁 $x$ 处的温度为 $T$，则由式（4-23）可得

$$Q=2\pi L\lambda\frac{T_1-T}{\ln\frac{r}{r_1}}$$

即

$$T=T_1-\frac{Q}{2\pi L\lambda}\ln\frac{r}{r_1} \tag{4-25}$$

式（4-25）即为圆筒壁的温度分布关系式，由此可见，圆筒壁内温度沿半径呈对数曲线关系。

**2. 多层圆筒壁的稳态热传导**

多层圆筒壁在工程上也是经常遇到的，如蒸气管道的保温。热量由多层圆筒壁的最内层传导到最外壁，依次经过各层，所以多层圆筒壁的导热过程可视为是各单层圆筒壁串联进行的导热过程。对稳态导热过程，单位时间内由多层壁所传导的热量，与经过各单层壁所传导的热量相等。以三层圆筒壁为例，如图 4-7 所示，假定各层壁厚分别为 $b_1=r_2-r_1$，$b_2=r_3-r_2$，$b_3=r_4-r_3$；各层材料的导热系数 $\lambda_1$、$\lambda_2$、$\lambda_3$ 皆视为常数，层与层之间接触良好，相互接触的表面温度相等，各等温面皆为同心圆柱面。多层圆筒壁

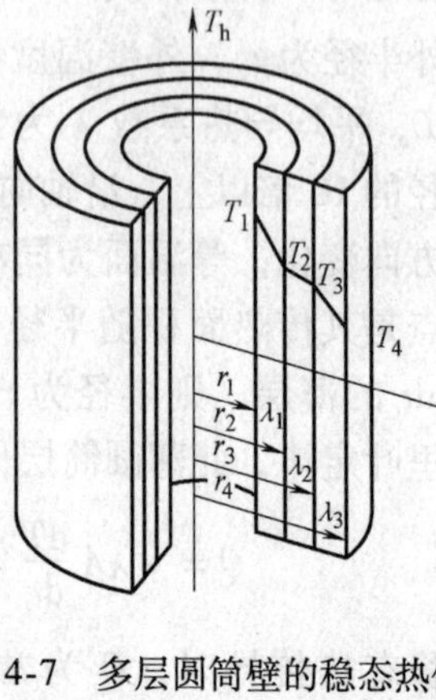


图 4-7　多层圆筒壁的稳态热传导

的热传导计算，可参照多层平壁。

第一层
$$Q_1 = 2\pi L\lambda_1 \frac{T_1 - T_2}{\ln \frac{r_2}{r_1}}$$

第二层
$$Q_2 = 2\pi L\lambda_2 \frac{T_2 - T_3}{\ln \frac{r_3}{r_2}}$$

第三层
$$Q_3 = 2\pi L\lambda_3 \frac{T_3 - T_4}{\ln \frac{r_4}{r_3}}$$

稳态热传导
$$Q_1 = Q_2 = Q_3 = Q$$

根据各层温度差之和等于总温度差的原则，整理上三式可得

$$Q = \frac{2\pi L(T_1 - T_4)}{\frac{1}{\lambda_1}\ln \frac{r_2}{r_1} + \frac{1}{\lambda_2}\ln \frac{r_3}{r_2} + \frac{1}{\lambda_3}\ln \frac{r_4}{r_3}} \tag{4-26}$$

同理，对于 $n$ 层圆筒壁，热传导的一般公式为

$$Q = \frac{2\pi L(T_1 - T_{n+1})}{\sum_{i=1}^{n} \frac{1}{\lambda_i}\ln \frac{r_{i+1}}{r_i}} \tag{4-27}$$

式中 $i$——$n$ 层圆筒壁的壁层序号。

可以写成与多层平壁计算公式相仿的形式

$$Q = \frac{T_1 - T_4}{\frac{b_1}{\lambda_1 A_{m1}} + \frac{b_2}{\lambda_2 A_{m2}} + \frac{b_3}{\lambda_3 A_{m3}}} \tag{4-28}$$

式中 $A_{m1}$、$A_{m2}$、$A_{m3}$——各层圆筒壁的对数平均面积（$m^2$）。

由多层平壁或多层圆筒壁热传导的公式可见，多层壁的总热阻等于串联的各层热阻之和，传热速率正比于总温度差，反比于总热阻，即

$$传热速率 = \frac{总温差}{总热阻}$$

**【例 4-3】** 为了减少热损失，在 $\phi$133mm × 4mm 的蒸气管道外层包扎一层厚度 50mm 的石棉层，其平均导热系数 $\lambda_2 = 0.2\text{W/(m·℃)}$。蒸气管道内壁温度为 180℃，要求石棉层外侧温度为 50℃，管壁的导热系数 $\lambda_1 = 45\text{W/(m·℃)}$。试求每米管长的热损失及蒸气管道外壁的温度。

**解：** 此题为多层圆筒壁稳态热传导

$$r = \frac{0.133 - 0.004 \times 2}{2}\text{m} = 0.0625\text{m}$$

$$T_1 = 180℃$$

$$r_2 = 0.0625\text{m} + 0.004\text{m} = 0.0665\text{m}$$

$$r_3 = 0.0665\text{m} + 0.05\text{m} = 0.1165\text{m}$$

$$T_3 = 50℃$$

每米管长的热损失

$$\frac{Q}{L} = \frac{2\pi L(T_1 - T_3)}{\frac{1}{\lambda_1}\ln\frac{r_2}{r_1} + \frac{1}{\lambda_2}\ln\frac{r_3}{r_2}} = \frac{2\pi(180-50)℃}{\left(\frac{1}{45}\times\ln\frac{0.0665}{0.0625} + \frac{1}{0.2}\ln\frac{0.1165}{0.0665}\right)(\text{m}\cdot℃)/\text{W}} = 291.07\text{W/m}$$

由于圆筒壁为稳态热传导，每米管长的热损失相等，即

$$291.07\text{W} = \frac{2\pi L(T_1 - T_2)}{\frac{1}{\lambda_1}\ln\frac{r_2}{r_1}} = \frac{2\pi[180(\text{m}\cdot℃)/\text{W} - T_2]\cdot 1\text{m}}{\frac{1}{45}\text{W}/(\text{m}\cdot℃)\times\ln\frac{0.0665}{0.0625}}$$

解得

$$T_2 = 179.9℃$$

由计算结果可知，蒸气管道的内外壁面温度相近，保温材料石棉起到了较好的保温作用。

## 4.3 对流传热

### 4.3.1 传热边界层及对流传热方程

对流传热是流体质点发生相对位移而引起的热量传递过程，对流传热仅发生在流体中，因此它与流体的流动状况密切相关。工业上遇到的对流传热，常指间壁式换热器中两侧流体与固体壁面之间的热交换，即流体将热量传给固体壁面或者由壁面将热量传给流体的过程。在第2章流体流动中已指出，流体的流动类型只有层流与湍流两种。当流体作层流流动时，在垂直于流体流动方向上的热量传递，主要以热传导的方式进行。而当流体为湍流流动时，无论流体主体的湍动程度多大，紧邻壁面处总有一薄层流体沿着壁面作层流流动（即层流底层），同理，此层内在垂直于流体流动方向上的热量传递，仍是以热传导方式为主。由于大多数流体的导热系数较小，热阻主要集中在层流底层中，温度差也主要集中在该层中。在层流底层与湍流主体之间存在着一个过渡区，过渡区内的热量传递是传导与对流的共同作用。而在湍流主体中，由于流体质点的剧烈混合，可以认为无传热阻力，即温度梯度为零。在处理上，将有温度梯度存在的区域称为传热边界层，传热的主要热阻即在此层中。图4-8表示对流传热时截面上的温度分布情况。

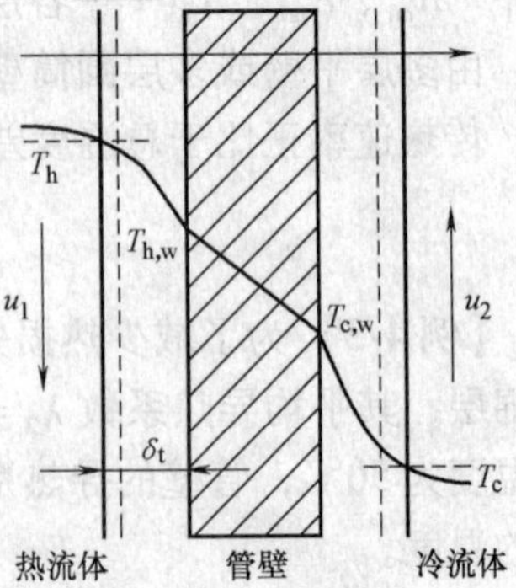

图4-8 对流传热的温度分布

由上述分析可见，对流传热与流体的流动情况及流体的性质有关，其影响因素很多。目前采用一种简化的方法，即将流体的全部温度差集中在厚度为 $\delta_t$ 的有效膜内，如图4-8所示。此有效膜的厚度 $\delta_t$ 难以测定，所以在处理上，以 $\alpha$ 代替 $\lambda/\delta_t$，热流体与壁面间对流传热过程可用下式描述：

$$Q = \alpha_h A(T_h - T_{h,w}) = \alpha_h A\Delta T \tag{4-29}$$

或

$$Q=\frac{(T_h-T_{h,w})}{\frac{1}{\alpha_h A}}=\frac{\Delta T}{\frac{1}{\alpha_h A}} \tag{4-30}$$

式（4-29）和式（4-30）称为牛顿冷却定律。

同理，冷流体侧对流传热关系亦可表示为

$$Q=\alpha_c A(T_{c,w}-T_c)=\alpha_c A\Delta T \tag{4-31}$$

式中　$Q$——对流传热速率（W）；

$A$——传热面积（$m^2$）；

$\Delta T$——对流传热温度差（℃）$\Delta T=T_h-T_{h,w}$或$\Delta T=T_{c,w}-T_c$；

$T_h$——热流体平均温度（℃）；

$T_{h,w}$——与热流体接触的壁面温度（℃）；

$T_c$——冷流体的平均温度（℃）；

$T_{c,w}$——与冷流体接触的壁面温度（℃）；

$\alpha_h$——热流体侧的对流传热系数[W/(m$^2$·K)或W/(m$^2$·℃)]；

$\alpha_c$——冷流体侧的对流传热系数[W/(m$^2$·K)或W/(m$^2$·℃)]。

牛顿冷却定律并非理论推导的结果，而是一种推论，即假设单位面积传热量与温度差$\Delta T$成正比。该公式的形式简单，并未揭示对流传热过程的本质，也未减少计算的困难，只不过将所有的复杂的因素都转移到对流传热系数$\alpha$中。所以如何确定在各种具体条件下的对流传热系数，是对流传热的中心问题。

## 4.3.2　影响对流传热系数的主要因素

理论分析和实验表明，影响对流传热系数$\alpha$的因素有以下几个方面：

（1）流体的种类和状态　液体、气体、蒸气等流体的种类及在传热过程中是否有相变化，对$\alpha$均有影响。有相变化时对流传热系数比无相变化时大得多。

（2）流体的物理性质　影响对流传热系数$\alpha$的物性有密度$\rho$、比定压热容$c_p$、导热系数$\lambda$、粘度$\mu$等。

（3）流体的流动状态　流体的流动状态取决于$Re$的大小，分为层流和湍流。$Re$越大，流体的湍动程度越大，层流底层的厚度越薄，$\alpha$值越大；反之，则越小。

（4）流体对流的状况　对流分为自然对流和强制对流，流动的原因不同，其对流传热规律也不相同。自然对流是流体内部冷（温度$T_1$）、热（温度$T_2$）各部分的密度不同所产生的浮升力作用而引起的流动。因$T_2>T_1$，所以$\rho_2<\rho_1$。若流体的体积膨胀系数为$\beta$，则$\rho_2$与$\rho_1$的关系为$\rho_1=\rho_2(1+\beta\Delta T)$，$\Delta T=T_2-T_1$。单位质量流体由于密度不同所产生的浮升力为

$$\frac{(\rho_1-\rho_2)g}{\rho_2}=\frac{[(1+\beta\Delta T)\rho_2-\rho_2]g}{\rho_2}=\beta g\Delta T \tag{4-32}$$

（5）传热面的形状、位置及大小　传热面的形状（如管、板、管束）、管径、管长、管排列方式、垂直放置或水平放置等都将影响对流传热系数。通常对于一种类型的传热面用一个特征尺寸$L$（对流体流动和传热有决定性影响的尺寸）来表征其大小。

### 4.3.3 对流传热过程的因次分析

由上述分析可见，影响对流传热的因素很多，故对流传热系数的确定是一个极为复杂的问题。在第2章中用因次分析法求得湍流时的摩擦系数的无因次数群关系式，这里用同样方法求得对流传热系数的关系式。

对于一定的传热面，流体无相变的对流传热系数的影响因素有流速 $u$、传热面的特性尺寸 $L$、流体的粘度 $\mu$、比定压热容 $c_p$、流体的密度 $\rho$、流体的导热系数 $\lambda$、单位质量流体的浮升力 $\beta g\Delta T$，写成函数形式为

$$\alpha = f(u, L, \mu, \lambda, \rho, c_p, \beta g\Delta T) \tag{4-33}$$

采用第2章中的无因次化方法可以将式（4-33）转化成无因次形式

$$\frac{\alpha L}{\lambda} = f\left(\frac{Lu\rho}{\mu}, \frac{c_p\mu}{\lambda}, \frac{L^3\rho^2\beta g\Delta T}{\mu^2}\right) \tag{4-34}$$

式（4-34）表示无相变条件下，对于一定类型的传热面，对流传热系数无因次准数关联式。式中准数的名称、符号和意义见表4-4。

**表4-4 准数的名称、符号和意义**

| 准数 | 名称 | 符号 | 意义 |
|---|---|---|---|
| $\frac{\alpha L}{\lambda}$ | 努赛尔（Nusselt）准数 | $Nu$ | 包括对流传热系数 |
| $\frac{Lu\rho}{\mu}$ | 雷诺（Reynolds）准数 | $Re$ | 表示流动状态的影响 |
| $\frac{c_p\mu}{\lambda}$ | 普兰特（Prandtl）准数 | $Pr$ | 表示流体物性的影响 |
| $\frac{L^3\rho^2\beta g\Delta T}{\mu^2}$ | 格拉斯霍夫（Grashof）准数 | $Gr$ | 表示自然对流的影响 |

式（4-34）可以表示成

$$Nu = KRe^a Pr^f Gr^h \tag{4-35}$$

或

$$Nu = f(Re, Pr, Gr) \tag{4-36}$$

具体的函数关系式由实验确定，所得到准数关联式是一个经验的公式，在使用时应注意：

（1）适用范围　各个关联式都规定了准数的适用范围，这是根据实验数据确定的，使用时不能超过规定的 $Re$、$Pr$、$Gr$ 的范围。

（2）特性尺寸　在建立准数关联式时，通常选用对流体流动和传热产生主要影响的尺寸，作为准数中的特性尺寸 $L$。如圆管内对流传热时选用管内径；非圆管对流传热时选用当量直径。

（3）定性温度　流体在对流传热过程中，从进口到出口温度是变化的，确定准数中流体的物性参数（$\mu$，$\lambda$，$\rho$，$c_p$）的温度称为定性温度。不同的关联式有不同的确定方法，一般有以下3种方法：

1）取流体的平均温度 $T_m = (T_1 + T_2)/2$。

2）取壁面的平均温度 $T_m = T_w$。

3）取流体与壁面的平均温度（膜温）$T_m = (T + T_w)/2$。

### 4.3.4 流体无相变时的对流传热系数经验关联式

工业生产中常遇到流体无相变时的对流传热情况，对流传热系数关联式为式（4-36），$Nu = f(Re, Pr, Gr)$，包括强制对流和自然对流。在强制对流时 $Gr$ 可忽略不计；而自然对流时 $Re$ 可忽略不计。这样式（4-36）可进一步简化为

强制对流
$$Nu = f(Re, Pr) \tag{4-37}$$

自然对流
$$Nu = f(Pr, Gr) \tag{4-38}$$

下面按照强制对流和自然对流两大类，介绍工程上常用的流体无相变时的对流传热系数的经验关联式。

**1. 流体在管内强制对流时的对流传热系数**

（1）流体在圆形直管内强制湍流时的对流传热系数

1）低粘度流体

$$Nu = 0.023Re^{0.8}Pr^{n} \tag{4-39}$$

即
$$\alpha = 0.023\frac{\lambda}{d}\left(\frac{du\rho}{\mu}\right)^{0.8}\left(\frac{c_p\mu}{\lambda}\right)^{n} \tag{4-40}$$

当流体被加热时，式中 $n = 0.4$；流体被冷却时，$n = 0.3$。

适用范围：$Re > 10^4$，$0.6 < Pr < 160$，管长与管径之比 $L/d \geqslant 50$，$\mu < 2 \times 10^3 \text{Pa} \cdot \text{s}$。

特性尺寸：管内径 $d_i$。

定性温度：流体进、出口温度的算术平均值。

式中的 $n$ 值考虑到层流底层中温度对流体粘度和导热系数的影响。对液体而言，其粘度随着温度的升高而降低，从而使底层厚度变薄，而液体的导热系数一般皆随着温度的升高而降低，但其变化不显著，所以总的结果是对流传热系数增大；对气体情况则不同，气体的粘度随着温度的升高而增大，显然底层厚度增厚，同时气体温度升高，导热系数增大，但其影响不及前者大，所以总的效果是对流传热系数变小。液体被冷却时，情况与上述相反。又由于大多数液体的 $Pr > 1$．故 $Pr^{0.4} > Pr^{0.3}$，而大多数气体的 $Pr < 1$，其结果必是 $Pr^{0.4} < Pr^{0.3}$。

2）高粘度液体。因靠近管壁处的液体粘度与管中心处的粘度相差较大，所以计算对流传热系数时应考虑壁温对粘度的影响，引入一无因次的粘度比后，方能与实验结果相符。

$$Nu = 0.027Re^{0.8}Pr^{0.33}\left(\frac{\mu}{\mu_w}\right)^{0.14} \tag{4-41}$$

适用范围：$Re > 10^4$，$0.7 < Pr < 16700$，管长与管径之比 $L/d \geqslant 60$。

特性尺寸：管内径 $d_i$。

定性温度：除粘度计算取壁温外，其余均取流体进、出口温度的算术平均值；由于壁温通常较难确定，在壁温未知的情况下，用下式近似计算亦可满足工程计算的需要。

当液体被加热时
$$\left(\frac{\mu}{\mu_w}\right)^{0.14} = 1.05$$

当液体被冷却时
$$\left(\frac{\mu}{\mu_w}\right)^{0.14} = 0.95$$

对于气体，不管是加热或冷却，$\left(\frac{\mu}{\mu_w}\right)^{0.14}$ 皆取 1。

3）短管。对于 $L/d<50$ 的短管，管入口处扰动较大，所以 $\alpha$ 较高，需要修正，乘以短管修正系数 $\phi_i$

$$\phi_i = 1 + \left(\frac{d_i}{L}\right)^{0.7} \tag{4-42}$$

4）弯管。流体在弯管内流动时，由于离心力的作用，扰动增大，对流传热系数较直管的大一些。此时 $\alpha$ 可以乘以弯管校正系数 $\varepsilon_R$

$$\varepsilon_R = 1 + 1.77\frac{d_i}{R} \tag{4-43}$$

式中 $d_i$——管内径（m）；

$R$——弯管的曲率半径（m）。

（2）流体在圆形直管内强制层流时的对流传热系数　流体在管内层流流动时传热较复杂，往往伴有自然对流。只有在小管径，并且流体和壁面的温差较小的情况下，即 $Gr<25000$ 时，自然对流的影响可忽略不计，此时可采用下述关系式计算对流传热系数。

$$Nu = 1.86\left(Re \cdot Pr \cdot \frac{d_i}{L}\right)^{\frac{1}{3}}\left(\frac{\mu}{\mu_w}\right)^{0.14} \tag{4-44}$$

适用范围：$Re>2300$，$Re \cdot Pr \cdot \frac{d_i}{L}>10$，$0.6<Pr<6700$。

特性尺寸：管内径 $d_i$。

定性温度：除粘度计算取壁温外，其余均取流体进、出口温度的算术平均值。

当 $Gr>25000$ 时，自然对流的影响不能忽略，可按式（4-44）计算，然后乘以修正系数 $\Psi$

$$\Psi = 0.8(1 + 0.015Gr^{1/3}) \tag{4-45}$$

（3）流体在圆形直管内处于过渡区时的对流传热系数　流体在过渡区范围内，即当 $Re=2300\sim10000$ 时，用湍流公式计算出 $\alpha$ 值后再乘以校正系数 $f$

$$f = 1 - \frac{6\times10^5}{Re^{1.8}} \tag{4-46}$$

（4）流体在非圆形管内强制对流时的对流传热系数　对于流体在非圆形管内强制对流时的对流传热系数的计算，上述有关经验关联式均适用，只要将管内径改为当量直径即可。但这种方法计算的结果误差较大。对一些常用的非圆形管道，宜采用根据实验得到的关联式，如套管环隙的对流传热系数关联式为

$$\alpha = 0.02\frac{\lambda}{d_e}\left(\frac{d_o}{d_i}\right)^{0.53}Re^{0.8}Pr^{1/3} \tag{4-47}$$

适用范围：$1200<Re<220000$，$1.65<d_o/d_i<17$（$d_o$ 为外管内径；$d_i$ 为内管外径）。

特征尺寸：当量直径 $d_e=d_o-d_i$。

定性温度：流体进、出口温度的算术平均值。

**【例 4-4】** 常压下，空气以 15m/s 的流速在长为 4m、$\phi$60mm×3.5mm 的钢管中流动，温

度由160℃升到240℃。试求管壁对空气的对流传热系数。

**解**：此题为空气在圆形直管内作强制对流。

定性温度 $$T_m=(160+240)℃/2=200℃$$

200℃时空气的物性数据如下：

$$c_p=1.026\times10^3 J/(kg\cdot℃),\ \lambda=0.03928W/(m\cdot℃)$$

$$\mu=26.0\times10^{-6}Pa\cdot s,\ \rho=0.746kg/m^3,\ Pr=0.68$$

$$Re=\frac{du\rho}{\mu}=\frac{0.053\times15\times0.746}{26\times10^{-6}}=2.28\times10^4>10^4$$

特性尺寸 $$d_i=0.060m-2\times0.0035m=0.053m$$

$$L/d=4/0.053=75.5>60$$

空气被加热 $$n=0.4$$

$$Nu=0.023Re^{0.8}Pr^{0.4}=0.023\times(2.28\times10^4)^{0.8}\times0.68^{0.4}=60.4$$

$$\alpha=\frac{Nu\lambda}{d}=\frac{60.4\times0.03928}{0.053}W/(m^2\cdot℃)=44.8W/(m^2\cdot℃)$$

**【例4-5】**一套管换热器，外管为$\phi$89mm×3.5mm钢管，内管为$\phi$25mm×2.5mm钢管。环隙中为$p=100$kPa的饱和水蒸气冷凝，冷却水在内管中流过，进口温度为15℃，出口温度为35℃，冷却水流速为0.4m/s，试求管壁对水的对流传热系数。

**解**：此题为水在圆形直管内流动。

定性温度 $$T_m=(15+35)℃/2=25℃$$

25℃时空气的物性数据如下：

$$c_p=4.179\times10^3 J/(kg\cdot℃),\ \lambda=0.608W/(m\cdot℃)$$

$$\mu=90.27\times10^{-5}Pa\cdot s,\ \rho=997kg/m^3$$

$$Re=\frac{du\rho}{\mu}=\frac{0.02\times0.4\times997}{90.27\times10^{-5}}=8836\ (Re\text{ 在 }2300\sim10000\text{ 之间，过渡区})$$

$$Pr=\frac{c_p\mu}{\lambda}=\frac{4.179\times10^3\times90.27\times10^{-5}}{0.608}=6.2$$

水被加热 $$n=0.4$$

校正系数 $$f=1-\frac{6\times10^5}{Re^{1.8}}=1-\frac{6\times10^5}{8836^{1.8}}=0.9524$$

$$\alpha=0.023\frac{\lambda}{d_i}Re^{0.8}Pr^{0.4}f$$

$$=0.023\times\frac{0.608}{0.02}\times8836^{0.8}\times6.2^{0.4}\times0.9524W/(m^2\cdot℃)=1978W/(m^2\cdot℃)$$

求取对流传热系数的关键是首先确定流体的种类、流动类型、对流的种类等问题，然后选择合适的经验公式进行计算，计算时要满足公式的适用范围。

**2. 流体在管外强制对流时的对流传热系数**

在化工生产中经常遇到流体在管外流动，与管外壁进行对流传热的情况。流体在管外流动时分如下三种情况：流体与单根管或管束之间相互平行、相互垂直或垂直与平行交替。在列管式换热器中壳程中的流体与管壁间的传热多数属于最后这种情况。流体在管外平行于管流动的传热，其传热规律与准数关联式均与流体在管内强制对流时相同，特性尺寸为当量直径。下面讨论流体垂直流过单管和管束时的对流传热过程。

流体在管外垂直流过时，分为垂直流过单管和垂直流过管束两种情况。由于工业上所用的换热器中多为流体垂直流过管束，故只介绍这种情况的计算方法。

流体垂直流过管束时的对流传热很复杂，管束的排列又分为直排和错排两种，如图 4-9 所示。对第一排管，不论直排还是错排，流体流动情况相同。但从第二排开始，流体在错排管束间通过时受到阻拦，使湍动增强，故错排式管束的对流传热系数大于直排式。流体在管束外垂直流过时的对流传热系数可用下式计算：

$$Nu = C\varepsilon Re^n Pr^{0.4} \tag{4-48}$$

式中，$C$、$\varepsilon$、$n$ 由实验确定，其值见表 4-5。

适用范围：$5000 < Re < 70000$，$x_1/d_o = 1.25 \sim 5$，$x_2/d_o = 1.25 \sim 5$。流速 $u$ 取流动方向上最窄处的流速。

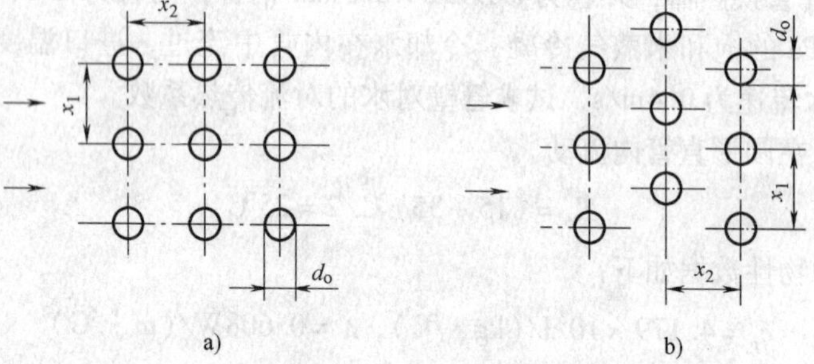


图 4-9 管束的排列
a）直排 b）错排

**表 4-5 流体垂直于管束时的 $C$、$\varepsilon$、$n$**

| 排数 | 直排 |  | 错排 |  | $C$ |
|---|---|---|---|---|---|
|  | $n$ | $\varepsilon$ | $n$ | $\varepsilon$ |  |
| 1 | 0.6 | 0.171 | 0.6 | 0.171 | $x_1/d_o = 1.2 \sim 3$ |
| 2 | 0.65 | 0.157 | 0.6 | 0.228 | $C = 1 + 0.1x_1/d_o$ |
| 3 | 0.65 | 0.157 | 0.6 | 0.290 | $x_1/d_o > 3$ |
| 4 | 0.65 | 0.157 | 0.6 | 0.290 | $C = 1.3$ |

特性尺寸：管外径 $d_o$。

定性温度：流体进、出口温度的算术平均值。

由于用式（4-47）求出各排对流传热系数不同，故管束的平均对流系数可按下式计算：

$$\alpha_m = \frac{\sum \alpha_i A_i}{\sum A_i} \tag{4-49}$$

式中 $\alpha_i$——各排对流传热系数[W/(m$^2$·℃)]；

$A_i$——各排传热管的外表面积（m$^2$）。

在列管式换热器中壳程中的流体与管壁间的对流传热是流体与管束垂直与平行交替的，根据换热器的结构，选用相应的经验公式进行计算。

**3. 大空间自然对流传热**

大空间自然对流是指传热面与周围的流体温度不同，且在周围没有阻碍自然对流的物体存在时所产生的纯自然对流传热过程。如沉浸式换热器和管道、设备表面与周围大气之间的传热属于这种情况。

大空间自然对流传热时，其准数关联式可写成

$$Nu = C(Gr \cdot Pr)^n \tag{4-50}$$

即

$$\alpha = C\frac{\lambda}{L}\left(\frac{L^3\rho^2\beta g\Delta T}{\mu^2}\cdot\frac{c_p\mu}{\lambda}\right)^n \tag{4-51}$$

式中，$C$、$n$ 由实验确定，列于表4-6中。

**表4-6 式（4-51）中的 $C$、$n$**

| 传热面的形状 | 特性尺寸 | $GrPr$ | $C$ | $n$ |
|---|---|---|---|---|
| 水平圆管 | 外径 $d_o$ | $1 \sim 10^4$ | 1.09 | 1/5 |
| | | $10^4 \sim 10^9$ | 0.53 | 1/4 |
| | | $10^9 \sim 10^{12}$ | 0.13 | 1/3 |
| 垂直管或板 | 高度 $L$ | $<10^4$ | 1.36 | 1/5 |
| | | $10^4 \sim 10^9$ | 0.59 | 1/4 |
| | | $10^9 \sim 10^{12}$ | 0.10 | 1/3 |

定性温度：流体与壁面温度的算术平均值，$T_m = (T_w + T)/2$，$Gr$ 中的 $\Delta T = T_w - T$，$T_w$ 为壁面温度，$T$ 为流体的温度。

**【例4-6】**水平放置的蒸气管道，外径为100mm，管长为5m，若管外温度为110℃，大气温度为20℃，试计算蒸气管道通过自然对流散失的热量。

**解**：此问题属于自然对流，用式（4-51）计算。

定性温度 $T_m = \frac{110+20}{2}℃ = 65℃$，65℃时空气的物性数据为

$$\rho = 1.05\text{kg/m}^3,\ \mu = 2.04\times10^{-5}\text{Pa·s},\ \lambda = 0.0293\text{W/(m·K)}$$

$$Pr = 0.695,\ \beta = \frac{1}{(273+65)\text{K}} = 2.96\times10^{-3}\text{K}^{-1}$$

计算 $GrPr$

$$Gr = \frac{d_o^3\rho^2\beta g\Delta T}{\mu^2} = \frac{0.1^3\times1.05^2\times2.96\times10^{-3}\times9.81\times(110-20)}{(2.04\times10^{-5})^2} = 6.92\times10^6$$

$$GrPr = 6.92\times10^6\times0.695 = 4.81\times10^6$$

查表4-6得，$C = 0.53$，$n = 1/4$，则

$$\alpha = C\frac{\lambda}{d_o}(Gr\cdot Pr)^n = 0.53\times\frac{0.0293}{0.1}\times(4.81\times10^6)^{1/4}\text{W/(m}^2\text{·K)} = 7.27\text{W/(m}^2\text{·K)}$$

散热量 $Q = \alpha A\Delta T = \alpha\pi d_o L\Delta T = 7.27\times3.14\times0.1\times5\times90\text{W} = 1027.25\text{W}$

### 4.3.5 流体有相变时的对流传热

有相变时的对流传热可分为蒸气冷凝和液体沸腾两种情况，由于流体与壁面间的传热过程中同时又发生相的变化，因此要比无相变时的传热更为复杂。相变时流体放出或吸收大量的潜热，但流体的温度不发生变化，对流传热系数要比无相变时大得多。

**1. 蒸气冷凝时的对流传热**

当饱和蒸气与低于饱和温度的壁面接触时，将冷凝成液滴并释放出汽化热，这就是蒸气冷凝传热。这种传热方式在工业生产中广泛应用。

（1）蒸气冷凝的方式　蒸气冷凝有两种方式，即膜状冷凝和滴状冷凝。

1）膜状冷凝。冷凝液能够润湿壁面，在壁面上形成一层完整的液膜，壁面被冷凝液所覆盖，蒸气冷凝只能在液膜表面进行，即蒸气冷凝放出的潜热只有通过液膜后才能传给壁面。由于蒸气冷凝产生相变化，热阻较小，这层液膜往往成为冷凝传热的主要热阻。如果壁面竖直放置，液膜在重力的作用下，沿壁面向下流动，逐渐增厚，最后在壁面的底部滴下。水平放置较粗的管，液膜较厚，使得平均对流传热系数下降，如图 4-10a、b 所示。

2）滴状冷凝。冷凝液不能够润湿壁面，在壁面上形成许多的小液滴，液滴增大到一定程度后，在重力作用下落下，如图 4-10c 所示。

滴状冷凝时，由于形成液滴，大部分壁面与蒸气直接接触，蒸气可以直接在壁面上冷凝，没有液膜引起的附加热阻。因此滴状冷凝的对流传热系数比膜状冷凝要高出几倍到十几倍。但是，到目前为止，在工业冷凝器中即使采用了促进滴状冷凝的措施，液滴也不能持久。所以，工业冷凝器的设计都按膜状冷凝考虑。

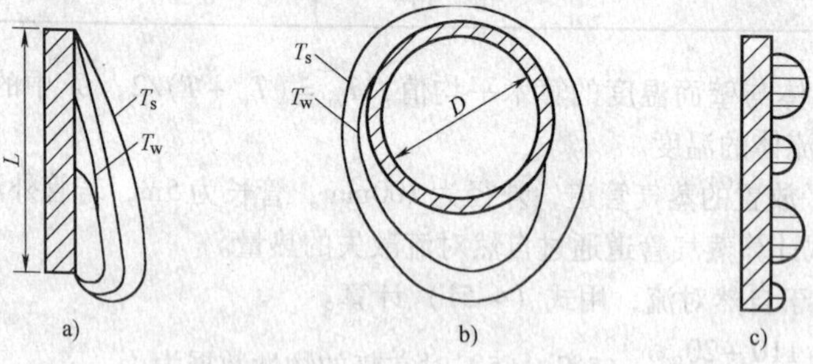


图 4-10　蒸气冷凝方式

（2）膜状冷凝的对流传热系数

1）蒸气在水平管外冷凝。蒸气在水平管外冷凝的对流传热系数可用下式计算

$$\alpha = 0.725\left(\frac{\rho^2 g\lambda^3 r}{n^{2/3}\mu d_o \Delta T}\right)^{1/4} \tag{4-52}$$

式中　$\rho$——冷凝液的密度（$kg/m^3$）；

$r$——蒸气汽化热，取饱和温度 $t_s$ 下的数值（J/kg）；

$\lambda$——冷凝液的导热系数［W/(m · K)］；

$\mu$——冷凝液的粘度（Pa · s）；

$\Delta T$——饱和温度 $T_s$ 与壁面温度 $T_w$ 之差，$\Delta T = T_s - T_w$；

$n$——水平管束在垂直列上的管数，若为单根水平管，则 $n = 1$。

定性温度：饱和温度与壁面温度的算术平均值，$T=(T_s+T_w)/2$。

特性尺寸：管外径。

2）蒸气在竖壁或竖直管外的冷凝。图4-11所示为蒸气在竖壁或竖直管外的冷凝，冷凝液在重力的作用下，液膜以层流状态从顶端向下流动，逐渐变厚，若壁面足够高，随着液膜的增厚，在壁面的下部液膜有可能发展为湍流。从层流变为湍流的临界 $Re$ 值为2000。用来判断冷凝传热液膜流型的 $Re$ 通常表示为冷凝液的质量流量函数。

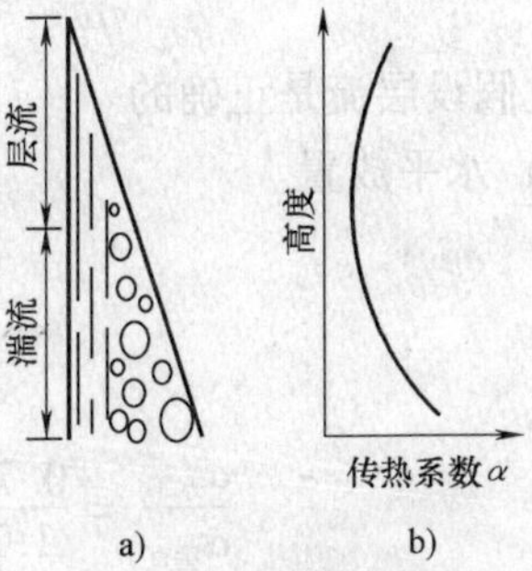

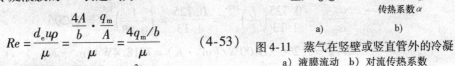

图4-11 蒸气在竖壁或竖直管外的冷凝
a）液膜流动 b）对流传热系数

由此得冷凝液膜的 $Re$ 表达式为

$$Re=\frac{d_e u\rho}{\mu}=\frac{\frac{4A}{b}\cdot\frac{q_m}{A}}{\mu}=\frac{4q_m/b}{\mu} \tag{4-53}$$

式中 $A$——冷凝液流通截面积（$m^2$）；

$b$——冷凝液润湿周边，对于竖直的平壁为壁的宽度，对于竖管壁为管壁周长（m）；

$q_m$——冷凝液质量流量（kg/s）。

因
$$Q=q_m r=\alpha A\Delta T=\alpha bL\Delta T$$

故
$$Re=\frac{4\alpha L\Delta T}{r\mu} \tag{4-54}$$

式中 $L$——竖壁或竖直管长度（m）。

蒸气在竖壁或竖直管外冷凝的对流传热系数可用下列各式计算：

液膜为层流（$Re<2000$）时

$$\alpha=1.13\left(\frac{\rho^2 g\lambda^3 r}{\mu L\Delta T}\right)^{1/4} \tag{4-55}$$

液膜为湍流（$Re<2000$）时

$$\alpha=0.0077\left(\frac{\rho^2 g\lambda^3}{\mu^2}\right)^{1/3}Re^{0.4} \tag{4-56}$$

式中各量意义同式（4-52）。

定性温度：流体温度与壁面温度的算术平均值，$T=(T_s+T_w)/2$。

特性尺寸：竖壁长或竖直管高（m）。

**【例4-7】** 温度为100℃的饱和水蒸气，在单根圆管外冷凝，管外径为80mm，管长为1m，管外壁温度维持在80℃。试求：1）管垂直放置时水蒸气冷凝对流传热系数；2）管水平放置时水蒸气冷凝对流传热系数。

**解：** 1）管垂直放置。

$T_s=100℃$，水蒸气的汽化热 $r=2258\times10^3$ J/kg。

定性温度 $T_m=\frac{100+80}{2}℃=90℃$，水的物性参数为

$$\rho=965.3\text{kg/m}^3,\ \lambda=0.680\text{W/(m}\cdot\text{K)},\ \mu=0.315\times10^{-3}\text{Pa}\cdot\text{s}$$

假设液膜为层流，由式（4-55）得

$$\alpha=1.13\left(\frac{\rho^2 g\lambda^3 r}{\mu L\Delta T}\right)^{1/4}=1.13\times\left(\frac{965.3^2\times9.81\times0.68^3\times2258\times10^3}{0.315\times10^{-3}\times1\times20}\right)^{1/4}\text{W/(m}^2\cdot\text{K)}$$

$$=6400\text{W}/(\text{m}^2\cdot\text{K})$$

核算 $Re$，由式（4-54）得

$$Re=\frac{4\alpha L\Delta T}{r\mu}=\frac{4\times6400\times1\times20}{2258\times10^3\times0.315\times10^{-3}}=720<2000$$

故假设层流是正确的。

2）水平放置。

$$n=1$$

$$\alpha=0.725\left(\frac{\rho^2g\lambda^3r}{n^{2/3}\mu d_o\Delta T}\right)^{1/4}$$

$$\frac{\alpha_{水平}}{\alpha_{垂直}}=\frac{0.725}{1.13}\left(\frac{L}{d_o}\right)^{1/4}=\frac{0.725}{1.13}\times\left(\frac{1}{0.08}\right)^{1/4}=1.206$$

$$\alpha_{水平}=1.206\times6400\text{W}/(\text{m}^2\cdot\text{K})=7718.4\text{W}/(\text{m}^2\cdot\text{K})$$

（3）影响冷凝传热的因素　从前面讨论可知，饱和蒸气冷凝时，热阻集中在冷凝液膜内，液膜的厚度和流动状况是影响冷凝传热的关键。因此，凡是影响液膜状况的因素均影响冷凝传热。

1）膜两侧温差。当液膜呈层流流动时，液膜两侧的温差 $\Delta T$ 加大，则蒸气冷凝速率增加，因而液膜增厚，使得冷凝传热系数下降。

2）冷凝液物性。冷凝液的密度越大，粘度越小，则液膜的厚度越小，因而冷凝传热系数越大，同时导热系数的增加也有利于冷凝传热。

3）蒸气的流向与速度。前面讨论的冷凝传热系数计算中，忽略了蒸气流速的影响，故只适用于蒸气静止或流速较低的情况。当蒸气流速较大时，蒸气与液膜之间的摩擦力作用不能忽略。若蒸气与液膜的流动方向相同，这种作用力会使液膜减薄，可促使液膜产生一定的波动，因而使冷凝传热系数增大。若蒸气与液膜的流动方向相反，摩擦力会阻碍液膜的流动，使液膜增厚，对传热不利。但是当蒸气的流速较大，摩擦力超过液膜的重力时，液膜会被蒸气吹离壁面，反而使冷凝传热系数增大。蒸气流速对 $\alpha$ 的影响与蒸气压力有关，随着压力增大，影响加剧。

4）不凝性气体的影响。前面讨论的是纯蒸气冷凝。在实际工业生产中，蒸气中往往含有空气等不凝气体，在蒸气冷凝过程中液膜表面会形成一层气膜，这样蒸气在液膜表面冷凝时，必须通过此不凝气膜，气膜的导热系数较小，使得热阻增大，传热系数大大减小。在静止的蒸气中，不凝气含量只有1%，就使得冷凝传热系数降低60%。因此，在冷凝器的设计中必须设置不凝气排出口，操作中定时排出不凝气。若蒸气价高或有毒，需集中处理，不可放空。

5）蒸气过热的影响。蒸气温度高于操作压力下的饱和温度，即为过热蒸气。过热蒸气与低于饱和温度的壁面相接触时，包括冷却和冷凝两个过程。液膜壁面仍维持饱和温度 $T_s$，只有远离液膜处维持过热，对于冷凝而言，温差仍为 $T_s-T_w$，故通常过热蒸气的冷凝过程按饱和蒸气冷凝处理，用前述关联式计算的 $\alpha$ 值，误差约为3%，可以忽略不计。在计算时，要考虑过热蒸气的显热部分，即原公式中的 $r$ 改为 $r=r+c_p$（$T_v-T_\alpha$），$c_p$ 为过热蒸气的比定压热容，$T_v$ 为过热蒸气温度。

6）冷凝壁面的影响。冷凝液膜为膜状冷凝传热的主要热阻，如何减薄液膜厚度，降低热阻，是强化膜状冷凝传热的关键。

对水平放置的管束，冷凝液从上部各管流到下部管排，液膜变厚，使 $\alpha$ 变小。为强化传热应设法减少垂直方向上管排数目，或将管束由直排改为错徘。对于竖壁或竖直管，在壁面上开若干纵向沟槽，冷凝液由槽峰流到槽底，借重力顺槽流下，以减薄壁面上的液膜厚度。也可在壁面上沿纵向装金属丝或直翅片，使冷凝液在表面张力的作用下，向金属丝或翅片附近集中，形成一股股小溪向下流动，从而使壁面上液膜减薄，这种方法可使冷凝传热系数大大提高。

**2. 液体沸腾时的对流传热**

液体加热时，在液体内部伴有由液相变成气相产生气泡的过程，称为液体沸腾。因在加热面上有气泡不断生成、长大和脱离，故造成对流体的强烈扰动。沸腾传热的对流传热系数远远大于单相传热的对流传热系数。

(1) 液体沸腾的分类

1) 大容器沸腾。大容器沸腾是指加热面被沉浸在无强制对流的液体内部而引起的沸腾传热过程。液体在壁面附近加热，产生气泡，气泡逐渐增大，脱离表面，自由上浮，属于自然对流，同时气泡的运动导致液体扰动，两者加和是一种很强的对流传热过程。

2) 管内沸腾。液体在压差作用下，以一定的流速流过加热管，在管内发生沸腾，称为管内沸腾，也称为强制对流沸腾。这种情况下管壁所产生的气泡不能自由上浮，而是被迫与液体一起流动，与大容器沸腾相比，其机理更为复杂。

3) 饱和沸腾。如果液体的主体温度达到饱和温度，从加热面上产生的气泡不再重新凝结的沸腾称为饱和沸腾。

本节只讨论大容器中的饱和沸腾。

(2) 沸腾产生的条件　在一定压力下，若液体饱和温度为 $T_s$，液体主体温度为 $T_1$，则 $\Delta T = T_1 - T_s$，称为液体的过热度。过热度是液体中气泡存在和成长的条件，也是气泡形成的条件。过热度越大，则越容易生成气泡，生成的气泡数量越多。在壁面过热度最大。若壁面温度为 $T_w$，则过热度 $\Delta T = T_w - T_s$。产生沸腾除了保持一定的过热度外，还要有汽化核心存在。加热壁面有许多粗糙不平的小坑和划痕等，这些地方有微量气体，当被加热时，就会膨胀生成气泡，成为汽化核心。

(3) 大容器饱和沸腾曲线　图4-12所示为实验得到的常压下水的大容器饱和沸腾曲线，它表明 $\alpha$ 与 $\Delta T$ 之间的关系。曲线分为几个区域：自然对流区、核状沸腾区、膜状沸腾区。

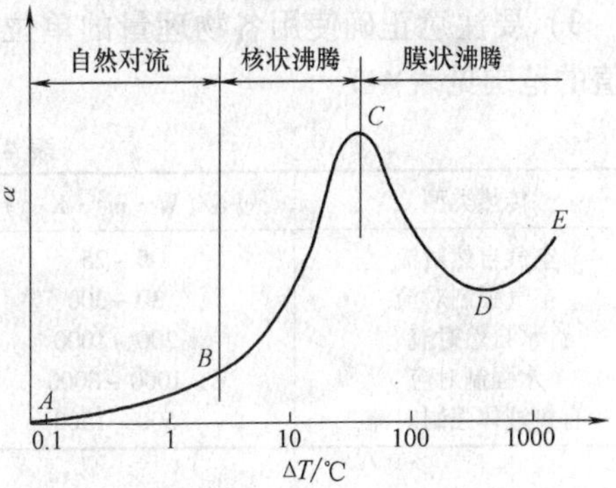


图4-12　常压下水的大容器饱和沸腾曲线

当 $\Delta T$ 较小时，只有少量汽化核心，产生的气泡较少，增大速度较慢，汽化主要在液体表面发生，传热以自然对流为主 $\alpha$ 较小，如图中 $AB$ 段，称为自然对流区。随着 $\Delta T$ 的逐渐增大，汽化核心数目增大，气泡产生速度加大，气泡逐渐上升，脱离表面，由于气泡的产生、增大、脱离、上升，扰动了液体，起到了搅拌的作用，从而使 $\alpha$ 很快上升，如图中 $BC$ 段，这个阶段称为核状沸腾区。当 $\Delta T$ 增大到一定程度，气泡产生速度大于脱离的速度，在壁面形成一层不稳定的气膜，液体必须通过此膜才能接受壁面的热量，因气体的导热系数比液体小得多，使传热困难，对流传热系数 $\alpha$ 下降。随着 $\Delta T$ 的逐渐增大，气膜逐渐稳定，对流传

热系数 $\alpha$ 基本不变。图中 $CDE$ 段，称为膜状沸腾区。由核状沸腾向膜状沸腾的转折点 $C$ 称为临界点，临界点下的温度差和传热系数分别称为临界温度差 $\Delta T_c$ 和临界传热系数 $\alpha_c$。工业设备中的液体沸腾，一般应控制在核状沸腾区，控制 $\Delta T$ 不大于临界温度差 $\Delta T_c$。

（4）沸腾对流传热系数关联式　沸腾对流传热系数可用下式计算

$$\alpha = C\Delta T^m p^n$$

式中　$p$——绝对压力（Pa）；

$\Delta T$——过热度（K）；

$C$、$m$、$n$——由实验测定。

（5）影响沸腾传热的因素　由于液体沸腾要产生气泡，所以凡是影响气泡生成、增大和脱离壁面的因素均对沸腾有影响。概括起来，主要有以下几方面：

1）液体的物性：影响沸腾传热的物性主要有液体的导热系数、密度、粘度及表面张力等。一般情况下，对流传热系数随导热系数、密度的增加而增大，随粘度、表面张力的增加而减小。

2）过热度 $\Delta T$：过热度 $\Delta T$ 是影响沸腾传热的重要因素，其影响在前面已经进行了详细分析。在设计和操作中，要控制好过热度，使传热尽可能在核状沸腾下进行。

3）操作压力：提高操作压力，将提高液体的汽化温度，使液体的粘度和表面张力减小，从而使 $\alpha$ 增大。

4）加热面的状况：新的或清洁的壁面 $\alpha$ 较大。壁面越粗糙，汽化核心越多，越有利于沸腾传热。

### 4.3.6 选用对流传热系数关联式的注意事项

$\alpha$ 计算大致分为两类，一类是用因次分析法确定准数之间的关系，通过实验确定关系式中的系数和指数，属于半经验公式。另一类是纯经验公式。在选用时要注意以下几点：

1）针对所要解决的传热问题的类型，选用适当的关联式。

2）要注意关联式的适用范围、特性尺寸和定性温度要求。

3）要注意正确使用各物理量的单位。对于纯经验公式，必须使用公式所要求的单位。$\alpha$ 值的范围见表 4-7。

表 4-7　$\alpha$ 值的范围

| 传热类型 | $\alpha/(W\cdot m^2\cdot K^{-1})$ | 传热类型 | $\alpha/(W\cdot m^2\cdot K^{-1})$ |
|---|---|---|---|
| 空气自然对流 | 5~25 | 水蒸气冷凝 | 5000~15000 |
| 空气强制对流 | 30~300 | 有机蒸气冷凝 | 500~3000 |
| 水自然对流 | 200~1000 | 水沸腾 | 1500~30000 |
| 水强制对流 | 1000~8000 | 有机物沸腾 | 500~15000 |
| 有机液体强制对流 | 500~1500 | | |

## 4.4 辐射换热

### 4.4.1 热辐射的基本概念

辐射是物质固有的属性。当物体内的原子经复杂的激动后，就会对外发射出辐射能，这种能量是以电磁波的形式发射出来并进行传播的。电磁波的波长范围很广，从理论上说可以从零到无穷大，但能被物体吸收而转变为热能的电磁波主要为可见光和红外线两部分，其波长在 0.4 ~ 40μm 之间，统称为热射线。其中可见光（波长 0.38 ~ 0.76μm）的辐射能仅占很小一部分，只有在很高的温度下才能觉察其热效应。引起物体内原子激动的原因虽较多，但仅仅由于物体本身温度引起的热射线的传播过程，才称为热辐射。

热射线服从反射和折射定律，能在均匀介质中作直线传播，在真空和大多数气体（惰性气体和对称双原子气体）中，可以完全透过，但是对于大多数固体和液体，热射线则不能透过。根据这些性质，热射线遇到某物体时，其中一部分能量 $\Phi_A$ 被吸收，一部分能量 $\Phi_R$ 被反射，另一部分能量 $\Phi_D$ 则透过物体，如图 4-13 所示。根据能量守恒定律，有

$$\Phi_A + \Phi_R + \Phi_D = \Phi \tag{4-57}$$

即

$$\frac{\Phi_A}{\Phi} + \frac{\Phi_R}{\Phi} + \frac{\Phi_D}{\Phi} = 1 \tag{4-58}$$

或

$$A_b + R + D = 1 \tag{4-59}$$

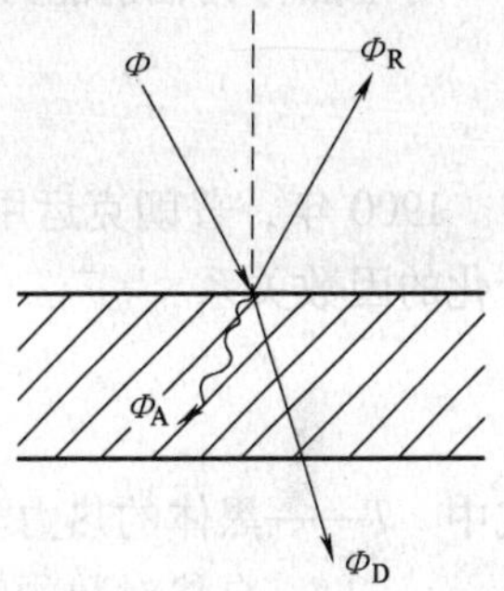

图 4-13 辐射能的吸收、反射和透过

式中 $A_b$——物体的吸收率，$A_b = \frac{\Phi_A}{\Phi}$，无因次；

$R$——物体的反射率，$R = \frac{\Phi_R}{\Phi}$，无因次；

$D$——物体的透过率，$D = \frac{\Phi_D}{\Phi}$，无因次。

能全部吸收辐射能的物体，即 $A_b = 1$，称为绝对黑体，简称黑体。

能全部反射辐射能的物体，即 $R = 1$，称为镜体或绝对白体。

能全部透过辐射能的物体，即 $D = 1$，称为透热体。

黑体和镜体都是理想物体，自然界中并不存在。但有些物体比较接近于黑体，如无光泽的黑煤，其吸收率为 0.97，磨光的金属表面的反射率约等于 0.97，接近于镜体；单原子气体和对称的双原子气体，可视为透热体。很多原子气体和不对称的双原子气体则只能有选择地吸收和发射某些波长范围的辐射能。

物体的吸收率、反射率和透过率的大小取决于物体的性质、温度、表面状况和辐射线的波长等。一般地说，固体和液体都是不透热体，即 $D = 0$，故 $A_b + R = 1$。气体则不同，$R = 0$，故 $A_b + D = 1$。

能够以相等的吸收率吸收所有波长辐射能的物体，称为灰体。灰体具有以下特点：

1）灰体的吸收率 $A_b$ 不随辐射线的波长而变。

2）灰体是不透热体，即 $A_b + R = 1$。

灰体也是理想物体，但是大多数的工程材料都可视为灰体，从而可使辐射传热的计算大为简化。

### 4.4.2 热辐射的基本定律

**1. 物体的辐射能力与普朗克定律**

物体在一定温度下，单位时间、单位面积所发射的全部波长的总能量，称为该物体在该

温度下的辐射能力，以 $E$ 表示，单位为 W/m²。

在一定温度下，每增加 dλ 波长时辐射能力的增量 d$E$ 称为辐射强度（或单色辐射能力）以 $I_\lambda$ 表示，即

$$I_\lambda = \frac{dE}{d\lambda} \tag{4-60}$$

式中 $I_\lambda$——辐射强度（W/m²）；

$\lambda$——波长（m）。

对于黑体，辐射能力以 $E_0$ 记，其辐射强度 $I_{\lambda 0}$ 同样可表示为

$$I_{\lambda 0} = \frac{dE_0}{d\lambda} \tag{4-61}$$

1900 年，普朗克运用量子统计热力学理论导出了绝对黑体的辐射强度 $I_{\lambda 0}$ 随波长和温度变化的因数关系

$$I_{\lambda 0} = \frac{c_1 \lambda^{-5}}{e^{c_2/\lambda T} - 1} \tag{4-62}$$

式中 $T$——黑体的热力学温度（K）；

e——自然对数的底数；

$c_1$——常数，其值为 $3.743 \times 10^{-16}$ W·m²；

$c_2$——常数，其值为 $1.4387 \times 10^{-2}$ m·K。

式（4-62）称为普朗克定律，若在不同的温度下，黑体的单色辐射强度 $I_{\lambda 0}$ 对波长 $\lambda$ 进行标绘，可得到如图 4-14 所示的黑体辐射强度与波长的分布规律曲线。

由图可知，每个温度有一条能量分布曲线，在不太高的温度下，辐射能主要集中在波长 0.8 ~ 10μm 的范围内，当 $\lambda < 0.1\mu m$ 时，每一等温线的 $I_{\lambda 0}$ 均接近零，波长增加时，辐射强度亦随之增加而达到某高峰值，然后 $I_{\lambda 0}$ 又随 $\lambda$ 的增加而减小，至 $\lambda > 100\mu m$ 时又基本上回到零。显然每一等温曲线下面到横轴间的面积，代表黑体在一定温度下的发射能力 $E_0$。能量分布曲线的高峰值随温度的升高而移向波长较短的一边，遵循维恩“位移定律”

$$\lambda^* T = 2.9\ (\mu m \cdot K)$$

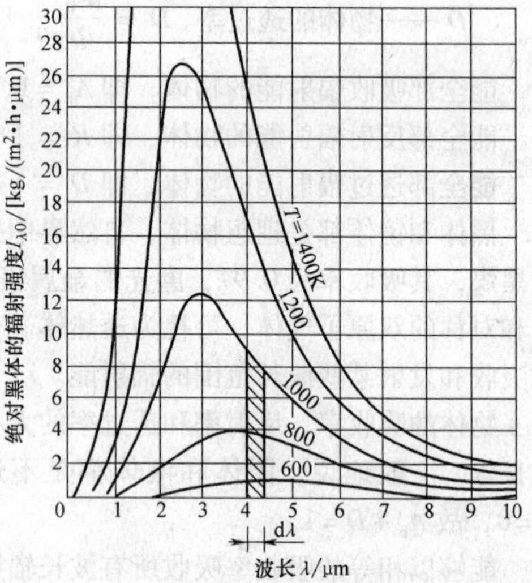


图 4-14 普朗克定律

式中 $\lambda^*$——指定温度 $T$ 下 $I_{\lambda 0}$ 高峰值时的波长。

该式表明，随 $T$ 的升高，所发射的能谱中可见光部分的份额逐步增多，因而会感觉到辐射体的“亮度”逐渐变化，从暗红色、黄色、亮黄色逐步变为亮白色。但对工程上所关心的温度范围以内（如 1000℃ 以内），可见光部分的能量所占总能量的百分比还是很小的，90% 以上属于波长为 0.76 ~ 40μm 的红外线所携带的能量。只有当温度相当高，如太阳（表面温度约 6000K）辐射时，其总能量的 90% 属于 0.3 ~ 3μm 波长范围的射线所携带的能量，

其中可见光的射线能量大约占总能量的1/3还多。

**2. 斯蒂芬–玻耳兹曼定律**

对于黑体的辐射能力 $E_0$，将式（4-62）代入式（4-61），从波长为0至∞加以积分

$$E_0 = \int_0^{\infty} I_{\lambda 0}\mathrm{d}\lambda = \int_0^{\infty} \frac{c_1 \lambda^{-5}}{e^{c_2/\lambda T} - 1}\mathrm{d}\lambda$$

积分整理后得

$$E_0 = \sigma_0 T^4 = c_0 \left(\frac{T}{100}\right)^4 \tag{4-63}$$

式中　$\sigma_0$——黑体的辐射常数，其值为 $5.67\times10^{-8}\mathrm{W/(m^2 \cdot K^4)}$；

$c_0$——黑体的辐射系数，其值为 $5.67\mathrm{W/(m^2 \cdot K^4)}$。

式（4-63）称为斯蒂芬–玻耳兹曼定律，它揭示了黑体辐射能力与其表面温度的关系。

**3. 克希霍夫定律**

克希霍夫定律揭示了辐射能力 $E$ 与吸收率 $A_b$ 间的关系。

设有彼此非常接近的两平行壁1与2，壁1为灰体，壁2为黑体。这样，从一个壁面发射出来的能量将全部投射到另一壁面上，如图4-15所示。以 $E_1$、$A_{b1}$、$T_1$ 和 $E_0$、$A_{b0}$、$T_0$ 分别表示灰体和黑体的辐射能力、吸收率及温度，并设 $T_1 > T_0$，两壁中间介质为透热体，系统与外界绝热。以单位时间、单位面积为基准讨论两壁间传热情况。由灰体壁1所辐射的能量 $E_1$ 投射于黑体壁2而全部被吸收；由壁2辐射的 $E_0$ 被壁1吸收了 $A_{b1}E_0$，余下的（$1-A_{b1}$）$E_0$ 被反射回壁2全部被吸收。

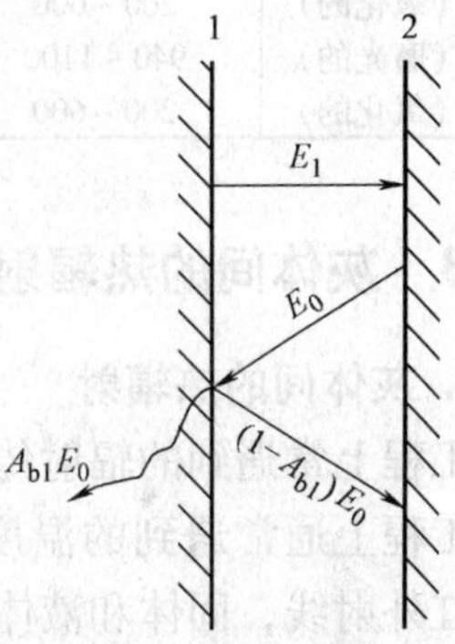


图4-15　克希霍夫定律的推导

故对壁1而言，辐射传热的结果为

$$q = E_1 - A_{b1}E_0$$

当两壁达平衡，即 $T_1 = T_0$ 时，$q=0$，则

$$\frac{E_1}{A_{b1}} = E_0$$

因壁1可以用任何壁来替代，故上式可写成

$$\frac{E_1}{A_{b1}} = \frac{E_2}{A_{b2}} = \cdots = \frac{E}{A_b} = E_0 \tag{4-64}$$

式（4-64）即为克希霍夫定律，它说明任何物体的辐射能力与吸收率的比值恒等于同温度下黑体的辐射能力，因此其值仅与物质的温度有关。

由式（4-64）即可写出灰体的辐射能力

$$E = A_b E_0 = A_b c_0 \left(\frac{T}{100}\right)^4 = c\left(\frac{T}{100}\right)^4 \tag{4-65}$$

式中 $c = A_b c_0$，称为灰体的辐射系数。对于实际物体（灰体），由于 $A_b<1$，故 $c<c_0$，由此可见，在任一温度下，黑体的辐射能力最大，而且物体的吸收率越大，其辐射能力亦越大。

前已述及，黑体在自然界是不存在的，它只是用来作为比较的标准。在同一温度下，灰

体的辐射能力与黑体的辐射能力之比定义为物体的黑度（或称物体的发射率），用 $\varepsilon$ 表示

$$\varepsilon = \frac{E}{E_0} \tag{4-66}$$

式（4-66）与式（4-64）比较，可以得知 $\varepsilon = A_b$，即在同一温度下，物体的吸收率与黑度在数值上是相等的。但它们的物理意义是不同的，$\varepsilon$ 表示物体辐射能力占黑体辐射能力的分数，$A_b$ 为外界投射来的辐射能可被物体吸收的分数。黑体 $\varepsilon$ 值和物体的性质、温度及表面情况（表面粗糙度及氧化程度等）有关，其值要由试验测定。表 4-8 是一些常用工业材料的黑度 $\varepsilon$ 值。由此可计算物体的辐射能力 $E$，即

$$E = \varepsilon c_0 \left(\frac{T}{100}\right)^4 \tag{4-67}$$

**表 4-8　常用工业材料的黑度 $\varepsilon$**

| 材料 | 温度/℃ | 黑度 $\varepsilon$ | 材料 | 温度/℃ | 黑度 $\varepsilon$ |
|---|---|---|---|---|---|
| 红砖 | 20 | 0.93 | 铜（氧化的） | 200~600 | 0.57~0.87 |
| 耐火砖 | — | 0.8~0.9 | 铜（磨光的） | — | 0.03 |
| 钢板（氧化的） | 200~600 | 0.8 | 铝（氧化的） | 200~600 | 0.11~0.19 |
| 钢板（磨光的） | 940~1100 | 0.55~0.61 | 铝（磨光的） | 225~575 | 0.038~0.057 |
| 铸铁（氧化的） | 200~600 | 0.64~0.78 | 银（磨光的） | 200~600 | 0.012~0.03 |

## 4.4.3 灰体间的热辐射及角系数

### 1. 灰体间的热辐射

工程上常遇到的辐射传热是两固体间的相互辐射，这类固体在热辐射中均可视为灰体。而在工程上通常遇到的温度范围内，如 1500℃以内，对辐射传热起作用的主要是红外线。对于红外射线，固体和液体实际上都将是不透明体，无论吸收或发射射线，只限于表面和深度不到 1mm 的表面薄层。对于金属，这个薄层的厚度甚至不到 1μm。因此，除非温度很高，通常可以认为工程材料的透射率 $D \approx 0$。

由于是灰体间的热辐射，相互进行着辐射能的多次被吸收和多次被反射的过程，因此，在计算两固体间相互辐射传热时，必须考虑到两固体的吸收率和反射率、形状与大小以及两者间的距离和相互位置。现以最简单的两个面积较大的平行灰体壁（距离很小）之间的相互辐射为例，推导其辐射传热的计算式。

如图 4-16a 所示，若两壁间介质为透热体，且壁面 1 和 2 相距很近，故每一个壁面所辐射的辐射能全部投射到另一壁面上。设 $T_1 > T_2$。从平壁 1 辐射出辐射能 $E_1$，被平壁 2 吸收了 $A_{b2}$，其余 $(1-A_{b2})E_1$ 被反射回壁 1，又被壁 1 吸收并反射……如此无穷往返进行，直至 $E_1$ 被完全吸收为止。同理，壁 2 辐射出的辐射能 $E_2$，也经历类似的反复吸收和反射的过程（图 4-16b）。由于辐射能是以光速传播，上述过程是瞬间完成的。现就平壁 1 而言，本身的辐射能为 $E_1$，从平壁 2 辐射到平壁 1 的总能量 $E_2'$（图中 1、2 两

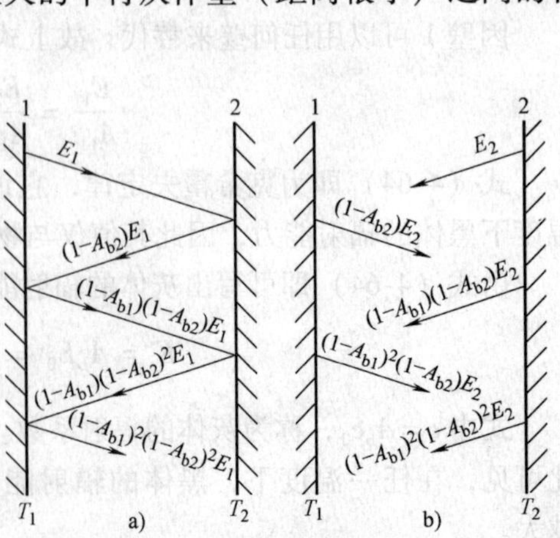


图 4-16　两平行灰体间的相互辐射

平壁自右至左各箭头所表示的能量的总和），被平壁吸收掉 $A_{b1}E_2'$，其余部分（$1-A_{b1}$）$E_2'$ 被反射回去。因此从壁1辐射和反射的能量之和 $E_1'$（即图中自左至右各箭头所表示的能量总和）应为

$$E_1' = E_1 + (1-A_{b1})E_2'$$

同样，平壁2本身的辐射能 $E_2$ 和反射的能量 $(1-A_{b2})E_1'$ 之和 $E_2'$ 为

$$E_2' = E_2 + (1-A_{b2})E_1'$$

联解上两式得

$$E_1' = \frac{E_1 + E_2 - A_{b1}E_2}{A_{b1} + A_{b2} - A_{b1}A_{b2}}, \quad E_2' = \frac{E_1 + E_2 - A_{b2}E_1}{A_{b1} + A_{b2} - A_{b1}A_{b2}}$$

故两平行壁面间单位时间、单位面积上净的辐射传热量为此两壁面辐射的总能量之差，即

$$q_{1-2} = E_1' - E_2' = \frac{E_1A_{b2} - E_2A_{b1}}{A_{b1} + A_{b2} - A_{b1}A_{b2}} \tag{4-68}$$

再以 $E_1 = \varepsilon_1 c_0\left(\frac{T_1}{100}\right)^4$，$E_2 = \varepsilon_2 c_0\left(\frac{T_2}{100}\right)^4$ 及 $A_{b1} = \varepsilon_1$，$A_{b2} = \varepsilon_2$（$\varepsilon_1$、$\varepsilon_2$ 为相应两表面材料的黑度）代入式（4-68）整理后得

$$q_{1-2} = \frac{c_0}{\frac{1}{\varepsilon_1} + \frac{1}{\varepsilon_2} - 1}\left[\left(\frac{T_1}{100}\right)^4 - \left(\frac{T_2}{100}\right)^4\right] \tag{4-69}$$

或

$$q_{1-2} = c_{1-2}\left[\left(\frac{T_1}{100}\right)^4 - \left(\frac{T_2}{100}\right)^4\right] \tag{4-70}$$

式（4-70）中 $c_{1-2}$ 称为总辐射系数，即

$$c_{1-2} = \frac{c_0}{\frac{1}{\varepsilon_1} + \frac{1}{\varepsilon_2} - 1} = \frac{1}{\frac{1}{c_1} + \frac{1}{c_2} - \frac{1}{c_0}} \tag{4-71}$$

若两平行壁面积均为 $A$，则辐射传热速率为

$$\Phi_{1-2} = c_{1-2}A\left[\left(\frac{T_1}{100}\right)^4 - \left(\frac{T_2}{100}\right)^4\right] \tag{4-72}$$

**2. 角系数**

当两平行壁面间距离与壁面积相比不是很小时，从壁面1所辐射出的辐射能只有一部分达到壁面2，为此引入一几何因素 $X_{1,2}$（角系数），以考虑上述影响。于是式（4-72）可以写成更普遍适用的形式

$$\Phi_{1-2} = c_{1-2}X_{1,2}A\left[\left(\frac{T_1}{100}\right)^4 - \left(\frac{T_2}{100}\right)^4\right] \tag{4-73}$$

式中 $\Phi_{1-2}$——净的辐射传热速率（W）；
$c_{1-2}$——总辐射系数，对于不同的辐射情况，其计算式见表4-9；
$A$——辐射面积（$m^2$）；
$T_1$、$T_2$——高温和低温表面热力学温度（K）；
$X_{1,2}$——角系数。

角系数 $X_{1,2}$ 表示从一个表面辐射的总能量被另一表面所拦截的分数，其值与两表面的形

状、大小、相互位置及距离有关。$X_{1,2}$值已利用模型通过实验方法测出，可查有关手册。几种简单情况下的$X_{1,2}$值见表4-9和图4-17。

表4-9　$X_{1,2}$与$c_{1-2}$的计算式

| 序号 | 辐射情况 | 面积$A$ | 角系数$X_{1,2}$ | 总辐射系数$c_{1-2}$ |
|---|---|---|---|---|
| 1 | 极大的两平行面 | $A_1$或$A_2$ | 1 | $c_0/\left(\frac{1}{\varepsilon_1}+\frac{1}{\varepsilon_2}-1\right)$ |
| 2 | 面积有限的两相等平行面 | $A_1$ | <1* | $\varepsilon_1\varepsilon_2 C_0$ |
| 3 | 很大的物体2包住物体1 | $A_2$ | 1 | $\varepsilon_1 C_0$ |
| 4 | 物体2恰好包住物体1，$A_1\approx A_2$ | $A_1$ | 1 | $c_0/\left(\frac{1}{\varepsilon_1}+\frac{1}{\varepsilon_2}-1\right)$ |
| 5 | 在3、4两种情况之间 | $A_1$ | 1 | $c_0/\left[\frac{1}{\varepsilon_1}+\frac{A_1}{A_2}\left(\frac{1}{\varepsilon_2}-1\right)\right]$ |

*此种情况的$X_{1,2}$值由图4-16查得。

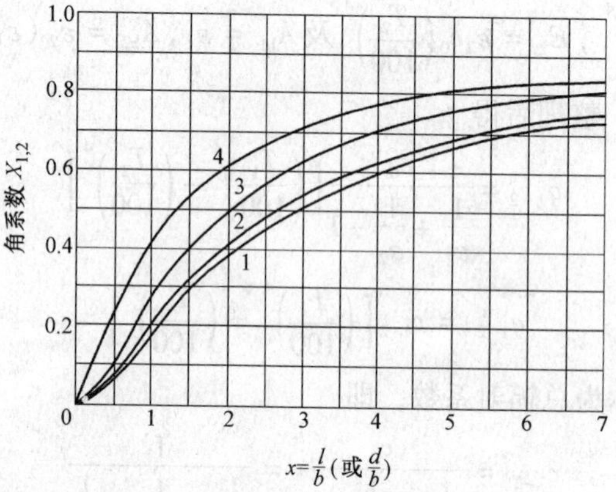


图4-17　两平行灰体间的相互辐射

注：$\frac{l}{b}$或$\frac{d}{b}=\frac{\text{边长（长方形短边）或直径（圆）}}{\text{辐射面间的距离}}$。

1—圆盘形　2—正方形　3—长方形（边长之比为2:1）　4—长方形（狭长）

【例4-8】某车间内有一高0.5m、宽1m的铸铁炉门，表面温度为627℃，室温为27℃。试求：1）因炉门辐射而散失的热量；2）若在距炉门前30mm处放置一块同等大小的铝板作为热屏，散热量可降低多少。

已知铸铁和铝板的黑度分别为0.78和0.15。

**解：**以下标1、2和3分别表示铸铁炉门、周围四壁和铝板。

1）未放置热屏前，炉门被四壁包围，故$X_{1,2}=1$，$A=A_1$，$c_{1-2}=\varepsilon_1 c_0$，所以

$$\Phi_{1-2}=\varepsilon_1 c_0 A_1\left[\left(\frac{T_1}{100}\right)^4-\left(\frac{T_2}{100}\right)^4\right]$$

$$=0.78\times5.67\times0.5\times1\times\left[\left(\frac{273+627}{100}\right)^4-\left(\frac{273+27}{100}\right)^4\right]\text{W}$$

$$=14329\text{W}$$

2）放置铝板后，因炉门与铝板之间距离很小，二者之间的辐射传热可视为两个无限大

平行面间的相互辐射，且稳态情况下与铝板对周围四壁的辐射传热量相等。设铝板的温度为 $T_3$。因为 $X_{1,3}=1$，$A=A_1=A_3$，$c_{1\text{-}3}=\dfrac{c_0}{\left(\dfrac{1}{\varepsilon_1}+\dfrac{1}{\varepsilon_3}-1\right)}$；$X_{3,2}=1$，$A=A_1=A_3$，$c_{3\text{-}2}=\varepsilon_3 c_0$。

所以
$$\frac{c_0 A_1}{\dfrac{1}{\varepsilon_1}+\dfrac{1}{\varepsilon_3}-1}\left[\left(\frac{T_1}{100}\right)^4-\left(\frac{T_3}{100}\right)^4\right]=\varepsilon_3 c_0 A_3\left[\left(\frac{T_3}{100}\right)^4-\left(\frac{T_2}{100}\right)^4\right]$$

即
$$\frac{1}{\dfrac{1}{\varepsilon_1}+\dfrac{1}{\varepsilon_3}-1}\left[\left(\frac{T_1}{100}\right)^4-\left(\frac{T_3}{100}\right)^4\right]=\varepsilon_3\left[\left(\frac{T_3}{100}\right)^4-\left(\frac{T_2}{100}\right)^4\right]$$

将 $\varepsilon_1=0.78$，$\varepsilon_3=0.15$，$T_1=(273+627)\text{K}=900\text{K}$，$T_2=(273+27)\text{K}=300\text{K}$ 代入，得 $T_3=755\text{K}$。

此时炉门的辐射散热量为

$$\begin{aligned}\Phi_{1\text{-}2} &= \varepsilon_3 c_0 A_3\left[\left(\frac{T_3}{100}\right)^4-\left(\frac{T_2}{100}\right)^4\right]\\ &=0.15\times5.67\times0.5\times1\times\left[\left(\frac{755}{100}\right)^4-\left(\frac{273+27}{100}\right)^4\right]\text{W}\\ &=1347\text{W}\end{aligned}$$

散热量降低 $\dfrac{14329-1347}{14329}=90.6\%$

### 4.4.4 气体的热辐射

**1. 气体辐射的特点**

与固体和液体相比，气体辐射具有明显的特点，主要表现在：

1）不同气体的辐射能力和吸收能力差别很大。一些气体，如 $N_2$、$H_2$、$O_2$ 以及具有非极性对称结构的其他气体，在低温时几乎不具有吸收和辐射能力，故可视为透热体；而 CO、$CO_2$、$H_2O$ 以及各种碳氢化合物的气体则具有相当大的辐射能力和吸收率。

2）气体的辐射和吸收对波长具有选择性。如前所述，固体能够发射和吸收全部波长范围的辐射能，而气体发射和吸收辐射能仅局限在某一特定的窄波段范围内。通常将这种能够发射和吸收辐射能的波段称为光带。如 $CO_2$ 和水蒸气各有三条光带，如图4-18所示。在光带以外，气体既不辐射，也不吸收，呈现透热体的性质。由于气体辐射光谱的这种不连续性，决定了气体不能近似地作为灰体处理。

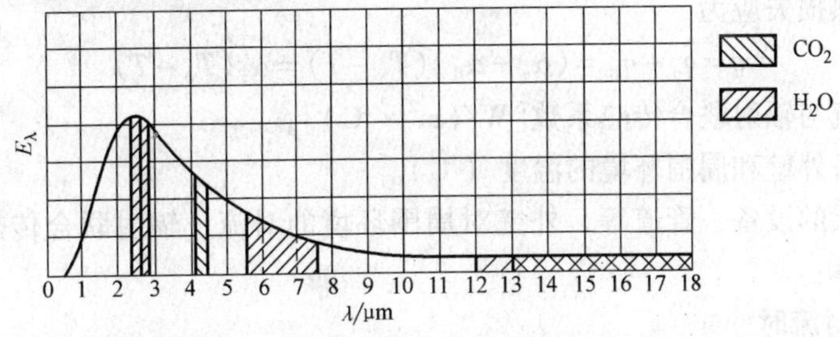


图4-18 $CO_2$ 和 $H_2O$ 主要光带示意图

3）气体辐射和吸收辐射能发生在整体气体体积内部。气体辐射和吸收辐射能不像固体和液体那样，仅发生在物体表面，而是发生在整个气体体积内部。因此，热射线在穿过气体层时，其辐射能因被沿途的气体分子吸收而逐渐减少；而气体表面上的辐射应为达到表面的整个容积气体辐射的总和。即吸收和辐射与热射线所经历的路程有关。

上述特点使得气体辐射较固体间的辐射传热复杂得多。

**2. 气体的辐射能力 $E$ 和黑度 $\varepsilon$**

气体的辐射虽是一个容积过程，但其辐射能力同样定义为单位气体表面在单位时间内所辐射的总能量。气体的辐射能力实际上不遵从四次方定律，但为计算方便，仍按四次方定律处理，而把误差归到 $\varepsilon_g$ 中进行修正，故气体的辐射能力为

$$E_g = \varepsilon_g c_0 \left(\frac{T_g}{100}\right)^4 \tag{4-74}$$

式中 $T_g$——气体的热力学温度（K）；

$\varepsilon_g$——气体温度在 $T_g$ 下的黑度。

气体的黑度可表示为如下函数关系，即

$$\varepsilon_g = f(T_g, p, L_e) \tag{4-75}$$

式中 $p$——气体的分压（Pa）；

$L_e$——平均射线行程，即热射线在气体层中的平均行程，与气体层的形状和容积有关（m）。

气体只能选择性地吸收某些波长的辐射能，因此气体的吸收率不仅与本身状况有关，而且与外来辐射有关。显然，气体的吸收率不等于黑度。

### 4.4.5 对流和辐射共存时的热量传输

工程上许多设备外壁温度常高于周围环境的温度，热量将由壁面以对流和辐射两种方式散失。因此，为了减少热损失，许多设备都要进行隔热保温。设备热损失应等于对流传热与辐射传热之和，即：

对流方式散失的热通量 $$q_c = \alpha_c (T_w - T)$$

辐射方式散失的热通量 $$q_R = c_{1-2} X_{1,2} \left[\left(\frac{T_1}{100}\right)^4 - \left(\frac{T_2}{100}\right)^4\right]$$

令 $\alpha_R = \dfrac{c_{1-2}\left[\left(\frac{T_1}{100}\right)^4 - \left(\frac{T_2}{100}\right)^4\right]}{T_w - T}$，且 $X_{1,2}=1$，则 $q_R = \alpha_R (T_w - T)$。

所以，总的热损失应为

$$q = q_c + q_R = (\alpha_c + \alpha_R)(T_w - T) = \alpha_T (T_w - T) \tag{4-76}$$

式中 $\alpha_T$——对流与辐射联合传热系数[W/(m²·℃)]；

$T_w$、$T$——设备外壁和周围环境的温度（℃）。

对于有保温层的设备、管道等，外壁对周围环境的对流、辐射联合传热系数 $\alpha_T$，可用下列各式进行估算：

**1. 空气自然对流时**

平壁保温层外壁 $$\alpha_T = 9.8 + 0.07(T_w - T) \tag{4-77}$$

管壁或圆筒壁保温层外壁 $\alpha_T = 9.4 + 0.052\ (T_w - T)$

**2. 空气沿粗糙壁面强制对流时**

空气的流速 $u < 5\text{m/s}$ 时 $\alpha_T = 6.2 + 4.2u$ (4-78)

空气的流速 $u > 5\text{m/s}$ 时 $\alpha_T = 7.8u^{0.78}$ (4-79)

## 4.5 换热器

在工程中，要实现热量交换，需要一定的设备，这种交换热量的设备统称为热交换器，也称为换热器。在环境工程中，冷水的加热、废水的预热、废气的冷却等，都需要应用换热器。

### 4.5.1 换热器的分类与结构形式

换热器种类繁多，结构形式多样。工程上对换热器的分类有多种，其中按照换热器的用途可分为加热器、预热器、过热器、蒸发器、再沸器、冷却器和冷凝器等。加热器用于将流体加热到所需温度，被加热流体在加热过程中不发生相变。预热器用于流体的预热，以提高工艺单元的效率。过热器用于加热饱和蒸汽，使其达到过热状态。蒸发器用于加热液体，使之蒸发汽化。再沸器为蒸馏过程的专用设备，用于加热已被冷凝的液体，使之再受热汽化。冷却器用于冷却流体，使之达到所需要的温度。冷凝器用于冷却凝结性饱和蒸汽，使之放出潜热而凝结液化。

按照冷、热流体热量交换的原理和方式，可将换热器分为间壁式、直接接触式和蓄热式三类，其中间壁式换热器应用最普遍，因此本节将作重点介绍。根据间壁式换热器换热面的形式，可将其分为管式换热器、板式换热器和热管换热器。

### 4.5.2 管式换热器

管式换热器主要有蛇管式换热器、套管式换热器和列管式换热器。

**1. 蛇管式换热器**

这种换热器是将金属管弯绕成各种与容器相适应的形状，多盘成蛇形，因此称为蛇管。常见的蛇管形状如图4-19所示。两种流体分别在蛇管内外两侧，通过管壁进行热交换。蛇管换热器是管式换热器中结构最简单、操作最方便的一种换热设备。通常按换热方式的不同，将蛇管式换热器分为沉浸式和喷淋式两类。

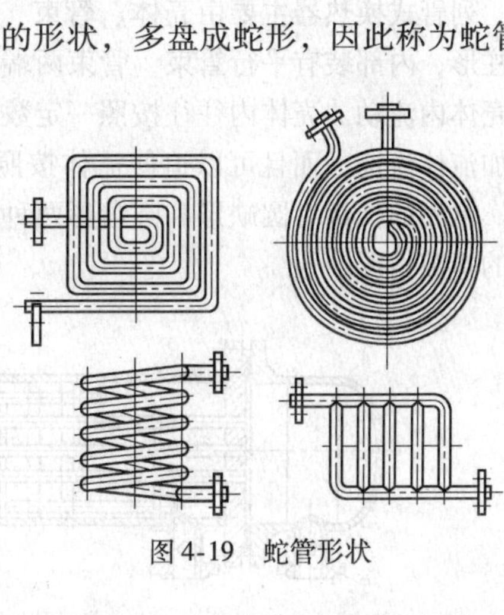

图4-19 蛇管形状

(1) 沉浸式蛇管换热器 这种换热器将蛇管沉浸在容器内的液体中。沉浸式蛇管换热器结构简单，价格低廉，能承受高压，可用耐腐蚀材料制作。其缺点是容器内液体湍动程度低，管外对流传热系数小。为提高传热系数，可在容器中安装搅拌器，以提高传热效率。

(2) 喷淋式蛇管换热器 喷淋式蛇管换热器如图4-20所示，多用于冷却在管内流动的热流体。这种换热器是将蛇管排列在同一垂直面上，热流体自下部的管进入，由上面的管流出。冷水则由管上方的喷淋装置均匀地喷洒在上层蛇管上，并沿着管外表面淋漓而下，逐排流经下面的管外表面，最后进入下部水槽中。冷水在流过管表面时，与管内流体进行热交换。这种换热器的管外形成一层湍动程度较高的液膜，因此管外对流传热系数较大。另外，喷淋式蛇管换热器常置于室外空气流通处，冷却水在空气中汽化时也带走一部分热量，可提高冷却效果。因此，与沉浸式蛇管换热器相比，其传热效果要好很多。

**2. 套管式换热器**

套管式换热器是由两种不同直径的直管套在一起制成的同心套管，其内管由 U 形肘管顺次连接，外管与外管相互连接，如图 4-21 所示。换热时一种流体在内管流动，另一种流体在环隙流动。每一段套管称为一程。

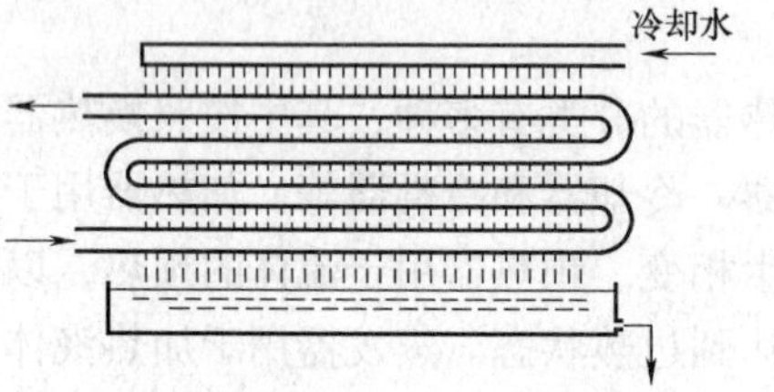


图 4-20 喷淋式蛇管换热器

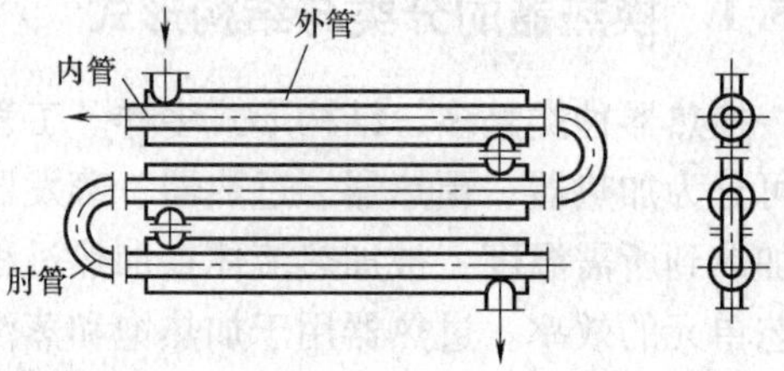


图 4-21 套管式换热器

套管式换热器的优点是结构简单，耐高压，适当选择管的内外径，可使流速流速增大，且两种流体呈逆流流动，有利于传热。其缺点是单位传热面积的金属耗量大，管接头多，易泄漏，检修不方便。该换热器适用于流量不大、所需传热面积不大而压力要求较高的情况。

**3. 列管式换热器**

列管式换热器在换热设备中占据主导地位，其优点是单位体积所具有的传热面积大，结构紧凑，坚固耐用，传热效果好，而且能用多种材料制造，因此适应性强，尤其在高温高压和大型装置中，多采用列管式换热器。

列管式换热器主要由壳体、管束、管板和封头等部分组成，如图 4-22 所示。壳体多呈圆柱形，内部装有平行管束，管束两端固定在管板上。一种流体在管内流动，另一种流体则在壳体内流动。壳体内往往按照一定数目设置与管束垂直的折流挡板，不仅可以防止短路、增加流体流速，而且可以迫使流体按照规定的路径多次错流经过管束，使湍动程度大大提高。常用的挡板有圆缺形和圆盘形两种，前者应用广泛，图 4-23 所示为两种挡板形式及壳内的折流情况。

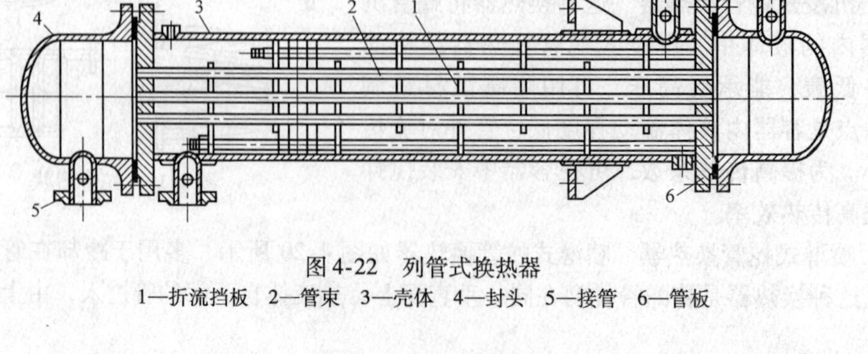


图 4-22 列管式换热器

1—折流挡板 2—管束 3—壳体 4—封头 5—接管 6—管板

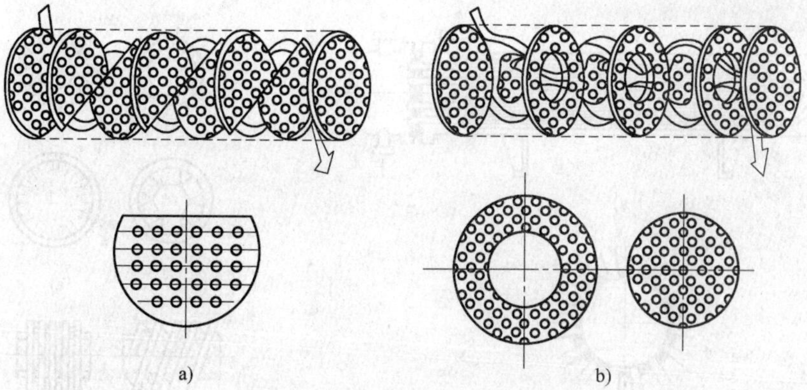


图4-23 挡板形式及壳内的折流
a）圆缺形 b）圆盘形

流体在管内每通过一次称为一个管程，而每通过壳体一次称为一个壳程。图4-21所示为单壳程单管程换热器，通常称为1-1型换热器。为提高管内流体的流速，可在两端封头内设置隔板，将全部管平均分为若干组。这样，流体可每次只通过部分管而往返管束多次，称为多管程。同样，为提高管外流速，可在壳体内安装纵向挡板，使流体多次通过壳体空间，称为多壳程。图4-24为两壳程四管程即2-4型换热器示意图。

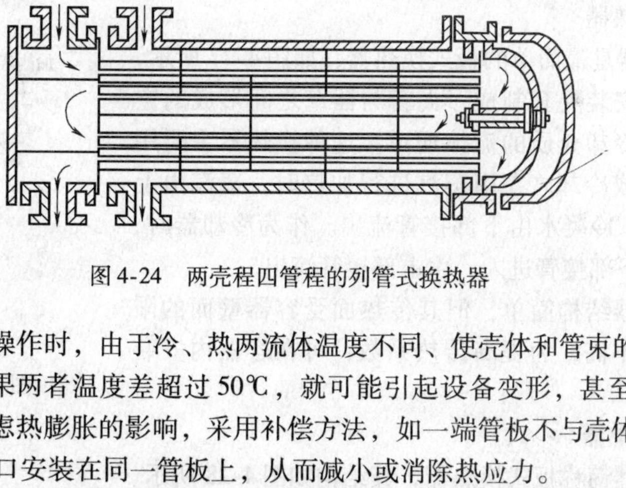

图4-24 两壳程四管程的列管式换热器

列管式换热器在操作时，由于冷、热两流体温度不同、使壳体和管束的温度不同，其热膨胀程度也不同。如果两者温度差超过50℃，就可能引起设备变形，甚至扭弯或破裂。因此，必须从结构上考虑热膨胀的影响，采用补偿方法，如一端管板不与壳体固定连接，或采用U形管，使管进出口安装在同一管板上，从而减小或消除热应力。

为了强化传热效果，可采取在传热面上增设翅片的措施，此时换热器称为翅片管式换热器，如图4-25所示。在传热面上加装翅片，不仅增大了传热面积，而且增强了流体的扰动程度，从而使传热过程强化。常用的翅片有纵向和横向两类，图4-26所示为工业上常用的几种翅片。翅片与管表面的连接应紧密，否则连接处的接触热阻很大，影响传热效果。

当两种流体的对流传热系数相差较大时，在传热系数较小的一侧加装翅片，可以强化传热。如在气体的加热和冷却过程中，由于气体的对流传热系数很小，当与气体换热的另一流体是水蒸气或冷却水时，气体侧热阻将成为传热的控制因素，此时在气体侧加装翅片，可以起到强化换热器传热的作用。当然，加装翅片会使设备费提高，但当两种流体的对流传热系数之比超过3:1时，采用翅片管式换热器在经济上是合理的。

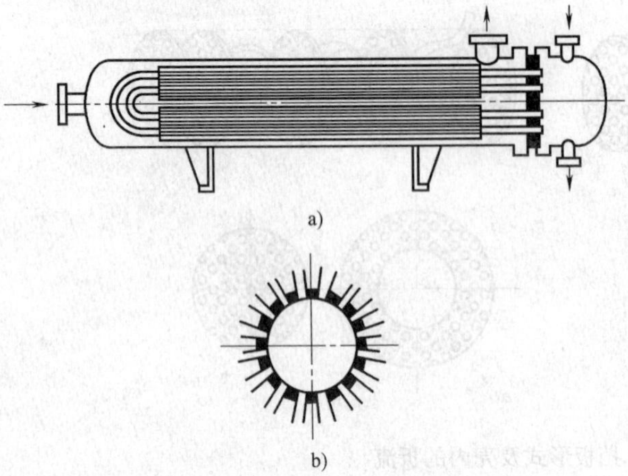


图 4-25　翅片管式换热器
a）翅片管式换热器　b）翅片管断面

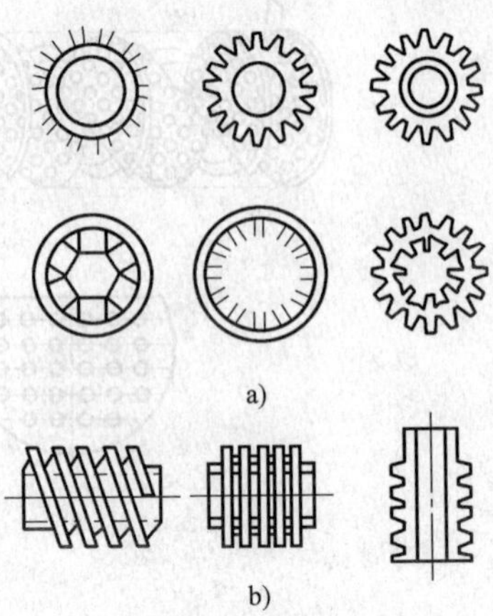


图 4-26　常见翅片形式
a）纵向　b）横向

采用空气作为冷却剂冷却热流体的翅片管式换热器，作为空气冷却器，被广泛用于工业中。用空冷代替水冷，可以节约水资源，具有较大的经济效益。

## 4.5.3　板式换热器

### 1. 夹套式换热器

夹套式换热器是最简单的板式换热器，如图 4-27 所示，它是在容器外壁安装夹套制成，夹套与器壁之间形成的空间为加热介质或冷却介质的流体通道。这种换热器主要用于反应器的加热或冷却。在用蒸汽进行加热时，蒸汽由上部接管进入夹套，冷凝水由下部接管流出。作为冷却器时，冷却介质由夹套下部接管进入，由上部接管流出。

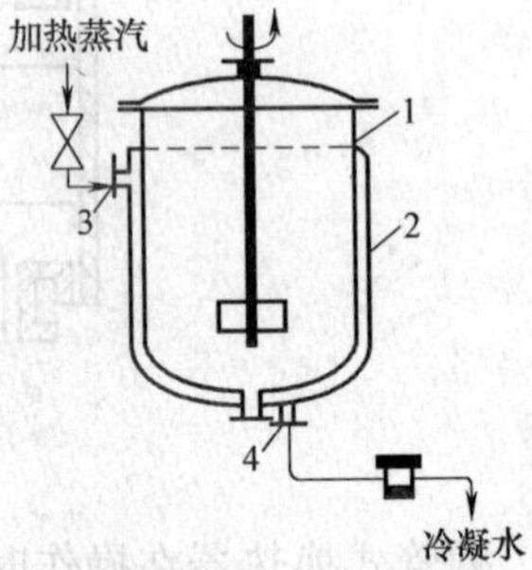


图 4-27　夹套式换热器
1—容器　2—夹套
3—上部接管　4—下部接管

夹套式换热器结构简单，但其传热面受容器壁面的限制，且传热系数不高，为提高传热系数，可在容器内安装搅拌器。

### 2. 平板式换热器

平板式换热器简称板式换热器，其结构如图 4-28 所示。它由一组长方形的薄金属板平行排列，夹紧组装于支架上构成。两相邻板片的边缘衬有垫片，压紧后板间形成密封的流体通道，且可用垫片的厚度调节通道的大小。每块板的四个角上各开一个圆孔，其中有两个圆孔和板面上的流道相通，另两个圆孔则不通。它们的位置在相邻板上是错开的，以分别形成两流体的通道。冷、热流体交替地在板片两侧流过，通过金属板片进行换热。板片是板式换热器的核心部件。为使流体均匀流过板面，增加传热面积，并促使流体的湍动，常将板面冲压成凹凸的波纹状。

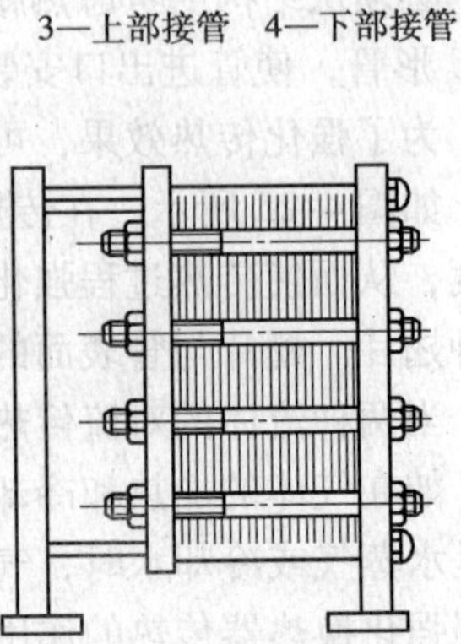

图 4-28　平板式换热器

板式换热器的优点是结构紧凑，单位体积设备所提供的换热面积大；组装灵活，可根据需要增减板数以调节传热面积；板面波纹使截面变化复杂，流体的扰动作用增强，具有较高的传热效率；拆装方便，有利于维修和清洗。其缺点是处理量小，操作压力和温度受密封垫片材料性能的限制而不宜过高。板式换热器适用于经常需要清洗、工作压力在 2.5MPa 以下、温度在 -35 ~200℃范围内的情况。

### 4.5.4 强化换热器传热过程的途径

强化换热器的传热过程，就是力求提高换热器单位时间、单位面积传递的热量，从而增加设备容量，减小占用空间，节省材料，减少投资，降低成本。因此，强化传热在实际应用中具有非常重要的意义。

由总传热速率方程 $Q = KA\Delta T_m$ 可以看出，增大总传热系数 $K$、传热面积 $A$ 和平均温差 $\Delta T_m$ 均可以提高传热速率。因此，换热器传热过程的强化措施多从这三方面考虑。

(1) 增大传热面积 增大传热面积可以提高换热器的传热速率，但增大传热面积不能靠增大换热器的尺寸来实现，而是要从设备的结构入手，提高单位体积的传热面积。工程上往往通过改进传热面的结构来实现，如采用小直径管、异形表面、加装翅片等措施，这些方法不仅使传热面得到扩大，同时也使流体的流动和换热器的性能得到一定的改善。

减小管径可以使相同体积的换热器具有更大的传热面；同时，由于管径减小，使管内湍流的层流底层变薄，有利于传热的强化。

采用凹凸形、波纹形、螺旋形等异形表面，使流道的形状和大小发生变化，不仅能增加传热面积，还使流体在流道中的流动状态发生变化，增加扰动，减小边界层厚度，从而促进传热过程。

加装翅片可以扩大传热面积和促进流体的湍动，如前面讨论的翅片管式换热器。该措施通常用于传热面两侧传热系数小的场合，如气体的换热。

上述方法可提高单位体积的传热面积，使传热过程得到强化；但由于流道的变化，往往使流动阻力增加。因此应综合比较，全面考虑。

(2) 增大平均温差 平均温差的大小主要取决于两流体的温度条件。提高热侧流体的温度或降低冷侧流体的温度固然是增大传热推动力的措施，但通常受到生产工艺的限制。当采用饱和水蒸气作为加热介质时，提高蒸汽的压强可以提高蒸汽的温度，但是必须考虑技术可行性和经济合理性。

当冷、热流体的温度不能任意改变时，可采取改变两侧流体流向的方法，如采取逆流方式，或增加列管式换热器的壳程数，提高平均温差。工程中应用的间壁式换热器多采用冷、热流体相向运动的逆流方式。

(3) 提高传热系数 换热器中的传热过程是稳态的串联传热过程，其总热阻为各项分热阻之和，因此需要逐项分析各分热阻对降低总热阻的作用，设法减小对 $K$ 值影响最大的热阻。

一般来说，在金属材料换热器中，金属壁较薄，其导热系数也大，不会成为主要热阻。污垢的导热系数很小，随着换热器使用时间的加长，污垢逐渐增多，往往成为阻碍传热的主要因素。因此工程上十分重视对换热介质进行预处理以减少结垢，同时设计中应考虑便于清理污垢。

对流传热热阻经常是传热过程的主要热阻。当换热器壁面两侧对流系数相差较大时，应设法强化对流传热系数小的一侧的换热。减小热阻的主要方法有：

1）提高流体的速度。提高流速，可使流体的湍动程度增加，从而减小传热边界层内层流底层的厚度，提高对流传热系数，也就减小了对流传热的热阻。如在列管式换热器中，增加管程数和壳程的挡板数，可分别提高管程和壳程的流速，减小热阻。

2）增强流体的扰动。增强流体的扰动，可使传热边界层内层流底层的厚度减小，从而减小对流传热热阻。如在管中加设扰动元件，采用异形管或异形换热面等。当在管内插入螺旋形翅片时，可引导流动形成旋流运动，既提高了流速，增加了行程，又由于离心力作用促进了流体的径向对流而增强了传热。

3）在流体中加固体颗粒。在流体中加入固体颗粒，一方面，由于固体颗粒的扰动作用和搅拌作用，使对流传热系数增大，对流传热热阻减小；另一方面，由于固体颗粒不断冲刷壁面，减少了污垢的形成，使污垢热阻减小。

4）在气流中喷入液滴。在气流中喷入液滴能强化传热，其原因是液雾改善了气相放热强度低的缺点，当气相中液雾被固体壁面捕集时，气相换热变成液膜换热，液膜蒸发传热强度很高，因此使传热得到强化。

5）采用短管换热器。理论和实验研究表明，在管内进行对流传热时，在流动入口处，由于层流底层很薄，对流传热系数较高，利用这一特征，采用短管换热器，可强化对流传热。

6）防止结垢和及时清除污垢。为了防止结垢，可提高流体的流速，加强流体的扰动。为便于清除污垢，应采用可拆式的换热器结构，定期进行清理和检修。

## 4.6 环境工程中的质量传递

### 4.6.1 传质现象

试将一滴蓝墨水加入静止的一盆清水中，仔细观察会发现浓浓的蓝颜色逐渐自动向四周扩散，直至整盆清水变成均匀的蓝色为止。这说明水中发生了物质（蓝颜料）位置的移动，液相内各处物质的组成也随之发生了变化，最终各处含量达到了均衡。考察变化过程中并无外力加入，但从微观分析可知，由于分子的无规则热运动，蓝颜料分子可由高含量处向低含量处运动，也可从低含量处向高含量处运动，但因含量的差异，总的统计结果，仍是蓝颜料分子自高含量处向低含量处运动的多，所以宏观表现为蓝颜料微粒自高含量处向低含量处转移。

在环境治理工程中，如果用清水喷淋含氯化氢的废气，氯化氢气体会逐渐溶于水中，致使气相中氯化氢含量逐渐降低，水中氯化氢含量逐渐升高。若使一定量的清水与一定量的含氯化氢的气体的接触时间足够长，最终氯化氢分别在两相中的含量达到某一相互平衡的状态。此过程与上例过程类似，也是在存在含量差的条件下，发生了物质的转移。不同的只是上例发生在同一相内，本例发生在直接接触的两相之间，并且最初的含量差与最终的含量平衡关系较为复杂。

在由两种以上的组元构成的混合物系中，如果其中处处含量不同，则必发生旨在减少含量不均匀性的过程，各组元将由含量大的地方向含量小的地方迁移，此即为质量传递现象，简称传质。

传质现象时时处处可见。如食糖在水中溶化，水的蒸发，燃烧，烟在大气中扩散，宇宙飞行器再入大气时的热防护，金属热处理，污水处理等，举不胜举。传质现象不但涉及人类生活的方方面面，而且涉及能源、动力、机械加工、化工、航空航天、农业、生物、冶金、环境保护等各项工程的发展。

## 4.6.2 环境工程中的传质过程

在环境工程中，经常利用传质过程去除水、气体和固体中的污染物，如常见的吸收、吸附、萃取、膜分离过程。此外，在化学反应和生物反应中，也常伴随着传质过程。如在好氧生物膜系统中，曝气过程包括氧气在空气和水之间的传质，在生物氧化过程中包括氧气、营养物及反应产物在生物膜内的传递。传质过程不仅影响反应的进行，有时甚至成为反应速率的控制因素，如酸碱中和反应的速率往往受到物质传递速度的影响。可见，环境工程中污染控制技术多以质量传递为基础，了解传质过程具有十分重要的意义。

**1. 吸收与吹脱**（汽提）

吸收是指根据气体混合物中各组分在同一溶剂中的溶解度不同，使气体与溶剂充分接触，其中易溶的组分溶于溶剂进入液相，而与非溶解的气体组分分离。吸收是分离气体混合物的重要方法之一，在废气治理中有广泛的应用。如废气中含有氨，通过与水接触，可使氨溶于水中，从而与废气分离；又如锅炉尾气中含有 $SO_2$，采用石灰/石灰石洗涤，使 $SO_2$ 溶于水，并与洗涤液中的 $CaCO_3$ 和 CaO 反应，转化为 $CaSO_3 \cdot 2H_2O$，可使烟气得到净化，这是目前应用最为广泛的烟气脱硫技术。

化学工程中将被吸收的气体组分从吸收剂中脱出的过程称为解吸。在环境工程中，解吸过程常用于从水中去除挥发性的污染物，当利用空气作为解吸剂时，称为吹脱；利用蒸气作为解吸剂时，称为汽提。如某一受石油烃污染的地下水，污染物中挥发性组分占45%左右，可以采用向水中通入空气的方法，使挥发性有机物进入气相，从而与水分离。

**2. 萃取**

萃取是利用液体混合物中各组分在不同溶剂中溶解度的差异分离液体混合物的方法。向液体混合物中加入另一种液体溶剂，即萃取剂，使之形成液-液两相，混合液中的某一组分从混合液转移到萃取剂相。由于萃取剂中易溶组分与难溶组分的含量比远大于它们在原混合物中的含量比，该过程可使易溶组分从混合液中分离。如以萃取-反萃取工艺处理萘系染料活性艳红 K—2BP 生产废水，萃取剂采用 N235，使活性艳红 K—2BP 从水中分离出来，废水得到预处理，再经后续处理可达到排放标准；进入萃取剂中的活性艳红 K—2BP 通过反萃取可以回收利用，反萃取剂采用氢氧化钠水溶液，可以将浓缩液直接盐析回收活性艳红，萃取剂循环使用。该方法不仅能够减少环境污染，还能使有用物质得到回收和利用。

**3. 吸附**

当某种固体与气体或液体混合物接触时，气体或液体中的某一或某些组分能以扩散的方式从气相或液相进入固相，称为吸附。根据气体或液体混合物中各组分在固体上被吸附的程度不同，可使某些组分得到分离。该方法常用于气体和液体中污染物的去除，如在水的深度处理中，常用活性炭吸附水中含有的微量有机污染物。

**4. 离子交换**

离子交换是依靠阴、阳离子交换树脂中的可交换离子与水中带同种电荷的阴、阳离子进行交换，从而使离子从水中除去。离子交换常用于制取软化水、纯水，以及从水中去除某种特定物质，如去除电镀废水中的重金属等。

**5. 膜分离**

膜分离是以天然或人工合成的高分子薄膜为分离介质，当膜的两侧存在某种推动力（压力差、含量差、电位差）时，混合物中的某一组分或某些组分可选择性地透过膜，从而与混合物中的其他组分分离。膜分离技术包括反渗透、电渗析、超滤、纳滤等，已经广泛应用于给水和污水处理中，如高纯水的制备、膜生物反应器等均采用了膜分离技术。

## 4.6.3 质量传递的基本原理

传质现象可分为八种形式：①含量梯度引起的分子（普通）扩散；②温度梯度引起的热扩散；③压力梯度引起的压力扩散；④除重力以外的其他外力（电场或磁场）引起的强迫扩散；⑤强迫对流传质；⑥自然对流传质；⑦湍流传质；⑧相际传质。按传质机理，上述八种传质现象可以归纳为两类；前四种为分子传质，后四种为对流传质。一般情况下，分子传质中的热扩散、压力扩散和强迫扩散的扩散效应都较小，可以忽略，只有在温度梯度或压力梯度很大以及有电场或磁场存在时，才会产生明显的影响。本章仅讨论由含量差引起的传质过程的基本规律。

在任何单相（包括气相、液相和固相）中都可以发生传质；在不同相之间（如气—液、液—液、气—固、液—固、固—固）也可以发生传质。

**1. 传质机理**

传质可以由分子的微观运动引起，也可以由流体质点的宏观运动引起。传质的机理包括分子扩散和涡流扩散，又称分子传质和对流传质。

（1）分子扩散　分子传质的最基本的机理是分子扩散现象。在静止流体或层流流体中，由于存在含量梯度，流体中各组元分子自发地由含量大的地方向含量小的地方迁移，从而形成分子扩散。如蓝色墨水溶于水中的现象就是分子扩散的结果。含量梯度是分子扩散的推动力。

物质在静止流体及固体中的传递依靠分子扩散。分子扩散的速率很小，对于气体约为10cm/min，对于液体约为0.05cm/min，固体中仅为$10^{-5}$cm/min。

（2）涡流扩散　由于分子扩散速率很小，工程上为了加速传质，通常使流体介质处于运动状态。当流体处于湍流状态时，在垂直于主流方向上，除了分子扩散外，由于流体内部大量旋涡的出现，卷带各组元分子迅猛地向流体各处弥散，大大增强了传质。这种由流体质点强烈掺混所导致的物质扩散，称为涡流扩散。

在实际工程中，分子扩散和涡流扩散往往同时发生。如当湍流流体通过壁面，并与壁面之间发生传质时，由于紧挨壁面的一薄层流体为层流，在此层中的传质由分子扩散控制，而远离壁面的湍流区中的传质，由涡流扩散控制。

虽然在湍流流动中分子扩散与涡流扩散同时发挥作用，但宏观流体微团的传递规模和速率远远大于单个分子，因此涡流扩散占主要地位，即物质在湍流流体中的传递主要是依靠流体微团的不规则运动。研究结果表明，涡流扩散系数远大于分子扩散系数，并随湍动程度的增加而增大。

**2. 分子扩散**

分子扩散的规律可用 Fick 定律描述。

(1) Fick 定律 某一空间中充满组分 A、B 组成的混合物，无总体流动或处于静止状态。若组分 A 的物质的量浓度为 $c_A$，$c_A$ 沿 $z$ 方向分布不均匀，上部物质的量浓度高于下部物质的量浓度，即 $c_{A2} > c_{A1}$，如图 4-29 所示。分子热运动的结果将导致 A 分子由物质的量浓度高的区域向物质的量浓度低的区域净扩散流动，即发生由高物质的量浓度区域向低物质的量浓度区域的分子扩散。

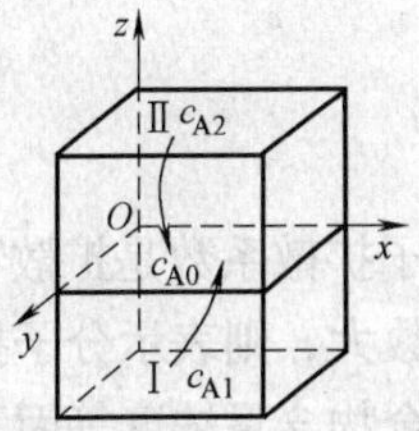

图 4-29 分子扩散示意图

在一维稳态情况下，单位时间通过垂直于 $z$ 方向的单位面积扩散的组分 A 的量为

$$N_{Az} = -D_{AB}\frac{dc_A}{dz} \tag{4-80}$$

式中 $N_{Az}$——单位时间在 $z$ 方向上经单位面积扩散的组分 A 的量，即扩散通量，也称为扩散速率[kmol/(m$^2$·s)]；

$c_A$——组分 A 的物质的量浓度 [kmol/m$^3$]；

$D_{AB}$——组分 A 在组分 B 中进行扩散的分子扩散系数 (m$^2$/s)；

$\frac{dc_A}{dz}$——组分 A 在 $z$ 方向上的物质的量浓度梯度[kmol/(m$^3$·m)]。

式 (4-80) 称为 Fick 定律，表明扩散质量与含量梯度成正比，负号表示组分 A 向含量减小的方向传递。该式是以物质的量浓度表示的 Fick 定律。

设混合物的物质的量浓度为 $c$(kmol/m$^3$)，组分 A 的摩尔分数为 $x_A$。当 $c$ 为常数时，由于 $c_A = cx_A$，则式 (4-80) 可写为

$$N_{Az} = -cD_{AB}\frac{dx_A}{dz} \tag{4-81}$$

对于液体混合物，常用质量分数表示含量，于是 Fick 定律又可写为

$$N_{Az} = -\rho D_{AB}\frac{dx_{mA}}{dz} \tag{4-82}$$

式中 $\rho$——混合物的密度 (kg/m$^3$)；

$x_{mA}$——组分 A 的质量分数；

$N_{Az}$——组分 A 的扩散通量[kg/(m$^2$·s)]。

当混合物的密度为常数时，由于 $\rho_A = \rho x_{mA}$，则上式可写为

$$N_{Az} = -D_{AB}\frac{d\rho_A}{dz} \tag{4-83}$$

式中 $\rho_A$——组分 A 的质量浓度 (kg/m$^3$)；

$\frac{d\rho_A}{dz}$——组分 A 在 $z$ 方向上的质量浓度梯度[kg/(m$^3$·m)]。

因此，Fick 定律表达的物理意义为：

由质量浓度梯度引起的组分 A 在 $z$ 方向上的质量通量 = -（分子扩散系数）×（$z$ 方向上组分 A 的质量浓度梯度）

（2）分子扩散系数　式（4-80）给出了双组分系统的分子扩散系数定义式，即

$$D_{AB} = -\frac{N_{Az}}{\frac{dc_A}{dz}} \tag{4-84}$$

分子扩散系数是扩散物质在单位含量浓度梯度下的扩散速率，表征物质的分子扩散能力，扩散系数大，则表示分子扩散快。分子扩散系数是很重要的物理常数，其数值受体系温度、压力和混合物含量浓度等因素的影响。物质在不同条件下的扩散系数一般需要通过实验测定。

对于理想气体及稀溶液，在一定温度、压力下，含量浓度变化对 $D_{AB}$ 的影响不大。对于非理想气体及浓溶液，$D_{AB}$ 则是含量浓度的函数。

低密度气体、液体和固体的扩散系数随温度的升高而增大，随压力的增加而减小。对于双组分气体物系，扩散系数与总压力成反比，与绝对温度的 1.75 次方成正比，即

$$D_{AB} = D_{AB,0}\left(\frac{p_0}{p}\right)\left(\frac{T}{T_0}\right)^{1.75}$$

式中　$D_{AB,0}$——物质在压力为 $P_0$，温度为 $T_0$ 时的扩散系数（$m^2/s$）；

$D_{AB}$——物质在压力为 $p$，温度为 $T$ 时的扩散系数（$m^2/s$）。

液体的密度、粘度均比气体高得多，因此物质在液体中的扩散系数远比在气体中的小，在固体中的扩散系数更小，随含量而异，且在不同方向上可能有不同的数值。物质在气体、液体、固体中的扩散系数的数量级分别为 $10^{-5} \sim 10^{-4}\ m^2/s$、$10^{-9} \sim 10^{-10}\ m^2/s$、$10^{-9} \sim 10^{-14}\ m^2/s$。

**3. 涡流扩散**

对于涡流质量传递，可以定义涡流质量扩散系数 $\varepsilon_D$，单位为 $m^2/s$，并认为在一维稳态情况下，涡流扩散引起的组分 A 的质量扩散通量 $N_{A\varepsilon}$ 与组分 A 的平均质量浓度梯度成正比，即

$$N_{A\varepsilon} = -\varepsilon_D \frac{d\bar{\rho}_A}{dz} \tag{4-85}$$

涡流扩散系数表示涡流扩散能力的大小，$\varepsilon_D$ 值越大，表明流体质点在其质量浓度梯度方向上的脉动越剧烈，传质速率越高。

涡流扩散系数不是物理常数，它取决于流体流动的特性，受湍动程度和扩散部位等复杂因素的影响。目前对于涡流扩散规律研究得还很不够，涡流扩散系数的数值还难以求得，因此常将分子扩散和涡流扩散两种传质作用结合在一起考虑。

工程中大部分流体流动为湍流状态，同时存在分子扩散和涡流扩散，因此组分 A 总的质量扩散通量 $N_{A\varepsilon}$ 为

$$N_{A\varepsilon} = -(D_{AB} + \varepsilon_D)\frac{d\bar{\rho}_A}{dz} = -D_{ABeff}\frac{d\bar{\rho}_A}{dz} \tag{4-86}$$

式中　$D_{ABeff}$——组分 A 在双组分混合物中的有效质量扩散系数。

在充分发展的湍流中，涡流扩散系数往往比分子扩散系数大得多，因而有 $D_{ABeff} \approx \varepsilon_D$。

## 4.7 分子传质

分子传质发生在静止的流体、层流流动的流体以及某些固体的传质过程中。本节讨论在静止流体介质中，由于分子扩散所产生的质量传递问题，目的在于求解以分子扩散方式传质的速率。

当静止流体与相界面接触时，若流体中组分 A 的含量与相界面处不同，则物质将通过流体主体向相界面扩散。在这一过程中，组分 A 沿扩散方向将具有一定的含量分布。对于稳态过程，含量分布不随时间变化，组分的扩散速率也为定值。

静止流体中的质量传递有两种典型情况，即单向扩散和等分子反向扩散。

### 4.7.1 单向扩散

静止流体与相界面接触时的物质传递完全依靠分子扩散，其扩散规律可以用 Fick 定律描述。

但是，在某些传质过程中，分子扩散往往伴随着流体的流动，从而促使组分的扩散通量增大。如当空气与氨的混合气体与水接触时，氨被水吸收。假设水的汽化可忽略，则只有气体组分氨从气相向液相传递，而没有物质从液相向气相作相反方向的传递，这种现象可视为单向扩散。在气、液两相界面上，由于氨溶解于水中而使得氨的含量减少，氨分压降低，导致相界面处的气相总压降低，使气相主体与相界面之间形成总压梯度。在此梯度的推动下，混合气体自气相主体向相界面处流动，使流体的所有组分（氨和空气）一起向相界面流动，从而使氨的扩散量增加。

由于混合气体向界面的流动，使相界面上空气的含量增加，因此空气应从相界面向气相主体作反方向扩散。在稳态情况下，流动带入相界面的空气量，恰好补偿空气自相界面向主体反向分子扩散的量，使得相界面处空气的含量（或分压）恒定，因此可认为空气处于没有流动的静止状态。

设相界面与气相主体之间的距离为 $L$，则在相界面附近的气相内将形成氨分压的分布，如图 4-30 所示，$p_{A,0}$、$p_{B,0}$ 分别为气相主体中氨和空气的分压，$p_{A,i}$、$p_{B,i}$ 分别为相界面处氨和空气的分压。

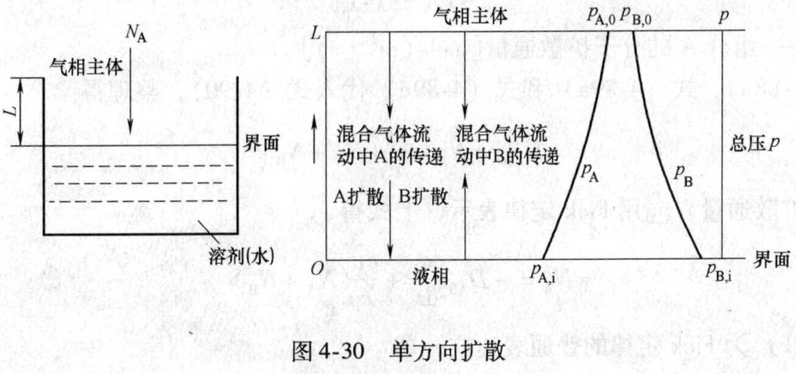


图 4-30 单方向扩散

以上分析表明，在单相扩散中，扩散组分的总通量由两部分组成，即流动所造成的传质质量和叠加于流动之上的由含量梯度引起的分子扩散通量。分子扩散是由物质含量（或分压）差而引起的分子微观运动，而流动是因为系统内流体主体与相界面之间存在压差而引起的流体宏观运动，其起因还是分子扩散。所以流动是一种分子扩散的伴生现象。

**1. 扩散通量**

由组分 A、B 组成的双组分混合气体，假设组分 A 为溶质，组分 B 为惰性组分，组分 A 向液体界面扩散并溶于液体，则组分 A 从气相主体到相界面的传质通量为分子扩散通量与流动中组分 A 的传质通量之和。

由于传质时流体混合物内各组分的运动速率是不同的，为了表达混合物总体流动的情况，引入平均速率的概念。若组分含量用物质的量含量表示，则平均速率 $u_M$ 为

$$u_M = \frac{c_A u_A + c_B u_B}{c} \tag{4-87}$$

式中 $u_A$、$u_B$——组分 A 和组分 B 的宏观运动速率（m/s）；

$c$、$c_A$、$c_B$——混合气体物质的量浓度及组分 A 和组分 B 在混合气体中的物质的量浓度（$mol/m^3$）。

$u_A$ 和 $u_B$ 可以由压差引起，也可由扩散引起。因此，流体混合物的流动是以各组分的运动速度取平均值的流动，也称为总体流动。

以上速度是相对于固定坐标系的绝对速度。相对于运动坐标系，可得到相对速度 $u_{A,D}$ 和 $u_{B,D}$，即

$$u_{A,D} = u_A - u_M \tag{4-88a}$$

和

$$u_{B,D} = u_B - u_M \tag{4-88b}$$

相对速度 $u_{A,D}$ 和 $u_{B,D}$ 即为扩散速度，表明组分因分子扩散引起的运动速度。

由通量的定义，可得

$$N_A = c_A u_A \tag{4-89a}$$

$$N_B = c_B u_B \tag{4-89b}$$

$$N_M = c u_M = N_A + N_B \tag{4-89c}$$

式中 $N_A$、$N_B$、$N_M$——组分 A、组分 B 和流体混合物的扩散通量[$mol/(m^2 \cdot s)$]。

而相对于平均速度的组分 A 的通量即为分子扩散通量，即

$$N_{A,D} = c_A u_{A,D} \tag{4-90}$$

式中 $N_{A,D}$——组分 A 的分子扩散通量[$mol/(m^2 \cdot s)$]。

将式（4-88a）、式（4-89a）和式（4-89c）代入式（4-90），整理得

$$N_{A,D} = N_A - \frac{c_A}{c}(N_A + N_B)$$

将分子扩散通量 $N_{A,D}$ 用 Fick 定律表示，上式得

$$N_A = -D_{AB}\frac{dc_A}{dz} + \frac{c_A}{c}(N_A + N_B) \tag{4-91}$$

式（4-91）为 Fick 定律的普通表达式，即

组分A的总传质通量=分子扩散通量+总体流动所带动的传质通量

对于单向扩散，$N_B=0$，故式（4-91）可以写成

$$N_A=-\frac{c}{c-c_A}D_{AB}\frac{dc_A}{dz} \tag{4-92}$$

$N_B=0$，表示组分B在单向扩散中没有净流动，所以单向扩散也称为停滞介质中的扩散。

在稳态情况下，$N_A$ 为定值。将式（4-92）在相界面与气相主体之间积分，组分A的浓度分别为 $c_{A,i}$ 和 $c_{A,0}$，即

$$z=0,\ c_A=c_{A,i}$$

$$z=L,\ c_A=c_{A,0}$$

积分得

$$N_A\int_0^L dz=-\int_{c_{A,i}}^{c_{A,0}}\frac{D_{AB}c}{c-c_A}dc_A$$

在等温、等压条件下，上式中 $D_{AB}$、$c$ 为常数，所以

$$N_A=\frac{D_{AB}c}{L}\ln\frac{c-c_{A,0}}{c-c_{A,i}} \tag{4-93}$$

因为 $c-c_{A,0}=c_{B,0}$，$c-c_{A,i}=c_{B,i}$，$c_{A,0}-c_{A,i}=c_{B,i}-c_{B,0}$，所以

$$N_A=\frac{D_{AB}c}{L}\cdot\frac{c_{A,i}-c_{A,0}}{c_{B,0}-c_{B,i}}\ln\frac{c_{B,0}}{c_{B,i}} \tag{4-94}$$

令

$$c_{B,m}=\frac{c_{B,0}-c_{B,i}}{\ln\frac{c_{B,0}}{c_{B,i}}} \tag{4-95}$$

式中 $c_{B,m}$——惰性组分在相界面和气相主体间的对数平均浓度。

则

$$N_A=\frac{D_{AB}c}{Lc_{B,m}}(c_{A,i}-c_{A,0}) \tag{4-96}$$

若静止流体为理想气体，则根据理想气体状态方程 $p=cRT$，式（4-96）可写为

$$N_A=\frac{D_{AB}p}{RTLp_{B,m}}(p_{A,i}-p_{A,0}) \tag{4-97}$$

式中 $p$——总压强；

$p_{B,m}$——惰性组分在相界面和气相主体间的对数平均分压；$p_{B,m}=\dfrac{p_{B,0}-p_{B,i}}{\ln\frac{p_{B,0}}{p_{B,i}}}$；

$p_{A,i}$、$p_{A,0}$——组分A在相界面和气相主体的分压。

**2. 浓度分布**

对于稳态扩散过程，$N_A$ 为常数，即

$$\frac{dN_A}{dz}=0 \tag{4-98}$$

对于气体组分A，可将式（4-92）中的物质的量浓度用摩尔分数 $y_A$ 表示，即

$$N_A = -\frac{D_{AB}c}{1-y_A}\frac{dy_A}{dz} \tag{4-99}$$

将式（4-99）代入式（4-98）中，得

$$\frac{d}{dz}\left(-\frac{D_{AB}c}{1-y_A}\frac{dy_A}{dz}\right)=0$$

在等温、等压条件下，$D_{AB}$，$c$ 均为常数，于是上式化简为

$$\frac{d}{dz}\left(\frac{1}{1-y_A}\frac{dy_A}{dz}\right)=0$$

上式经两次积分，得

$$-\ln(1-y_A)=C_1z+C_2 \tag{4-100}$$

式中 $C_1$、$C_2$——积分常数，可由以下边界条件定出

$$z=0,\ y_A=y_{A,i}=\frac{p_{A,i}}{p}$$

$$z=L,\ y_A=y_{A,0}=\frac{p_{A,0}}{p}$$

将上述边界条件代入式（4-100），得

$$C_1=-\frac{1}{L}\ln\frac{1-y_{A,0}}{1-y_{A,i}}$$

$$C_2=-\ln\ (1-y_{A,i})$$

将 $C_1$、$C_2$ 代入式（4-100），得出含量分布方程，即

$$\frac{1-y_A}{1-y_{A,i}}=\left(\frac{1-y_{A,0}}{1-y_{A,i}}\right)^{\frac{z}{L}} \tag{4-101a}$$

或写成

$$\frac{y_B}{y_{B,i}}=\left(\frac{y_{B,0}}{y_{B,i}}\right)^{\frac{z}{L}} \tag{4-101b}$$

组分 A 通过停滞组分 B 扩散时，含量分布曲线为对数型，如图 4-29 所示。

以上讨论的单向扩散为气体中的分子扩散。对于双组分气体混合物，组分的扩散系数在低压下与含量无关。在稳态扩散时，气体的扩散系数 $D_{AB}$ 及总物质的量浓度 $c$ 均为常数。

但对于液体中的分子扩散，组分 A 的扩散系数随含量而变，且总含量在整个液相中也并非到处保持一致。目前，液体中的扩散理论还不成熟，可仍采用式（4-92）求解，但在使用时，扩散系数需要采用平均扩散系数，总物质的量浓度采用平均总物质的量浓度。

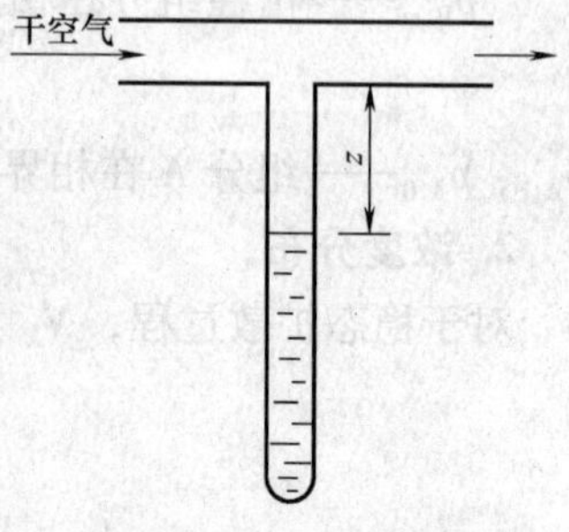

图 4-31 例 4-8 附图

**【例 4-9】** 用温克尔曼方法测定气体在空气中的扩散系数，测定装置如图 4-31 所示。在 $1.013\times10^5$Pa 下，将此装置放在 328K 的恒温箱内，立管中盛水，最初水面离上端管口的距离为 0.125m，迅速向上部横管中通入干燥的空气，使

被测气体在管口的分压接近于零。实验测得经 $1.044\times10^6$s 后，管中的水面离上端管口距离为 0.15m。求水蒸气在空气中的扩散系数。

**解：** 立管中水面下降是由于水蒸发并依靠分子扩散通过立管上部传递到流动的空气中引起的。该扩散过程可视为单向扩散。当水面与上端管口距离为 $z$ 时，水蒸气扩散的传质通量为

$$N_A=\frac{D_{AB}p}{RTzp_{B,m}}(p_{A,i}-p_{A,0})$$

水在空气中分子扩散的传质通量可用管中水面的下降速率表示，即

$$N_A=\frac{c_A\mathrm{d}z}{\mathrm{d}t}$$

所以，有

$$\frac{c_A\mathrm{d}z}{\mathrm{d}t}=\frac{D_{AB}p}{RTzp_{B,m}}(p_{A,i}-p_{A,0})$$

即

$$z\mathrm{d}z=\frac{D_{AB}p}{c_ARTp_{B,m}}(p_{A,i}-p_{A,0})\mathrm{d}t \tag{4-102}$$

其中 $p_{A,i}=15.73\text{kPa}$（328K 下水的饱和蒸气压）

$$p_{A,0}=0$$

$$p_{B,m}=\frac{p_{B,0}-p_{B,i}}{\ln\dfrac{p_{B,0}}{p_{B,i}}}=\frac{101.3-(101.3-15.73)}{\ln\dfrac{101.3}{101.3-15.73}}\text{kPa}=93.2\text{kPa}$$

328K 下，水的密度为 $985.6\text{kg/m}^3$，故

$$c_A=\frac{985.6}{18}\text{kmol/m}^3=54.7\text{kmol/m}^3$$

边界条件

$$t=0,\ z=0.125\text{m}$$

$$t=1.044\times10^6\text{s},\ z=0.150\text{m}$$

将式（4-102）积分，得

$$\int_{0.125}^{0.15}z\mathrm{d}z=\frac{D_{AB}p}{c_ARTp_{B,m}}p_{A,i}\int_0^{1.044\times10^6}\mathrm{d}t$$

$$\frac{(0.15^2-0.125^2)}{2}\text{m}^2=\frac{D_{AB}\times101.3\times15.73\times1.044\times10^6}{54.7\times8.314\times328\times93.2}\text{s}$$

解得，$D_{AB}=2.87\times10^{-5}\text{m}^2/\text{s}$。

## 4.7.2 等分子反向扩散

在一些双组分混合体系的传质过程中，当体系总浓度保持均匀不变时，组分 A 在分子扩散的同时伴有组分 B 向相反方向的分子扩散，且组分 B 扩散的量与组分 A 相等，这种传

质过程称为等分子反向扩散。

**1. 扩散通量**

由于等分子反向扩散过程中没有流体的总体流动，因此 $N_A + N_B = 0$，故式（4-91）可以写成

$$N_A = -D_{AB}\frac{dc_A}{dz} \tag{4-103}$$

在稳态情况下，$N_A$ 为定值，将上式在 $z=0$，$c_A = c_{A,i}$ 和 $z=L$，$c_A = c_{A,0}$ 之间积分，得

$$N_A\int_0^L dz = -\int_{c_{A,i}}^{c_{A,0}} D_{AB} dc_A$$

在恒温、恒压条件下，$D_A$ 为常数，所以

$$N_A = \frac{D_{AB}}{L}(c_{A,i} - c_{A,0}) \tag{4-104}$$

**2. 浓度分布**

对于稳态扩散过程，$N_A$ 为常数，即

$$\frac{dN_A}{dz} = 0$$

将式（4-103）代入上式，得

$$\frac{d^2 c_A}{dz^2} = 0$$

上式两次积分，得

$$C_A = C_1 z + C_2 \tag{4-105}$$

式中 $C_1$、$C_2$——积分常数，可由以下边界条件定出

$$z = 0, \ c_A = c_{A,i}$$

$$z = L, \ c_A = c_{A,0}$$

边界条件求出积分常数，代入式（4-105），得出物质的量浓度分布方程为

$$c_A = \frac{c_{A,0} - c_{A,i}}{L}z + c_{A,i} \tag{4-106}$$

可见组分 A 的物质的量浓度分布为直线，同样可得组分 B 的物质的量浓度分布也为直线，如图 4-32 所示。

将式（4-104）与式（4-96）比较，可知组分 A 单向扩散时的传质通量比等分子反向扩散时要大。式（4-96）中，$\frac{c}{c_{B,m}}$项表示分子单方向扩散时，因总体流动而使组分 A 传质通量增大的因子，称为漂移因子。漂移因子的大小直接反映了总体流动对传质速率的影响。当组分 A 的浓度较低时，$c \approx c_B$，则漂移因子接近于 1，此时单向扩散时的传质通量表达式与等分子反向扩散时一致。

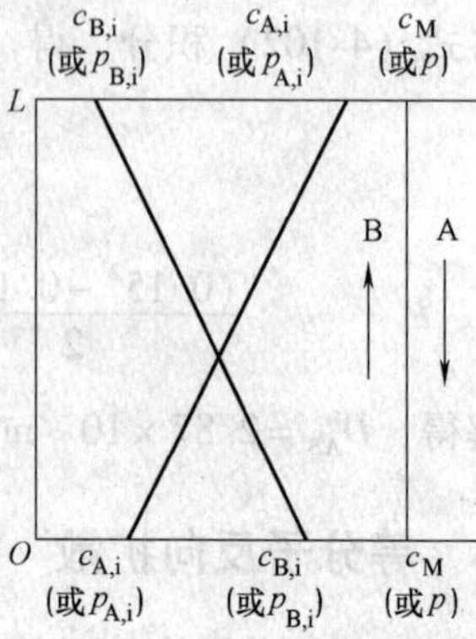


图 4-32 等分子反向扩散速度分布

当某物质通过一固体或静止介质稳定扩散时，若 $c_A \ll 1$，$x_A \ll 1$，$N_A \approx 0$，在介质内无化学反应，则此扩散问题也可以采用式（4-104）来求解。

### 4.7.3 界面上有化学反应的稳态传质

对于某些系统，在发生分子扩散的同时，往往伴随着化学反应。对于伴有化学反应的扩散，由于整个过程进行中，既有分子扩散，又有化学反应，这两种过程的相对速率极大地影响着过程的性质。当化学反应的速率远远大于扩散速率时，扩散决定过程的速率，这种过程称为扩散控制过程；当化学反应的速率远远低于扩散速率时，化学反应决定过程的速率，这种过程称为反应控制过程。

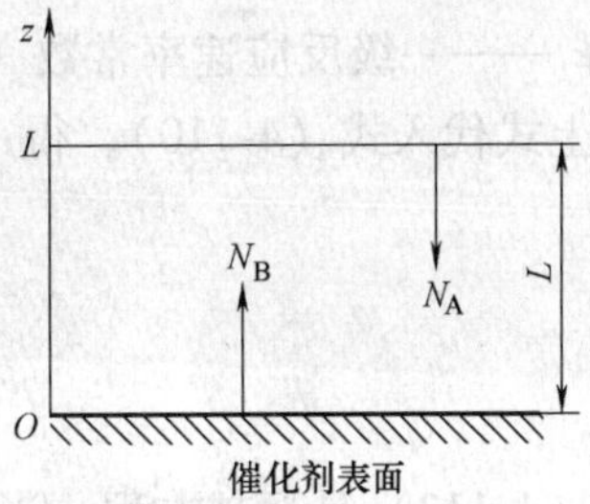

图4-33 界面有化学反应的传质过程

下面讨论只在物质表面进行的化学反应过程。以催化反应为例，如图4-33所示，设在催化剂表面上进行如下一级化学反应

$$A(g)+C(s)\rightleftharpoons 2B(g)$$

根据化学反应计算式，可得出组分A的扩散通量 $N_A$ 与组分B的扩散通量 $N_B$ 之间的关系为

$$N_B=-2N_A \tag{4-107}$$

由式（4-91），得

$$N_B=-D_{AB}c\frac{dy_A}{dz}+y_A(N_A+N_B) \tag{4-108}$$

或

$$N_A=-\frac{D_{AB}c}{1+y_A}\cdot\frac{dy_A}{dz} \tag{4-109}$$

将上式在催化剂表面和气相主体之间积分，边界条件为

$$z=0,\ y_A=y_{A,i}$$

$$z=L,\ y_A=y_{A,0}$$

$$N_A\int_0^L dz=-\int_{y_{A,i}}^{y_{A,0}}\frac{D_{AB}c}{1+y_A}dy_A$$

在一定操作条件下，$D_{AB}$ 和 $c$ 为常数，所以

$$N_A=-\frac{D_{AB}c}{L}\ln\frac{1+y_{A,0}}{1+y_{A,i}} \tag{4-110}$$

若反应是瞬时完成的，则可以认为在催化剂表面不存在组分A，即

$$y_{A,i}=0$$

式（4-110）可简化为

$$N_A=-\frac{D_{AB}c}{L}\ln(1+y_{A,0}) \tag{4-111a}$$

若A的含量用物质的量浓度表示，则有

$$N_A = -\frac{D_{AB}c}{L}\ln\frac{c + c_{A,0}}{c} \tag{4-111b}$$

如果在催化剂表面化学反应进行得极为缓慢，化学反应速率远远低于扩散速率，且化学反应属一级反应，则在催化剂表面（即 $z=0$ 处），组分 A 的传质通量与摩尔分数的关系为

$$y_{A,i} = \frac{N_A}{k_1 c} \tag{4-112}$$

式中　$k_1$——一级反应速率常数（m/s）。

将上式代入式（4-110），得

$$N_A = -\frac{D_{AB}c}{L}\ln\frac{1 + y_{A,0}}{1 + \frac{N_A}{k_1 c}} \tag{4-113}$$

式（4-113）是超越方程，当$\frac{N_A}{k_1 c}<0.4$或更小时，可推导出其近似解，即

$$N_A = -\frac{D_{AB}c}{L}\ln\frac{1 + y_{A,0}}{1 + \frac{D_{AB}}{k_1 L}} \tag{4-114}$$

式（4-114）表示化学反应与扩散联合控制的质量传递过程。对于界面上具有化学反应的扩散传质过程，化学反应式不同，对传质通量的描述也不同。

由式（4-114）可知，若 $k_1$ 足够大或$\frac{D_{AB}}{k_1 L}\ll 1$，则有

$$N_A = -\frac{D_{AB}c}{L}\ln(1 + y_{A,0}) \tag{4-115}$$

式（4-115）为扩散控制的传质通量表达式。

若$\frac{D_{AB}}{k_1 L}\gg 1$，即扩散过程很快，则有

$$N_A = -k_1 c\ln(1 + y_{A,0}) \tag{4-116}$$

式（4-116）为反应控制的传质通量表达式。

**【例 4-10】** 为减少汽车尾气中 NO 对大气的污染，采用净化器对尾气进行净化处理。含有 NO 的尾气通过净化器时，NO 与净化器中的催化剂接触，在净化剂表面发生还原反应。这一反应过程可看作气体 NO 通过静止膜的一维稳态扩散过程。若汽车尾气净化后排放温度为540℃，压力为 $1.18\times10^5$ Pa，NO 的摩尔分数为 0.002，该温度下反应速率常数为 228.6m/h，扩散系数为 $0.362\text{m}^2/\text{h}$。试确定 NO 的还原速率达到 $4.19\times10^{-3}\text{kmol}/(\text{m}^2\cdot\text{h})$ 时，净化反应器高度的最大值。

**解：** 因为 NO 在催化剂表面的反应过程可以看做通过静止膜的扩散，所以传质通量为

$$N_A = -\frac{D_{AB}c}{L}\ln\frac{1 - y_{A,0}}{1 - y_{A,i}}$$

同时，在催化剂表面，有

$$y_{A,i}=\frac{N_A}{k_1 c}$$

尾气浓度 $$c=\frac{p}{RT}=\frac{1.18\times10^5\times10^{-3}}{8.314\times(273+540)}\text{kmol/m}^3=0.0175\text{kmol/m}^3$$

$$y_{A,i}=\frac{N_A}{k_1 c}=\frac{4.19\times10^{-3}}{228.6\times0.0175}=1.05\times10^{-3}$$

$$y_{A,0}=2.0\times10^{-3}$$

故 $$4.19\times10^{-3}\text{kmol/(m}^2\cdot\text{h)}=-\frac{0.362\text{m}^2\text{/h}\times0.0175\text{kmol/m}^3}{L}\ln\frac{1-2.0\times10^{-3}}{1-1.05\times10^{-3}}$$

求得 $$L=1.44\text{m}$$

可见，需要的 $L$ 值是很小的，在实际应用中完全可以实现。

## 4.8 对流传质

对流传质是指运动着的流体与相界面之间发生的传质过程，也称为对流扩散。运动流体与固体壁面之间或不互溶的两种运动流体之间发生的质量传递过程都是对流传质过程。

对流传质可以在单相中发生，也可以在两相间发生。流体流过可溶性固体表面时，溶质在流体中的溶解过程以及在催化剂表面进行的气—固相催化反应等，均为单一相中的对流传质；而当互不相溶的两种流体相互流动，或流体沿固定界面流动时，组分首先由一相的主体向相界面传递，然后通过相界面向另一相中传递，这一过程为两相间的对流传质。环境工程中常遇到两相间的传质过程，如气体的吸收是在气相与液相之间进行的传质，吸附、膜分离等过程与流体和固体的相际传质过程密切相关。本节只介绍单相中的对流传质。

### 4.8.1 对流传质过程的机理及传质边界层

对流传质中，组分的传质不仅依靠分子扩散，而且依靠流体各部分之间的宏观位移。这时，传质过程将受到流体性质、流动状态（层流还是湍流）以及流场几何特性的影响。但是，无论流动状态是层流还是湍流，扩散速率都会因为流动而增大。

下面以流体流过固体壁面的传质过程为例，研究对流传质过程的机理及传质速率的计算。

**1. 对流传质过程的机理**

有一个无限大的平固体壁面，含组分 A 的流体以速度 $u_0$ 沿壁面流动，最终形成流动边界层，边界层厚度为 $\delta$，如图 4-33 所示。若流体主流中组分 A 物质的量浓度 $c_{A,0}$ 比壁面上的物质的量浓度 $c_{A,i}$ 高，则流体与壁面之间发生质量传递，壁面附近形成物质的量浓度梯度。因边界层中流体的流动状态各不相同，所以传质的机理也不同。

在层流流动中，相邻层间流体互不掺混，所以在垂直于流动的方向上，只存在由物质的量浓度梯度引起的分子扩散。此时，界面与流体间的扩散通量仍符合 Fick 第一定律，但其扩散通量明显大于静止时的传质。这是因为流动加大了壁面附近的物质的量浓度梯度，使传质推动力增大。

在湍流流动中，流体质点在沿主流方向流动的同时，还存在其他方向上的随机脉动，从而造成流体在垂直于主流方向上的强烈混合。因此湍流流动中，在垂直于主流方向上，除了分子扩散外，更重要的是涡流扩散。

湍流边界层包括层流底层、湍流核心区及过渡区。在层流底层中，由于垂直于界面方向上没有流体质点的扰动，物质仅依靠分子扩散传递，物质的量浓度梯度较大。在此区域内，传质速率可用 Fick 第一定律描述，扩散速率取决于物质的量浓度梯度和分子扩散系数，因此其物质的量浓度分布曲线近似为直线。在湍流核心区，因有大量的旋涡存在，$\varepsilon_D \gg D_A$，物质的传递主要依靠涡流扩散，分子扩散的影响可以忽略不计。此时由于质点的强烈掺混，物质的量浓度梯度几乎消失，组分在该区域内的物质的量浓度基本均匀，其分布曲线近似为一垂直直线。在过渡区内，分子扩散和涡流扩散同时存在，物质的量浓度梯度比层流底层中要小得多。稳态情况下，壁面附近形成如图 4-34所示的物质的量浓度分布，组分 A 的物质的量浓度由流体主流的物质的量浓度 $c_{A,0}$ 连续降至界面处的 $c_{A,i}$。

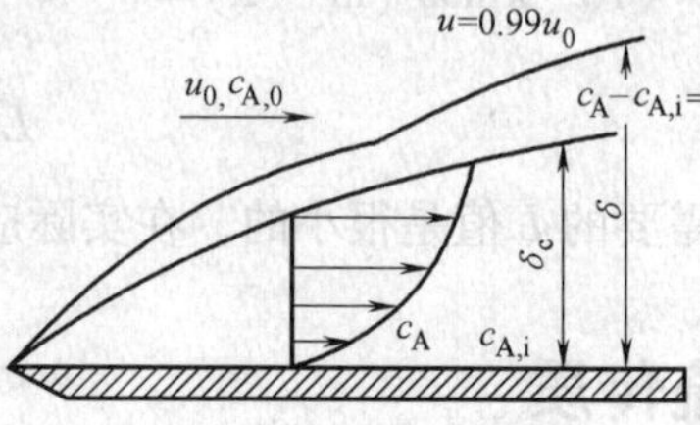

图 4-34 流体流过平壁面的对流传质

**2. 传质边界层**

具有物质的量浓度梯度的流体层称为传质边界层。可以认为，质量传递的全部阻力都集中在边界层内。与流动边界层相似，对于平板壁面

$$c_A - c_{A,i} = 0.99(c_{A,0} - c_{A,i})$$

传质边界层厚度 $\delta_c$ 与流动边界层厚度 $\delta$ 一般并不相等，它们的关系取决于施密特数 $Sc$，即

$$\frac{\delta}{\delta_c} = Sc^{1/3} \tag{4-117}$$

$$Sc = \frac{v}{D_{AB}}$$

施密特数 $Sc$ 是分子动量传递能力和分子扩散能力的比值，表示物性对传质的影响，代表了壁面附近速度分布与物质的量浓度分布的关系。当 $v = D_{AB}$，即 $Sc = 1$ 时，$\delta = \delta_c$，即流动边界层厚度与传质边界层厚度相等。

当浓度为 $c_{A,0}$ 的流体以速度 $u_0$ 流过圆管进行传质时，也形成流动边界层和传质边界层，厚度分别为 $\delta$ 和 $\delta_c$，如图 4-35 所示。当流体以均匀的物质的量浓度和速度进入管内时，由于流体中组分 A 的物质的量浓度 $c_{A,0}$ 与管壁物质的量浓度 $c_{A,i}$ 不同而发生传质，传质边界层的厚度由管前缘处的零逐渐增厚，经过一段时间后，在管中心汇合，此后传质边界层的厚度即等于管的半径并维持不变。由管进口前缘至汇合点之间沿管轴线的距离称为传质进口段长度 $L_D$。一般层流流动的传质进口段长度为

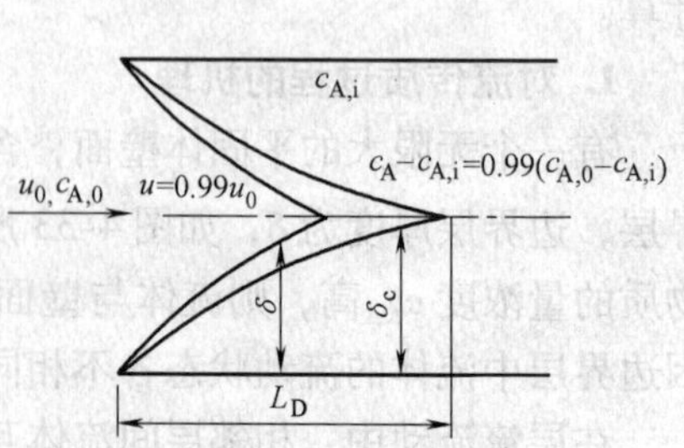

图 4-35 圆管内的传质边界层

$$L_D = 0.05dReSc \tag{4-118}$$

湍流流动时，传质进口段长度为

$$L_D = 50d \tag{4-119}$$

## 4.8.2 对流传质速率方程

### 1. 对流传质速率方程的一般形式

在对流传质过程中，当流动处于湍流状态时，物质的传递包括了分子扩散和涡流扩散。前已叙及，涡流扩散系数难以测定和计算。为了确定对流传质的传质速率，通常将对流传递过程进行简化处理，即将过渡区内的涡流扩散折合为通过某一定厚度的层流膜层的分子扩散。

如4-36所示，流体主体中组分A的平均物质的量浓度为 $c_{A,0}$，将层流底层内的物质的量浓度梯度线段延长，并与湍流核心区的物质的量浓度梯度线相交于 $G$ 点，$G$ 点与界面的垂直距离 $l_G$ 称为有效膜层，也称为虚拟膜层。这样，就可以认为由流体主体到界面的扩散相当于通过厚度为 $l_G$ 的有效膜层的分子扩散，整个有效膜层的传质推动力为（$c_{A,0} - c_{A,i}$），即把全部传质阻力看成集中在有效膜层 $l_G$ 内，于是就可以用分子扩散速率方程描述对流扩散。写出由界面至流体主体的对流传质速率关系，即

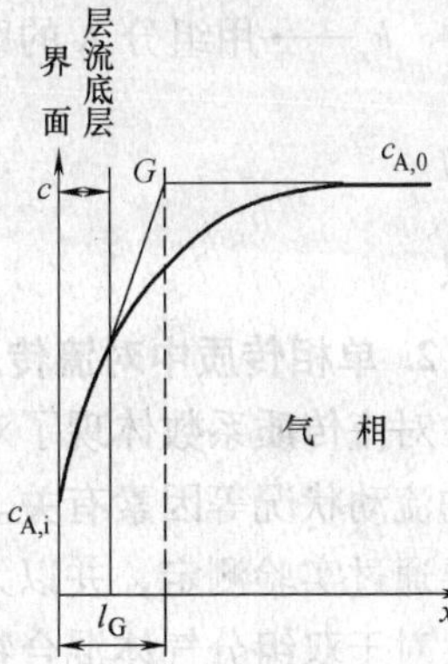


图4-36 对流传质过程的虚拟膜模型

$$N_A = k_c(c_{A,i} - c_{A,0}) \tag{4-120}$$

式中 $N_A$——组分A的对流传质速率[kmol/(m$^2$·s)]；

$c_{A,0}$——流体主体中组分A的物质的量浓度（kmol/m$^3$）；

$c_{A,i}$——界面上组分A的物质的量浓度（kmol/m$^3$）；

$k_c$——对流传质系数，也称传质分系数，下标“$c$”表示组分含量以物质的量浓度表示（m/s）。

式（4-120）为对流传质速率方程。该方程表明传质速率与物质的量浓度差成正比，从而将传递问题归结为求取传质系数。该公式既适用于流体的层流运动，也适用于流体湍流运动的情况。

当采用其他单位表示含量时，可以得到相应的多种形式的对流传质速率方程和对流传质系数。对于气体与界面的传质，组分含量常用分压表示，则对流传质速率方程可写为

$$N_A = k_G(p_{A,i} - p_{A,0}) \tag{4-121}$$

对于液体与界面的传质，则可写为

$$N_A = k_L(c_{A,i} - c_{A,0}) \tag{4-122}$$

式中 $p_{A,i}$、$p_{A,0}$——界面上和气相主体中组分A的分压（Pa）；

$k_G$——气相传质分系数[kmol/(m$^2$·s·Pa)]；

$k_L$——液相传质分系数（m/s）；

若组分含量用摩尔分数表示，对于气相中的传质，摩尔分数为 $y$，则

$$N_A = k_y(y_{A,i} - y_{A,0}) \tag{4-123}$$

式中 $k_y$——用组分 A 的摩尔分数差表示推动力的气相传质分系数[kmol/(m$^2$·s)]。

因为
$$y_A = \frac{p_A}{p}$$

所以
$$k_y = k_G p$$

对于液相中的传质，若摩尔分数为 $x$，则

$$N_A = k_x(x_{A,i} - x_{A,0}) \tag{4-124}$$

式中 $k_x$——用组分 A 的摩尔分数差表示推动力的液相传质分系数[kmol/(m$^2$·s)]。

因为
$$x_A = \frac{c_A}{c}$$

所以
$$k_x = k_L c \tag{4-125}$$

**2. 单相传质中对流传质系数的表达形式**

对流传质系数体现了对流传质能力的大小，与流体的物理性质、界面的几何形状以及流体的流动状况等因素有关。对于少数简单情况，对流传质系数可由理论计算，但多数情况下需要通过实验测定，并以无量纲数整理实验结果，得出经验关联式。

对于双组分气体混合物，单相中的对流传质也有单向扩散和等分子反向扩散两种典型情况，其对流传质系数的表达形式不同。

(1) 等分子反向扩散时的传质系数　双组分系统中，A 和 B 两组分作等分子反向扩散时，$N_A = -N_B$。对流传质系数用 $k_c^0$ 表示，则

$$N_A = k_c^0(c_{A,i} - c_{A,0}) \tag{4-126}$$

相应的扩散速率为

$$N_A = \frac{D_{AB}}{L}(c_{A,i} - c_{A,0})$$

$$k_c^0 = \frac{D_{AB}}{L} \tag{4-127}$$

(2) 单向扩散时的传质系数　双组分系统中，组分 A 通过停滞组分 B 单向扩散时，$N_B = 0$。对流传质系数用 $k_c$ 表示，则

$$N_A = k_c(c_{A,i} - c_{A,0})$$

相应的扩散通量为

$$N_A = \frac{D_{AB}c}{Lc_{B,m}}(c_{A,i} - c_{A,0})$$

故
$$k_c = \frac{cD_{AB}}{c_{B,m}L} = \frac{D_{AB}}{x_{B,m}L} \tag{4-128}$$

式中 $x_{B,m}$——组分 B 的对数平均摩尔分数。

$$k_c = \frac{k_c^0}{x_{B,m}} \tag{4-129}$$

【例4-11】在总压为2atm下，组分A由一湿表面向大量流动的不扩散气体B中进行质量传递。已知界面上A的分压为0.20atm，在传质方向上一定距离处可近似地认为A的分压为零。已测得A和B在等分子反向扩散时的传质系数$k_y^0$为$6.78\times10^{-5}$kmol/(m$^2$·s·Δy)。试求传质系数$k_y$、$k_G$及传质通量$N_A$。

**解**：此题为组分A通过静止膜的单向扩散传质。

已知$p=2$atm，$p_{A,i}=0.2$atm，$p_{A,0}=0$，则

$$y_{A,i}=\frac{p_{A,i}}{p}=\frac{0.2}{2}=0.1$$

$$y_{A,0}=0$$

因为

$$k_y=\frac{k_y^0}{y_{B,m}}$$

$$y_{B,m}=\frac{y_{B,0}-y_{B,i}}{\ln\dfrac{y_{B,0}}{y_{B,i}}}=\frac{(1-0.1)\quad-1}{\ln\dfrac{(1-0.1)}{1}}=0.949$$

故

$$k_y=\frac{6.78\times10^{-5}}{0.949}\text{kmol/(m}^2\cdot\text{s}\cdot\Delta y)=7.14\times10^{-5}\text{kmol(m}^2\cdot\text{s}\cdot\Delta y)$$

$$k_G=\frac{k_y}{p}=\frac{7.14\times10^{-5}}{2\times1.013\times10^5}\text{kmol/(m}^2\cdot\text{s}\cdot\text{Pa})=3.52\times10^{-10}\text{kmol/(m}^2\cdot\text{s}\cdot\text{Pa})$$

传递通量为

$$N_A=k_y(y_{A,i}-y_{A,0})=7.14\times10^{-5}\times(0.1-0)\text{kmol/(m}^2\cdot\text{s})=7.14\times10^{-6}\text{kmol/(m}^2\cdot\text{s})$$

### 4.8.3 典型情况下的对流传质系数

计算对流传质速率的关键在于确定对流传质系数。根据有效膜层的假设，流体主体到界面的扩散相当于通过有效膜层的分子扩散，因此，在稳态传质下，组分A通过有效膜层的传质速率应等于对流传质速率，即

$$-D_{AB}\frac{\mathrm{d}c_A}{\mathrm{d}z}\Big|_{z=0}=k_c\ (c_{A,i}-c_{A,0})$$

$$k_c=-\frac{D_{AB}}{c_{A,i}-c_{A,0}}\frac{\mathrm{d}c_A}{\mathrm{d}z}\Big|_{z=0}\tag{4-130}$$

采用式（4-130）求解对流传质系数时，关键在于壁面物质的量浓度梯度$\frac{\mathrm{d}c_A}{\mathrm{d}z}\Big|_{z=0}$，而物质的量浓度梯度的确定需要求解传质微分方程。传质微分方程中包括了速度分布，因此还需要联立运动方程和连续性方程。但是，由于方程的非线性特点和边界条件的复杂性，利用该方法只能求解一些简单的问题。对于工程中常见的湍流传质问题，基于机理的复杂性，不能采用解析方法求解，其对流传质系数一般采用类比法或由经验公式计算。

与对流传热系数的求解方法类似，通常将对流传质系数表示为无量纲准数的关系式，如

$$Sh=f(Re,Sc)\tag{4-131}$$

式中 $Sh$——施伍德（Sherwood）数，$Sh=kd/D$；

$d$——传质设备的特征尺寸（m）；

$D$——分子扩散系数（$m^2/s$）；

$k$——对流扩散系数（$m^2/s$）。

以下给出几种常见情况下计算对流传质系数的准数关联式。

**1. 平板壁面上的层流传质**

平板壁面对流传质是所有几何性质壁面对流传质中最简单的情况。当壁面流动为不可压缩流体的层流流动时，距离平板前距离为 $x$ 处的局部传质系数满足下述关系，即

$$Sh_x = 0.32 Re_x^{1/2} Sc^{1/3} \tag{4-132}$$

其中

$$Sh_x = \frac{k_{cx}^0 x}{D}$$

式中 $k_{cx}^0$——局部传质系数（m/s）；

$Re$——以 $x$ 为特征尺寸的雷诺准数。

在实际应用中，一般采用平均传质系数。对于长度为 $L$ 的整个板面，其平均传质系数 $k_{cm}^0$ 可用下式计算

$$Sh_m = 0.664 Re_L^{1/2} Sc^{1/3} \tag{4-133}$$

式中 $Sh_m$——$Sh_m=\dfrac{k_{cm}^0 L}{D}$；

$Re_L$——以板长 $L$ 为特征尺寸的雷诺准数。

上式适用于求 $Sc>0.6$、平板壁面上传质速率很小（壁面法向流动可忽略不计）、层流边界层的对流传质系数。此时

$$k_{cm}^0 = k_{cm}$$

**2. 平板壁面上的湍流传质**

湍流条件下，有

$$Sh_x = 0.0292 Re_x^{0.8} Sc^{1/3} \tag{4-134}$$

和

$$Sh_m = 0.0365 Re_L^{0.8} Sc^{1/3} \tag{4-135}$$

**3. 圆管内的层流对流传质**

因管内对流传质指在圆管内流动的流体与管壁间发生传质。当速度分布和含量分布均已充分发展且传质速率较小时，对于两种不同的边界条件，可以分别采用不同的公式计算。

1）组分 A 在管壁处的物质的量浓度 $c_{A,i}$ 恒定：如管壁覆盖着某种可溶性物质。此时有

$$Sh = \frac{k_c^0 d}{D} = 3.66 \tag{4-136}$$

2）组分 A 在管壁处的质量通量 $N_{A,i}$ 恒定，如多孔性管壁，组分 A 以恒定的传质速率通过整个管壁流入流体中。此时有

$$Sh = \frac{k_c^0 d}{D} = 4.36 \tag{4-137}$$

式中 $d$——管道内径（m）。

由此可见，在速度分布与浓度分布均充分发展的情况下，管内层流时，对流传质系数或施伍德数为常数。

**4. 绕固体球的强制对流传质**

$$Sh = 2.0 + 0.6Re^{1/2}Sc^{1/2} \tag{4-138}$$

$$Sh = \frac{k_c^0 d}{D}$$

$$Re = \frac{du_0\rho}{\mu}$$

式中 $d$——球直径（m）；

$u_0$——球的运动速度（m/s）。

## 思 考 题

1. 什么是对流传热？分别举出一个强制对流传热和自然对流传热的实例。

2. 若冬季和夏季的室温均为18℃，人对冷暖的感觉是否相同？在哪种情况下觉得更暖和？为什么？

3. 当平壁面的导热系数随温度变化时，若分别按变量和平均导热系数计算，导热热通量和平壁内的温度分布有何差异。

4. 列管式换热器是最常用的换热器，说明什么是管程、壳程，并分析当气体和液体换热时，气体宜通入哪一侧。

5. 分析湍流流动中组分的传质机理。

6. 假设两小时内通过152mm × 152mm × 13mm（厚度）的实验板的导热量为20.16kcal（1cal = 4.1868J），板的两面温度分别为19℃和26℃。求实验板的导热系数。

【答案】0.9423J/(m · s · K)

7. 某圆筒形炉壁由两层耐火材料组成，第一层为镁碳砖，第二层为黏土砖，两层紧密接触。第一层内外壁直径分别为2.94m、3.54m，第二层外壁直径为3.77m，炉壁内外温度分别为1200℃和150℃。求导热热流与两层接触处的温度［已知（$\lambda_1 = 4.3\text{W/(m}\cdot℃) - 0.48\times10^{-3}t\text{W/(m}\cdot℃^2)$，$\lambda_2 = 0.698\text{W/(m}\cdot℃) + 0.5\times10^{-3}t\text{W/(m}\cdot℃^2)$］。

【答案】导热热流为57874.2W/m，两层接触处温度为760℃

8. 一蒸汽管外敷两层隔热材料，厚度相同，若外层的平均直径为内层的两倍，而内层材料的导热系数为外层材料的两倍。现若将两种材料的位置对换，其他条件不变，两种情况下的散热热流有何变化？

【答案】总热阻为

$$R_{\Sigma1} = \frac{1}{2\pi\lambda_1}\ln\frac{d_2}{d_1} + \frac{1}{2\pi\lambda_2}\ln\frac{d_3}{d_2} = \frac{1}{4\pi\lambda}\ln3 + \frac{1}{2\pi\lambda}\ln\frac{5}{3} = \frac{1}{4\pi\lambda}\left(\ln3 + 2\ln\frac{5}{3}\right)$$

若两种隔热材料的位置对换，则总热阻变为

$$R_{\Sigma2} = \frac{1}{2\pi\lambda_2}\ln\frac{d_2}{d_1} + \frac{1}{2\pi\lambda_1}\ln\frac{d_3}{d_2} = \frac{1}{2\pi\lambda}\ln3 + \frac{1}{4\pi\lambda}\ln\frac{5}{3} = \frac{1}{4\pi\lambda}\left(2\ln3 + \ln\frac{5}{3}\right)$$

$$\frac{Q_2}{Q_1} = \frac{R_{\Sigma1}}{R_{\Sigma2}} = \frac{\ln3 + 2\ln\frac{5}{3}}{2\ln3 + \ln\frac{5}{3}} = \frac{2.120}{2.708} = 0.78$$

即，这种条件下，若两种隔热材料位置对换，散热热流将下降。

9. 某热风管道，内径 $d_1 = 85\text{mm}$，外径 $d_2 = 100\text{mm}$，管道材料导热系数 $\lambda_1 = 58\text{W/(m}\cdot\text{K)}$，内表面温度 $T_1 = 150℃$，现拟用玻璃棉保温［$\lambda_2 = 0.0526\text{W/(m}\cdot\text{K)}$］，若要求保温层外壁温度不高于40℃，允许的

热损失为 $Q_L=52.3\mathrm{W/m}$，试计算玻璃棉保温层的最小厚度。

【答案】50mm

10. 速度为6m/s 的空气流过酒精表面，已知酒精表面由层流变为湍流时的临界雷诺准数为 $3\times10^5$，边界层内酒精-空气混合物的运动粘度为 $1.48\times10^{-5}\mathrm{m^2/s}$，酒精在空气中的扩散系数为 $1.26\times10^{-5}\mathrm{m^2/s}$，考虑边界层前端有一定长度层流边界层，$L$ 长度上的平均对流传质系数 $k_c^{湍}=\frac{D_{乙醇}}{L}[0.664Re_c^{1/2}+0.0365(Re_L^{4/5}-Re_c^{4/5})]\cdot Sc^{1/3}$，忽略表面传质对边界层的影响，试计算边界层前沿 1.0m 长以内的平均对流传质系数 $k_c^{湍}$。

【答案】$0.010959\mathrm{m^2/s}$

## 参考文献


[1] 郭仁惠. 环境工程原理 [M]. 北京：化学工业出版社，2008：158-166.

[2] 胡洪营，张旭，黄霞，等. 环境工程原理 [M]. 北京：高等教育出版社，2005：112-200.

[3] 曹洪锋. 热传导方程的能量估计 [J]. 价值工程，2011 (13)：32-34.

[4] 刘泽文，田昊，刘冲. 微加热器热传导试验与计算 [J]. 光学精密工程，2011，19 (3)：612-619.

[5] 陶向华. 基于对流传质理论的沥青膜转移机理研究 [J]. 公路交通科技，2010，27 (10)：21-24.

[6] 张洪流. 化工原理——传质与分离技术分册 [M]. 北京：国防工业出版社，2009：180-222.

[7] 威廉 W 纳扎洛夫，莉萨·阿尔瓦雷斯—科恩. 环境工程原理 [M]. 漆新华，刘春光，译. 北京：化学工业出版社，2006：112-166.

[8] 张柏钦，王文选. 环境工程原理 [M]. 2 版. 北京：化学工业出版社，2008.

[9] 杨昌竹. 环境工程原理 [M]. 北京：冶金工业出版社，1994：1-87.

[10] 张木全，云智勉. 化工原理 [M]. 广州：华南理工大学出版社，2000：143-178.

[11] JM 柯尔森，JF 李嘉森. 化学工程 卷Ⅰ 流体流动、传热与传质 [M]. 3 版. 丁绪淮，余国琮，刘豹，等译. 北京：化学工业出版社，1983：222-413.

[12] 傅俊萍. 热工理论基础 [M]. 长沙：湖南师范大学出版社，2005：215-300.

[13] 杨世铭，陶文铨. 传热学 [M]. 4 版. 北京：高等教育出版社，2006：197-227.

# 第 5 章 吸收机制

5

本章提要：掌握相组成的表示方法；吸收的气液相平衡关系及其应用；吸收机理及传质速率方程。了解吸收操作的分类，吸收过程及典型的吸收流程，常用吸收设备的结构及其操作与调节。

## 5.1 吸收概述

### 5.1.1 吸收的基本概念

混合气体的分离最常用的操作方法之一是吸收。吸收是依据混合气体各组分在同一种液体溶剂中的物理溶解度的不同，而将气体混合物分离的操作过程。吸收操作本质上是混合气体组分从气相到液相的相间传质过程。混合气体中不能溶解的组分称为惰性成分或载体，用 B 表示，如空气。吸收操作中所用的溶剂称为吸收剂或溶剂，用 S 表示，如水；吸收操作中所得的溶液称为吸收液，用 S + A 表示；吸收操作中从吸收塔排出的气体称为吸收尾气或者净化气。

### 5.1.2 吸收过程分类

按不同的分类方法，吸收过程可分为不同的类型。

1）按溶质和吸收剂之间发生的作用。吸收过程可分为物理吸收和化学吸收。如果气体溶质与吸收剂不发生明显反应，而是由于在吸收剂中的溶解度大而被吸收，称为物理吸收，如用洗油吸收煤气中的苯。在物理吸收中溶质与溶剂的结合力较弱，解吸比较方便。如果溶质与吸收剂发生化学反应而被吸收，则称为化学吸收。如 $CO_2$ 在水中的溶解度较低，但若以 $K_2CO_3$ 水溶液吸收 $CO_2$ 时，则在液相中发生下列反应：

$$K_2CO_3 + CO_2 + H_2O = 2KHCO_3$$

从而使 $K_2CO_3$ 水溶液具有较高的吸收 $CO_2$ 的能力，此种利用化学反应而实现吸收的操作称为化学吸收。作为化学吸收可被利用的化学反应一般应满足以下条件。

① 可逆性。如果该反应不可逆，溶剂将难以再生和循环使用。如用 NaOH 吸收 $CO_2$ 时，因生成 $Na_2CO_3$ 而不易再生，势必消耗大量 NaOH。因此，只有当气体中 $CO_2$ 浓度甚低，而又必须彻底加以清除时方可使用。自然，若反应产物本身即为过程的产品时又另当别论。

② 较高的反应速率。若所用的化学反应其速度较慢，则应研究加入适当的催化剂以增大反应速率。在大气污染治理工程中，需要净化的废气往往气量大，有气态污染物含量低等

特点。单纯使用物理吸收法净化废气中的有毒有害气体，多数情况下很难达到国家或地方制定的排放标准，因而实际工程中多采用化学吸收法治理气态污染物。

2）按混合气体中被吸收组分的数目。吸收过程可分为单组分吸收和多组分吸收。吸收过程中只有单一组分被吸收时，称为单组分吸收；有两个或两个以上组分被吸收时，称为多组分吸收。如制取盐酸、硫酸等为单组分吸收，用洗油吸收焦炉气中的苯、甲苯、二甲苯等组分为多组分吸收。

3）按在吸收过程中温度是否变化。吸收过程可分为等温吸收和非等温吸收。气体在被吸收的过程中往往伴随着溶解热或反应热等热效应，因此，一般情况下液相的温度会升高。如果液相温度有明显升高，称为非等温吸收；如果热效应比较小，或者吸收剂用量比较大，放热过程不至于导致液相温度明显升高，液相温度基本保持不变，则称为等温吸收。如用水吸收三氧化硫制硫酸或用水吸收氯化氢制盐酸等吸收过程均属于非等温吸收。

### 5.1.3 吸收剂的选用

吸收操作是气液两相之间的接触传质过程，吸收操作的成功与否在很大程度上取决于吸收剂的性质，特别是吸收剂与气体混合物之间的相平衡关系。根据物理化学中有关相平衡的知识可知，评价吸收剂优劣的主要依据应包括以下几点：

1）吸收剂应对混合气中被分离组分有较大的溶解度，或者说在一定的温度与含量下，溶质的平衡分压要低。这样，从平衡角度来说，处理一定量混合气体所需的溶剂量较少，气体中溶质的极限残余含量亦可降低；就过程速率而言，溶质平衡分压低，过程推动力大，传质速率快，所需设备的尺寸小。

2）吸收剂对混合气体中其他组分的溶解度要小，即溶剂应具有较高的选择性。如果溶剂的选择性不高，它将同时吸收气体混合物中的其他组分，这样的吸收操作只能实现组分间某种程度的增浓而不能实现较为完全的分离。

3）吸收剂的蒸气压要低，以减少吸收和再生过程中溶剂的挥发损失。

4）溶质在吸收剂中的溶解度应对温度的变化比较敏感，即不仅在低温下溶解度要大，平衡分压要小，而且随温度升高，溶解度应迅速下降，平衡分压应迅速上升。这样，被吸收的气体容易解吸，吸收剂再生方便。

5）吸收剂应有较好的化学稳定性，以免使用过程中发生变质。

6）吸收剂应有较低的粘度，且在吸收过程中不易产生泡沫，以实现吸收塔内良好的气液接触和塔顶的气液分离。在必要时，可在溶剂中加入少量消泡剂。

7）吸收剂应尽可能满足价廉、易得、无毒、不易燃烧等经济和安全条件。常用吸收剂见表5-1。

**表 5-1 常用吸收剂**

| 污染物 | 适宜的吸收剂 | 污染物 | 适宜的吸收剂 |
|---|---|---|---|
| 氯化氢 | 水、氢氧化钙 | 氯气 | 氢氧化钠、亚硫酸钠 |
| 氟化氢 | 水、碳酸钠 | 氨 | 水、硫酸、硝酸 |
| 二氧化硫 | 氢氧化钠、亚硫酸铵、氢氧化钙 | 苯酚 | 氢氧化钠 |
| 氢氧化物 | 氢氧化钠、硝酸＋亚硝酸钠 | 有机酸 | 氢氧化钠 |
| 硫化氢 | 二乙醇胺、氨水、碳酸钠 | 硫醇 | 次氯酸钠 |

### 5.1.4 吸收设备主要类型

吸收操作是一种气、液接触传质的过程，实现这种过程最常用的设备是吸收塔。其主要作用是为气液两相提供充分的接触面积，使两相间的传质与传热过程能够充分有效地进行，并能使接触之后的气液两相及时分开，互不夹带。所以，吸收设备性能的好坏直接影响产品质量、生产能力、吸收率及消耗定额等。

目前，工业生产中使用的吸收设备种类很多。吸收塔主要有两种：气、液两相在塔内逐级接触的板式塔和气、液两相在塔内连续接触的填料塔。在这两种吸收塔内，气、液两相的流动方式可以是逆流，也可以是并流，通常采用逆流方式：吸收剂从塔顶加入，自上而下流动，与从下向上流动的混合气体接触，吸收溶质，吸收液从塔底排出；混合气体从塔底送入，自下而上流动，溶质被吸收后，尾气从塔顶排出。逆流操作的优点在于，当两相进出口浓度相同时，逆流时的平均传质推动力大于并流，而且利用气、液两相的密度差，有利于两相的分离。但是逆流时，上升的气体对下降的液体将产生较大的曳力，限制了塔内允许的气、液相流量。

板式塔是以两块塔板之间的气、液相为对象，进行进出塔板的气、液相物料衡算，并且认为两块塔板空间内的气、液相传质推动力和传质系数是相同的，因此传质速率也是相同的。

填料塔的传质推动力和传质吸收沿塔高是变化的，每一个截面上的传质速率都是不同的，只能在一个微元填料层高度内认为传质速率相同，进行气、液相物料衡算。因此，对两块塔板之间和微元填料层，均可以根据物料衡算、传质速率和相平衡关系，按照相同的方式计算所能达到的分离效果，然后根据总的分离任务计算所需的塔板数或者填料层高度。

除上述两种吸收塔之外，还有有湍球吸收塔、喷洒吸收塔、喷射式吸收器和文丘里吸收器等。而每种类型的吸收设备都有着各自的长处和不足之处，一个高效的吸收设备应该具备以下要求：

1）能提供足够大的气液两相接触面积和一定的接触时间。

2）气液间的扰动强烈，吸收阻力小，吸收效率高。

3）气流压力损失小。

4）结构简单，操作维修方便，造价低，具有一定的抗腐蚀和防堵塞能力。

常见吸收设备的结构和特点见表5-2。

**表5-2 常见的吸收设备结构和特点**

| 类型 | 设备结构 | 特点 |
|---|---|---|
| 喷射式吸收器 | 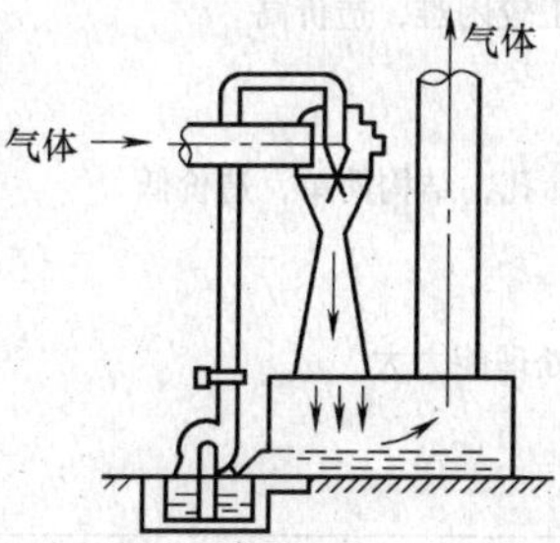 | 喷射式吸收器操作时吸收剂靠泵的动力送到喉头处，由喷嘴喷成细雾或极细的液滴。在喉管处由于吸收剂流速的急剧变化，使部分静压能转化为动能。在气体进口处形成真空，从而使气体吸入。其特点为：<br>1. 吸收剂喷成雾状后与气相接触，增加了两相接触面积，吸收速率高，处理能力大<br>2. 吸收剂利用压力流过喉管雾化而吸气，因此不需要加设送风机，效率较高<br>3. 吸收剂用量较大，但循环使用时可以节省吸收剂用量并提高吸收液中吸收质的浓度 |

（续）

| 类型 | 设备结构 | 特 点 |
|---|---|---|
| 文丘里吸收器 | 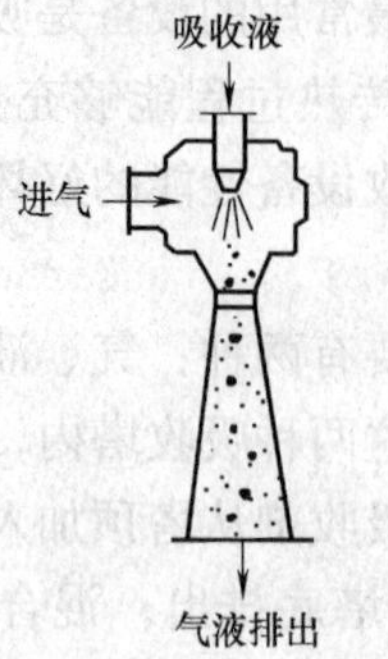 | 文丘里吸收器有多种形式。左图为液体喷射式文丘里吸收器，其特点如下：<br>1. 液体吸收剂借高压由喷嘴喷出，分散成液滴与抽吸过来的气体接触，气液接触效果良好<br>2. 可省去气体送风机，但液体吸收剂用量大，耗能大，仅适用于气量较小的情况，气量大时，需几个文丘里管并联使用 |
| 湍球吸收塔 | 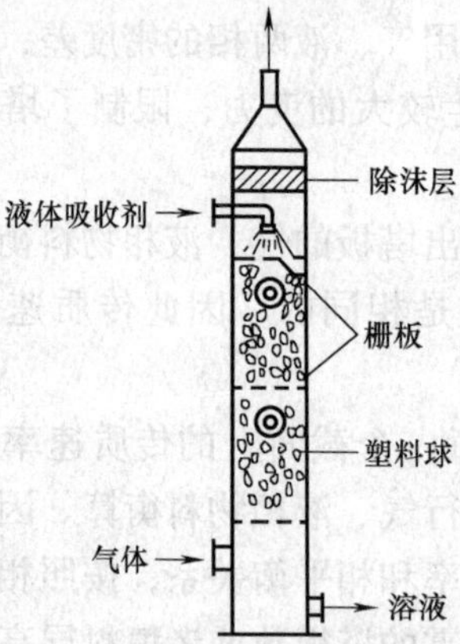 | 湍球塔是填料吸收塔的一种特殊情况，它是以一定数量的轻质小球作为气液两相接触的媒体，气、液、固三相接触，增大了吸收推动力，提高了吸收效率，其特点为：<br>1. 在栅板上放置空心塑料球，塑料球在气流吹动下湍动<br>2. 由于球的湍动，使球表面上的液面不断更新，其气液接触良好，吸收效率高，塔型小而生产能力大，空塔气速达2.5～5m/s<br>3. 不易堵塞，可用于处理含尘的气体及生成沉淀的气体吸收过程，也可用于气体的湿法除尘 |
| 喷洒吸收塔 | 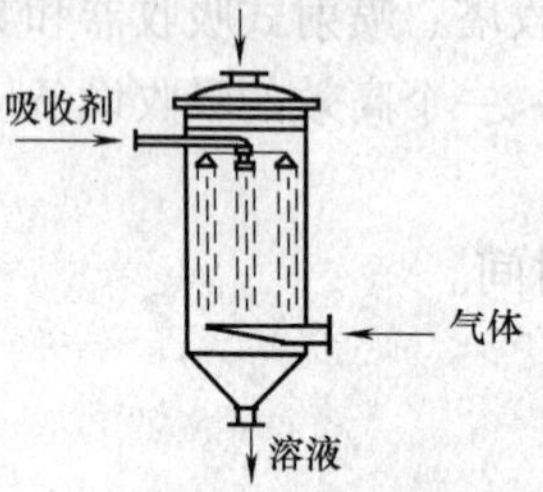 | 喷洒吸收塔有空心式和机械式喷洒两种，左图为空心式喷洒吸收塔。当塔体较高时，常将喷嘴或喷洒器分层布置，也可采用旋风式喷洒塔，其特点为：<br>1. 结构简单、造价低、气体压降小、净化效率不高<br>2. 可兼作气体冷却、除尘设备<br>3. 喷嘴易堵塞，不适于用污浊液体作吸收剂<br>4. 气液接触面积与喷淋密度成正比，喷淋液可循环使用 |
| 板式吸收塔 | 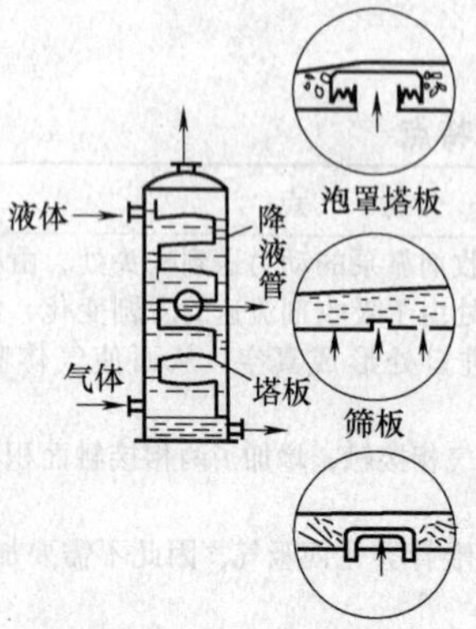 | 常见的板式塔有泡罩塔、筛板塔和浮阀塔<br>泡罩塔的特点：<br>1. 气液接触良好，吸收速率大<br>2. 操作稳定性好，气液流量可以在较大范围内变动<br>3. 结构较复杂，制造加工较困难，造价高<br>4. 压降大<br>筛板塔的特点：<br>1. 塔板上开3～6mm的筛孔，结构简单，造价低<br>2. 处理能力大<br>浮阀塔的特点：<br>1. 结构比泡罩塔简单，处理能力大<br>2. 操作稳定性良好 |

（续）

| 类型 | 设备结构 | 特点 |
|---|---|---|
| 填料吸收塔 | 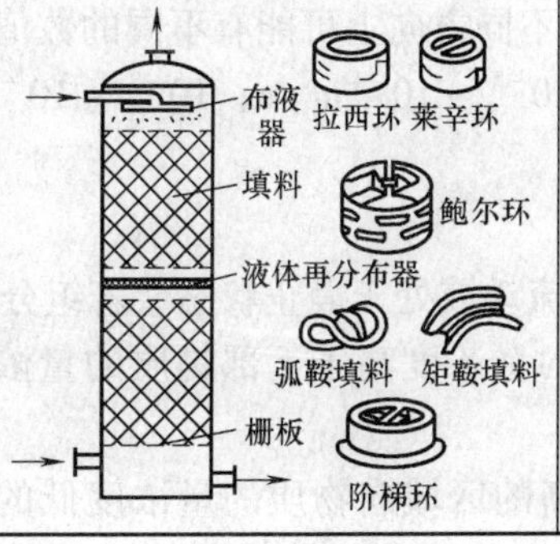 | 在填料吸收塔内，气体和液体的运动常采用逆流操作，很少采用并流操作，其特点为：<br>1. 结构简单，填料可以用金属材料和陶瓷、塑料等耐腐蚀材料制造<br>2. 气液接触面积大，效果良好<br>3. 压降小，操作稳定性较好，空塔气速一般为 0.3～1.0m/s<br>4. 要有足够的液体喷淋量以保证填料表面被液体湿润，一般液体的喷淋密度不小于 $10m^3/(m^2 \cdot h)$<br>5. 不适于含尘量大的气体的吸收，堵塞后不易清扫 |

## 5.2 吸收传质机理

### 5.2.1 分子扩散与 Fick 定律

将有色晶体物质（如蓝色的硫酸铜晶体）置于充满水的静置玻璃瓶底部，开始仅在瓶底呈现出蓝色，随后在瓶内缓慢扩展，一天后向上延伸几厘米。长时间放置，瓶内溶液颜色会趋于均匀。这一有色物质的运动过程是分子随机运动的结果。

这种由分子的微观运动引起的物质扩散称为分子扩散。物质在静止流体及固体中的传递依靠分子扩散。分子扩散的速率很小，对于气体约为10cm/min，对于液体约为0.05cm/min，固体中仅为$10^{-5}$cm/min。

分子扩散的规律可用 Fick 定律描述。

**1. 分子扩散系数**

下式给出了双组分系统的分子扩散系数定义式，即

$$D_{AB} = -\frac{N_{Az}}{\frac{dc_A}{dz}}$$

分子扩散系数是扩散物质在单位物质的量浓度梯度下的扩散速率，表征物质的分子扩散能力，扩散系数大，则表示分子扩散快。分子扩散系数是很重要的物理常数，其数值受体系温度、压力和混合物物质的量浓度等因素的影响。物质在不同条件下的扩散系数一般需要通过实验测定。

对于理想气体及稀溶液，在一定温度、压力下，物质的量浓度变化对 $D_{AB}$ 的影响不大。对于非理想气体及浓溶液，$D_{AB}$ 则是物质的量浓度的函数。

低密度气体、液体和固体的扩散系数随温度的升高而增大，随压力的增加而减小。对于双组分气体物系，扩散系数与总压力成反比，与热力学温度的 1.75 次方成正比，即

$$D_{AB} = D_{AB0}\left(\frac{p_0}{p}\right)\left(\frac{T}{T_0}\right)^{1.75}$$

式中 $D_{AB0}$——物质在压力为 $p_0$、温度为 $T_0$ 时的扩散系数（$m^2/s$）；

$D_{AB}$——物质在压力为 $p$、温度为 $T$ 时的扩散系数（$m^2/s$）。

液体的密度、粘度均比气体高得多，因此物质在液体中的扩散系数远比在气体中的小，在固体中的扩散系数更小，随物质的量浓度而异，且在不同方向上可能有不同的数值。物质在气体、液体、固体中的扩散系数的数量级分别为 $10^{-5} \sim 10^{-4}\,m^2/s$、$10^{-9} \sim 10^{-10}\,m^2/s$、$10^{-9} \sim 10^{-14}\,m^2/s$。

**2. Fick 定律**

某一空间中充满组分 A、B 组成的混合物，无总体流动或处于静止状态。若组分 A 的物质的量浓度为 $c_A$，$c_A$ 沿 $z$ 方向分布不均匀，上部物质的量浓度高于下部物质的量浓度，即 $c_{A1} > c_{A2}$，如图 4-29 所示。

分子热运动的结果将导致 A 分子由物质的量浓度高的区域向物质的量浓度低的区域净扩散流动，即发生由高物质的量浓度区域向低物质的量浓度区域的分子扩散。

在一维稳态情况下，单位时间通过垂直于 $z$ 方向的单位面积扩散的组分 A 的量为

$$N_{Az} = -D_{AB}\frac{dc_A}{dz}$$

式中 $N_{Az}$——单位时间在 $z$ 方向上经单位面积扩散的组分 A 的量，即扩散通量，也称为扩散速率[$kmol/(m^2 \cdot s)$]；

$c_A$——组分 A 的物质的量浓度（$kmol/m^3$）；

$D_{AB}$——组分 A 在组分 B 中进行扩散的分子扩散系数（$m^2/s$）；

$dc_A/dz$——组分 A 在 $z$ 方向上的物质的量浓度梯度［$kmol/(m^3 \cdot m)$］。

该式称为 Fick 定律，表明扩散通量与含量梯度成正比，负号表示组分 A 向含量减小的方向传递。该式是以物质的量浓度表示的 Fick 定律。

设混合物的物质的量浓度为 $c$($kmol/m^3$)，组分 A 的摩尔分数为 $x_A$。当 $c$ 为常数时，由于 $c_A = cx_A$，则式可写为

$$N_{Az} = -cD_{AB}\frac{dx_A}{dz}$$

对于液体混合物，常用质量分数表示含量，于是 Fick 定律又可写为

$$N_{Az} = -\rho D_{AB}\frac{dx_{mA}}{dz}$$

式中 $\rho$——混合物的密度（$kg/m^3$）；

$x_{mA}$——组分 A 的质量分数；

$N_{Az}$——组分 A 的扩散通量［$kg/(m^2 \cdot s)$］。

当混合物的密度为常数时，由于 $\rho_A = \rho x_{mA}$，则上式可写为

$$N_{Az} = -D_{AB}\frac{d\rho_A}{dz}$$

式中 $\rho_A$——组分 A 的质量浓度（$kg/m^3$）；

$d\rho_A/dz$——组分 A 在 $z$ 方向上质量浓度梯度［$kg/(m^3 \cdot m)$］。

因此，Fick 定律表达的物理意义为：由质量浓度梯度引起的组分 A 在 $z$ 方向上的质量通量 = -(分子扩散系数)×($z$ 方向上组分 A 的质量浓度梯度)。

### 5.2.2 气液相平衡与亨利定律

**1. 亨利定律**

在特定的条件下，溶质在气、液两相中的相平衡关系函数可以表达成比较简单的形式，如在稀溶液条件下，温度一定，总压不大（小于 $5\times10^5$Pa），气体溶质的平衡分压和溶解度成正比，其相平衡曲线是一条通过原点的直线，比例系数为亨利系数，这一关系称为亨利（Henry）定律，即

$$p_A^* = Ex_A$$

式中 $p_A^*$——溶质 A 在气相中的平衡分压（Pa）；

$x_A$——溶质 A 在液相中的摩尔分数；

$E$——亨利系数（kPa）。

当气体混合物和溶剂一定时，亨利系数仅随温度而改变，对于大多数物系，温度上升，$E$ 值增大，气体溶解度减小。在同一种溶剂中，难溶气体的 $E$ 值很大，溶解度很小；易溶气体的 $E$ 值则很小，溶解度很大。$E$ 的数值一般由实验测定若干气体水溶液得到。

由于溶质在气、液两相中的组成可以表示成不同的形式，亨利定律也可以写成不同的形式。如果溶质的溶解度用物质的量浓度表示，则亨利定律可写为

$$p_A^* = \frac{c_A}{H}$$

式中 $p_A^*$——溶质 A 在气相中的平衡分压(Pa)；

$c_A$——溶质 A 在液相中的物质的量浓度(kmol/m$^3$)；

$H$——溶解度系数[kmol/(m$^3$·kPa)]。

溶解度系数 $H$ 也是温度、溶质和溶剂的函数，但 $H$ 随温度的升高而降低，易溶气体 $H$ 值较大，难溶气体 $H$ 值较小。

如果溶质在气液两相中的组成均以摩尔分数表示，则亨利定律可写为

$$y_A^* = mx_A$$

式中 $y_A^*$——与溶液平衡的气相中的溶质的摩尔分数，量纲为一；

$x_A$——溶质在液相中的摩尔分数；

$m$——相平衡常数，量纲为一。

相平衡常数 $m$ 随温度、压力和物系而变化，$m$ 数值通过实验测定，$m$ 值越小，表明该气体的溶解度越大，越有利于吸收操作。对一定的物系，$m$ 值是温度和压力的函数。

亨利定律虽然有不同的表达形式，但是其实质都是反映了溶质在气、液两相间的平衡关系。三个常数之间的关系为

$$E = mp$$

$$E = \frac{c_0}{H}$$

式中 $p$——气相总压力（Pa）；

$c_0$——液相总物质的量浓度［kmol/m$^3$］。

溶解度系数 $H$ 与亨利系数 $E$ 的关系为

$$\frac{1}{H}\approx\frac{EM_s}{\rho_s}$$

式中 $M_s$——吸收剂的摩尔质量（kg/kmol）；

$\rho_s$——吸收剂的密度（$kg/m^3$）。

在单组分物理吸收过程中，气体溶质在气、液两相之间传递，而惰性气体和溶剂物质的量是保持不变的，因此以它们为基准，用摩尔比表示平衡关系会比较方便。

$$\text{气相摩尔比 } Y_A=\frac{\text{气相中溶质的物质的量}}{\text{气相中惰性气体的物质的量}}$$

$$\text{液相摩尔比 } X_A=\frac{\text{液相中溶质的物质的量}}{\text{液相中溶剂的物质的量}}$$

所以，溶质在混合气体和溶液中的摩尔分数又可以分别表示为

$$y_A=\frac{Y_A}{1+Y_A}$$

$$x_A=\frac{X_A}{1+X_A}$$

将上面两式代入亨利定律，得

$$Y_A^*=\frac{mX_A}{1+(1-m)X_A}$$

当溶液浓度很低时，$X_A$ 很小，上式可近似写为

$$Y_A^*=mX_A$$

可见，在稀溶液条件下，气、液两相物质的摩尔比也可以近似用线性关系表示。

**2. 气—液平衡**

在一定的条件（温度、压力等）下，气相溶质与液相吸收剂接触，溶质不断地溶解在吸收剂中，同时溶解在吸收剂中的溶质也在向气相挥发。随着气相中溶质分压的不断减小，吸收剂中溶质含量的不断增加，气相溶质向吸收剂的溶解速率与溶质从吸收剂向气相的挥发速率趋于相等，即气相中溶质的分压和液相中溶质的含量都不再变化，保持恒定。此时的状态为气、液两相达到动态平衡状态。溶质组分在气相中的分压称为平衡分压，溶质组分在液相中的饱和物质的量浓度称为平衡物质的量浓度。在平衡条件下，溶质在气液两相中的组成存在某种特定的对应关系，称为相平衡关系。在温度和总压一定的条件下，溶质在液相中的溶解度只取决于溶质在气相中的组成。

吸收平衡线是表示吸收过程中气液相平衡关系的图线，在吸收过程中通常用 $X$-$Y$ 图表示，如图 5-1 所示。

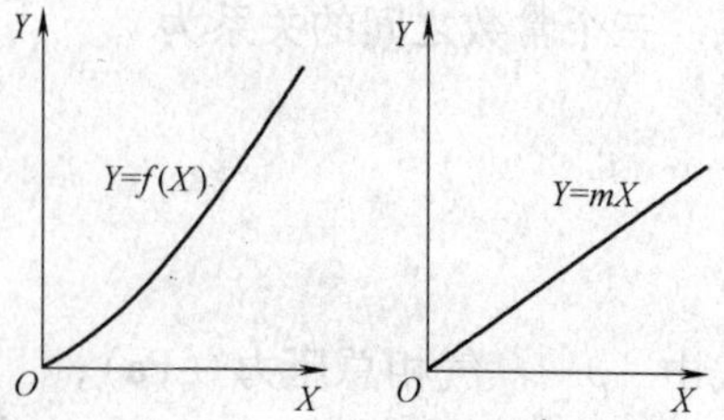

图 5-1 吸收平衡线

由于溶质在气、液两相中的组成有多种表示形式，可以用质量浓度、质量分数、质量比或者物质的量浓度、摩尔分数、摩尔比等表示，在气相中的组成还可以用分压值表示，因此溶质气、液两相组成的平衡关系函

数可以有不同的表达形式，但其实质都是一样的。

相平衡关系在吸收过程中的应用有以下几种：

（1）判别过程进行的方向和限度　气体吸收是物质自气相到液相的转移过程，属于传质过程。混合气体中某一组分能否进入溶剂里，由气体中该组分的分压 $p_A$ 和与液相平衡的该组分的平衡分压 $p_A$ 来决定，如图 5-2 所示。

如果 $p_A > p^*_A$ 这个组分便可自气相转移到液相，此过程称为吸收过程。转移的结果是溶液里溶质的含量增高，其平衡分压 $p^*_A$ 也随着增高。

当 $p_A = p^*_A$ 时，宏观传质过程停止，这时气液两相达到相平衡。

若 $p^*_A > p_A$ 时，则溶质便要从溶液中释放出来，即从液相转移到气相，这种过程称为解吸。

因此，根据两相的平衡关系就可判断传质过程的方向与极限。

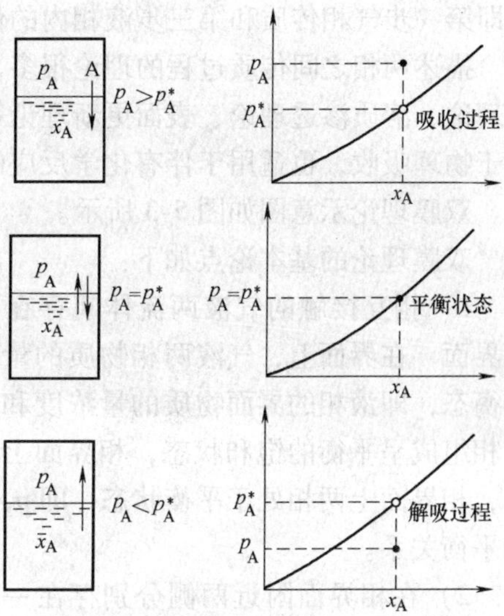


图 5-2　传质过程的方向和限度

（2）确定吸收过程的推动力　在吸收过程中，通常以实际含量与平衡含量的偏离程度来表示吸收的推动力。显然，当 $p_A > p^*_A$ 或 $Y_A > Y^*_A$ 时，状态点处于平衡线的上方，它是吸收过程进行的必要条件，如图 5-2 所示。状态点距平衡线的距离越远，气液接触的实际状态偏离平衡状态的程度越大，其吸收过程中的推动力 $\Delta p = p_A - p^*_A$ 就越大，吸收速率也就越大。在其他条件相同的情况下，吸收越容易进行；反之，吸收越难进行。

### 5.2.3　吸收传质机理

**1. 传质的基本方式**

无论是气相内传质还是液相内传质，物质传递的方式都包括两种基本方式，即分子扩散和对流扩散。

（1）分子扩散　当流体内部某一组分存在含量差时，因微观的分子热运动使组分从含量高处传递到含量低处，这种现象称为分子扩散。分子扩散发生在静止或层流流体里。将一勺砂糖放进一杯水中，片刻后整杯的水都会变甜，这就是分子扩散的结果。

（2）对流扩散　分子扩散现象只存在于静止流体或层流流体中。但工业生产中常见的是物质在湍流流体中的对流传质现象。与对流传热类似，对流传质通常指流体与某一界面之间的传质。当流体流动或搅拌时，由于流体质点的宏观运动，使组分从含量高处向含量低处移动，这种现象称为涡流扩散或湍流扩散。而在湍流流体中，对流扩散则是分子扩散和涡流扩散共同作用的结果。

**2. 吸收过程与双膜理论**

吸收过程即传质过程，它包括三个步骤：溶质由气相主体传递到两相界面，即气相内的物质传递；溶质在相界面上的溶解，由气相转入液相，即界面上发生的溶解过程；溶质自界面被传递至液相主体，即液相内的物质传递。

通常，第二步很容易进行，其阻力很小，故认为相界面上的溶解推动力亦很小，小至可认为其推动力为零，则相界面上气、液组成满足相平衡关系，这样总过程的速率将由两个单相即第一步气相传质和第三步液相内的传质速率所决定。

描述两相之间传质过程的理论很多，许多学者对吸收机理提出了不同的简化模型，如双膜理论、溶质渗透理论、表面更新理论等，其中双膜理论一直占有很重要的地位。它不仅适用于物理吸收，也适用于伴有化学反应的化学吸收过程。

双膜理论示意图如图 5-3 所示。

双膜理论的基本论点如下：

1）相互接触的气液两流体间存在着稳定的相界面，在界面上，气液两相物质的量浓度互呈平衡态，即液相的界面物质的量浓度和界面处的气相组成呈平衡的饱和状态，相界面上无扩散阻力，相界面上两相处于平衡状态，即 $p_{A,i}$ 与 $c_{A,i}$ 符合平衡关系。

2）在相界面附近两侧分别存在一层稳定的滞留膜层称为气膜和液膜。气膜和液膜集中了吸收的全部阻力。

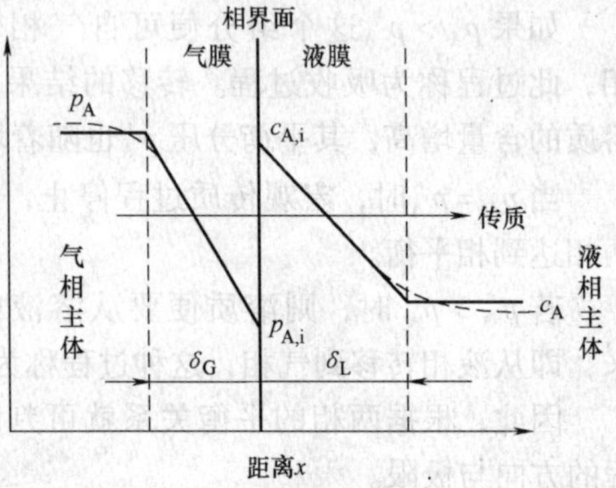


图 5-3 双膜理论

3）在两相主体中吸收质的物质的量浓度均匀一致，因而不存在传质阻力，仅在薄膜中发生物质的量浓度变化；存在分子扩散阻力，两相薄膜中的物质的量浓度差等于膜外的气液两相的平均物质的量浓度差。

吸收质通过气相主体以分压差 $p_A - p_{A,i}$ 为推动力克服气膜的阻力，从气相主体以分子扩散的方式通过气膜相界面，相界面上吸收质在液相中的物质的量浓度 $c_{A,i}$ 与 $p_{A,i}$ 平衡，吸收质又以物质的量浓度差 $c_{A,i} - c_A$ 为推动力克服液膜的阻力，以分子扩散的方式通过液膜，从相界面扩散到液相主体中去，完成整个吸收过程。

通过上述分析可以看出，传质的推动力来自吸收质组分的分压差和在溶液中该组分的物质的量浓度差，而传质阻力主要来自气膜和液膜内。

## 5.2.4 吸收传质速率方程

吸收速率指单位时间内单位相际传质面积上吸收的溶质的量。表明吸收速率与吸收推动力之间关系的数学表达式称为吸收传质速率方程。吸收速率用 $N_A$ 表示，单位是 kmol/(m$^2$·s)。

由于吸收系数及其相应的推动力的表达方式多种多样，因此出现了多种形式的吸收速率方程式。

**1. 相内吸收速率方程**

（1）液相膜内传质速率方程

$$N_A = k_x(x_i - x) = \frac{x_i - x}{\dfrac{1}{k_x}}$$

$$N_A = k_L(c_i - c) = \frac{c_i - c}{\dfrac{1}{k_L}}$$

$$N_A = k_X(X_i - X) = \frac{X_i - X}{\frac{1}{k_X}}$$

式中 $N_A$——吸收速率 [kmol/(m$^2$·s)];

$k_x$——以液相摩尔分率差 ($x_i - x$) 表示推动力的液相传质系数 [kmol/(m$^2$·s)];

$k_L$——以液相物质的量浓度差 ($c_i - c$) 表示推动力的液相传质系数 (m/s);

$k_X$——以液相摩尔比差 ($X_i - X$) 表示推动力的液相传质系数 [kmol/(m$^2$·s)]。

液相传质系数之间的关系 $k_x = ck_L$

当吸收后所得溶液为稀溶液时 $k_X = ck_L$

(2) 气膜内吸收速率方程

$$N_A = k_y(y - y_i) = \frac{y - y_i}{\frac{1}{k_y}}$$

$$N_A = k_G(p - p_i) = \frac{p - p_i}{\frac{1}{k_G}}$$

$$N_A = k_Y(Y - Y_i) = \frac{Y - Y_i}{\frac{1}{k_Y}}$$

式中 $k_y$——以摩尔分数差 ($y - y_i$) 表示推动力的液相传质系数 [kmol/(m$^2$·s)];

$k_G$——以分压差 ($p - p_i$) 表示推动力的气相传质系数 [kmol/(m$^2$·s·kPa)];

$k_Y$——以摩尔比之差 ($Y - Y_i$) 表示推动力的气相传质系数 [kmol/(m$^2$·s)]。

气相传质系数之间的关系 $k_y = pk_G$

同理得出低浓度气体吸收时 $k_Y = pk_G$

**2. 相际传质速率方程**

(1) 以气相组成表示的总传质速率方程　此时总传质速率方程称为气相总传质速率方程，具体如下：

$$N_A = K_y(y - y^*)$$
$$N_A = K_G(p - p^*)$$
$$N_A = K_Y(Y - Y^*)$$

式中 $K_y$——以气相摩尔分数差 ($y - y^*$) 表示推动力的气相总传质系数 [kmol/(m$^2$·s)];

$K_G$——以气相分压差 ($p - p^*$) 表示推动力的气相总传质系数 [kmol/(m$^2$·s·kPa)];

$K_Y$——以气相摩尔比之差 ($Y - Y^*$) 表示推动力的气相总传质系数 [kmol/(m$^2$·s)]。

(2) 以液相组成表示的总传质速率方程　此时总传质速率方程称为液相总传质速率方程，具体如下：

$$N_A = K_x(x^* - x)$$
$$N_A = K_L(c^* - c)$$
$$N_A = K_X(X^* - X)$$

式中 $K_x$——以液相摩尔分数差 ($x^* - x$) 表示推动力的液相传质系数 [kmol/(m$^2$·s)];

$K_L$——以液相物质的量浓度差（$c^* - c$）表示推动力的液相传质系数（m/s）；

$K_X$——以液相摩尔比差（$X^* - X$）表示推动力的液相传质系数［kmol/(m$^2$·s)］。

由于传质速率方程式形式多种多样，使用时应该注意以下几点：

1）传质系数与传质推动力表示方式必须对应。如总传质系数与总传质推动力形式对应，膜内传质系数要与膜内传质推动力的表达形式相对应。

2）掌握各传质系数的单位与所对应的传质推动力的表达形式。能够根据已知条件的单位判断出推动力的表达形式类型。

3）同传质系数之间的换算关系。$K_Y$ 与 $K_X$ 尽管其数值大小接近，但并不相等，因为它们所对应的传质推动力不相同。

## 5.3 吸收在环境工程中的应用

### 5.3.1 吸收在化工领域中的应用

净化原料气及精制气体产品：如用水（或碳酸钾水溶液）脱除合成氨原料气中的 $CO_2$ 等。制取液体产品或半成品：如水吸收 $NO_2$ 制取硝酸；水吸收 HCl 制取盐酸等。分离获得混合气体中的有用组分：如用洗油从焦炉煤气中回收粗苯等。

### 5.3.2 吸收在环境领域中的应用

1）净化有害气体。

2）湿式烟气脱硫，如用水或碱液吸收烟气中 $SO_2$，石灰/石灰石洗涤烟气脱硫。

3）喷雾干燥烟气脱硫，$SO_2$ 被雾化的 $Ca(OH)_2$ 浆液或 $Na_2CO_3$ 溶液吸收。水、酸吸收净化含 $NO_x$ 废气。

4）回收有用物质，如用吸收法净化石油炼制尾气中的硫化氢的同时，还可以回收有用的元素硫。能够用吸收法净化的气态污染物主要有：$SO_2$、$H_2S$、HF 和 $NO_x$ 等。

5）其他应用，曝气充氧。

## 思 考 题

1. 吸收法分离气体混合物的依据是什么？选择吸收剂的原则是什么？
2. 何谓平衡分压和溶解度？对于一定的物系，气体溶解度与哪些因素有关？
3. 化学吸收与物理吸收的本质区别是什么？化学吸收有何特点？
4. 双膜理论的要点是什么？
5. 用水吸收混合气体中的 $CO_2$ 属于什么控制过程？提高其吸收速率的有效措施是什么？
6. 比较温度、压力对亨利系数及相平衡常数的影响。
7. 填料的作用是什么？对填料有哪些基本要求？

## 参 考 文 献

[1] 姚玉英．化工原理：上册［M］．修订版．天津：天津科技出版社，2005.
[2] 赵文，王晓红，康继国，等．化工原理［M］．东营：中国石油大学出版社，2001.

# 第 6 章 吸附机理

6

**本章提要：** 吸附分离操作是通过多孔固体物料与某一混合组分体系接触，有选择地使体系中的一种或多种组分附着于固体表面，从而实现特定组分分离的操作过程。其中被吸附到固体表面的组分称为吸附质，吸附吸附质的多孔固体称为吸附剂。吸附质附着到吸附剂表面的过程称为吸附，而吸附质从吸附剂表面逃逸到另一相中的过程称为解吸。通过解吸，吸附剂的吸附能力得到恢复，故解吸也称为吸附剂的再生。作为被分离对象的体系可以是气相，也可以是液相，因此吸附过程发生在“气-固”或“液-固”体系的非均相界面上。

## 6.1 吸附基本理论

### 6.1.1 吸附基本概念

吸附（adsorption）是指在固相-气相、固相-液相、固相-固相、液相-气相、液相-液相等体系中，某个相的物质密度或溶于该相中的溶质含量在界面上发生改变（与本体相不同）的现象。

吸附剂（adsorbent）具有吸附作用的物质。

吸附质（adsorbate）被吸附的物质。

吸附等温线（adsorption isotherm）：温度一定时，吸附量与压力（气相）或含量（液相）的关系。

吸附等压线（adsorption isobar）：压力一定时，吸附量与温度的关系。

吸附等量线（adsorption isostere）：吸附量一定时，压力与温度的关系。

### 6.1.2 吸附机理及其分类

**1. 按作用力性质分类**

根据吸附质和吸附剂之间吸附力的不同，可将吸附操作分为物理吸附与化学吸附两大类。物理吸附是吸附剂分子与吸附质分子间吸引力作用的结果，这种吸引力称为范德华力，所以物理吸附也称范德华吸附。因物理吸附中分子间结合力较弱，只要外界施加部分能量，吸附质很容易脱离吸附剂，这种现象称为脱附（或脱吸）。如固体和气体接触时，若固体表面分子与气体分子间引力大于气体内部分子间的引力，气体就会凝结在固体表面，当吸附过程达到平衡时，吸附在吸附剂上的吸附质的蒸气压应等于其在气相中的分压，这时若提高温度或降低吸附质在气相中的分压，部分气体分子将脱离固体表面回到气相中，即“脱吸”。所以应用物理吸附容易实现气体或液体混合物的分离。

化学吸附又称活性吸附，它是由于吸附剂和吸附质之间发生化学反应而引起的，化学吸附的强弱取决于两种分子之间化学键力的大小。吸附过程是放热过程，由于通常化学键力大大超过范德华力，所以化学吸附的吸附热比物理吸附的吸附热大得多，这一过程往往是不可逆的。物理吸附的吸附热在数值上与吸附质的冷凝热相当，而化学吸附的吸附热在数值上相当于化学反应热。化学吸附在化学催化反应中起重要作用，但在分离过程中应用较少，本章主要讨论物理吸附。要判断一个吸附过程是物理吸附还是化学吸附，可通过下列一些现象进行判断：

1）化学吸附热与化学反应热相近，比物理吸附热大得多。

2）化学吸附与化学反应一样，有较高的选择性，物理吸附则没有很高的选择性，它主要取决于气体或液体的物理性质及吸附剂的特性。

3）温度升高，化学吸附速率加快，而物理吸附速率可能降低。在低温下，有些物理吸附速率也较大。

4）化学吸附力是化学键结合力，这种吸附总是单分子层或单原子层吸附，而物理吸附则不同，吸附质压力低时，一般是单分子层吸附，但随着吸附质压力的提高，可能转变为多分子层吸附。

**2. 按吸附剂再生方法分类**

吸附过程还可以根据吸附剂的再生方法分为变温吸附（Temperature Swing Adsorption，TSA）和变压吸附（Pressure Swing Adsorption，PSA）。在TSA循环中，吸附剂主要靠加热法得到再生。一般加热是借助预热清洗气体来实现，每个加热—冷却循环通常需要数小时乃至数十小时。因此，TSA几乎专门用于处理量较小的物料的分离。

PSA循环过程是通过改变系统的压力来实现的。系统加压时，吸附质被吸附剂吸附，系统降低压力，则吸附剂发生解吸，再通过惰性气体的清洗，吸附剂得到再生。由于压力的改变可以在极短时间内完成，所以PSA循环过程通常只需要数分钟乃至数秒钟。PSA循环过程被广泛用于大通量气体混合物的分离。

**3. 按原料组成分类**

分离过程也可以根据吸附质组分的含量分为大吸附量分离和杂质去除。两者之间并没有明确的分界线，通常当被吸附组分的质量分数超过10%时，称为大吸附量分离，当被吸附组分的质量分数低于10%时，称为杂质去除。

**4. 按分离机理分类**

吸附分离是借助三种机理之一来实现的，即位阻效应、动力学效应和平衡效应。位阻效应是由沸石的分子筛分性质产生的。当流体通过吸附剂时，只有足够小且形状适当的分子才能扩散进入吸附剂微孔，而其他分子则被阻挡在外。动力学分离是借助不同分子的扩散速率之差来实现的。大部分吸附过程都是通过流体的平衡吸附来完成的，故称之为平衡分离过程。

### 6.1.3 吸附平衡与吸附模型

吸附是与吸附剂和吸附质的性质、吸附剂的表面特性及其他多种条件相关的复杂现象。

目前，对单组分气体的吸附研究比较透彻，其他像混合气体的同时吸附、液相吸附等的机理尚未充分了解，一些相关的理论在应用上都有一定的局限性。

**1. 吸附平衡**

在一定温度和压力下，当气体或液体与固体吸附剂有足够接触时间，吸附剂吸附气体或液体分子的量与从吸附剂中解吸的量相等时，气相或液相中吸附质的含量不再发生变化，这时吸附达到平衡状态，称为吸附平衡。

吸附平衡量 $q$ 是吸附过程的极限量，单位质量吸附剂的平衡吸附量受到许多因素的影响，如吸附剂的化学组成和表面结构，吸附质在流体中的含量、操作温度、压力等。

**2. 单组分气体吸附**

首先考虑单一组分气体的吸附或混合气体中只有一个组分发生吸附而其他组分几乎不被吸附的情况。一般来说，吸附剂对于相对分子质量大、临界温度高、挥发度低的气体组分的吸附要比对相对分子质量小、临界温度低、挥发度高的气体组分的吸附更加容易。优先被吸附的组分可以置换已经被吸附的其他组分。在溶剂回收、气体精制过程中，经常遇到的情况是用吸附剂处理混有苯、丙酮、水蒸气等组分的空气。这时，挥发度较高的空气的存在可以认为不对吸附剂与这些低挥发度气体组分之间的平衡关系产生任何影响。而只有进行挥发度相近组分的混合气体的吸附分离时，各组分的吸附量才存在平衡关系。

在一定条件下吸附剂与吸附质接触时，吸附质会在吸附剂上发生凝聚，与此同时，凝聚在吸附剂表面的吸附质也会向气相中逸出。当两者的变化速率相等，吸附质在气固两相中的含量不再随时间发生变化时，称这种状态为吸附平衡状态。当气体和固体的性质一定时，平衡吸附量是气体压力及温度的函数。

（1）Freundlich 方程　吸附平衡关系可以用不同的方法表示，通常用等温下单位质量吸附剂的吸附容量 $q$ 与气相中吸附质的分压间的关系来表示，即 $q=f(p)$，表示 $p$ 与 $q$ 之间关系的曲线称为吸附等温线。由于吸附剂和吸附质分子间作用力的不同，形成了不同形状的吸附等温线。图6-1 所示是5 种类型的吸附等温线，图中横坐标是相对压力 $p/p^*$，其中 $p$ 是吸附平衡时吸附质分压，$p^*$ 为该温度下吸附质的饱和蒸气压，纵坐标是吸附量 $q$。

图6-1 中Ⅰ、Ⅱ、Ⅳ型曲线开始一段对吸附量坐标方向凸出，称为优惠等温线，从图中可以看出当吸附质的分压很低时，吸附剂的吸附量仍保持在较高水平，从而保证痕量吸附质的脱除；而Ⅲ、Ⅴ型曲线开始一段线对吸附量坐标方向下凹，属非优惠吸附等温线。

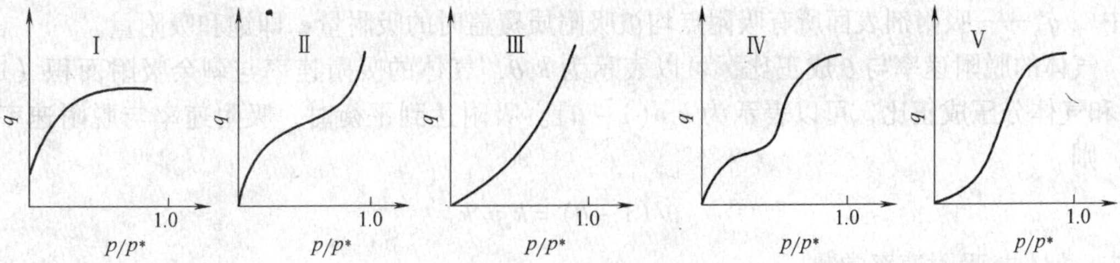


图6-1　吸附等温线

吸附作用是固体表面力作用的结果，但这种表面力的性质至今未被充分了解。为了说明吸附作用，许多学者提出了多种假设或理论，但只能解释有限的吸附现象，可靠的吸附等温线只能依靠实验测定。

图6-2所示为活性炭对三种物质在不同温度下的吸附等温线。由图6-2可知，对于同一种物质，如丙酮，在同一平衡分压下，平衡吸附量随着温度升高而降低，所以工业生产中常用升温的方法使吸附剂脱附再生。同样，在一定温度下，随着气体压力的升高平衡吸附量增加。这也是工业生产中用改变压力使吸附剂脱附再生的方法之一。

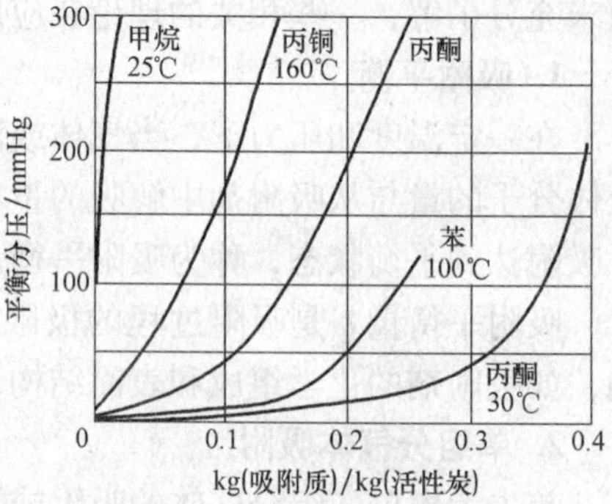

图6-2　活性炭吸附平衡曲线

不同的气体（或蒸气）在相同条件下吸附程度差异较大，如在100℃和相同气体平衡分压下，苯的平衡吸附量比丙酮平衡吸附量大得多。一般相对分子质量较大而露点温度较高的气体（或蒸气）吸附平衡量较大，其次，化学性质的差异也影响平衡吸附量。

吸附剂在使用过程中经反复吸附解吸，其微孔和表面结构会发生变化，随之其吸附性能也将发生变化，有时会出现吸附得到的吸附等温线与脱附得到的解吸等温线在一定区间内不能重合的现象，这一现象称为吸附的滞留现象。如果出现滞留现象，则在相同的平衡吸附量下，吸附平衡压力一定高于脱附的平衡压力。

（2）朗格缪尔（Langmuir）方程　Langmuir的研究认为固体表面的原子或分子存在向外的剩余价力，它可以捕捉气体分子。这种剩余价力的作用范围与分子直径相当，因此吸附剂表面只能发生单分子层吸附。该方程推导的基本假定为：

1）吸附剂表面性质均一，每一个具有剩余价力的表面分子或原子吸附一个气体分子。

2）气体分子在固体表面为单层吸附。

3）吸附是动态的，被吸附分子受热运动影响可以重新回到气相。

4）吸附过程类似于气体的凝结过程，脱附类似于液体的蒸发过程。达到吸附平衡时，脱附速度等于吸附速度。

5）气体分子在固体表面的凝结速度正比于该组分的气相分压。

6）吸附在固体表面的气体分子之间无作用力。

设吸附剂表面覆盖率为$\theta$，则$\theta$可以表示为

$$\theta = q/q_m$$

式中　$q_m$——吸附剂表面所有吸附点均被吸附质覆盖时的吸附量，即饱和吸附量。

气体的脱附速率与$\theta$成正比，可以表示为$k_d\theta$，气体的吸附速率与剩余吸附面积（$1-\theta$）和气体分压成正比，可以表示为$k_a p(1-\theta)$。吸附达到平衡时，吸附速率与脱附速率相等，则

$$\theta/(1-\theta) = k_a p/k_d$$

式中　$k_a$——吸附速率常数；

$k_d$——脱附速率常数。

上式整理后可得单分子层吸附的Langmuir方程

$$q = (k_1 q_m p)/(1 + k_1 p)$$

式中　$q_m$——吸附剂的饱和吸附量，即吸附剂的吸附位置被吸附质占满时的吸附量[kg(吸

附质)/kg(吸附剂)];

$q$——实际平衡吸附量[kg(吸附质)/kg(吸附剂)];

$p$——吸附质在气相混合物中的分压(Pa);

$k_1$——朗格缪尔常数,与吸附剂和吸附质的性质以及温度有关,其值越大,表示吸附剂的吸附能力越强。

该方程能较好地描述低、中压力范围的吸附等温线。当气相中吸附质分压较高,接近饱和蒸气压时,该方程产生偏差。这是由于这时的吸附质可以在微细的毛细管中冷凝,单分子层吸附的假设不再成立的缘故。

上式还可写成

$$p/q = p/q_m + 1/k_1 q_m$$

如以 $p/q$ 为纵坐标,$p$ 为横坐标作图,可得一直线,利用该直线斜率 $1/q_m$,可以求出形成单分子层的吸附量。朗格缪尔方程仅适用于Ⅰ型等温线,如用活性炭吸附 $N_2$、Ar、$CH_4$ 等气体。

(3)BET 方程(Brunauer、Emmett、Teller) 该方程是 Brunauer、Emmett 和 Teller 等人基于多分子层吸附模型推导出来的。BET 理论认为吸附过程取决于范德华力。由于这种力的作用,可使吸附质在吸附剂表面吸附一层以后,再一层一层吸附下去,只不过逐渐减弱而已。

BET 吸附模型是在朗格缪尔等温吸附模型基础上建立起来的,BET 方程是等温多分子层的吸附模型,其假定条件为:

1)吸附剂表面为多分子层吸附。

2)被吸附组分之间没有相互作用力,吸附的分子可以累叠,而每层的吸附服从朗格缪尔吸附模型。

3)第一层吸附释放的热量为物理吸附热,第二层及以上吸附释放的热量为液化热。

4)总吸附量为各层吸附量的总和。

在上述假设条件下,吸附量 $q$ 与吸附平衡分压 $p$ 的关系为

$$q = \frac{\dfrac{q_m k_b p}{p^*}}{\left(1 - \dfrac{p}{p^*}\right)\left[1 + (k_b - 1)\dfrac{p}{p^*}\right]}$$

式中 $q_m$——第一层单分子层的饱和吸附量[kg(吸附质)/kg(吸附剂)];

$p^*$——吸附温度下,气体中吸附质的饱和蒸气压(Pa);

$k_b$——与吸附热有关的常数。

本式的适用范围为 $p/p^* = 0.05 \sim 0.35$,若吸附质的平衡分压远小于其饱和蒸气压,则本式即为朗格缪尔方程,BET 方程可认为是广泛的朗格缪尔方程。BTE 方程适用于Ⅰ、Ⅱ、Ⅲ型等温线。BET 方程中有两个需要通过实验测定的参数($q_m$ 和 $k_b$),该方程的适应性较广,可以描述多种类型的吸附等温线,但在吸附质分压很低或很高时会产生较大误差。

描述吸附平衡的吸附等温方程除朗格缪尔方程和 BET 方程外,还有基于不同假设条件、不同吸附机理的等温吸附方程,如 Freundlich 方程、哈金斯-尤拉方程等。

当吸附剂对混合气体中的两个组分吸附性能相近时,为双组分吸附,此情况下,吸附剂对某一组分的吸附量不仅与温度和该组分的分压有关,还与该组分在双组分混合物中所占的

摩尔分率有关。至今还没有合适的数学模型对组分吸附平衡关系进行描述。

**3. 双组分气体吸附**

混合气体中有两种组分发生吸附时，每一种组分吸附量均受另一种组分的影响。图 6-3 表示的是将乙烷-乙烯混合气体在 25℃、0.1MPa 条件下，用活性炭和硅胶吸附时，气相中乙烷的摩尔分数 $x$ 和吸附相中乙烷的摩尔分数 $y$ 的关系，这与气—液平衡中的 $x$-$y$ 图类似。从图中可以看出，活性炭对乙烷的吸附较多，而硅胶对乙烯的吸附较多。

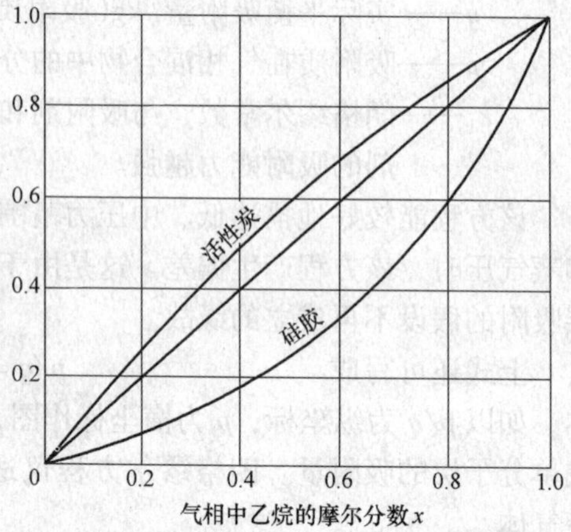


图 6-3 乙烷–乙烯混合气体的平衡吸附

（1）吸附的相对挥发度 $\alpha$　设混合气体吸附平衡时 A、B 组分的吸附量分别为 $q_A$、$q_B$［kmol/kg（吸附剂）］，气相中的分压分别为 $p_A$、$p_B$，A 组分在气相和吸附相中的摩尔分数分别为 $y_A$、$x_A$ 则 A 组分相对于 B 组分的相对挥发度 $\alpha$ 可以表示为

$$\alpha = \frac{p_B y_A}{p_A(1-y_A)} = \frac{p_B q_A}{p_A q_B} = \frac{(1-x_A)q_A}{x_A q_B} = \frac{y_A(1-x_A)}{x_A(1-y_A)}$$

根据 Lewis 等人对碳氢化合物气体进行测定的结果，气相摩尔分数为 0.5 时的 $\alpha$ 值，在各种摩尔分数条件下的计算结果和实验结果具有良好的一致性，$\alpha$ 可以是一定值，而且对于三组分体系也可以使用双组分体系的 $\alpha$。

（2）各组分的吸附量　Lewis 等人提出，对于碳氢化合物体系，设 $q_{A0}$、$q_{B0}$ 分别为各组分单独存在且压力等于双组分总压时的平衡吸附量［kmol/kg（吸附剂）］，则下列关系成立

$$\frac{q_A}{q_{A0}} + \frac{q_B}{q_{B0}} = 1$$

这种关系也可以扩展到三组分体系。

**4. 液相吸附平衡**

液相吸附的机理比气相吸附复杂得多，这是因为溶剂的种类影响吸附剂对溶质（吸附质）的吸附，因为溶质在不同的溶剂中，其分子大小不同，吸附剂对溶剂也有一定的吸附作用，不同的溶剂，吸附剂对溶剂的吸附量也是不同的，这种吸附必然影响吸附剂对溶质的吸附量。一般来说，吸附剂对溶质的吸附量随温度升高而降低，溶质的含量越大，其吸附量亦越大。

对于稀溶液，在较小温度范围内，吸附等温线可用 Freundlich 经验方程式表示

$$c^* = K[V(c_0 - c^*)]^{(1/n)}$$

式中　$K$、$n$——液相吸附平衡体系的特性常数，$n \geqslant 1$；

$V$——单位质量吸附剂处理的溶液体积[m$^3$(溶液)/kg(吸附剂)];

$c_0$——溶质(吸附质)在液相中的初始质量浓度[kg(溶质)/m$^3$(溶液)];

$c^*$——溶质(吸附质)在液相中的平衡质量浓度[kg(溶质)/m$^3$(溶液)]。

以 $c^*$ 为纵坐标,$V(c_0-c^*)$为横坐标,在双对数坐标上作图,则本式在双对数坐标中是斜率为 $1/n$,截距为 $K$ 的一条直线,如图6-4中A、B两条线所示。C线则表示在高质量浓度范围时,直线有所偏差。由于吸附等温线的斜率随吸附质分压的增加有较大变化,该方程往往不能描述整个分压范围的平衡关系,特别是在低压和高压区域内不能得到满意的实验拟合效果。可见应用Freundlich方程应在适宜的质量浓度范围内。

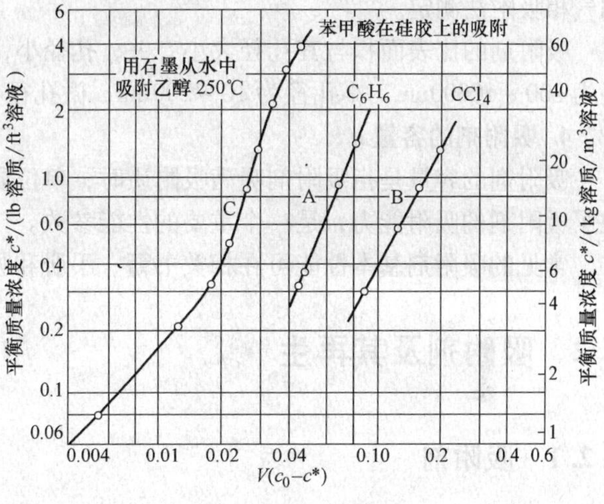


图6-4 液相吸附等温线

在某些情况下,如在进行蔗糖、植物油、矿物油等的脱色处理时,尽管不知道吸附质的成分和性质,通过测定脱色前后的色度可以发现,脱色度和脱色后的平衡色度之间的关系符合Freundlich方程式。

### 6.1.4 影响吸附的因素

吸附剂的多孔结构和较大的比表面积导致其有大的吸附量。所以吸附剂的基础性能与孔结构和比表面积有关。

**1. 密度**

(1)填充密度 $\rho_0$ 填充密度又称堆积密度,指单位填充体积的吸附剂质量。这里的单位填充体积包含了吸附剂颗粒间的孔隙体积。

填充密度的测量方法通常是将烘干的吸附剂装入一定体积的容器中,摇实至体积不变,此时吸附剂的质量与其体积之比即为填充密度。

(2)表观密度 $\rho_p$ 表观密度是指单位体积的吸附剂质量。这里的单位体积未包含吸附剂颗粒间的孔隙体积。真空下苯置换法可测量表观密度。

(3)真实密度 $\rho_t$ 真实密度是指扣除吸附剂孔隙体积后的单位体积的吸附剂质量。常用氦、氖及有机溶剂置换法来测定真实密度。

**2. 孔隙率**

吸附剂床层的孔隙率 $\varepsilon_b$ 指堆积的吸附剂颗粒间孔隙体积与堆积体积之比。可用常压下汞置换法测量。

吸附剂颗粒的孔隙率 $\varepsilon_p$,是指单个吸附剂颗粒内部的孔隙体积与颗粒体积之比。

吸附剂密度与孔隙率的关系为

$$\varepsilon_b = 1 - \frac{\rho_b}{\rho_p}$$

$$\varepsilon_p = \frac{(\rho_t - \rho_p)}{\rho_t}$$

**3. 比表面积 $a_p$**

吸附剂的比表面积是指单位质量的吸附剂所具有的吸附表面积，单位为 $m^2/g$。通常采用气相吸附法测定。

吸附剂的比表面积与其孔径大小有关，孔径小，比表面积大。孔径的划分通常是，大孔径为 200 ~ 10000nm，小孔径为 10 ~ 200nm，微孔径为 1 ~ 10nm。

**4. 吸附剂的容量 $q$**

吸附剂的容量是指吸附剂吸满吸附质时，单位质量的吸附剂所吸附的吸附质质量，它反映了吸附剂的吸附能力，是一个重要的性能参数。

常见的吸附剂基本性能可在相关书籍、手册和吸附剂的使用说明书中查到。

## 6.2 吸附剂及其再生

### 6.2.1 吸附剂

工业上常采用天然矿物，如硅藻土、白土、天然沸石等作为吸附剂，虽然其吸附能力较弱，选择吸附分离能力较差，但价廉易得，主要用于产品的简易加工。硅藻土在 80 ~ 110 °C 的温度下，经硫酸处理活化后得到活性白土，在炼油工业上作为脱色、脱硫剂应用较多。此外，常用的吸附剂还有活性炭、硅胶、活性氧化铝、沸石分子筛、炭分子筛、活性炭纤维、金属吸附剂和各种专用吸附剂等。

**1. 吸附剂的基本要求**

固体通常都具有一定的吸附能力，但只有具有很高选择性和很大吸附容量的固体才能作为工业吸附剂。优良的吸附剂应满足以下条件：

1）具有较大的平衡吸附量，一般比表面积大的吸附剂吸附能力强。由于吸附过程发生在吸附剂表面，所以吸附容量取决于吸附剂表面积的大小。吸附表面积包括吸附剂颗粒的内表面积和外表面积，通常吸附剂的总表面积主要由颗粒孔隙内表面积提供，外表面积只占总表面积的极小部分。吸附剂的总表面积与颗粒微孔的尺寸、数量以及排列有关，一般孔径为 20 ~ 100nm，比表面积可达数百至数千平方米每克。

2）具有良好的吸附选择性。为了实现对目的组分的分离，吸附剂对要分离的目的组分应有较大的选择性，吸附剂的选择性越高，一次吸附操作的分离就越完全。因此，对于不同的混合体系应选择适合的吸附剂。如活性炭对 $SO_2$ 和 $NH_3$ 的吸附能力远远大于空气，通常被用来分离空气中的 $SO_2$ 和 $NH_3$，达到净化空气的目的。吸附剂对吸附质的吸附能力随吸附质沸点的升高而增大，当吸附剂与流体混合物接触时，首先吸附高沸点的组分。

3）容易解吸，也就是说平衡吸附量与温度或压力有很大关系。

4）具有一定的机械强度和耐磨性。吸附剂应具有良好的流动性和适当的堆积密度，对流体的阻力较小。另外，还应具备一定的机械强度，以防在运输和操作过程中发生过多的破碎，造成设备堵塞或组分污染。吸附剂破碎还是造成吸附剂损失的直接原因。

5）性能稳定。吸附剂应具有较好的热稳定性，在较高温度下解吸再生其结构不会发生太大的变化。同时，还应具有耐酸耐碱的良好化学稳定性。

6）吸附剂床层压降较低，价格便宜。

**2. 常用的吸附剂**

目前工业上常用的吸附剂主要有活性炭、活性氧化铝、硅胶、沸石分子筛、树脂等，其外观是各种形状的多孔颗粒。

工业上常用的吸附剂的种类、性质及用途见表6-1。

**表6-1 常用的吸附剂的种类、性质及用途**

| 名称 | 粒度（目数） | 颗粒密度/(kg·m$^{-3}$) | 颗粒孔隙率 | 填充密度/(kg·m$^{-3}$) | 比表面积/(m$^2$·g$^{-1}$) | 平均孔径/Å | 用途 |
|---|---|---|---|---|---|---|---|
| 活性炭 | | | | | | | 溶剂回收、碳氢气体分离、气体精制、溶液脱色、水净化、气体除臭等 |
| 成形 | 4~10 | 700~900 | 0.5~0.65 | 350~550 | 900~1300 | 20~40 | |
| 破碎 | 6~32 | 700~900 | 0.5~0.65 | 350~550 | 900~1500 | 20~40 | |
| 粉末 | <100 | 500~700 | 0.6~0.8 | — | 700~1300 | 20~60 | |
| 硅胶 | 4~10 | 1300~1100 | 0.4~0.45 | 700~800 | 300~700 | 20~50 | 气体干燥、溶剂脱水、碳氢化合物分离等 |
| 活性氧化铝 | 2~10 | 1800~1000 | 0.45~0.7 | 600~900 | 200~300 | 40~100 | 气体除湿、液体脱水等 |
| 活性白土 | 16~60 | 950~1150 | 0.55~0.65 | 450~550 | 120 | 80~180 | 油品脱色、气体干燥等 |

（1）活性炭吸附剂　活性炭是由煤或木质原料加工得到的产品，通常一切含碳的物料，如煤、重油、木材、果核、秸秆等都可以加工成黑炭，经活化后制成活性炭。常用的活性炭活化方法有药剂活化法和水蒸气活化法两种。前者是将含碳原材料炭化后，用氯化锌、硫化钾和磷酸等药剂进一步活化。目前多采用将氯化锌直接与原材料混合，同时进行炭化和活化的方法，这种方法主要用于制粉炭。后者是将炭化和活化分别进行，即将干燥的物料经破碎、混合、成形后，送入炭化炉内，在200~600℃下炭化以去除大部分挥发性物质，炭化温度取决于原料的水分及挥发性物质含量。然后在800~1000℃下部分气化形成孔道结构高度发达的活性炭。气化过程中使用的气体除了水蒸气外，还可以使用空气、烟道气或$CO_2$。

活性炭的微观结构特征是具有大比表面积，其值可达数百甚至上千平方米每克，居各种吸附剂之首。非极性表面疏水亲有机物质，故又称为非极性吸附剂。活性炭的特点是吸附容量大、化学稳定性好，解吸容易、热稳定性高；在高温下解吸再生，其晶体结构不发生变化；经多次吸附和解吸操作，仍能保持原有的吸附性能；活性炭在水中的活性降低。活性炭吸附剂常用于溶剂回收、脱色，水体的除臭，水的净化，难降解有机废水的处理，有毒有机废气的处理等过程，是当前环境治理中最常用的吸附剂。

（2）硅胶　硅胶吸附剂是一种坚硬、无定形的链状或网状结构硅酸聚合物颗粒，是亲水性吸附剂，即极性吸附剂。具有多孔结构，比表面积可达350m$^2$/g左右，主要用于气体的干燥脱水，催化剂载体及烃类分离等过程。

（3）活性氧化铝　活性氧化铝吸附剂是一种无定形的多孔结构颗粒，对水具有很强的吸附能力。活性氧化铝吸附剂一般由氧化铝的水合物（以三水合物为主）经加热、脱水后活化制得，其活化温度随氧化铝水合物种类不同而不同，一般为250~500℃。其孔径为2~5nm，比表面积一般为200~500m$^2$/g。活性氧化铝吸附剂颗粒的机械强度高，主要用于液体和气体的干燥。

（4）沸石分子筛　沸石分子筛是硅铝四面体形成的三维硅铝酸盐金属结构的晶体，是一种具有均一孔径的强极性吸附剂。每一种沸石分子筛都具有相对均一的孔径，其大小随分子筛种类的不同而异，大致相当于分子的大小。因此具有筛分分子的作用，故又称为分子筛。

沸石有天然沸石和人工合成沸石，其化学通式为

$$Mex/n[(AlO_2)_x(SiO_2)_y]\cdot mH_2O$$

式中　Me——阳离子；

$n$——原子价数；

$m$——结晶水分子数；

$x$、$y$——化学式中的原子配平数。

沸石分子筛是含有金属钠、钾、钙的硅酸盐晶体。通常用硅酸钠（钾）、铝酸钠（钾）与氢氧化钠（钾）水溶液反应制得胶体，再经干燥得到沸石分子筛。

根据原料配比、组成和制造方法不同，可以制成不同孔径（一般为0.3~0.8nm）和不同形状（圆形、椭圆形）的分子筛，其比表面积可达750$m^2$/g。分子筛是极性吸附剂，对极性分子，尤其对水具有很大的亲和力。其极性随硅铝比的增加而下降。

沸石分子筛的吸附特性、孔径大小以及物化性质均随硅铝比的变化而改变。按硅铝比的大小沸石分子筛可以分为低硅铝比沸石（硅铝比约为1~1.5）、中硅铝比沸石（硅铝比约为2~5）、高硅沸石（硅铝比约为10~100）和硅分子筛。沸石分子筛的极性随着硅铝比的增加而逐渐减弱。低硅铝比的沸石能对气体或液体进行脱水和深度干燥，而且在较高的温度和相对湿度下仍具有较强的吸附能力。此外，随着硅铝比的增加，沸石分子筛的“酸性”提高，阳离子含量减少，热稳定性从低于700℃升高至约1300℃左右，表面选择性从亲水变为憎水，抗酸性能提高，按照A型<X型<Y型<L型<毛沸石<丝光沸石的次序增强，在碱性介质中的稳定性则相应降低。

天然沸石的种类很多，但并非所有的天然沸石都具有工业价值。目前实用价值较大的天然沸石有斜发沸石、镁沸石、毛沸石、片沸石、钙十字沸石、丝光沸石等。天然沸石虽然具有种类多、分布广、储量大、价格低廉等优点，但由于天然沸石杂质多、纯度低，在许多性能上不如合成沸石，所以人工合成沸石在工业生产中占有相当重要的地位。

目前人工合成的沸石分子筛已有100多种，工业上最常用的合成分子筛有A型、X型、Y型、L型、丝光沸石和ZSM系列沸石。在工业生产中，主要用于各种气体和液体的干燥，芳烃或烷烃的分离以及用做催化剂及催化剂载体等。目前从事环境方面的研究者正在探索沸石分子筛在水处理方面的应用。

（5）有机树脂吸附剂　有机树脂吸附剂是由高分子物质（如纤维素、淀粉）经聚合、交联反应制得。不同类型的吸附剂因其孔径、结构、极性不同，吸附性能也大不相同。

有机树脂吸附剂品种很多，从极性上分，有强极性、弱极性、非极性、中性。在工业生产中，常用于水的深度净化处理、维生素的分离、过氧化氢的精制等方面。在环境治理中，树脂吸附剂常用于废水中重金属离子的去除与回收。

（6）活性炭纤维　活性炭纤维是将活性炭编织成各种织物的一种吸附剂形式。由于其对流体的阻力较小，因此其装置更加紧凑。活性炭纤维的吸附能力比一般活性炭要高1~10

倍，对恶臭的脱除最为有效，特别是对丁硫醇的吸附量比颗粒活性炭高出40倍。在废水处理中，活性炭纤维也比颗粒活性炭去除污染物的能力强。

活性炭纤维分为两种，一种是将超细活性炭微粒加入增稠剂后与纤维混纺制成单丝，或用热熔法将活性炭粘附于有机纤维或玻璃纤维上，也可以与纸浆混粘制成活性炭纸。另一种是以人造丝或合成纤维为原料，与制备活性炭一样经过炭化和活化两个阶段，加工成具有一定比表面积和一定孔分布结构的活性炭纤维。

（7）炭分子筛　炭分子筛类似于沸石分子筛，具有接近分子大小的超微孔，由于孔径分布均一，在吸附过程中起到分子筛的作用，故称之为炭分子筛，但其孔隙形状与沸石分子筛完全不同。炭分子筛与活性炭同样由微晶碳构成，具有表面疏水的特性，耐酸碱性、耐热性和化学稳定性较好，但不耐燃烧。

由于活性炭的孔径分布较广，故对同系化合物或有机异构体的选择系数较低，选择分离能力较弱。而经过严格加工的炭分子筛孔径分布较窄，孔径大小均一，能选择性地让尺寸小于孔径的分子进入微孔，而尺寸大于孔径的分子则被阻隔在微孔外，从而起到筛选分子的作用。炭分子筛的制备方法有热分解法、热收缩法、气体活化法、蒸汽吸附法等。

许多组分在炭分子筛上的平衡吸附常数接近，但在常温下的扩散系数差别较大，如氧和氮的扩散系数相差2~3倍，乙烷和乙烯的扩散系数相差3倍，丙烷与丙烯的扩散系数相差5倍。在这种情况下，炭分子筛可以利用不同组分扩散系数的差别完成分离。在氧和氮分离过程中，当微孔孔径控制在0.3~0.4nm时，氧在孔隙中的扩散速度比氮快，因而在短期间内主要吸附氧，氮则从床层中流出。相反，采用沸石分子筛作为吸附剂时，由于其表面静电场与氮分子的四极作用对氮产生强吸附，氮的吸附量比氧多，氧从床层中通过。

### 6.2.2 吸附剂再生

吸附剂再生是指在吸附剂本身结构不发生或极少发生变化的情况下用某种方法将吸附质从吸附剂微孔中除去，从而使吸附饱和的吸附剂能够重复使用的处理过程。常用的再生方法有：

1）加热法。利用直接燃烧的多段再生炉使吸附饱和的吸附剂干燥、碳化和活化（活化温度达700~10000℃）。

2）蒸汽法。用水蒸气吹脱吸附剂上的低沸点吸附质。

3）溶剂法。利用能解吸的溶剂或酸碱溶液造成吸附质的强离子化或生成盐类。

4）臭氧化法。利用臭氧将吸附剂上吸附质强氧化分解。

5）生物法。将吸附质生化氧化分解。每次再生处理的吸附剂损失率不应超过5%~10%。

活性炭是一种非常重要的吸附剂，活性炭的再生主要有以下几种方法：

（1）加热再生法　在高温下，吸附质分子提高了振动能，因而易于从吸附剂活性中心点脱离；同时，被吸附的有机物在高温下能氧化分解，或以气态分子逸出，或断裂成短链，因之也降低了吸附能力。加热再生过程分五步进行：

1）脱水。使活性炭和输送液分离。

2）干燥。加温到100~150°C，将细孔中的水分蒸发出来，同时使一部分低沸点的有机物也挥发出来。

3）碳化。加热到300~700°C，高沸点的有机物由于热分解，一部分成为低沸点物质而挥发，另一部分被碳化留在活性炭细孔中。

4）活化。加热到700～1000°C，使碳化后留在细孔中的残留碳与活化气体（如蒸气、$CO_2$、$O_2$ 等）反应，反应产物以气态形式（$CO_2$、CO、$H_2$）逸出，达到重新造孔的目的。

5）冷却。活化后的活性炭用水急剧冷却，防止氧化。

上述2）至5）步在一个多段再生炉中进行，炉内分隔成4～9段炉床，中心轴转动时带动耙柄使活性炭自上段向下段移动。六段炉的第一、二段用于干燥，第三、四段用于碳化，第五、六段为活化用。炉内保持微氧化气氛，既供应氧化所需要的氧气；又不致使炭燃烧损失。采用这种再生炉时，排气中含有甲烷、乙烷、乙烯、焦油蒸气、二氧化硫、一氧化碳等气体，应该加以净化，防止污染大气。

（2）化学再生法　通过化学反应，可使吸附质转化为易溶于水的物质而解吸下来。如处理含铬废水时，用质量分数为10%～20%的硫酸浸泡活性炭4～6h，使铬变成硫酸铬溶解出来；也可用氢氧化钠使六价铬转化成 $Na_2CrO_4$ 溶解下来。再如，吸附苯酚的活性炭，可用氢氧化钠再生，使其以酚钠盐的形式溶于水而解吸。

化学再生法还包括使用某种溶剂将被活性炭吸附的物质解吸下来。常用的溶剂有酸、碱、苯、丙酮、甲醇等。化学氧化法也属于一种化学再生法。

（3）生物再生法　利用微生物的作用，将被活性炭吸附的有机物氧化分解，从而可使活性炭得到再生。此法目前尚属于试验阶段。

## 6.3 吸附设备及其工艺

吸附分离过程包括吸附过程和解吸过程。因要处理的流体含量、性质及要求吸附的程度不同，故吸附操作有多种形式，如接触过滤式吸附操作、固定床吸附操作、流化床吸附操作和移动床吸附操作等。根据操作方式还可分为间歇操作及连续操作。

### 6.3.1 固定床吸附

工业上应用最多的吸附设备是固定床吸附装置。固定床吸附装置是吸附剂堆积为固定床，流体流过吸附剂，流体中的吸附质被吸附。装吸附剂的容器一般为圆柱形，放置方式有立式和卧式。

图6-5所示为卧式圆柱形固定床吸附装置，容器两端通常为球形封头，容器内部支撑吸附剂的部件有支撑栅条和金属网（也可用多孔板替代栅条），若吸附剂颗粒细小，可在金属网上堆放一层粒度较大的砾石再堆放吸附剂。图6-6所示为立式吸附器。

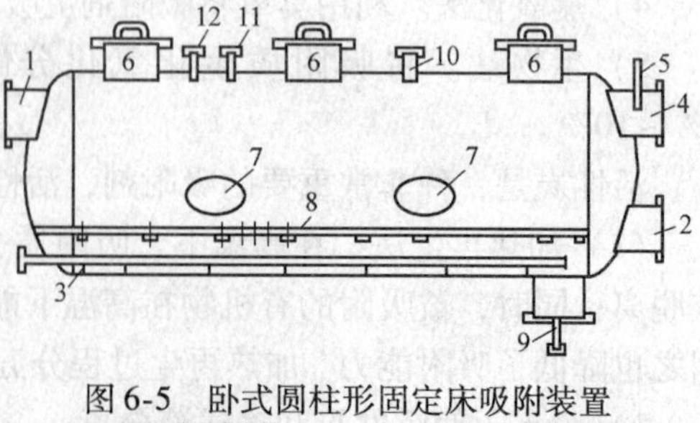


图6-5　卧式圆柱形固定床吸附装置
1—含吸附质流体入口　2—吸附后流体出口
3—解吸用热流体分布管　4—解吸流体排出管
5—温度计插套　6—装吸附剂操作孔
7—吸附剂排出孔　8—吸附剂支撑网
9—排空口　10—排气管
11—压力计接管　12—安全阀接管

在连续生产过程中，往往要求吸附过程也要连续工作，因吸附剂在工作一段时间后需要再生，为保证生产过程的连续性，通常在吸附流程中安装两台以上的吸附装置，以便脱附时切换使用。图6-7是两个吸附装置切换操作流程的示意图，当A吸附装置进行吸附时，阀1、5打开，阀2、6关闭，含吸附质流体由下方进口流入A吸附装置，吸附后的流体从顶部出口排出。与此同时，吸附装置B处于脱附再生阶段，阀3、8打开，阀4、7关闭，再生流体由加热器加热至所需温度，从顶部进入B吸附装置，再生流体进入吸附装置的流向与被吸附的流体流向相反，再生流体携带吸附质从B吸附装置底部排出。

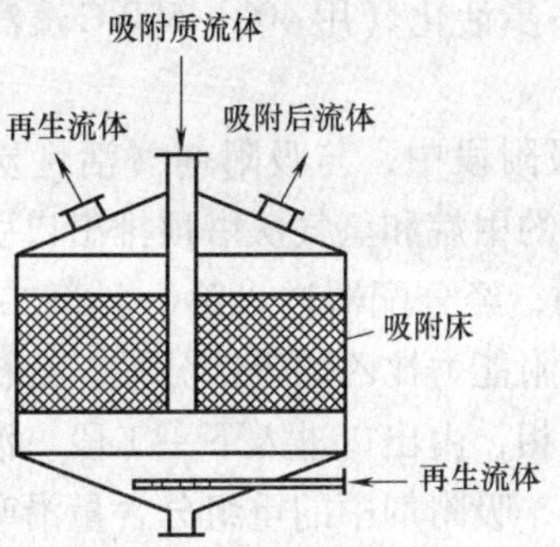


图6-6　立式吸附器

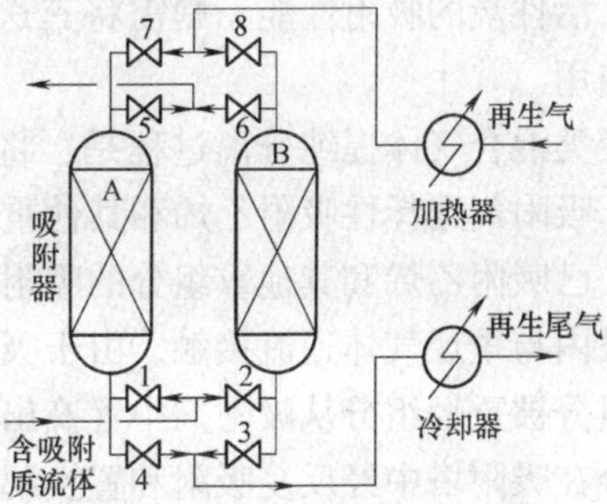


图6-7　两个吸附装置切换操作流程的示意图

固定床吸附装置的优点是结构简单、造价低；吸附剂磨损小；操作方便灵活；物料的返混小；分离效率高，回收效果好。其缺点是两个吸附器需不断地周期性切换；备用设备处于非生产状态，单位吸附剂生产能力低；传热性能较差，床层传热不均匀；当吸附剂颗粒较小时，流体通过床层的压降较大。固定床吸附装置广泛用于工业用水的净化、气体中溶剂的回收、气体干燥和溶剂脱水等方面。

## 6.3.2　移动床吸附

**1. 移动床吸附操作**

移动床吸附操作是指含吸附质的流体在塔内顶部与吸附剂混合，自上而下流动，流体在与吸附剂混合流动过程中完成吸附，达到饱和的吸附剂移动到塔下部，在塔的上部同时补充新鲜的或再生的吸附剂。移动床连续吸附分离的操作又称超吸附。移动床吸附是连续操作，吸附—再生过程在同一塔内完成，设备投资费用较少；在移动床吸附设备中，流体或固体可以连续而均匀地移动，稳定地输入和输出，同时使流体与固体两相接触良好，不致发生局部不均匀的现象；移动床操作方式对吸附剂要求较高，除要求吸附剂的吸附性能良好外，还要求吸附剂具有较高的耐冲击强度和耐磨性。

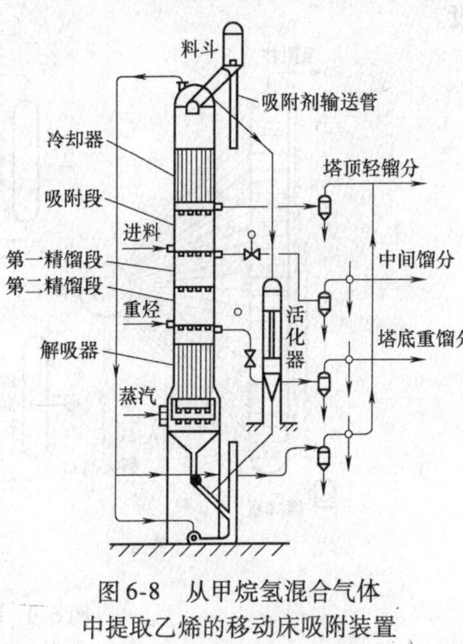


图6-8　从甲烷氢混合气体中提取乙烯的移动床吸附装置

移动床连续吸附分离应用于糖液脱色、润滑油精制等过程中，特别适用于轻烃类气体混合物的提纯，图6-8所示的是从甲烷氢混合气体中提取乙烯的移动床吸附装置。

吸附剂的流动路径是：从吸附装置底部出来的吸附剂由吸附剂气力输送管送往吸附器顶部的料斗，然后加入吸附塔内，吸附剂从吸附塔顶部以一定的速度向下移动，在向下移动过程中，依次经历冷却器、吸附段、第一和第二精馏段、解吸器，由吸附器底部排出的吸附剂已经过再生，可供循环使用。但是，若在活性炭吸附高级烯烃后，由于高级烯烃容易聚合，影响了活性炭的吸附性能，则需将其送往活化器中进一步活化（用400~500℃蒸汽）后再继续使用。

烃类混合气体提纯分离过程是：将气体原料导入吸附段中，与吸附剂（活性炭）逆流接触，吸附剂选择性吸附乙烯和其他重组分，未被吸附的甲烷和氢气从塔顶排出口引到下一工段，已吸附乙烯和其他重组分的吸附剂继续向下移动，经分配器进入第一、第二精馏段，在此段内与重烃气体逆流接触，由于吸附剂对重烃的吸附能力比乙烯等组分强，已被吸附的乙烯组分被重烃组分从吸附剂中置换出来，再次成为气相，由出口进入下一工段。混合的烃类组分在吸附塔中经反复吸附和置换脱附而被提纯分离，吸附剂中的重组分含量沿吸附塔高从上至下不断增大，最后经脱附分离，回流使用。

**2. 模拟移动床的吸附操作**

模拟移动床的操作特点是吸附塔内吸附质流体自下而上流动，吸附剂固体自上而下逆流流动：在各段塔节的进（或出）口未全部切断时间内，各段塔节如同固定床，但整个吸附塔在进（或出）口不断切换时，却是连续操作的“移动”床。模拟移动床兼顾固定床和移动床的优点，并保持吸附塔在等温下操作，便于自动控制，其原理如图6-9a所示。

模拟移动床由许多小段塔节组成。每一塔节均有进、出物料口，采用特制的多通道（如24通道）的旋转阀控制物料进和出。操作时，微机自动控制，定期（启闭）切换吸附塔的进、出料液和解吸剂的阀门，使各层料液进、出口依次连续变动与4个主管道相连，即进料管、抽出液管、抽余液管、解吸剂管。

如图6-9b所示，模拟移动床一般由4段组成：吸附段、第一精馏段、解吸段和第二精馏段。

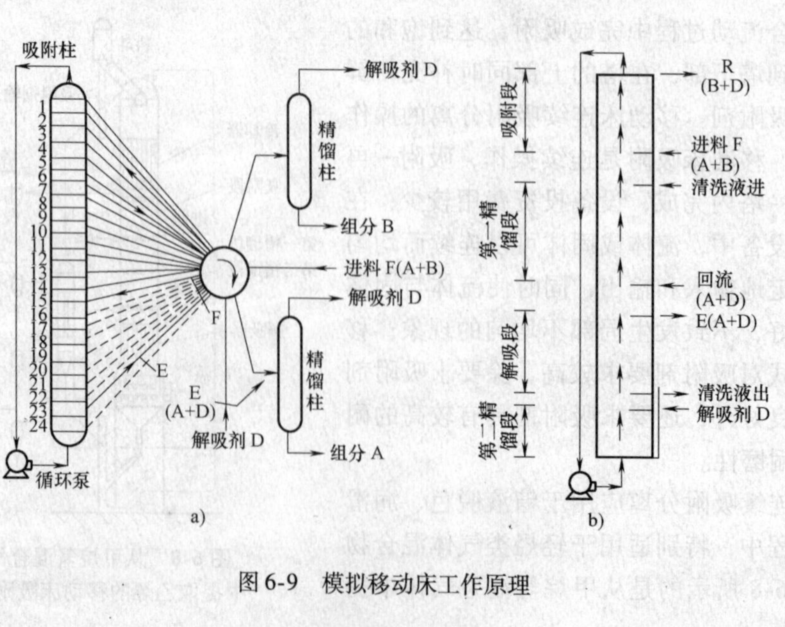


图6-9 模拟移动床工作原理

在吸附段内进行的是A组分的吸附。混合液从吸附塔的下部向上流动，与吸附剂（已吸附解吸剂D）逆流接触，A组分与解吸剂D进行置换吸附（少量B组分也进行置换吸附），吸附段出口溶液的主要组分为B和D。将吸附段出口溶液送至精馏柱中进一步分离，得到B组分和解吸剂D。

在第一精馏段内完成A组分的精制和B组分的解吸。此段顶部下降的吸附剂再与新鲜物料液接触，再次进行置换吸附。在该段底部，已吸附大量A和少量B的吸附剂与解吸段上部回流的（A+D）流体逆流接触，由于吸附剂对A组分的吸附能力比对B组分强，故吸附剂上少量B组分被（A+D）流体中含量高的A组分全部置换，吸附剂上的A组分再次被提纯。

在解吸段内将吸附剂上A组分脱附，使吸附剂再生。在该段内，已吸附大量纯净A组分的吸附剂与塔底通入的新鲜热解吸剂D逆流接触，A被解吸。获得的（A+D）流体少部分上升至第一精馏段提纯A组分，大部分由该段出口送至精馏柱分离，得到产品A及解吸剂D。

第二精馏段回收部分解吸剂D。为减少解吸剂的用量，将吸附段得到的B组分从第二精馏段底部输入，与解吸段流入的只含解吸剂D的吸附剂逆流接触，B组分和D组分在吸附剂上部分置换，被解吸出的D组分与新鲜解吸剂D一起进入吸附段形成连续循环操作。

模拟移动床最早应用于混合二甲苯的分离，后来又用于从煤油馏分中分离正烷烃以及从$C_8$芳烃中分离乙基苯等，解决了用精馏或萃取等方法难分离的混合物的分离问题。

### 6.3.3 流化床吸附

流化床吸附操作是含吸附质的流体在塔内自下而上流动，吸附剂颗粒由顶部向下移动，流体的流速控制在一定的范围内，使系统处于流态化状态的吸附操作。这种吸附操作方式优点是生产能力大、吸附效果好；缺点是吸附剂颗粒磨损严重，吸附—再生间歇操作，操作范围窄。

流化-移动床联合吸附操作利用了流化床的优点，克服了其缺点。如图6-10所示，流化-移动床将吸附、再生集于同一塔中，塔的上部为多层流化床，在此处，原料与流态化的吸附剂充分接触，吸附后的吸附剂进入塔中部带有加热装置的移动床层，升温后进入塔下部的再生段。在再生段中，吸附剂与通入的惰性气体逆流接触得以再生。再生后的吸附剂流入设备底部，利用气流将其输送至塔上部循环吸附。再生后的流体可通过冷却分离，回收吸附质。流化-移动床联合吸附常用于混合气中溶剂的回收、脱除$CO_2$和水蒸气等场合。

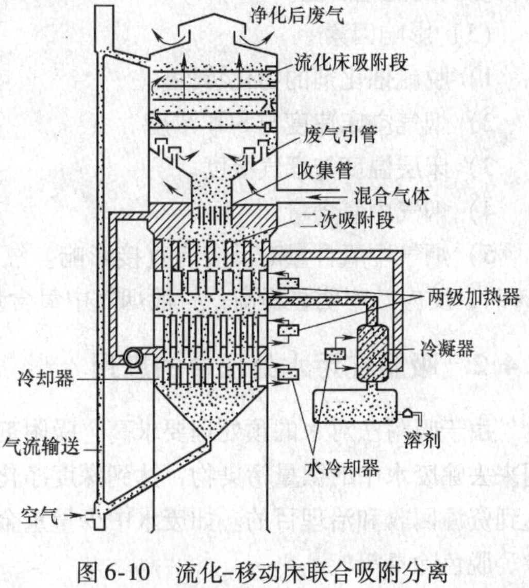

图6-10 流化-移动床联合吸附分离

该操作具有连续性好、吸附效果好的特点。因吸附在流化床中进行，再生前需加热，所以此操作存在吸附剂磨损严重、吸附剂易老化变性的问题。

## 6.4 吸附在环境工程中的应用

### 6.4.1 吸附在气态污染物控制中的应用

吸附法净化烟气中的 $SO_2$，常用的吸附剂是活性炭、分子筛、硅胶等，下面介绍活性炭吸附法。

（1）活性炭吸附脱硫的特点　最早出现于 19 世纪下半叶，直到 20 世纪 70 年代后期，才在日本、德国、美国得到工业应用。其代表法有：月立法、住友法、鲁奇法、BF 法及 Reinluft 法等。发展趋势：由电厂到石油化工、硫酸及肥料工业等领域。能否应用该方法的关键问题如下所述：

1）解决副产物稀硫酸的应用市场。

2）提高活性炭的吸附性能。

活性炭脱硫的主要特点：

1）过程比较简单，再生过程中副反应很少。

2）吸附容量有限，常需在低气速（0.3 ~ 1m/s）下进行，因而吸附器体积较大。

3）活性炭易被废气中 $O_2$ 氧化而导致损耗。

4）长期使用后，活性会产生磨损，并因微孔堵塞丧失活性。

（2）原理

1）脱硫。步骤：$SO_2$、$O_2$ 通过扩散传质从烟气中到达炭表面，穿过界面后继续向微孔通道内扩散，直至被内表面活性催化点吸附；被吸附的 $SO_2$ 进一步催化氧化成 $SO_3$，再经过水合稀释形成一定浓度的硫酸储存于炭孔中。

2）再生：采用洗涤再生法，通过洗涤活性炭床层，使炭孔内的酸液不断排出炭层，从而恢复炭的催化活性。

（3）影响因素

1）脱硫催化剂的物化特性。

2）烟气空床速度与 $SO_2$ 浓度。

3）床层温度与烟气湿度。

4）烟气中氧含量。

5）烟气中氧含量对反应有直接影响。氧含量小于 3% 时，反应效率下降；氧含量大于 5% 时，反应效率明显提高；一般烟气中氧含量为 5% ~ 10%，能够满足脱硫反应要求。

### 6.4.2 吸附在污水处理中的应用

由于吸附法对水的预处理要求高，吸附剂的价格昂贵，因此在废水处理中，吸附法主要用来去除废水中的微量污染物，达到深度净化的目的。或是从高浓度的废水中吸附某些物质达到资源回收和治理目的。如废水中少量重金属离子的去除、有害的生物难降解有机物的去除、脱色除臭等。

**1. 吸附法除汞**

（1）水体中汞污染物的来源　汞在天然水中的质量浓度为0.03～2.8μg/L。水中汞污染物的来源可追溯到含汞矿物的开采、冶炼、各种汞化合物的生产和应用领域。因此在冶金、化工、化学制药、仪表制造、电气、木材加工、造纸、油漆颜料、纺织、鞣革、炸药等工业的含汞生产废水都可能是环境水体中汞的污染源。

（2）含汞废水治理方法　对含汞废水有很多种可供选择的处理方法。这些方法的有效性和经济性取决于汞在废水中的化学形态、初含量、其他存在组分的性质和含量、处理深度等因素。常用的处理方法有沉淀法、离子交换法、吸附法、混凝法以及将离子态汞还原为元素态后再过滤的方法。其中离子交换法、铁盐或铝盐混凝法和活性炭吸附法都可使废水中含汞量降到小于0.01mg/L水平；硫化法沉淀配以混凝法可使废水含汞量达到0.01～0.02mg/L水平；还原法一般只用于少量废水处理，最终流出液中含汞量可达到相当低的水平。

吸附法处理含汞废水：最常用吸附剂是活性炭。其有效性取决于废水中汞的初始形态和含量、吸附剂用量、处理时间等。增大用量和增长时间有利于提高对有机汞和无机汞的去除效率。一般有机汞的去除率优于无机汞。某些含量颇高的含汞废水经活性炭吸附处理后，去除率可达85%～99%，但对汞含量较低的废水，虽然处理后流出液中含汞水平已相当低，但去除百分数却很小。

除了以活性炭作吸附剂外，近来还常用一些具有强螯合能力的天然高分子化合物来吸附处理含汞废水，如用腐殖酸含量高的风化烟煤和造纸废液制成的吸附剂；又如用甲壳素（是甲壳类动物外壳中提取加工得到的聚氨基葡萄糖），经再加工制得的名为Chitosan的高分子化合物，也可作为含汞废水处理的吸附剂。

**2. 印染废水的深度处理**

（1）国内印染企业现状　我国单个企业规模小，区域内数量大，一个镇印染废水排放量每天1万～10万t，最多时一天排放30万t。一个县级市每天印染废水达60万t。如此大的污水排放量，自然造成的污染也就非常严重。我国的印染废水产生量如此之大，主要有两个原因：第一，我国由于使用低档棉较多，杂质多，需多次冲洗，因此废水量大、COD高、pH高。第二，环保管理落后，工艺相对落后。

印染废水造成的太湖污染如图6-11所示。

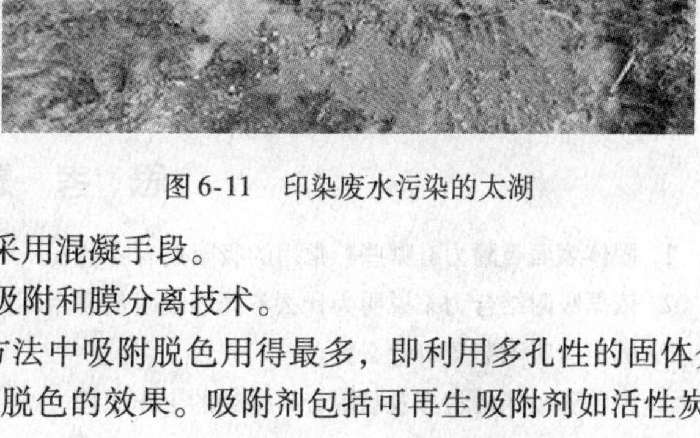

图6-11　印染废水污染的太湖

（2）印染废水处理方法

1）生物方法：利用微生物新陈代谢作用去除废水中的有机物。

2）化学方法：基于胶体化学理论，采用混凝手段。

3）物理方法：天然矿物质多孔材料吸附和膜分离技术。

（3）吸附法处理印染废水　在物理方法中吸附脱色用得最多，即利用多孔性的固体介质，将染料分子吸附在其表面，从而达到脱色的效果。吸附剂包括可再生吸附剂如活性炭、离子交换纤维和不可再生吸附剂如各种天然矿物（膨润土、硅藻土）、工业废料（煤渣、粉煤灰）及天然废料（木炭、锯屑）等。这种方法是将活性炭、黏土等多孔物质的粉末或颗粒与废水混合，或让废水通过颗粒状物质组成的滤床，使废水中的污染物质被吸附在多孔物质表面上或被过滤而除去。

【案例】

**案例一：吸附法除汞实例**

国内某厂处理含汞污水，工艺中采用静态吸附法（先沉淀，后吸附），如图6-12所示。即采用硫化钠作为沉淀剂，使汞离子以硫化汞沉淀的形式析出，同时以氢氧化钙为pH调整剂，硫酸亚铁作絮凝剂除去水中的泥沙等悬浮物质，然后吸附泄漏的金属汞和汞化物。经处理后的排放水可以达到排放标准。

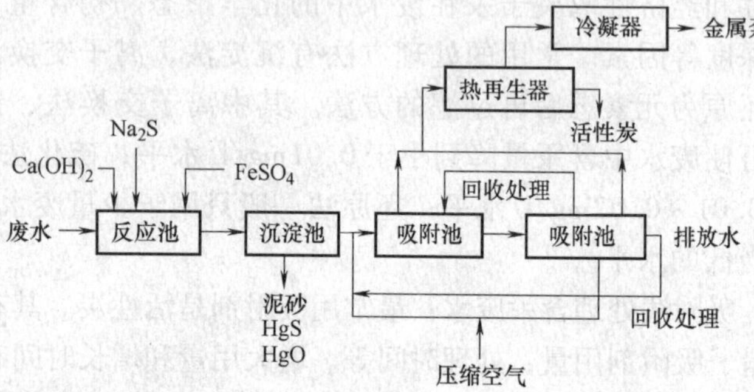


图6-12 静态吸附法处理含汞废水工艺流程

**案例二：吸附法处理印染废水的应用实例**

潍坊第二印染厂排放的印染废水COD达到600~1000mg/L，pH通常为7~10，要求处理后出水COD≤100mg/L、$BOD_5$≤60mg/L、SS≤50mg/L、色度小于或等于50倍、pH为6~8，另外，厂方要将50%的处理水回用于生产，要求回用水的COD≤50mg/L、$BOD_5$≤30mg/L，SS≤5mg/L，色度小于或等于25倍。工艺流程如图6-13所示。

其中生物炭池采用方形结构（分2格并联运行），尺寸为4m×4.5m×4m，炭层有效高度为1.5m，滤速为1.3m/h，采用气水联合反冲方式［反冲气强度为10L/(m²·s)，反冲水强度为10L/(m²·s)］。

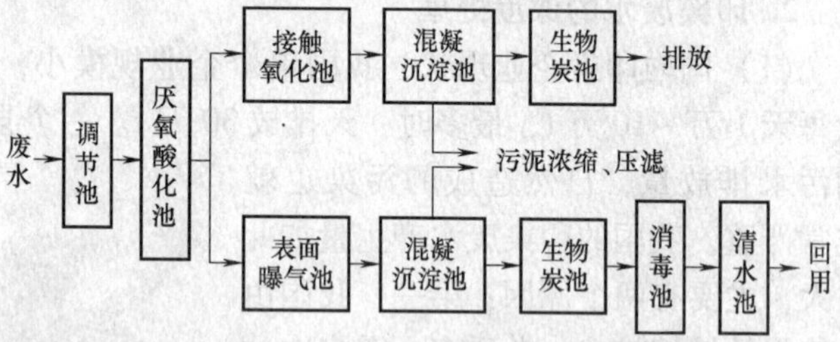


图6-13 吸附法处理印染废水工艺流程

实践证明生物炭工艺对印染废水的COD、$BOD_5$、SS和色度均有良好的去除效果，出水水质可满足工艺回用要求，尤其是对色度的去除效果是其他工艺无法比拟的。另外，只要每天坚持反冲洗，保证供气量充足且不间断，同时严格控制进水物质的量浓度（COD≤200mg/L），则炭的使用寿命可以大大延长。该厂除每年补充因反冲洗磨损造成的3%~5%炭量损失外，原炭连续使用多年，处理效果未见明显下降。

## 思考题

1. 固体表面吸附力有哪些？常用的吸附剂有哪些？
2. 依据吸附结合力来说明为什么不同的吸附剂要用不同的解吸方法再生。
3. 固定床吸附装置有什么特点？
4. 说明移动床的特点及吸附分离提纯的工作原理。

# 参考文献

[1] 李凤华，于士君．化工原理［M］．大连：大连理工大学出版社，2004.
[2] 杨传平，姜颖，郑国香，等．环境生物技术原理与应用［M］．哈尔滨：哈尔滨工业大学出版社，2010.

# 第 7 章 膜分离

本章提要：膜分离是利用某种特定膜的透过性能，在某一驱动力的作用下，达到分离废水中有害离子、分子或胶体，实现水质净化目的的操作。膜两侧的驱动力可以是压力差、电位差或含量差，因此膜分离分为反渗透、超滤、电渗析等。膜分离技术可在室温、无相变条件下进行，因此具有广泛的适用性，它无疑将成为更高级的废水处理手段。本章将介绍膜分离技术的原理及膜的性质，其中着重介绍反渗透、电渗析和超滤。

## 7.1 概述

膜作为分子级分离过滤的介质，当溶液或混合气体与膜接触时，在压力差、温度差或电场作用下，某些物质可以透过膜，而另外一些物质则被选择性地拦截，从而使溶液中的不同组分或混合气体的不同组分被分离，这种分离是分子级的过滤分离。由于过滤介质是膜，故这种分离技术被称为膜分离技术。根据膜两侧驱动力可以是压力差、电位差或含量差，膜分离分为反渗透、超滤、电渗析、微孔过滤等。膜分离技术可在室温、无相变条件下进行，具有广泛的适应性，它象征着一代废水处理技术的开发。

膜分离技术的发展和应用，为许多行业如纯净水生产、海水淡化、苦咸水淡化、电子工业、制药和生物工程、环境保护、食品、化工、纺织等，高质量地解决了分离、浓缩和纯化的问题，为循环经济、清洁生产提供了技术依托。当常规处理方法在进一步改善水质方面受到限制时，膜分离技术无疑将成为更高级的废水处理手段。

## 7.2 膜分离过程

### 7.2.1 膜分离原理

膜分离原理如图 7-1 所示。膜分离技术的核心是分离膜，其种类很多，主要包括反渗透膜（0.0001 ~ 0.005μm）、纳滤膜（0.001 ~ 0.005μm）、超滤膜（0.001 ~ 0.1μm）、微滤膜（0.1 ~ 1μm）、电渗析膜、渗透气化膜、液体膜、气体分离膜、电极膜等。它们对应不同的分离机理和不同的分离设备，有不同的应用对象。

微滤、超滤、纳滤与反渗透都是以压力差为推动力的膜分离过程。当在膜两侧施加一定的压差时，可使混合液中的一部分溶剂和小于膜孔径的组分透过膜，而微粒、大分子、盐等被截留下来，而达到分离的目的。这四种膜分离过程的主要区别在于被分离物质的大小和所采用膜的结构和性能的不同。

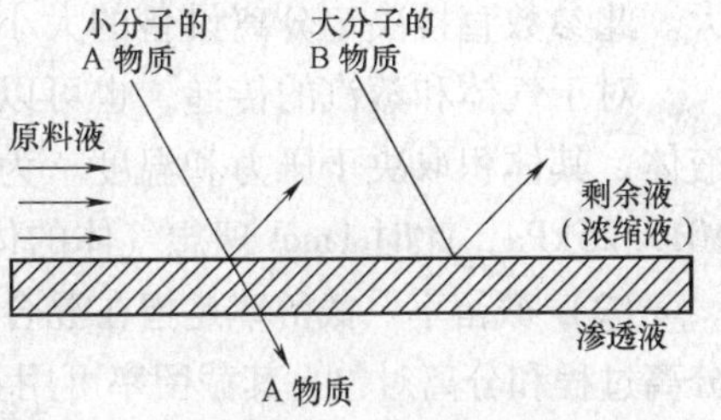

图 7-1 膜分离原理

电渗析是在电场力的作用下，溶液中的反离子因发生定向迁移并通过膜，而达到去除溶液中离子的一种膜分离过程。所采用的膜为荷电的离子交换膜。气体分离是根据混合气体中各组分在压差推动力下透过膜的渗透速率不同，实现混合气体分离的一种膜分离过程。渗透气化与蒸汽渗透的基本原理是利用被分离混合物中某组分有优先选择性透过膜的特点，使进料侧的优先组分透过膜，并在膜下游侧气化去除。二者的差别仅在于进料的状态不同，前者为液态进料，后者为气相进料。

### 7.2.2 膜分离特点

膜分离过程与传统的化工分离方法过程相比较，具有如下特点：

1）膜分离过程的能耗比较低。分离过程不发生相变化，与其他方法相比能耗较低，能量的转化率高。另外，膜分离过程通常在接近室温下进行，被分离物料加热或冷却的能耗很小。

2）适合热敏性物质分离。膜分离过程通常在常温下进行，因而特别适合于热敏性物质和生物制品（如果汁、蛋白质、酶、药品等）的分离、分级、浓缩和富集。

3）分离装置简单，操作方便。膜分离装置简单，可实现连续分离，适应性强，操作容易且易于实现自动控制。

4）分离系数大，应用范围广。通常不需要投加其他物质，可节省化学药剂，并有利于不改变分离物质原有的属性。

5）工艺适应性强。膜分离的处理规模根据用户要求可大可小，工艺适应性强。

6）便于回收。在膜分离过程中，分离与浓缩同时进行，有利于回收有价值的物质。

7）没有二次污染。膜分离过程中不需要从外界加入其他物质。既节省了原材料，又避免了二次污染。

因此，膜分离技术在化学工业、食品工业、医药工业、生物工程、石油、环境领域等得到广泛应用，并且随着膜技术的发展，其应用领域还在不断扩大。

### 7.2.3 分离膜性能

分离膜是膜过程的核心部件，其性能直接影响着分离效果、操作能耗以及设备的大小。分离膜的特性或效率通常用两个参数来表征：透过速率和截留率。

（1）透过速率（渗透通量） 能够使被分离的混合物有选择地透过是分离膜的最基本条件。表征膜透过性能的参数是透过速率，又叫渗透通量，表示单位时间通过单位面积膜的渗透物的通量，可以用体积通量 $N_V$ 来表示，单位为 $m^3/(m^2 \cdot s)$。当渗透物为水时，称为水通量 $N_w$。根据密度和相对分子质量也可以把体积通量转换成质量通量和物质的量通量，单位分别为 $kg/(m^2 \cdot s)$ 和 $kmol/(m^2 \cdot s)$。透过速率反映了膜的效率（生产能力）。

膜的通量与膜材料的化学特性和分离膜的形态结构有关，且随操作推动力的增加而增大。此参数直接决定分离设备的大小。

对于气体和蒸汽的传递，也可以用相同的通量单位，但含义不同。因为气体行为不同于液体，其体积取决于压力和温度。为了比较气体通量，需要以标准状态表示体积，即0℃和101.325kPa，此时1mol理想气体的体积为22.4L。

（2）截留率　截留率是指在混合物的分离过程中膜将各组分分离的能力，对于不同的膜分离过程和分离对象，其截留率可用不同的方法表示。对于反渗透过程，通常用截留率表示其分离性能。截留率反映膜对溶质的截留程度，对盐溶液又称为脱盐率，以 $R$ 表示，定义为

$$R=\frac{c_F-c_P}{c_F} \tag{7-1}$$

式中　$c_F$——原料中溶质的物质的量浓度；

$c_P$——渗透物中溶质的物质的量浓度。

100%截留率表示溶质全部被膜截留，此为理想的半渗透膜；0截留率则表示全部溶质透过膜，无分离作用。通常截留率在0～100%。

膜对于液体混合物或气体混合物的选择性通常以分离因子 $\alpha$ 表示。对于含有A和B两组分的混合物，分离因子 $\alpha_{A/B}$ 定义为

$$\alpha_{A/B}=\frac{y_A/y_B}{x_A/x_B} \tag{7-2}$$

式中　$y_A$、$y_B$——组分A和B在渗透物中的摩尔分数；

$x_A$、$x_B$——组分A和B在过滤原料中的摩尔分数。

在选择分离因子时，应是其值大于1。如果组分A通过膜的速度大于组分B，则分离因子表示为 $\alpha_{A/B}$；反之，则为 $\alpha_{B/A}$；如果 $\alpha_{A/B}=\alpha_{B/A}=1$，则不能实现组分A与B的分离。

### 7.2.4　膜的分类

目前使用的固体分离膜大多数是高分子聚合物膜，近年来又开发了无机材料分离膜。高聚物膜通常是用纤维素类、聚砜类、聚酰胺类、聚酯类、含氟高聚物等材料制成。

根据膜的性质、来源、相态、材料、用途、形状、分离机理、结构、制备方法等的不同，膜有不同的分类方法。按分离分机理分主要有反应膜、离子交换膜、渗透膜等；按膜的性质分主要有天然膜（生物膜）和合成膜（有机膜和无机膜，无机分离膜包括陶瓷膜、玻璃膜、金属膜和分子筛炭膜等）；按膜的形状分主要有平板膜、管式膜和中空纤维膜；按膜的结构分主要有对称膜、非对称膜和复合膜。

对称膜又称为均质膜，膜两侧截面的结构及形态相同、孔径与孔径分布也基本一致，分为致密的无孔膜和对称的多孔膜两种，如图7-2所示。一般对称膜的厚度为10～200μm，传质阻力由膜的总厚度决定，降低膜的厚度可以提高透过速率。

非对称膜的横断面具有不对称结构。一体化非对称膜是用同种材料制备，由厚度为0.1～0.5μm的致密表皮层和50～150μm的多孔支撑层构成，其支撑层结构具有一定的强度，在较高的压力下也不会引起很大的形变，它结合了致密膜的高选择性和疏松层的高渗透性的优点。由于非对称膜的表皮层比均质膜的厚度薄得多，故其渗透速率比对称膜大得多，

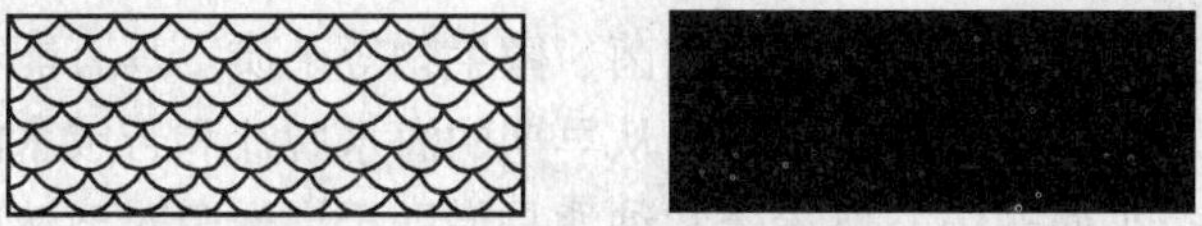


图 7-2 对称膜横断面示意图
a）多孔的 b）均质的（无孔的）

因此非对称膜在工业上的应用十分广泛。

复合膜是一种具有表皮层的非对称膜。对于复合膜，非对称膜的传质阻力主要由致密表皮层决定。通常，表皮层材料与支撑层材料不同，超薄的致密表皮层可以通过物理或化学等方法在支撑层上直接复合或多层叠合制得。由于可以分别选用不同的材料制作超薄表皮层和多孔支撑层，易于使复合膜的分离性能最优化。

### 7.2.5 膜组件

将膜、固定膜的支撑材料、间隔物或外壳等组装成的一个单元称为膜组件。膜组件的结构与形式取决于膜的形状，工业上应用的膜组件主要有中空纤维式、管式、螺旋卷式、板框式等形式，如图 7-3 所示。中空纤维和螺旋卷式组件膜填充密度高，造价低，组件内流体力学条件好。但这两种组件对制造技术要求高，密封困难，使用中抗污染能力差，对料液预处理要求高。而板框式及管式组件则相反，虽然膜填充密度低，造价高，但组件清洗方便，耐污染。因此螺旋卷式和中空纤维式组件多用于大规模反渗透脱盐、气体膜分离、人工肾；板框式和管式组件多用于中小型生产，特别是超滤和微滤。

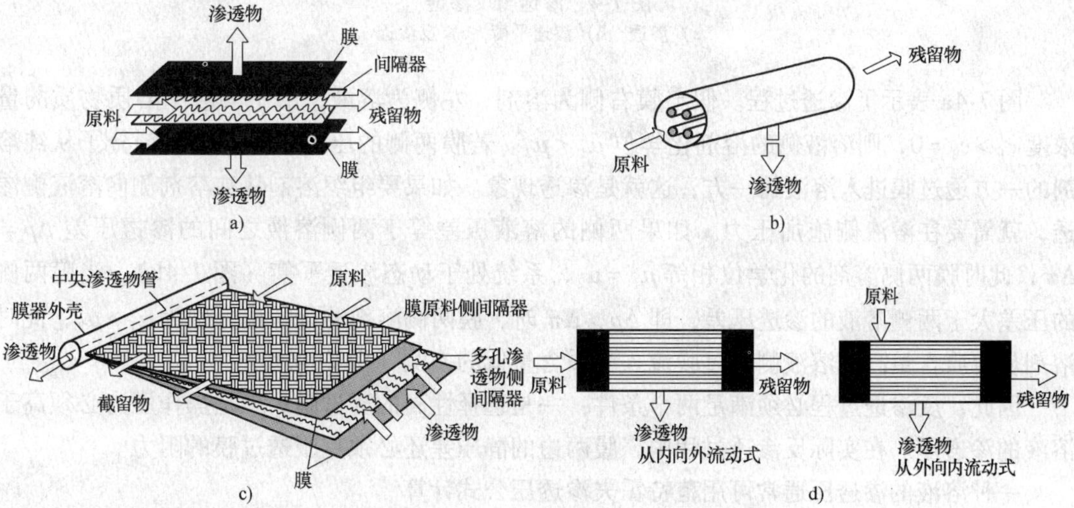


图 7-3 膜组件的四种形式示意图
a）板框式 b）管式 c）螺旋卷式 d）中空纤维

## 7.3 反渗透和纳滤

反渗透技术是当今最先进和最节能有效的分离技术。利用反渗透膜的分离特性，可以有效地去除水中的溶解盐、胶体、有机物、细菌、微生物等杂质。具有能耗低、无污染、工艺先进、操作维护简便等优点。其应用领域已从早期的海水脱盐和苦咸水淡化发展到化工、食品、制药、造纸等各个工业部门。反渗透和纳滤是借助于半透膜对溶液中相对分子质量大的溶质的截留作用，以高于溶液渗透压的压差为推动力，使溶剂渗透透过半透膜。反渗透和纳滤在本质上非常相似，分离所依据的原理也基本相同，两者的差别仅在于所分离的溶质相对分子质量的大小和所用压差的高低。

## 7.3.1 溶液渗透压

能够让溶液中一种或几种组分通过而其他组分不能通过的选择性膜称为半透膜。当把溶剂和溶液（或两种不同含量的溶液）分别置于半透膜的两侧时，纯溶剂将透过膜而自发地向溶液（或从低含量溶液向高含量溶液）一侧流动，这种现象称为渗透（图 7-4）。当溶液的液位升高到所产生的压差恰好抵消溶剂向溶液方向流动的趋势，渗透过程达到平衡，此压力差称为该溶液的渗透压，以 $\Delta\pi$ 表示。若在溶液侧施加一个大于渗透压的压差 $\Delta p$ 时，则溶剂将从溶液侧向溶剂侧反向流动，此过程称为反渗透。由此可利用反渗透过程从溶液中获得纯溶剂。

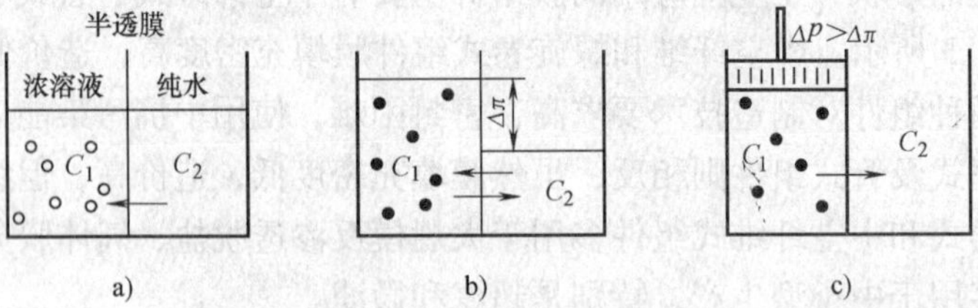


图 7-4 渗透与反渗透

a）渗透 b）渗透平衡 c）反渗透

图 7-4a 表示了渗透过程。假定膜右侧为溶剂，左侧为溶液，由于溶液中溶质物质的量浓度 $c_1 > c_2 = 0$，则溶液侧的溶剂化学位 $\mu_1 < \mu_2$。若膜两侧的压力相等，则溶剂分子从纯溶剂的一方透过膜进入溶液的一方，这就是渗透现象。如果要组织溶剂从纯溶剂侧向溶液侧渗透，就需要在溶液侧施加压力。如果两侧的溶液压差等于两侧溶液之间的渗透压差 $\Delta p = \Delta\pi$，此时膜两侧溶剂的化学位相等 $\mu_1 = \mu_2$，系统处于动态渗透平衡（图 7-4b）。当膜两侧的压差大于两侧溶液的渗透压差，即 $\Delta p > \Delta\pi$ 时，膜两侧溶剂的化学位分别为 $\mu_1 > \mu_2$，此时溶剂从溶质含量高的溶液侧透过膜流入溶质含量低的一侧（图 7-4c）。

因此，反渗透过程必须满足两个条件：一是选择性高的透过膜；二是操作压力必须高于溶液的渗透压。在实际反渗透过程中，膜两边的静压差还必须克服透过膜的阻力。

一种溶液的渗透压通常可用范特霍夫渗透压公式计算

$$\pi = ic_iRT = 0.08206ic_iT \tag{7-3}$$

式中 $i$——范特霍夫系数，当电解质完全解离时，其值等于解离的阴阳离子总数；

$c_i$——溶液中溶质的物质的量浓度（mol/L）；

$T$——热力学温度（K）。

在一定温度下，对于二元体系来说，如果组分含量以摩尔分数 $X_i$ 表示时，渗透公式也可简化如下：

$$\pi(X_i) = B_0 X_i \tag{7-4}$$

式中 $B_0$——比例常数。

对于高含量非理想溶液的渗透压则需要按下式计算：

$$\pi = \frac{RT}{V_i}\ln(X_i\gamma_i) \tag{7-5}$$

式中 $V_i$——组分 $i$ 的摩尔体积（$cm^3/mol$）；

$X_i$——组分 $i$ 在溶液中的摩尔分数；

$\gamma_i$——组分 $i$ 在溶液中的活度系数。

## 7.3.2 反渗透的分离机理

（1）氢键理论及结合水-空穴有序扩散模型 该理论最早由 Reid 等提出，并用醋酸纤维素膜加以解释。在醋酸纤维素膜中，在氢键和范德华力的作用下，大分子之间存在牢固结合并平行排列的晶相区域和完全无序的非结晶区域。水和溶质不能进入晶相区域。溶剂水充满在非晶相区，在接近醋酸纤维素分子的地方，水与醋酸纤维素碳基上的氧原子形成氢键，形成所谓的“结合水”。在醋酸纤维素吸附了第一层水分子后水分子的熵值极大下降，并且有整齐的类似于冰的构造。在非晶相区的较大的空间里（假定称为孔），结合水的占有率很低，在孔的中央存在普通结构的水。与醋酸纤维素膜不能形成氢键的离子或分子可以通过孔的中央部分，这种离子或分子的迁移称为孔穴型扩散。而能和膜产生氢键的离子或分子可以进入结合水，以有序扩散方式进行迁移，经过不断改变和醋酸纤维素形成氢键的位置来通过膜。

（2）扩散-细孔流理论 由 Sherwood 等提出的扩散-细孔流理论认为，膜表面存在细孔，水和溶质能通过细孔和溶解扩散的双重作用而透过膜，膜的透过特性既取决于细孔流，也取决于水和溶质在水溶胀的膜表面中的扩散系数。当通过细孔的溶液量与整个膜的透水量之比越小，以及水在膜中的扩散系数比溶质在膜中的扩散系数越大，则膜的选择透过性越好。可以认为该理论的解释介于溶解扩散理论与优先吸附-毛细孔流理论之间。

（3）优先吸附-毛细孔流机理 以氯化钠水溶液为例，溶质是氯化钠，溶剂是水。当水溶液与膜表面接触时，如果膜的物化性质使膜对水具有选择性吸水斥盐的作用，则在膜与溶液界面附近的溶质含量就会急剧下降，而在膜界面上形成一层吸附的纯水层。在压力的作用下，优先吸附的水就会渗透通过膜表面的毛细孔，从而从水溶液中获得纯水。

## 7.3.3 反渗透膜的性能参数

（1）膜通量 根据上面的介绍，溶剂通量和溶质通量可由下面的式子计算：

溶剂通量：$N_v = K_w(\Delta p - \Delta\pi) = K_w\{\Delta p - [\pi(x_{AF}) - \pi(x_{AP})]\}$

溶质通量 $N_n = \dfrac{D_{Am}k_A}{\delta}(c_F x_{AF} - c_P x_{AP})$

式中 $\dfrac{D_{Am}k_A}{\delta}$——溶质 A 的渗透系数（m/s）；

$c_F$、$c_P$——膜两侧溶液总物质的量浓度（$kmol/m^3$）；

$x_{AF}$、$x_{AP}$——膜两侧溶液中溶质的摩尔分数。

$\dfrac{D_{Am}k_A}{\delta}=K_A$ 反映溶质A透过膜的特性，若其数值小，那么表示溶质透过膜的速率小，因此膜对溶质的分离效率高。

(2) 截留率　截留率又可称为脱盐率，表示了反渗透膜的选择性。有表观截留率和膜本征截留率之分。

表观截留率的计算为

$$\beta=1-\frac{c_3}{c_1}=1-\frac{c_P}{c_F} \tag{7-6}$$

膜本征截留率的计算为

$$\beta'=1-\frac{c_3}{c_2} \tag{7-7}$$

式中　$c_1$、$c_2$、$c_3$——溶质在膜料液侧主体溶液中、料液侧膜表面上和透过侧产品中的物质的量浓度。

膜本征截留率还可由下式计算：

$$\beta'=\frac{K_w(\Delta p-\Delta\pi)}{K_w(\Delta p-\Delta\pi)+K_A} \tag{7-8}$$

式中　$K_w$——水的渗透系数，是溶解度和扩散系数的函数，对反渗透过程，其值大约为 $6\times10^{-4}\sim3\times10^{-2}m^3/(m^2\cdot h\cdot MPa)$；

$K_A$——溶质A的渗透系数（m/s）；

$\Delta p$——膜两侧压力差（Pa）；

$\Delta\pi$——溶液渗透压差（Pa）。

上式表明膜的选择性随压力的增加而增大。膜材料的选择性渗透系数 $K_w$ 和 $K_A$ 直接影响分离效率。要实现高效分离，系数 $K_w$ 应尽可能地大，而 $K_A$ 尽可能地小。

(3) 过程回收率　在反渗透过程中，由于受溶液渗透压、粘度等的影响，原料液不可能全部成为透过液，因此透过液的体积总是小于原料液体积。通常把透过液与原料液体积之比称为回收率，可由下式计算得到：

$$\eta=\frac{V_P}{V_F}$$

式中　$V_P$、$V_F$——透过液和原料液的体积（$m^3$）。

## 7.3.4　反渗透工艺过程

在整个反渗透处理系统中，除了反渗透器和高压泵等主体设备外，为了保证膜性能稳定，防止膜表面结垢和水流道堵塞，除设置合适的预处理装置外，还需配置必要的附加设备，如pH调节、消毒和微孔过滤等设备，并选择合适的工艺流程。反渗透膜分离工艺设计中常见的流程有以下几种：

(1) 一级一段法　一种形式是一级一段连续式工艺，如图7-5所示，当料液进入膜组件后，浓缩液和透过液被连续引出，这种方式透过液的回收率不高，工业应用较少。另一种形式是一级一段循环式工艺，如图7-6所示，为提高水的回收率，将部分浓缩液返回进料液储槽与原有的进料液混合后，再次通过组件进行分离。因为浓缩液中溶质含量比原进料液要高，所以透过的水质有所下降。

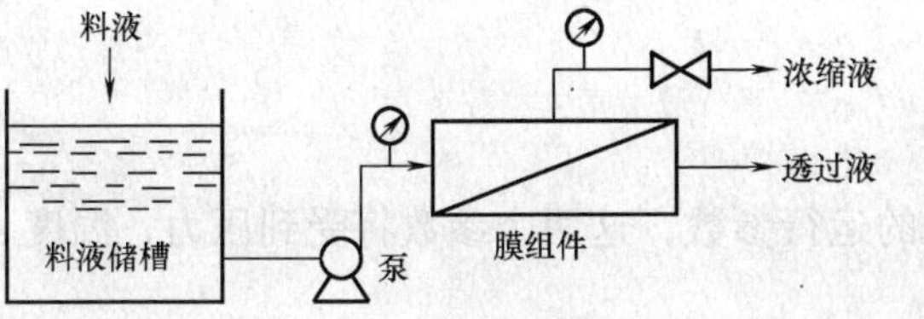


图7-5 一级一段连续式

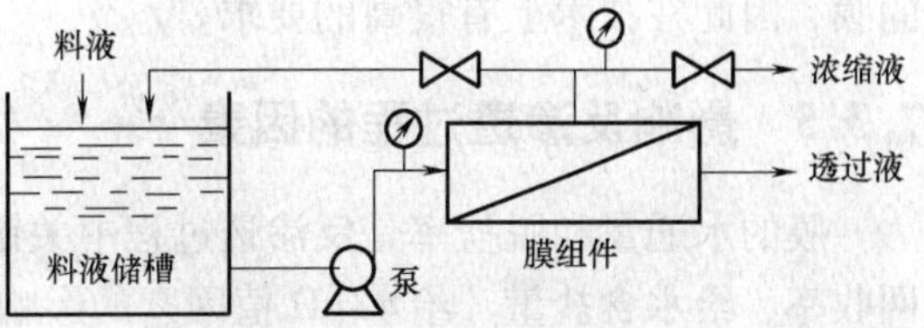


图7-6 一级一段循环式

（2）一级多段法 当用反渗透作为浓缩过程时，一次浓缩达不到要求时，可以采用如图7-7所示的多段法，它是把第一段的浓缩液作为第二段的进料液。再把第二段的浓缩液作为下一段的进料液，而各段的透过水连续排出。这种方式水的回收率高，浓缩液的量减少，而浓缩液中的溶质含量较高。

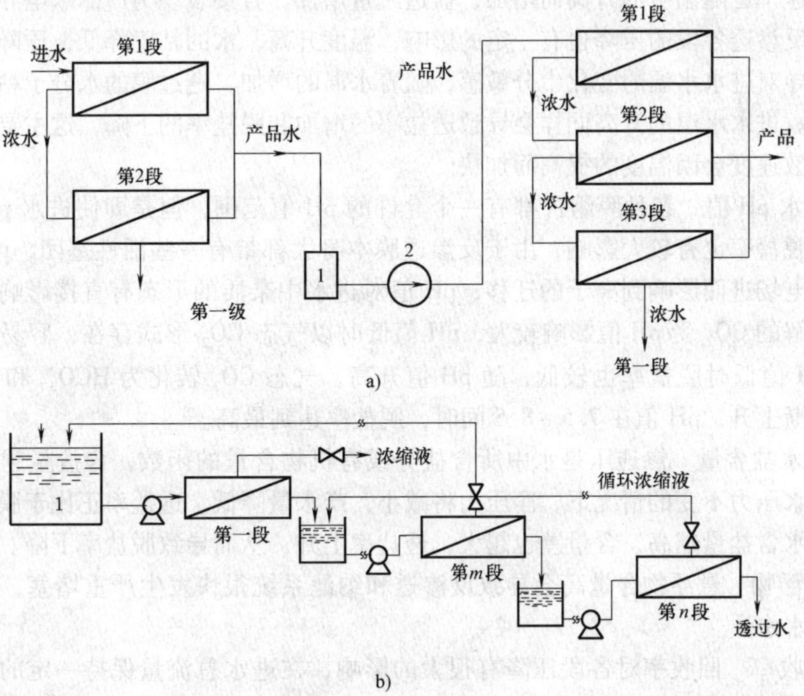


图7-7 一级多段连续式

（3）两级一段法 当海水除盐率要求把NaCl从35000mg/L降至500mg/L时，则要求除盐率高达98.6%，如一级达不到时，可分为两步进行。即第一步先除去NaCl 90%，而第二步再从第一步出水中除去NaCl 89%，即可达到要求。如果膜的除盐率低，而水的渗透性又高时，采用两步法比较经济，同时在低压低含量下运行，可提高膜的使用寿命。

（4）多级多段式 多级多段式有连续式和循环式之分。它是将第一级浓缩液作为第二级的供料液，而第二级浓缩液再作为下一级的供料液，如此延续，将最后一级的浓缩液引出系统。由于各级透过水都向外直接排出，所以随着级数增加水的回收率上升，浓缩液体积减小，含量上升。为了保证液体的一定流速，同时控制浓差极化，膜组件数目应逐渐减少。对于某些分离（如海水淡化）来说，由于一级脱盐淡化需要有很高的操作压力和高脱盐性能的膜，因此在技术上有很高的要求。

### 7.3.5 影响反渗透过程的因素

膜的水通量和脱盐率是反渗透过程中关键的运行参数，这两个参数将受到压力、温度、回收率、给水含盐量、给水 pH 值因素的影响。

（1）进水压力　影响盐透过量的不是进水压力本身，而是进水压力的升高使得驱动反渗透的净压力升高，产水量加大，同时盐透过量几乎不变，因此增加的产水量稀释了透过膜的盐分，降低了透盐率，提高脱盐率。当进水压力超过一定值时，由于过高的回收导致了浓差极化的加大，从而盐透过量的增加抵消了增加的产水量，使得脱盐率不再增加。

（2）进水温度　反渗透的运行压力、脱盐率、压降受温度的影响最为明显。温度上升直接导致渗透性能增加，在一定水通量下要求的净推动力减小，因此实际运行压力降低。同时溶质透过速率也随温度的升高而增加，盐透过量增加，直接表现为产品水电导率升高。

温度对反渗透各段的压降也有一定的影响，温度升高，水的粘度降低，压降减小。反渗透膜产水电导对进水水温的变化十分敏感，随着水温的增加，透过膜的水分子粘度下降、扩散性能增强。进水水温的升高同样会导致透盐率的增加和脱盐率的下降，这主要是因为盐分透过膜的扩散速度会因温度的提高而加快。

（3）进水 pH 值　各种膜组件都有一个允许的 pH 值范围，但是即使进水 pH 值在允许范围内，对脱盐率也有较大影响，由于反渗透膜本身大都带有一些活性基团，pH 值可以影响膜表面的电场进而影响到离子的迁移，pH 值对进水中杂质的形态有直接影响；另一方面由于水中溶解的 $CO_2$ 受 pH 值影响较大，pH 值低时以气态 $CO_2$ 形式存在，容易透过反渗透膜，所以 pH 值低时脱盐率也较低，随 pH 值升高，气态 $CO_2$ 转化为 $HCO_3^-$ 和 $CO_3^{2-}$ 离子，脱盐率也逐渐上升，pH 值在 7.5 ~ 8.5 间时，脱盐率达到最高。

（4）进水盐含量　渗透压是水中所含盐分或有机物含量的函数，含盐量越高渗透压也增加，在进水压力不变的情况下，净压力将减小，产水量降低。透盐率正比于膜正反两侧盐含量差，进水含盐量越高，含量差也越大，透盐率上升，从而导致脱盐率下降。

（5）悬浮物　悬浮物含量高会导致反渗透和纳滤系统很快发生严重堵塞，影响系统的产水量和产水水质。

（6）回收率　回收率对各段压降有很大的影响，在进水总流量保持一定的条件下，回收率增加，由于流经反渗透高压侧的浓水流量减小，总压降减小，回收率减小，总压降增大。回收率对产品水电导率的影响取决于盐透过量和产品水量，一般来说，系统回收率增大，会增加浓水中的含盐量，并相应增加产品水的电导率。

## 7.4 电渗析

### 7.4.1 电渗析分离原理

**1. 基本原理**

在电场作用下进行溶液中带电溶质粒子（如离子、胶体粒子等）的渗析称为电渗析。

由电渗析过程可见，离子交换膜是电渗析的关键部件，有阳离子交换膜和阴离子交换膜两种类型。阳离子交换膜只允许阳离子通过，阻挡阴离子通过；阴离子交换膜只允许阴离子通过，阻挡阳离子通过。图 7-8 是电渗析工作原理示意图。

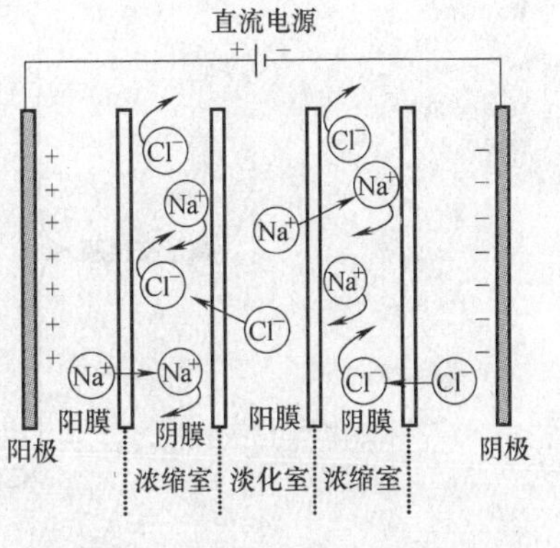


图 7-8　电渗析工作原理示意图

向淡化室中通入含盐水并接上电源，溶液中带正电的阳离子会在电场的作用下，向阴极方向移动到阳膜，而受到膜上带负电荷的基团异性相吸的作用而穿过膜，进入右侧的浓缩室。同理，带负电荷的阴离子最后进入左侧的浓缩室。淡化室盐水中的氯化钠被不断除去，得到淡水，氯化钠在浓缩室中浓集。

**2. 电极反应**

在电渗析的过程中，阳极和阴极上所发生的反应分别是氧化反应和还原反应。

以 NaCl 水溶液为例，其电极反应为

阳极的反应

$$2OH^- - 2e \rightarrow [O] + H_2O$$

$$Cl^- - e \rightarrow [Cl]$$

$$H^+ + Cl^- \rightarrow HCl$$

阴极的反应

$$2H^+ + 2e \rightarrow H_2$$

$$Na^+ + OH^- \rightarrow NaOH$$

由上面的反应可知，在阳极产生 $O_2$、$Cl_2$，在阴极产生 $H_2$。新产生的 $O_2$ 和 $Cl_2$ 对阳极会产生强烈腐蚀，而且阳极室中水呈酸性，阴极室中水呈碱性。因此若水中有 $Ca^{2+}$、$Mg^{2+}$，会与 $OH^-$ 形成沉淀，集积在阴极上。当溶液中有杂质时，还会发生副反应。为了预防这些现象的发生和保护电极，引入一股称为极水的水流冲洗电极。

**3. 极化现象**

在直流电场作用下，水中阴、阳离子分别进行定向迁移，各自传递着一定数量的电荷，形成电渗析的操作电流。当操作电流大到一定程度时，强化膜内离子迁移，就会在膜附近形成离子的“真空”状态，在膜界面处水分子被迫离解成 $H^+$ 和 $OH^-$ 来传递电流，使膜两侧的 pH 值发生很大的变化，这就是极化。此时，电解出来的 $H^+$ 和 $OH^-$ 受电场作用分别穿过阳膜和阴膜，阳膜处将有 $OH^-$ 积累，使膜表面呈碱性。极化临界点所施加的电流称为极限电流。预防极化现象的办法是控制电渗析器在极限电流以下操作，一般取操作电流密度为极限电流密度的 80%。

**4. 离子交换膜**

离子交换膜是一种由具有离子交换性能的高分子材料制成的薄膜。它与离子交换树脂相似，但作用机理和方式、效果都有不同之处。当前市场上离子交换膜种类繁多，也没有统一的分类方法。由阳离子交换材料组成的膜含有酸性活性基团，可解离出阳离子，它对阳离子具有选择透过性，称为阳离子交换膜，简称为阳膜；由阴离子交换材料组成的膜含有碱性活性基团，可解离出阴离子，它对阴离子具有选择透过性，称为阴离子交换膜，简称为阴膜。图 7-9 所示是离子交换膜的分类。

- 离子交换膜
  - 阳离子交换膜
    - 强酸型:磺酸型
    - 中酸型:磷酸型、膦酸型
    - 弱酸型:羧酸型、酚型
    - 混合型:苯酚磺酸
  - 阴离子交换膜
    - 强碱型:季胺型、吡啶季胺型
    - 中、弱碱型:伯胺型、仲胺型、叔胺型
    - 混合型:混合胺型
  - 特殊离子交换膜
    - 表面涂层膜
    - 双极膜
    - 两性膜
    - 镶嵌膜
    - 其他膜

图 7-9　离子交换膜的分类

**5. 电渗析的特点**

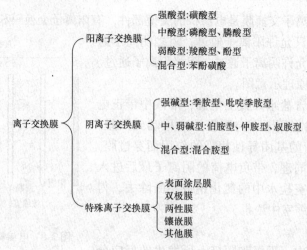

1）电渗析只对电解质的离子起选择迁移作用，而对非电解质不起作用。

2）电渗析过程中的物质没有相的变化，因而能耗低。

3）电渗析过程中不需要从外界向工作液体中加入任何物质，也不使用化学药剂，因而保证了工作液体原有的纯净程度，也没有对环境造成污染，属清洁工艺。

4）电渗析过程在常温常压下进行。

## 7.4.2　电渗析工艺流程

电渗析器由膜堆、极区和夹紧装置三部分组成。

（1）膜堆　在电渗析器中“膜对”是最小电渗析工作单元，它由阴膜、淡水隔板、阳膜和浓水隔板组成。由若干个膜对组成的总体称为“膜堆”。置于电渗析器夹紧装置内侧的电极称为“端电极”。在电渗析器膜堆内，前后两极共同的电极称为“共电极”。

（2）极区　位于膜堆两侧，包括电极和极水隔板。极水隔板供传导电流和排除废气、废液之用，所以比较厚。

（3）夹紧装置　电渗析器有两种锁紧方式：油压机锁紧和螺杆锁紧。大型电渗析器采用油压机锁紧，中小型多采用螺杆锁紧。

电渗析器的组装方式有串联、并联及串-并联。常用“级”和“段”来表示，“级”是指电极对的数目。“段”是指水流方向，水流通过一个膜堆后，改变方向进入后一个膜堆即增加一段。各种电渗析器的组合方式如图 7-10 所示。

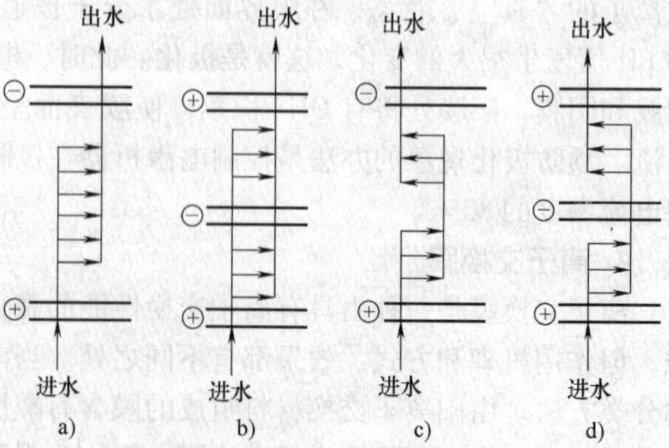


图 7-10　各种电渗析器的组合方式
a）一级一段并联　b）二级一段并联
c）一级二段串联　d）二级二段串联

一级一段电渗析器即一台电渗析器仅含一段膜堆。水流通过膜堆时，是平行地向同一方向通过各膜对，实际上这样的膜堆是以并联的形式组成一段。这种电渗析器的产水量大，整台脱盐率就是一张隔板流程长度的脱盐率。

一级多段电渗析器通常含有2~3段，使用一对电极，膜堆中通过每个膜对的电流相等。这类电渗析器段与段之间的水流方向相反，内部必须装有用来改变水流方向的导向隔板，使水流从一段出来改变方向流入另一段。在级内分段是为了增加脱盐流程长度，以提高脱盐率。这种形式的电渗析器单台产水量较小，压降较大，脱盐率较高，适用于中、小型制水场地。

多级多段电渗析器使用共电极使膜堆分级。一台电渗析器含有2~3级、4~6段。将一台电渗析器分成多级多段进行组装，是为了获得更高的脱盐率，多用于小型海水淡化器和小型纯水装置。

### 7.4.3 电渗析技术的工业应用

（1）水的纯化　电渗析法是海水、苦咸水、自来水制备初级纯水和高级纯水的重要方法之一。由于能耗与脱盐量成正比，所以电渗析法更适合含盐低的苦咸水淡化。但当原水中盐浓度过低时，溶液电阻大，不够经济，因此一般采用电渗析与离子交换树脂组合工艺。电渗析在流程中起前级脱盐作用，离子交换树脂起保证水质作用。要注意电渗析法不能除去非电解质杂质。

下面是制备初级纯水的几种典型流程：

原水→预处理→电渗析→软化（或脱碱）→中、低压锅炉给水

原水→预处理→电渗析→混合床→纯水（中、低压锅炉给水）

原水→预处理→电渗析→阳离子交换→脱气→阴离子交换→混合床→纯水（中、高压锅炉给水）

下面是制备高级纯水的几种典型流程：

原水→预处理→电渗析→阳离子交换→脱气→阴离子交换→杀菌→超滤→混合床→微滤→超纯水（电子行业用水）

原水→预处理→电渗析→蒸馏→微滤→医用纯水（针剂用水）

（2）海水、盐泉卤水制盐　利用电渗析法将海水浓缩后蒸发结晶制取食盐，在电渗析应用中占第二位。与常规盐田法比较，该工艺占地面积小，基建投资省，节省劳动力，不受地理气候限制，易于实现自动化操作和工业化生产，且产品纯度高。

下面是海水制盐的典型流程：

海水→过滤器→过滤海水→电渗析→卤水→预热器→真空蒸发器→离心机→干燥机→食盐

电渗析用于废水处理，兼有开发水源、防止环境污染、回收有用成分等多种意义。在电渗析应用中占第三位。电渗析用于废水处理，以处理电镀废水为代表的无机系废水为开端，并逐步向城市污水、造纸废水等有机系废水发展。

（3）脱除有机物中的盐分　电渗析在医药、食品工业领域脱除有机物中的盐分方面也有较多应用。另外，电渗析还可以脱除或中和有机物中的酸；可以从蛋白质水解液和发酵液中分离氨基酸等。

## 7.5 超滤

### 7.5.1 超滤原理及其操作模式

一般认为超滤（UF）是一种筛孔分离过程。在一定的压力下，当含有高、低分子物质的混合溶质的溶液流过被支撑的膜表面时，溶剂和低分子物质（如无机盐类）将透过薄膜，作为透过物被收集起来；高分子溶质（如有机胶体等）则被薄膜截留而作为浓缩液被回收。按照这样的分离机理，超滤膜具有选择性表面层的主要因素是形成具有一定大小和形状的孔，聚合物的化学性质对膜的分离特性影响不大。

UF 同反渗透（RO）、纳滤（NF）、微滤（MF）一样，均属于压力驱动型膜分离技术。超滤主要用于从液相物质中分离大分子化合物（蛋白质、核酸聚合物、淀粉、天然胶、酶等）、胶体分散液（黏土、颜料、矿物料、乳液粒子、微生物）、乳液（润滑脂-洗涤剂以及油-水乳液）。也可以用超滤来分离低分子量溶质，从而可达到某些含有各种小相对分子质量可溶性溶质和高分子物质（如蛋白质、酶、病毒）等溶液的浓缩、分离、提纯和净化。其操作静压差一般为 0.1 ~ 0.5MPa，被分离组分的直径大约为 0.01 ~ 0.1μm，这相当于光学显微镜的分辨极限，一般为相对分子质量大于 500 ~ 1000000 的大分子和胶体粒子，这种液体的渗透压很小，可以忽略，所用膜常为非对称膜，膜孔径为 $10^{-3} \sim 10^{-1}$ μm，膜表面有效截留层厚度较小（0.1 ~ 10μm），操作压力一般为 0.2 ~ 0.4MPa，膜的透过速率为 0.5 ~ 5$m^3$/（$m^2$ · d）。总之，超滤对去除水中的微粒、胶体、细菌、热源和各种有机物有较好的效果，但它几乎不能截留无机离子。

### 7.5.2 超滤膜

**1. 超滤膜的结构**

超滤膜基本上分为两种：各向同性膜和各向异性膜。各向同性膜是通常用于超滤技术的微孔薄膜，它具有无数微孔贯通整个膜层，微孔数量与直径在膜层各处基本相同，正反面都具有相同的效应，这种膜透过滤液的流量较小。各向异性膜是由一层极薄的“表皮层”和一层较厚的起支撑作用的“海绵层”组成的薄膜，又称非对称膜，这种膜透过滤液的流量较大且不易被堵塞。

**2. 超滤过程的数学描述**

一般来说，稳态 UF 渗透通量的大小随着温度和进料速度的升高而增加，但随着进料含量的增加而下降。在平衡状况下，随渗透物一起带到膜上并被膜截取的组分又会反向地传递到流体相。反向传递一方面可建立在扩散效应的基础上；另一方面也可以建立在流体动力学效应的基础上。扩散效应是由膜上被截留组分含量的升高而引起的，流体动力学效应则是由膜上速度梯度造成的剪应力引起的。

原则上，脱离膜的反向传递两种效应都起作用，但影响程度不同，并与粒子或分子的大小密切相关。UF 范围内大部分情况下主要受扩散效应支配，渗透通量随着分子尺寸的增加而下降。

由于各种影响因素和物料体系的多样性，通用的模型是不存在的。下面介绍一些 UF

模型。

（1）孔模型 若半径为 $r$，长度为 $L$ 的毛细管内液体呈层流流动，则毛细管内的流体通量与毛细管两端压差之间的关系可用 Hagen-Poiseuille 定律描述

$$J_V = \left(\frac{r^2}{8\eta L}\right)\Delta p \tag{7-9}$$

式中 $\eta$——液体的粘度。

对于高孔隙率的膜的超滤过程而言，若将流体通过膜孔的流动看做通过毛细管的流动，且流动类型为层流，则通过孔隙率为 $A_k$，膜孔半径为 $r$ 的膜的通量为

$$J_V = \left(\frac{A_k r^2}{8\eta L}\right)\Delta p \tag{7-10}$$

式中 $L$——毛细管长，即膜内孔的长度；

$\Delta p$——过滤过程的推动力，$\Delta p = \Delta p_r - \Delta\pi$，$\Delta p_r = p_F - p_P$，$\Delta\pi = \pi(c_W) - \pi(c_P)$；

$p_F$、$p_P$——膜料液侧和透过液侧静压力；

$\pi(c_W)$、$\pi(c_P)$——膜料液侧和透过液侧表面物质的量浓度下的渗透压。

由式（7-10）可知超滤过程是根据膜孔径来选择分离溶液中所含的微粒或大分子的。实际上，由于膜内的孔是弯弯曲曲的，故其长度 $l$ 与膜厚 $L$ 并不相等，常引用迂回系数（扩散曲折率）$\tau$ 来校正这一影响，其定义为

$$\tau = \frac{l}{L} \tag{7-11}$$

此时，式（7-10）变为

$$J_V = \left(\frac{A_k r^2}{8\eta\tau L}\right)\Delta p \tag{7-12}$$

式（7-12）即为孔模型。按此模型，膜渗透率与压力呈直线关系。但实际上只在低压、低料液含量、高流速下的超滤才存在这一情况。

曲折因子 $\tau$ 必须由实验确定。大量颗粒床的实验表明，$\tau$ 值在 2 - 2.5 之间，25/12 似乎是最好的平均值。

（2）筛子模型 基于 UF 过程的分离机理为筛孔分离过程，有人提出了筛子模型，即当溶剂向膜表面传递时，溶剂通过膜，而它所带的溶质被膜表面排斥，导致溶质在膜上的积累。这种积累可称一层凝胶层，或者称为第二层膜。因此，穿过膜的溶剂通量可以表示如下：

$$J_w = \frac{\Delta p - \Delta\pi}{R_g + R_m} \tag{7-13}$$

式中 $R_g$——凝胶层的阻力（g · mol · s）；

$R_m$——膜的阻力；

$\Delta\pi$——膜两侧渗透压差。

由于大分子以及胶体分散液的渗透压通常是低的，所以，式（7-13）中的 $\Delta\pi$ 忽略不计，上式变为

$$J_w = \frac{\Delta p}{R_g + R_m} \tag{7-14}$$

式中 $J_w$——穿过膜的溶剂通量；

$\Delta p$——过滤过程的推动力；

$R_g$——凝胶层的阻力（g·mol·s）；

$R_m$——膜的阻力。

采用具有较高保持性的微孔薄膜（孔径1μm或1μm以上）对大分子溶质的稀溶液进行超滤时，与$R_m$相比，$R_g$可能是不重要了，故式（7-14）变为

$$J_w = \Delta p / R_m \tag{7-15}$$

式中 $J_w$——穿过膜的溶剂通量；

$\Delta p$——过滤过程的推动力；

$R_m$——膜的阻力。

这是没有浓度极化的情况，或者是在无限稀释时，凝胶层可以自由流动的情况。在这种情况下，当溶质仅仅是靠与溶剂一起进行转移而穿过膜孔，而这膜孔又大得足以允许溶质分子通过，此时溶质的通量可以表示为

$$J_s = J_w (1 - \phi)(c_{s1}/c_{w1}) \tag{7-16}$$

式中 $J_s$——溶质的通量；

$\phi$——穿过对溶质有一定排斥作用的孔的纯溶剂流的比例；

$c_{w1}$——上游侧溶液中的溶剂物质的量浓度；

$c_{s1}$——上游侧溶液中的溶质物质的量浓度。

**3. 浓差极化与凝胶极化模型**

（1）浓差极化与凝胶层超滤　膜分离过程中，随着透过膜的溶剂到达膜表面的溶质，由于受到膜的截留而积累，使得膜表面溶质含量逐步高于料液主体含量。由于膜表面溶质含量与料液主体溶质含量之差产生了从膜表面向料液主体的溶质扩散，当这种扩散的溶质通量与随着透过膜的溶剂到达膜表面的溶质通量完全相等时，上述分离过程达到不随时间变化的定常（稳定）状态。

$$J_V c = D(\mathrm{d}c/\mathrm{d}x) + J_V c_P \tag{7-17}$$

式中 $J_V c_P$——从边界层透过膜的溶质通量[kmol/(m$^2$s)]；

$J_V c$——对流传质进入边界层的溶质通量[kmol/(m$^2$s)]；

$D$——溶质在溶液中的扩散系数（m$^2$/s）。

在边界条件$x=0$，$c=c_b$；$x=\delta$，$c=c_w$对式（7-17）积分，得到浓差极化式

$$(c_w - c_P)/(c_b - c_P) = \exp(J_V/k) \tag{7-18}$$

式中 $c_b$——主体溶液的溶质物质的量浓度(kmol/m$^2$)；

$c_w$——膜表面的溶质浓度(kmol/m$^2$)；

$c_P$——膜透过液的溶质物质的量浓度(kmol/m$^2$)；

$k$——溶质在浓差极化边界层内的传质系数，定义为

$$k = D/\delta \tag{7-19}$$

式中 $\delta$——膜的边界层厚度（m）；

$D$——溶质在溶液中的扩散系数（$m^2/s$）。

在超滤中被分离的是高分子和凝胶溶液，当这些组分在膜上游侧表面的物质的量浓度 $c_W$ 达到其饱和物质的量浓度（或称凝胶点）$c_g$ 时，会在膜面上形成凝胶层，使渗透速率显著减小，溶质脱除率提高。当超滤液中有几种不同相对分子质量的溶质时，凝胶层会使小相对分子质量组分的表观脱除率下降。

（2）传质系数 浓差极化边界层内的传质系数是离开膜表面的溶质的质量传递的量度。其主要控制因素是流体流动条件及操作温度。

传质系数可以用传质准数关联式计算。

1）当膜组件内的流动为层流时

$$S_h = 1.62(R_m c_P d_h/L)/3,\ (100 < R_m c_P d_h < 5000) \tag{7-20}$$

式中 $S_h$——传质准数；

$R_m$——膜的阻力（g·mol·s）；

$c_P$——膜透过液的溶质物质的量浓度（$kmol/m^2$）；

$d_h$——当量水力直径（$d_h = 2h$，对平的流道高度为 $h$ 的矩形流道而言，cm）；

$L$——管长或流道长（cm）。

得到的传质系数是沿膜长 $L$ 的平均值。

2）湍流时，可用下面公式：

$$S_h = 0.023 R_m^{0.875} c_P^{0.25} \tag{7-21}$$

式（7-21）表示湍流时膜长度 $L$ 对传质系数没有影响。

$$d_h = 4ah/2(a+h) \tag{7-22}$$

式中 $d_h$——当量水力直径（$d_h = 2h$，对平的流道高度为 $h$ 的矩形流道而言，cm）；

$a$——流道宽度（cm）；

$2h$——流道高度（cm）。

当 $h \ll a$ 时 $d_h = 2h$。管状膜的 $d_h$ 即为其内径。

另外，Porter 等人提出了 $k$ 值的计算公式如下所述。

1）加料流以错流方式流径膜表面并作层流流动时

$$k = 0.816(\gamma D_s^2/L)^{0.33} \tag{7-23}$$

式中 $\gamma$——在膜表面处的流体切变速率（$s^{-1}$）；

$L$——管长或流道长（cm）；

$D_s$——溶质在溶液中的扩散系数（$m^2/s$）。

对管径为 $d$(cm)的圆管，$\gamma = 8U_b/d$，对流道高度为 $b$(cm)的长方形流道，$\gamma = 6U_b/d$；$U_b$ 为流体的总体速率（cm/s）；$L$ 为管长或流道长（cm）。

2）加料流以错流方式流经膜表面并作湍流流动时

$$k = 0.023(U_b^{0.8} D_s^{0.67}/d_h^{0.2} \nu^{0.47}) \tag{7-24}$$

式中 $U_b$——流体的总体速率（cm/s）；

$\nu$——运动粘度（$cm^2/s$）。溶质扩散率可以用 Stokes-Einstein 公式计算。

对式（7-23）或式（7-24）计算所得的理论值进行了比较后发现，对大分子溶液而言，不论是层流或湍流，其理论通量与实验值相符合的范围为15%～30%。然而对胶体分散液而言，通量的实验值要比理论值高得多：在层流时要高20～30倍，在湍流时在高8～10倍。

**4. 超滤的应用现状**

目前超滤的应用规模较大，多采用错流操作。它已广泛应用于食品、医药、工业废水处理、超纯水制备及生物技术工业。其中，在工业废水处理方面应用得最普遍的是电泳涂漆过程。城市污水处理、其他工业废水处理及生物技术领域都是超滤未来的发展方向，见表7-1。

**表7-1　超滤技术的应用领域及前景**

| 领域 | 现状及前景 |
| --- | --- |
| 回收电泳涂漆废水中的涂料 | 已广泛用于世界各地的电泳涂漆自动化流水线 |
| 含油废水的处理 | 已普遍用于金属加工、罐头听生产工业的含油废水处理，其他领域的含油废水处理过程有待开拓。经济性是主要障碍 |
| 造纸工业废液处理 | 还未广泛采用，白水的前景较好，处理黑液及分离木质素的前景一般 |
| 采矿及冶金工业废水的处理 | 处理酸性矿物排出液，铜、硒、碲、铝冶炼，黄铜线生产过程废液。渗透液可循环使用，浓缩液中可回收有用物质。超滤在这一领域的应用正日益受到重视，现处于中试水平。需加紧膜性能的提高及与处理方面的研究 |
| 家庭污水处理、阴沟污水处理 | 在旅馆、办公楼、住宅楼已被采用。能实现新建500户以上大的住宅楼的小规模水循环，可减少40%的家庭用水。正处于与其他非膜技术的竞争之中，不一定能获胜。经济性和技术性是主要障碍 |

下面详细介绍一下含油废水的回收。

油水乳浊液在金属机械加工过程中被广泛用做工具和工件的润滑和冷却，但因在适用过程中易混入金属碎屑、菌体及清洗金属加工表面的冲洗用水，而使使用寿命非常短。单独的油分子就其相对分子质量而言小得可以通过超滤膜，而对这些含油废水超滤则能成功地分离出其油相，这是因为油水界面表面张力足够使油滴不能透过已被水浸湿的膜。其操作流程如图7-11所示。

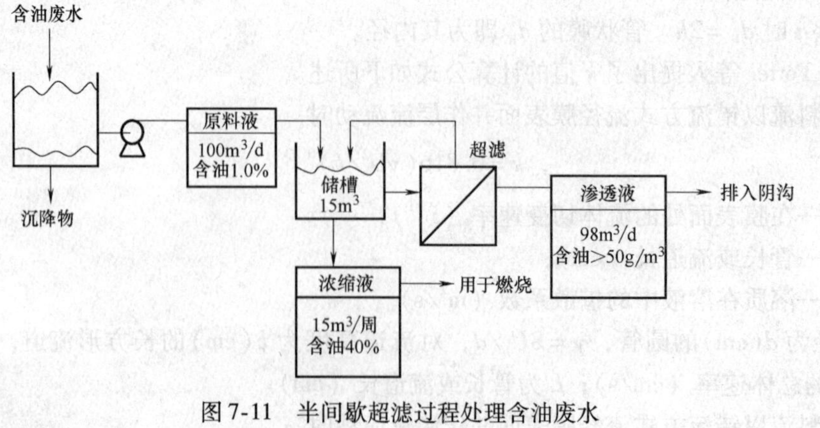


图7-11　半间歇超滤过程处理含油废水

**【案例】**

做膜性能评价试验，对于相对分子质量为2000的溶质，分别得到$L_p$、$\sigma$、$P_w$值为$2\times10^{-11}m^3/(m^2\cdot Pa\cdot s)$、0.85、$10^{-6}m/s$。在压力0.2MPa、液温25℃、流量2.5L/min下进

行超滤时，其渗透压可忽略不计。求流量为5L/min时的表观截留率为多少。设液体粘度为$9\times10^{-7}m^2/s$(25℃)，扩散系数为$2.3\times10^{-10}m^2/s$。

**解**：由于渗透压可以忽略不计

$$J_V \approx L_p\Delta p=(2\times10^{-11})\times(2\times10^{5})m^3/(m^2\cdot s)=4\times10^{-6}m^3/(m^2\cdot s)$$

$$F=\exp\left\{-\frac{J_V(1-\sigma)}{P_w}\right\}=\exp\left\{-\frac{(4\times10^{-6})(1-0.85)}{10^{-6}}\right\}=0.55$$

真实截留率为

$$R=\frac{(1-F)\sigma}{1-\sigma F}=\frac{(1-0.55)\times0.85}{1-0.85\times0.55}=0.72$$

液体的线速度：2.5L/min时为40cm/s，5L/min时为80cm/s。

2.5L/min时的雷诺准数为5100，为完全湍流区。$k_1=6.38\times10^{-6}m/s$(2.5L/min)，$k_1=1.17\times10^{-5}m/s$(5L/min)。

因此，由 $R_{obs}=\dfrac{1}{1+\left\{\dfrac{1-R}{R}\right\}\exp\left(\dfrac{J_V}{k}\right)}$得

$$R_{obs}=\frac{1}{1+\left\{\dfrac{1-0.72}{0.72R}\right\}\exp\left(\dfrac{4\times10^{-6}}{6.38\times10^{-6}k}\right)}=0.58(2.5L/min)$$

同理，得

$$R_{obs}=0.65(5L/min)$$

## 思 考 题

1. 按推动力和传递机理的不同，膜分离过程可分为哪些类型？
2. 什么叫反渗透？其分离机理是什么？
3. 简述常见的反渗透工艺流程及其应用。
4. 什么叫超滤？有哪些方面的应用？
5. 简述电渗析的基本原理。
6. 电渗析流程有哪几种？有哪些方面的应用？

## 参考文献

[1] 郑领英，王学松．膜技术［M］．北京：化学工业出版社，2000.
[2] 田中良修．离子交换膜基本原理及应用［M］．葛道才，任庆春，译．北京：化学工业出版社，2010.
[3] Marcel Mulder. 膜技术基本原理［M］．北京：清华大学出版社，1999.
[4] 王湛．膜分离技术基础［M］．北京：化学工业出版社，2000.
[5] 刘茉娥．膜分离技术［M］．北京：化学工业出版社，1998.

8

# 第 8 章 化学反应工程原理

**本章提要**：反应本身是反应操作过程的核心，而反应器是实现这种反应的外部条件。反应器是进行化学或生物反应等的容器的总称，是反应工程的主要研究对象。本章在介绍化学反应动力学基础以及解析方法的基础上，介绍了各种均相化学反应器与非均相化学反应器。

## 8.1 反应动力学基础

### 8.1.1 反应器与反应操作

**1. 反应器**

反应器是进行化学或生物反应等的容器的总称，是反应工程的主要研究对象。小到实验室用于做试验的试管、烧杯，大到工业设备、城市污水处理装置、垃圾焚烧炉等都是反应器。微生物的细胞也可以视为一个微型的复杂的反应器。

在工业生产中，反应器主要用于利用廉价的原料生产更高价值的产品，而在环境工程领域，反应器主要用于分解或转化城市污水、工业废水、生活垃圾、工业固体废弃物、废气中的有害物质，降低其毒性或含量，已达到保护环境的目的。由于应用的目的不同，两者在反应操作上有较大的差异。

根据反应器内进行的主要反应的类型，反应器可分为化学反应器和生物反应器两大类。生物反应器是利用生物的生命活动来实现物质转化的一种反应器，它是在环境工程领域，特别是在水处理中应用最为广泛的反应器，一直是环境领域的研究热点。

反应本身是反应操作过程的核心，反应在具有不同特性的反应器内进行，即使反应式相同，也将产生不同的反应结果。反应器的特性主要是指反应器内物料的流动状态、混合状态以及质量和能量传递性能等，它们取决于反应器的结构形式、操作方式等。

反应器的开发是反应工程的主要任务之一，它包括根据反应动力学特性和其他条件选择合适的反应器形式；根据动力学和反应器的特性确定操作方式和优化操作条件；根据要求对反应器进行设计计算，确定反应器的尺寸，并进行评价等。

**2. 反应器的操作方式**

（1）分批（或间歇）式操作　是指一批反应物料投入反应器后，让它经过一定时间的反应，然后再取出的操作方法。通常为实验室及产量较小的情况下所采用。本法还能用一个反应器来生产多个品种或牌号的产品。由于分批操作时，物料含量及反应速率都是在不断改变着的，因此它是一种非定态的过程，过程分析较为复杂。但分批操作也有其特色，即在反应器的生产能力、反应选择性以及像合成高分子化合物中的相对分子质量分布等重要问题方面都有其一定的优点。

（2）连续式操作　即反应物料连续地通过反应器的操作方式，一般用于产品品种比较单一而产量较大的场合。连续操作也有其自己的特性，因此亦必然反映到转化率和选择性等问题上。

（3）半分批（或称半连续）式操作　是指反应器中的物料有一部分是分批地加入或取出的，而另一部分则是连续地通过。如某一液相氧化反应，液体的原料及生成物在反应釜中是分批地加入和取出的，但氧化用的空气则是连续地通过的。又如两种液体反应时，一种液体先放入反应器内，而另一种液体则连续滴加，这也是半分批式操作。再如液相反应物是分批加入的，但反应生成物却是气体，它从系统中连续地排出，这也属于半分批式操作，尽管这种半分批式操作的反应转化过程比较复杂，但它同样有自己的特点而在一定情况中得到应用。

**3. 反应器的形式**

反应装置的结构式大致可分为管式、塔式、釜式、固定床、移动床和流化床等各种类型，每一类型之中又有多种不同的具体结构。表8-1中列举了一般反应器的形式与特性，还有它们的优缺点和若干生产实例。

**表8-1　反应器的形式与特性**

| 形式 | 适用的反应 | | |
|---|---|---|---|
| | 类型 | 特点 | 举例 |
| 搅拌槽，一级或多级串联 | 液相，液-液相，液-固相 | 温度、含量容易控制，产品质量可调 | 苯的硝化，氯乙烯聚合，釜式法高压聚乙烯，顺丁橡胶聚合等 |
| 管式 | 气相，液相 | 返混小，所需反应器容积小，比传热面积大；但对慢速反应，管要很长，压降大 | 石油裂解，甲基丁炔醇合成，管式法高压聚乙烯 |
| 空塔或搅拌塔 | 液相，液-液相 | 结构简单，返混程度与高径比及搅拌有关，轴向温度大 | 苯乙烯的本体聚合，己内酰胺缩合，醋酸乙烯溶解聚合等 |
| 鼓泡塔或挡板鼓泡塔 | 气-液相，气-液-固（催化剂）相 | 气相返混小，但液相返混大，温度较易调节，气体压降大，流速有限制，有挡板可减少返混 | 苯的烷基化，乙烯基乙炔的合成，二甲苯氧化等 |
| 填料塔 | 液相，气-液相 | 结构简单，返混小，压降小，有温差，填料装卸麻烦 | 化学吸收，丙烯连续聚合 |
| 板式塔 | 气-液相 | 逆流接触，气液返混均小，流速有限制，如需传热，常在板件另加传热面 | 苯连续磺化，异丙苯氧化 |
| 喷雾塔 | 气-液相快速反应 | 结构简单，液体表面积大，停留时间受塔高限制，气流速度有限制 | 氯乙醇制丙烯腈，高级醇的连续硝化 |
| 湿壁塔 | 气-液相 | 结构简单，液体返混小，温度及停留时间易调节 | 苯的氯化 |
| 固定床 | 气-固（催化或非催化）相 | 返混小，高转化率时催化剂用量少，催化剂不宜磨损，传热控温不易，催化剂装卸麻烦 | 乙苯脱氢，乙炔法制氯乙烯，合成氨，乙烯法制醋酸乙烯等 |

（续）

| 形式 | 适用的反应 | | |
|---|---|---|---|
| | 类型 | 特点 | 举例 |
| 流化床 | 气-固（催化或非催化气-固）催化或非催化剂失活很快的反应 | 传热好，温度均匀，易控制，催化剂有效系数大，粒子输送容易，但磨耗大，床内返混大，对高转化率不利，操作条件限制大 | 萘氧化制苯酐，石油催化裂化，乙烯氧氯化制二氯乙烷，丙烯氨氧化制丙烯腈等 |
| 流化床 | 气-固（催化或非催化）相，催化剂失活很快的反应 | 固体返混小，固气比可变性大，粒子传送较易，床内温差大，调节困难 | 石油催化裂化，矿物的焙烧或冶炼 |
| 流化床 | 气-液-固（催化剂）相 | 催化剂带出少，分离易，气液分布要求均匀，温度调节较困难 | 焦油加氢精制和加氢裂解，丁炔二醇加氢等 |
| 蓄热床 | 气相，以固相为热载体 | 结构简单，材质容易解决，调节范围较广，但切换频繁，温度波动大，收率较低 | 石油裂解，天然气裂解 |
| 回转筒式 | 气-固相，固-固相，高粘度液相，液-固相 | 颗粒返混小，相接触界面小，传热效能低，设备容积大 | 苯酐转为成对苯二甲酸，十二烷基苯的磺化 |
| 载流管 | 气-固（催化或非催化相） | 结构简单，处理量大，瞬间传热好，固体传送方便，停留时间有限制 | 天然气裂解制乙炔，氯化氢的合成 |
| 载流管 | 气相，高速反应的液相 | 传热和传质速率快，流体混合好，反应物极易冷，但操作条件限制较严 | 天然气裂解制乙炔，氯化氢的合成 |
| 螺旋挤压式 | 高粘度液相 | 停留时间均一，传热较困难，能连续处理高粘度物料 | 聚乙烯醇的醇解，聚甲醛及氯化聚醚的生产 |

### 8.1.2 反应的计量关系

**1. 反应速率**

化学反应一般的分类方法有：①按生成的反应产物和参与反应的分子分类；②按动力学的反应级分类。对于阐明废水生物处理工艺的动力学关系，后者的分类方法较为适宜。应当注意：当在动力学基础上按反应级分类时，微生物、基质或环境状况各不相同，产生的反应级也将可能不同。

反应速率、反应物含量和反应级 $n$ 之间的关系为

$$(\text{反应速率})=(\text{反应物含量})^n \tag{8-1}$$

或两边取以对数

$$\lg(\text{反应速率})=n\lg(\text{反应物含量}) \tag{8-2}$$

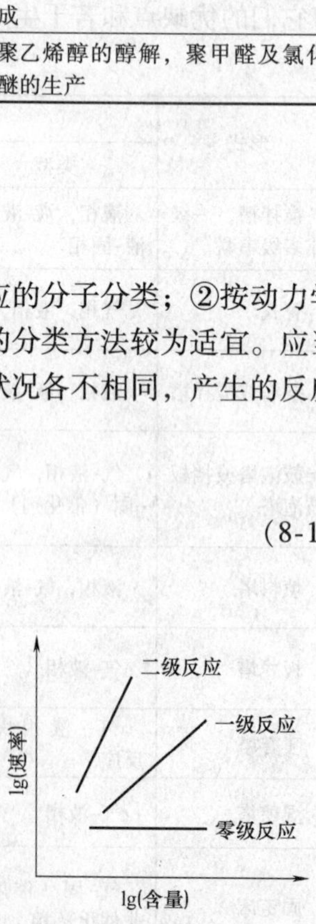

图 8-1 对数作图确定反应级

实验结果可用式（8-2）确定反应速率和反应级。对于任何一个反应级恒定的反应而言，如果某一时刻反应物含量的瞬间变化速率的对数与这一时刻反应物含量的对数作图，结果是一条直线，这直线的斜率即是该反应的反应级（图 8-1）。零级反应的结果是一条水平线，即反应速率与反应物含量无关，或者说任何反应物含量的速率相同。一级反应的反应速率与反应物含量成正比。二级反应的反应速率与反应物含量的平方成正比。

在以实际数据考察时，反应级可能得到是分数的，特别是在微生物的混合培养中。但对许多速率问题的解答，往往是确定或假定反应级是一个整数。所以，我们主要讨论以反应时间为函数的整数级速率方程式的计算。

**2. 零级反应**

零级反应是指反应速率不取决于反应物含量的反应。如考虑某一反应物转变成某种产物

反应物 A→产物 B

如果以 $C$ 表示某一时刻 $t$ 时 A 的物质的量浓度，则速率方程式可写成

$$-\frac{\mathrm{d}c}{\mathrm{d}t}=k \tag{8-3}$$

其中 $-\frac{\mathrm{d}c}{\mathrm{d}t}$为随时间 $t$ 的变化 A 的物质的量浓度变化速率（A 的物质的量浓度随时间变化而减少以负号表示；如 A 的物质的量浓度随时间变化而增加，则以正号表示），$k$ 为反应速率常数。

式（8-3）积分后得

$$c=-kt+\text{积分常数} \tag{8-4}$$

积分常数由 $t=0$ 时，$c=c_0$ 求得，这意味着

$$c_0=\text{积分常数}$$

故积分后的速率规律可表示为

$$c-c_0=-kt \tag{8-5}$$

**3. 一级反应**

一级反应是反应速率与单一的反应物物质的量浓度成正比的这样一种反应。这样，该反应的反应速率取决于反应物的物质的量浓度，反应物物质的量浓度随时间变化后，物质的量浓度与时间在普通坐标纸上作图，其结果不再是像零级反应那样是一条直线。

若重新考虑某一反应物转变成某种产物

反应物 A→产物 B

如果这种转变遵循一级反应动力学，A 减少的速率由速率方程式表示为

$$-\frac{\mathrm{d}c}{\mathrm{d}t}=kc \tag{8-6}$$

式（8-6）积分后，让 $t=0$ 时，$c=c_0$，得速率规律的表达式为

$$\ln\left(\frac{c_0}{c}\right)=kt \tag{8-7}$$

或以常用对数表达为

$$\lg\left(\frac{c_0}{c}\right)=\frac{kt}{2.3} \tag{8-8}$$

从式（8-8）看出，对某个一级反应，$\lg c$ 对时间 $t$ 的作图将可得出一条直线。

**4. 二级反应**

二级反应是反应速率与某一反应物物质的量浓度的平方成正比的这样一种反应。对阐明某一反应物转变成某种产物

$$\text{反应物 A} \rightarrow \text{产物 B}$$

二级反应，对 A 物质的量浓度减少的速率由速率方程式表示为

$$-\frac{dc}{dt} = kc^2 \tag{8-9}$$

对某个二级反应，积分后得出速率规律表达式为

$$\frac{1}{c} - \frac{1}{c_0} = kt \tag{8-10}$$

二级反应，$\frac{1}{c}$对时间 $t$ 在普通坐标纸上作图可得出一条直线，该直线斜率为 $k$。

## 8.1.3 反应的动力学

化学动力学旨在对化学反应速率以及影响反应速率的各种因素进行定量的研究。化学动力学所涉及的范围较广。其研究的内容主要有两方面，首先是建立速度与物质的量浓度、温度和压力等因素之间的关系；其次是依照反应机理推演经验性的定律。

下面，对化学动力学的基本概念进行介绍。

（1）反应速率　化学反应的速率可以用反应物物质的量浓度的降低速率或者是反应产物物质的量浓度增加的速率来表示。如果反应物在任一时间 $t$ 的物质的量浓度为 $c$，则其速率为 $-dc/dt$；同样，反应产物在任一时间 $t$ 的物质的量浓度为 $x$，则其速率为 $dx/dt$。

（2）反应级数　反应级数是刻画反应速率随反应物物质的量浓度而变化的一种方式。如果由实验测得，反应速率与反应物 A 物质的量浓度的 $n$ 次方成比例，与反应物 B 物质的量浓度的 $m$ 次方成比例……那么

$$\text{速率} = kc_A^n c_B^m \cdots \tag{8-11}$$

此时，反应级数很容易算得，即

$$\text{级数} = n + m + \cdots \tag{8-12}$$

以上的情况，亦可说成为：对 A 为 $n$ 级，而对 B 为 $m$ 级等。

必须指出，反应的化学计量系数与级数之间不一定存在简单的关系。如研究化学方程式

$$A + 2B = 3C$$

不一定就能说成为对 A 为一级，对 B 为二级。如果反应按单一步骤进行，大体符合上述关系，但如为复杂机理的关系，则将导致完全不同的动力学规则。值得反复指出的是反应级数是由实测所得的量，它仅仅表达了速率与物质的量浓度之间的关系。

速率常数，即式（8-11）中的 $K$，对 $n$ 级反应而言，其单位为

$$(\text{时间})^{-1}\ (\text{物质的量浓度})^{-1} \tag{8-13}$$

速率常数 $K$ 仅与温度有关。早经发现，速率常数 $K$ 与热力学温度 $T$ 存在以下的关系：

$$K = Ae^{-E/RT} \tag{8-14}$$

此谓 Arrhenius 定律，其中 $A$ 为常数，称做频率因子，$E$ 为活化能，$R$ 则是气体常数。

式（8-14）可改写为以下形式：

$$\ln K = -E/RT + \text{常数} \tag{8-15}$$

如以 $\ln K$ 对热力学温度的倒数作图，其斜率为 $-E/R$。由此即可计算活化能。

至此，已经介绍了化学动力学的基本概念。值得强调，式（8-15）在不作修正的情况

下并非处处适用。如研究以下可逆反应：

$$\alpha A + \beta B \underset{K_2}{\overset{K_1}{\rightleftharpoons}} \gamma C \tag{8-16}$$

其动力学方程应为

$$速率 = K_1 c_A^n c_B^m - K_2 c_C^p \tag{8-17}$$

其中 $K_1$ 和 $K_2$ 分别表示正向反应和逆向反应的速率常数；$n$、$m$ 和 $p$ 则表示 A、B 和 C 的反应级数。

式（8-16）化学反应所进行的限度，取决于热力学所给定的平衡状态。一般平衡常数 $K$ 表示为

$$K = \frac{c_C^{\gamma}}{c_A^{\alpha} c_B^{\beta}}$$

## 8.2 反应动力学的解析方法

### 8.2.1 反应动力学实验及实验数据的解析方法

**1. 动力学实验的一般步骤**

（1）动力学实验的目的　通过动力学实验确定反应速率方程的形式以及方程中各个参数（动力学常数），从而建立速率方程（反应速率方程是反应器设计和优化反应操作的基础）。

主要目的：确定反应速率与反应物含量之间的关系；确定反应速率与 pH 值、共存物质、溶剂等反应条件的关系；确定反应速率常数及其温度、pH 值等反应条件的关系。

（2）动力学实验的一般方法　动力学实验一般可分为以下几个步骤：

1）保持温度和 pH 值等反应条件不变，找出反应速率与反应物含量的关系。

2）保持温度不变，研究 pH 值等其他反应条件对反应速率的影响，确定反应速率常数与温度以外的反应条件的关系。

3）保持温度以外的反应条件不变，测定不同温度下的反应速率常数，确定反应速率常数与温度的关系，在此基础上求出活化能。（在生物法实验中要注意 pH 值的变化带来的影响）。

第一手数据一般是不同反应时间的关键组分的物质的量浓度（直接或间接测定）。某反应组分的物质的量浓度与反应时间的关系一般可以表示为

$$c = \lambda f(t)$$

$$dc/dt = \lambda_1 f_1(t)$$

$$dc/dt = \lambda_2 f_2(c)$$

**2. 动力学实验数据的一般解析方法**

（1）间歇反应动力学实验及其数据的解析方法

1）积分法：首先假设一个反应速率方程，求出含量随时间变化的积分形式，然后把实验得到的不同时间的含量数据与之相比较，若两者相符，则认为假设的方程式正确。若不相符，可再假设一个反应速率方程进行比较，直到找到合适的方程为止。比较的时候一般先将

假设的反应速率方程线性化，利用作图法进行，也可以进行非线性拟合。

2）微分法：根据含量随时间的变化数据，用图解微分法或数值积分法计算出不同含量的反应速率，然后以反应速率对含量作图，根据两者的关系来确定反应速率方程。

（2）连续反应动力学实验及其数据的解析方法

1）管式反应器（气固或液固反应）：若反应器出口处的转化率相当大（一般大于5%），称该反应器为“积分反应器”，在积分反应器内反应组分的含量变化显著；若出口处的转化率很小（一般小于5%），称为“微分反应器”，其内反应组分含量变化微小，可以利用反应器进出口含量的平均值近似表示反应器内的组分含量。

2）槽式反应器：槽式连续反应器内各处的组成与含量均一，动力学数据的解析较容易。

## 8.2.2 间歇反应器的解析

在间歇操作反应器内，由于物料分批加入，每批反应物料物质的量浓度随时间变化，所有反应物料的反应时间相同。通常物料在器内混合均匀，不存在物质的量浓度梯度和温度梯度。间歇操作反应器内化学反应转化率（或物质的量浓度）随反应时间变化的规律，可由物料衡算和反应速率方程导出。

设在有效容积为 $V_R$ 的间歇操作反应器内，反应物组分 A 的浓度为 $c_A$，若取 $t$ 至 $t+\mathrm{d}t$ 的时间间隔进行物料衡算，则原有反应物 A 的量为 $V_R \cdot c_A$，减去器内剩余反应物 A 的量 $V_R(c_A+\mathrm{d}c_A)$，等于反应过程消耗 A 的量 $-r_A V_R \mathrm{d}t$，即

$$V_R c_A = V_R(c_A + \mathrm{d}c_A) + (-r_A)V_R \mathrm{d}t$$

整理得

$$-r_A = -\frac{\mathrm{d}c_A}{\mathrm{d}t}$$

所以

$$t = -\int_{c_{A,0}}^{c_A} \frac{\mathrm{d}c_A}{-r_A} \tag{8-18}$$

式中 $c_{A,0}$——反应物 A 的初始（$t=0$）物质的量浓度（$\mathrm{mol \cdot m^{-3}}$）；

$c_A$——反应物 A 的瞬时（$t=t$）物质的量浓度（$\mathrm{mol \cdot m^{-3}}$）。

式（8-1）用反应转化率 $x_A$ 表示，则为

$$t = c_{A,0}\int_0^{x_A} \frac{\mathrm{d}x_A}{-r_A} \tag{8-19}$$

对于简单一级反应：A→R

$$-r_A = kc_A^n = Kc_{A,0}(1-x_A)$$

则

$$t = c_{A,0}\int_0^{x_A} \frac{\mathrm{d}x_A}{kc_{A,0}(1-x_A)} = \frac{1}{k}\ln\frac{1}{1-x_A}$$

或

$$t = \frac{1}{k}\ln\frac{c_A}{c_{A,0}}$$

反应物 A 的残余物质的量浓度和转化率为

$$c_A = c_{A,0}\mathrm{e}^{-kt}\text{；} x_A = 1-\mathrm{e}^{-kt}$$

对于简单二级反应

$$A+B\rightarrow R(c_{A,0}=c_{B,0})$$

$$(-r_A)=kc_{A,0}^2=kc_{A,0}^2(1-x_A)^2$$

$$t=c_{A,0}\int_0^{x_A}\frac{dx_A}{kc_{A,0}^2(1-x_A)^2}=\frac{x_A}{kc_{A,0}(1-x_A)}$$

或

$$t=\frac{1}{k}\left(\frac{1}{c_A}-\frac{1}{c_{A,0}}\right)$$

反应物 A 的残余物质的量浓度和转化率为

$$c_A=\frac{c_{A,0}}{1+ktc_{A,0}};x_A=\frac{ktc_{A,0}}{1+ktc_{A,0}}$$

如果用反应动力学模型复杂，难以积分求解或尚不知动力学模型时，也可用数值积分法求解：首先由实验测出一组 $x_A$ 与（$-r_A$）或 $c_A$ 与（$-r_A$）数据，直角坐标上绘出 $x_A$ 与 $c_{A,0}/(-r_A)$或 $c_A$ 与 $1/(-r_A)$的曲线，然后根据起始和最终转化率或含量，用图解积分法即可求出反应时间。

根据反应时间可以计算出反应器的有效容积 $V_R$

$$V_R=\frac{\text{日处理量}}{24}(t+t') \tag{8-20}$$

式中　$t$——按式（8-18）或式（8-19）计算的反应时间（h）；

$t'$——每批加料、出料、清洗等操作的辅助时间（h）；

日处理量——生产任务所规定（$m^3\cdot d^{-1}$）；

$V_R$——反应器的有效容积，即反应器内填充物料的体积（$m^3$）。

### 8.2.3　连续操作的管式反应器

连续操作的管式反应器的特点是物料质点在反应器内没有返混，且停留时间相等。在垂直于物料流动方向的截面上，流速、含量、转化率和温度等参数均相等，但沿着物料的流动方向上却是改变的。在反应器轴向方向上取一微元容积 $dV_R$，对组分 A 做物料衡算。

在稳定流动下，没有物料累积，此时的物料衡算式为：

单位时间内物料的输入量 = 单位时间内物料的输出量 + 单位时间内由于反应而消失的物料量

设单位时间内物料进入 $dV_R$ 的量为 $F_A$(mol/s)；$F_{A0}$为反应物 A 的进口流量（mol/s）；单位时间内物料的输出量为 $F_A+dF_A$；单位时间内由于反应而消失的物料量为$(-r_A)V_R$ (mol/s)，则

$$F_A=(F_A+dF_A)+(-r_A)dV_R$$

又

$$dF_A=d[F_{A0}(1-x_A)]=F_{A0}d(1-x_A)=-F_{A0}dx_A$$

整理后可得

$$F_{A0}dx_A=(-r_A)dV_R$$

根据边界条件

$$V_R=0,\ x_A=0$$

$$V_R=V_R,\ x_A=x_A$$

所以

$$\int_0^{V_R}\frac{dV_R}{F_{A0}}=\int_0^{x_A}\frac{dx_A}{(-r_A)}$$

对于定容稳定操作，$F_{A0}$、$V_R$ 均为常数，故

$$\frac{V_R}{F_{A0}} = \int_0^{x_A} \frac{dx_A}{(-r_A)} \tag{8-21}$$

又
$$F_{A0} = vc_{A0}$$

其中 $v$ 是进料的体积流量，因

$$\frac{V_R}{vc_{A0}} = \int_0^{x_A} \frac{dx_A}{(-r_A)} \tag{8-22}$$

对于定容过程，$x_A = 1 - c_A/c_{A0}$，所以 $dx_A = -\frac{dc_A}{c_{A0}}$

于是式（8-22）变为
$$\tau = \frac{V_R}{v} = -\int_{c_{A0}}^{c_A} \frac{dc_A}{(-r_A)} \tag{8-23}$$

这就是连续操作的管式反应器计算的基本方程式。

## 8.3 均相化学反应器

### 8.3.1 间歇反应器

反应器设计计算所涉及的基本方程式，归根结底，就是反应的动力学方程式与物料衡算式/热量衡算式等的结合。对等温、恒容过程，一般只需动力学方程式结合物料衡算式就足够了。接下来将结合物料衡算讨论间歇反应器的计算。

反应物料按一定配比一次加到反应器内，开动搅拌，使整个釜内物料的含量和温度保持均匀。通常这种反应器均配有夹套或蛇管，以控制反应温度在指定的范围之内。经过一定时间，反应达到所要求的转化率后，将物料排出反应器，完成一个生产周期。间歇反应器内的操作实际是非定态操作，釜内组分的组成随反应时间而改变，但由于剧烈搅拌，所以在任一瞬间，反应器中各处的组成都是均匀的。因此，可对整个反应器进行物料衡算，对物料 A，由于在反应期间没有物料加入反应器或自反应器中取出物料，故可以写出微元时间 $dt$ 内的物料衡算式。

$$\begin{pmatrix}\text{单位时间进}\\\text{入反应器中}\\\text{物料 A 的量}\end{pmatrix} = \begin{pmatrix}\text{单位时间排}\\\text{出反应器的}\\\text{物料 A 的量}\end{pmatrix} + \begin{pmatrix}\text{单位时间内由}\\\text{于反应而消失}\\\text{的 A 的量}\end{pmatrix} + \begin{pmatrix}\text{单位时间内在}\\\text{反应器中物料}\\\text{A 的累积量}\end{pmatrix}$$

$$0 \qquad\qquad 0 \qquad\qquad (-r_A V) \qquad\qquad \frac{dn_A}{dt}$$

$$\frac{dn_A}{dt} = \frac{d[n_{A0}(1-x_A)]}{dt} = -n_{A0}\frac{dx_A}{dt}$$

$$(-r_A)V = n_{A0}\frac{dx_A}{dt} \tag{8-24}$$

整理并积分得
$$t = n_{A0}\int_0^{x_A} \frac{dx_A}{(-r_A)V} \tag{8-25}$$

式（8-25）是间歇反应器计算的通式，表达了在一定操作条件下为达到所要求的转化率 $x_A$ 所需的时间 $t$。

## 8.3.2 全混流反应器

全混流模型是相对于连续操作搅拌釜式反应器提出的。当物料在反应器内充分混合时，可以认为进入反应器内的新物料与反应器内原有物料在瞬间混合均匀。由于连续进料的同时也连续出料，致使物料微团在反应器内的停留时间长短不一，从 0 ~ ∞都有，这种流动情况称为“全混流”或“理想混合”，具有全混流情况的反应器称为全混流反应器。应该指出，并不只是在连续操作搅拌釜式反应器内才有全混流，如鼓泡塔和流化床反应器中也可能出现全混流情况；但也不是连续操作搅拌釜式反应器内的物料流动情况都符合全混流条件。因为全混流只是一种理想的极端模型。即使连续操作搅拌釜式反应器内的物料充分混合，也只是接近于全混流。

在全混流反应器中，物料微团间混合的概念，不仅表现在空间位置上运动所产生的混合；而且也表现为具有不同停留时间的物料微团之间的混合。为了区别于非流动系统内物料微团只有单纯空间坐标上的混合，将这种混合称之为“返混”。在全混流反应器内，物料的返混程度最高。这是全混流作为一种理想极端流动模型的原因之一。

## 8.3.3 平推流反应器

平推流反应器是指其中物料的流动状况满足平推流的假定，即通过反应器的物料沿同一方向以相同速率向前流动，在流动方向上没有物料的返混，所有物料在反应器中的停留时间都是相同的。在定态下，同一截面上的物料组成不随时间而变化。实际生产中，对于管径较小、长度较长、流速较大的管式反应器、列管固定床反应器等，均可按平推流反应器处理。

在进行等温反应的平推流反应器内，物料的组成沿反应器流动方向从一个截面到另一个截面而变化，现取长度为 $L$、体积为 $dV$ 的任一微元管段对物料 A 作物料衡算

进入量 = 排出量 + 反应量 + 累积量

$$F_A \qquad F_A + dF_A \qquad (-r_A)dV \qquad 0$$

故

$$F_A = F_A + dF_A + (-r_A)dV$$

$$dF_A = d[F_{A0}(1-x_A)] = -F_{A0}dx_A$$

$$F_{A0}dx_A = (-r_A)dV \tag{8-26}$$

对整个反应器而言，应将式（8-26）积分

$$\int_0^V \frac{dV}{F_{A0}} = \int_0^{x_A} \frac{dx_A}{(-r_A)}$$

$$\frac{V}{F_{A0}} = \frac{\tau}{c_{A0}} = \int_0^{x_A} \frac{dx_A}{(-r_A)} \tag{8-27}$$

若以下标 0 代表进料状态，$x_{A1}$ 代表进入反应器时物料 A 的转化率，$x_{A2}$ 代表离开反应器的转化率。这样，可得更一般的表达平推流反应器的基础设计式

$$\tau = \frac{V}{v_0} = c_{A0}\int_{x_{A1}}^{x_{A2}} \frac{dx_A}{(-r_A)} \tag{8-28}$$

对恒容系统

$$x_A = \frac{c_{A0} - c_A}{c_{A0}}$$

$$dx_A = -\frac{dc_A}{c_{A0}}$$

则
$$\tau = \frac{V}{v_0} = c_{A0}\int_0^{x_A} \frac{dx_A}{(-r_A)} = -\int_{c_{A0}}^{c_A} \frac{dc_A}{(-r_A)} \tag{8-29}$$

式（8-27）~式（8-29）是平推流反应器基础设计式，它关联了反应速率、转化率、反应器体积和进料量四个参数，可以根据给定条件，从三个已知量求得另一个未知量。如反应器体积和进料流量为给定，动力学方程亦已知，则可求得所能达到的转化率。在作具体计算时，式中的（$-r_A$）要用具体反应的动力学方程或其变化后的形式替换。

## 8.4 非均相化学反应器

### 8.4.1 固相催化反应器

**1. 固相催化反应与固体催化剂**

催化剂是指能改变反应的速率，而本身在反应前后并不发生变化的物质。有催化剂参与的反应称为催化反应。

催化反应可分为均相催化反应和非均相催化反应。前者是催化剂与反应物料在同一相的反应，后者则是催化剂与反应物料不在同一相的反应。如反应物料为气相，催化剂是固体时，该反应称为气固催化反应；同样，如反应物料为液相，催化剂是固体时，称为液固催化反应。

催化反应有以下基本特征：

1）催化剂本身在反应前后不发生变化，能够反复利用，所以一般情况下催化剂的用量很少。

2）催化剂只能改变反应的历程和反应速率，不能改变反应的产物。

3）对于可逆反应，催化剂不改变反应的平衡状态，即不改变化学平衡关系。

在工业上，要求催化剂具备以下条件：活性高、选择性好、寿命长、易于与反应组分分离以及廉价。其中，好的选择性在工业上往往比活性的高低更重要，而在污染物的分解去除反应中，往往需要广谱性的催化剂，一般希望能催化更多种污染物的分解。在实际工程中，最为常用的是固体催化剂。

**2. 固相催化反应过程**

固相催化反应发生在催化剂的表面（主要是微孔表面，即内表面）。在反应过程中，流体（气相或液相）中的反应物必须与催化剂的表面接触才能进行催化反应。当流体与固体催化剂接触时，在颗粒的表面形成一层相对静止的层流边界层（气膜或液膜），流体中的反应物必须穿过该边界层才能与催化剂接触，反应产物也必须穿过该边界层才能到达流体主体。

固相催化反应可概括为 7 个步骤：

（1）反应物的外扩散　反应物从流体主体穿过边界层向固体催化剂外表面传递。这种传递主要是分子扩散。这种扩散引起流体主体与催化剂表面的反应物的含量不同。

(2) 反应物的内扩散　反应物从外表面向固体催化剂微孔内部传递。这种传递也主要靠分子扩散。这种扩散使颗粒内部不同深处反应物的含量不同。另外，当微孔的直径小于气相分子平均自由程时，气体分子与孔壁之间碰撞以及分子与分子之间的碰撞影响较小，这样的扩散称努森扩散。

(3) 反应物的吸附　反应物在催化剂微孔表面活性中心上吸附，称为活化分子。

(4) 表面反应　活化分子在微孔表面上发生反应，生成吸附态产物。反应必须借助于催化剂表面的活性中心才能发生。

(5) 产物的脱附　反应产物从固体表面脱附，进入固体催化剂微孔。

(6) 产物的内扩散　反应物沿固体催化剂内部微孔从内部传递到外表面。

(7) 产物的外扩散　反应产物从固体催化剂外表面穿过流体边界层传递到流体主体。

以上7个步骤中，(1)(2)(6)(7) 称为扩散过程；(3)(4)(5) 称为反应动力学过程，由于这3个过程是在表面上发生的，所以亦称表面过程。

总之，固相催化反应是一个多步骤串联的过程，有以下几个特点：

1) 固相反应速率不仅与反应本身有关，而且与反应物及产物的扩散速率有关。

2) 若其中某一个步骤的速率比其他步骤小，则整个反应速率取决于这一步骤，该步骤称为控制步骤；若控制步骤是一个扩散过程，则称扩散控制，又称传质控制；若控制步骤是一个动力学过程，则称动力学控制。

3) 反应达到定常态时，各步骤的速率相等。

### 8.4.2　气-液反应器

(1) 气-液相反应　反应物中的一个或一个以上组分在气相中，而其他组分均处于液相状态的反应称为气-液相反应。该反应发生在液相中，气相中不发生反应。气-液相反应是一类重要的非均相反应，在环境工程中主要用于有害气体的化学吸收，饮用水、污水的臭氧氧化处理，印染废水的臭氧脱色，硝酸盐污染地下水的氢气还原处理等。

化学吸收过程是液相吸收剂中的活性组分与被吸收气体中某组分发生化学反应的过程，在环境工程中常用于气体中有害组分的脱除或气相中有用组分的回收。用于化学吸收剂的溶剂的基本要求是：无毒、不腐蚀、成本低、便于回收。

在气-液相反应中，气相中的反应物必须进入液相，才能与液相中的反应物发生接触进行反应，因此反应涉及传质和反应两个过程。

对于气-液相反应 $A(g)+B(l)\rightarrow P$，气相组分 A 与液相组分 B 的反应过程经历以下步骤：

1) 从气相主体通过气膜扩散到气液相界面。

2) A 从相界面进入液膜，同时 B 从液相主体扩散进入液膜，A、B 在液膜内发生反应。

3) 液膜中未反应完的 A 扩散进入液相主体，在液相主体与 B 发生反应。

4) 生成物 P 的扩散。

(2) 气-液相反应动力学　气-液相反应过程是包括传质和反应的多个步骤的综合过程，其宏观反应速率取决于多个步骤中最慢的一步。若反应速率远小于传质速率，则宏观反应速率取决于本征反应速率，称为反应控制。相反，若反应速率远大于传质速率，则宏观反应速率取决于传质速率，称为传质控制。对于两者速率相差不大的情况，则应综合考虑两个步骤的影响。

对二级不可逆气-液相反应 $A(g)+\alpha_B B(l)\rightarrow P$，其本征反应速率方程为

$$-r_A = kc_Ac_B$$

式中　$c_A$、$c_B$——A、B 在液相中的物质的量浓度（$kmol/m^3$）。

反应物 A 在液膜微单元内的物料衡算如下（A 在液相中的扩散系数表示为 $D_{LA}$）：

单位时间内 A 的扩散进入量为 $-D_{LA}\dfrac{dc_A}{dz}$

A 的扩散出去量为 $-D_{LA}\dfrac{d}{dz}\left(c_A+\dfrac{dc_A}{dz}dz\right)$。

反应量为$(-r_A)dz$。

积累量:反应达到定常态时为0。

根据物料衡算的一般方程,整理可得

$$-D_{LA}\frac{dc_A}{dz}=(-r_A)dz-D_{LA}\frac{d}{dz}\left(c_A+\frac{dc_A}{dz}dz\right) \tag{8-30}$$

$$-D_{LA}\frac{d^2c_A}{dz^2}=-r_A \tag{8-31}$$

式中　$-r_A$——以体积为基准的反应速率[$kmol/(m^3\cdot s)$]；

$D_{LA}$——A 在液相中的扩散系数（$m^2/s$）；

$c_A$——液相中 A 的物质的量浓度（$kmol/m^3$）；

$z$——距相界面的距离（m）。

对于二级反应，则有

$$D_{LA}\frac{d^2c_A}{dz^2}=-Kc_Ac_B \tag{8-32}$$

对于组分 B，同理可得（B 在液相中的扩散系数表示为 $D_{LB}$）

$$D_{LB}\frac{d^2c_A}{dz^2}=-r_B=\alpha_B(-r_A) \tag{8-33}$$

$$D_{LB}\frac{d^2c_B}{dz^2}=\alpha_Bkc_Ac_B \tag{8-34}$$

式（8-32）和式（8-34）为二级不可逆气-液相反应的基本方程。

根据边界条件，可以对式（8-32）进行求解，得出 A 组分在液膜中的物质的量浓度分布方程

$$c_A=f(z) \tag{8-35}$$

在反应达到定常态时，A 的反应速率与通过气-液相界面的扩散速率相等，则以相界面积为基准的反应速率 $-r_{AS}$ 可表示为

$$-r_{AS}=-D_{LA}\left(\frac{dc_A}{dz}\right)_{z=0} \tag{8-36}$$

【案例】

### 从全混流反应器热稳定性的角度探讨高危工艺的危险性

随着经济的发展，安全生产在保护人民财产，保护劳动者人身安全，保护环境等方面都起着至关重要的作用。而在化工企业，高危工艺是重大化工事故的主要原因。这些工艺过程有较强的热效应，对系统的控制要求高。操作条件在微小范围波动时，也往往容易导致反应体系的急剧变化。控制不及时、人为主观判断失误等因素都会造成工艺过程失控，从而引发重大事故。

1987 年和 1991 年我国曾发生两次 TNT 生产线在冷却水压不足及硝酸过量的情况下，未及时采取措施而在继续投料后产生大爆炸事故，造成严重的人员伤亡和巨大的经济损失。2007 年 5 月 11 日，某甲苯二异氰酸酯车间酸置换操作使系统硝酸过量，在甲苯投料后导致硝化系统发生过硝化反应，从而发生爆炸事故。

高危工艺是指生产、储存、使用危险化学品和处置废弃危险化学品且涉及危险工艺的化工企业在化工生产过程中具有高度危险性，极易造成事故，造成经济损失和人员伤亡的工艺过程。在高危工艺的生产过程中，供给冷却剂设备故障、换热系统堵塞、因结垢结焦导致换热系统传热效率降低等导致反应热未能及时移出，反应物分散不均匀，以及工人的操作失误、温度压力读错、计量仪表出现故障等都容易造成反应失控，进而引发火灾、爆炸事故，造成重大损失。高危工艺是化工企业重大事故产生的主要原因之一，因此，必须通过加强对高危工艺的监督管理，实施高危工艺自动化改造，突出控制重点，才能有利于加强企业本质安全度，从而提高化工企业的整体安全水平。

目前，对高危工艺的界定主要是从工艺的角度，将涉及硝化、氯化、氟化、氨化、磺化、加氢、重氮化、氧化、过氧化、裂解、聚合等具有较高危险性的生产工艺过程定义为高危工艺，要求对其装置进行必要的自动化安全控制改造。从反应器的热稳定性角度考查工艺过程的热释放与热控制，可以更清楚地揭示工艺过程的具体危险，特别是对不在 11 种工艺中的化学工艺的热危险分析，将潜在的危险工艺鉴别出来，在关键点上加强自动控制，从而提高工艺的本质安全度，避免了人为控制的延迟、失误等因素带来的危险。

对涉及高危工艺的化工企业进行自动化改造要根据工艺特点、装置规模、储存形式和可控程度等，设置相应的检测报警和自动控制装置，包括安全连锁，温度、压力、液位的超限报警，可燃、有毒气体含量检测信号的声光报警，自动泄压、紧急切断、紧急连锁停车等自动控制方式，或采用智能自动化仪表、可编程序控制器、集散控制系统、紧急停车系统、安全仪表系统等自动控制系统，尽可能减少现场人工操作，以减少人的不安全因素对安全生产的影响，提高企业的本质安全度。

全混流反应器（Continuous Stirring Tank Reactor，CSTR）是根据反应器中物料的流动情况建立的一种理想混合模型，又称连续搅拌槽式反应器模型，其返混程度为无穷大。它假定反应物料以稳定流量流入反应器，在反应器中，刚进入反应器的新鲜物料与存留在反应器中的物料瞬间达到完全混合。反应器中所有空间位置的物料参数都是均匀的，而且等于反应器出口处的物料性质，即反应器内物料含量和温度均匀，与出口处物料含量和温度相等。搅拌十分强烈的连续搅拌槽式反应器中的流体流动可视为全混流。一体积为 $V_R$ 的 CSTR，反应物料进料体积流量为 $v_0$，反应器中反应混合物温度为 $T$，反应物物质的量浓度为 $c_{Af}$，反应物进料物质的量浓度为 $c_{A0}$，进料温度为 $T_0$，反应器设置间壁冷却器，冷却介质的温度为 $T_C$，对于一级不可逆放热反应，对反应组分 A 作物料衡算：

$$v_0 c_{A0} = v_0 c_{Af} + V_R k c_{Af}$$

则有

$$c_{Af} = \frac{c_{A0}}{1+k}\tau$$

反应器的放热速率

$$Q_R = V_R k c_{Af}(-\Delta H_R)$$

放热速率与反应温度 $T$ 之间的关系为

$$Q_R = \frac{(-\Delta H_R) V_R c_{A0} k_0 \exp\left(-\frac{E}{R_g T}\right)}{1 + k_0 \tau \exp\left(-\frac{E}{R_g T}\right)}$$

反应器的移热速率为

$$Q_C = KF(T - T_C) + v_0 \rho C_p (T - T_0)$$

其中，$K$ 为反应器与器壁间传热系数，$F$ 为器壁传热面积，$\rho$ 为反应混合物料密度，$C_p$ 为单位质量反应混合物比定压热容。设 $T_0 = T_C$，并略去反应过程中反应混合物的密度、粘度、热容等物性参数随温度的变化，则 $Q_C$ 可以简化为

$$Q_C = (KF + v_0 \rho C_p)(T - T_C)$$

$Q_R$ 与 $Q_C$ 的交点为系统的操作状态点，有多个操作状态点的现象就是反应器的多态。在操作状态点上 $Q_R = Q_C$，即反应器的放热速率和移热速率相等，反应器的温度将保持不变。但并不是所有的操作状态点都是系统的热稳定点。处于热稳定点的系统具有自平衡能力，在热稳定点上有

$$\frac{dQ_R}{dT} < \frac{dQ_C}{dT}$$

即放热曲线的斜率小于移热速率的斜率。这样，外界的微小的扰动使反应温度上升时，由于放热速率小于移热速率，系统温度将下降到热稳定点。如果反应温度受到干扰而略有降低，则由于此时反应放热速率大于移热速率，系统温度将回升到热稳定点。因此，在热稳定点上的操作是安全的，而当操作状态点在非热稳定点的时候，微小的温度扰动将导致反应温度迅速上升，直到达到下一个热稳定点，当这个热稳定点温度很高时，副反应、物料的挥发、设备的耐压耐热能力都受到威胁，从而引发事故，这就是热失控反应。

## 思 考 题

1. 简要介绍反应器及其形式。
2. 什么是零级反应、一级反应和二级反应？
3. 什么是均相反应器？什么是非均相反应器？
4. 均相反应器中间歇反应器和全混流反应器的特点是什么？
5. 非均相反应器中固相催化反应器、气液反应器的特点是什么？

# 参考文献

[1] 张濂，许志美，袁向前．化学反应工程原理［M］．2版．上海：华东理工大学出版社，2007.
[2] 朱炳辰．化学反应工程［M］．4版．北京：化学工业出版社，2007.
[3] H 斯科特福格勒．化学反应工程［M］．3版．李术元，朱建华，译．北京：化学工业出版社，2005.
[4] 施密特 LD. 化学反应工程［M］．2版．靳海波，罗国华，宋永吉，译．北京：中国石化出版社，2010.
[5] 杨雷库．化学反应器［M］．北京：化学工业出版社，2009.
[6] 尹芳华，李为民．化学反应工程［M］．修订版．北京：中国石化出版社，2011.
[7] 吴元欣，丁一刚，刘生鹏．化学反应工程［M］．北京：化学工业出版社，2010.
[8] 徐辉波，汪丽莉，吴起．从全混流反应器热稳定性的角度探讨高危工艺的危险性［J］．中国安全科学学报，2009，19（7）：97-101.

9

# 第9章 生物反应工程原理

**本章提要：**本章从酶促反应动力学、微生物反应动力学、微生物反应器的操作、动植物细胞培养动力学、生物反应器中的传质过程和生物反应器等几个方面，系统地介绍了生物反应工程的基本理论、基本规律、传递因素对生物反应过程的影响及生物反应器设计和操作的基本原理与方法，并对生物反应工程领域的一些新的进展进行了简要的介绍。

## 9.1 概述

“生物反应工程”是一门以生物学、化学、工程学、计算机与信息技术等多学科为基础的交叉学科，结合工程知识的生物工程专业基础的课程。其理论基础以生物反应动力学为基础，将传递过程原理、设备工程学、过程动态学、工程数学、生物反应工程、化学反应工程、生化工程、反应器分析及最优化原理等化学工程学方法与生物反应过程的反应特性方面的知识相结合，着重于探讨不同操作方法以及不同影响因素下各类生物反应器的影响。本章主要内容分生物反应的基本原理、生物反应器原理和各类生物反应器三部分。

生物反应的基本原理部分论述生物酶促反应动力学、微生物细胞生长动力学及微生物培养过程中的热量衡算等内容；生物反应器原理部分论述在反应器中进行生物反应时伴随的物理、生物反应过程及其影响，反应器的流型、操作方法等有关反应器的基础理论；各类生物反应器部分论述工业和科研中常见的搅拌反应器、固定床反应器、流化床反应器、鼓泡反应器和气升式反应器等，对它们的结构、质量传递、热量传递、动量传递进行了简要描述和分析。生物反应工程主要研究生物反应过程中具有共性的工程技术问题，从学科分类看，生物反应工程也是工业生物技术的核心内容。

### 9.1.1 生物反应工程研究的目的

生物反应过程的特征在于有生物催化剂参与反应。与化学反应相比，生物反应所需的条件比较温和、反应速率有时比化学反应过程小得多；反应的复杂性有时难以预计等。自然界中的生物现象千变万化，但是其中起主导作用的是生物催化反应。微生物的生长繁殖，细胞个数增加，形态不断变化，这些可以用微生物的生长速率来描述。

生物反应工程是指将实验室研究的成果经放大供工业化生产，包括实现工业化生产过程的高效率运转。一般生物反应过程的示意图如图9-1所示。生物反应过程研究的目的是提供动力学速率方程，来描述微生物反应体系，设计实验，决定动力学方程所需的速率常数。遗传工程技术可成倍地提高产物的产率，但在工业生产中仍离不开对这些“工程菌株”的动力学描述。

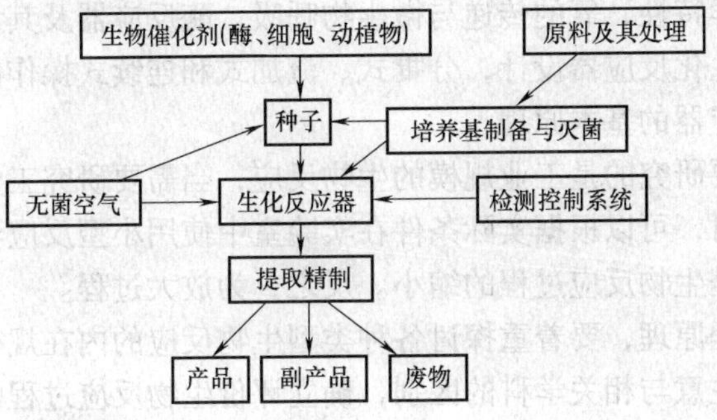


图 9-1　一般生物反应过程的示意图

## 9.1.2　生物反应工程学科的形成与沿革

过去的很长一段历史过程中，人们已经知道利用生物反应，但没有认识到其生物作用的原理是什么。

1857 年 Pasteur 首次证明乙醇发酵是由酵母引起的。随着微生物分离、纯化、培养技术的逐步发展，特别是深层培养技术、无菌空气制备技术的建立，开始了人类控制微生物反应的新时期。同时，诞生了生物与化工两大学科相交叉的新学科——生物化学工程。

随着生物技术的飞速发展，人们应用数学、化学工程原理、化学反应工程原理和计算机技术等进行生物反应过程研究，优化培养操作过程的控制参数，设计开发新型生物反应器。同时也产生了一些固定化技术、基因工程技术、信息技术等新理论、新技术。

早在 1971 年，英国学者 Batkinson 首次提出“生化反应工程”这一术语。1975 年作为生化工程领域开创人之一的日本学者合叶修一出版了《生物化学工程——反应动力学》专著。1985 年德国学者 Schugerl 出版了《生物反应工程》。1994 年丹麦学者 Nielsen 等编著了《生物反应工程原理》。我国学者贾士儒于 1990 年编著了《生物反应工程原理》，随后几年出版了 2 版、3 版。1992 年俞俊棠出版了《生物工艺学》。伦世仪于 1993 出版了《生化工程》。戚以政于 2004 年、岑沛霖于 2005 年、邢新会于 2006 年分别编著了《生物反应工程》等书籍。

目前，生物技术的发展已影响到人类各方面的生活和生产活动，如工农业、医学卫生、食品、能源、环保等各个领域，也给生物反应工程的发展提供了技术路线。

## 9.1.3　生物反应工程的研究内容与方法

生物反应过程可根据生物体的不同分为酶促反应过程、细胞反应过程和废水的生物处理过程。本章通过分析生物反应过程、生物反应器选型与生物反应过程的放大和缩小来阐明酶促反应过程和细胞反应过程的动力学规律。

生物反应动力学主要研究的是生物反应速率以及各种因素对反应速率的影响。可以从酶促反应动力学、微生物反应过程的质量与能量衡算、发酵动力学、影响动植物细胞反应的因素等方面介绍生物反应动力学基本的内容。生物反应从本质上讲是在分子水平上进行的。

生物反应器是使生物技术转化为产品、生产力的关键设备，其在生物反应过程中处于中心地位。生物反应器与化学反应器相比，生产效率较低，反应液中的产物含量低。了解了生物反应体系中的流变学特性，氧的传递与微生物呼吸，酶反应器及其设计，机械搅拌式发酵罐及其设计，气升式生化反应器设计，分批式、流加式和连续式操作以及动植物细胞培养技术等才能了解生物反应器的基本原理。

生物反应工程主要研究的是工业规模的生物反应，当需要研究工业生产中生物反应速率与影响其因素的关系时，可以根据实际条件在实验室中使用小型反应器来模拟生产过程，以进行深入研究，这就是生物反应过程的缩小。反之，为放大过程。

学习生物反应工程原理，要着重探讨各种类型生物反应的内在规律，要全面、深入地看待问题，并从概念上注意与相关学科的区别，确立评价生物反应过程的标准。学习生物反应过程要严格遵循的思路是要抓住它的类型特征，寻找、挖掘各种影响因素及其相关性。生物学上进行生物反应的研究侧重于研究反应的过程与机制，而生物反应工程的研究则着重于生物反应速率规律的定性（定量）描述。评价生物反应结果的标准有反应周期、转化率或收率等，有了标准才能研究各种因素对生物反应工程中反应速率的影响并确定其利弊。

## 9.2 酶促反应动力学

酶促反应（enzymatic reaction）是生物反应的基础。从酶促反应动力学的研究中不仅可获知酶催化反应机制，还可以对酶促反应速率的规律进行定性或定量的描述，建立可靠的反应动力学方程，进而确定适宜的操作条件。酶促反应的特征来自酶自身的特性，其反应条件是常温、常压、中性 pH 值。由于酶的专一性，反应较少有副产物。但酶促反应多限于一步或几步生化反应过程，并有时在经济上比较昂贵。

### 9.2.1 酶促反应动力学的特点

**1. 酶的基本概念**

微生物的酶是一类能够催化生物化学反应的，并传递电子、原子和化学基团的生物催化剂。20 世纪 80 年代初期，酶学研究表明，绝大多数酶是蛋白质，某些核酸也具有生物催化作用，被称之为核酶。酶可以是由一条肽链构成的单体酶，也可以是由多条肽链构成的寡聚酶。许多酶也由脱辅酶（蛋白）和辅因子（非蛋白）组成。含有脱辅酶和辅因子的酶称为全酶。单成分酶只含蛋白质。酶的活性中心是酶分子中必需基团相对集中构成的一定空间结构区域，与催化作用直接相关。

目前已知的酶有近 2500 种。根据国际生物化学联合会（International Union of Biochemistry，IUB）国际酶学委员会（Enzyme Commission，EC）于 1961 年提出的酶的分类与命名方案的规定，按照酶催化反应的性质，可将酶分为氧化还原酶、转移酶、水解酶、裂合酶、异构酶和合成酶；根据结构的不同酶主要可分同工酶和别位酶两种。

酶除具有一般催化剂所有的共性外，还具有生物催化剂的特性，如能降低反应的活化能、可加快反应速率，但不能改变反应的平衡常数，只能加快反应达到平衡的速度。另外，反应中酶的立体结构和离子价态可能发生变化，但在反应结束时，酶本身一般不消耗，并恢复到原来状态。

此外，酶还有很强的专一性、较高的催化效率，同时还有调节功能。酶的专一性包括酶的底物专一性、酶的反应专一性、酶的立体专一性、官能团专一性等。酶的催化效率可用酶活力表示，国际酶学委员会曾规定：在一定条件（25℃，在具有最适底物含量、最适缓冲液离子强度和pH值）下，1min能催化1μmol底物转化为产物时所需要的酶量为一个国际单位（IU）。酶的调节功能表现为酶含量的调节、激素调节、共价修饰调节、限制性蛋白水解作用与酶活性调控、抑制剂调节、反馈调节、金属离子和其他小分子化合物的调节等。

**2. 酶的稳定性及应用特点**

酶促反应过程中，很多因素可引起酶的失活。只有了解酶失活的原因与再生的可能性，才能尽可能保留酶的活力，使反应继续。

化学修饰酶活性中心特定氨基酸、酶活性中心变化不能与底物相结合或酶的高级结构发生变化，以及多肽链的断裂都可引起酶失活。并且在适宜条件下，酶的复性是完全可能的。确保酶活力稳定的方法见表9-1。

**表9-1　确保酶活力稳定的方法**

| 稳定化方法 | 稳定的原因 |
|---|---|
| 低温（冷冻保存） | 难以被化学物质或蛋白酶等破坏 |
| 添加盐类 | 加入高含量硫酸铵后，酶高级结构的稳定性增强 |
| 添加底物 | 保护酶的活性中心，有利于酶分子高级结构的稳定 |
| 添加有机溶剂 | 如加丙酮，但机制不清楚 |
| 化学修饰 | 稳定酶的高级结构，保护酶的活性中心 |
| 加入强变性剂 | 只要保留一级结构，仍可再生 |
| 加入蛋白质 | 加入清蛋白（albumin）等用于保护在稀薄状态下易发生变性失活的酶类 |
| 结晶化 | 有利于高级结构的稳定 |
| 固定化 | 防止或减少蛋白酶的作用 |

在具体应用中，一般工业用酶与食品用酶或医药用酶具有不同的质量标准。通常在工业上需要使用高含量的酶制剂和底物，且反应要持续较长的时间，反应体系多为非均相体系，有时反应在有机溶剂中进行。酶学研究的目的就是探讨酶促反应机制，阐明酶与底物的作用机制等。

**3. 酶和细胞的固定化技术**

固定化技术是针对在实际应用中，无论采用何种操作方式，酶都难以回收利用的问题而研究开发的新技术。酶的固定化技术就是将水溶性酶分子通过静电吸附、共价键等与载体结合制成固相酶，即固定化酶（immobilized enzyme）的技术。工业生产使用的酶要求生产成本低，不受季节、地区条件的限制，制造周期短等以便于大规模生产。但是，酶存在于微生物细胞内，提取操作复杂、费力，并且有的也很不稳定、易失活，或者价格很贵。因此，人们想到直接固定化微生物细胞（immobilized microorganism）技术。

酶的固定化会引起酶性质的改变。主要表现在：

（1）底物专一性的改变　由于形成立体障碍，高分子底物难以接近固定化后的酶分子，使酶的底物特异性发生变化，导致底物专一性改变。

（2）稳定性增强　一般来说，固定化酶比游离酶的稳定性好，主要表现在热稳定性、保存和使用稳定性的增加。

（3）动力学常数的变化　米氏常数的减小，对固定化酶的实际应用是很有利的，可保证反应进行得更完全。固定化酶的催化反应中，若有扩散阻力，则表观米氏常数变大。

细胞固定化省去了酶的提取精制操作、减少了投资，活力损失小，催化效率高，不易受微生物作用，抗污染能力强。细胞内含有多酶体系，可催化一系列反应，并且细胞内辅助因子可自动再生，操作稳定性好。固定化细胞不仅包括前述的利用载体固定化细胞，而且还应包括形成凝絮的微生物发酵过程。

但是，由于固定化细胞内含有生物体自身全部代谢系统，其产物的纯度较低或有副产物生成是其一个缺陷。细胞自溶作用及固定化细胞活性和稳定性还受到胞内蛋白质的不利影响，细胞壁和膜的存在增加了物质扩散的阻力。

酶和细胞的固定化方法有载体结合法、交联法、包埋法，以及混合法。混合法就是前三种方法的自由组合，如包埋法＋交联法、载体结合法＋包埋法等。载体结合法是将酶或细胞利用共价键或离子键，物理吸附等方法结合于载体。交联法是利用双功能试剂的作用，在酶分子之间发生交联，凝集成网状结构固定酶和细胞。包埋法是将酶包埋在凝胶的微细格子中或酶被半透性的聚合膜所包埋，使酶分子不能从凝胶的网络中漏出，而小分子的底物和产物可自由通过凝胶网络。酶或细胞的固定化要求方法简便、条件温和、价廉、安全等。应该避免使用有危险的设备、有毒或腐蚀性药品，并且要易控制固定化酶或细胞的量、易储存，还应注意固定化后酶或细胞动力学特性的变化及经济性。

**4. 酶促反应的特征**

酶的催化作用具有专一性、条件温和、对环境条件极为敏感、催化效率极高等特征。酶具有降低反应活化能的能力，所有更多的底物将有足够的能量来形成产物。尽管平衡常数不变，在酶存在时平衡能更迅速达到。

对于酶降低反应的活化能的机制有两种模型。一种是契合模型，即酶和底物通过特异性结合位点精确地契合在一起，形成一个酶－底物复合物进行酶促反应，也称为锁–钥匙模型。另一种是酶与底物结合时，能改变自身形状，使其活性中心包围底物并精确地与其结合，此种机制被称为诱导配合模型。当底物分子相互接触发生反应时，底物与酶先形成一个中间产物，即是将底物分子活化的过程，活化分子越多反应就越快，然后中间产物再分解得到产物。

但是，酶促反应多限于一步或几步较简单的生化反应过程，在经济上有时并不理想，通常周期较长容易发生杂菌污染。

## 9.2.2　均相酶促反应动力学

**1. 酶促反应动力学基础**

均相酶促反应动力学是以研究酶促反应机制为目的发展起来的。影响酶促反应的主要因素包括物质的量浓度因素、环境因素、内部因素等，其中，最重要的影响因素是物质的量浓度。单相酶促反应动力学的核心内容就是从物质的量浓度因素实验求得速率常数，而速率常数被内外因素所左右。酶促反应动力学可采用化学反应动力学方法建立相应的动力学方程。

如果酶促反应速率与底物物质的量浓度无关，此时为零级反应

$$-\frac{dc_S}{dt}=r_{max} \tag{9-1}$$

式中 $c_S$——底物物质的量浓度；

$r_{max}$——最大反应速率。

当反应速率与底物物质的量浓度的一次方成正比，称为一级反应，即酶催化 A→B 的过程

$$\frac{db}{dt}=k_1(a_0-b) \tag{9-2}$$

式中 $k_1$——一级反应速率常数；

$a_0$——底物 A 的初始物质的量浓度；

$b$——$t$ 时产物 B 的物质的量浓度。

如果是二级反应，即 A + B→C

$$\frac{dc}{dt}=k_2(a_0-c)(b_0-c) \tag{9-3}$$

式中 $k_2$——二级反应速率常数；

$a_0$、$b_0$——底物 A 和底物 B 的初始物质的量浓度；

$c$——$t$ 时产物 C 的物质的量浓度。

式（9-3）积分可得

$$\frac{1}{a_0-b_0}\ln\frac{b_0(a_0-c)}{a_0(b_0-c)}=k_2t \tag{9-4}$$

对连锁酶促反应过程，如 A→B→C，有

$$-\frac{da}{dt}=k_1a \tag{9-5}$$

$$\frac{db}{dt}=k_1a-k_2b \tag{9-6}$$

$$\frac{dc}{dt}=k_2a \tag{9-7}$$

式中 $a$、$b$、$c$——A、B、C 的物质的量浓度；

$k_1$、$k_2$——各步的反应速率常数。

如果 A 的初始物质的量浓度为 $a_0$，B 和 C 的初始物质的量浓度为 0，并且 $a+b+c=a_0$，则可求得

$$a=a_0e^{-k_1t} \tag{9-8}$$

$$b=\frac{k_1a_0}{k_2-k_1}(e^{-k_1t}-e^{-k_2t}) \tag{9-9}$$

$$c=\frac{a_0}{k_2-k_1}[k_2(1-e^{-k_1t})-k_2(1-e^{-k_2t})] \tag{9-10}$$

**2. 单底物酶促反应动力学**

最简单的酶促反应就是单底物的酶促反应，且这种反应是不可逆的。水解酶、异构酶及

多数裂解酶的催化反应均属此类。

根据“酶–底物中间复合体”的假设，酶E催化底物S生成产物P的反应过程中，E首先与S形成复合体ES，其反应机制可表示为

$$\underset{e_{\text{free}}}{\mathrm{E}} + \underset{c_{\mathrm{S}}}{\mathrm{S}} \Leftrightarrow \underset{X}{\mathrm{ES}} \rightarrow \underset{e_{\text{free}}}{\mathrm{E}} + \underset{c_{\mathrm{P}}}{\mathrm{P}}$$

式中 ES——中间复合体；

$e_{\text{free}}$、$c_{\mathrm{S}}$、$X$、$c_{\mathrm{P}}$——对应物质的物质的量浓度。

根据质量作用定律，P的生成速度可表示为

$$r_{\mathrm{P}} = k_{\text{cat}} X \tag{9-11}$$

式中 $k_{\text{cat}}$——反应速度常数。

$X$是难以测定的未知量，因此不能直接用式（9-11）作为最终的动力学方程。由式（9-11）可获得由快速平衡法确定的米氏方程

$$r_{\mathrm{P}} = (-r_{\mathrm{S}}) = \frac{k_{\text{cat}} e_{\text{free}} c_{\mathrm{S}}}{K_{\mathrm{S}} + c_{\mathrm{S}}} = \frac{r_{\mathrm{P,max}} c_{\mathrm{S}}}{K_{\mathrm{S}} + c_{\mathrm{S}}} \tag{9-12}$$

式中 $r_{\mathrm{S}}$——底物的消耗速率（负号表示减少）；

$r_{\mathrm{P}}$——产物的生成速率；

$K_{\mathrm{S}}$——平衡常数，$K_{\mathrm{S}} = k_{-1}/k_{+1}$，又称饱和常数（saturation constant），其中$k_{+1}$和$k_{-1}$分别是第1步的正反应和逆反应的反应速率常数。

利用稳态法求解式（9-12），在这段时间里，生成速率与消耗速率相等，达到动态平衡，即所谓“稳态”。基于此，可获得米氏方程

$$r_{\mathrm{P}} = (-r_{\mathrm{S}}) = \frac{k_{\text{cat}} e_{\text{free}} c_{\mathrm{S}}}{K_{\mathrm{m}} + c_{\mathrm{S}}} = \frac{r_{\mathrm{P,max}} c_{\mathrm{S}}}{K_{\mathrm{m}} + c_{\mathrm{S}}} \tag{9-13}$$

式中 $K_{\mathrm{m}}$——米氏常数（mol/L），$K_{\mathrm{m}} = \dfrac{k_{-1} + k_{\text{cat}}}{k_{+1}}$

$K_{\mathrm{m}}$与$K_{\mathrm{S}}$之间的关系为

$$K_{\mathrm{m}} = \frac{k_{-1} + k_{\text{cat}}}{k_{+1}} = K_{\mathrm{S}} + \frac{k_{\text{cat}}}{k_{+1}} \tag{9-14}$$

pH和温度是影响酶促反应的重要操作参数，其影响一方面是对酶稳定性的影响，另一方面是对酶活性的影响。针对pH与酶活力的关系，Michaelis提出三状态模型，主要内容是：处于解离活性状态的酶记为$\mathrm{EH^-}$，由活性状态转入无活性状态时的酸性形式记为$\mathrm{EH_2}$，碱性解离形式记为$\mathrm{E^{2-}}$，三种状态的相互关系为

$$\mathrm{EH_2} \rightleftharpoons \mathrm{EH^-} \rightleftharpoons \mathrm{E^{2-}}$$

由酶催化反应动力学的原理，有下述基本关系

$$\frac{\mathrm{d}c(\mathrm{EHS^-})}{\mathrm{d}t} = 0 \tag{9-15}$$

$$e_0 = c(\mathrm{EH_2}) + c(\mathrm{EH^-}) + c(\mathrm{E^{2-}}) + c(\mathrm{EH_2S}) + c(\mathrm{EHS^-}) + c(\mathrm{ES^{2-}}) \tag{9-16}$$

$$-r_{\mathrm{S}} = r_{\mathrm{P}} = k_{\text{cat}} c(\mathrm{EHS^-}) \tag{9-17}$$

若定义

$$K_a = \frac{c(EH^-)c(H^+)}{c(EH_2)} \tag{9-18}$$

$$K_b = \frac{c(E^{2-})c(E^+)}{c(EH^-)} \tag{9-19}$$

$$K'_a = \frac{c(EHS^-)c(H^+)}{c(EH_2S)} \tag{9-20}$$

$$K'_b = \frac{c(ES^{2-})c(H^+)}{c(EHS^-)} \tag{9-21}$$

将以上相关各式整理可得

$$r_P = k_{cat}c(EHS^-) = \frac{k_{cat}e_0c_S}{f_1K_m + f_2c_S} \tag{9-22}$$

其中，$f_1 = \frac{c(H^+)}{K_a} + 1 + \frac{K_b}{c(H^+)}$，$f_2 = \frac{c(H^+)}{K'_a} + 1 + \frac{K'_b}{c(H^+)}$。

式中 $K_a$、$K_b$、$K'_a$、$K'_b$——电离平衡常数；

$c$（$H^+$）——氢离子物质的量浓度；

$c_S$——底物物质的量浓度。

降低酶促反应速率的原因可分为两类，一类是失活作用，另一类为抑制作用。失活作用是指物理或化学因素等外界因素破坏了酶的三维结构，引起酶的变性，导致丧失活性。抑制作用是指在酶不变性条件下，由于活性中心化学性质的改变而引起的酶的活性受到抑制。底物或产物对酶促反应的抑制是较常见的。在多数的酶促反应中，$r_P$ 对 $c_S$ 的依赖关系是符合米氏方程的单调增的函数关系。但也有当 S 物质的量浓度较高时，$r_P$ 呈下降的趋势，这种反应被称为物质的量浓度底物抑制或底物抑制（substrate inhibition）型反应。

底物抑制的反应机制为

$$E + S \rightleftharpoons ES \rightleftharpoons E + P$$

$$ES + S \rightleftharpoons ES_2$$

如果复合体 $ES_2$ 为非活性，并采用稳态法建立反应动力学方程，可得

$$r_P = \frac{k_{cat}e_{free}}{1 + \frac{K_m}{c_S} + \frac{c_S}{K_1}} \tag{9-23}$$

式中 $K_1$——底物抑制的解离常数。

当 $n$ 个底物分子与之结合，可得相应的动力学表达式，即

$$r_P = \frac{k_{cat}e_{free}}{1 + \frac{K_m}{c_S} + \sum_{i=1}^{n}\left(\frac{c_S}{K_i}\right)^i} \tag{9-24}$$

### 9.2.3 固定化酶促反应动力学

了解固定化酶促反应动力学特征及其相关参数与反应速率的关系是预测固定化酶促反应

进行中的实际状态的基础。

以微胶囊包埋法固定化酶促反应为例，其反应历程由5步组成：①底物传递到固定化酶载体的外表面；②底物由外表面向载体内扩散；③进行酶促反应；④产物由内部扩散到载体外表面；⑤产物传递到主体溶液；如图9-2所示。

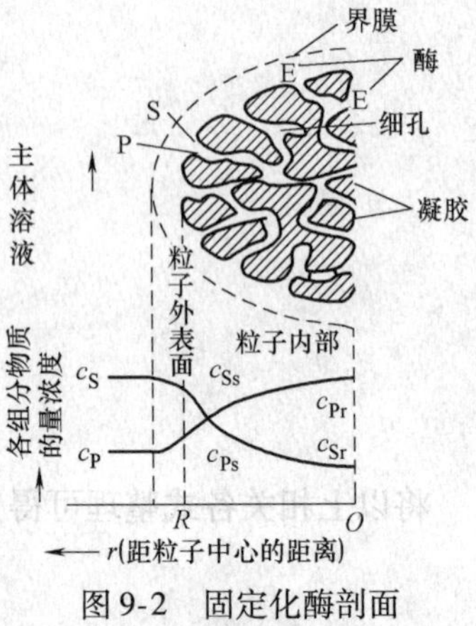


图9-2 固定化酶剖面图及浓度分布图

**1. 固定化酶促反应动力学基础**

固定化酶反应速率和传递特性与酶自身的性质、酶所处环境、载体的特性等因素有关。酶分子构象的改变是指酶的活性中心或调节中心的构象发生了变化，导致酶与底物的结合活力下降。位阻效应是指载体的遮蔽作用引起了使底物和效应物无法与酶接触。微扰效应是指由于载体的亲水性、疏水性及介质的介电常数等，使紧邻固定化酶的环境区域发生变化，改变了酶的催化能力及酶对效应物做出调节反应的能力。扩散限制是指底物、产物及其他效应物的迁移和传递速度所受到的一种限制。作为一般规律，如果酶的催化反应速率很小，扩散限制的影响小或没有，此时的酶促反应阶段成为整个反应的限速阶段。

固定化酶催化反应中的反应速率代表所有局部速率总和的平均值，通过测定宏观环境中底物和产物的物质的量浓度得到的。在外部扩散速率比较小的时候可认为是总反应过程的限制性阶段，如果提高外部扩散速率，就可提高总反应速率。

固定化酶反应的本征速率（intrinsic rate）是当考虑到固定化后酶分子的结构改变、底物作用及位阻效应等诸因素后，固定化酶的反应速率。本征速率及本征动力学参数是描绘酶的真实动力学特性的。固定化酶反应的固有速率（inherent rate）是假定底物和产物在酶的微环境及宏观环境之间的传递是无限迅速，也就是在没有扩散阻力情况下的反应速率。但由于分配效应或各物质之间的静电作用，导致微环境与宏观环境之间的物质的量浓度差异，因此，固有速率及其动力学参数与固定化酶的本征动力学不同。

**2. 固定化酶促反应中的过程分析**

在固定化酶促反应过程中，扩散传质有外部与内部扩散的两种传质方式。外部扩散通常先于反应，而内部扩散与催化反应有时是同时进行的。

在讨论外部扩散时，可以忽略固定化酶颗粒内部的扩散问题，底物由液体主体向固定化酶颗粒表面的扩散速率 $N_s$ 正比于传质表面积及传质推动力，即

$$N_s = k_L a(c_S - c_{S_s})$$

式中 $k_L$——液膜传质系数；

$a$——传质比表面积；

$c_S$——液体主体中的底物物质的量浓度；

$c_{S_s}$——固定化酶表面处底物物质的量浓度。

稳定状态下，传质速率等于酶促反应速率。当反应遵循米氏方程规则时，则

$$N_s = k_L a(c_S - c_{S_s}) = \frac{r_{max} c_{S_s}}{K_m + c_{S_s}} \tag{9-25}$$

利用 $c^* = c_{S_s}/c_S$，$K = K_m/c_S$，并令 $Da = r_{max}/(k_L a c_S)$，将（9-25）式写成无因次形式，则

$$Da = \frac{(K+c^*)(1-c^*)}{c^*} \tag{9-26}$$

其中，$Da$（Damkohler 准数）是 $c^*$ 的函数，其物理意义是最大反应速率与最大传质速率之比。

反应控制时，表观动力学接近本征动力学；传质控制时，实际动力学接近于扩散动力学。讨论内部扩散时，假设固定化酶颗粒外部传质阻力小，颗粒外表处的底物物质的量浓度与液体大环境中相应物质的量浓度相等。

固定化酶颗粒内部的孔是酶促反应的主要场所。底物通过孔口向内扩散，产物从内部向孔口外扩散。颗粒内部各处底物和产物的物质的量浓度不同，导致各处的反应速率和选择性的差异。内部扩散过程的效率因子 $\eta_{in}$，可定义为单位时间内实际反应效率与按颗粒外表面底物物质的量浓度计算而得到的反应效率之比。稳定状态下，对底物 S 进行物料衡算，单位时间内扩散进入微元壳体的底物的量为

$$流入量 = 4\pi(r+\mathrm{d}r)^2 D_e\left(\frac{\mathrm{d}c_{S_r}}{\mathrm{d}r}\right)_{r+\mathrm{d}r}$$

式中 $D_e$——载体内部底物的扩散系数；

$r$——微元壳体与中心距离；

$\mathrm{d}r$——微元壳体的厚度；

$c_{S_r}$——底物物质的量浓度。

单位时间扩散离开壳体的底物量为

$$流出量 = 4\pi r^2 D_e\left(\frac{\mathrm{d}c_{S_r}}{\mathrm{d}r}\right)_r \tag{9-27}$$

当反应遵循米氏方程规则时

$$反应量 = 4\pi r^2 \frac{r'_{max} c_{S_r}}{K_m + c_{S_r}}\mathrm{d}r \tag{9-28}$$

稳定状态下

$$流入量 - 流出量 = 反应量$$

$$4\pi(r+\mathrm{d}r)^2 D_e\left(\frac{\mathrm{d}c_{S_r}}{\mathrm{d}r}\right)_{r+\mathrm{d}r} - 4\pi r^2 D_e\left(\frac{\mathrm{d}c_{S_r}}{\mathrm{d}r}\right) = 4\pi r^2 \frac{r'_{max} c_{S_r}}{K_m + c_{S_r}}\mathrm{d}r \tag{9-29}$$

整理变形可得球形颗粒内底物物质的量浓度分布的微分方程，为

$$\frac{\mathrm{d}^2 c_{S_r}}{\mathrm{d}r^2} + \frac{2}{r}\cdot\frac{\mathrm{d}c_{S_r}}{\mathrm{d}r} = \frac{r'_{max} c_{S_r}}{D_e(K_m + c_{S_r})} \tag{9-30}$$

球形固定化酶颗粒的内部扩散效率因子 $\eta_{in}$ 可写成

$$\eta_{in} = \frac{颗粒内的实际有效反应速率}{颗粒内无物质的量浓度梯度时的反应速率} = \frac{r_{in}}{r_0} \tag{9-31}$$

稳定状态下的实际有效反应速率，为

$$r_{in} = 4\pi R^2 D_e\left(\frac{\mathrm{d}c_{S_r}}{\mathrm{d}r}\right)_{r=R} \tag{9-32}$$

颗粒内无物质的量浓度梯度影响的反应速率为

$$r_0 = \frac{4}{3}\pi R^3 \frac{r_{\max} c_{S_s}}{K_m + c_{S_s}} \tag{9-33}$$

可推出

$$\eta_{in} = \frac{3}{R} \cdot \frac{D_e \left( \frac{dc_{S_s}}{dr} \right)_{r=R}}{\frac{r_{\max} c_{S_s}}{K_m + c_{S_s}}} \tag{9-34}$$

## 9.2.4 酶的失活动力学

酶的失活的原因在于分子结构的改变，而酶的变性（denaturation）是由于酶高级结构遭到破坏。表示这种变性过程的模式有两种，一种称为双状态模型（two-state-model），另一种为多状态模型（multi-state-model）。

**1. 未反应时酶的热失活动力学**

具有活性的酶记为 N，失活的酶记为 D，反应机制式为

$$N \xrightarrow{k_d} D \xrightarrow{k_r} N \tag{9-35}$$

式中　$k_d$、$k_r$——正、逆反应的速率常数。

当反应为不可逆失活反应时，多数酶的热失活反应属于此类，初始条件 $t=0$ 时，$e_t = e_0$，$k_r = 0$，则有

$$e_t = e_0 \exp(-k_d t) \tag{9-36}$$

式中　$e_0$——酶的总浓度；

$k_d$———一级失活常数。

$k_d$ 的倒数称为时间常数 $t_c$。$e_t$ 降至 $e_0$ 值一半的时间称为半衰期 $t_{1/2}$。$k_d$、$t_c$ 和 $t_{1/2}$ 之间有如下关系：

$$k_d = \frac{1}{t_c} = \frac{\ln 2}{t_{1/2}} \tag{9-37}$$

多步失活模型分为多步串联失活模型和同步失活模型。多步串联失活模型认为失活过程是经过中间状态失活的；同步失活模型认为全部酶分子可划为若干个热稳定性不同的组分，全部酶 $e_0$ 中残存活性酶的比率 $\varphi(t)$ 为

$$\varphi(t) = \frac{e_t}{e_0} = \sum_i x_i \exp(-k_i t) \tag{9-38}$$

式中　$x_i$——失活速率常数为 $k_{i_i}$ 的酶组分的分率。

故

$$\sum_i x_i = 1 \tag{9-39}$$

两个组分时，则有

$$\varphi(t) = x_i \exp(-k_1 t) + (1 - x_i) \exp(-k_2 t) \tag{9-40}$$

温度对酶失活速率的影响体现在失活速率常数上。对一级失活模型，有

$$k_d = A_d \exp\left(-\frac{E_d}{RT}\right) \tag{9-41}$$

式中 $A_d$——失活反应 Arrhenius 方程中的指前因子；

$E_d$——失活反应活化能。

由式（9-36）和式（9-41），可得温度和时间的二元函数

$$A(t, T) = \frac{e_t}{e_0} = \exp\left[-A_d t \exp\left(\frac{-E_d}{RT}\right)\right] \tag{9-42}$$

**2. 反应中酶的热失活动力学**

酶的使用寿命对酶促反应的稳定性至关重要。酶促稳定性称为操作稳定性（operation stability）。其测定方法有分批测定法、连续测定法、利用圆二色性分析方法三种。

引起酶失活的原因有多种，实际上一定的酶促反应都是由正向的酶促反应与酶的失活反应的复合。当时间一定时，随温度的升高，反应速率增大，转化率提高，但当温度高于某一数值时，酶的热失活速率加速快于酶促反应速率上升的速度，致使总反应速率下降。不同温度下酶促反应历程如图 9-3 所示。

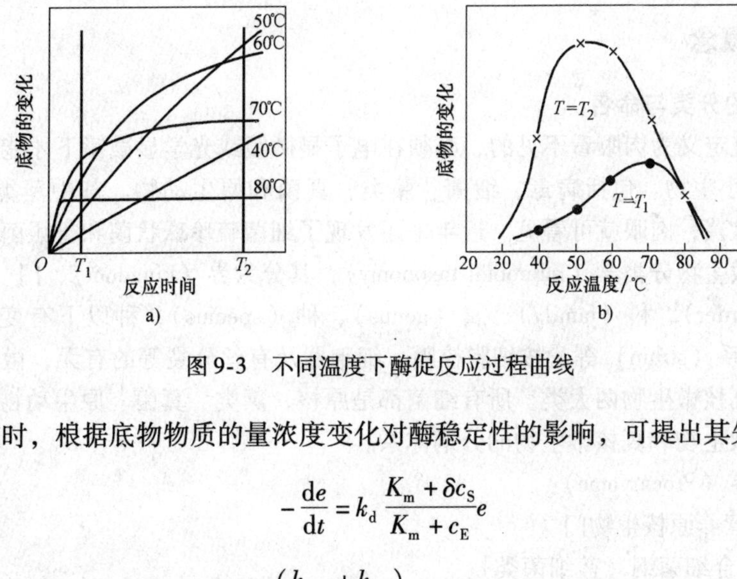


图 9-3 不同温度下酶促反应过程曲线

酶促反应时，根据底物物质的量浓度变化对酶稳定性的影响，可提出其失活动力学方程

$$-\frac{de}{dt} = k_d \frac{K_m + \delta c_S}{K_m + c_E} e \tag{9-43}$$

其中
$$K_m = \frac{(k_{-1} + k_{cat})}{k_{+1}};\ e = e_{free} + x$$

式中 $\delta$——底物对酶稳定性的影响系数。

当游离酶失活时，其动力学方程为

$$-\frac{dc_S}{dt} = \frac{k_{cat} c_S}{K_m + c_S}\left(e_0 - \frac{k_d K_m}{k_{cat}} \ln \frac{c_{S_0}}{c_S}\right) \tag{9-44}$$

在分批反应中，如果温度对酶失活的影响符合零级反应范围，则 $c_S \to \infty$时，有

$$-\frac{dc_S}{dt} = k_{cat} e \tag{9-45}$$

积分上式，得出

$$c_{S_0} - c_{S_T} = k_{cat}\int_0^T e\mathrm{d}T \tag{9-46}$$

如果 $c_S$ 足够大，(9-43）式可简化为

$$-\frac{\mathrm{d}e}{\mathrm{d}t} = k_d\delta e = k'_d e \tag{9-47}$$

积分上式，得出

$$e_t = e_0\exp(-k'_d T) \tag{9-48}$$

将（9-48）式代入（9-46）式中并积分可得

$$c_{S_0} - c_{S_T} = \left(\frac{k_{cat}e_0}{k'_d}\right)[1-\exp(-k'_d T)] \tag{9-49}$$

式中 $k'_d$——温度的函数。

## 9.3 微生物反应动力学

### 9.3.1 基本概念

#### 1. 微生物的分类与命名

微生物传统定义为肉眼看不见的、必须在电子显微镜或光学显微镜下才能看见的直径小于约 1mm 的微小生物。包括病毒、细菌、藻类、真菌和原生动物。其中藻类和真菌较大，如面包霉和丝状藻，肉眼就可看见。近年来还发现了细菌硫珍珠状菌和鲁龈菌不用显微镜也能看见。根据微生物分类学（microbial taxonomy），其分为界（kingdom）、门（phylum）、纲（class）、目（order）、科（family）、属（genus）、种（species），种以下有变种（variety）、型（form）、品系（strain）等。按细胞核膜、细胞器及有丝分裂等的有无，微生物可划分为原核微生物和真核微生物两大类。所有细菌都是原核，藻类、真菌、原生动物都是真核。

简述原核微生物和真核微生物的分纲体系。

原核生物界（Procaryotae）：

（1）光能营养原核生物门

1）蓝绿光合细菌纲（蓝细菌类）。

2）红色光合细菌纲。

3）绿色光合细菌纲。

（2）化能营养原核生物门

1）细菌纲

2）立克次氏体纲。

3）柔膜体纲。

4）古细菌纲。

真菌划分各级分类单位的基本原则是以形态特征为主，生理生化、细胞化学和生态等特征为辅。丝状真菌主要根据其孢子产生的方法和孢子本身的特征，以及培养特征来划分各级的分类单位。真菌可分以下四纲：

1）藻状菌纲。菌丝体无分隔，含多个核。有性繁殖形成卵孢子或接合孢子。

2）子囊菌纲。菌丝体有分隔，有性阶段形成子囊孢子。

3）担子菌纲。菌丝体有分隔，有性阶段形成担孢子。

4）半知菌纲。包括一切只发现无性世代未发现有性阶段的真菌。

粘菌也可分为四纲，即：

1）网粘菌纲。自细胞两端各自伸出长的粘丝并接连形成粘质的网络——假原质团。

2）集胞粘菌纲。分泌集胞粘菌素，形成假原质团。

3）粘菌纲。形成原质团，腐生性自由生活。

4）根肿病菌纲。形成原质团，专性寄生。亦有将之归于真菌类。

微生物的命名采用"双名法"。学名由大写字母开头的属名和小写字母打头的种名组成，属名描述微生物的主要特征，用拉丁词的名词；种名描述微生物的次要特征，用拉丁词的形容词；有时在种名后还附有命名者的姓。

**2. 微生物的化学组成**

从化学组成上来说，水分占了微生物菌体的大概 80%，其余为蛋白质、碳水化合物、脂肪、核酸、维生素和无机物等化学物质。细菌、酵母和单细胞藻类在蛋白质含量上很相似，约占 50% 干重，这些蛋白质大多数是酶蛋白。结构更为复杂的真菌和藻类所含有的具代谢活性的蛋白质及核酸较少，多糖类在全部干重中占有较大比例。脂质在细胞干重中分量较小，但它是组成细胞壁和膜所必需的。经微生物细胞的元素分析可知，细胞中所含元素以碳、氧、氮和氢的含量最高，其次以磷、钾为多，再次是钙、镁、硫、钠、氯、铁、锌、硅等，另外，还含有微量的铝、铜、锰、钴等。

**3. 生长特性**

微生物种类繁多，形态各异，营养类型庞杂，但都表现为简单、低等的生命形态。微生物的生长特性由于微生物种类各异有很大差别。微生物分布广、种类繁多，生长繁殖快、代谢能力强，遗传稳定性差、容易发生变异，个体极小、结构简单。

在正常情况下，异化作用与同化作用相比较小，从而使微生物的细胞数量不断增长，体积不断增加，这个过程就叫做微生物的生长；也指由于微生物细胞成分的增加导致微生物的个体大小、群体数量或两者的增长。微生物的生长与繁殖是交替进行的。从生长到繁殖这个由量变到质变的过程叫发育。细菌以分裂方式进行繁殖，生长繁殖中，母细胞合成细胞壁与膜。然后分裂成为两个完全相同的子细胞，子细胞与母细胞完全相同。藻类含有丰富的脂肪和蛋白质，在其培养中，需要足够的光、必需的无机盐及适量的 $CO_2$。酵母菌的生长方式有出芽繁殖、裂殖和芽裂三种。原生动物细胞的分裂形式多是沿纵轴一分为二，一个世代时间大约为 10h。真菌的生长特性是菌丝伸长和分枝，从菌丝体的顶端细胞间形成隔膜进行生长，一旦形成一个细胞，它就保持其完整性。病毒是通过复制方式进行繁殖，病毒能在活细胞内繁殖，但不能在一般培养基中繁殖，病毒感染细胞后，按病毒的遗传特性，合成病毒的核酸和蛋白质，并且以指数方式进行复制。

微生物的生长表现在微生物的个体生长和群体生长水平上。通常对微生物群体生长的研究是通过分析微生物培养物的生长曲线来进行的。细菌的生长繁殖期可细分为 6 个时期：停滞期（适应期）、加速期、对数期、减速期、稳定期及死亡期。由于加速期和减速期历时都很短，可把加速期并入停滞期，把减速期并入稳定期。微生物生长规律的生长曲线由延滞期、对数期、稳定期、死亡期4个阶段组成。

**4. 影响微生物反应的环境因素**

微生物除了需要营养外，还需要温度、pH值、氧气、渗透压、氧化还原电位、阳光等合适的环境生存因子。如果环境条件不正常，会影响微生物的生命活动，甚至发生变异或死亡。

（1）温度　环境的温度对微生物有很大影响。由于微生物通常是单细胞型生物，它们的温度随周围环境温度的变化而变化，所以它们对温度的变化特别敏感。在适宜的温度范围内微生物能大量生长繁殖，温度对微生物生长影响的一个决定性因素是微生物酶催化反应对温度的敏感性。在适宜的温度范围内，温度每升高10℃，酶促反应速度将提高1~2倍，微生物的代谢速率和生长速率均可相应提高。

（2）营养物质　微生物同其他生物一样，为了生存必须从环境中获取各种物质，以合成细胞物质、提供能量及在新陈代谢中起调节作用。这些物质称为营养物质。营养物质分为碳源、氮源、无机元素、微量营养元素或生长因子等。

碳源是构成细胞物质和供给微生物生长发育所需的能量。大多微生物以有机含碳化合物作为碳源和能源。氮源主要是提供合成原生质和细胞其他结构的原料，一般不提供能量。无机元素主要功能是作为构成细胞的组成成分，作为酶的组成成分，维持酶的作用，调节细胞渗透压、氢离子含量和氧化还原电位等。

（3）pH值　pH值是溶液的氢离子活性的量度，它与微生物的生命活动、物质代谢有密切关系。不同的微生物要求不同的pH值（表9-2）。微生物可在一个很宽的pH值范围内生长，从pH=1~2到pH=9~10都是微生物能生长的范围。大多数细菌、藻类和原生动物的最适pH值为6.5~7.5，它们的pH值适应范围在4~10。每种微生物都有一定的生长pH值范围和最适pH值，尽管微生物通常可在一个较宽pH值范围内生长，并且远离它们的最适pH值，但它们对pH值变化的耐受性也有一定限度，细胞质中pH值突然变化会损害细胞，抑制酶活性及影响膜运输蛋白的功能，从而对微生物造成损伤。

**表9-2　几种微生物的生长最适pH值和pH值范围**

| 微生物种类 | pH值 | | |
|---|---|---|---|
| | 最低 | 最适 | 最高 |
| 圆褐固氮菌（*Azotobacter chroococcus*） | 4.5 | 7.4~7.6 | 9.0 |
| 大肠埃希氏菌（*Escherichia coli*） | 4.5 | 7.2 | 9.0 |
| 放线菌（*Actinomyces sp.*） | 5.0 | 7.0~8.0 | 10.0 |
| 霉菌（mold） | 2.5 | 3.8~6.0 | 8.0 |
| 酵母菌（yeast） | 1.5 | 3.0~6.0 | 10.0 |
| 小眼虫（*Euglena gracilis*） | 3.0 | 6.6~6.7 | 9.9 |
| 草履虫（*Paramaccum sp.*） | 5.3 | 6.7~6.8 | 8.0 |

（4）氧化还原电位　氧化还原电+100mV以下时进行无氧呼吸。专性厌氧细菌要求$E_h$为-200~250mV，$E_h$的单位为V或mV。一般好氧微生物要求的$E_h$为+300~+400mV，兼性厌氧微生物在$E_h$为+100mV以上时可进行好氧呼吸，专性厌氧的产甲烷菌要求的$E_h$更低，为-300~-400mV，最适$E_h$为-330mV。氧分压会对氧化还原电位产生影响：氧分压

越高，氧化还原电位也越高；氧分压低，氧化还原电位低。同时，由于在培养微生物过程中，微生物生长繁殖需要消耗大量氧气，分解有机物产生氢气，使得氧化还原电位降低，在微生物对数生长期中下降到最低点。

（5）溶解氧　能在有氧条件下生长的微生物称为好氧微生物，大多数细菌、大多数放线菌、真菌、原生动物、微型后生动物等都属于好氧微生物。好氧微生物需要的是溶于水的氧，即溶解氧。氧在水中的溶解度与水温、大气压有关。低温时，氧的溶解度大；高温时，氧的溶解度小。好氧微生物需要充足的溶解氧。能在无氧条件下生长的称为厌氧微生物，厌氧微生物又分为专性厌氧微生物和兼性厌氧微生物。专性厌氧微生物生境中绝对不能有氧，因为有氧存在时，代谢产生的 $NADH_2$ 和 $O_2$ 反应生成 $H_2O_2$ 和 NAD，而专性厌氧微生物不具有过氧化氢酶，它将被生成的过氧化氢杀死。兼性厌氧微生物之所以既能在无氧条件下，又可在有氧条件下生存，是因为它不管是在有氧还是在无氧条件下都具有脱氢酶也具有氧化酶。

（6）渗透压　任何两种质量浓度的溶液被半渗透膜隔开，均会产生渗透压。溶液的渗透压决定于其质量浓度。溶质的离子或分子数目越多渗透压越大。在同一质量浓度的溶液中，含小分子溶质的溶液渗透压比含大分子溶质的溶液大。

（7）重金属　重金属汞、银、铜、铅及其化合物可有效地杀菌和防腐，它们是蛋白质的沉淀剂。其杀菌机理是与酶的—SH 基结合，使酶失去活性；或与菌体蛋白结合，使之变性或沉淀。

**5. 微生物反应的特点**

微生物常能分泌或诱导分泌有用的生物化学物质，且生长速率快，容易筛选出分泌型突变株，代谢产物的产率较高，可以利用微生物作为工业过程的原料。另外，微生物反应还有其他的优点，如通常是在常温、常压下进行；原料多为农产品，来源丰富；易于生产复杂的高分子化合物和光学活性物质；除产生生产物外，菌体自身也可是一种产物，如果其富含维生素或蛋白质或酶等有用产物时，可用于提取这些物质，微生物反应是自催化反应。

同时，微生物反应也有不足之处，如基质副产物的产生不可避免，且产物的获得除受环境因素影响外，也受细胞内因素的影响；并且微生物菌体会发生遗传变异，还有就是生产前的准备工作量大，且花费高，相对化学反应器而言，反应器效率低。另外废水一般具有较高 BOD 的值，需进行处理。

## 9.3.2 微生物反应过程的质量和能量衡算

**1. 微生物反应过程的质量衡算**

微生物反应中参与反应的培养基成分多、反应途径复杂，伴随微生物的生长、产生代谢产物的过程，如果将微生物反应看成是生成多种产物的复合反应，从概念上讲可写成如下形式：

$$碳源 + 氮源 + 氧 = 菌体 + 有机产物 + CO_2 + H_2O$$

为了表示出微生物反应过程中各物质和各组分之间的数量关系，最常用的方法是对各元素进行原子衡算。如果碳源由 C、H、O 组成，氮源为 $NH_3$，细胞的分子式定义为 $CH_xO_yN_z$，此时用碳的定量关系式表示微生物反应的计量关系为

$$CH_mO_n + aO_2 + bNH_3 (cCH_xO_yN_z + dCH_uO_vN_w) + eH_2O + fCO_2 \tag{9-50}$$

式中 $CH_mO_n$——碳源的元素组成；

$CH_xO_yN_z$——细胞的元素组成；

$CH_uO_vN_w$——产物的元素组成；

$m$、$n$、$u$、$v$、$w$、$x$、$y$、$z$——与一个碳原子相对应的氢、氧、氮的原子数。

**2. 微生物反应过程的得率系数**

得率系数是对碳源等物质生成细胞或其他产物的潜力进行定量评价的重要参数。消耗1g基质生成细胞的质量（g）称为细胞得率或称生长得率 $Y_{X/S}$（cell yield 或 growth yield）。细胞得率的单位是（以细胞/基质计）g/g 或 g/mol。其定义式为

$$Y_{X/S}=\frac{生成细胞的质量}{消耗基质的质量}=\frac{\Delta X}{-\Delta S} \tag{9-51}$$

某一瞬间的细胞得率称为微分细胞得率，定义式为

$$Y_{X/S}=\frac{dX}{dS}=\frac{r_X}{-r_S}\left(=\frac{dX/dt}{dS/dt}\right) \tag{9-52}$$

式中 $r_X$——微生物细胞的生长速率；

$r_S$——基质的消耗速率。

当基质为碳源，碳源的一部分被同化为细胞的组成成分，其余部分被异化分解为 $CO_2$ 和代谢产物。如果从碳源到菌体的同化作用看，与碳元素相关的细胞得率 $Y_C$ 可由下式表示：

$$Y_C=\frac{细胞生产量\times细胞含碳量}{基质消耗量\times基质含碳量}=Y_{X/S}\frac{X_C}{S_C} \tag{9-53}$$

式中 $X_C$ 和 $S_C$——单位质量细胞和单位质量基质中所含碳元素量。

$Y_C$ 值一般小于1，为0.4～0.9。

微生物反应的特点是通过呼吸链氧化磷酸化生成ATP。在氧化过程中，可通过有效电子数来推算碳源的能量。基于有效电子数的细胞得率的定义式为

$$Y_{ave^-}=\frac{\Delta X}{基质完全燃烧所需氧的物质的量\times4ave^-/mol\ 氧} \tag{9-54}$$

式中 $ave^-$——有效电子数。

微生物反应中另一种表示微生物细胞与所释放的热量相关的能量得率为 $Y_{kJ}$

$$Y_{kJ}=\frac{\Delta X}{\Delta E}=\frac{\Delta X}{E_a(细胞储存的自由能)+E_b(分解代谢所释放的自由能)} \tag{9-55}$$

式中 $E$——消耗的总能量，包括同化过程，即细胞所保持的能量 $E_a$ 和分解代谢的能量 $E_b$；

$X$——细胞生产量。

**3. 微生物反应中的能量衡算**

微生物反应释放的热量储存于碳源中，供微生物的生长、代谢之需，其余的能量作为热量被排放。微生物反应中的反应热，也称代谢热，图9-4所示为同化代谢和分解代谢与产生热量之间的关系。

能量可以从呼吸和发酵过程中获得，葡萄糖作为营养源，其完全燃烧时

$$C_6H_{12}O_6+6O_2\rightarrow6CO_2+6H_2O+2871kJ \tag{9-56}$$

如果代谢产物分别为乙醇和乳酸，它们的燃烧热分别为

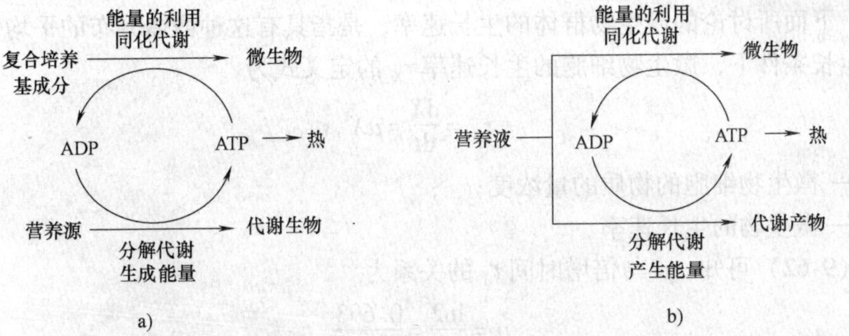


图9-4 同化代谢和分解代谢与产生热量之间的关系
a）复合培养基 b）基本培养基

$$C_2H_5OH + 3O_2 \rightarrow 2CO_2 + 3H_2O + 1368kJ \tag{9-57}$$

$$CH_3CHOHCOOH + 3O_2 \rightarrow 3CO_2 + 3H_2O + 1337kJ \tag{9-58}$$

利用 $Y_{kJ}$ 表示微生物反应过程中有多少能量用于细胞的合成，有

$$Y_{kJ} = \frac{\Delta X}{(-\Delta H_a)(\Delta X) + (-\Delta H_c)} \tag{9-59}$$

$$-\Delta H_c = (-\Delta H_S)(-\Delta S) - \sum(-\Delta H_P)(\Delta P) \tag{9-60}$$

式中 $\Delta H_a$——以细胞X的燃烧热为基准的焓变，其因菌体的不同有所不同，一般取值 $\Delta H_a = -22.15kJ$。

$\Delta H_c$——所消耗基质的焓变与代谢产物的焓变之差；

$\Delta H_S$——碳源氧化的焓变（kJ/mol）；

$\Delta H_P$——产物氧化的焓变（kJ/mol）。

这样，式（9-59）可写为

$$Y_{kJ} = \frac{\Delta X}{(-\Delta H_a)(\Delta X) + (-\Delta H_S)(-\Delta S) - \sum(-\Delta H_P)(\Delta P)}$$

$$= \frac{Y_{X/S}}{(-\Delta H_a)Y_{X/S} + (-\Delta H_S) - \sum(-\Delta H_P)Y_{P/S}} \tag{9-61}$$

### 9.3.3 微生物反应动力学

微生物反应体系的动力学描述宜采用群体表示，群体变化过程分为生长、繁殖、维持、死亡，溶胞，能动性、形态变化及物理的群体变化等过程。群体中新个体生物的产生称为繁殖，对于单细胞微生物而言，繁殖主要通过无性方式进行。生长和繁殖是相互关联的，但这种连接有时并不牢固。微生物反应是几种过程的综合表现，可以简化为微生物消耗基质，获得细胞的同时获得代谢产物。实际上，由于微生物细胞内部生物代谢与基因调节的复杂性，还难以建立起包含内部影响因素的动力学方程式。

**1. 生长速率**

微生物生长速率是群体生物量的生产速率，并不是群体生物量变化的速率。微生物生长中存在着细胞大小的分布。由于单细胞的生长速率与细胞的大小直接相关，因此也存在生长速率分布。下面所讨论的微生物群体的生长速率，是指具有这种群体分布的平均值。

平衡生长条件下，微生物细胞的生长速率 $r_X$ 的定义式为

$$r_X = \frac{dX}{dt} = \mu X \tag{9-62}$$

式中 $X$——微生物细胞的物质的量浓度；

$\mu$——微生物的生长速率。

由式（9-62）可知，$\mu$ 与倍增时间 $t_d$ 的关系为

$$\mu = \frac{\ln 2}{t_d} = \frac{0.693}{t_d} \tag{9-63}$$

**2. 生长的非结构模型**

微生物生理学学者和生物化学工程学的工程师提出了许多关于微生物生长动力学的数学模型。他们认识到群体的生长改变了群体所处的环境，反之，群体所处的环境又促进群体的生长速率发生变化。这些生长模型根据 Tsuchiyd 理论可分为确定论的非结构模型、确定论的结构模型、概率论的非结构模型、概率论的结构模型。

在确定论模型的基础上，不考虑细胞内部结构的不同，在这种理想状况下建立起的动力学模型称为非结构模型。由于细胞的组成是复杂的，当微生物细胞内部所含有的蛋白质、脂肪、碳水化合物、核酸、维生素等的含量随环境条件的变化而变化时，建立起的动力学模型称为结构模型。

目前，常使用的确定论的非结构模型是 Monod 方程

$$\mu = \frac{\mu_{max} S}{K_s + S} \tag{9-64}$$

式中 $\mu_{max}$——微生物的最大比生长速率；

$K_s$——饱和常数，代表当微生物的 $\mu$ 等于 $\mu_{max}$ 一半时的底物物质的量浓度。

Monod 方程是一个经验性方程，$\mu$ 仅取决于限制性基质的物质的量浓度，此时，微生物生长速率随着限制性基质的物质的量浓度的变化而呈抛物线变化。

**3. 基质消耗动力学**

以菌体得率为媒介，可确定基质的消耗速率与生长速率的关系。基质的消耗速率 $r_S$ 可表示为

$$-r_S = \frac{dS}{dt} = \frac{r_X}{Y_{X/S}} \tag{9-65}$$

基质的消耗速率被菌体量除称为基质的比消耗速率，以希腊字母 $\gamma$ 来表示，即

$$\gamma = \frac{r_S}{X} \tag{9-66}$$

根据式（9-62）、式（9-65）和式（9-66），有

$$-\gamma = \frac{\mu}{Y_{X/S}} \tag{9-67}$$

$\mu$ 由 Monod 方程表示时，式（9-67）变形为

$$-\gamma_i = \frac{\mu_{max}}{Y_{X/S}} \frac{S}{K_S + S} = (-\gamma_{max}) \frac{S}{K_S + S} \tag{9-68}$$

当基质既作为能源又是碳源时，就应考虑维持代谢所消耗的能量。此时

$$-\gamma_S=\frac{r_X}{Y_G}+mX \tag{9-69}$$

式中 $Y_G$——无维持代谢时的最大细胞得率；

$m$——细胞的维持系数。

式（9-69）两边同除以 $X$，则

$$-\gamma=\frac{\mu}{Y_G}+m \tag{9-70}$$

式（9-70）作为连接 $\gamma$ 和 $\mu$ 的关联式，也可看成是含有两个参数的线型模型。进一步讨论式（9-70），对 $\mu$ 的依赖关系可一般化为

$$-\gamma=g(\mu) \tag{9-71}$$

由于 $\mu$ 是 $S$ 的函数，因而 $\gamma$ 也是 $S$ 的函数。式（9-70）也间接表明了 $\gamma$ 对环境的依赖关系。

氧是微生物细胞的成分之一，同时，也是一种基质，氧的消耗速率与生长速率有如下关系：

$$r_{O_2}=\frac{dc}{dt}=\frac{r_X}{Y_{X/O}} \tag{9-72}$$

式中 $c$——溶解氧物质的量浓度。

**4. 代谢产物的生成动力学**

微生物生产代谢产物种类很多，并且微生物细胞内的生物合成途径与代谢调节机制各有特色。与生长速率和基质消耗速率相同，当以体积为基准时，称为代谢产物的生成速率，记为 $r_P$，当以单位质量为基准时，称为产物的比生成速率，记为 $\pi$。相关式为

$$r_P=\frac{dP}{dt}=Y_{P/X}\frac{dX}{dt}=-Y_{P/S}\frac{dS}{dt} \tag{9-73}$$

$$\pi=\frac{1}{X}\cdot\frac{dP}{dt}=Y_{P/X}\mu=-Y_{P/S}\gamma \tag{9-74}$$

生物反应器设计中，常使用到 $r_P$，但是，在 S→P 的转化过程中，当微生物作为催化剂使用时，用 $\pi$ 更为合理些。可以认为 $\pi$ 表达了细胞在 S→P 的转化过程中的转化活性。Gaden 根据产物生成速率与细胞生成速率之间的关系，将其分成相关模型、部分相关模型、非相关模型三种。产物的生成与细胞的生长无直接关系。在微生物生长阶段，无产物积累，当细胞停止生长，产物却大量生成。一般来说，$CO_2$ 不是目的代谢产物，但是，微生物反应中一般都会产生 $CO_2$。

## 9.4 微生物反应器操作

### 9.4.1 微生物反应器操作基础

微生物培养过程根据是否要求供氧，分为厌氧和好氧培养。前者主要采用不通氧的深层培养；后者可采用以下几种方法：

1）液体表面培养。

2）通风固态发酵。

3）通氧深层培养。

就操作方式而言，深层培养可分为：

1）分批式操作。

2）反复分批式操作。

3）半分批式操作。

4）反复半分批式操作。

5）连续式操作。

分批式操作是指基质一次性加入反应器内，在适宜条件下将微生物菌种接入，反应完成后将全部反应物料取出的操作方式。反复分批式操作是指分批操作完成后，不全部取出反应物料，剩余部分重新加入一定量的基质，再按照分批式操作方式，反复进行。半分批式操作是指先将一定量基质加入反应器内，将微生物菌种接入反应器中，反应开始，反应过程中将特定的限制性基质按照一定要求加入到反应器内。反复半分批式操作是指流加操作完成后，不全部取出反应物料，剩余部分重新加入一定量的基质，再按照流加操作方式，反复进行。连续式操作是指在分批式操作进行到一定阶段时，一方面将基质连续不断地加入反应器内，另一方面又把反应物料连续不断地取出，使反应条件不随时间变化的操作方式。

### 9.4.2 分批式操作

分批式操作是发酵工业中广泛采用的方法，其操作的过程中微生物所处的环境是不断变化的，发生杂菌污染能够很容易中止操作，对原料组成要求较粗放，易改变处理控制方法等。

**1. 生长曲线**

分批式培养过程中，微生物的生长可分为：迟缓期、对数生长期、减速期、静止期和衰退期，如图 9-5 所示。

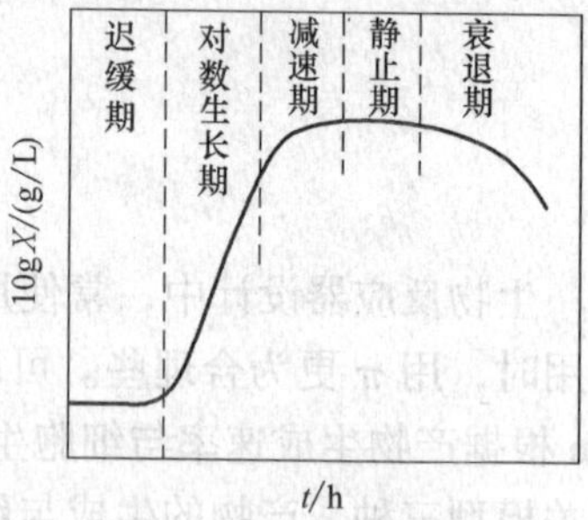


图 9-5 分批式培养的微生物生长曲线

细菌的迟缓期是其分裂繁殖前的准备时期，细胞内某种活性物质未能达到细菌分裂所需的最低物质的量浓度。当准备工作结束，细胞便开始迅速繁殖，进入对数生长期。此时，$\mu$ 值一定，有

$$\mu=\frac{1}{X}\cdot\frac{\mathrm{d}X}{\mathrm{d}t}\text{或}\frac{\mathrm{d}X}{\mathrm{d}t}=\mu X$$

当 $t=t_{\mathrm{lag}}$ 时，令 $X=X_0$，积分上式，有

$$\ln\left(\frac{X}{X_0}\right)=\mu(t-t_{\mathrm{lag}})\text{或}X=X_0\exp[\mu(t-t_{\mathrm{lag}})]$$

式中 $t$——时间；

$t_{\mathrm{lag}}$——迟缓期所需时间；

$X_0$——初始菌体含量。

经过减速期到达静止期的原因有营养物质不足、氧的供应不足、抑制物的积累、生物的生长空间不够等。若假定直至静止期特定基质 A 的消耗速率 $\mathrm{d}S_A/\mathrm{d}t$ 与反应系统中活菌体量

X 成正比，则

$$\frac{dS_A}{dt} = -K_A X$$

式中　$K_A$——比例系数。

进入衰退期后，细胞缺乏能量储藏物质以及细胞内各种水解酶的作用，引起细胞自身的消化，使细胞死亡。Monod 方程应改写为

$$\mu = \frac{\mu_{max} S}{K_S + S} - K_d$$

式中　$K_d$——微生物细胞死亡速率常数。

在衰退期，由于底物已全部耗尽，因此

$$\frac{dX}{dt} = -K_d X$$

**2. 状态方程式**

微生物培养过程是指基质在微生物的作用下转变为产物的过程，这一物质转换过程由生物代谢过程和环境过程两个部分所组成。分批式培养过程的状态方程式可表示为

基质
$$\frac{dS}{dt} = -\gamma X$$

菌体
$$\frac{dX}{dt} = \mu X$$

产物
$$\frac{dP}{dt} = \pi X$$

$O_2$
$$Q_{O_2} X = \frac{F}{V}\left[\frac{(p_{O_2})_{in}}{p_{all} - (p_{O_2})_{in} - (p_{CO_2})_{in}} - \frac{(p_{O_2})_{out}}{p_{all} - (p_{O_2})_{out} - (p_{CO_2})_{out}}\right]$$

$CO_2$
$$Q_{CO_2} X = \frac{F}{V}\left[\frac{(p_{CO_2})_{out}}{p_{all} - (p_{O_2})_{out} - (p_{CO_2})_{out}} - \frac{(p_{CO_2})_{in}}{p_{all} - (p_{O_2})_{in} - (p_{CO_2})_{in}}\right]$$

式中　$\gamma$——基质的比消耗速率；
$Q_{O_2}$——氧的比呼吸速率；
$\mu$——比生长速率；
$\pi$——产物的比生成速率；
$Q_{CO_2}$——$CO_2$ 比生成速率；
$P$——代谢产物的物质的量浓度；
$X$——菌体含量；
$S$——底物物质的量浓度；
$F$——惰性气体流速；
$V$——反应液总容积；
$p_{all}$——气体总压力；
$(p_{O_2})_{out}$——排气中氧的分压；

$(p_{O_2})_{in}$——进气体中氧的分压；

$(p_{CO_2})_{in}$——进气体中 $CO_2$ 的分压；

$(p_{CO_2})_{out}$——排气中 $CO_2$ 的分压。

微生物的最适温度、最适 pH 值的范围较窄。分批培养过程中的动态特性取决于基质与微生物含量浓度及微生物反应的诸比速率的初始值，因此，支配分批式培养的主要因素是基质与微生物的含量浓度的初始值。分批式微生物反应过程分析中，需观察 $X$、$S$ 和 $P$ 等随时间的变化情况。

### 9.4.3 流加操作

与分批操作不同，流加操作能够控制反应液中基质物质的量浓度。操作的要点是控制基质物质的量浓度，因此，其核心问题是流加什么和怎么流加。从流加方式看，流加操作可分为无反馈控制流加操作与反馈控制流加操作。

**1. 无反馈控制的流加操作**

采用无反馈控制的流加操作时，表达系统的数学模型是否正确成为反应成败的关键。最简单的微生物的生长速率为

$$\frac{d(VX)}{dt}=\mu VX$$

作为流加基质的平衡式，有

$$\frac{d(VS)}{dt}=FS_{in}-\frac{1}{Y_{X/S}}\cdot\frac{d(VX)}{dt}-mVX$$

培养液体积变化的方程式为

$$\frac{dV}{dt}=F-K_{vap}$$

式中　$K_{vap}$——单位时间内由于通气，随排出气体而失去的水分。

通过采用随时间呈指数性变化的方式流加基质，维持微生物菌体对数生长的操作方法称为指数流加操作。由 Monod 方程可获得 $S$ = 常数。此时，由于 $dX/dt=0$，结合前述的拟稳定状态条件，有如下方程式：

$$\mu=\frac{F}{V}=\frac{1}{V}\cdot\frac{dV}{dt}$$

培养液体积

$$V=V_0\exp(\mu t)$$

基于上式，菌体量为

$$XV=X_0V_0\exp(\mu t)$$

流量为

$$F=F_0\exp(\mu t)$$

从以上结果可知，采用这种方式操作，不仅能保证微生物呈指数生长，而且能保持基质

物质的量浓度一定。

**2. 有反馈控制的流加操作**

反馈控制的流加操作可分为间接（如 pH 值、DO、$Q_{CO_2}$ 等）和直接（连续或间断地测定培养液中流加的底物物质的量浓度，以此作为控制指标）的两类。另外，根据流加底物物质的量浓度的情况，可分为保持一定物质的量浓度值和物质的量浓度随时间变化两类控制方法。

### 9.4.4 连续式操作

连续式操作有两大类型，即 CSTR（Continuous Stirred Tank Reactor）型和 CPFR（Continuous Plug Flow Tulular Reactor）型。CSTR 型连续式操作根据达成稳定状态的方法不同，可分为恒化器、恒浊器、营养物恒定法三种。

**1. 恒化器法连续式操作**

恒化器法是指在连续培养过程中，基质流加速度恒定，以调节微生物细胞的生长速率与恒定流量相适应的方法。

单级 CSTR 培养系统中，流入液中仅一种成分为微生物生长的限制性因子，其他成分在不发生抑制的条件下充分存在。培养过程中，菌体、限制性基质及产物的物料衡算式为

变化量 = 流入量 + 生成量 - 流出量

由于流入液中菌体与产物的含量为零，因此，上述衡算式写成数学表达式为

微生物菌体
$$V\frac{dX}{dt}=V\mu X-FX$$

基质
$$V\frac{dS}{dt}=F(S_{in}-S)-V\gamma X$$

产物
$$V\frac{dP}{dt}=V\pi X-FP$$

式中 $F$——培养液流入与流出速度(L/h)；

$V$——反应器内培养液的体积(L)；

$S_{in}$——流入液中限制性底物的物质的量浓度(mol/L)；

$S$——反应器内和流出液中限制性底物物质的量浓度(mol/L)。

上述三式两边同除以 $V$，则

$$\frac{dX}{dt}=\mu X-DX$$

$$\frac{dS}{dt}=D(S_{in}-S)-\gamma X$$

$$\frac{dP}{dt}=\pi X-DP$$

式中 $D$——稀释率（dilution rate），$D=F/V$。

当菌体与产物得率一定，以上 3 式表明培养过程中的各变量与比生长速率相关。稳定状态下

$$\frac{\mathrm{d}X}{\mathrm{d}t}=\frac{\mathrm{d}S}{\mathrm{d}t}=\frac{\mathrm{d}P}{\mathrm{d}t}=0$$

此时的菌体含量、基质物质的量浓度和代谢产物物质的量浓度可分别表示为

$$\overline{X}=Y_{\mathrm{X/S}}\left(S_{\mathrm{in}}-\frac{K_{\mathrm{S}}D}{\mu_{\max}-D}\right)$$

$$\overline{S}=\frac{K_{\mathrm{S}}D}{\mu_{\max}-\mathrm{D}}$$

$$[\overline{P}]=Y_{\mathrm{X/S}}\left(S_{\mathrm{in}}-\frac{K_{\mathrm{S}}D}{\mu_{\max}-D}\right)$$

这些式子分别表明了稀释率与各物质物质的量浓度之间的关系。

有时为了增加反应器内的菌体含量，对单级连续培养可以将反应器排出液中的部分微生物重新返回反应器中，如图 9-6所示。

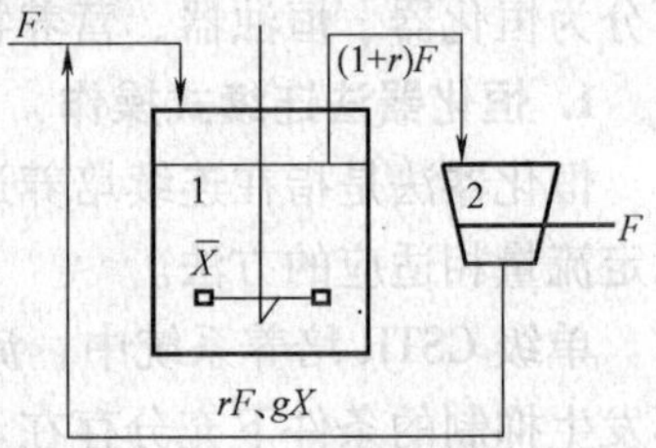


图 9-6 具有反馈的单级连续培养系统

图 9-6 中 $g$ 为微生物的浓缩系数（大于 1），$r$ 为再循环反应液的比例。稳定状态时，菌体的物料衡算式为

$$\mu+rDg-(1+r)D=0$$

由上式求得稀释率为

$$D=\frac{\mu}{1+r(1-g)}$$

具有反馈的单级或多级连续培养中，稳态下的稀释率都高于比生长速率。这与常规单级连续培养不同。前者流入反应器的培养液体积要相对多一些。这一方法在生物法废水处理过程之一的活性污泥法中普遍采用，因为其有利于提高除污能力。

对具有反馈的单级系统来讲，还要考虑排出反应液中菌体的含量。菌体分离装置处的菌体衡算式为

$$(1+r)F\overline{X}=FX'+rFg\overline{X}$$

所以，从菌体分离装置处流出的菌体含量为

$$X'=(1+r-rg)\overline{X}=[1+r(1-g)]\overline{X}$$

所以

$$DX'=\frac{\mu}{1+r(1-g)}\overline{X}[1+r(1-g)]=\mu\overline{X}$$

即菌体产率等于比生长速率与 $X$ 的乘积。

**2. 恒浊器法连续式操作**

恒浊器法是指预先规定细胞含量，通过基质流量控制，以适应细胞的既定含量的方法。恒浊器法连续式操作在比 $\mu_{\max}$ 低得多的范围内进行，操作是不稳定的。此时，为保证连续稳定操作，$X$ 保持一定，应对 $F$ 进行反馈控制。

**3. 固定化微生物反应器的连续操作**

固定化微生物反应不受操作上的“冲出”现象所制约，流加基质的流量范围可适当增大。固定化微生物能够在一定程度上避免悬浮微生物连续反应中最为危险的杂菌污染问题，

且单细胞悬浮微生物的反应速率几乎不受物质传递的影响，但固定化微生物的反应速率却较强地受到物质传递的影响。固定化微生物连续反应中，杂菌或固定于载体内部，或呈膜状固定在载体表面，或自由悬浮于反应液中。

**4. 连续培养中的杂菌污染与菌种变异**

连续培养中的杂菌污染与菌种变异非常容易，培养的周期长，菌种变异的可能性大。另外，由于营养成分不断流入反应器中，因此也增加了杂菌污染的概率。减少杂菌污染的途径之一是控制环境条件，使用高温菌可保证不受常温菌的污染。筛选某些耐特殊条件的菌种也有助于防止杂菌的污染。连续培养的目的是微生物选择了有利的生长环境，提高了竞争的优势，有利于减少杂菌污染的机会。另外，连续培养过程中的菌种变异问题也是不可轻视的。DNA 的复制是一种复杂而精确的过程，虽然出现差错的概率仅为 $1/10^6$，但因每毫升反应液中往往有 $10^9$ 个细胞，所以变异问题显得很重要。

## 9.5 动植物细胞培养动力学

### 9.5.1 动植物细胞培养的特性

动植物细胞培养技术是一项将动植物组织、器官或细胞在适当的培养基上进行离体培养的技术。组织与器官的培养是指在人工条件下，使它们得以继续生存或发展的一种培养方法。

**1. 动物细胞培养的特性**

动物细胞体外培养表达产物的优点是传统微生物发酵所无法取代的。动物细胞培养与微生物培养性能有许多不同点（表9-3）。主要是动物细胞无细胞壁，机械强度低，适应环境能力差；生长速度缓慢，易受微生物污染，培养时需要抗生素，且大多数哺乳动物的细胞需附着在固体或半固体的表面才能生长；对营养要求严格；大规模培养时，不可简单地套用微生物培养的经验等。

**表9-3 动植物细胞培养与微生物培养性能的对比**

| 项目 | 哺乳动物细胞 | 植物细胞 | 微生物细胞 |
|---|---|---|---|
| 大小/μm | 10~100 | 10~100 | 1~10 |
| 悬浮生长 | 可以，多采用贴壁 | 可以，但细胞易聚集 | 可以 |
| 营养要求 | 很复杂 | 复杂 | 简单 |
| 倍增时间/h | 15~100 | 15~100 | 0.5~5 |
| 细胞分化 | 有 | 有限分化 | 无 |
| 环境的敏感性 | 非常敏感 | 敏感 | 一般 |
| 细胞壁 | 无 | 有 | 有 |
| $k_L a/h^{-1}$ | 1~25 | 20~30 | 100~1000 |
| 产物存在 | 胞内或胞外 | 胞内 | 胞内或胞外 |
| 产物浓度（%） | 低 | 低 | 高 |
| 含水量（%） | 70~85 | ~90 | ~75 |
| 产物种类 | 疫苗、激素、抗体、生长因子、免疫调节剂等 | 酶、生物碱、天然色素、有机化合物等 | 发酵食品、抗生素，有机化合物、酶等 |

大规模细胞培养的主要危险之一是微生物污染。设备、培养基、悬浮系统和操作方法等的复杂性都易引起微生物污染，这是细胞培养存在的一个普遍问题，在大规模培养中更为严重。动物细胞生长十分缓慢，并易被大多数微生物污染物所破坏。

动物细胞培养基的配方十分复杂，并且还需补充血清和蛋白胨。原料的质量控制和培养基的生产是大规模细胞培养的主要问题。因为血清来源困难，质量不稳定，残留血清给产物提纯带来困难等，所以，常采用无血清培养基。目前，利用动物细胞培养的方法生产的有用产品大致可分为4大类：①疫苗；②干扰素；③单克隆抗体；④遗传重组产品。

**2. 植物细胞培养的特性**

有关植物细胞培养的基础研究很多，而工业规模应用却较少。与微生物相比，植物细胞具有这样一些特性（表9-3）：细胞体积大，并且细胞壁以纤维素为主要成分，耐拉不耐扭，因此，抗剪切能力弱；与动物细胞培养类同，生长速率小，为防止培养过程中染菌，需加抗生素；细胞培养需氧，而培养液粘度大，且不能强力通风搅拌；产物在细胞内且产量低。植物细胞生长缓慢，然而它能产生一些微生物所不能合成的特有代谢产物，如朝鲜参皂角苷、桉树油和某些生物碱等。细胞培养用于试管苗生产，如兰花等名贵花卉的培育，可以不受环境的影响。

另外，利用植物细胞培养技术进行工业化生产，有产品规格好，易达到供需平衡，生产占地少等优点。将固定化技术应用于植物细胞培养中的研究对有效改善植物细抱培养中出现的不足有一定成效。

### 9.5.2 生长模型与培养条件

**1. 动植物细胞的生长模型**

动植物细胞的生长是多种环境因子与细胞内复杂的代谢反应的综合结果，生长与环境因子的关系目前还难以用简单的方程式来表达。

Monod方程可以用来描述细胞的生长速率与限制性基质间的关系，也可以用于表达某些碳源与动植物细胞生长速率间的关系。蔗糖为碳源时，植物细胞首先分解蔗糖为葡萄糖和果糖，然后优先利用葡萄糖。分别以果糖或葡萄糖为碳源分批培养烟草细胞时，前者有$\mu_{max} = 0.038h^{-1}$：$K_S = 0.25g/L$，后者为$\mu_{max} = 0.038h^{-1}$，$K_S = 0.94g/L$。

动植物细胞的培养过程是好氧过程，在细胞培养中，细胞体内的含氮量与耗氧量有正比关系。一般好氧微生物的比生长速率$\mu$与菌体的维持常数$m$及氧的比消耗速率$Q_{O_2}$有如下关系：

$$Q_{O_2} = m + \frac{\mu}{Y}$$

微生物培养中，把细胞内RNA含量作为描述其生长速率的指标，且随微生物比生长速率的增加，RNA含量增大。植物细胞培养中，也有类似的报道。吉田等在进行人参细胞培养中发现，在对数生长期，细胞的RNA含量显著增大。培养烟草细胞时，人们详细研究了细胞的比生长速率与细胞内RNA的关系，发现其与一般微生物相似。

**2. 动植物细胞的培养操作**

根据操作方式的不同，植物细胞的培养方式分为分批式、反复分批式和连续式培养3种。

分批培养操作简单，植物细胞的生长曲线一般呈S形，可明显观察出诱导期、对数生长期、减速期、静止期和衰亡期，但是与细菌和酵母菌的培养相比，植物细胞培养生长缓慢。目前，无论在实验室还是在工厂都广泛采用分批式操作。分批培养中，在一定范围内增加底物含量，可增加目的产物的产量。

反复式分批培养中若反应器内培养液体积为 $V$，补加量为 $F'$，则比值 $F'/V$ 称为替换率 $D'$。

$$D' = \frac{F'}{V} = 1 - \exp(-\mu' t)$$

式中　$\mu'$——培养液取出至加入完成期间的比生长速率。

由于连续培养可以保证细胞生长环境长时间的稳定，因此，在研究细胞的生理或代谢等方面时，连续培养是一种重要的培养方法。

动物细胞培养方法有非贴壁依赖性细胞的培养和贴壁依赖性细胞的培养两种类型。一类是来源于血液、淋巴组织的细胞，许多肿瘤细胞（包括杂交瘤细胞）和某些转化细胞属于这一类型，其可采用类似微生物培养的方法进行悬浮培养。另一类是贴壁依赖性细胞的培养，大多数动物细胞，包括非淋巴组织的细胞和许多异倍体体系的细胞属于这一类型。

确立细胞株是能够进行悬浮培养的动物细胞，是一类能无限繁殖的细胞。悬浮培养多采用分批式操作方法，其原理与植物细胞的类同。另外，灌流培养法是把细胞置于某种封闭系统中，连续注入新鲜培养基的同时，连续等量排出用过的培养基，但不排出悬浮的细胞。灌流培养系统可分微小均质系统、巨大均质系统、非均质系统三类。

大多数动物细胞需附着在固体或半固体表面生长，生长的细胞最终扩展成一单层，所以又称为单层培养。动物细胞能否在载体表面附着生长以达到扩展成一单层的目的，取决于细胞的特性、载体的理化性质及培养基成分。从操作方式看，贴壁依赖性细胞的培养可采用分批、半连续和连续等。从目前实用的角度看，主要采用中空纤维培养系统和微载体培养系统。

## 9.6　生物反应器中的传质过程

工业生物过程的成功，很大程度上依赖于生物反应器的效率。进行生物反应器设计必须明确目的反应的变化规律和变化速率。

### 9.6.1　生物反应体系的流变特性

**1. 流体的流变学特性**

发酵液的流变学特性是指液体在外加剪切力 $\tau$ 作用下所产生的流变特性。在外加剪切力的作用下，一定产生相应的剪切速率 $\gamma$（单位为Pa），两者之间的关系为该流体在给定温度和压力下的流变特性

$$\tau = f(\gamma)$$

生物反应醪液多属与时间无关的粘性流体范围。有多种经验方程来描述非牛顿型流体的流变特性，其中最简单的形式是指数律方程。

**2. 发酵液的流变学特性**

菌体是发酵液中的主要成分，发酵液流变学特性受菌体的大小和形状的影响。丝状菌悬浮液不同于细菌和酵母菌悬浮液，菌丝呈丝状或团状。反应器中，这些菌丝体纠缠在一起，使悬浮液粘度达数帕·秒。团状菌丝体以稳定的球状积聚在一起而生长，其直径可达几毫米。无论是丝状或团状，流变学特性都是非牛顿型流体。

微小颗粒悬浮液的粘度是多种因素的函数，除依赖菌体颗粒的含量外，还受颗粒的形状、大小、颗粒的变形度等因素影响。真菌或放线菌等的发酵，发酵液的流动特性常出现大幅度变化。总之，流体特性因素会对生化反应器内的质量与热量的传递、混合特性及菌体生长等产生影响。

## 9.6.2 生物反应器中的传递过程

物质传递过程存在于生物工业中的各个生产工段。生物反应系统中，基质从反应液主体到生物催化剂表面的传递过程对生物反应过程影响很大。所以，一些发酵过程产物的生成速率可通过提高限制性基质的传递速率来加以改善。微生物对氧的利用率首先取决于发酵液中氧的溶解度和氧传递速率，然而，高密度的细胞将使溶解氧迅速耗尽，使氧的消耗速度超过氧的传递速度。为提高微生物的反应速度，就必须提高氧的传递速度。

**1. 氧传递理论概述**

微生物反应中的传质过程十分复杂。停滞膜模型广泛用来解释传质机制和作为设计计算的主要依据，该模型的基本论点为：

1）在气液界面上，两相的物质的量浓度总是相互平衡（空气中氧的物质的量浓度与溶解在液体中的氧的物质的量浓度处于平衡状态），即界面上不存在氧传递阻力。

2）在气液两个流体相间存在界面，界面两旁具有两层稳定的薄膜，即气膜和液膜，这两层稳定的薄膜在任何流体动力学条件下均呈滞流状态。

3）在两膜以外的气液两相的主流中，由于流体充分流动，氧的物质的量浓度基本上是均匀的，也就是无任何传质阻力，因此，氧由气相主体到液相主体所遇到阻力仅存在于两层滞流膜中。

对于氧的传递速率，以液相物质的量浓度为基准可得下式

$$N=\frac{推动力}{阻力}=\frac{c_i-c}{\dfrac{1}{k_L}}=\frac{c^*-c_i}{\dfrac{1}{k_G}}=\frac{c^*-c}{\dfrac{1}{k_L}+\dfrac{H}{k_G}}=K_L(c^*-c)$$

式中 $k_L$——液膜传质系数；

$k_G$——气膜传质系数；

$c_i$——气液界面上的平衡物质的量浓度；

$c$——反应液主流中氧的物质的量浓度；

$c^*$——与气相氧分压相平衡的氧物质的量浓度；

$H$——亨利常数；

$K_L$——以液膜为基准的总传质系数。

各传质阻力的大小取决于气体的溶解度。如果气体在液相中的溶解度高，液相的传质阻力相对于气相的可忽略不计；反之，对溶解度小的气体，总传质系数 $K_L$ 接近液膜传质系数

$k_L$，此时，总传质过程为液相中的传递过程所控制。

**2. 细胞膜内的传质过程**

营养物质通过细胞膜的传递形式主要有被动传递、主动传递和促进传递等。被动传递是营养物通过简单扩散传递，即由物质的量浓度梯度所产生，不需附加能。主动传递是营养物逆物质的量浓度梯度的扩散，需消耗代谢能。促进传递是营养物依靠载体分子的作用而穿过细胞膜。一种溶解物从物质的量浓度 $c_1$ 一边转送到物质的量浓度 $c_2$ 一边时，自由能的变化 $\Delta G$ 为

$$\Delta G = R_G T\ln\frac{c_2}{c_1}$$

式中　$R_G$——摩尔气体常数；

$T$——热力学温度。

### 9.6.3　体积传质系数的测定及其影响因素

**1. 体积传质系数的测定**

亚硫酸盐法是应用较为广泛的测定氧的体积传质系数 $k_La$ 的方法。正常条件下，亚硫酸根离子的氧化反应非常快，远大于氧的溶解速度。氧的溶解速度是控制氧化反应速度的决定因素。以铜离子为催化剂，以亚硫酸钠做氧化反应，过量的碘与反应剩余的 $Na_2SO_3$ 反应，再用标准的硫代硫酸钠溶液滴定剩余的碘，根据标准硫代硫酸钠溶液消耗的体积，可求出 $Na_2SO_3$ 的物质的量浓度。亚硫酸盐法的优点是适应 $k_La$ 值较高时的测定，但对大型反应器来讲，每次实验都要消耗大量的高纯度的亚硫酸盐。

亚硫酸盐法虽然简便，使用范围广，但其测定 $k_La$ 是在非培养条件下进行的，所测 $k_La$ 值与实际培养体系的 $k_La$ 值存在差异。采用氧电极测量 $k_La$ 除具有操作简单，受溶液中其他离子干扰少外，还可在微生物培养状态下快速、连续地测量，在实际培养体系中常使用氧电极法测定 $k_La$。通风培养液中氧的物料衡算为

$$\frac{\mathrm{d}c}{\mathrm{d}t} = k_La(c^* - c) - Q_{O_2}X$$

当停止通风，有

$$\frac{\mathrm{d}c}{\mathrm{d}t} = -Q_{O_2}X$$

根据培养液中溶解氧物质的量浓度变化速率，可以求出 $Q_{O_2}$。

稳态法稳定状态下，有

$$k_La(c^* - c) = Q_{O_2}X$$

即耗氧速率等于供氧速率。利用氧电极测定反应液中溶解氧物质的量浓度 $c$，$k_La$ 为

$$k_La = \frac{Q_{O_2}X}{c^* - c}$$

**2. 影响 $k_La$ 的因素**

一般来说，影响 $k_La$ 的因素可分为操作变量、反应液的理化性质和反应器的结构三个部分。

(1) 操作变量　操作变量包括温度、压力、通风量和转速等。由双膜理论可知，$k_L$ 是液相扩散系数 $D_L$ 和滞流层厚度 $\delta$ 的函数。由于 $k_L$ 为气泡直径和所处流体动力学特性所左右，因此，有必要讨论实际发酵系统中气泡大小的分布和流动类型。反应器中气泡流动方式分为两类：一类是气泡自由上升（如鼓泡罐、塔式反应器、气升式反应器等）；另一类呈高湍流型（主要是实验室中使用的反应器及小型搅拌罐）。

鼓泡式反应器的 $k_L$ 关联式为

$$k_L = 0.5 D_L^{0.5} d_B^{0.5} \left(\frac{\rho}{\sigma}\right)^{\frac{3}{8}} g^{\frac{5}{8}}$$

式中　$d_B$——气泡的直径；

$\rho$——液体的密度；

$\sigma$——气液间表面张力；

$g$——重力加速度。

$a$ 的大小取决于所设计的空气分布器、空气流动速率、反应器的体积、空气泡的直径等。

$$a = \frac{F_a t \pi d_B^2}{\frac{\pi d_B^3}{6}} \frac{1}{V_L} = \frac{6F_a t}{V_L d_B}$$

式中　$F_a$——空气流动速率；

$t$——气泡在反应器中的停留时间；

$d_B$——气泡平均直径。

当反应器中气泡的大小呈高斯分布，且随气泡直径的增大呈线性增加时，反应器的 $k_La$ 的估算值，其误差不超过2% ~3%。$d_B$ 与通气量 $Q_G$、液体性质等有关。通气量小时，空气通过小孔在液体中形成不连续的气泡。此时，气泡的大小可利用离开分布器的气泡所受的平衡力来确定。当气泡的上升力等于小孔与气泡间的界面张力时，有

$$\frac{\pi}{6} d_B^3 (\rho_L - \rho_G) g = \pi d_0 \sigma$$

式中　$d_0$——分布器出口小孔孔径；

$\rho_L$ 和 $\rho_G$——液体和气体的密度。

气体截留量 $H_0$ 可用下式求得：

$$H_0 = \frac{\left(\frac{P_G}{V_L}\right)^{0.4} (w_s)^{0.5} - 2.45}{0.636}$$

式中　$w_s$——气体的空塔速度。

归纳以上结果，概括起来可用下式表达：

$$k_L a = K\left(\frac{P_G}{V_L}\right)^{\alpha} w_s^{\beta} (N)^{\gamma}$$

式中　$N$——搅拌器转速；

$K$——有因次的系数；

$\alpha$、$\beta$、$\gamma$——经验指数。

温度的高低改变了氧的溶解度，同时也影响了液体的物性常数。温度升高，降低了发酵液的粘度与液体的表面张力，增加了氧在液相中的扩散系数，有利于提高溶氧速率。

（2）发酵液的理化性质　发酵液的理化性质包括发酵液的粘度、表面张力、氧的溶解度、发酵液的组成成分、发酵液的流动状态、发酵类型等。发酵液的理化性质 Richard 方程把液体的粘度、密度、表面张力和气体溶质在液相中的扩散系数等都作为常数来看待，并把它归入总的常数项内，不再作为参变量存在于关系式中。

发酵工业中，单气泡直径在 5 ~ 20mm 范围内增大时，稀发酵液中单气泡的上升速度 $w_s$ 值将由 20cm/min 增至 30cm/min，但当发酵液呈非牛顿型时，$w_s$ 将会明显下降。气泡平均大小的变化依赖于液体成分、气体的空塔速度和液体状态、是否湍流等。少量的盐和（或）乙醇加入到反应液中，会相应减小气泡的大小，增加细胞含量有相同的影响。

（3）反应器的结构　反应器的结构指反应器的类型、反应器各部分尺寸的比例、空气分布器的形式等。通用式发酵罐中搅拌器的组数及搅拌器之间的最适距离对溶氧有一定的影响。搅拌器组数和间距在很大程度上要根据发酵液的特性来确定。当高径比为 2.5 时，用多组搅拌器可提高溶氧系数 10%，当高径比为 4 时，采用较大空气流速和较大功率时，多组搅拌可提高溶氧系数 25%。当空气流量和单位体积功耗不变时，通气效率随高径比的增大而增大。当反应器的高径比由 1 增加到 2 时，$k_La$ 可增加 40% 左右；由 2 增加到 3 时，$k_La$ 增加 20%。因此，人们倾向于采用较高的高径比。

### 9.6.4 发酵系统中的氧传递

发酵系统中氧由气相到液相的总传质系数近似等于液膜传质系数。当反应器内气液充分混合时，主体溶液中氧的含量呈恒定状态。在实际发酵过程中，液相内可能产生含量梯度，此时，相关阶段的氧传递阻力不容忽视。相对其他阻力，细胞内的氧传递阻力可忽略不计。当微生物生长以菌丝团形式进行时，氧的传递过程将变得复杂。发酵中菌丝团的大小以保证团内不出现无氧区域为宜，其取决于氧的消耗速率、氧的扩散速率及主体溶液中氧的含量等。

**1. 氧传递的并联模型**

单细胞微生物生物非常小，而气液界膜厚度可认为有几十微米，微生物细胞可在界膜内，并作为生物相占有一定空间。界膜内这种多相反应系统在数学处理上十分繁琐，故将其看成均相反应系统加以讨论。好氧微生物反应是在溶解氧含量 $DO$ 大于临界氧浓度 $DO_{cri}$ 条件下进行的，因此，在这一领域内氧的消耗速率对 $DO$ 是 0 级反应关系，其衡算式为

$$D_{O_2}\frac{d^2DO_y}{dy^2}=Q_{O_2}X$$

式中　$D_{O_2}$——氧的扩散系数；

$DO_y$——界膜中的溶解氧。

**2. 发酵系统中的氧衡算——串联模型**

发酵中溶解氧的含量取决于氧的传递速度与氧的利用速度。当反应器内气液两相充分混合，且无液深影响时，对分批式操作，氧的衡算式为

$$\frac{\mathrm{d}DO}{\mathrm{d}t}=OAR-Q_{O_2}=k_La(DO^*-DO)-Q_{O_2}X$$

式中　$OAR$——氧的吸收速率。

在稳定状态下，下式总是成立的

$$DO_t=DO^*-\frac{Q_{O_2}X_t}{(k_La)_t}$$

当 $DO_t$ 接近0时，有 $k_LaDO^*=Q_{O_2}X$，$Q_{O_2}X$ 为 $k_La$ 所控制。分批操作中，必要的 $k_La$ 由 $(Q_{O_2})_{max}X/(DO^*-DO_{cri})$ 给出。

**3. 菌丝团（菌丝球）中氧的传递模型**

在丝状菌的培养中，常形成直径为几微米数量级的团状物。假如菌丝团呈球形（半径为 $R$），菌丝体密度为 $\rho_X$（从里到外密度相同）。菌丝体内物质传递仅由分子扩散所引起，在稳定状态下，可获得如下基本方程式：

$$D\left(\frac{\mathrm{d}^2c}{\mathrm{d}r^2}+\frac{2}{r}\cdot\frac{\mathrm{d}c}{\mathrm{d}r}\right)=\rho_X\frac{(Q_{O_2})_{max}c}{K_m+c}$$

边界条件为，$r=R$ 时，$c=c_L$；$r=0$ 时，$\mathrm{d}c/\mathrm{d}r=0$。引入无因次项 $y=c/c_L$，$x=r/R$，$\beta=K_m/c_L$，上式变形为

$$\frac{\mathrm{d}^2y}{\mathrm{d}x^2}+\frac{2}{x}\cdot\frac{\mathrm{d}y}{\mathrm{d}x}=\frac{ay}{\beta+y}$$

其中

$$a=\frac{6R}{\sqrt{\dfrac{6c_LD}{\rho_X(Q_{O_2})_{max}}}}$$

式中　$c$——离球心 $r$ 处溶解氧的物质的量浓度（$mol/m^3$）；

$c_L$——液相主体处溶解氧的物质的量浓度（$mol/m^3$）。

### 9.6.5 溶氧方程与溶氧速率的调节

讨论与 $k_La$ 相关的各种影响因素的目的是找出其与 $k_La$ 值的相互关系，因为这是微生物反应器设计与放大的根本。准确地建立溶氧系数与上述诸因素之间的关联式是非常困难的。计算微生物反应器的溶氧方程很多，但这些经验公式都是在设备容量和操作变量变化范围不大的情况下所得到的，有一定的应用局限性。

$k_La$ 值的大小是评价通风反应器的重要指标，但不是唯一的指标。一个性能良好的反应器，应具有较高的 $k_La$ 值，同时其溶解1mol 氧所消耗的能量应该低。

提高氧传递速率的途径有两条：一是提高氧传质推动力，二是提高 $k_La$ 值。提高氧传递速率的同时，应尽量减小通风搅拌功率，以保证有较低的 $N_P$ 值。在实际生产中，在通风压力许可的范围内是可以考虑的，但设计时不宜选择过高的操作压力。提高搅拌转速和增大通风量，对一定的设备而言，都可增大 $k_La$ 值，从而提高 $N_P$。

## 9.7 生物反应器

传统生物工业中使用的生物反应器称为发酵罐（fomenter）。生物工业中使用的生物反

应器不仅包括传统的发酵罐、酶反应器，还包括采用固定化技术后的固定化酶或细胞反应器、动植物细胞培养用反应器和光合生物反应器等。

## 9.7.1 生物反应器设计基础

生物反应器的设计除与化工传递过程因素有关外，还与生物的生化反应机制、生理特性等因素有关。

**1. 生物反应器设计的特点与生物学基础**

生物反应器的作用就是为生物体代谢提供一个优化的物理及化学环境，使生物体能更快更好地生长，得到更多需要的生物量或代谢产物。生物反应器内的生物反应（酶反应除外）都以自催化方式进行。另外，由于生物反应速率较小，生物反应器的体积反应速率不高；与其他相当生产规模的加工过程相比，所需反应器体积大；对好氧反应，因通风与混合等，动力消耗高；产物含量低。不同类型的工业用生物反应器中，基质、产物和生物体含量会随时间和在生物反应器内的位置而变化。高效生物反应器的特点是设备简单，结构严密，良好的液体混合性能，较高的三传速率，能耗低，易于放大，具有配套而又可靠的检测及控制仪表等。判断生物反应器好坏的标准应是该装置能否适合工艺要求，以获得最大的生产效率。

生物反应动力学研究的目的是要定量描述反应过程速率及其影响因素，是对生物反应器进行定量研究的基础。影响因素不仅包括生物体自身、各反应组分的含量、温度及溶液性质，还包括反应器的结构与形式、操作方式、物料的流动与混合、传质和传热等。另外，反应器内局部状态也是不可忽视的影响因素。

最大限度地降低成本，用最少的投资来最大限度地增加单位体积产率是生物反应器设计的主要目的。生物反应器的设计原理是基于强化传质、传热等操作，将生物体活性控制在最佳条件，降低总的操作费用。

**2. 生物反应器中的混合**

生物工业中的混合过程可分为：气—液、液—固、固—固、液—液、可互溶液体和液体流动6种基本类型。根据完成混合过程的装置不同，生物反应器内的混合方法分为机械搅拌混合与气流搅拌混合。主体对流扩散是指搅拌器把动量传递给它周围的液体，产生一股高速液流，这股液流又推动周围的液体，使全部液体在罐内流动起来。涡流扩散是指由于主体对流扩散作用使罐内高速流体与低速流体间产生的旋涡运动。实际混合过程中，主体对流扩散、涡流扩散和分子扩散的作用范围依次减小，最终通过分子扩散才能达到完全的混合，呈微观混合。

**3. 生物反应器中的传热**

实际生物反应过程中的热量计算，可采用如下4种方法：

1）通过反应中冷却水带走的热量进行计算。

2）通过反应液的温升进行计算。

3）通过生物合成进行计算。

4）通过燃烧热进行计算。

生物反应器中的换热装置的设计，首先是传热面积的计算。换热装置的传热面积可由下式确定：

$$A=\frac{Q_{\mathrm{all}}}{K\Delta T_{\mathrm{m}}}$$

式中 $A$——换热装置的传热面积（$m^2$）；

$Q_{\mathrm{all}}$——由上述方法获得的反应热或反应中每小时放出的最大热量（kJ/h）；

$K$——换热装置的传热系数[kJ/($m^2$·h·℃)]；

$\Delta T_{\mathrm{m}}$——对数温度差（℃），由冷却水进出口温度与醪液温度而确定。

### 9.7.2 酶反应器

酶反应器是酶为催化剂进行生物反应的场所。根据酶催化剂类别的不同，酶反应器可分为游离酶反应器和固定化酶反应器。

**1. 酶反应器及其操作参数**

停留时间、转化率、反应器的产率、酶的用量、反应器温度、pH和底物物质的量浓度等是决定酶反应器设计和操作性能的参数。

停留时间（$\tau$）是指从反应物料进入反应器时算起，至离开反应器时为止所经历的时间。如果反应器的容积为$V$，物料流入反应器中的体积流量为$F$，平均停留时间$\tau$的定义式为

$$\tau=\frac{V}{F}$$

转化率（$\chi$）也称转化分数是表明供给反应的底物发生转变的分量。分批式操作中，底物的初始物质的量浓度为$c_{S_0}$，反应时间$t$时的底物物质的量浓度为$c_{S_t}$，此时，底物S的转化率为

$$\chi=\frac{c_{S_0}-c_{S_t}}{c_{S_0}}$$

生产能力（$P_r$）的定义是单位时间、单位反应器体积内生产的产物量。分批式操作中

$$P_r=\frac{P_t}{t}=\frac{\chi c_{S_0}}{t}$$

对游离酶反应器的选择，完全可按一般生物反应器的选择要求来进行。对固定化酶反应器的选择，除同样根据使用的目的、反应形式、底物物质的量浓度、反应速率、物质传递速率和反应器制造和运转的成本及难易等因素进行选择外，还应考虑固定化酶的形状（颗粒、纤维、膜等）、大小、机械强度、密度和再生或更新的难易。固定化酶的形式有颗粒状、膜状、管状和纤维状等几种类型。其中以颗粒状为多，这是由于其比表面积大。底物的性质是选择反应器的另一重要因素。一般来讲，细粒状和胶状底物有可能阻塞填充柱或发生分层，这时可使用循环式反应器或流化床反应器。

**2. 理想的酶反应器**

（1）CPFR型酶反应器　CPFR称为活塞流式反应器或平推流式反应器，其具备以下特点：

1）在正常的连续稳态操作情况下，在反应器的各个截面上，物料物质的量浓度不随时间而变化。

2）反应器内轴向各处的物质的量浓度彼此不相等，反应速率随空间位置而变化。

3）由于径向有严格均匀的速度分布，即径向不存在物质的量浓度分布，故反应速率随空间位置的变化只限于轴向。

稳定状态下，以一级反应为例，取底物S作为着眼组分进行物料衡算（单位时间内），有流入量=流出量+反应量+积累量，所以，得出

$$-F\mathrm{d}c_S = -r_S\mathrm{d}V = kc_S\mathrm{d}V = kc_SA\mathrm{d}l$$

以边界条件 $l=0$，$c_S=c_{S_0}$ 进行积分，得

$$\ln\frac{c_{S_0}}{c_S} = k\frac{AL}{F} = k\tau$$

式中 $c_S$——底物物质的量浓度（$mol/m^3$）；

$F$——以体积计的物料进料流率（$m^3/s$）；

$A$——反应器横截面积（$m^2$）；

$L$——反应器长度（m）；

$\tau$——停留时间（s）；

$k$——一级反应速率常数。

（2）CSTR型酶反应器　稳定状态下，CSTR型反应器内各处的物质的量浓度和温度均不随空间位置和时间而变化，因而反应器内各处的反应速率相等，所以可对整个反应器进行物料衡算，一级反应条件下，对组分S（单位时间内）有：流入量=流出量+反应量+积累量。得出

$$\tau = \frac{c_{S_0} - c_{S_t}}{kc_S}$$

将米氏方程代入，得

$$\tau = \frac{V}{F} = \frac{(c_{S_0} - c_S)(K_m + c_S)}{r_{max}c_S}$$

**3. CSTR型与CPFR型反应器性能的比较**

在相同的工艺条件下进行同一反应，达到相同转化率时，两者所需的停留时间不同，CSTR型的停留时间比CPFR型反应器的要长，也就是前者所需的反应器体积比后者大。最终转化率越高，两者的差距越大。

对酶需求量的比较发现，转化率越高，CSTR中所需酶的相对量也就越大。可根据所需转化率来选择反应器的类型，或者确定它们所需酶的相对量。

酶的稳定性是选择酶反应器的重要因素。酶活力的丧失可近似用一级动力学关系来描述，零级反应时，CSTR与CPFR内酶活力的衰退没有什么区别。如果反应从零级增至一级，那么，两种反应器转化率下降的差别就变得明显。CPFR产量的下降要比CSTR快得多，因而CPFR中酶的失活比CSTR中更为敏感。

## 9.7.3 通风发酵设备

**1. 机械搅拌式发酵罐**

机械搅拌式发酵罐是指既具有机械搅拌又有压缩空气分布装置的发酵罐，目前最大的通

用式发酵罐容积约为1000m³。发酵罐的公称容积 $V_0$ 一般是指反应器的圆筒部分容积 $V_c$ 与底封头的容积 $V_b$ 之和，若采用标准椭圆形封头，则

$$V_B = \frac{\pi}{4}D^2\left(h_b + \frac{D}{6}\right)$$

式中 $h_b$——封头的直边高度。

这样，发酵罐的公称容积 $V_0$ 为

$$V_0 = \frac{\pi}{4}D^2\left(H + h_b + \frac{D}{6}\right)$$

发酵罐主要部件包括罐身、搅拌器、轴封、打泡器、联轴器、中间轴承、空气分布器、挡板、冷却装置、人孔及视镜等。

对反应器高度有4种理解：

1）反应器圆柱体部分的高度 $H$。

2）从反应器底部至罐内静液面的高度 $H_L$。

3）从空气分布器出口至罐内静液面的高度 $H_L'$。

4）是指反应器的总高度 $H$。

搅拌机械搅拌罐的混合主要通过机械搅拌来实现。机械搅拌不仅可促使培养基混合均匀，而且有利于增加气液接触面积，提高溶氧速率。

搅拌器可以使被搅拌的液体产生轴向流动和径向流动，不同类型的搅拌器产生两种流向的侧重也不相同。生物反应器中常使用的搅拌器形式有：螺旋桨、平桨、涡轮桨、自吸式搅拌桨和栅状搅拌桨等。

机械搅拌发酵罐中的搅拌器轴功率与搅拌器直径、搅拌转速、液体密度、液体粘度、重力加速度、搅拌罐直径、液柱高度及挡板条件等因素有关。由于搅拌罐直径和液柱高度与搅拌器直径之间有一定比例关系，可不作为独立变量，对牛顿型流体，通过因次分析可得如下关联式：

$$N_P = \frac{P}{N^3 D_i^5 \rho} = K\left(\frac{N D_i^2 \rho}{\mu}\right)^x \left(\frac{N^2 D_i}{g}\right)^y$$

式中 $N_P$——功率准数；

$K$——与搅拌器形式、反应器几何尺寸有关的常数。

**2. 气升式和鼓泡式反应器**

气升式和鼓泡式反应器与机械搅拌通风反应器的不同在于无机械搅拌。这类反应器的特点是结构简单，氧传递效率高，耗能低，安装维修方便等。

气升式反应器由于喷射作用，气泡被分散于液体中，上升管内的反应液密度较小，加上压缩空气的动能使液体上升，罐内液体下降进入上升管，形成气—液混合流连续循环流动。罐内反应液在环流管内循环一次所需的时间称为循环周期时间。反应液的环流量与通风量之比称为气液比。

鼓泡式反应器最简单的鼓泡式发酵罐内部为空塔，塔的底部用筛板或气体分布器来分布气体。其工作原理是利用通入培养基中的气泡在上升时带动液体而产生混合，并将气泡中的氧传入培养基中供菌体利用，高径比较大的鼓泡式反应器常称为塔式反应器。一般塔式反应

器内装有若干块筛板，所以又称为高位筛板式反应器。

**3. 自吸式反应器**

自吸式反应器最关键部件是带有中央吸气口的搅拌器。搅拌器叶轮旋转时，叶片不断排开周围的液体使其背侧形成真空，由导气管吸入罐外空气，吸入的空气与发酵液充分混合后在叶轮末端排出，并立即通过导轮向罐壁分散，经挡板折流涌向液面，均匀分布。

**4. 通风固态发酵设备**

根据操作方式的不同，通风固态发酵设备又可分为分批式和连续式两类。

分批式通风固态发酵设备厚层通风制曲装置是目前国内使用较多的分批式通风固态发酵设备。另外，一些现代化的固态发酵设备，如自动化制曲装置和流化床式固态发酵设备也早已应用。连续式通风固态发酵设备有塔式、转鼓式和回转式等多种形式。

### 9.7.4 嫌气发酵设备

**1. 乙醇发酵设备**

乙醇发酵罐一般为圆柱形的筒体，底盖和顶盖为碟形或锥形。发酵罐宜采用密闭式。罐顶装有人孔、视镜及二氧化碳回收管、进料管、接种管、压力表和测量仪表接口管等。罐底装有排料口和排污口，罐身上下部装有取样口和温度计接口，对于大型发酵罐，为了便于维修和清洗，靠近罐底处也装有人孔。乙醇发酵罐的洗涤，由过去的人工操作已逐步采用水力喷射洗涤装置。

**2. 啤酒发酵设备**

传统的啤酒前发酵设备大多为方形或长方形的槽子。发酵池大部分为开口式，前发酵池可为钢板制的，常见的采用钢筋混凝土制成，也有用砖砌成，外面抹水泥的发酵槽。槽内均涂布涂料作为保护层。为维持槽内的低温，在槽中装有冷却蛇管式排管。

后发酵槽又称储酒罐，是金属的圆筒形密闭容器，有卧式和立式两种，一般采用卧式。由于后发酵过程残糖较低，发酵温和，产生发酵热较少，故槽内一般无需再装置冷却蛇形管。

啤酒行业中广泛采用的啤酒发酵设备是圆筒体锥底发酵罐。其优点是发酵速度快，易于沉淀收集酵母，减少啤酒及其苦味物质的损失，泡沫稳定性得到改善，对啤酒工业的发展极为有利。

**3. 嫌气连续发酵设备**

嫌气连续发酵设备主要指啤酒连续发酵设备和乙醇连续发酵设备。啤酒连续发酵设备主要有塔式和多罐式两类。乙醇连续发酵是连续操作技术在发酵工业中成功应用的实例之一。乙醇连续发酵采用的设备有：单罐连续搅拌发酵罐，酵母回用连续搅拌发酵罐，透析发酵罐，固定化酵母发酵罐，萃取发酵系统，膜回收乙醇发酵系统，连续真空发酵系统，中空纤维发酵系统，多只发酵罐连接的连续发酵系统等。

### 9.7.5 植物和动物细胞培养反应器

动植物细胞培养是指动物或植物细胞在离体条件下进行繁殖，此时细胞虽然生长与增多，但不再形成组织。培养中动植物细胞对培养基的营养要求相当苛刻，并且生长缓慢。

**1. 植物细胞培养反应器**

用于植物细胞培养的核心设备称为植物细胞培养反应器。此类反应器与微生物发酵用反应器有许多相同之处，也采用通用式发酵罐、鼓泡式发酵罐、气升式反应器、流化床式反应器、固定床式反应器、膜反应器及振动混合反应器等。

实际生产中，大规模的植物细胞培养反应器有用于烟草细胞培养的机械搅拌罐。虽然植物细胞培养所需的 $k_La$ 值小于一般好氧微生物培养时所需的 $k_La$ 值，但高细胞含量下培养液的粘度加大，因此，宜采用直径较大的大角度桨式搅拌器。

**2. 动物细胞培养反应器**

（1）动物细胞悬浮培养反应器　动物细胞没有细胞壁，为避免破坏细胞，通常采用实验室规模的悬浮培养反应器的依靠磁力驱动的搅拌器低转速搅拌，搅拌桨用尼龙丝编织带制成船帆形，或者通过插入溶液中的硅胶管使氧气扩散到培养液内。

（2）动物细胞贴壁培养反应器　贴壁培养又称单层培养。多数动物细胞需附着在固体或半固体表面才能生长，细胞在载体表面上生长并扩展成一单层。传统的动物细胞培养反应器是滚瓶，利用滚瓶的缓慢转动，使动物细胞在滚瓶内壁贴壁生长繁殖。动物细胞贴附在中空纤维管外壁生长，可很方便地获取营养物质和溶氧。

（3）动物细胞微载体培养反应器　这种培养方法是将单层培养和悬浮培养结合起来，使细胞附着和生长在悬浮于培养液中的微珠表面，借助于温和搅拌，使细胞均匀分布的一种培养方法，具有放大容易、细胞所处环境均一等优点。微载体的性能优良与否，是培养系统能否取得成功的关键。

**3. 微藻培养光合生物反应器**

微藻主要是光能自养型，通过光合作用来生长，因此，除需要与常规微生物发酵相近的条件外，还需光照和氧解析，并大量供应二氧化碳。典型且常用的微藻培养光合反应器的优点是成本低、建造容易。其缺点也非常突出，如培养效率低、培养条件无法控制、易污染、雨水会使培养基稀释、反应器中水分蒸发量大和能够进行生产的时间短等。

### 9.7.6 生物反应器的比拟放大

一种生物工业过程的成功，很大程度上依赖于所用反应器的效率。生物反应器是生物技术开发中的关键性设备，每一种通过生物反应获得的产品都离不开它。生物反应器设计不是一件容易的事情，同一过程可能提出不同的设计方案，但在生物反应器的设计与操作中，至少有两点必须明确：其一是目的反应如何进行；其二是生物化学反应中哪些反应的反应速度快，哪些反应的反应速度慢。

生物反应器的放大方法可分为：①数学模拟放大；②因次分析法放大；③经验法则放大。

经验放大是建立在小型试验或模拟中试试验实测数据和操作经验的基础上的放大方法。好氧生物反应器放大的经验准则有：以单位发酵液体积所消耗的功率为基准的方法；以氧的容积传质系数相等为基准的方法；以搅拌器叶端速度相等为基准的方法；以氧的分压相等为基准的方法；以溶解氧含量相等为基准的方法等。

# 9.8 生物反应工程领域的拓展

## 9.8.1 质粒复制与表达的动力学

利用DNA重组技术提高微生物生产有用物质能力已取得可喜的成果。为进行工程菌株发酵过程中的优化控制，有必要研究目的产物的产率与质粒的基因结构、基因数量，宿主的遗传特性及发酵过程中操作条件等之间定性与定量的关系。

**1. λdv质粒的概述**

λdv质粒是从λ噬菌体中分离得到的小突变体，相对分子质量为$4.7\times10^6$，约为λ噬菌体的十分之一。λdv质粒的核心区域由自身控制区域和起始复制区域两个部分构成。前者包括启动子基因、操作子基因、自身阻遏物基因和终止物基因；后者含有复制起源基因和初始物基因两个部分。另外，当细菌因子存在时，从$P_RO_R$起始的转录经过$t'_R$后转录效率被衰弱80%。

**2. 动力学模型的几点假设**

1）λdv质粒是由$P_RO_RP$基因构成的一单体形式。

2）复制起源点由于转录作用而活化，初始蛋白与活性化ori相结合形成一复合体，为起始复制，复合体的活性要达到某一临界值。

3）λdv质粒以随机模型的方式进行复制，这已由DNA密度沉降实验所证实。

4）由于I蛋白质不稳定，其作为限制性初始物而起作用。

5）细胞分裂时，质粒以均等方式进行分配。

6）宿主细胞的体积以指数形式增长，质粒对宿主细胞的生长无影响。

**3. 质粒复制动力学**

λdv质粒复制动力学模型是以单细胞为基准，并假定mRNA与蛋白质的失活服从一级反应规律。

$P_RO_R$处的转录效率由RNA聚合酶与自身阻遏蛋白R相互作用竞争与$P_RO_R$结合所决定。由于启动子基因和操作子基因重合在一起，因此，R与$O_R1$和$O_R2$两者或之一相结合都会抑制启动基因。由统计热力学理论，可求得转录效率$\eta$为

$$\eta=\frac{1+K_3c_R}{1+ac_R+bc_R^2+cc_R^3}$$

$$a=K_1+K_2+K_3,b=K_1K_2+K_2K_3+K_3K_1,c=K_1K_2K_3$$

式中　$c_R$——R的总物质的量浓度；

$K_1$、$K_2$和$K_3$——R与$O_R1$、$O_R2$和$O_R3$的结合常数。

在某一时刻$t$，质粒DNA物质的量浓度$c_G$为

$$c_G=\frac{G}{VN_A}$$

式中　$G$——每一个细胞内的质粒分子数；

$V$——$t$时的细胞体积；

$N_A$——阿伏加德罗常数（$6.01 \times 10^{23}/mol^{-1}$）。

呈指数形式增殖的单一细胞每一世代中的体积变化可由下式来表示：

$$\frac{dv}{dt} = \mu V,\ V = V_0 t = \pi\tau(n = 1,\ 2,\ 3\cdots)$$

式中 $V_0$——新生细胞的体积；

$\tau$——宿主的增倍时间。

**4. 基因表达动力学**

克隆基因的表达动力学方程是

$$\frac{dc_P}{dt} = K_P^0 c_{mRNA_P} - K_{-P}^P c_P - \mu c_P$$

式中 P——目的产物；

$c_{mRNA_P}$——目标产物对应的信使 RNA 的含量；

$K_P^0$——翻译速率常数；

$K_{-P}^P$——产物的失活常数。

为评价增殖速率对克隆基因表达的影响，就有必要讨论宿主的增殖速率与上述方程中某些参数间的定量关系。当然，这种定量关系还受到宿主细胞活力与环境条件的影响。

利用转录子的尺寸去除转录中 RNA 聚合酶分子之间平均距离 $d_P$ 与翻译中核糖体之间的平均距离 $d_r$，可得到 $N_p$ 与 $N_r$。

由于细胞内各种成分的含量取决于细胞的体积、细胞的增殖速率等，因此，每一新生菌体细胞的体积 $V_0$ 为

$$V_0 = 0.5 V_i e^{\mu(C+D)}$$

式中 $V_i$——宿主细胞的体积；

$C$——染色体的复制时间；

$D$——染色体复制终止至细胞分裂完成这一段时间。

质粒复制与表达的动力学模型应建立在工程菌株的质粒稳定性好、不受细胞内部其他因素影响、表达正常的基础之上。一般认为，工程菌株的质粒不稳定过程分为两个阶段，其一是工程菌株细胞分裂时，某一子细胞未能得到质粒或质粒缺失等，其二是由于质粒保持菌株与第一阶段得到的失去质粒菌株生长速率的差异。

## 9.8.2 超临界相态下的生物反应

**1. 超临界二氧化碳的特点**

超临界流体（SCF）是指那些在临界温度和临界压力以上以流体形态存在的物质。其超临界点是气液共存曲线的交点。超临界二氧化碳（SC-CO2）以其无毒，不燃，价格低廉等优点被人们广泛应用于超临界萃取、超临界反应等领域；SC-CO2 还具有溶解度高的特性。常规条件下一些难溶解的物质，在超临界相态下具有较大的溶解度。传统的动力学方程是建立在常压或低表压下，忽略了压力的影响。但在 SC-CO2 中，压力达到 7.38MPa 以上，压力已经成为化学反应、生物反应的关键影响因素。

**2. SC-$CO_2$ 中酶的催化反应**

1987 年，Masayuki 等测定了淀粉酶、脂肪酶、葡萄糖氧化酶等 9 种酶的活力，发现超

临界条件对酶活力的影响不大，酶具有较稳定的活性。Indreas 等认为超临界相态对水解酶的活力影响较小，当超临界相态发生改变时，酶的稳定性也没有明显的降低。此外，二氧化碳分子还能与蛋白质表面的氨基发生反应，改变酶的活性。当溶解度参数增大时，酯基转移酶的活性略有下降；随着压力的逐渐升高，酶的活性也会有所减小，水含量从 0.05% 增加到 0.2%，酯基转移酶催化反应的速率逐渐下降。表明，虽然酶在催化转化时需要水分保持活性，但需要量非常少。

**3. 微生物在 SC-$CO_2$ 中的活性变化**

SC-$CO_2$ 对微生物菌体的影响有以下 3 个方面：

1）$CO_2$ 作为细胞的一种“麻醉剂”进入细胞膜，导致细胞膜磷脂双分子层中的疏水端区域结构改变、临界宽度变宽。

2）$CO_2$ 通过膜的渗透作用进入细胞质，导致细胞质的 pH 值变化，同时 $CO_2$ 与细胞质内的酶蛋白结合也会使酶的催化活性降低。

3）高含量 $CO_2$ 改变菌体内酶的催化反应速率导致某种代谢终产物或代谢中间产物的大量积累。

不同的菌种对 SC-$CO_2$ 的耐受能力不同。高压下，超临界二氧化碳穿透细胞膜进入细胞内，当突然降压时，二氧化碳膨胀使细胞破碎，二氧化碳压力的快速下降可以获得最优的破碎细胞的效果。微生物的含水量是影响菌体失活的重要因素，水分对高压二氧化碳的杀菌作用是至关重要的。温度增加，有利于二氧化碳气体的扩散，便于二氧化碳分子的穿透，加速了微生物细胞的失活速度。

## 9.8.3 菌体形态在发酵过程中的变化

**1. 菌体形态的量化描述**

利用计算机图像识别方法研究微生物形态，需对菌体形态进行量化描述。由固定在显微镜上的 CCD 摄像机采集到一幅微生物形态图像，虽然可以采用手工测量的方法从照片上获得一定信息，但非常费时，而且不够准确。

一般，将丝状菌的菌体形态分为分散状、交织状和菌丝团 3 大类。

丝状真菌是多细胞结构，形态各异，其生长是以其顶端延长的方式进行。发酵过程中，沿着菌体的长度会发生生理变化和细胞的分化。菌体总量的不均匀性使预测模拟、过程控制十分困难。一些已考虑到菌丝生长、细胞分化的丝状真菌发酵的结构模型，在抗生素和酶制剂生产过程中是适用的。

丝状真菌菌体可分为 4 个区域，即活性生长区域、停止生长或青霉素产生区域、空泡区域和衰退区域。另外，在进行丝状真菌发酵动力学研究中，有人探讨了控制菌丝含量的可能机制。虽然已有较多的报道，但是菌体形态的量化描述还存在一些问题。

**2. 操作参数与菌体形态的关系**

菌团的大小、菌团中菌丝长度及菌丝体总量中游离菌丝含量受搅拌强度影响，而与 DO 含量无关。菌丝团较为紧密，游离菌丝几乎为零。当 DO 含量较低时，菌团非常疏松，菌体形态不同。

深层发酵中分子扩散是菌丝团内部氧传输的主要方式，菌丝团内部的对流和湍流作用均可忽略。单位湿菌丝团体积的菌体量随着 DO 含量的增加而增加，随着菌丝团尺寸的增加而减小。

Higashiyama 等采用 50L 发酵罐进行高山被孢霉生产 AA 过程中 DO 对菌体形态影响的研究。采用 3 种氧气供给方式，其一是在标准条件下（STD 法）；其二是增强氧效应法（OE 法）；其三是加压法（PR 法）。

在发酵开始时，加入十六烷会使细胞形态由球形变为分散的菌丝，青霉素产量下降。若在青霉素生产期开始时加入，则青霉素产量增高，这是因为菌丝形态由光滑致密的球形变为松散的球形。

产物的生成量不仅与菌丝团的大小有关，而且与菌丝团的形成状态和菌丝团发生破碎密切相关。实际上，从图像分析中获取关于菌体生理学方面的信息更为重要。丝状菌的菌体形态可分为 3 类，即分散的菌丝、交织的菌丝和菌丝团。菌丝和交织的菌丝占总菌体形态的 50% 以上。

采用荧光标记的方法，当以荧光素异硫氰酸盐为染色剂，标记的菌体可保持菌体活性，利用碘化丙啶为染色剂，由于它不能穿透完整细胞的细胞膜，但可透过死亡细胞的细胞膜，引起死亡细胞产生荧光。

利用计算机视觉技术量化微生物菌体的形态特征，是研究微生物发酵过程的有效途径之一。图像解析的分形、纹理熵算法及生物全息律等理论与方法将会为发酵过程的研究带来新的契机。

### 9.8.4 界面微生物生长模型

**1. 界面的概念**

界面是指两个相态接触的分界层。如果两个相态接触紧密，就会有分子间相互作用，形成在组成、密度、性质上和两相有交错并有梯度变化的过渡区域。此分界层也称界面层，它不同于两边相态的实体，有独立的相，占有一定的空间，有固定的位置，有相当的厚度和面积，但它的厚度很小，只有零点几纳米到几纳米。

**2. 界面与微生物**

界面上微生物的生长和常态下的微生物生长有相似之处，同样存在延滞期、指数期、稳定期和衰亡期等。

由于界面的影响，界面微生物的生长又有自身特性：菌体形态、生物量及代谢物质的变化受界面的影响；在界面上的富集作用；营养物质在界面上的传递和常规的不同；微生物的生物合成，活性调节等发生改变。微生物菌种不同，其与界面的作用方式、能力、大小也不同，外观表现为菌落形态的不同，以及生长速率的大小等。

生物污染是指某些微生物在一定的条件下生存、繁殖，进而影响到正常的生产工艺或对人体及其他生物体带来的毒害现象。其主要是由于界面作用造成的。固态发酵中，有两个概念被混用，即固态发酵和固态基质发酵。两种发酵方式具有共同的“生物界面”，为微生物提供生长繁殖的场所。

在微生物生长中，表面吸附起着非常重要的作用。营养物质通过界面作用吸附到界面表面，供微生物生长用。丝状真菌和酵母分泌具有粘性的胞外多糖，促进了吸附。此外，许多真菌拥有假根、吸器等固定结构，它们为界面吸附提供了机械手段。

环境因子缺乏或过量都会限制界面微生物的生长。固—液相界面的存在，使微生物适应环境的耐性有所增强。

**3. 界面上丝状真菌的生长**

根据菌丝顶端生长的泡囊学说，细胞质的泡囊从内质网上水泡状的形式转移至高尔基体，在高尔基体内浓缩加工，并把泡囊的类内质网膜转化为类原生质膜，然后，泡囊从高尔基体释放并转移至菌体顶端，与原生质膜融合，释放它们的内含物到细胞壁中。

由于分枝的交替，彼此之间交错生长的菌丝发生融合，导致了核和细胞质的交换。大多数菌丝的分枝是在菌丝顶端之后的某一距离发生，新的分枝总是向前或朝向菌落的边缘，于是菌丝的整个系统像是松柏树枝，这一规律显示了真菌的顶端优势。

丝状真菌的生长有一个重复循环，相当于单细胞生物的细胞循环。当顶端细胞的原生质积累到一个临界体积时，大的中心核分裂，而且形成隔膜，把核二等分到顶端细胞，倒数第二个细胞对顶端的进一步生长没有帮助，因为隔膜是完全封闭的，顶端细胞继续生长，而分枝是从亚顶端细胞开始的。在一定的营养范围内，真菌菌落在贫瘠的培养基上几乎像在丰富培养基上一样很快铺开，但是产生分枝少，这在实验室内是可以证明的。

**4. 界面微生物生长动力学模型**

界面微生物发酵系统的生长动力学有重要作用，但生物量测定的困难和系统本身的不均匀性，使人们对其研究甚少。另外，生长方式的变化、氧和其他基质含量梯度的变化、现场温度和界面形状的变化等都使模型的建立变得非常复杂。

菌体从界面上许多点同时开始生长，菌丝体不断地向未含菌落区延伸。菌落半径逐渐变大，并且菌丝体互相碰撞，造成菌落厚度的变化，但表面上并无变化。

孢子的发芽期由基质从介质膜表面上的扩散开始，在此期间，孢子膨胀，然后产生芽管，芽管形成营养菌丝体后开始延长并分叉。在第二个生长时期，菌丝体占领了底物表面的未含菌落区。对数生长期的菌丝体长度主要取决于初期孢子间的距离。菌丝体的顶端之间不可避免地发生作用，不久从不同菌落生长的菌丝开始接触，界面培养进入了减速期。营养菌丝体有可能停止生长，接下来菌体分化，这些现象与单个菌落的周边生长区观察的现象相似。

基于以上微生物的生长轮廓，以孢子开始伸出芽管为零点，将菌体的生长分为两个生长期，即较短的对数生长期和减速期。

由于活性菌丝的增长仅局限在活性段，因此，总生物量 $X_T$ 的变化取决于活性生物量 $X_A$ 的增加。真菌的宏观生长模型为

$$\frac{dX_T}{dt}=\mu_g X_A$$

式中 $\mu_g$——生物量的平均比生长速率。

由于活性生物量不能直接测量，所以将各个生长期内的活性生物量从总的生物量中分离出来，这样，二者的关系可表示为

$$X_A = FX_T$$

式中 $F$——活性菌体占总生物量的分率。

在对数生长期，利用对称分叉模型可以估算活性段的节数 $N_A$

$$N_A = 2^b$$

式中　$b$——分叉次数。

当菌丝体迅速分叉并延长时，$F$ 约等于0.33。当第三次分叉时，$F$ 等于0.36，因此，在整个对数生长期内，$F$ 可以认为是0.33，并且维持不变。

$$\frac{dX_T}{dt}=\mu_g X_A=\mu_g \frac{X_T}{3}$$

积分，当 $t=0$，$X=X_0$ 得

$$X_T=X_0 e^{\frac{\mu_g t}{3}}$$

从菌落的相互接触开始菌体生长就进入了减速期，在此期间内仍符合菌体长度达到临界长度时开始分叉这一理论。但是一些顶端停止伸长和分叉，即它们变为非活性段，这个现象叫做顶端死亡。

在界面微生物生长过程中，两相模型比逻辑模型模拟效果好，即能够更真实地反映出界面微生物的生长过程。现有的表面微生物生长模型中，微观生长参数是通过生长曲线直接估算的，像菌丝长度、伸长速率这些微观参数并没有进行严格的测量，这些需要生物统计的操作才能完成。

## 9.8.5　双液相生物反应进展

根据生物催化剂类型的不同，双液相生物反应体系可分为酶促反应与微生物发酵两类。

**1. 双液相酶促反应的进展**

双液相酶促反应是指油—水两相或油—油两相中的酶促反应，酶在有机溶液中的催化反应是典型的双液相酶促反应。

只要条件合适，酶催化作用在有机溶液中就可进行，并已在实际应用中显示出其优点，如肽的合成、旋光性物质的合成、不溶于水的化学物质的酶法分析、酯和酯交换反应、甾体氧化、脱氢反应、酚类聚合反应等。

总结这些反应中有机溶液对酶促反应有利的一面，可归纳为：

1）增加了非极性底物的含量，许多不溶于水或在水中不稳定的产品能在这些有机溶液中被酶催化获得生产。

2）可使某些难以进行的反应得以顺利进行，如通常在水中难以进行的酯化反应，在有机溶液中能有效进行。

3）有机溶液能保护酶免受有毒反应物及极端反应条件的伤害。

4）有机溶液能减少在水相中引起的副反应。

5）有机溶液能提高酶的耐热性。

关于如何选择有机溶液，Lilly 认为：①应看有机溶液对底物或产物的溶解能力；②底物或产物的分配系数；③是否对酶活力有阻遏作用或使之失活；④对人是否有毒性；⑤是否可燃等。从反应动力学角度看，②和③观点更为重要。

在非水相生物催化反应中，为保证生物催化剂活性，需要微观上的“必需水”。从生物催化剂的使用形态看，人们将这种微水相反应体系分为两类，一类为分子水平的，另一类为相水平的微水相反应体系。在这种反应体系中，酶可以如下几种状态存在：游离状态、以形成复合体或诱导体的状态溶解于有机溶液中、以细微粉末状分散悬浮、采用反胶团以及利用

疏水的凝胶包埋等。

酶的结合水与自由水两者间根据有机溶液是否溶于水的不同，具有不同的函数关系。“必需水”的量是由多种因素决定的，一般说来，在极性越小的有机溶液中酶催化所需“必需水”越少。

反胶团体系是将酶溶解在活化剂与少量水存在的有机溶液中。活化剂分子由疏水性尾部和亲水性头部两个部分组成。在含水的有机溶液中，它们的疏水性基团与大部分溶液接触，它们的亲水性头部聚集成极性核，内核中有一小水池，里面容纳着酶，这样酶分子被限制在这一含水的微环境中，而底物和产物可自由出入胶团，达到在有机物中催化的目的。

**2. 双液相发酵的进展**

双液相发酵的研究始于20世纪60年代，是指在发酵液中加入一种新的与水不相溶的油相，如以液态烷烃为底物进行SCP生产。日本田边制药株式会社开发了一种双液相接触式膜型反应器用于市场急需的合成扩张心血管药物的原料MPGM生产。

目前，发酵生产中双液相发酵体系有3类，第一类是已商品化的以烷烃或油脂为碳源的发酵体系；第二类是氧载体发酵体系；第三类是在上述两类双液相发酵体系中引入一种固体载体，利用这种载体所具有很强的与水和油的双重吸附能力，增加双液相间的接触面积，从而提高传质与发酵产率。

以烷烃或油脂为碳源进行发酵生产已有许多成功的实例，如日本早在1985年已建立年产200t的十三碳二元酸的工业化生产装置。当以油为碳源进行抗生素发酵时，由于不易发生降解物阻遏作用，有利于合成产物代谢的进行；油为碳源，由于表面张力低，不易产生气泡，提高了发酵罐的装填率。

从含碳量来看，以猪油为例，其价格比淀粉的低。特别是以油为碳源进行一些高附加值产品生产，并不会出现人们所担心的因为油的价格而提高产品的生产成本。

泰乐菌素的生物合成可分为3个阶段，泰内酯的合成、3个糖基的合成及由泰内酯至泰乐菌素的合成。泰内酯的前体物为丙二酰CoA、丙酰CoA、甲基丙二酰CoA与乙基丙二酰CoA，这些物质的源头是乙酰CoA。

在采用葡萄糖培养基时，胞内丙酸含量很低，需外加较多的丙酸用于泰乐菌素的合成。戚薇等的实验也证实了这一点，从这些可以看出，菜籽油是弗氏链霉菌生产泰乐菌素的一种无分解代谢物阻遏并能提供短链脂肪酸的优良碳源。

四环素的生物合成同样需要以短链脂肪酸为前体物，当以油为碳源进行四环素发酵时，可以解除脂肪酸对四环素的竞争性抑制作用。脂肪酸与四环素有着共同的前体物——乙酰CoA。以油作为碳源不仅可以为菌体提供大量四环素合成所必需的NADPH，而且还为菌体合成四环素提供了大量的乙酰CoA，这为四环素的高产创造了条件。

头霉素C又称甲氧头孢菌素C，是一种亲水性的内酰胺类抗生素，主要用于合成一些半合成抗生素，如噻吩甲氧头孢菌素、头霉氰唑和头孢双唑甲氧等。和青霉素及头孢菌素一样，头霉素C也是由α-氨基己二酸、半胱氨酸和缬氨酸经三肽途径生物合成的。甘油阻遏扩环酶的合成但不抑制其活性，而糖酵解途径经磷酸化，中间产物强烈抑制该酶的活性。因此，葡萄糖的过量加入将降低头霉素C的发酵产量。

总之，对大环内酯类抗生素、四环类抗生素和某些内酰胺类抗生素在发酵过程中，特别是以短链脂肪酸为前体的抗生素在发酵过程中，添加油作为碳源或部分碳源，对提高发酵抗生素效价有重要意义。

一般将对氧有较高溶解度，但又不溶解于水，并对生物没有毒害作用的有机溶液称为氧载体。好氧发酵体系中加入氧载体可有效提高体系中氧传递速度，除全氟化碳、正十二烷烃等可作为氧载体外，有些油也可作为氧载体。Linek 和 Benes 等根据分散相与连续相的概念将氧载体强化供氧系统分为两类，一类是油相分散在水相中，即水是连续相，油是分散相；第二类是水相分散在油相中，即油相是连续相，水是分散相。

氧载体提高氧传质速度，关键是氧载体在气液界面上起作用。Rols 等认为全氟化碳、油酸这类具有正铺展系数的氧载体加入到水中后，通过搅拌等作用被分散、乳化。由于氧载体使氧穿过水边界层的渗透力增强，从而有利于氧传递的进行。

发酵体系中加入氧载体，通过提高氧传递速度，进而提高发酵产物的生产能力。四环素发酵过程中，加入 60g/L 的豆油，由于提高了氧传递速率，改善了发酵环境，使四环素的生产量提高 50% 以上。采用氧载体的目的之一是减小搅拌所带来的剪切作用，而氧载体加入到搅拌罐后，为使其与反应液充分混合，需要较高的搅拌转速，这样难以降低搅拌带来的剪切作用。

**【案例】**

**序批式反应器**

废水处理大都是连续处理工艺。序批式反应器（SBR）这一术语来自批应器操作的顺序特性，包括进水、处理和排放等几个步骤，所有的操作都在一个反应器中完成。图 9-7 所示为序批式反应器的典型流程。运行周期从废水进入反应器开始。进水时间由设计人员确定，取决于多种因素包括设备特点和处理目标等。进水阶段的主要作用在于确定反应器的水力特征。如果进水阶段短，其特征就像是瞬时工艺负荷，系统类似于多级串联构型的连续流处理工艺。在这种情况下，微生物一开始接触高含量的有机物以及其他组分，但是各组分的含量随着时间逐渐降低。相反，如果进水阶段长，瞬时负荷就小，系统性能类似于完全混合式连续流处理工艺。这意味着，微生物接触到的是含量比较低且相对稳定的废水。

进水阶段之后是反应阶段。微生物在这一阶段与废水组分进行反应。实际上，这些反应，被微生物的生长和基质利用，在进水阶段也在进行。所以进水阶段应该被看做“进水 + 反应”阶段，反应在进水阶段结束后继续进行。完成一定程度的处理需要一定长度的反应阶段。如果进水阶段短，单独的反应阶段就长；反之，如果进水阶段长，要求相应的单独反应阶段就短，甚至没有。由于这两个阶段对系统性能影响不同，所以需要单独解释。

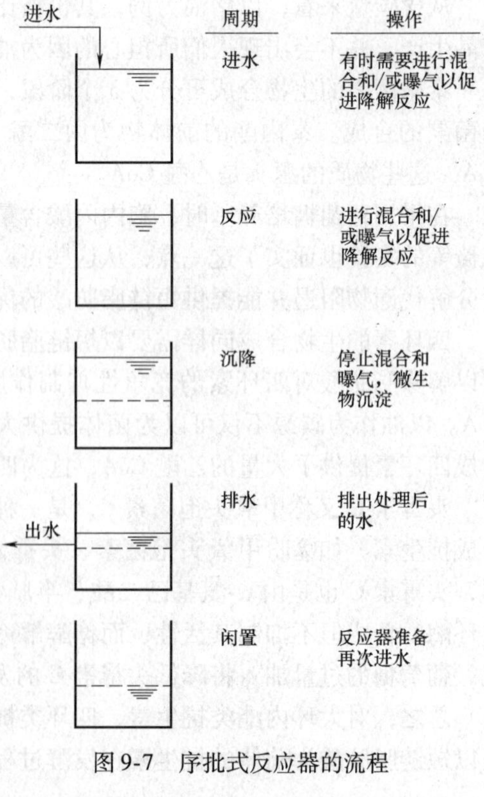


图 9-7　序批式反应器的流程

在进水阶段和反应阶段所建立的环境条件

决定着发生反应的性质。如果进水阶段和反应阶段都是好氧的，则只能发生碳氧化和硝化反应。因此，SBR 的性能介于传统活性污泥法和完全混合活性污泥法之间，取决于进水阶段的长短。如果只进行混合而不曝气，在硝酸盐存在的条件下就会发生反硝化。如果反应阶段发生硝化，产生硝酸盐，并且在周期结束时仍留在反应器中，那么在进水阶段和反应阶段初期增加一个只混合而不曝气的间隙。反应阶段完成之后，停止混合和曝气，使生物污泥沉淀下来。与连续处理工艺相同，沉淀有两个作用：澄清出水达到排放要求和保留微生物以控制 SRT。剩余污泥可以在沉淀阶段结束时排出，类似于传统的连续处理工艺；或者剩余污泥可以在反应阶段结束时排出。不管剩余污泥在什么阶段排出，经过有效沉淀后的上清液作为出水在排放阶段被排出，留在反应器中的液体和微生物用于下一个循环。最后，保留一个闲置阶段，以提高每个运行周期的灵活性。闲置阶段对含有几个 SBR 的系统尤其重要，它可以协同进行几个操作以达到最佳处理效果。闲置阶段是否进行混合和曝气取决于整个工艺的目的。闲置阶段的长度也可以根据系统的需要而变化。闲置阶段之后就是新的进水阶段，新一轮循环就启动了。

## 思考题

1. 分别采用通用式发酵罐与气升式生化反应器进行微生物反应，试从多角度比较两者的长处与不足。
2. 简述酶促反应的特征及其与化学反应的主要区别。
3. 分析固定化酶在实际使用中的利弊。

## 参考文献


[1] 贾士儒．生物反应工程原理［M］．3版．北京：科学出版社，2008.
[2] 山根恒夫．生物反应工程［M］．上海：上海科学技术出版社，1989.
[3] Karl Schugerl. 生物反应工程 卷Ⅰ原理 卷Ⅱ生物反应器的特性［M］．王建华，等译．成都：成都科技大学出版社，1995.
[4] 贾士儒．生物反应工程原理［M］．天津：南开大学出版社，1990.
[5] 伦世仪．生化工程［M］．北京：中国轻工业出版社，1993.
[6] 戚以政，汪叔雄．生化反应动力学与反应器［M］．北京：化学工业出版社，1999.
[7] 俞俊棠，唐孝宣．生物工艺学：下册［M］．上海：华东化工学院出版社，1992.
[8] 陈启民，王金忠，耿运琪．分子生物学［M］．天津：南开大学出版社，2001.
[9] 郭勇．酶工程［M］．北京：中国轻工业出版社，1994.

# 第 10 章 环境生态工程原理

10

**本章提要：**环境生态工程是指对受损生态系统恢复、重建和保护而进行的，采用生态技术实施的工程。本章从环境生态工程的基本原理入手，阐述了污水的土地处理、稳定塘、人工湿地、生态浮岛、固体废物处理生态工程以及大气污染防治生态工程的基本概况、类型、基本原理以及工程实例。

## 10.1 环境生态工程的基本原理

### 10.1.1 环境生态工程

生态工程是从系统思想出发，按照生态学、经济学和工程学的原理，运用现代科学技术成果、现代管理手段和专业技术经验组装起来的，以期获得较高的经济、社会、生态效益的现代农业工程系统，建立生态工程的良好模式必须考虑如下几项原则：

1）必须因地制宜，根据不同地区的实际情况来确定本地区的生态工程模式。

2）由于生态系统是一个开放、非平衡的系统，在生态工程的建设中必须扩大系统的物质、能量、信息的输入，加强与外部环境的物质交换，提高生态工程的有序化，增加系统的产出与效率。

3）在生态工程的建设发展中，必须实行劳动、资金、能源、技术密集相交叉的集约经营模式，达到既有高的产出，又能促进系统内各组成成分的互补、互利协调发展。

生态工程建设的目标是使人工控制的生态系统具有强大的自然再生产和社会再生产的能力。在生态效益方面要实现生态再生，使自然再生产过程中的资源更新速度大于或等于利用速度，在经济效益方面要实现经济再生，使社会经济再生产过程中的生产总收入大于或等于资产的总支出，保证系统扩大再生产的经济实力不断增强，在社会效益方面要充分满足社会的要求，使产品供应的数量和质量大于或等于社会的基本要求，通过生态工程的建设与生态工程技术的发展使得三大效益能协调增长，实现高效益持续稳定的发展。

环境生态工程是指对受损生态系统恢复、重建和保护而进行的，采用生态技术实施的工程。

### 10.1.2 环境生态工程的核心原理

（1）整体性原理　生态工程主要是按生态系统内部相关性和外部相关性，来研究作为一个有机整体的生态系统或社会-经济-自然复合生态系统的区域环境。其中，内部相关性是指任何一个生态系统都是由生物系统和环境系统组成的，系统成分相互联系、相互制约、相互作用，形成有机整体。外部相关性指生态系统属于开放型或半开放型系统，其与系统外的周围环境存在物质、能量、信息的交换。生态工程是以整体观为指导，在系统水平上进行研究，以整体调控作为处理手段的工程。

（2）协调与平衡原理　由于生态系统的长期演化与发展，在自然界中任一稳态的生态系统，在一定时期内均具有相对稳定而协调的内部结构和功能。

生态系统的结构是组成该系统生物及非生物成分的种类及其数量与密度、空间和时间的分布与搭配、相互间的比量，以及各种不同成分间相互联系、相互作用的内容和方式。结构有其相对的稳定性，绝对的波动性、变异性和有限的自我调节性。结构是完成功能的框架和渠道，直接决定与制约组成各要素间的物质迁移、交换、转化、积累、释放和能流的方向、方式与数量，决定功能及其大小。功能是维持结构的存在及发展的基础，明确维护生态系统结构与功能的协调性是生态工程的重要原则。

生态系统在一定时期内，各组分通过相生相克、转化、补偿、反馈等相互作用，结构与功能达到协调，而处于相对稳定态。此稳定态是一种生态平衡。

生物与生物之间、生物与环境之间、环境各组分之间保持相对稳定的合理结构，及彼此间的协调比例关系，维护与保障物质的正常循环畅通。这是其结构平衡的体现。

由植物、动物、微生物等组成的生产—分解—转化的代谢过程和生态系统与外部环境、生物圈之间物质交换及循环关系保持正常运行的平衡，被称作是生态系统的功能平衡。

生态系统是一开放系统，它不断地与外部环境进行物质和能量的交换，并有趋向输入与输出平衡的趋势，如收支平衡。它可引起该生态系统中资源萧条和生态衰竭或生态停滞。

（3）自生原理　自生原理包括自我组织、自我优化、自我调节、自我再生、自我繁殖和自我设计等一系列机制。自生作用是以生物为主要和最活跃组成成分的生态系统与机械系统的主要区别之一。生态系统的自生作用能维护系统相对稳定的结构和功能及动态的稳态以及可持续发展。

自我组织或自我设计，是系统不借外力自己形成具有充分组织性的有序结构，也即生态系统通过反馈作用，依照最小耗能原理，建立内部结构和生态过程，使之发展和进化的行为，这一理论即为自组织理论。

自我调节是指当生态系统中某个层次结构中某一成分改变，或外界的输出发生一定变化，系统本身主要通过反馈机制、自动调节内部结构及相应功能，维护生态系统的相对稳定性和有序性。

自然生态系统的自我设计能力是生态工程或生态技术中最主要的基本原理之一。通过设计，能很好地适应对系统施加影响的周围环境，同时系统也能经过操作，使周围的理化环境变得更为适宜。

（4）循环再生原理　分为物质循环和再生原理、多层次分级利用原理。

物质循环和再生原理是指人类能以有限的空间和资源持续地长久维持众多生命的生存、繁衍与发展，其奥妙就在于生态系统间的小循环和生物圈中的生物地球化学大循环。在物质循环中，每一个环节是给予者，也是受纳者。循环是往复循环，周而复始，无底也无源的。因此，物质在循环中似乎是取之不尽、用之不竭的。

多层次分级利用是自然生态系统中各个成分长期的协同进化与互利共生的结果，也是自然生态系统自我维持与持续发展的方式。在生态工程中应当遵循、模拟和应用这一原理和模式，同步兼收生态环境、经济及社会效益。

### 10.1.3 环境生态工程的生态学原理

环境生态工程的对象是对环境有改善效果的生态系统，因而其工作的原理离不开生态学方面的基本原理。

（1）生物共生原理 生物共生原理是利用不同种生物群体在有限空间内结构或功能上的互利共生关系，建立充分利用有限物质与能量的共生体系。在生态工程中如何选择匹配好这种关系，发挥生物种群间互利共生或偏利共生机制，使生物复合群体“共存共荣”，是人工生态系统建造的一个关键。

（2）生态位原理 生态位是指生态系统中各种生态因子都具有明显的变化梯度，这种变化梯度中能被某种生物占据利用或适应的部分称为其在生态系统中的生态位。在生态工程设计、调控过程中，充分利用高层次空间生态位，可使有限的能源得到合理利用，最大限度地减少资源浪费。

（3）食物链原理 食物链与食物网是重要的生态学原理。它主要指地球上的绿色植物通过叶绿素使太阳能转化为化学能储存在植株之中。绿色植物被草食动物所食，草食动物被肉食动物吃掉。这种吃与被吃形成的关系称之为食物链关系。食物链原理是生态工程要遵循的重要原理，也是过去利用建设一直忽视的巨大空白区，加强食物链原理在利用上的研究与实践是十分重要的。

（4）物种多样性原理 复杂生态系统是最稳定的。它的主要特征之一就是生物组成种类繁多而均衡，食物网纵横交织。其中一个种群偶然增加与减少，其他种群就可以及时抑制补偿，从而保证系统具有很强的自组织能力。相反，处于演替初级阶段或人工生态系统的生物种类单一，其稳定性很差。

（5）物种耐性原理 一种生物的生存、生长和繁殖需要适宜的环境因子。环境因子在量上的不足和过量都会使该生物不能生存或生长，繁殖受到限制，以致被排挤而消退。每种生物有一个生态需求上的最大量和最小量，两者之间的幅度，为该种生物的耐性限度。

（6）景观生态原理 景观生态学是近年来发展起来的一个新的生态学分支，它以整个景观为研究对象，并着重研究景观中自然资源和环境的异质性。景观是由相互作用的斑块或生态系统组成的，并以相似的形式重复出现，具有高度空间异质性的区域。它分为生态系统和地貌类型两个侧面。

（7）耗散结构原理 耗散结构理论指出，一个开放的系统，它的有序性来自非平衡态。在一定条件下，当系统处于某种非平衡态时，它能够产生维持有序性的自组织、不断和系统外进行物质与能量的交换。该系统尽管不断产生熵，但能向环境输出熵，使系统保留熵值呈减少的趋势，即维持其有序性。而当外力干扰超过一定限度时，系统熵就能从一个状态向新的有序状态变化。生态工程的目的，是建造一个有序的生态系统结构，通过系统的自组织和抗干扰能力实现其有序性。

（8）限制因子原理 一种生物的生存和繁荣，必须得到其生长和繁殖需要的各种基本物质，在稳定状态下，当某种基本物质的可利用量小于或接近所需的临界最小量时，该基本物质便成为限制因子。

(9) 环境因子的综合性原理　自然界中众多环境因子都有自己的特殊作用，每个因子都对生物产生重要影响，而同众多相互关联和相互作用的因子构成了一个复杂的环境体系。

### 10.1.4　环境生态工程的经济学原理

生态系统是通过能流、物流的转化、循环、增殖和积累过程与经济系统的价值、价格、利率、交换等要素融合一起形成生态经济系统，它与自然、社会环境有着物质、能量、价值与信息输入输出关系，这是控制其稳定、协调发展的依据。

(1) 生态经济系统的协调有序性　表现为生态系统的自然生长与经济目标的人工导向协调。人工导向的作用要和生态系统相协调，而不能超越生态经济阈值的限度。否则人工导向不仅不能引导生态经济系统协调有序性的发展，反而导致系统的逆向演替。生态系统有序性是生态经济系统有序性的基础，同时经济系统也遵循有序活动规律性，不断地同生态系统进行物质、能量、信息等交换活动，以维持一定水平的社会经济系统的有序稳定性。由于生态系统和经济系统各要素相互交换过程中的协同作用，不仅使得两大系统协调耦合起来，而且使耦合起来的复合系统有了生态经济新的有序特征。

(2) 生态系统与经济系统的双向耦合　生态经济系统中的生态循环与经济循环，都离不开两者耦合过程。经济系统把物质、能量、信息输入生态系统后，改变了生态系统各要素量的比例关系，使生态系统发生新的变化；同时经济系统利用生态系统的新变化来维持系统正常的循环运动，从而达到生态自然物质和效益的提高这一协调目标。

### 10.1.5　环境生态工程的工程学原理

(1) 结构的有序性原理　一个系统既然是一个有机整体，它本身必须具备自然或人为划定的明显边界，边界内的功能具有明显的相对独立性。

(2) 系统的整体性原理　作为一个稳定高效的系统必然是一个和谐的整体，各组分之间必须有适当的量的比例关系和明显的功能上的分工与协调，只有这样才能使系统顺利完成能量、物质、信息、价值的转换和流通。当系统中某个组分发生量的变化后，必然影响到其他组分的反应，最终影响到整体系统。生态工程设计和建造过程中，一个重要任务就是通过整体结构而实现人工生态系统的高效功能。

(3) 功能的综合性原理　作为一个完整的系统，总体功能是衡量系统效益的关键。我们人工建造生态系统的重要目标也是要求其整体功能最高。也就是说要使系统整体功能大于组成系统各部分之和。

污染控制生态工程指人类有意识地对污染生态系统进行控制、改造和修复的过程。污染控制生态工程包括水污染治理生态工程、固体废物治理生态工程和大气污染控制生态工程。

水污染治理生态工程主要采用的技术方法有污水的土地处理法、稳定塘、人工湿地以及生态浮岛等。

固体废物治理生态工程则主要利用微生物的作用，通过好氧或厌氧堆肥等技术进行固体废物的减量化与资源化利用。

大气污染控制生态工程主要是利用植物的作用对大气进行净化。

## 10.2 污水的土地处理

### 10.2.1 污水土地处理系统简介

**1. 污水土地处理系统**

污水土地处理系统，也称为土地灌溉系统和草地灌溉系统。是指将污水经过一定程度的预处理，然后有控制地投配在土地上，在土壤、植物与土壤中微生物的作用下，进行的一系列物理、化学、物理化学、生物化学的净化过程，使污水得到净化的一种污水处理工艺。

污水土地处理系统是一种环境生态工程，也是常年性的污水处理工程。因其建设费用低，管理简单，又接近于自然的生态系统，因而广泛用于流域治理中。同时，它也是污水处理厂尾水处理和中小城镇污水处理的适用工艺。利用污水处理厂一、二级处理后的改良污水灌溉土壤－植物系统，不仅充分利用了水肥资源，而且起到了“代三级处理”的作用，甚至在一定条件下，配合氧化塘、沉淀池等措施，它本身就是二级处理的重要组成部分。经过预处理的污水由专用的引水渠引入到处理场地，固体物质被植物截留，去除率能达到60%～80%，同时也降低了出水中的氮、磷和细菌的含量。

污水土地处理系统不同于季节性的污水灌溉，在作物非生长季节仍能对污水进行处理与储存，主要目的是净化污水。它与传统的污水处理技术相比，坚持处理与利用相结合的方向，在实现废水资源化的过程中始终把环境效益和环境质量控制问题放在首位，它在设计、运行和管理方面遵循现代生态学三大原则：整体优化、循环再生和区域分异。

**2. 污水土地处理系统的发展**

污水土地处理系统作为一种新的现代处理技术，其发展可追溯到公元前雅典的污水灌溉习惯；16 世纪德国出现了污水灌溉农业；19 世纪 70 年代这种方法传到了美国。

在早期的污水灌溉实践中，人们的主要目的是把土地作为污水的受纳体，而不是主动地、科学地利用和净化污水，使其达到预定的处理标准。由于当时人口稀少，可利用的土地多，加之土地处理的便利，污水灌溉得到了广泛的应用。随着社会经济的发展，人口激增，土地资源紧张，而且污水病原体对人体健康威胁增加，机械处理污水逐步代替了土地处理，污水灌溉随之萧条。

近年来，由于水资源的短缺，迫使人们重新考虑利用土地处理、净化污水。污水土地处理系统作为一种投资少、能耗低、成本低的现代废水处理新技术在许多国家得到了运用和发展。美国、澳大利亚、加拿大、墨西哥等国家在污水土地处理方面的研究和运用均取得了良好的效果。

我国污水土地处理方面的研究起步较晚，但也取得了一定进展和成果。近年来，污水土地处理的观念也发生了很大变化。之前较少考虑土地对污水的净化能力和充分利用其中的水肥资源，主要把土地作为污水的受纳体。目前污水土地处理系统工作不再盲目、被动，经过合理设计，一般都会达到预定的处理效果。

**3. 污水土地处理系统的优缺点**

（1）污水土地处理系统的优点　污水土地处理成本低廉，基建投资少，运行费用低；运行简便，易于操作管理，节省能源；污水处理与农业利用相结合，能够充分利用水肥资源；能绿化大地，促进生态系统的良性循环。

采用污水土地处理系统，通过利用环境和自然条件，强化人工调控措施，不仅可取得满意的污水处理效果，而且可以充分回收再生水和营养物质，大幅度降低投资、运行费用和能耗。因地制宜的土地处理系统对于改善区域生态环境质量，也可以起到重要的作用。污水土地处理系统特有的工艺流程决定了它特有的这些技术经济特征，也决定了它适合北方干旱和半干旱地区的显著特点。

更重要的一点是，污水土地处理的整个净化过程属于自然过程，不会像其他处理工艺一样在净化污水的过程中产生新的污染物质。

（2）污水土地处理系统的缺点　污水土地处理系统需要占用一定土地资源；设计和处理不当会恶化公共卫生状况；系统的副作用使公众不愿接受。

城市污水的土地处理如果场地选址和设计不合理可能导致环境卫生状况的恶化，传播以水为媒介的疾病。

产生上述副作用的主要根源是病原体、重金属和有机毒物，病原体包括细菌、病毒、寄生虫等，对于病原体，人们关心的是它们在空气、土壤、作物和地下水中的作用的归宿。病原体传播的主要途径是：与污水的直接接触，病原体附着在气溶胶微粒上四处飞溅，借助食物链和饮用污染的水源。

因此，污水土地处理系统对公共卫生状况影响的研究必须优先进行，这也是推广污水土地处理技术面临和必须解决的问题。

## 10.2.2　污水土地处理系统的结构及类型

### 1. 污水土地处理系统的结构

污水土地处理系统由以下各部分组成：

（1）预处理　污水中含有大量的杂质、悬浮物，这些物质如果不经过处理，直接进入污水土地净化田，很容易将土壤内部孔隙堵塞，造成水流不畅，水力条件变差，需要对此部分污染物进行拦截。常用的污水土地处理系统预处理设施有格栅、沉砂、化粪池等。

（2）水量调节与储存　污水土地处理系统可能出现污水量超过设计水量以及在作物种植、收获时停止运行的情况，因此需要有存储系统，起缓冲和调节水量的作用。

（3）污水的输送、配布、控制系统与设备　预处理污水通过输送、配布，在控制系统和设备作用下进入到土地处理田，布水是否均匀关系到处理效果的好坏。慢速渗滤系统的布水方式主要有三种：垄沟布水、坡面布水和喷洒布水。地表漫流系统的布水方式有：表面布水系统、低压布水系统、高压布水系统和坡面田。表面布水系统主要有穿孔管或平顶堰槽布水两种方式；低压布水系统则是在固定式配水管上用喷头布水，喷头工作压力为（$0.3\sim1.5$）$\times10^5$Pa；高压布水系统喷头布水压力为（$25\sim50$）$\times10^5$Pa。坡面田可用1∶1000，有0.3m等高线的坡面，按地面自然坡度的主方向布置。坡面田的坡度以2%～8%为佳。坡度小于2%，水流速度慢，易出现积水现象；坡度大于8%则使水流速度太快，易产生沟流短路。当设置坡面田并联时应使坡面田之间尽可能规则一致地排列。

（4）污水土地处理田间工程　污水土地处理田间工程是污水土地处理技术系统的核心部分。处理污水的主要过程在这里发生，田间表层的颗粒是限制水迁移过程的主要因素。

（5）植物　植物是慢速渗滤系统必不可少的组成部分。植物能有效去除N、P，保持或增加污水渗透速率并获得收益。植物选择的要求是营养吸收量大，耐水性好，有一定的土质、水质变化和盐分耐受性，以及经济价值大。

（6）出水的收集、利用系统　排水系统的结构主要有两种：排水明沟和排水暗沟。排水明沟投资少，便于管理，但缺点是占地多，影响耕作。排水暗沟不占地，但不便于维修。

**2. 污水土地处理系统的类型**

污水土地处理系统常用的有以下几种工艺：

（1）慢速渗滤系统　慢速渗滤系统是将污水投配到种有作物的土壤表面，污水中的污染物在流经地表土壤-植物系统时得到充分净化的一种污水土地处理工艺系统，如图10-1所示。在慢速渗滤系统中，投配的污水部分被作物吸收，部分渗入地下，部分蒸发散失，流出处理场地的水量一般为零。

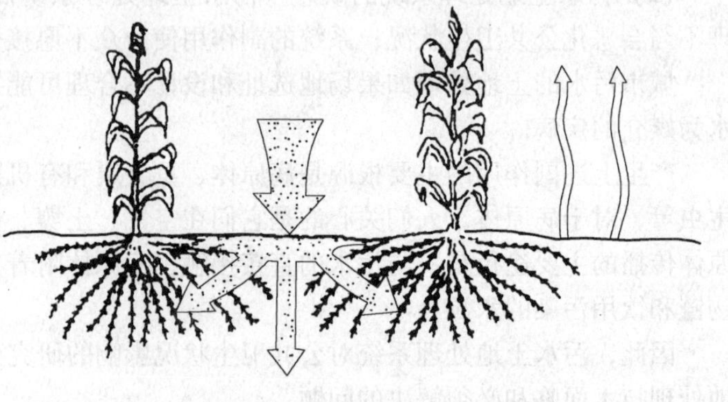

图10-1　慢速渗滤系统示意图

慢速渗滤系统的污水投配负荷一般较低，渗滤速度慢，在表层土壤中停留时间长，故净化效果非常好，出水水质优良。慢速渗滤系统适用于处理村镇生活污水和季节性排放的有机工业废水，通过收割系统种植的经济作物，可以取得一定的经济收入。但由于其表面种植作物，所以慢速渗滤系统受季节和植物营养需求的影响很大；另外因为水力负荷小，土地面积需求量也较大。

（2）快速渗滤系统　快速渗滤系统是将污水有控制地投配到具有良好渗滤性能的土壤（如砂土、砂壤土）表面，进行污水净化处理的高效土地处理工艺，如图10-2所示。

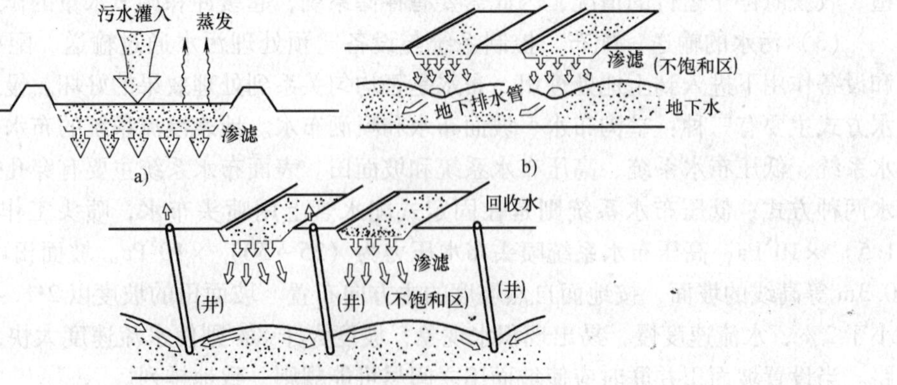


图10-2　快速渗滤系统示意图

a）补给地下水　b）由地下排水管收集处理水　c）由井群收集处理水

投配到系统中的污水快速下渗，部分被蒸发，部分渗入地下。渗入地下部分的污水在过滤、沉淀、氧化、还原以及生物氧化、硝化、反硝化等一系列物理、化学及生物的作用下得到净化。快速渗滤系统通常淹水、干化交替运行，以便使渗滤池处于厌氧和好氧交替运行状态，通过土壤及不同种群微生物对污水中组分的阻截、吸附及生物分解作用等，使污水中的有机物、氮、磷等物质得以去除。其水力负荷和有机负荷较其他类型的污水土地处理系统高得多。其处理出水可用于回用或回灌以补充地下水；但其对水文地质条件的要求较其他污水土地处理系统更为严格，场地和土壤条件决定了快速渗滤系统的适用性；而且它对总氮的去除率不高，处理出水中的硝态氮可能导致地下水污染。但其投资省，管理方便，土地面积需求量少，可常年运行。

(3) 地表漫流系统　地表漫流系统是将污水有控制地投配到坡度和缓均匀、土壤渗透性低的坡面上，使污水在以薄层沿坡面缓慢流动过程中得到净化的污水土地处理工艺系统，坡面通常种植青草，防止土壤被冲刷流失和供微生物栖息。如图10-3所示。

地表漫流系统对污水预处理程度要求低，出水以地表径流收集为主，对地下水的影响最小。处理过程中只有少部分水量因蒸发和入渗地下而损失掉，大部分径流水汇入集水沟。其水力负荷一般为1.5～7.5m/a。

地表漫流系统适用于处理分散居住地区的生活污水和季节性排放的有机工业废水。它对污水预处理程度要求低，处理出水可达到二级或高于二级处理的出水水质；投资省，管理简单；地表可种植经济作物，处理出水也可回用。但该系统受气候、作物需水量、地表坡度的影响大，气温降至冰点和雨季期间，其应用受到限制，通常还需考虑出水在排入水体以前的消毒问题。

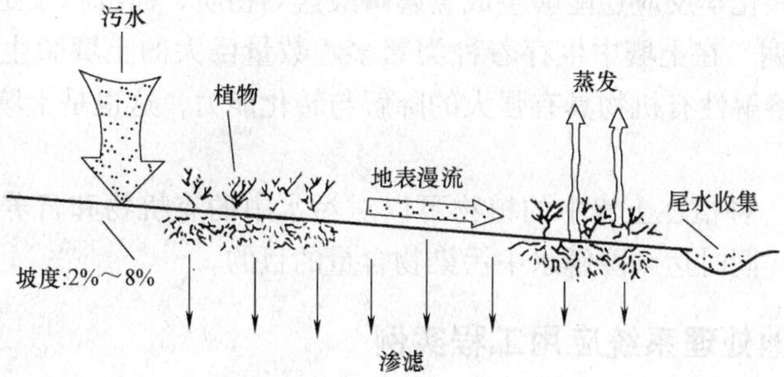


图10-3　地表漫流系统

(4) 地下渗滤系统　地下渗滤系统是将化粪池或酸化水解池处理后的污水有控制地投入设于地下距地面约0.5m深处的渗滤田，在土壤的渗滤作用和毛细管作用下，污水向四周扩散，通过过滤、沉淀、吸附和微生物的新陈代谢作用，使污水得到净化的土地处理工艺。

地下渗滤系统属于就地处理的小规模土地处理系统。投配污水缓慢地通过布水管周围的碎石和砂层，在土壤毛细管作用下向附近土层中扩散。在土壤的过滤、吸附、生物氧化等的作用下使污染物得到净化，其过程类似于污水慢速渗滤过程。由于负荷低，停留时间长，水质净化效果非常好，而且稳定。

地下渗滤系统的布水系统埋于地下，不影响地面景观，适用于分散的居住小区、度假村、疗养院、机关和学校等小规模的污水处理，并可与绿化和生态环境的建设相结合；运行管理简单；氮磷去除能力强，处理出水水质好，处理出水可回用。其缺点是：受场地和土壤条件的影响较大；如果负荷控制不当，土壤会堵塞；进、出水设施埋于地下，工程量较大，投资相对于其他土地处理类型要高一些。

### 10.2.3 污水土地处理系统的净化原理

土壤对污水的净化作用是一个十分复杂的综合过程，在各种作用下达到污水净化的目的。

（1）物理过滤　土壤颗粒间的孔隙具有截留水中悬浮颗粒的性能。污水流经土壤，悬浮物被截留，污水得到净化。影响土壤物理过滤净化效果的因素有：土壤颗粒的大小、颗粒间孔隙的形状和大小、孔隙的分布以及污水中悬浮颗粒的性质、多少与大小等。

（2）物理吸附及物理化学吸附　在非极性分子之间的范德华力的作用下，土壤中黏土矿物颗粒能够吸附土壤中的中性分子。污水中的部分重金属离子在土壤胶体表面，因阳离子交换作用而被置换吸附并生成难溶性的物质被固定在矿物的晶格中。

金属离子与土壤中的无机胶体和有机胶体颗粒，由于螯合作用而形成螯合化合物；有机物与无机物的复合化而生成复合物；重金属离子与土壤颗粒之间进行阳离子交换而被置换吸附；某些有机物与土壤中重金属生成可吸性螯合物而固定在土壤矿物的晶格中。

（3）化学反应与化学沉淀　重金属离子与土壤的某些组分进行化学反应生成难溶性化合物而沉淀；如果改变土壤的氧化还原电位，能够生成难溶性硫化物；改变 pH，能够生成金属氢氧化物；某些化学反应还能够生成金属磷酸盐等物质，而沉积于土壤中。

（4）微生物代谢　在土壤中生存着种类繁多、数量巨大的土壤微生物，它们对土壤颗粒中的有机固体和溶解性有机物具有强大的降解与转化能力，这也是土壤具有强大的自净能力的原因。

（5）植物吸收　种植在土壤中的植物可以对污水中的有机物和营养物等进行吸收，满足自身生长的需要，同时达到降解水中污染物含量的目的。

### 10.2.4 污水土地处理系统应用工程实例

本案例为安徽合杭高速广德服务区的污水处理工程。

安徽合杭高速广德服务区的污水处理工程处理能力 240$m^3$/d。采用人工土壤渗滤系统进行处理，干湿交替运行。工艺流程如图 10-4 所示。

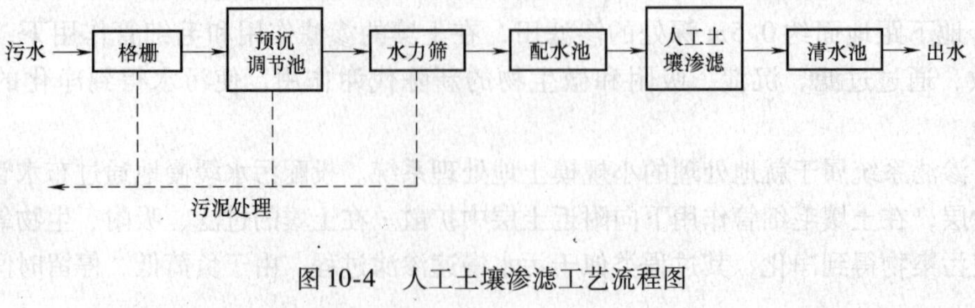


图 10-4　人工土壤渗滤工艺流程图

（1）人工土壤的构建　人工土壤大致分为四层，如图 10-5 所示。由下而上依次为卵石层、第一层人工土壤层、生物填料层和第二层人工土壤。其中，卵石层厚度 20cm，内置集水管，起到承托的作用；卵石层上面为第一层人工土壤层，该层由石英砂和石灰石等填料组成，厚度 20cm，起到过滤作用；在第一层人工土壤层上有一层薄且细的生物填料层，主要填料为生物陶粒，外表呈蜂窝状，比表面积较大，微生物易附着，吸附性强，渗透性良好。生物陶粒粒径为 2～4mm，填料层厚度为 10cm。最上面一层为第二层人工土壤层，由石英砂、少量矿石和活性炭及营养物质组成，厚度为 40cm。

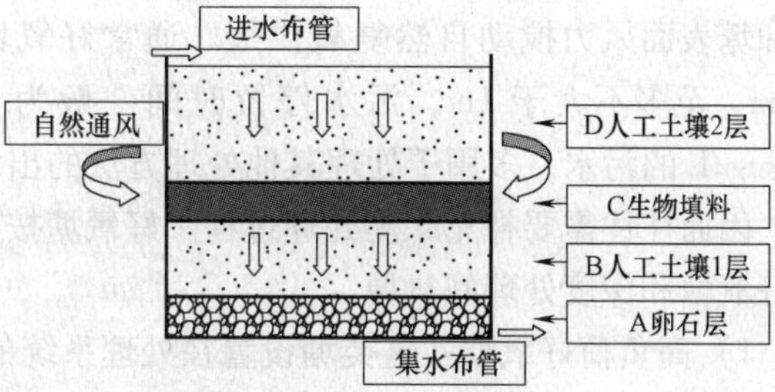

图 10-5　人工土壤结构示意图

（2）处理效果　运行结果表明，随着进水含量的变化，出水指标稍有起伏，系统处理后出水水质较好，其中 COD 去除率达到 85.63%，$NH_4^+$－N、TN 的去除率均在 45% 以上。

## 10.3　稳定塘

### 10.3.1　稳定塘简介

**1. 概述**

稳定塘是一种半人工的生态系统（图 10-6）。在该生态系统中，生物相主要有细菌、藻类、原生动物、后生动物、水生植物以及高等水生动物；非生物因素主要包括光照、风力、温度、有机负荷、pH 值、溶解氧、二氧化碳、氮及磷营养元素等。

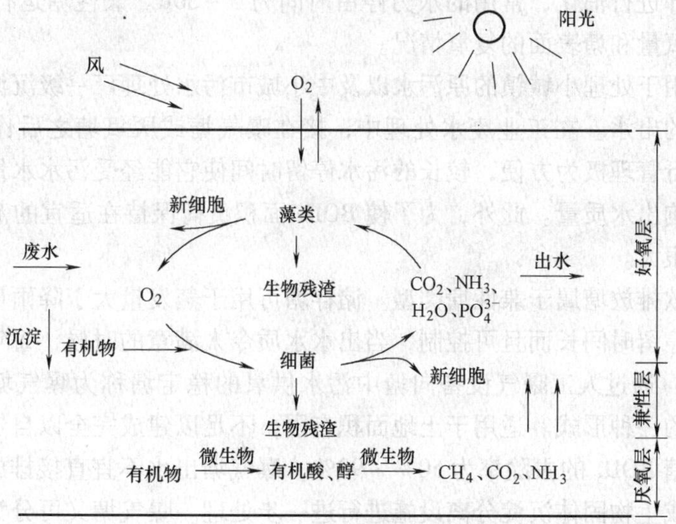

图 10-6　典型的稳定塘生态系统

**2. 稳定塘的结构及类型**

（1）好氧塘　好氧塘是一类在有氧状态下净化污水的稳定塘，它完全依靠藻类光合作用和塘表面风力搅动自然复氧供氧。通常好氧塘都是一些很浅的池塘，塘深一般为15～50cm，至多不大于1m，污水停留时间一般为2～6d。好氧塘一般适于处理$BOD_5$小于100mg/L的污水，多用于处理其他处理方法的出水，其出水溶解性$BOD_5$低而藻类固体含量高，因而往往需要补充除藻处理过程。好氧塘按有机负荷的高低又可分为高负荷好氧塘、普通好氧塘和深度处理好氧塘。

1）高负荷好氧塘：这类塘设置在处理系统的前部，目的是处理污水和产生藻类。特点是塘的水深较浅，水力停留时间较短，有机负荷高。

2）普通好氧塘：这类塘用于处理污水，起二级处理作用。特点是有机负荷高，塘的水深较高负荷好氧塘深，水力停留时间较长。

3）深度处理好氧塘：深度处理好氧塘设置在塘处理系统的后部或二级处理系统之后，作为深度处理设施。特点是有机负荷较低，塘的水深较高负荷好氧塘深。

（2）厌氧塘　厌氧塘是一类在无氧状态下净化污水的稳定塘，其有机负荷高、以厌氧反应为主。当稳定塘中有机物的需氧量超过了光合作用的产氧量和塘面复氧量时，该塘即处于厌氧条件，厌氧菌大量生长并消耗有机物。由于厌氧菌在有氧环境中不能生存，因而，厌氧塘常常是一些表面积较小、深度较大的塘。

厌氧塘最初被作为预处理设施使用，并且特别适用于处理高温高含量的污水，在处理城镇污水方面也已取得了成功。这类塘的塘深通常是2.5～5m，停留时间为20～50d。主要的生物反应是酸化和甲烷发酵。当厌氧塘作为预处理设施使用时，其优点是可以大大减小随后的兼性塘、好氧塘的容积，消除了兼性塘夏季运行时经常出现的飘浮污泥层问题，并使随后的处理塘中不致形成大量导致塘最终淤积的污泥层。

（3）兼性塘　兼性塘是指在上层有氧、下层无氧的条件下净化污水的稳定塘，是最常用的塘型。其塘深通常为1.0～2.0m。兼性塘上部有一个好氧层，下部是厌氧层，中层是兼性区。污泥在底部进行消化，常用的水力停留时间为5～30d。兼性塘运行效果主要取决于藻类光合作用产氧量和塘表面的复氧情况。

兼性塘常被用于处理小城镇的原污水以及中小城市污水处理厂一级沉淀处理后的出水或二级生物处理后的出水。在工业废水处理中，接在曝气塘或厌氧塘之后作为二级处理塘使用。兼性塘的运行管理极为方便，较长的污水停留时间使它能经受污水水量、水质的较大波动而不致严重影响出水质量。此外，为了使$BOD_5$面积负荷保持在适宜的范围之内，兼性塘需要的土地面积很大。

储存塘和间歇排放塘属于兼性塘类型。储存塘可用于蒸发量大于降雨量的气候条件。间歇排放塘的水力停留时间长而且可控制，当出水水质令人满意的时候，每年排放一两次。

（4）曝气塘　通过人工曝气设备向塘中污水供氧的稳定塘称为曝气塘，是人工强化与自然净化相结合的一种形式。适用于土地面积有限，不足以建成完全以自然净化为特征的塘系统场合。曝气塘$BOD_5$的去除率为50%～90%。曝气塘出水不宜直接排放，一般需后续连接其他类型的塘或生物固体沉淀分离设施进行进一步处理。曝气塘又可分为好氧曝气塘及兼性曝气塘两种。好氧曝气塘与活性污泥处理法中的延时曝气法相近，如图10-7所示。

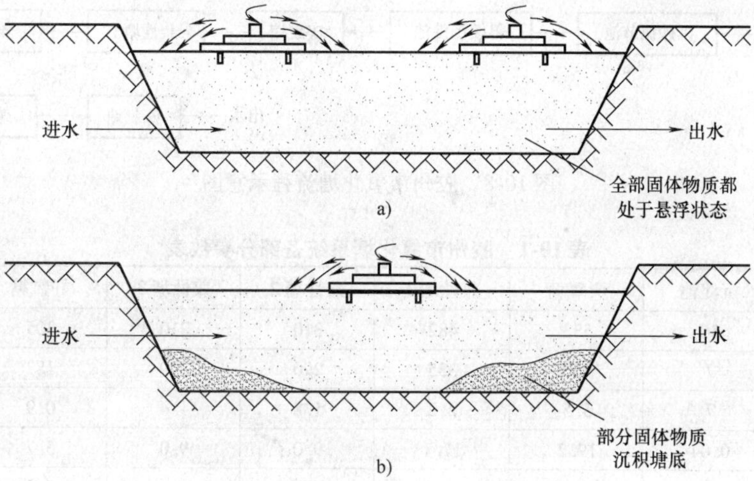


图10-7 好氧曝气塘与兼性曝气塘
a）好氧曝气塘 b）兼性曝气塘

## 10.3.2 稳定塘的净化原理

其污水净化原理为：污水在塘内停留过程中，污染物（主要是有机污染物）经过稀释沉淀，好氧微生物的氧化作用，厌氧微生物的分解作用而得以去除或稳定化。在此过程中，好氧微生物代谢所需要的溶解氧由大气复氧作用及藻类的光合作用提供，也可以通过人工曝气的方式提供。就好氧塘与兼性塘而言，细菌与藻类的共生关系是其主要的生态特征。在光照及温度适宜的条件下，藻类利用二氧化碳、无机营养素和水，通过光合作用合成藻类细胞并放氧。异养菌利用溶解在水中的氧降解有机质，生成二氧化碳、氨氮和水等，又成为藻类合成细胞的原料。在这一系列反应过程中，废水中的溶解性有机物逐渐减少，藻类细胞和惰性生物残渣逐渐增加，并随水排出。在稳定塘中，细菌和藻类是浮游动物的食物，浮游动物又被鱼类吞食，高等水生动物也可直接以大型藻类和水生植物为饲料，形成多条食物链，构成稳定塘中各种生物相互依存、相互制约的复杂生态体系。

## 10.3.3 稳定塘生态系统应用工程实例

本案例为胶州市胶州湾污水治理工程。

胶州市为解决城市综合废水对胶州湾的污染，投资430万元在沿海滩涂非耕地上修建了总占地面积73.5$hm^2$、水面面积60$hm^2$的氧化塘工程，1989年投入运转，1991年8月被国家环保局、建设部评为第一批“全国城市环境综合整治优秀项目”。

截止到1997年4月，胶州市又投资726.4万元，修建了与氧化塘工程配套的废水管道9630m，使城市综合废水全部进入氧化塘处理，取得了良好的效果。为有条件的中小城市环境综合整治积累了经验。

（1）塘系统概述　胶州市氧化塘由哈尔滨工业大学设计，其流程如图10-8所示。

各塘面积、水深、蓄水量见表10-1。

氧化塘设计参数见表10-2。

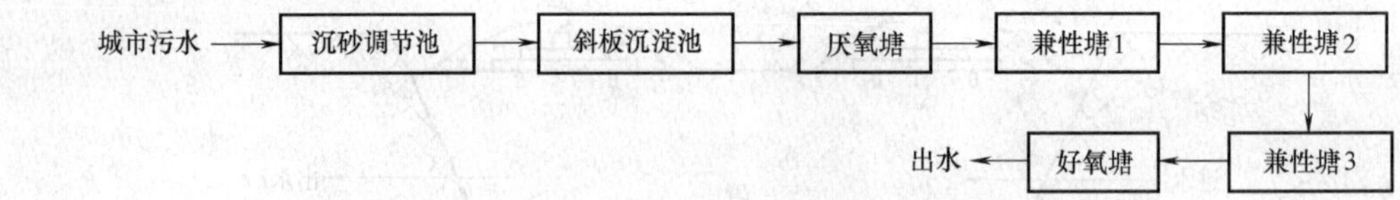


图 10-8 胶州市氧化塘流程示意图

**表 10-1 胶州市氧化塘系统各部分参数表**

| 项目 | 沉淀池 | 厌氧塘 | 兼性塘 1 | 兼性塘 2 | 兼性塘 3 | 好氧塘 | 合计 |
|---|---|---|---|---|---|---|---|
| 长/m | 56 | 533 | 482 | 310 | 310 | 305 | — |
| 宽/m | 7 | 360 | 355 | 290 | 290 | 187 | — |
| 深/m | 7 | 3.5 | 2.2 | 1.8 | 1.4 | 0.9 | — |
| 面积/$hm^2$ | 0.04 | 19.2 | 17.1 | 9.0 | 9.0 | 5.7 | 60.0 |
| 蓄水量/$10^4 m^3$ | 0.3 | 67.2 | 37.6 | 16.2 | 12.6 | 5.1 | 139.0 |

**表 10-2 氧化塘设计参数**

| 项目 | COD | $BOD_5$ |
|---|---|---|
| 进水质量浓度/(mg/L) | 1300 | 500 |
| 出水质量浓度/(mg/L) | <300 | <60 |
| 去除率(%) | >76.9 | >88 |

注：处理量 $3\times10^4 m^3/d$，总停留时间 69.5d。

(2) 处理效果 1996 年 6 月至 1997 年 6 月对系统废水处理效果进行了检测，结果见表 10-3。

**表 10-3 全系统污染物去除情况**

| 项目 | pH | COD | $BOD_5$ | SS | $NH_4^+-N$ | TN | TP |
|---|---|---|---|---|---|---|---|
| 进水/(mg/L) | 7.12 ~ 8.34 | 212 ~ 871 | 57 ~ 234 | 88 ~ 156 | 45 ~ 127 | 49.3 ~ 189 | 2.76 ~ 13.3 |
| 出水/(mg/L) | 7.68 ~ 8.50 | 138 ~ 186 | 29 ~ 84 | 41 ~ 76 | 11 ~ 208 | 5.39 ~ 31.1 | 0.8 ~ 3.9 |
| 去除率(%) | — | 71.5 | 79 | 50.4 | 72.2 | 82 | 73.7 |
| 农灌水标准/(mg/L) | 5.5 ~ 8.5 | 300 | 150 | 200 | — | — | 10 |

胶州市氧化塘工程具有如下特点：

1) 处理效果好。达到了 GB 5084—1992《农田灌溉水质标准》的旱作标准。

2) 处理水量大。

3) 投资少，操作简便，易于管理，费用低。

4) 占地面积大，厌氧塘有臭味。

## 10.4 人工湿地

### 10.4.1 人工湿地简介

人工湿地是由人工建造和控制运行的与沼泽地类似的地面。将污水、污泥有控制地投配到经人工建造的湿地上，污水与污泥在沿一定方向流动的过程中，主要利用土壤、人工介质、植物、微生物的物理、化学、生物三重协同作用，对污水、污泥进行处理。人工湿地作用机理包括吸附、滞留、过滤、氧化还原、沉淀、微生物分解、转化、植物遮蔽、残留物积累、蒸腾水分和养分吸收及各类动物的作用。

人工湿地是一个综合的生态系统，它应用生态系统中物种共生、物质循环再生原理，结构与功能协调原则，在促进废水中污染物质良性循环的前提下，充分发挥资源的生产潜力，防止环境的再污染，获得污水处理与资源化的最佳效益。

人工湿地处理系统具有缓冲容量大、处理效果好、工艺简单、投资省、运行费用低等特点，非常适合中、小城镇的污水处理。

## 10.4.2　人工湿地的结构及类型

（1）人工湿地的结构　植物、微生物和基质是构成人工湿地的三要素。人工湿地水处理生态工程功能的发挥离不开上述三者的作用。

（2）人工湿地的类型　国内外学者对人工湿地系统的分类多种多样。从工程设计的角度出发，按照系统布水方式的不同或在系统中流动方式不同一般可分为自由表面流人工湿地、水平潜流人工湿地、垂直流人工湿地以及各种类型组合的复合型人工湿地。从水力学角度划分，人工湿地分为水面湿地和渗滤湿地两种类型。人工湿地根据湿地中主要植物形式可分浮水植物系统、挺水植物系统和沉水植物系统。不同类型人工湿地对特征污染物的去除效果不同，具有各自的优缺点。目前主要按照以下三种类型分类：

1）表面流人工湿地（Free water surface constructed wetlands）。如图 10-9 所示，此类人工湿地的水面位于填料表面以上，水深一般为 0.3～0.5m，水流呈推流式前进。污水从池体入口以一定速度缓慢流过湿地表面，部分污水或蒸发或渗入地下，出水由溢流堰流出。这种湿地靠近水表面部分为好氧层，较深部分及底部通常为厌氧层，具有投资省、操作简便、运行费用低等优点，但占地面积大、水力负荷小、去污能力有限。氧主要来源于水体表面扩散、植物根系的传输，但传输能力十分有限。湿地系统运行受气候影响较大，夏季有孳生蚊蝇的现象，产生不良气味，冬季有容易结冰等缺点。

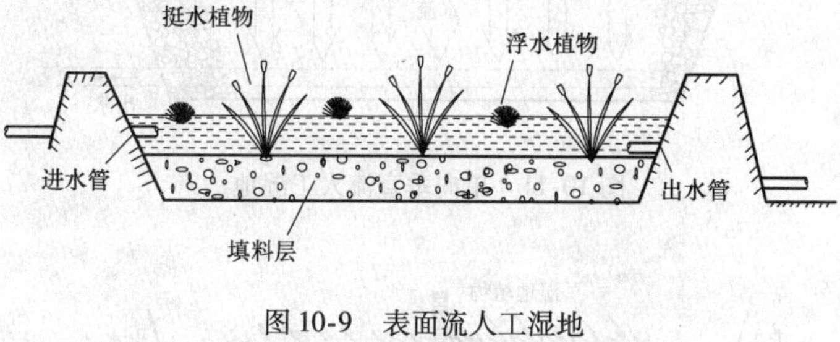


图 10-9　表面流人工湿地

2）水平潜流人工湿地（Subsurface horizontal flow constructed wetlands）。如图 10-10 所示，此类人工湿地的水流从进口起在根系层中沿水平方向缓慢流动，出口处设集水装置和水位调节装置。由于该系统中好氧生化反应所需的氧气主要来自大气复氧，数量不足，因而导致脱氮效率不高。但对 $BOD_5$、COD 和重金属的去除效果好，受季节影响亦较小。与表面流人工湿地相比，潜流人工湿地受气温的影响相对较小，水力负荷大，对 BOD、COD、SS、重金属等污染物的去除效果好，而且很少有恶臭和孳生蚊蝇现象。但该系统比表面流人工湿地系统的造价高，其脱氮除磷效果不如垂直流人工湿地。

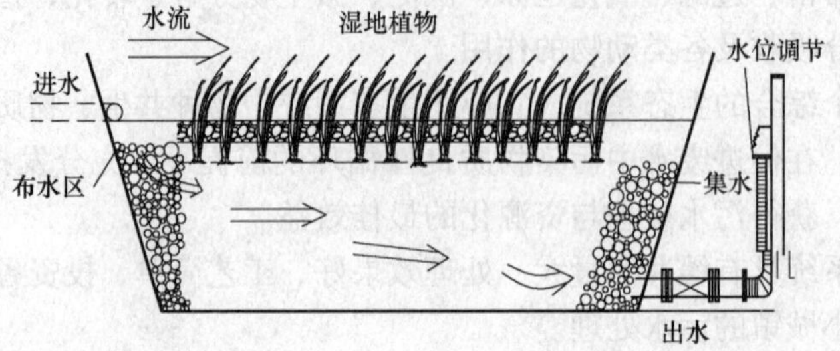


图 10-10 水平潜流人工湿地

3）垂直流人工湿地（Vertical flow constructed wetlands）。分为单向垂直流人工湿地（One way vertical flow wetlands）（图 10-11）和复合垂直流人工湿地（Integrated vertical flow wetlands）（图 10-12）两种。

单向垂直流人工湿地——其水流方向为垂直流向，通常为下行流，出水系统一般设在湿地底部。与水平潜流型相比，其作用在于提高了氧向污水及基质中的转移效率。其运行时一般采用间歇进水方式。由于垂直流型人工湿地表层为渗透性良好的砂层，水力负荷一般较高，因而对氮、磷去除效果较好，但需要对进水悬浮物含量进行严格控制。

复合垂直流人工湿地——由两个底部相连的池体组成，污水从一个池体垂直向下（向上）流入另一个池体后垂直向上（向下）流出。复合垂直流型人工湿地可选用不同植物多级串联使用，通过增加污水停留时间和延长污水的流动路线来提高人工湿地对污染物的去除能力。该类型人工湿地通常采用连续运行方式，具有较高的污染负荷。

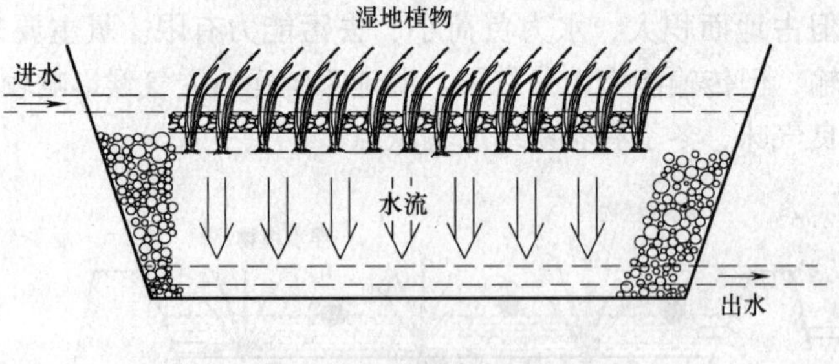


图 10-11 单向垂直流人工湿地

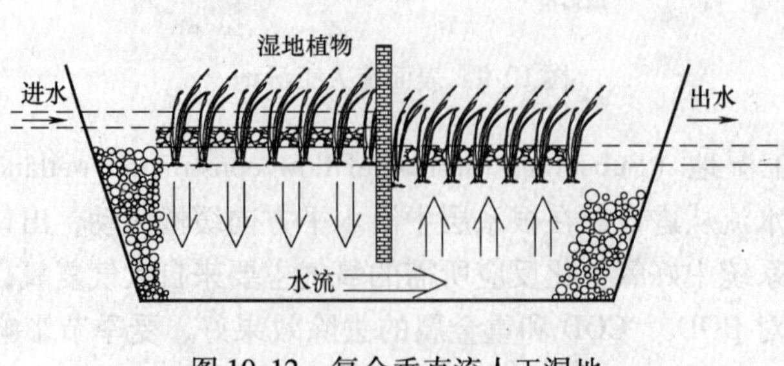


图 10-12 复合垂直流人工湿地

### 10.4.3　人工湿地的植物与功能

**1. 人工湿地植物**

根据实际经验和相关的试验研究，沼生植物最适用于人工湿地的废水处理系统。这是因为人工湿地根际条件相对较为苛刻，如湿地较高的还原环境（$E_h < -200mV$，水平潜流系统尤为明显）极易形成 $H_2S$ 和 $CH_4$；处理的废水或呈酸性或呈碱性，需要植物有一定的 pH 适应能力；处理的废水有时是有毒废水，如含酚、活化剂、生物杀灭剂、重金属的废水等；废水具有一定的盐度。而沼生植物具有特殊的生长生理学特性，这种特性可以使它们在条件苛刻的根际条件下生存。

植物除直接吸收利用污水中的营养物质及吸附、富集一些有毒有害物质外，还有输送氧气到根区和维持水力传输的作用。具体作用如下：

（1）根的生长对基质的影响　根部的生长影响着基质的物理特性。一方面，根部和微生物将基质孔隙堵塞；另一方面，根部的生长和微生物对枯萎根部的降解形成了新的基质孔隙。人工湿地的水力学问题主要是湿地表面产生的短流现象。根部的生长理论上可以提高水力条件，但目前在实践中还没有得到证实。但有资料表明，芦苇根部可以在表层土壤区域生长到 20～30cm。

（2）沼生植物的气体输送及其在根际的氧气释放　在间歇进水的垂直流人工湿地中，氧气随水流向下流动的过程而被输送至基质中。而在水平潜流系统中，氧气则主要通过沼生植物输送至基质中。

植物中气体的输送是由扩散作用或强对流引起的高低压驱动的。如香蒲和芦苇中就存在非常强的对流气体输送。这种对流是由植物氧气消耗部分产生的低压和叶面产生的高压引起的。叶面形成的高压使气体流经植物体，气体的输送速率可达到 10mL/min。导致高压的主要原因之一是热渗透作用。

将大气中的气体引入到植物内部意味着在根茎和根区的厌氧条件下将有足够的氧气可被呼吸利用。从另一方面来讲，氧气在气流中的输送也是植物生存的关键。氧气的释放在植物根表面形成氧化保护膜。该膜可以使根部避免在厌氧条件下受到有毒物质的侵害。保护膜的厚度在 1～4mm 之间，主要取决于流经根系的废水对氧气消耗的途径。其氧化还原电位在 $-250mV$（根际）至 $+500mV$（根表面）之间。氧气不断地从根组织内部释放出来，用于化学和生物需氧量消耗。

根际的氧化还原态对不同沼生植物根系氧气释放的强度有着重要的影响。如在还原态下，芦苇和灯芯草的氧气释放强度主要取决于培养液介质中的氧化还原态。在 $-250mV < E_h < -150mV$ 下，氧气释放速率最高。当 $E_h < -250mV$ 或 $E_h > -150mV$ 时，释放强度要相对较低。氧气释放时，芦苇的电位要比灯芯草的电位更高一些。在已经处于阳极氧化还原范围内的初始氧气释放条件下，两物种持续释放氧气至最高氧化态。

（3）植物对无机物的摄取　水生植物能直接吸收利用水中的营养物质供其生长发育，同时还能吸附、富集一些有毒有害物质，如重金属 Pb、Cd、Hg、As、Ca、Cr 等，其吸收积累能力为沉水植物 > 飘浮植物 > 挺水植物。不同部位，浓缩倍数不同，一般根 > 茎 > 叶。研究认为植物对有毒有害物质的吸收以被动吸收为主，增加植物和废水的接触时间，可增强植物对其的去除率。

但植物对营养物和重金属的摄取并不是这几种物质去除的主要途径，大量沼生植物干重中磷的含量约占0.15%～1.05%。因此，植物对废水中磷的摄取量应低于5%。植物地上部分对氮的去除仅占氮去除总量的5%～10%。营养物质主要是通过微生物的作用而得以去除的。植物对重金属的摄取储存也不占主要地位，重金属去除主要靠如下机制：

1）在潜流系统沼生植物根部表面或表面流系统的水面部分的有氧区将金属氧化，形成溶解度很低的铁氧化物沉淀。

2）一些元素如砷和铁，可形成共沉淀。

3）微生物硫化还原形成的金属硫化物沉淀。

4）矿物和土壤中的腐殖酸形成离子交换。

5）植物对金属离子的摄取。其中，植物对金属离子的摄取量仅占废水中重金属总量的很少一部分。因此欧洲国家通常不会对植物进行收割。

（4）植物摄取和有机污染物的新陈代谢　有机物在植物内的新陈代谢分为三种：转化、共扼和间隔化。涉及的酶有细胞色素酶P450、谷胱甘肽转移酶、羧基果胶酶、O-和N-转葡糖基转移酶、O-和N-丙二酰基转移酶。解毒的最后步骤有三种机制：输出到细胞液泡，输出到细胞外，生成木质素或其他细胞膜组织。

植物对有机物摄取的重要影响因素是组分的物理化学特性如辛醇-水分配系数、酸度常数、含量等。通常来讲，分配系数在0.5～3为最佳。

（5）植物对碳的释放　目前对植物从根际摄取碳的研究主要集中在农业研究领域。一般认为根际沉淀是碳输入的整个过程。根际沉淀产物（分泌物、植物粘液、死去的细胞组织等）引起不同的生物反应在根际发生。释放的有机碳数量约占农作物光合作用净产物的10%～40%。分泌物的化学成分有很大不同，植物纤维中的成分通常通过根系释放出来。如根分泌物中的成分中就含有糖和维生素（如维生素B1、核黄素）、苯甲酸和酚及其他有机组分。根际沉淀产物可起到如下作用：

1）改善营养物质：营养物的缺乏可以促进有机酸或其他成分的分泌。这可以提高铁和磷酸盐的溶解度，从而提高植物的营养供给。

2）化感作用：有些植物可分泌出特殊的物质到根际，以阻止其他种类的植物生长。这种作用常见于农作物，至今还没有证实沼生植物之间会不会也存在化感作用。

3）根际效应：有机物如糖类和氨基酸可以作为微生物的基质，分泌出的维生素可以促进微生物的生长。植物释放的有机物和植物残留物对生物降解有机物也有影响。

与水中的碳含量相比，植物释放的碳含量相对较低。只有当废水中碳负荷较低时，根际沉淀才会在人工湿地中具有重要作用，如矿山排水。根际沉淀产物可用做细菌异化硫化物还原，$H_2S$与重金属离子结合在根际厌氧区形成低溶解度的硫化物。

（6）蒸腾作用　除了生态重要性外，植物的蒸腾作用也影响工艺对废水的处理。

事实上，我们所测的是土壤水分蒸发蒸腾损失总量。土壤水分蒸发蒸腾损失总量是水面物理蒸发和植物蒸腾作用的总和。

土壤水分蒸发蒸腾损失速率存在很大不同，这主要取决于大量的影响生物系统利用微气候的因素。如热带雨林值约为1.5～2m/a。而中欧的森林则为0.4～0.5m/a，种植沼生植物的沼泽地则为1.3～1.6m/a。

中欧用于污水处理的人工湿地中，由于蒸腾作用而缺失的水分夏季约为5～15mm/d，占流量的20%～50%。在温暖季节和干旱区域我们必须将蒸腾作用考虑进去，以防止水中含盐量过高。当在极端的情况下采用该工艺，系统需采用较低的水力停留时间。

**2. 人工湿地的微生物与功能**

在人工湿地中，营养物和有机物转换和矿化的主要作用不是植物作用，而是微生物作用。它受沼生植物氧气输送量和其他电子受体可利用率的影响，废水中的污染物通过不同途径被新陈代谢掉。在潜流系统中，仅在根面和根系附近才会发生好氧过程。在缺氧区域，就会发生反硝化、硫化物还原和甲烷化等厌氧过程。

人工湿地氮的去除机制为微生物的硝化-反硝化作用。相比之下，植物摄取仅占次要地位。

在间歇流垂直过滤系统中通常会富集硝酸盐，在水平潜流系统中氧化态的氮很快被还原，以避免亚硝酸盐和硝酸盐的富集。

对于水平潜流系统而言，硝化是从哪一个还原步骤开始的还未知。

在此过程中存在厌氧氨氧化过程：$5NH_4^+ + 3NO_3^- \rightarrow 4N_2 + 9H_2O + 2H^+$。

厌氧氨氧化的作用有多大，到目前也还未知。

人工湿地中微生物的具体功能如下：

（1）微生物对有机物的降解　人工湿地的重要特点之一在于对有机污染物具有较强的去除能力。废水中的不溶性有机物经过在湿地中的沉淀、过滤，迅速被截留，并被微生物利用。可溶性有机物则通过植物根系生物膜的吸附、吸收及生物代谢过程而被分解去除。其中，微生物把一部分有机物氧化分解产生 $CO_2$ 和 $H_2O$ 等稳定的无机物，并从中获取合成新细胞物质所需的能量。另一部分有机物被微生物利用，合成代谢为新细胞组织，所需的能量取自分解代谢。

与一般生物处理过程相同，在湿地内部，尤其是在湿地后部，可能由于营养物的匮乏，微生物进入内源呼吸阶段，微生物对其自身的细胞物质进行代谢反应。无论是分解代谢还是合成代谢，都可以去除污水中的有机污染物，但产物有所不同。分解代谢的产物为 $CO_2$ 和 $H_2O$，可直接排入环境，而合成代谢的产物则为新生的微生物细胞，这些新生的有机体在完成对有机物的生物氧化分解后，其残渣可通过水解及填料的定期更换最终从系统中移除。

（2）微生物对氮的降解　人工湿地对氮的去除主要依靠微生物的氨化、硝化和反硝化作用。氮在湿地系统中的循环包括了七种价态，多种有机、无机形式的转换。污水中含氮污染物存在的主要形式为：第一，有机氮，如蛋白质、氨基酸、尿素、胺类化合物、硝基化合物等；第二，氨态氮。一般情况下，有机氮被微生物分解为 $NH_4^+-N$，故无机氮的去除更加受到关注。

1）氨化反应。有机氮化物在氨化细菌的作用下，分解、转化为氨态氮，这一过程称之为“氨化反应”。以氨基酸为例，其反应式为

$$RCHNH_2COOH + O_2 \xrightarrow{\text{氨化细菌}} RCOOH + CO_2 + NH_3$$

2）硝化反应。废水中的无机氮作为植物生长不可缺少的物质可以直接被植物吸收，并通过植物的收割从废水和湿地中移除，但植物吸收仅占很少的一部分，主要的去除途径还是微生物的硝化和反硝化作用。人工湿地中的溶解氧呈区域性变化规律，对不同的空间位置，可能呈现好氧、缺氧或厌氧状态。因此，整个人工湿地系统相当于多个串联或并联的 A/O

处理单元，使硝化和反硝化的过程可以同时在湿地中完成。

硝化反应是在好氧环境下由自养型微生物完成的。在硝化菌作用下，$NH_4^+-N$ 被氧化成 $NO_2^-$ 和 $NO_3^-$，氨氮的氧化分解通常分为两阶段进行：首先，在亚硝化菌的作用下，使 $NH_4^+-N$ 转化为亚硝态氮；继之，亚硝态氮在硝化菌的作用下，进一步转化为硝态氮，反应式为

$$NH_4^+ + \frac{3}{2}O_2 \xrightarrow{\text{亚硝化菌}} NO_2^- + H_2O + 2H^+ - \Delta F,\ \Delta F = 278.42\text{kJ}$$

继之，亚硝态氮在硝化菌的作用下，进一步转化为硝态氮，其反应式为

$$NO_2^- + \frac{1}{2}O_2 \xrightarrow{\text{硝化菌}} NO_3^- - \Delta F,\ \Delta F = 72.27\text{kJ}$$

于是，硝化反应的总反应式为

$$NH_4^+ + 2O_2 \rightarrow NO_3^- + H_2O + 2H^+ - \Delta F,\ \Delta F = 351\text{kJ}$$

亚硝化菌、硝化菌统称为硝化菌，硝化菌是化能自养型，革兰氏染色阴性，不生芽孢的短杆状细菌，广泛存在于土壤中，在自然界的单循环中起到十分重要的作用。这类细菌的生理活动不需要有机营养物质，从 $CO_2$ 获取碳源，从无机物的氧化中获取能量。硝化反应对环境的变化十分敏感，为了使硝化反应正常进行，必须保持硝化菌所需的环境。

3）反硝化反应。反硝化菌属于异养型厌氧菌，在厌氧条件下，通过厌氧呼吸，以硝态氮为电子受体，有机物为电子供体。在这种条件下，不能释放出更多的 ATP，相应合成的细胞物质也较少。在反硝化反应过程中，硝态氮通过反硝化菌的代谢活动，可能有两种转化途径，即：同化反硝化（合成），最终形成有机氮化合物，成为菌体的组成部分；另一途径为异化反硝化（分解），最终产物为气态氮。故人工湿地比传统活性污泥处理系统具有更强的脱氮能力，比人工的 A/A/O 系统更为节省。

（3）微生物对磷的降解　以往的研究表明，人工湿地中 7% ~87% 的磷可以通过沉淀或吸附反应去除；同时，污水中的无机磷在植物的吸收和同化作用下，合成为 ATP、DNA 和 RNA 等有机成分，也可使磷得到一部分去除，但植物的吸收利用仅占很少部分；而另一种重要途径则是聚磷菌对磷的过量积累。

1）聚磷菌对磷的过量摄取。好氧条件下，聚磷菌进行有氧呼吸，氧化分解体内储存的有机物，同时，通过主动运输方式，从外部环境向体内摄取有机物，氧化分解，释放能量，从而获取 ADP，并结合 $H_3PO_4$ 合成 ATP，即

$$ADP + H_3PO_4 + \text{能量} \rightarrow ATP + H_2O$$

反应物 $H_3PO_4$ 除一部分为聚磷菌分解体内聚磷酸盐获得外，大部分是聚磷菌利用能量在透膜酶的催化作用下，通过主动运输的方式，把外部环境中的 $H_3PO_4$ 摄入体内的，摄入的 $H_3PO_4$ 一部分用于合成 ATP，另一部分则用于合成聚磷酸盐。这种现象即为“磷的过量摄取”。

2）聚磷菌的释磷。在厌氧条件下，聚磷菌体内的 ATP 进行水解，释放出 $H_3PO_4$ 和能量，形成 ADP，即

$$ATP + H_2O \rightarrow ADP + H_3PO_4 + \text{能量}$$

这样聚磷菌具有在好氧条件下过量摄取 $H_3PO_4$，而在厌氧条件下释放 $H_3PO_4$ 的双重功能。

**3. 人工湿地的基质条件与功能**

目前广泛应用的人工湿地主要以沙粒、沙土、土壤、石块为基质，这些基质一方面为微

生物的生长提供稳定依附表面，同时也为水生植物提供了载体和营养物质。当污水流经人工湿地时，基质通过一些物理的和化学的途径（如吸收、吸附、过滤、离子交换、络合反应等）来净化去除污水中的N、P等营养物质。

进入人工湿地系统中的磷70%～80%通过沉淀或吸附作用存留在土壤中，留存于植物体和凋落叶中的很少，基质对无机磷的去除作用因填料不同而存在差异，若土壤中含有较多的铁、铝氧化物，有利于生成溶解度很低的磷酸铁或磷酸铝，使土壤固磷作用大大增加；若以砾石为填料的湿地，砾石中的钙可以生成不溶性磷酸钙而在废水中沉淀。以花岗石和黏性土壤为主要介质的人工湿地对污水中磷的去除率在90%以上。选择合适的基质类型对去除污水中的磷显得十分重要。值得注意的是磷的这种吸附沉淀不是永久地沉积在土壤中，至少部分是可逆的。当污水中磷的含量较低时，部分磷可重新释放到水中。人工基质的作用在某种程度上是在作为一个“磷缓冲器”来调节水中磷的含量，那些吸附磷最少的土壤最容易释放磷。

在水力学方面，人们发现影响湿地水力学特征的主要参数是基质粒径分配。德国的运行经验和一些长期研究表明，砂和砾石基质在水力学条件和污染物去除方面均能获得良好的运行效果。

对于垂直流人工湿地而言，有效粒径 $d_{10}$ 的范围约在0.06～0.1mm；对于水平流人工湿地而言，有效粒径约在0.1mm。大于0.06mm的粒径可以使渗透有效系数大于 $10^{-5}$ m/s，为生物膜生长提供足够的表面积。

## 10.4.4　人工湿地去除污染物动力学模型

（1）衰减方程　衰减方程将人工湿地系统视为“黑箱”，在大量监测进、出水污染物质量浓度的基础上，通过对水质数据和负荷进行统计，依据人为定义的简单线性或幂函数，建立“输出”与“输入”间的拟合关系方程。流量、温度、停留时间等因素也可以加入衰减方程之中，但绝大多数衰减方程把人工湿地如此复杂的系统仅用两个参数（进水、出水质量浓度）加以描述，很少采用三个参数（进水、出水质量浓度和水力负荷）进行描述。仅考虑进水和出水质量浓度的衰减方程，在一定负荷范围内，预测出的出水质量浓度与水力负荷率不相关，只有同时考虑水力负荷时，才可以预测最大允许水力负荷率下与进水质量浓度相对应的出水水质。表10-4和表10-5分别列出了北美数据库中的表面流人工湿地衰减方程和欧洲以土壤为介质的水平潜流人工湿地衰减方程。

**表10-4　表面流人工湿地衰减方程**

| 污染物 | 衰减方程 | $C_i$/(mg/L) | $C_o$/(mg/L) | $q$/(cm/d) | $R^2$ |
|---|---|---|---|---|---|
| 总悬浮固体(TSS) | $C_o=0.16C_i+5.1$ | 0.1～807 | 0～290 | 0.02～28.6 | 0.23 |
| 生化需氧量($BOD_5$) | $C_o=0.17C_i+4.7$ | 10～680 | 0.5～227 | 0.27～25.4 | 0.62 |
| 总磷(TP) | $C_o=0.34C_i^{0.96}$ | 0.02～20 | 0.009～20 | 0.11～33.3 | 0.73 |
| 总氮(TN) | $C_o=0.75C_i^{0.75}q^{0.09}$ | 0.25～40 | 0.01～29 | 0.02～28.6 | 0.66 |
| 大肠菌群指数(FC) | $C_o=6.66C_i^{0.34}q^{0.51}$ | 0.25～40 | 0.01～29 | 0.02～28.6 | 0.36 |

表 10-5　水平潜流人工湿地衰减方程

| 污染物 | 衰减方程 | $C_i$/(mg/L) | $C_o$/(mg/L) | $q$/(cm/d) | $R^2$ |
|---|---|---|---|---|---|
| 总悬浮固体（TSS） | $C_o = 0.09C_i + 4.7$ | 0～330 | 0～60 | — | 0.67 |
| 生化需氧量（$BOD_5$） | $C_o = 0.11C_i + 1.87$ | 1～330 | 1～50 | 0.8～22 | 0.74 |
| 总磷（TP） | $C_o = 0.65C_i + 0.71$ | 0.5～19 | 0.1～14 | 0.8～22 | 0.75 |
| 总氮（TN） | $C_o = 0.52C_i + 3.1$ | 4～142 | 5～69 | 0.8～22 | 0.63 |

衰减方程简单明了、容易获得、方便易用，但由于运行数据仅采用进、出水质量浓度，数据类别单一，方程构造形式太过粗糙，使之不可能准确描述复杂多变的人工湿地条件、水质条件、水流流态、气候条件等因素对处理效果的影响，因而导致设计目标和预测结果与实际观测数据之间误差较大，出水质量浓度 $C_o$ 的标准误差时常与出水质量浓度接近。衰减方程忽略过多的因素如温度、湿地填料材料、床体设计尺寸等，也使方程表达形式多变，据此获得的设计结果存在很大不确定性。

（2）一级 $k-C^*$ 动力学模型　一级动力学模型基于污染物在人工湿地空间上的质量浓度变化普遍呈现出一种指数衰减的趋势而建立。一级动力学模型有的采用体积速率常数 $k_V$ 来确定湿地所需的体积，有的采用面积速率常数 $k_A$ 来确定湿地所需的面积，$k_A$ 在表面流人工湿地中应用较多，而 $k_V$ 则多用于潜流人工湿地。

1）表面流人工湿地：模型的基本表达方式如下

$$q\frac{dC}{dy} = -k_A C \tag{10-1}$$

式中　$C$——污染物质量浓度（mg/L）；

$k_A$——一级面积速率常数（m/d）；

$q$——水力负荷率（m/d）；

$y$——比例长度。

在人工湿地中，污水中不可降解成分、化学作用、植物和微生物代谢及死亡等因素会产生背景污染物质量浓度。Kadlec 和 Knight 基于此现象，建议在一级反应动力学方程中引入背景质量浓度 $C^*$

$$q\frac{dC}{dy} = -k_A(C - C^*) \tag{10-2}$$

由初始条件：$C = C_i(y=0)$，$C = C_o(y=1)$，对式（10-2）进行积分得

$$\ln\left(\frac{C_o - C^*}{C_i - C^*}\right) = -\frac{k}{q} = -Da \tag{10-3}$$

式中　$Da$——Damkohler 常数。

当人工湿地中的流态接近完全混合时，则有

$$\left(\frac{C_o - C^*}{C_i - C^*}\right) = \frac{1}{1 + k/q} = \frac{1}{1 + Da} \tag{10-4}$$

2）潜流人工湿地：模型的基本表达方式如下：

$$\frac{dC}{dt} = -k_V C \tag{10-5}$$

式中 $k_V$——一级体积速率常数（1/d）。

引入背景质量浓度 $C^*$ 的表达式为

$$\frac{dC}{dt} = -k_V(C - C^*) \tag{10-6}$$

由初始条件：$C = C_i(t=0)$；$C = C_o(t=\tau)$，对式（10-6）进行积分得

$$\left(\frac{C_o - C^*}{C_i - C^*}\right) = e^{(-k_V\tau)} \tag{10-7}$$

已知：$k_A = k_V\varepsilon d$，$q = Q/A$，$V = Q\tau = Ad\varepsilon$，则

$$\left(\frac{C_o - C^*}{C_i - C^*}\right) = e^{(-k_A/q)} \tag{10-8}$$

式中 $\varepsilon$——湿地床空隙率；

$d$——床深（m）；

$Q$——流量（$m^3/d$）；

$A$——床体截面面积（$m^2$）。

当考虑沉降和蒸腾作用对湿地处理性能的影响时，在稳态条件下，可推导出如下公式：

$$\left(\frac{C_o - C'}{C_i - C'}\right) = [1 + (\alpha/q)]^{(1+k_A/\alpha)} \tag{10-9}$$

其中

$$C' = C^*\left[\frac{k_A}{k_A + \alpha}\right] \tag{10-10}$$

式中 $\alpha$——蒸腾蒸发量（m/d）。

考虑到温度对人工湿地污染物去除速率的影响，表面流和潜流人工湿地的一级 $k-C^*$ 模型速率常数可用下式修正：

$$k_{A,T} = k_{A,20}\theta^{(T-20)},\ k_{V,T} = k_{V,20}\theta^{(T-20)} \tag{10-11}$$

式中 $\theta$——温度校正常数；

$T$——温度（℃）。

Kadlec 指出：湿地系统中 BOD、TSS 和 TP 去除与温度无关（$\theta=1$），而氮的去除与温度呈正相关（$\theta=1.05$）。

一级动力学模型是人工湿地设计最常采用的是数学模型。模型的推导以污染物降解服从一级反应动力学为基础，经常假设模型中的参数为常量，湿地中水流流态呈理想的推流。但人工湿地一级动力学模型实质上只能算作一种“灰箱”模型，在实际工程中，进水质量浓度和水文条件变化都会产生非稳态问题，短流和死区都是人工湿地中常见的非理想推流现象。速率常数和背景质量浓度也并非恒定，常会受到水深、温度、水力负荷、进水质量浓度、扩散、降雨和蒸发等因素的影响，湿地植被和微生物空间分布不均还会造成模型参数的空间分布变化。根据一级反应动力学可知，只要进水污染物负荷增加，去除速率可以无限增大，这显然与实际情况严重不符。

（3）Monod 动力学模型　在实际运行的人工湿地中，可以观察到当进水质量浓度增加到一定程度时，污染物去除速率会有一定的上限限制。基于此，Mitchell 等推荐使用 Monod

动力学设计模型，即在相对低质量浓度下反应动力学为一级，而在质量高浓度下呈零级。

Monod 动力学模型主要是在一级 $k-C^*$ 模型的基础上加入污染物质量浓度相关函数。

表面流人工湿地的表达方式为

$$q\frac{\mathrm{d}C}{\mathrm{d}y}=-k_{0,\mathrm{A}}\frac{C}{K+C} \tag{10-12}$$

式中 $K$——半饱和常数（mg/L）；

$k_{0,\mathrm{A}}$——零级面积速率常数（$\mathrm{mg\cdot dm^{-2}\cdot d^{-1}}$）。

潜流人工湿地的表达式为

$$\frac{\mathrm{d}C}{\mathrm{d}t}=-k_{0,\mathrm{V}}\frac{C}{K+C} \tag{10-13}$$

已知：$k_{0,\mathrm{A}}=k_{0,\mathrm{V}}\varepsilon d$，$q=Q/A=Q/(WZ)$，$z=vt$，$v=Q/(\varepsilon a)$，则

$$\frac{\mathrm{d}C}{\mathrm{d}z}=-\frac{k_{0,\mathrm{V}}\varepsilon a}{Q}\cdot\frac{C}{K+C}=-\frac{k_{0,\mathrm{A}}}{qZ}\cdot\frac{C}{K+C} \tag{10-14}$$

式中 $k_{0,\mathrm{V}}$——零级体积速率常数（$\mathrm{mg\cdot L^{-1}\cdot d^{-1}}$）；

$W$——湿地宽（m）；

$A$——床体截面面积（$\mathrm{m^2}$）；

$a$——进水截留面积（$\mathrm{m^2}$）；

$Z$——湿地长（m）；

$z$——进水流长（m）；

$v$——流速（m/d）。

Monod 模型可对背景浓度 $C^*$ 作出新的解释：当污染物质量浓度降至接近 0 时，利用 Monod 方程可以预测非常低的反应速率，这样污染物在给定的水力停留时间内无法完全分解。

对于某一进水质量浓度，当反应进入零级动力学阶段，污染物去除速率达到最大，流量再增加，去除速率保持不变，出水质量浓度会增加。与一级动力学模型相比，Monod 动力学模型显然更符合人工湿地处理的实际情况，所以更适用于表达人工湿地污染物的降解过程。

（4）箱式机理模型　受活性污泥法数学模型成功研究的启发，研究者最近开始致力于人工湿地箱式机理模型的研究，用于模拟人工湿地污染物的去除过程。Wynn 和 Liehr 首次提出了水平潜流人工湿地的箱式机理模型，模型由 6 个彼此关联的子模块组成，分别为：碳循环、氮循环、水平衡、氧平衡、异养细菌及自养细菌的代谢。模型并未将磷和悬浮固体的去除纳入其中，因为这两类物质的去除主要依靠物理作用，生物作用非常有限。用串联釜式反应器描述水流的混合状态，用 Marcy 公式描述多孔介质内的流态。模型输入参数包括温度、时间、降雨量、流速及进水 BOD、氨氮、硝酸盐氮、有机氮、溶解氧含量，输出参数包括流速及出水 BOD、氨氮、硝酸盐氮、有机氮、溶解氧含量。模型建立在 15 组动力学方程之上，涉及 42 个与物理、微生物和生物过程相关的参数。

Rousseau 等人利用箱式机理模型模拟了比利时一处中试人工湿地，模型参数除了复制 Wynn 和 Liehr 的原始参数以外，其他未知参数主要基于文献资料和前期模拟参数的整理，

据此共获得 3 个湿地面积（0.1$m^2$、2$m^2$、18$m^2$）。通过模型预测的 BOD 去除效果比较理想，甚至最小面积（0.1$m^2$）也基本可以满足出水水质要求，而 18$m^2$ 的湿地出水 BOD 完全可以达到要求，且几乎维持恒定。如此好的预测结果主要源于模型假设悬浮固体的去除率为 100%，因此颗粒性 BOD 很快被完全去除。

箱式机理模型目前尚不能真正用于指导人工湿地的设计，这是因为：

1）很多参数的确定过多依赖假设和经验，准确估计模型初始条件和相关参数现阶段还不现实。

2）所有颗粒物质快速完全去除的假设明显与实际情况不符。

3）忽略了一些重要的微生物过程，如模型并未包含生物膜的传质限制。

尽管如此，箱式机理模型的提出对人工湿地的发展仍起到非常重要的作用，它有助于深入了解湿地不同反应过程，可以更好地解释系统内部各反应过程及成分之间的相互作用关系，箱式机理模型也为未来人工湿地模型的发展提供了重要构架。

### 10.4.5　人工湿地生态系统应用工程实例

本案例为美国 Albuquerque 小学污水处理项目（图 10-13）。

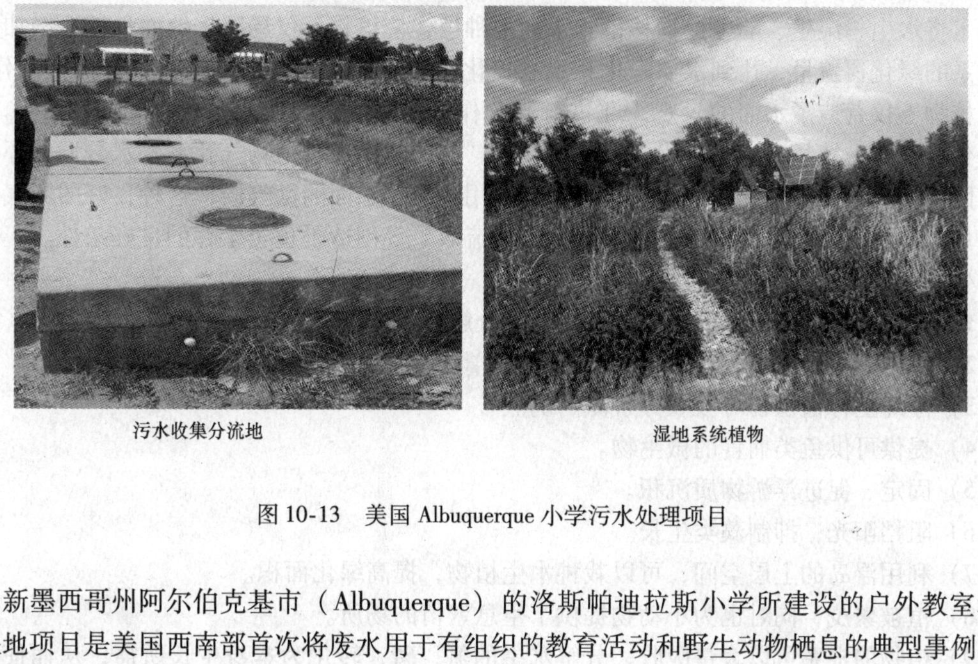

污水收集分流地　　湿地系统植物

图 10-13　美国 Albuquerque 小学污水处理项目

新墨西哥州阿尔伯克基市（Albuquerque）的洛斯帕迪拉斯小学所建设的户外教室和人工湿地项目是美国西南部首次将废水用于有组织的教育活动和野生动物栖息的典型事例。由于当地地下水位高，采用沙丘过滤处理不仅效果很差，而且会给地下水带来污染。于是学校利用临近处一块面积 4acre（1acre = 4046.856$m^2$）土地，设计和建立起人工湿地废水处理系统。

该工程项目得到新墨西哥州代理机构与阿尔伯克基市公立学校管理部门的支持，获得了大约 20 万美元的资金。作为一个示范工程，该项目的系统结构要素中，除了风雨棚和人工湿地外，还包括一个用于水生生物研究的池塘，用于观察和研究的自然小径，用于展览的植物群落园和供行人休息的石凳等。

尽管在系统中利用重力流可以节省能耗，但由于整个示范场地较为平整，因此该系统需要多级提升，在最后的一个环节，水泵将水提升使其经过紫外消毒装置，处理出水流入池塘。

用于水生生物研究的池塘里种植了不少植物，有香蒲、黄菖蒲、睡莲及其他植物，还种了伊乐藻，这是一种很好的通气植物。系统刚开始运行时，由于早期水的浊度较大在一定程度上阻碍了植物的生长，并且在第一年里，用于生物研究的池塘还出现了严重的丝藻问题，导致丝藻快速繁殖的部分原因是人工湿地系统还没有完全建成，以致较多的磷被带入池塘。运行一段时间后，随着池塘的浮萍数量的增加和睡莲的旺盛生长，遮盖了大片水面，隔离阳光和阻碍气体交换，抑制了藻类的生长，致使池塘中的藻类几乎全部消失。

## 10.5 生态浮岛

### 10.5.1 生态浮岛简介

生态浮岛，又称“生态浮床”，是一种针对富营养化的水质，利用生态工学原理，降解水中的COD、氮、磷的含量且兼具景观美化和生态净化功能的功能性景观。它应用无土栽培技术将水生、湿生、陆生植物移植到水面上种植，使植物不仅局限于地面种植，增加了生态水系的绿化覆盖量，达到水质净化和水系美化的效果，同时对藻类也有很好的抑制作用。浮岛植物不仅营造了水面的景观，在进行光合作用的时候，吸收周围的$CO_2$，释放$O_2$，同时净化着空气；植物在生长过程中有蒸腾作用，蒸腾作用通过植物气孔蒸发水分调节环境温度。因此，生态浮岛植物的光合作用与蒸腾作用调节着水面的微气候，这种良好的微气候适宜于鸟类等的栖息。由于浮岛的遮阳效果、涡流效果等创造了鱼类生存的良好条件。

生态浮岛的主要作用为：

1）附着在接触材料上的微生物可以有效分解有机物。

2）吸附浮游藻类。

3）浮岛上种植植物可吸收分解氮、磷。

4）提供可供鱼类捕食的微生物。

5）固定、促进浮游物质沉积。

6）阻挡阳光，抑制藻类生长。

7）利用浮岛的上层空间，可以栽种水生植物，提高绿化面积。

8）植被繁茂，同时也为小动物提供了生息繁衍的场所。

9）植物的根系可以大量吸收、分解水中的氮、磷，转化为本身生长所需，从而使水质富营养化得到改善，有效抑制蓝藻生长。

生态浮岛的主要机能如图10-14所示。

人工浮岛是采用人工手段建筑的一种生态浮岛。它是德国的BESTMAN公司在20世纪90年代提出的一种水边环境保护技术。近年来，随着人们对环境问题的重视，周围的自然环境特别是水边的自然景观状况也越来越受到关注。在此背景下，不光是水的净化，人们对创造多样性生态系统的人工浮岛也寄予了很大希望。

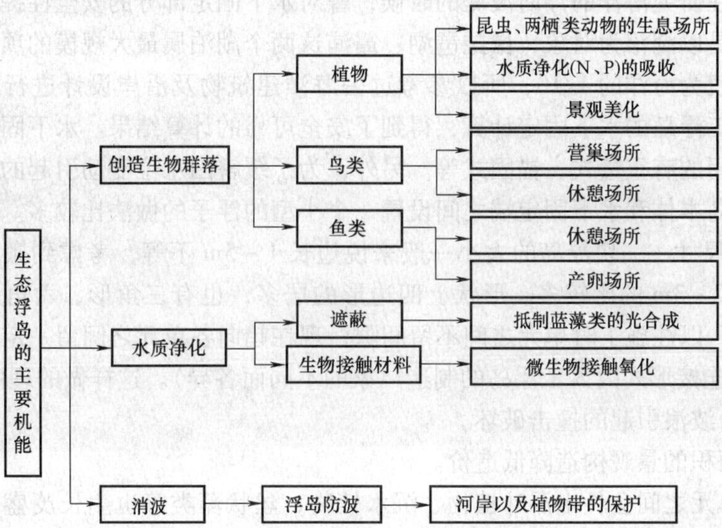


图10-14 生态浮岛的主要机能

### 10.5.2 生态浮岛的结构及类型

(1) 构造分类 从大的方面分，人工浮岛可分为干式和湿式两种。水和植物接触的为湿式，不接触的为干式。干式浮岛因植物与水不接触，可以栽培大型的木本、园艺植物，通过不同木本植物的组合，构成良好的鸟类生息场所，同时也美化了景观。但这种浮岛对水质没有净化作用。一般这种大型的干式浮岛是用混凝土或是用发泡聚苯乙烯做的。

湿式浮岛又分有框架和无框架，有框架的湿式浮岛，其框架一般可以用纤维强化塑料、不锈钢加发泡聚苯乙烯、特殊发泡聚苯乙烯加特殊合成树脂、盐化乙烯合成树脂、混凝土等材料制作。据统计到目前为止湿式有框架型的人工浮岛的施工事例比较多，占了7成。无框架浮岛一般用椰子纤维编织而成，对景观来说较为柔和，又不怕相互间的撞击，耐久性也较好。也有用合成纤维作植物的基盘，然后用合成树脂包起来的做法。

(2) 植物栽培基盘 植物栽培基盘用椰子树的纤维、渔网之类的材料和土壤混合在一起使用的比较多，由于装入土壤会增加重量且促进水质恶化，目前使用得比较少，只有20%左右。还有种方式是将水生植物种于营养钵（或花盆）中，再把营养钵置于塑料泡沫板做成的种植穴中。这样种植主要是为景观需要，但在治理水质效果方面不尽如人意。植物栽培基盘还可选择秸秆、无纺布等，还有的用大孔径穴盘，如蝴蝶兰穴盘等。

(3) 浮力设施 最先采用塑料泡沫，它和种植平台融为一体。优点是浮力大，便于管理；缺点是塑料泡沫二次污染，不利于环保。现在使用较多的是由竹、木等自然材料作浮力材料和框架，近年来也多采用PVC管材、废弃轮胎等。这些材料成本低，制作方便，二次污染少。上述这些材料各有优点和缺陷，如PVC管材购买材料方便、成本较低、制作简单；缺点是浮岛管理不够方便，应用时应因地制宜。

(4) 浮岛的水下固定 人工浮岛的水下固定设计是一个较为重要的设计内容，既要保证浮岛不被风浪带走，还要保证在水位剧烈变动的情况下，能够缓冲浮岛和浮岛之间的相互碰撞。以前日本在研究海洋的浮防波堤的时候，曾对水下固定部分的安全性提出过怀疑。而人工浮岛的设计是以湖沼为对象，像琵琶湖、霞浦这两个湖泊属最大规模的项目，和海洋比较起来设计外力仅为海洋的1/10，所以参考过去海洋建筑物及沿岸设计进行琵琶湖、霞浦这两个湖泊的人工浮岛的水下固定计算，得到了安全可靠的计算结果。水下固定形式要视地基状况而定，常用的有重量式、锚固式等。另外，为了缓解因水位变动引起的浮岛间的相互碰撞，一般在浮岛本体和水下固定端之间设置一个小型的浮子的做法比较多。

（5）浮岛的尺寸　一块浮岛的大小一般来说边长1～5m不等，考虑到搬运性、施工性和耐久性，边长2～3m的比较多。形状上四边形的居多，也有三角形、六角形或各种不同形状组合起来的。以往施工时单元之间不留间隙，现在趋向各单元之间留一定的间隔，相互间用绳索连接（连接形式因人工浮岛的制造厂家的不同而各异）。这样做的理由有：

1）可防止由波浪引起的撞击破坏。

2）可为大面积的景观构造降低造价。

3）单元和单元之间会长出浮叶植物、沉水植物，丝状藻类等也生长茂盛，成为鱼类良好的产卵场所、生物的移动路径。

4）有水质净化作用。

（6）布设规模　人工浮岛的布设因目的的不同，规模也不同，到目前还没有固定的公式可套。研究结果表明提供鸟类生息的环境至少需要1000m$^2$的面积，若是以净化水质为目的除了小型水池以外，相对比较困难，专家认为覆盖水面的30%是很必要的，若是以景观为主要目的的浮岛，至少应在视角10°～20°的范围内布设。

## 10.5.3　生态浮岛的净化原理

生态浮岛的水质净化的定义因目的、对象的不同而有所不同。其中，人工浮岛的水质净化主要针对富营养化的水质而言，通过减少COD、氮、磷的含量来抑制赤潮的发生，以提高水的透视度为目的。它的净化机理基本上与湖沼沿岸植物带的水质净化机理相似。湖沼沿岸植物带的水质净化要素有以下8个：

1）植物茎等表面对生物特别是藻类的吸附。

2）植物的营养吸收。

3）植物根系附着的微生物对污染物的降解作用。

4）水生昆虫的摄饵、羽化等。

5）鱼类的摄饵、捕食。

6）防止已沉淀的悬浮性物质再次上浮。

7）日光的遮蔽效果。

8）在湖泥表面的除氮。

人工浮岛与湖沼沿岸植物相比，具有附着生物多，水中直接吸收N、P等特点，在对植物性浮游生物的抑制、提高水的透视度等方面效果比较显著。

## 10.5.4　生态浮岛生态系统应用工程实例

### 1. 汾江河人工生态浮岛建设

汾江河人工生态浮岛（图10-15）是全国首例在江河段上安装的人工生态浮岛。汾江河人工生态浮岛试验段种植了圆币草、狐尾草、五菖蒲等多达11个品种的湿生植物，面积达到745m²。植物的生态修复效果明显，以美人蕉为例，1棵美人蕉生长4个月后，就能够净化48m³的水体，降低氮含量，将V类水净化为Ⅳ类水。

图10-15 汾江河人工生态浮岛

由于以前的生态浮岛，都是在湖泊里面建的，湖泊是静水，不会潮涨潮退。作为全国首例在动态河面安装的人工生态浮岛，汾江河人工生态浮岛的安装遇到了以下几个问题：一是流速比较大，二是潮涨潮退比较明显，三是垃圾比较多。在这种条件下，怎样来加固浮床的结构，整个框架怎么做，水下的加固怎么定位，潮涨潮退固定装置怎么适应，都是需要考虑的问题。在研究浮岛的同时，也在苗圃水生生物培植基地就人工浮岛的结构加固、低矮植物的抗油污能力培养等展开试验。

汾江河南海段主干长度为17.7km，流经罗村、桂城、大沥等镇街，其中罗村涌等汾江河沿岸河涌是南海段重点整治的对象。汾江河首次建设的3个人工浮岛就位于罗村涌、良安涌和王芝截洪沟这3条直排入汾江河的河涌，总长超过600m，投资约300万元。作为汾江河支流，罗村涌等属于城市河道，由于河道固化程度大，很难种栽水生植物净化水质。于是采用水生植物浮岛对河道水体进行综合治理，使过滤的罗村涌河水变清澈后再流入汾江河。在经过浮岛净化后，上游略带浑浊的河水在感官上已经呈现水质渐渐变清绿的效果。一排竹木浮在罗村涌水面，木框内有美人蕉、风车草等植物，看上去像个水上花园。这就是生态浮岛。

**2. 台湾大学安康农场试验项目**

国内近年来积极推动水质净化生态工法的研究与应用，各种工法的设置案例与日俱增，以人工浮岛作为水质净化工法则较缺乏本土性的研究及应用案例。人工浮岛除了在生物栖地、环境景观、消坡护岸、水生养殖等方面具有一定程度的助益外，对于水质的净化亦具有相当不错的成效。在台湾大学安康农场设置38个PVC制人工浮岛与32个竹制人工浮岛，研究20种栽植于浮岛上的水生植物的生长状态，自2005年8月至12月进行平均每周一次共四个月的观察。其中生长状况较显著的有灯心草，比生长速率为0.034/d；培地茅为0.022/d；开卡芦为0.030/d；莞为0.024/d；香蒲为0.033/d；单叶咸草为0.034/d；甜荸荠为0.025/d；过长沙为0.024/d。

（1）背景情况　台湾大学生物资源暨农学院附设农业试验场——安康分场，经纬度为东经121°31′38″，北纬24°57′41″，位于新店市涂潭山交界处，农场面积约18.4hm²，为新店溪支流安坑溪所发育形成的平缓河阶地形，粒径分析结果表明，土壤组成以砂质壤土为主，同时由于农场内开发程度较低，加上维护得宜，因此生物资源相当丰富。

台湾大学安康农场内现有一水塘，作为农场内灌溉渠道的蓄水池，水源主要来自渠道上游山沟及少部分住户排放的生活污水。蓄水池面积0.7hm²，总储水量为12950m³，平均水深为0.5m。水塘中水质的电导度为532～588 μS/cm，溶氧量DO为5.9～6.4mg/L，pH值为6.89~7.21。另外总磷质量浓度为0.03~0.11mg/L，氨氮质量浓度为0.14~0.15mg/L，生化需氧量BOD为0.7~2.5mg/L。水质采样处为蓄水池的入水口闸门处，2005年8月22日到9月15日，平均每周一次共采样四次。

（2）人工浮岛单元配置与数量　台湾大学安康农场水塘内的人工浮岛的设置，为配合后续研究及示范推广的功能，主要考量因素在于材料取得的方便性、经济性与施工技术性等方面。而湿式有框的类型适用于净水型人工浮岛，经过评估后决定以PVC管及竹子等两种材料为浮体构造物，并以塑胶网及椰纤毯固定于浮体框架中，以作为植物生长的支撑与基质。

（3）结果讨论　自2005年8月22日到12月16日共观察十二次，根据人工浮岛的水生植物生长记录分析，不论PVC制或竹制的人工浮岛，植物生长整体而言，大致上都是呈先上升、后下降，而后又持续上升的趋势。在野外的实验受到许多环境因子的影响，所得植物生长曲线无法像标准曲线般平滑，而影响的其中一个重要时间点是在第38天的量测纪录，植物的生长达到一个高峰，之后开始呈现下降的趋势。其主要原因是受到10月1日的“龙王”台风影响，除了部分植株遭风雨吹袭导致受损外，台风带来的堆积物造成水塘入水口堵塞，入水量不足使得水塘水位降低，部分以绳索固定于岸边的浮岛半悬空中，而致植物干枯死亡，但经过整理之后植物仍有持续生长的趋势。

（4）结论与建议　人工浮岛上水生植物生长状况良好者如挺水型的香蒲及培地茅，在数量上有缓慢且稳定的增长；灯心草与过长沙在浮岛上生长旺盛，适合作为人工浮岛植物的选择；而水生植物中常见的莎草科如单叶咸草、莞等都呈现良好的生长状况。禾本科植物如水稻、交白笋及李氏禾生长状况皆不理想。

人工浮岛上的水生植物在生长季过后可以定期采收，可以将营养盐直接从水体中移除，避免植物体枯死后营养盐再度回到水体之中。

## 10.6　固体废物处理生态工程

### 10.6.1　固体废物处理生态工程简介

**1. 固体废物**

固体废物一般指被丢弃的固体和泥状物质，以及从废水、废气中分离出来的固体颗粒等。固体废物是指物质在某一利用过程中或在某一方面没有利用价值，而绝非在一切过程或一切方面无利用价值。固体废物主要来源于人类生产和消费活动。

**2. 固体废物的分类**

固体废物按性质可分为：有机废物、无机废物。

按危害状况可分为：有害废物和一般废物。

按形状可分为：固体状（颗粒状、粉状、块状）和泥状。

按来源可分为：矿生固体废物、工业固体废物、农业废弃物、城市垃圾与污水处理厂固体污泥等。

**3. 固体废物对环境的危害**

固体废物对环境的污染主要通过水、大气、土壤形成化学物质型和病原体型污染。其危害主要有：

（1）侵占土地　大部分固体废物的处置都采用填埋方式，使得堆放场地不断扩大。

（2）污染源不断增加　固体废物污染大气、水和土壤，使得污染迁移，造成连锁反应。

（3）影响环境卫生　固体废物堆放点易孳生蚊虫和致病菌，环境卫生恶化。

**4. 固体废物处理生态工程**

固体废物处理生态工程主要是将固体废物无害化、减量化与资源化。应用生态环境工程技术处理固体废物，是实现固体废物无害化、资源化的重要手段。目前，这一技术的研究与应用主要集中在农业废弃污物、城市垃圾与污水处理厂污泥的处理处置等方面。

固体废物处理生态工程主要有以下几种模式：

（1）肥料化　指通过直接利用或加工利用的方式，将固体废物转化为肥料或土壤改良剂。

（2）饲料化　将固体废物转化为养殖业所必需的饲料。

（3）原料替代化　利用固体废物可替代部分生产活动中的宝贵资源，如利用米糠、蔗渣等可替代木材生产木腐性食用菌。

（4）能源化　即利用工业废物生产沼气，其发酵残余物又可在农业生产中广泛应用。

固体废物资源化的生态工程，往往具有资源多层次综合利用的特色，以最大限度提高资源的利用效率并取得理想的效益。

固体废物的肥料化、饲料化处理最终都将导致其进入食物链，因此对于其长期应用的生态效应必须引起足够重视，对固体废物原料的选择，应用范围以及应用数量均应制定严格的控制标准。

## 10.6.2　固体废物生态处理原理

（1）固体废物的处理　固体废物处理主要包括物理处理、化学处理、生物处理、热处理和固化处理。

1）物理处理：通过浓缩或相变化改变固体废物的结构，使之成为运输、储存、利用或处置的形态。包括压实、破碎、分选等，是回收固体废物中有价物质的重要手段。

2）化学处理：采用化学方法破坏固体废物中的有害成分，从而使其达到无害化。包括氧化、还原、中和、化学沉淀和化学溶出等。经化学处理产生的富含毒性成分的残渣，还需解毒处理或安全处置。

3）生物处理：利用微生物分解固体废物中可降解的有机物，从而使其达到无害化或综合利用。包括好氧处理、厌氧处理和兼性处理。

4）热处理：通过高温破坏和改变固体废物组成和结构，同时达到减容、无害化或综合利用的目的。包括焚化、热解以及焙烧、烧结等。

5）固化处理：采用固化基材将废物固定或包覆起来以降低其对环境的危害。从而能较安全地运输和处置。主要处理对象是危险固体废物。

（2）固体废物的处置　固体废物处置方法主要有填埋、焚烧、堆肥、填海、资源化利用等。

控制固体废物污染的技术政策包括减量化、资源化和无害化。其中，减量化是指通过适宜的手段减少固体废物的数量，减小其容积。包括从源头上改革生产工艺、产品设计或者改变社会消耗机构和废物产生机制，达到减少固体废物产生量的目的。减量化还可以从生产末端，通过压缩、打包、焚烧和处理利用来进行减容。固体废物资源化是指通过各种方法从固体废物中回收有用组分和能源，旨在减少资源消耗，加速资源循环，保护环境。固体废物无害化是指将固体废物通过工程处理，达到不损害人体健康，不污染周围自然环境的目的。固体废物处理处置技术发展方向就是要最终实现资源化。

(3) 固体废物生态工程原理　在固体废物处理生态工程中，生物起着极为重要的作用，它们一方面可改变固体废物的物理、化学和生物学特性，使得固体废物的潜在价值转变为现实价值，同时又是实现固体废物减量化与无害化的基本手段。其中，常见的固体废物生态工程就是城市生活垃圾堆肥。

堆肥化是在微生物作用下通过高温发酵使有机物矿质化、腐殖化和无害化，变成腐熟肥料的过程。在微生物分解有机物的过程中，不但生成大量可被植物吸收利用的有效态氮、磷、钾化合物，而且还合成新的高分子有机物——腐殖质。腐殖质是构成土壤肥力的重要活性物质。可以供农田、果园、蔬菜保护地等使用，通过堆肥可消灭或大大减少垃圾所携带的致病性微生物、幼虫，消除垃圾恶臭，改善公共卫生。与填埋或焚烧方法相比，堆肥具有不占或少占耕地，回收氮磷资源，不污染环境等优点。

土壤使用堆肥后，能够增加土壤中稳定的腐殖质，形成土壤的团粒结构，并有一系列作用，如使土质松软、多孔隙易耕作，增加保水性、透气性及渗水性，改善土壤的物理性能；肥料成分中氮、钾、铵等都以阳离子形态存在，由于腐殖质带负电荷，吸附阳离子，有助于粘土保住阳离子，即保住养分提高保肥能力。腐殖质阳离子交换容量是普通粘土的几倍到几十倍，腐殖质有螯合作用和缓冲作用。对于作物有害的铜、铅、镉等重金属可与腐殖质发生螯合反应而降低其危害程度，有利于植物生长。当土壤中腐殖质多时，即使肥料施得过多或过少，也不易受到损害；还可减轻气象等条件恶化所造成的影响。如当水分不足时，可防止植物枯萎，起到类似缓冲器的作用。堆肥是缓效性肥料，腐殖化的有机物具有调节植物生长的作用，也有助于根系发育和伸长。将富有微生物的堆肥施于土中可增加土壤中微生物数量。微生物分泌的各种有效成分能直接或间接地被植物根吸收而起到有益作用。因此，堆肥是昼夜都有效的肥料。

垃圾堆肥是在微生物作用下，将垃圾中的有机物通过微生物新陈代谢等生物化学作用进行降解的过程。由于堆肥内的环境不同，既可以是厌氧菌为主的腐败发酵过程，也可以是好氧菌为主的氧化分解过程。

厌氧堆肥是在缺少氧气的条件下，将有机废弃物（包括城市垃圾、人畜粪便、植物秸秆、污水处理厂剩余污泥等）进行厌氧发酵，制成有机肥料，最终实现固体废物无害化的过程。其生物作用包括下述两个阶段：

产酸阶段——产酸细菌分解有机物，产生有机酸、醇、二氧化碳、氨、硫化氢等，使pH值下降。

产甲烷阶段——产甲烷细菌分解有机酸和醇，产生甲烷和二氧化碳，随着有机酸含量的下降，pH值迅速上升。

厌氧堆肥的特点是：堆制温度低，不设通气系统，腐熟和无害化所需时间长，异味强烈，分解不充分；但该法简便、省工。

好氧堆肥与厌氧堆肥相比，主要优点是：处理周期短，不会产生臭气，堆肥产物化学性质稳定，不会对环境造成影响。

目前垃圾堆肥主要以好氧堆肥为主。

垃圾堆肥所需条件如下：

1）微生物：不论何种堆肥，起主要作用的微生物均为细菌、放线菌与真菌。这些微生物来自堆放垃圾的土壤、食品废弃物或其他有机废物，其数量一般每千克废弃物 $10^6 \sim 10^{25}$ 个，正是由于这些微生物的生长与繁殖所引起的代谢过程，形成了垃圾的生化变化。加入特殊培养的菌种或经过驯化的微生物，常可加速堆肥过程，缩短堆肥周期。

2）湿度：任何生化过程均需要有水作为介质，垃圾堆肥时的含水量应在45%～65%之间，以利于微生物的生存与繁殖，因此通常需要补充一定的水分。

3）养分：适宜微生物生长繁殖的C∶N为（30～35）∶1，而一般垃圾的C∶N均较高，同时缺磷严重。补充氮磷的方法包括：加入氮磷营养溶液、加入城市污水污泥、加入适量粪便。

4）温度：由于嗜热菌和嗜温菌的作用，使得垃圾堆肥内的温度升高，可达60℃，因此可以通过温度数值了解微生物生化活动的状况。

5）通风：对于城市垃圾机械化堆肥，通风与搅拌是必要的。通风的目的是使垃圾与空气充分接触，促使好氧菌生长，但又要防止热量和水分的丧失。

### 10.6.3 固体废物处理生态工程实例

本案例为能量自给型城市生活垃圾堆肥系统，以广东省为例。

目前，我国垃圾的历年堆存量已达到60亿t，全国200多座城市已陷入垃圾围城之中。1997年，全国的垃圾产量达到了1.4亿t，而且还在以每年8%～10%的速度增长。在国内的一些大城市，如北京、上海，垃圾日产量已超过12000t。1998年夏，上海市的城市生活垃圾日产量曾达到14000t。两地占地 $50m^2$ 以上的“垃圾山”超过6000座。迄今为止，我国绝大多数城市生活垃圾仍以露天堆放、填埋为主，不仅占用了宝贵的土地资源，而且对环境造成了严重的二次污染。能否妥善解决垃圾问题，是关系到国计民生的一件大事。

根据垃圾是资源，资源要利用这一原则，在长期的垃圾堆肥及垃圾能源利用的研究和技术开发基础上，提出了能量自给型城市生活垃圾堆肥系统，即：可用物资（废纸、金属、玻璃等）的回收再生利用；易腐有机物的堆肥处理；高热值不易腐有机物的能量利用；灰渣的固化处理，实现灰渣的材料化。该系统一方面可以大大利用垃圾中易腐有机物，降低垃圾复合有机肥的生产成本，另一方面由于选取较小的发电装机容量还可以使系统的建设成本大大降低，避免垃圾发电上网问题。该系统适合国情，拥有广阔的市场前景，由此产生的社会和经济效益都将是相当可观的。

**1. 广东省垃圾情况概述**

1997年，广东省的城市生活垃圾的产量达到740万t，基本上呈逐年上升的趋势。以广州市为例，城市生活垃圾的产量从1990年的105万t增加到1996年的176万t，平均年增长率超过10%。总的来说广东省的城市生活垃圾有以下几个特点：

1）从垃圾组成来看，无机物含量较低，塑料、废纸及厨余的比例较高。

表10-6是广东省几个城市的垃圾组成分析结果。由于广东省民用燃料气化率很高（基本达到90%以上），因此在生活垃圾中无机物（不含玻璃、金属）的含量比国内许多城市要低（重庆31.6%，石家庄38.5%，大连26.3%，太原36%，一些以燃煤为主的城市无机物的含量甚至达到70%～80%），而废纸、塑料含量高（重庆17.0%，石家庄7.9%，大连8.4%，太原6.1%）。

**表10-6　广东省城市生活垃圾的组成分析（%）**

| 城市 | 砂土 | 玻璃 | 金属 | 纸 | 塑料 | 橡胶 | 布 | 草木 | 厨余 | 白塑料 | 皮制品 |
|---|---|---|---|---|---|---|---|---|---|---|---|
| 广州 | 14.92 | 4.39 | 0.55 | 5.63 | 13.73 | 0.53 | 4.44 | 5.86 | 47.86 | 1.33 | 0.76 |
| 中山 | 11.2 | 1.6 | 1.07 | 5.87 | 17.87 | 0.53 | 3.2 | 11.2 | 47.47 | — | — |
| 深圳 | 14.29 | 1.79 | 1.34 | 7.14 | 19.2 | — | 1.79 | — | 53.57 | 0.89 | — |
| 新会 | — | 1.49 | — | 7.19 | 7.78 | 1.2 | 1.8 | 22.75 | 56.9 | 0.9 | — |

注：广州市垃圾组成数据为1998年平均值；中山垃圾为1999年3月填埋场取样值；深圳垃圾为1999年3月深圳某区取样值；新会市垃圾为1999年4月居民区垃圾中转站取样值。垃圾水分范围为40%～60%。

2）从物化性质上看，由于广东城市生活垃圾中灰渣含量低、纸和塑料等易燃有机物含量高，一方面导致垃圾的堆积密度较小（不到300kg/m³，而全国其他许多城市则达到500kg/m³左右），另一方面使得垃圾的热值较高，广东省（尤其是珠江三角洲地区）城市生活垃圾低位热值通常在4000～5500kJ/kg范围内。

3）垃圾产量的季节性变化，就城市生活垃圾而言，广东省内各城市一年中垃圾的产量有一定的变化规律。如广州市1998年通常垃圾产量4800t/d，但在春节期间垃圾的产量大大高于这个数值。1998年春节期间，垃圾日产量达到9000t，而1999年春节期间垃圾日产量甚至达到11000t。这与广东人的过年习俗密切相关。广州是中国著名的花城，春节前人们习惯买花，而过完春节鲜花枯萎后就变成了垃圾，导致春节后垃圾产量猛增。

**2. 发展能量自给型城市生活垃圾堆肥系统，解决垃圾问题**

综上所述，单纯地依靠某种技术来处理城市生活垃圾不是适合国情的解决垃圾问题的根本方法。

就目前情况来看，由于我国垃圾焚烧发电电力上网方面的政策尚不完善，因此靠垃圾焚烧发电，工厂自用电以外剩余电力上网售电时机还不成熟。而且，垃圾热值低，焚烧发电装机容量较小，发电成本高，与常规发电相比电价也没有竞争力。从经济性角度来讲，垃圾焚烧发电并不是垃圾资源化利用的最佳出路。

垃圾是资源，这一点已成为人们的共识。因此，单纯地"处理"垃圾是不科学的，必须因地制宜，针对垃圾中组分的多样性，以资源、能源回收为出发点进行综合利用，即建立能量自给型城市生活垃圾堆肥系统。包括以下几个方面的内容：

1）可用物资（废纸、金属、玻璃等）的回收再生利用。

2）易腐有机物的堆肥处理。

3）高热值不易腐有机物的能量利用。

4）灰渣的固化处理，实现灰渣的材料化。

目前国内已有单位开始了这方面的尝试，但是由于技术上的问题，资源、能源的利用效率低，还不能利用垃圾自身的能量解决工艺过程的高能耗问题，系统运行成本高，技术含量低，不利于产业化推广。发展垃圾综合利用系统，应以系统能量自给为目标，一方面可以大大降低生产成本，另一方面由于选取较小的发电装机容量还可以使系统的建设成本大大降低，更适合国情，拥有广阔的市场前景，由此产生的社会和经济效益都将是相当可观的。

**3. 能量自给型城市生活垃圾堆肥系统中需解决的关键问题**

（1）堆肥工艺的改进　堆肥工艺的进一步改进，包括四个方面的内容：分选技术、设备的改进；开发新菌种，缩短发酵周期，减少投资和占地；简便造肥技术的研究与开发；微生物脱臭技术的研究应用。

（2）能量利用系统　无论用哪种垃圾能利用方式（热解、气化或燃烧），能量的高效、稳定的利用要求垃圾原料的物化性质尽可能稳定，而原生垃圾很难达到这个要求。另外，垃圾直接热处理会产生大量的 HCl，不仅会造成设备的腐蚀，而且污染环境。而 RDF（垃圾衍生燃料）是解决这些问题的最佳出路。RDF 的热解、气化、燃烧特性及其制造工艺，以及相应工艺过程和设备的研究开发，可以从根本上解决腐蚀问题、提高能量利用效率，最大限度地降低能量利用过程中产生的环境污染。

## 10.7 大气污染防治生态工程

### 10.7.1 大气污染防治生态工程简介

大气污染是指大气中污染物质的含量达到有害程度，以致破坏生态系统和人类正常生存和发展的条件而造成危害的现象。主要大气污染物包括：气溶胶状态污染物、硫氧化物、氮氧化物、碳氧化物、碳氢化物以及有害微生物等。大气污染可分为物理性污染、化学性污染与生物性污染三种类型。

目前对大气污染的控制工程技术可分为两种：常规控制技术与生态工程技术。前者以污染物的减排为主要特点，严格意义上的污染净化，则主要靠后者实现。

大气污染净化生态工程主要靠绿色植物完成。经过筛选，作为工程措施的绿色植物，在吸收与吸附污染物净化大气化学性污染、物理性污染与生物性污染方面均能发挥重要作用。

### 10.7.2 大气污染防治生态处理原理

**1. 植物对大气化学性污染的净化作用**

工业生产过程中产生出有毒气体，如二氧化硫是冶炼企业产生的主要有害气体，它数量多、分布广、危害大。当空气中二氧化硫体积分数达到 0.001% 时，人就会呼吸困难，不能持久工作；达到 0.04% 时，人就会迅速死亡。氟化氢则是窑厂、磷肥厂、玻璃厂产生的另一种剧毒气体，这种气体对人体危害比二氧化硫大 20 倍。很多树木可以吸收有害气体，如 1$hm^2$ 的柳杉每月可以吸收二氧化硫 60kg。上海地区 1975 年对一些常见的绿化植物进行了吸硫测定，发现臭椿和夹竹桃不仅抗二氧化硫能力强，并且吸收二氧化硫的能力也很强。臭椿在二氧化硫污染情况下，叶中含硫量可达正常含硫量的 29.8 倍，夹竹桃可达 8 倍。其他如珊瑚树、紫薇、石榴、厚皮香、广玉兰、棕榈、胡颓子、银杏、桧柏、粗榧等也有较强的对二氧化硫的抵抗能力，刺槐、女贞、泡桐、梧桐、大叶黄杨等树木抗氟的能力比较强。另外，木槿、合欢、杨树、紫荆、紫藤、紫穗槐等对氯气、氯化氢气体有很强的抗性；紫薇可吸收汞；大多数植物都能吸收臭氧，其中银杏、柳杉、樟树、海桐、青冈栎、女贞、夹竹桃、刺槐、悬铃木、连翘等净化臭氧的作用较大。树木还能吸收氨及其他有害气体等。故有“有害气体净化场”的美称。

大气中的化学污染物包括：二氧化碳、二氧化氮、氟化氢、氯气、乙烯、光化学烟雾等无机有机气体，以及汞、铅等重金属蒸气及大气飘尘所吸附的重金属化合物。

植物对氮化物具有极高的吸附能力。如氟化氢气体在通过40m宽的刺槐带后，含量比通过同距离空气降低近50%。植物可吸收有机无机蒸气，加拿大杨、桂香柳可吸收醛、酮、酚等有机物蒸气，大部分高等植物均可吸收空气中的铅与汞，其能力除因树种而有很大不同外，也与大气中铅和汞的含量有关。一般来说落叶阔叶树高于长绿针叶树种。

树木对大气中的二氧化碳与氧气的平衡也发挥着很大的作用，据测定，$1hm^2$ 的阔叶林在夏季每天可消耗1t二氧化碳，释放0.73t氧气。

大气中芳烃抗性较强的植物品种包括：侧柏、龙柏、毛白杨、山桃、臭椿、紫穗槐、刺槐、银杏、垂柳、泡桐、大叶女贞、新疆杨等。对大气中烯烃污染物抗性较强的树种包括：侧柏、云杉、臭椿、垂柳、紫穗槐、毛白杨、新疆杨、刺槐、大叶黄杨等。

在选择植物对大气污染物净化时，不仅要考虑其对污染物的吸收净化能力，同时也要考虑其对该污染物的耐性。

**2. 植物对大气物理性污染的净化作用**

大气污染物除有毒气体外，还包括大量粉尘。利用植物吸尘、减尘可达到较好的效果。

（1）植物对大气飘尘的去除效果　植物除尘的效果与植物种类、种植面积、密度、生长季节等因素有关。一般情况下，高大、树叶茂密的树木较矮小、树叶稀少的树木吸尘效果好，植物的叶型、着生角度、叶面粗糙度等也对除尘效果有明显的影响。

空气中的灰尘和工厂里飞出的粉尘是污染环境的有害物质。这些微尘颗粒，重量虽小，但它在大气中的总重量却是惊人的，许多工业城市每平方千米平均降尘量为500t左右，某些工业十分集中的城市甚至高达1000t以上。在城市每燃烧1t煤，就要排放11kg粉尘，除了煤烟尘外，还有由于工业原料的粉碎而产生的粉尘，有金属粉尘、矿物粉尘、植物性粉尘及动物性粉尘。粉尘中不仅含有碳、铅等微粒，有时还含有病原菌，进入人的鼻腔和气管中容易引起鼻炎、气管炎和哮喘等疾病，有些微尘进入肺部，就会引起矽肺、肺炎等严重疾病。植树后，树木能大量减少空气中的灰尘和粉尘，树木吸滞和过滤灰尘的作用表现在两方面：一方面由于树林枝冠茂密，具有强大的降低风速的作用，随着风速的降低，气流中携带的大粒灰尘下降。另一方面由于有些树木叶子表面粗糙不平，多绒毛，分泌粘性油脂或汁液，能吸附空气中大量灰尘及飘尘。蒙尘的树木经过雨水冲洗后，又能恢复其滞尘作用。树木的叶面积总数很大。据统计：森林叶面积的总和为森林占地面积的数十倍。因此，吸滞烟尘的能力是很大的。我国对一般工业区的初步测定，空气中的飘尘含量，绿化地区较非绿化地区少10%～50%。可见，树木是空气的天然过滤器。草坪植物也有很好的滞尘作用，因为草坪植物的叶面积相当于草坪占地面积的22～28倍。有人测试过，铺草坪的足球场比不铺草坪的足球场上空的含尘量减少2/3～5/6。

（2）植物对噪声的防治效果　城市中工厂林立，人口集中，车辆运输频繁，各种机器马达的声响嘈杂，汽车、火车、船舶、飞机、建筑工地的轰鸣，常使人们处于噪声的环境里，不仅影响人们的正常生活，妨碍睡眠和谈话，也影响身心健康。

植物对噪声有很好的防治效果。由于植物叶片、树枝具有吸收声能且降低声音振动的特点，成片的林带可在很大程度上减少噪声量。单株和稀疏的植物对声波的吸收很少，郁闭的树林或树篱则可以有效地吸收反射噪声。植物对噪声传播减弱的程度与声源频率、树种、树叶密度等因素有关。

（3）植物对城市热污染的防治作用　城市是人类改变地表状态最大的场所，城市建设使大量的建筑物、混凝土或沥青路面代替了田野和植物，大大改变了地表反射率和蓄热能力，形成了同农村差别显著的热环境。同时，由于人口稠密，工业集中，因此形成了市区温度明显高于周围地区的现象，这一现象称为热岛效应。在市区种植树木可有效地缓解热岛效应。因此，提高城市绿化覆盖率是减轻热岛效应的重要措施之一。

树木具有吸热、遮阴和增加空气湿度的作用。第一，它可以提高空气湿度。树木能蒸腾水分，提高空气的相对湿度。树木在生长过程中，要形成1kg的干物质，大约需要蒸腾300~400kg的水，因为树木根部吸进水分的99.8%都要蒸发掉，只留下0.2%用作光合作用，所以森林中空气的湿度比城市高38%，公园的湿度也比城市中其他地方高27%。1$hm^2$阔叶树林，在夏季能蒸腾2500t的水，相当于同等面积的水库蒸发量，比同等面积的土地蒸发量高20倍。据调查：每公顷油松每月蒸腾量为43.6~50.2t，加拿大白杨林的蒸腾量每日为51.2t，由于树木强大的蒸腾作用，使水汽增多，空气湿润，使绿化区内湿度比非绿化区大10%~20%。为人们在生产、生活上创造了凉爽、舒适的气候环境。第二，树木可以调节气温。绿化地区的气温常较建筑地区低，这是由于树木可以减少阳光对地面的直射，能消耗许多热量用以蒸腾从根部吸收来的水分和制造养分，尤其在夏季绿地内的气温较非绿地低3~5℃，而较建筑物地区可低10℃左右，森林公园或浓密成荫的行道树下效果更为显著。即使在没有树木遮阴的草地上，其温度也要比无草皮的空地低些。据测定：7~8月间沥青路面的温度为30~40℃时，而草地只有22~24℃。炎夏，城市无树的裸露地表温度极高，远远超过它的气温，空旷的广场在1.5m高度处的最高气温为31.2℃时，地面的最高地温可达43℃，而绿地中的地温要比空旷广场低得多，一般可低10~17.8℃，为人们创造了防暑降温的良好环境。

（4）植物对放射性物质的去除　植物可阻碍放射性物质的传播与辐射作用，特别是对放射性尘埃有着明显的吸收与过滤作用。许多植物在吸收较高剂量辐射条件下，仍能生长正常。

**3. 植物对大气生物性污染的净化作用**

空气中的细菌借助空气中的灰尘等漂浮物传播，由于植物有阻尘、吸尘作用，因而也减少了空气病原菌的含量和传播。同时，许多植物分泌的气体或液体也具有抑菌或杀菌作用。如茉莉、黑胡桃、柏树、柳杉、松柏等均能分泌挥发性杀菌或抑菌物质，柠檬、桦树等也有较好杀菌能力。绿化较差的街道较绿化较好的街道空气中的细菌含量高出1~2倍，植物的杀菌作用是其中的一个重要原因。

### 10.7.3　大气污染防治生态工程实例

本案例为兰州市大气污染特点与城市植物生态环境建设。

近年来，随着兰州市社会经济持续快速的增长和市民生活水平的提高，对自然资源的利用和消耗在不断增加，与此同时污染物排放量也日趋增大。由于河谷盆地型城市的特殊地形限制，使污染物很难扩散稀释，造成兰州市大气污染比较严重。严重的大气污染不但影响市民的身心健康，而且影响兰州市社会经济的可持续发展。虽然有关部门对此做过大量的工作，但均未彻底地改变全市大气环境的状况。城市植物作为城市大气的肺腑，在提高城市大气自净能力、改善城市大气生态环境方面发挥着多种生态作用。如何培植城市植物群落，应用植物群落的生态作用美化市容市貌，缓解城市大气污染，改善城市生态环境，实现城市的可持续发展是城市生态环境建设中的一个重要领域，具有十分重要的意义。

**1. 兰州市大气环境污染分析**

（1）大气污染物排放状况　1999 年兰州市全市各类污染源共排放废气 809.35 亿标 $m^3$，其中烟尘排放量为 4.15 万 t，二氧化硫排放量为 5.08 万 t，氮氧化物排放量为 5.23 万 t，一氧化碳排放量为 23.62 万 t。重点污染源工业废气排放总量 593.41 亿标 $m^3$，占年总废气排放量的 73.32%，其中主要污染物排放情况分别如下：一氧化碳排放量为 9.82 万 t，占总排放量的 41.57%；二氧化硫排放量为 2.66 万 t，占总排放量的 52.36%；烟尘排放量为 2.53 万 t，占总排放量的 60.96%；氮氧化物排放量为 2.46 万 t，占总排放量的 47.04%。

（2）大气污染类型的区域分异分析　狭长的兰州盆地（指城关、七里河、安宁、西固区四区）上空，既有因为燃煤产生的 $SO_2$ 和煤烟粉尘污染，也有因燃油、石油化工废气和汽车尾气引起的光化学烟雾污染，还有氟化氢污染。由于兰州市区存在着明显的城市职能区域分异，使得城市环境污染状况在不同职能区存在着较大的差别。

兰州市区的东半部（城关区和七里河区），居民密集，数百个市场及街道小区星罗棋布，数千台生产、生活锅炉及灶炉等以煤为燃料，每天排放大量的粉尘及二氧化硫。加上近年来兰州市的机动车辆逐年增加（由 1996 年的 76345 辆增加到 2000 年的 136498 辆，机动车耗油量增加了 38.63%，机动车尾气排放的主要污染物 CO、HC、$NO_x$ 也大幅度增加），特别是冬季各类污染物的排放量要高出平时的一倍以上，造成严重的二氧化硫和煤烟粉尘污染。据兰州市环境保护局监测资料，2000 年城关区总悬浮颗粒物（TSP）年日均最大值为 1.114mg/$m^3$，超标 2.45 倍。最大月尘降量为 77.85t/($km^2$·月)，超标 2.02 倍，硫酸盐化速率最大月均值为 3.050mg $SO_3$/100$cm^2$ 碱片·日，超标 5.1 倍。

市区的西半部（主要为西固区）是我国重要的石油化工基地之一。该区面积不大，但工厂集中，烟囱林立，每天排放大量的碳氢化合物、氮氧化物、一氧化碳和二氧化硫等污染物，加上该地区的河谷盆地地形，海拔较高，紫外线辐射强，很有利于光化学烟雾的形成，使得该区于 20 世纪 70 年代末一度出现严重的光化学烟雾污染。另外，在西固区还存在着氟化氢污染，主要污染源为两个电解铝厂，其厂区上空经常形成浓厚的白色烟雾，随风扩散，严重影响周围环境。据有关部门统计，2000 年西固区重点污染源工业废气污染负荷达 534444，占兰州市的 52.21%，而且逐年呈增加趋势。

安宁区位于兰州市西北部，黄河北岸，高等院校和研究院所较为密集，工业以机械、精密仪表为主，重型工业企业相对来说较少，各种废气排放量较小，环境质量较好。

（3）大气污染的行业分析　在兰州市工业企业的 18 个行业中，电力蒸汽行业的废气及污染物排放量最大，其次是有色金属冶炼加工业，化学工业居第三位。这三个行业的污染负荷比依次为 48.69%、30.94%、8.57%。工业废气污染居前几位的企业是某热电厂、某铝厂与电厂、某铝业公司等七家企业。1996～2000 年上述七个企业的污染负荷比之和分别占全市总负荷比的 89.06%、86.48%、82.61%、83.52%、80.40%。

**2. 城市植物群落的生态效应**

城市植物群落是城市生态系统的极其重要的组成部分，绿色植物一方面可以为城市居民提供丰富的物质资源——各种植物产品，同时也为人们提供生产和生活最基本的环境条件——保护性资源。兰州市植物群落在兰州市城市生态环境保护中起着重要作用。

(1) 保持大气环境平衡

1) 维持大气氧气-二氧化碳平衡：城市植物在进行光合作用时吸收 $CO_2$ 释放 $O_2$，对城市局部环境中的 $O_2-CO_2$ 平衡起着重要作用。在城市局部环境中，由于氧气消耗大，$CO_2$ 含量高，所以城市植物的这种作用就显得格外重要。据测定 $1km^2$ 树木每年可吸收二氧化碳16t，释放氧气12t。

2) 吸收、净化大气污染物：植物群落的植物表面能吸收大量的大气污染物。培植较好的植物群落具有较大的叶片表面积，具有较高的净化污染空气的能力（表10-7）。

**表10-7 兰州地区常见树种含硫量比较**

| 树种 | 最高含硫量/(g/kg 干重) | 最低含硫量/(g/kg 干重) | 最大净吸收量/(g/kg 干重) |
|---|---|---|---|
| 旱柳 | 9.365 | 3.833 | 5.532 |
| 沙枣 | 8.779 | 6.131 | 2.64 |
| 国槐 | 3.884 | 1.932 | 1.953 |
| 刺槐 | 5.153 | 2.531 | 2.622 |
| 加杨 | 9.260 | 4.975 | 4.285 |
| 核桃 | 3.605 | 2.426 | 1.179 |
| 白榆 | 3.749 | 2.840 | 0.90 |
| 侧柏 | 1.867 | 1.549 | 0.318 |

3) 改善大气环境：一方面，植物群落能够调节大气温度，减轻城市的热岛效应。据测定成片树荫下的气温比裸地温度低5℃左右。另一方面，植物群落能够增加空气湿度，使整个空气保持湿润。

(2) 保持生命系统的平衡　良好的城市植物群落不仅提供植物性产品，保持城市生态系统食物链的稳定，而且为其他生物提供生活、栖息环境，使城市中生物种类和数量增加，保证城市生态系统的生物多样性。另外，城市绿地还为市民提供了亲近自然，休息、游览的场所，有利于市民的健康。

**3. 兰州市城市植物群落设计**

为改善城市大气环境质量，需要进行城市植物群落合理培植。而城市植物群落设计就是进行城市植物群落培植的有效方法。城市植物群落设计的目的是使植物群落能最大限度地美化、净化城市人居环境，增大城市环境容量，使城市生态系统能依照生态学的竞争、共生、再生和自生原理良性运转，即资源得以高效利用，人和自然高度和谐。

(1) 植物群落设计的原则　城市植物群落的设计必须首先要满足所要培植的植物群落对城市生态环境中的各种生态因子的生理需求，其次要满足城市居民的个体需求和生态保护的要求。长期研究分析表明，城市植物群落生态设计应遵循的原则如下：

1) 尊重自然原则。植物群落培植一方面要遵循植物群落生长发育的生理、生态规律；另一方面，要建立正确的人与环境的关系，保护环境，尽量减少对城市原始自然环境的变动。

2）乡土化原则。植物种类的选择尽可能选用本地植物种类，这样不但可以减少资源、能源的消耗，提高植物群落培植的成功率，而且可以塑造出具有地域特色的城市景观。

3）针对性原则。城市植物群落的培植应针对城市不同区域的大气污染特征，选择不同的抗性植物、敏感植物和一般植物的种类和数量比例，针对局部的污染物扩散形式，设计科学合理的植物群落空间结构。

4）舒适性原则。城市植物群落培植的目的就是改善城市人居环境，增加城市人居环境的舒适性。如居住区四周的植物群落培植不能只为了增加绿视率，而影响居室的采光条件。

5）美观趣味性原则。植物群落的培植要考虑四季景观及早日普遍绿化的效果，采用常绿树与落叶树，乔木与灌木，速生树与慢生树，重点与一般结合，不同树形、色彩变化的树种的培植，使群落外部景观生动活泼。

6）整体优先原则。在城市植物群落培植的过程中，难免会遇到各种利益相互冲突，此时局部利益必须服从整体利益，一时性的利益必须服从长远、持续性的利益。

7）安全性原则。城市植物群落培植不仅要保证居民的日常生活安全，还要考虑到突发情况下的安全，如火灾、地震等，因此要有防灾和避难场所；另外，在儿童经常活动的地方忌用有毒、带刺、带尖以及易引起过敏的植物，在交通要道要严禁培植大量飞毛、落果叶的植物，以免影响交通安全。

（2）兰州市植物群落培植设想　如上所述，城市植物群落在缓解城市大气环境污染方面有显著的作用。依据城市植物群落设计的原则，根据兰州市不同区域自然环境特征、社会经济条件和大气环境污染特点，选栽相应的植物种类，科学培植城市植物群落，达到城市植物群落缓解城市大气污染和改善城市人居环境的目的。下面分区探讨兰州市城市植物群落的设计思路。

1）城关区—七里河区。城关区作为兰州市的政治、经济、文化中心，工商业发达，其主要大气污染物是燃料燃烧产生的烟尘和二氧化硫等。作为兰州市的主体组成部分，城关区的人工植物群落培植不但要体现出其缓解大气污染的生态功能，而且要具有美化城市环境、塑造城市生态景观的美学功能。不同地段植物群落的结构培植应因地而异，块状绿化地中以对二氧化硫和粉尘抗性强且吸收量大的丁香、山毛榉、沙枣、垂柳、落叶松、臭椿、洋槐、梧桐、核桃、大叶榆等乔灌木植物作为优势种，培植过程中应尽量应用植物群落生态位原理，使植物群落形成成层分形结构，尽量增大绿色植物叶面面积。地被层植物可选栽苜蓿、西红柿、芝麻、菊、夹竹桃等形态优美、抗性强的植物以供市民观赏，注意对污染物敏感的植物在每层中应至少有三种且应有一定数量。街道因交通流量大，污染物类型多，含量大，绿化应以国槐、梧桐、臭椿等高大乔木为主，可在街道两侧不同高度悬挂苔藓袋监测街道大气污染程度。植物群落水平结构上应注意把绿化点、绿化网和绿化圈三者相结合，即把街区、厂区、广场等绿化点，城市街道、绿化防护带等绿化网和南北两山绿化圈共同结合起来构成城市绿地系统，以增强植物群落整体生态作用。

2）西固区。西固区是以炼油、石油化工、冶炼等工业为主的重工业区，氮氧化物、臭氧和烯烃等有机化合物的排放量较大，含氟废气低空排放影响范围也较大，属于以石油型污染为主的复合大气污染。本区植物群落培植必须选择对区域大气污染物抗性强的植物种类作为群落的优势种，同时体现出城市植物群落在生态造景方面的独特优势。适合于本区大气污染条件下的绿化植物主要有唐菖蒲、一串红、探春、郁金香、番茄、向日葵、玫瑰、烟草、加杨、圆柏、侧柏、紫穗槐、国槐、箭杆杨、波斯菊、紫斑牡丹、五角枫、白榆、馒头柳、毛白杨、白蜡、柽柳、臭椿、香椿、核桃等。长期调查研究显示，植物群落培植上乔木应在60%（常绿乔木35%，落叶乔木65%）以上、灌木20%（常绿灌木25%～30%，落叶灌木70%～75%）左右、草本植物应低于20%（草坪15%，花卉5%），抗污植物与敏感植物之间的比例大致确定在10∶1左右。乔木层中应有臭椿、白榆、国槐、圆柏、加杨、香椿等树种，灌木层中要有探春、紫穗槐、五角枫、柽柳等乔灌木，草本层中应有唐菖蒲、波斯菊、玫瑰、烟草、郁金香等植物。对于一些植物可人工控制其高度，使整个植物群落在不同高度对大气污染物都具有吸纳作用。一些草本植物可直接栽植于绿地中，也可进行盆栽（其优点是可以人为控制相对高度）。整个区域在平面上要以工厂四周和小区道路绿化为主，工业区与居住区之间应培植500m左右的绿化防污带。同时需要加强立体绿化，可利用工业区和居住区的多种边角土地和空间建立立体绿化，弥补局部地区平面绿化的不足。

3）安宁区。安宁区作为兰州市的文化教育区，大的污染工业企业不多，大气污染程度相对较轻。本区应首先做好滨河路段和北山山地的防护林带的植物群落培植，以减弱黄河对岸七里河与西固工业区的污染物影响。

区内植物群落培植要以植物造景、美化人居环境为主，使本区成为兰州市理想的生活居住区和市民节假日休憩游乐的好去处。植物群落培植中可选择外形优美、色彩亮泽、香味浓郁的植物，像圆柏、侧柏、栓皮栎、五角枫、山桃、香椿、龙爪槐、白榆、迎春、榆叶梅、垂盆草、二月蓝、萱草、玉簪、黄刺玫等来组建构造比较稳定的植物群落，使之体现出春花、夏荫、秋色、冬姿的明显的植物景观季相变化。经调查实验本区可栽培的较为稳定的植物群落有侧柏＋黄刺玫＋萱草＋垂盆草，圆柏＋山桃＋迎春＋芍药＋玉簪和白皮松＋国槐＋五角枫＋二月蓝。

21世纪，世界城市向着园林化、生态化方向发展已成定势。而当前我国许多城市都存在着不同程度的环境污染问题，如何在这种人类强度干扰的环境中进行植物群落培植，达到城市环境压力的缓解和城市人居环境的美化塑造，是当前城市生态研究方面面临的一个新的研究课题，其中许多问题还需要我们去进一步探讨。

## 思考题

1. 环境生态工程的生态学原理是什么？
2. 污水土地处理有哪几种类型？
3. 稳定塘的净化原理是什么？
4. 人工湿地植物、基质和微生物的主要作用是什么？
5. 简述生态浮岛的结构。
6. 固体废物处理生态工程的主要应用是什么？
7. 简述大气污染防治中植物的作用。

## 参考文献

[1] 白晓慧. 生态工程——原理及应用 [M]. 北京：高等教育出版社，2008.
[2] 张忠祥，钱易. 废水生物处理新技术 [M]. 北京：清华大学出版社，2004.
[3] 赵首彩，张松林. 兰州市大气污染特点与城市植物生态环境建设 [J]. 干旱区资源与环境，

2005，19（1）:135-138.
[4] 赵学敏，虢清伟，周广杰，等．改良型生物稳定塘对滇池流域受污染河流净化效果［J］．湖泊科学，2010，22（1）：35-43.
[5] 徐康宁，汪诚文，刘巍，等．稳定塘用于石化废水尾水处理的中试研究［J］．中国给水排水，2009，25（3）：32-36.
[6] 徐康宁，汪诚文，刘巍，等．稳定塘藻类生长规律及其影响的中试研究［J］．农业环境科学学报，2009，28（7）：1473-1477.
[7] 王志勤，吴扩军．过滤—稳定塘法处理印染废水的工程实践［J］．湖南理工学院学报：自然科学版，2009，22（3）：70-72.
[8] 徐康宁，汪诚文，刘巍，等．稳定塘运行管理的中试研究［J］．给水排水，2009，35（S1）：168-171.
[9] 周琪．人工湿地技术在污水处理与水环境保护中的应用［J］．给水排水动态，2009（10）：17-18.
[10] 桂召龙，李毅，沈捷，等．采油废水人工湿地处理效果及植物作用分析［J］. 2011（2）：5-9.
[11] 刘建，张文龙，李轶，等．环境内分泌干扰物在人工湿地中的去除研究［J］．环境工程，2011，29（2）：24-27.
[12] 闫亚男，张列宇，席北斗，等．人工湿地去除病原菌的途径及影响因素分析［J］．农业环境与发展，2011（2）：55-59.

# 第 11 章 环境工程分子生物学原理

11

**本章提要**：近年来，环境工程学同其他学科的交叉逐渐深入，这种学科的交叉使得环境工程学研究不断向更广更深的方向延伸。环境工程分子生物学就是在这样的背景下，应用微生物分子生态学的方法、原理探讨环境工程学的问题时产生并发展起来的。

在“三废”的生物处理过程中，为了改进工艺和提高工艺运行效率，正确认识微生物群落结构及其功能这一“黑箱”问题是非常有必要的。然而，传统的以分离培养为基础的微生物学研究极大地限制了我们对这些功能角色的认识，而微生物分子生态学突破了上述限制，让我们能够更加准确、客观地揭示、认识和理解工艺背后发生的事情。可见，分子生态学，尤其是微生物分子生态学的引入极大地丰富了环境工程学的理论，提供了环境工程研究的非常有效的工具。

微生物分子生态学的原理和方法对环境工程分子生物学的发展是至关重要的。然而，从事环境工程研究的学者对微生物分子生态学理论认识不足，从而限制了微生物分子生态学在环境工程领域中的进一步应用。为此，本章首先介绍同环境工程研究密切相关的一些分子生物学知识，然后根据应用广度和深度依次探讨了基因指纹技术、16S rRNA 基因文库技术、荧光原位杂交技术及宏基因组技术的原理及其在环境工程领域中的应用。

## 11.1 分子生物学基础

对环境中微生物种群的结构和数量进行及时和准确的分析在微生物生态研究中十分重要，传统的微生物分析测定方法，包括显微镜微生物形态观察、选择性培养基计数、纯种分离和生理生化鉴定等，在环境样品研究中都存在一定的缺陷。近年来，人们运用微生物生物化学分类的一些生物标记，包括呼吸链泛醌、脂肪酸和核酸，来进行环境样品中的微生物种群分析。其中，以 16S rRNA/DNNA 为基础的分子生物学技术已成为普遍接受的方法，该技术主要利用不同微生物在 16S 核糖体 RNA（rRNA）及其基因（rDNA）序列上的差异来进行微生物种类的鉴定和结构分析。

### 11.1.1 16S rRNA 基因

核糖体是细胞内蛋白质合成的场所，被喻为蛋白质的“合成工厂”。细胞核中转录完毕的信使 RNA 从核膜上的核孔运出后，核糖体便附着于其上，根据密码子将信使 RNA 翻译成相应的蛋白质。核糖体不具有膜结构，主要由蛋白质（约占 60%）和 RNA（为核糖体 RNA，约占 40%）构成。

核糖体可按沉降系数分为两类：原核细胞的核糖体较小，沉降系数为 70S，相对分子质量为 $2.5\times10^3$kDa，由 50S 和 30S 两个亚基组成；而真核细胞的核糖体体积较大，沉降系数是 80S，相对分子质量为 $3.9\times10^3\sim4.5\times10^3$kDa，由 60S 和 40S 两个亚基组成。典型的原核生物大肠杆菌（*Escherichia coli*）核糖体是由 50S 大亚基和 30S 小亚基组成的。50S 大亚基含有 34 条多肽链和两种 RNA 分子，相对分子质量大的 rRNA 的沉降系数为 23S，相对分子质量小的 rRNA 为 5S。30S 小亚基含有 21 条多肽链和一个 16S 的 rRNA 分子。5S、16S 和 23S 的 rRNA 分别含有 120 个、1540 个和 2900 个核苷酸。

rRNA 基因也可称为 rDNA，是 rRNA 序列对应的基因组 DNA 序列，是细胞内所有基因中最保守的。由于 5S rRNA 的保守性不强且较短，包含信息较少，不适于科以上分类；而 23S rRNA 约 2900bp，既有保守区又有可变区，含有比较分类所需的足够信息，但由于过大不适合测序分析；而 16S rRNA 长约 1500bp，同样也包含保守区又有可变区（图 11-1），保守区可用做聚合酶链式反应（PCR）需要的引物的靶位点（16S rRNA 基因常用靶点引物见表 11-1），而可变区可用做物种区分的依据，适合进行 PCR 扩增和测序，尤其为以部分 16S rRNA 片段为研究对象的微生物分子生态学提供了可行性。通过测定三个主要类群（包括原核生物、真核生物以及高等动植物细胞器）核糖体的小亚基 rRNA 的核苷酸序列，结果表明它们有广泛的一致性，这说明核糖体小亚基上的 rRNA 在进化上是非常保守的，特别是它们的二级结构显得更为保守，其进化具有良好的时钟性质，为此，16S rRNA 逐渐成了人们所公认的细菌分类的“金指标”。

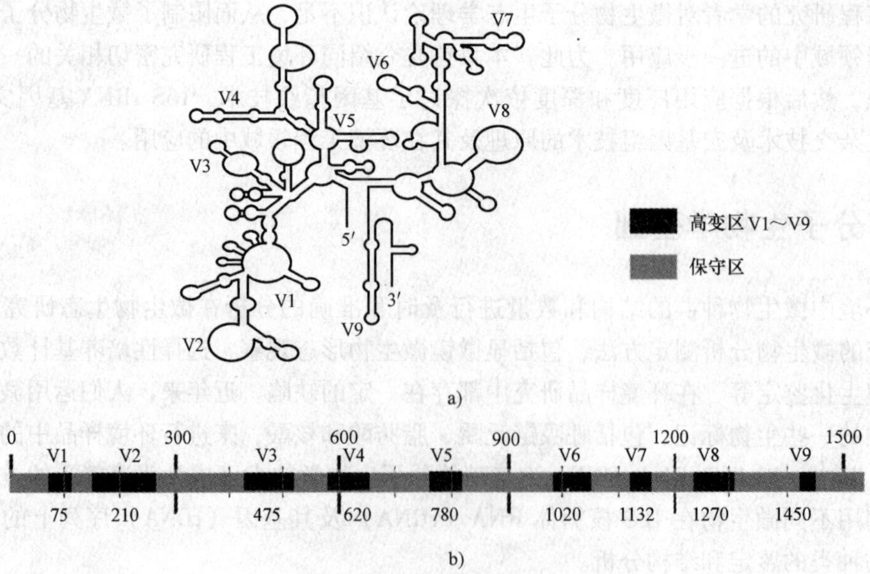


图 11-1 16S rRNA 的一级结构和二级结构

a）二级结构 b）一级结构

表 11-1 16S rRNA 基因 PCR 扩增常用引物

| 引物名称 | 序列（5′-3′） | 位置 |
| --- | --- | --- |
| BSF8/20 | AGAGTTTGATCCTGGCTCAG | SSU rRNA |
| BSR65/17 | TCGACTTGCATGTRTTA | SSU rRNA |
| BSF343/15 | TACGGRAGGCAGCAG | SSU rRNA |
| BSF349/17 | AGGCAGCAGTGGGGAAT | SSU rRNA |
| BSR357/15 | CTGCTGCCTYCCGTA | SSU rRNA |
| BSF517/17 | GCCAGCAGCCGCGGTAA | SSU rRNA |
| BSR534/18 | ATTACCGCGGCTGCTGGC | SSU rRNA |
| BSF784/15 | RGGATTAGATACCCC | SSU rRNA |
| BSR798/15 | GGGGTATCTAATCCC | SSU rRNA |
| BSF917/16 | GAATTGACGGGGRCCC | SSU rRNA |
| BSR926/20 | CCGTCAATTYYTTTRAGTTT | SSU rRNA |
| BSF1099/16 | GYAACGAGCGCAACCC | SSU rRNA |
| BSR1114/16 | GGGTTGCGCTCGTTRC | SSU rRNA |
| BSF1391/17 | TGTACACACCGCCCGTC | SSU rRNA |
| BSR1407/16 | GACGGGCGGTGTGTRC | SSU rRNA |
| BSR1541/20 | AAGGAGGTGATCCAGCCGCA | SSU rRNA |
| BSF6/18/tRNA-Ile | ATTAGCTCAGGTGGTTAG | tRNA-Ile |
| BSR45/20/LSU rRNA | TTTGCGGCCGCTCTGTGTGCCTAGGTATCC | LSU rRNA |

核糖体小亚基 rRNA 及其基因，由于其自身的典型特征，逐渐成为微生物分子生态学研究中最重要的分子指标。其特征包括：

1）rRNA 基因存在于所有的细胞生物中，并具有相似的结构和功能。

2）rRNA 含量大，约占细菌总 RNA 的 80%，所以提取研究较为方便。

3）由于它是蛋白质合成结构的重要组成部分，所以部分序列特别保守，具有分子计时器的特点，分子序列变化缓慢，能跨越整个生命进化过程，但在整个操纵子序列之中，又存在高度可变区域，能够进行种属科的区分。由于核糖体小亚基 RNA 的大小适中，能够利用现有的测序技术较容易获取其一级序列，并且既有保守区又有高度可变区，故在微生物分子生态学、微生物分类学、微生物系统发育学中被细菌学家和分类学家广泛接受和应用。

1977 年，Woese 及其同事通过对产甲烷菌的 16S rRNA 序列测定，揭示了古菌（*Archaea*）这个地球上第三生命谱系，从而提出了生命的三域学说，即整个细胞生命可分为细菌域（*Bacteria*）、古菌域（*Archaea*）和真核生物域（*Eukarya*）（图 11-2）。Woese 及以后的学者都已证实，在生命三域间核糖体小亚基 RNA 的序列相似性都低于 60%，而域内的相似性一般高于 70%。Woese 开创了以大分子 rRNA 生物分类的先河，此后，由于 PCR 技术的发明，不需要再对 rRNA 反转录就能获得大量的 rRNA 基因，这些 rRNA 基因可以直接用做测序的模板。而 rRNA 与 rRNA 基因不同之处存在于基因间隔区，而基因内部相同。这样以基因组为模板通过 PCR 扩增得到的基因，与 rRNA 反转录得到的 cDNA 基本是相同的。同时，由于 16S—23S rRNA 基因间隔区（Intergenic Spacer Region，ISR）具有高变性等特点，所以也被广泛用于近缘种的比较分类中。通过大量的探索和研究，现已初步建立起了以 16S rRNA 基因和 ISR 序列为依据的分子分类方法。

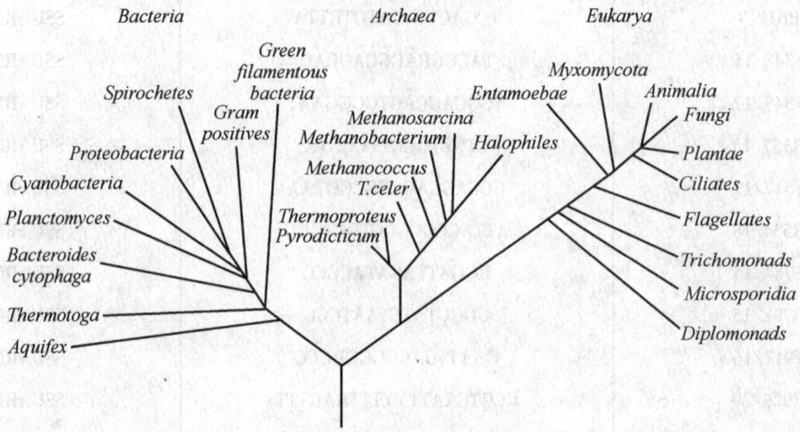


图 11-2 Woese 构建的系统发育树

比较生物的分子分类系统与传统的生物分类系统可以发现，虽然二者所依据的分类特征完全不同，但在许多方面都具有极大的吻合性，这是因为传统分类学所强调的分类特征必然存在着其基因水平的分子基础。但是，与传统分类学不同，分子分类系统是以 DNA 序列作为唯一类比性状，而传统分类学则是根据多元性状的综合分析来进行的。根据分子进化的规律，任何一种生物的基因组中，必然存在该生物物种独有的特征性核苷酸序列，同时也包含着该生物所属类群的共有核苷酸序列。对不同生物 DNA 序列的比较，相当于对这些分类特征进行了一次综合的分析及检索，就像是生物分类的分子检索表。通过比较生物基因组或某一具有代表性基因的序列总体相似性，或基因的特征核苷酸序列及高级结构，对某一种生物进行鉴定，并确定其分类学位置。

直接地比较各种生物基因组 DNA 序列，将能够提供最具有说服力的分子检索结果，但却是一项浩大的工程，截至 2010 年 10 月，在 Genbank 中登录的原核生物的全基因组序列仅约 1000 种，这同庞大的生物种类相比相去甚远。因此，目前采用基因组的一个片段（包含一个或几个基因的序列）作为分子指标，是比较现实的。因为在某种意义上来说，认识一棵树不必摘下所有的叶子。许多基因如脊椎动物中的血红蛋白基因，植物叶绿体 1，5 - 二磷酸核酮糖羧化酶大亚基（RbcL）基因等都已成功地用于生物的分类与系统学研究，但是由于它们仅存在于某些生物类群中，在应用上有一定的局限性，而 16S rRNA 基因恰好克服了以上缺点。

原核生物的三种核糖体 RNA 基因都是按 16S—23S—5S 的顺序连在一起，受同一组转录表达元件的控制，称为 *rrn* 操纵子，如图 11-3 所示。*rrn* 操纵子在大多数原核生物中都有多个拷贝，数目从 1 到 15 个不等，大肠杆菌（*E. coli*）有 7 个，命名为 *rrn*A 至 *rrn*G，枯草芽孢杆菌（*Bacillus subtilis*）有 10 个，产气荚膜梭菌（*Clostridium perfringens*）有 10 个，分枝杆菌（*Mycobacterium spp.*）有 1 个，争论梭菌（*Clostridium paradoxum*）有 15 个，球形红细菌（*Rhodobacter sphaeroides*）有 3 个，而不同拷贝之间的差别主要存在于间隔区。

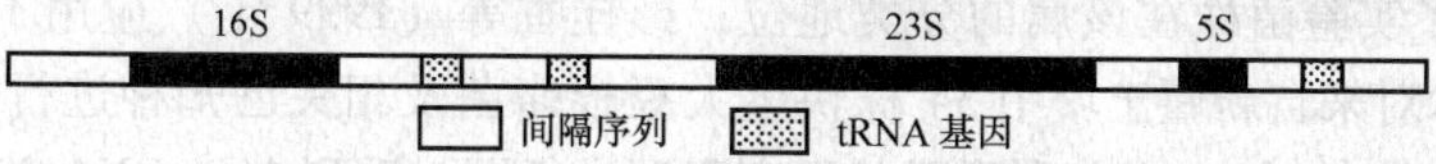


图 11-3 大肠杆菌 *rrn*D 操纵子结构示意图

通过 16S rRNA 或 16S rRNA 基因全序列或部分序列进行比较分类时，界限的确定存在较大争议，到目前为止还没有统一的标准。不过细菌分类学家普遍认为，16S rRNA 的相似性大于 97.5% 的细菌菌株可视为同种，而同属的 16S rRNA 序列相似性应大于或等于 90%。

16S rRNA 序列在原核生物中高度保守，对相近种或同一种内的不同菌株之间的鉴别分辨力较差。而 ISR 由于在进化过程中没有特定的功能，几乎不受选择压力，所以变异速率比 16S rRNA 要快 10 倍以上，完全可以区分同种不同株型之间的差异，近年来在细菌的鉴定分类方面也备受关注。由于不同细菌的 *rrn* 操纵子拷贝数不同，说明 ISR 的拷贝数也是不同的。另外，不同种或同种不同型之间的 ISR 的长度也有差别，这主要是由 ISR 中包含 tRNA 数目不同导致的，如大多数革兰阴性细菌的 ISR 都包含 $tRNA^{Ala}$ 和 $tRNA^{Ile}$，还有些只包含 $tRNA^{Glu}$；相反，革兰阳性细菌的 ISR 却包含 $tRNA^{Ala}$ 和 $tRNA^{Ile}$，还有一部分细菌根本不包含 tRNA 基因。大肠杆菌（*E. coli*）的 7 个 *rrn* 中 3 个 ISR 含有两个 $tRNA^{Ile}$，4 个含有 $tRNA^{Glu}$；枯草芽孢杆菌（*B. subtilis*）的 10 个 *rrn* 中只有两个包含 $tRNA^{Ala}$ 和 $tRNA^{Ile}$，而其余的 8 个 ISR 中无 tRNA。所以 ISR 的差别不仅在菌株之间，甚至在同一个菌株内部 ISR 也是不同的。这些结构特点，是对菌株进一步进行细致划分的基础。在临床上，布鲁氏菌属（*Brucella spp.*）很难从表型或生理生化特性进行区别，而 4 个致病菌却可以简单地通过对 ISR 进行扩增，比较扩增产物的指纹图谱而区分开来。

但直到 1998 年，在网上通过 rRNA 基因同源比较进行分子分类的方法才真正建立起来，主要原因是：一，人们对基因的认识不够清楚。在 20 世纪 80 年代之后，才逐渐搞明白核糖体 RNA 基因结构。正是由于这种既含有特别保守而又含有易变的杂合体才提供了极丰富的生物进化的信息，成为测序最多，应用的最广的生物大分子；二，DNA 或 RNA 的测序费用十分的昂贵，从实施人类基因组计划（HGP）之后，由于各种模式生物基因组的测序工作的兴起，促进了测序自动化的进程，从而降低了测序的费用；三，生物信息学的创立，这主要是建立在计算机、国际互联网以及大规模的 DNA 测序基础上的。国际基因数据库对每个人都是免费的，而且，可以将测得的 DNA 序列在极短的时间内递交给基因库，也可以在极短的时间内获得我们所需要的序列，非常方便地将我们的序列与现有的基因进行比较。GenBank（http：//www. ncbi. nlm. nih. gov）、EMBL（http：//www. ebi. ac. uk/embl）、DDBJ（http：//www. nig. ac. jp）以及专门以 16S rRNA 或 16S rRNA 基因为分类依据的网站 RDP（http：//rdp. cme. msu. edu）等数据库中收集了大量的 DNA 和 RNA 序列，这就为人们进行生物的分子分类奠定了基础。

以 rRNA 基因测序比较为基础进行生物分子分类，国外早在 20 世纪 80 年代就已出现，而国内在 20 世纪 90 年代末才见报道。20 世纪 80 年代，Stackbrandt 和 Woese 就是根据 16S rRNA 相似性、DNA-rRNA 和 DNA-DNA 杂交的结果，构建了放线菌及其他生物之间的系统发育树。Jensen 等（1993 年）通过 16S—23S rRNA 的 ISR 的多态性对 300 株细菌进行了快速鉴定。吕志堂等（1999 年）应用 PCR-RFLP 技术对 6 株糖单孢菌属分离株进行了系统学的研究，探讨了实验菌株在该属的分类地位；彭桂香等（1999 年）应用 16S rRNA 基因的 PCR-RFLP 技术对来自新疆土壤中 34 株快生大豆根瘤菌及相关已知种进行了比较分析；特别是屈良鹄等（1998 年）充分利国际基因库资源进行了一系列 16S rRNA 基因及 ISR 的序列分析比较，找到许多种、属的特征性核酸序列。

### 11.1.2 环境样品基因组分离

在环境工程领域，环境样品主要为反应器污泥样品、污废水样品以及固体废物生物处理（如堆肥）样品。环境样品中微生物基因组 DNA 的提取与纯化是微生物分子生态学分析的基础，是限速的关键步骤。后续一系列的分子生物学技术操作如核酸内切酶酶切消化、PCR 扩增、核酸分子杂交等，都需要首先获得一定数量、纯度、适当片段长度和较好代表性的 DNA。为此，在这方面国内外学者做了大量工作。从环境样品提取微生物总 DNA 的方法可归结为两大类：直接提取法和间接提取法。

**1. 直接提取法**

活性污泥微生物总 DNA 的直接提取法包括两大步骤：原位细胞裂解；DNA 提取和纯化。

（1）原位细胞裂解　原位裂解细菌细胞的方法有物理法、化学法和酶法。三种方法常配合使用以提高裂解效果。物理法破坏污泥结构，从而得以最大限度地触及整个细菌群落，包括深藏在污泥颗粒中的细菌。最常使用的物理裂解法是冻融和玻璃珠打碎。在提取缓冲液体积较小的情况下，打碎时间越长、速度越大则 DNA 产量越高，但 DNA 损伤也增加。其他物理处理方法如液氮研磨、超声波处理和微波热解也是不错的手段。一般而言，物理法对细胞的裂解是很有效的，但是常常造成明显的 DNA 折断。

化学法也是广泛使用的裂解法。最常使用的化学试剂是活化剂十二烷基磺酸钠（SDS），它能够溶解细胞膜中的疏水性成分。SDS 常与热处理、螯合剂（如 EDTA、Chelex100）、三羟甲基氨基甲烷（Tris）或磷酸钠缓冲液配合应用。提高 EDTA 的含量能够促进 DNA 产量提高但纯度降低，故此，在 DNA 产量和纯度之间需要根据研究的目的作出取舍。十六烷基三甲基溴化胺（CTAB）和聚乙烯吡咯烷酮（PVP）也是常用的化学裂解试剂。CTAB 可与变性蛋白质、多糖以及细胞碎片等形成不溶性复合物；PVP 在核酸纯化过程中作为旋转杵是有效的，但在细胞裂解上是无效果。虽然 CTAB 和 PVP 都可以部分去除腐殖酸复合物，但与 CTAB 相比，PVP 能够导致更多 DNA 损失。

在酶裂解处理中最常用的是溶菌酶，通过水解糖苷键和腐殖酸，提高 DNA 的纯度，蛋白酶 K 也经常用来消化污染的蛋白质。

（2）DNA 提取和纯化　把 DNA 和污泥中其他成分分开的纯化步骤是非常重要的。尤其是污泥等环境样品中的一种主要成分——腐殖酸，如不把它从 DNA 中尽量去除，则会抑制后续的限制性核酸内切酶对 DNA 的消化、PCR 的进行，或通过降低杂交信号而改变定量膜杂交的结果。在绝大多数情况下，细胞裂解之后的第一个纯化步骤就是用有机试剂酚/氯仿进行抽提，然后用乙醇、异丙醇或聚乙二醇（PEG）沉淀；获得的粗制 DNA，再经琼脂糖电泳、羟基磷灰石柱层析或氯化铯密度梯度离心进一步纯化，产物基本可以用于后续一系列分子生物学操作。由于技术的不断革新，新的 DNA 纯化方法，不但节省更多的时间，而且还会得到更纯净的 DNA 样品。如采用特异吸附 DNA 的硅胶柱选择性吸附 DNA，或采用具选择性的磁性捕获钳杂交技术（Magnetic Capture Hybridization，MCH）去除腐殖酸，从而将DNA和其他杂质分开。

（3）应用直接法注意的问题　虽然通过物理、化学和酶解方法组合可以获得较理想的DNA提取效果，但是其应用范围还只限于部分样品，而且提取过程的每一个环节对DNA成功提取的贡献还不清楚。

通过提取较完整的DNA来研究环境样品中微生物的多样性，需要具备几个条件：

1）细菌从活性污泥中充分释放，包括那些紧紧吸附在污泥颗粒甚至深藏于颗粒内部的细菌。物理方法如玻璃珠匀浆或冻融使细菌得以释放，便于裂解，从而使DNA产量提高。

2）对一些顽固的如革兰阳性菌、孢子和小细菌的裂解，需要更剧烈的处理，而这又会造成对裂解敏感的细菌的DNA折断。

3）采集环境样品后应尽快提取DNA，因为各种环境样品在4℃储藏几周就会造成大分子量DNA的降解。虽然以溶菌酶——SDS处理为基础的温和方法可以提取到40～90kb的DNA片段。绝大多数直接提取法提取的DNA片段长度不会超过20kb，而DNA的某些用途如宏基因组（metagenome）文库构建，需要大片段的DNA，直接提取法对此几乎无能为力。

**2. 间接提取法**

从环境样品中提取微生物总DNA的间接法包括以下3个步骤：分散样品、分离细胞与其他杂质、细胞裂解与DNA纯化。

（1）环境样品的分散　最大限度地分散环境样品是从样品中分离提取微生物的关键。分散环境样品的方法有物理法、化学法和二者相结合的方法。在众多物理方法中，用韦林氏搅拌器是最为普遍的；其他如超声波、振荡和旋转杵（rotating pestle）等也有使用。用来分散环境样品的化学试剂有离子交换树脂、焦磷酸钠、六偏磷酸钠、胆酸钠、脱氧胆酸钠、聚乙二醇（PEG）、SDS、PVP、蒸馏水等。化学法常与物理法结合使用。比较发现，采用质量分数为1%的胆酸钠、钠型离子交换树脂、玻璃珠与土壤样品一起在4℃振荡2h，其分散效果最好。

（2）分离细胞与杂质　由于细菌的平均密度远小于其他杂质的平均密度，采用离心或淘选法可使细菌与其他颗粒得到较好的分离。如应用分级差速离心可获得较纯净的细胞。淘选法依据的主要原理是细菌与其他杂质颗粒由于其密度不同，在水中具有不同的沉降速度，从淘选器中流出的时间不同，从而将细菌与其他颗粒分开。此外，过滤法也是一种不错的选择。样品经分散处理后，经0.45μm孔径滤膜真空抽滤，其滤液中即可能含有绝大多数土壤细菌，此过程操作简便，提取液中土壤残留物少，易于纯化。

（3）细胞裂解与核酸纯化　通过以上操作获得的含细菌细胞的部分，即可用前面提到的方法（物理法、化学法、酶解法）进行处理，提取DNA并纯化。如用高含量的尿素破坏DNA和腐殖酸间的氢键，让细胞裂解液通过羟磷灰石柱层析而使DNA得以纯化。PVP也可去除腐殖酸进而极大地提高DNA的纯度，但降低了DNA的得率；同样，根据$OD_{260}/OD_{280}$和$OD_{260}/OD_{230}$计算发现，氯化铯密度梯度离心和羟磷灰石柱层析纯化，均提高了DNA纯度，但都造成DNA损失。尽管温和的裂解结合氯化铯密度梯度离心可以得到高纯度、大片段（大于100kb）的DNA，但是通过粘粒（Cosmid）和细菌人工染色体（BAC）克隆，用功能基因组学方法研究基因簇和生物合成途径，需要的DNA长度超过200kb。可见DNA的大小仍是摆在人们面前的瓶颈。问题总是在不断探索中得以解决的。有研究通过离心从样品中分离细胞，埋入琼脂糖裂解，脉冲场凝胶电泳（PFGE）纯化，结果获得的DNA长度超过300kb，纯度也满足后续分子克隆要求。

**3. 直接法和间接法的比较**

直接法由于能够提取到较全面的细菌DNA并且DNA产量相对较高，因而得到了较快发展。尽管直接法获得的DNA常常有折断、腐殖酸污染，甚至提取物中还夹杂有未知的胞外DNA和真核生物的DNA，但是当需要DNA较多、对丰度不高的微生物进行统计学显著性分析、开展微生物多样性研究时，直接法是首选的方法。研究表明，用玻璃珠搅拌的方法DNA产量最高，但DNA损伤较冻融处理严重；间接法DNA产量最低，但纯度最高，且DNA损伤小，直接法得到的DNA至少是间接法的10倍。间接法的主要缺点是得到的细菌只占总菌群的25%～50%，而直接法提得的DNA超过细菌总DNA的60%。尽管间接法较直接法明显地降低了腐殖酸的污染，但两种方法都有赖于后面的纯化过程，以使得到的核酸满足分子操作的要求。

## 11.1.3 基因复制过程与PCR技术

PCR技术实际上是模拟体内DNA复制过程，以环境样品DNA为模板，在引物和4种脱氧核苷酸存在的条件下依赖于DNA聚合酶的酶促合成反应。为了理解PCR的原理，我们将先以原核微生物为例，认识DNA在细胞内是如何复制产生新的DNA分子的（图11-4）。

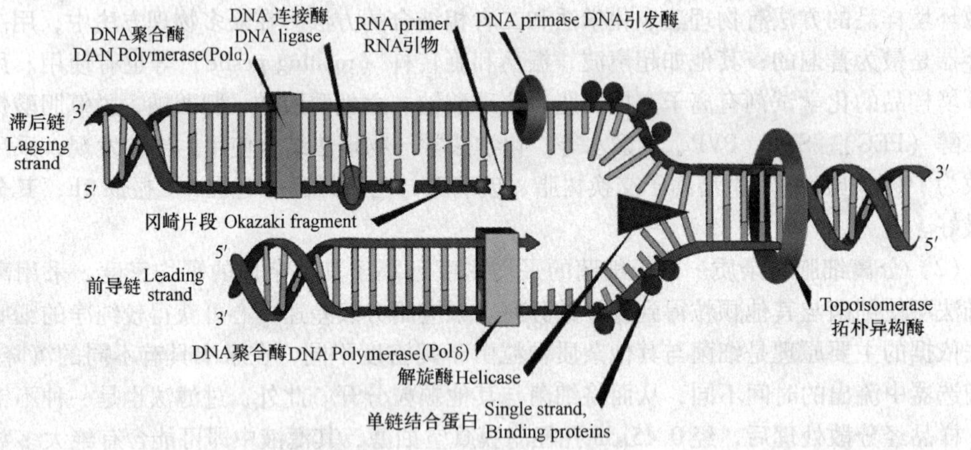


图11-4 DNA复制模式图

**1. 基因复制过程**

（1）DNA双螺旋的解旋 DNA在复制时，其双链首先解开，形成复制叉，而复制叉的形成则是由多种蛋白质及酶参与的较复杂的复制过程。

1）单链DNA结合蛋白（single-stranded DNA binding protein，ssbDNA蛋白）：ssbDNA蛋白是较牢固地结合在单链DNA上的蛋白质。原核生物ssbDNA蛋白与DNA结合时表现出协同效应，若第1个ssbDNA蛋白结合到DNA上去能力为1，第2个的结合能力可高达$10^3$；真核生物细胞中的ssbDNA蛋白与单链DNA结合时则不表现上述效应。ssbDNA蛋白的作用是保证解旋酶解开的单链在复制完成前能保持单链结构，它以四聚体的形式存在于复制叉处，待单链复制后才脱下来，重新循环。所以，ssbDNA蛋白只保持单链的存在，不起解旋作用。

2）DNA解旋酶（DNA helicase）：DNA解旋酶能通过水解ATP获得能量以解开双链DNA。这种解旋酶分解ATP的活性依赖于单链DNA的存在。如果双链DNA中有单链末端或切口，则DNA解旋酶可以首先结合在这一部分，然后逐步向双链方向移动。复制时，大部分DNA解旋酶可沿滞后链的5′→3′方向并随着复制叉的前进而移动，只有个别解旋酶（Rep蛋白）是沿着3′→5′方向移动的。故推测Rep蛋白和特定DNA解旋酶是分别在DNA的两条母链上协同作用以解开双链DNA。

3）DNA解旋过程：DNA在复制前不仅是双螺旋而且处于超螺旋状态，而超螺旋状态的存在是解旋前的必须结构状态，参与解旋的除解旋酶外还有一些特定蛋白质。一旦DNA局部双链解开，就必须有ssbDNA蛋白结合以稳定解开的单链，保证此局部不会恢复成双链。两条单链DNA复制的引发过程有所差异，但是不论是前导链还是滞后链，都需要一段RNA引物用于开始子链DNA的合成。因此前导链与滞后链的差别在于前者从复制起始点开始按5′→3′持续的合成下去，不形成冈崎片段，后者则随着复制叉的出现，不断合成长约2～3kb的冈崎片段。

（2）冈崎片段与半不连续复制　因DNA的两条链是反向平行的，故在复制叉附近解开的DNA链，一条是5′→3′方向，另一条是3′→5′方向，两条模板链极性不同。所有已知DNA聚合酶合成方向均是5′→3′方向，不是3′→5′方向，因而无法解释DNA的两条链同时进行复制的问题。为解释DNA两条链各自模板合成子链等速复制现象，日本学者冈崎（Okazaki）等人提出了DNA的半连续复制（semi-discontinuous replication）模型。1968年冈崎用$^3$H脱氧胸苷短时间标记大肠杆菌，提取DNA，变性后用超离心方法得到了许多$^3$H标记的，被后人称做冈崎片段的DNA。延长标记时间后，冈崎片段可转变为成熟DNA链，因此这些片段必然是复制过程中的中间产物。另一个实验也证明DNA复制过程中首先合成较小的片段，即用DNA连接酶温度敏感突变株进行实验，在连接酶不起作用的温度下，便有大量小DNA片段积累，表明DNA复制过程中至少有一条链首先合成较短的片段，然后再由连接酶连成大分子DNA。一般说，原核生物的冈崎片段比真核生物的长。深入研究还证明，前导链的连续复制和滞后链的不连续复制在生物界具有普遍性，故称为DNA双螺旋的半不连续复制。

（3）复制的引发和终止　所有的DNA的复制都是从一个固定的起始点开始的，而DNA聚合酶只能延长已存在的DNA链，不能从头合成DNA链。新DNA的复制是如何形成的？经大量实验研究证明，DNA复制时，往往先由RNA聚合酶在DNA模板上合成一段RNA引物，再由聚合酶从RNA引物3′端开始合成新的DNA链。对于前导链来说，这一引发过程比较简单，只要有一段RNA引物，DNA聚合酶就能以此为起点，一直合成下去。对于滞后链，引发过程较为复杂，需要多种蛋白质和酶参与。滞后链的引发过程由引发体来完成。引发体由6种蛋白质构成，预引体或引体前体把这6种蛋白质结合在一起并和引发酶或引物过程酶进一步组装形成引发体。引发体似火车头一样在滞后链分叉的方向前进，并在模板上断断续续的引发生成滞后链的引物RNA短链，再由DNA聚合酶Ⅲ作用合成DNA，直至遇到下一个引物或冈崎片段为止。由RNA酶H降解RNA引物并由DNA聚合酶Ⅰ将缺口补齐，再由DNA连接酶将每两个冈崎片段连在一起形成大分子DNA。这样最终产生的两个大分子

DNA，只有一条来自母体，DNA 的这种复制方式，被称做半保留复制。通过半保留复制，即可形成无数个与母体序列完全一致的 DNA 分子。

**2. PCR 技术**

聚合酶链式反应（Polymerase Chain Reaction，PCR）技术是在体外模拟细胞内 DNA 的复制过程，通过加入必要的成分，并创造适宜的条件，从而获得大量的目标基因的拷贝，它与体内 DNA 复制过程不同的是：双链的解开是通过高温变性来完成的，而不是通过酶促反应完成的；双链解开形成的单链不需要单链 DAN 结合蛋白的保护；不论是前导链还是滞后链，加入的引物都是人工合成的寡聚核苷酸，同一反应一般加入一对引物，且分别在温度下降的过程中，分别与前导链和滞后链特异结合。PCR 技术首先由美国科学家 Mullis 发明，由于该技术在理论和应用上的跨时代意义，因此 Mullis 获得了 1993 年诺贝尔化学奖。该技术主要由高温变性、低温退火及适温延伸等几步反应组成一个周期，循环进行，使目的 DNA 得以迅速扩增，具有特异性强、灵敏度高、操作简便、省时等特点。它不仅可用于基因分离、克隆和核酸序列分析等基础研究，还可用于疾病的诊断或任何有 DNA、RNA 的地方。

类似于 DNA 的天然复制过程，PCR 的特异性依赖于与靶序列两端互补的寡核苷酸引物。PCR 由变性、退火、延伸三个基本反应步骤构成（图 11-5）：

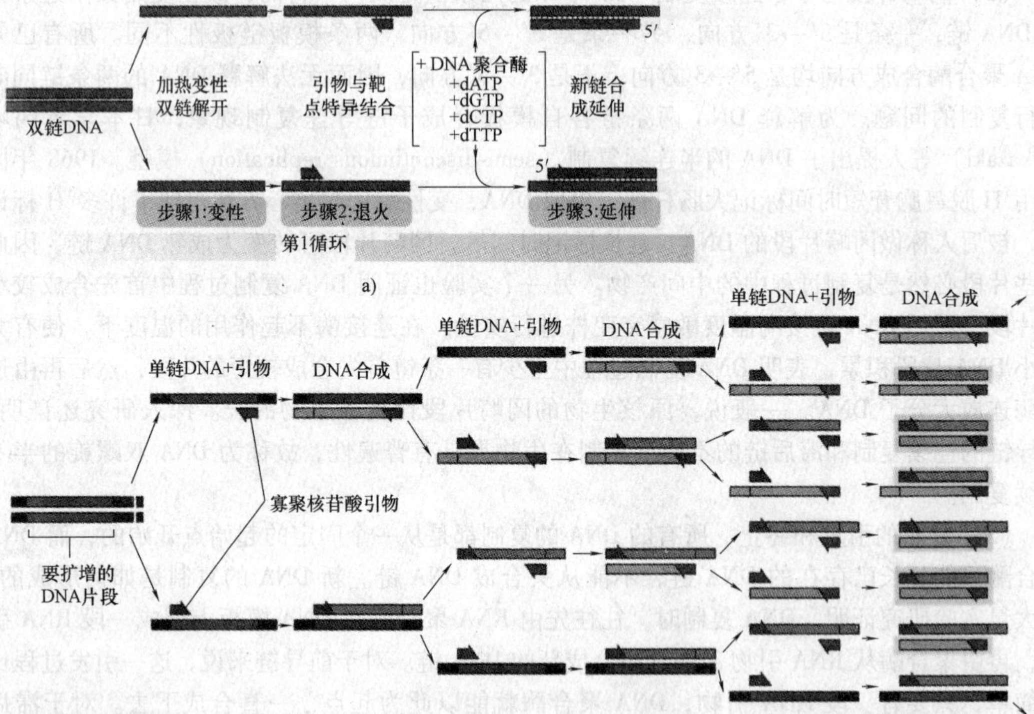


图 11-5 PCR 的原理与过程

模板 DNA 的变性——模板 DNA 经加热至 93℃左右，一定时间后，使模板 DNA 双链或经 PCR 扩增形成的双链 DNA 解离，使之成为单链。

模板 DNA 与引物的退火（复性）——模板 DNA 经加热变性成单链后，温度降至 55℃左右，引物与模板 DNA 单链的互补序列配对结合。

引物的延伸——DNA 模板-引物结合物在 *Taq* DNA 聚合酶的作用下，以 dNTP 为反应原料，靶序列为模板，按碱基配对与半保留复制原理，合成一条新的与模板 DNA 链互补的链。重复变性、退火、延伸三过程，就可获得更多的“半保留复制链”，而且这种新链又可成为下次循环的模板。每完成一个循环需 2～4min，2～3h 就能将目的基因扩增放大几百万倍。

参加 PCR 反应的原料主要有五种，即引物、DNA 聚合酶、dNTP、模板和 $Mg^{2+}$。

（1）引物　引物是 PCR 特异性反应的关键，PCR 产物的特异性取决于引物与模板 DNA 互补的程度。理论上，只要知道任何一段模板 DNA 序列，就能设计与其互补的寡核苷酸链做引物，利用 PCR 就可将模板 DNA 大量扩增。PCR 引物的设计引物应遵循以下原则：

1）引物长度，15～30bp，常用为 20bp 左右。

2）引物扩增跨度，以 200～500bp 为宜，特定条件下可扩增长至 10kb 的片段。

3）引物碱基，G + C 含量以 40%～60% 为宜，G + C 太少扩增效果不佳，G + C 过多易出现非特异条带。ATGC 最好随机分布，避免 5 个以上的嘌呤或嘧啶核苷酸的成串排列。

4）避免引物内部出现二级结构，避免两条引物间互补，特别是 3′端的互补，否则会形成引物二聚体，产生非特异的扩增条带。

5）引物 3′端的碱基，特别是最末及倒数第二个碱基，应严格要求配对，以避免因末端碱基不配对而导致 PCR 失败。

6）引物中有或能加上合适的酶切位点，被扩增的靶序列最好有适宜的酶切位点，这对酶切分析或分子克隆很有好处。

7）引物的特异性，引物应与核酸序列数据库的其他序列无明显同源性。

8）引物量，每条引物的终物质的量浓度为 0.1～1μmol/L，以最低引物量产生所需要的结果为好，引物物质的量浓度偏高会引起错配和非特异性扩增，且可增加引物之间形成二聚体的机会。

（2）酶　目前有两种 *Taq* DNA 聚合酶，一种是从栖热水生杆菌（*Thermus aquaticus*）中提纯的天然酶，另一种为大肠杆菌合成的基因工程酶。催化典型的 PCR 反应约需酶量 2.5U（指总反应体积为 100μL 时），含量过高可引起非特异性扩增，含量过低则合成产物量减少。

（3）dNTP 的质量与物质的量浓度　dNTP 的质量与物质的量浓度和 PCR 扩增效率有密切的关系，dNTP 粉呈颗粒状，如保存不当易变性失去生物学活性。dNTP 溶液呈酸性，使用时应配成高物质的量浓度后，以 1mol/L NaOH 或 1mol/L Tris-HCl 的缓冲液将其 pH 调节到 7.0～7.5，小量分装，-20℃冰冻保存，多次冻融会使 dNTP 降解。现在多数供应商在出售 *Taq* DNA 聚合酶时会搭售 dNTP 母液，可直接使用。在 PCR 反应中，dNTP 应为 50～200μmol/L，尤其是注意 4 种 dNTP 的物质的量浓度要相等，如其中任何一种物质的量浓度不同于其他几种时（偏高或偏低），就会引起错配。物质的量浓度过低又会降低 PCR 产物的产量。dNTP 能与 $Mg^{2+}$ 结合，使游离的 $Mg^{2+}$ 含量降低。

（4）模板（靶基因）　模板核酸的量与纯化程度，是 PCR 成败与否的关键环节之一，PCR 模板可以是从环境样品中提取的 DNA，也可以直接将杂质含量较少的细菌细胞或病毒直接作为模板，如在进行阳性克隆筛选时，可直接用白斑菌落为模板，以克隆的基因或两侧的载体序列为靶对象进行 PCR 检测。

（5）$Mg^{2+}$物质的量浓度　$Mg^{2+}$对PCR扩增的特异性和产量有显著的影响，在一般的PCR反应中，各种dNTP物质的量浓度为200μmol/L时，$Mg^{2+}$物质的量浓度为1.5～2.0mmol/L为宜。$Mg^{2+}$物质的量浓度过高，反应特异性降低，出现非特异扩增，物质的量浓度过低会降低*Taq* DNA聚合酶的活性，使反应产物减少，同样现在多数供应商在出售*Taq* DNA聚合酶时，也会附赠10×酶反应缓冲液，在缓冲液中，已经根据所售*Taq* DNA聚合酶的特性添加了合适物质的量浓度的$Mg^{2+}$，则不需再另外加入，可直接使用。

PCR反应条件主要包括：温度、时间和循环次数。

（1）温度与时间的设置　基于PCR原理三步骤而设置变性、退火和延伸三个温度点。在标准反应中采用三温度点法，双链DNA在90～95℃变性，再迅速冷却至40～60℃，引物退火并结合到靶序列上，然后快速升温至70～75℃，在*Taq* DNA聚合酶的作用下，使引物链沿模板延伸。对于较短靶基因（长度为100～300bp时）可采用二温度点法，除变性温度外、退火与延伸温度可合二为一，一般采用94℃变性，65℃左右退火与延伸（此温度*Taq* DNA酶仍有较高的催化活性）。

1）变性温度与时间。变性温度低，解链不完全是导致PCR失败的最主要原因。一般情况下，93～94℃足以使模板DNA变性，若低于93℃则需延长时间，但温度不能过高，因为高温环境对酶的活性有影响。此步若不能使靶基因模板或PCR产物完全变性，就会导致PCR失败。

2）退火（复性）温度与时间。退火温度是影响PCR特异性的较重要因素。变性后温度快速冷却至40～60℃，可使引物和模板发生结合。由于模板DNA比引物复杂得多，引物和模板之间的碰撞结合机会远远高于模板互补链之间的碰撞。退火温度与时间，取决于引物的长度、碱基组成及其含量，还有靶基序列的长度。对于20个核苷酸，G+C含量约50%的引物，55℃为选择最适退火温度的起点较为理想。引物的复性温度可通过以下公式帮助选择合适的温度

$$T_m\text{值(解链温度)}=4(G+C)+2(A+T)$$

$$\text{复性温度}=T_m\text{值}-(5\sim10℃)$$

在$T_m$值允许范围内，选择较高的复性温度可大大减少引物和模板间的非特异性结合，提高PCR反应的特异性。复性时间一般为30～60s，足以使引物与模板之间完全结合。

3）延伸温度与时间。*Taq* DNA聚合酶的生物学活性：70～80℃ 150核苷酸/S/酶分子；70℃ 60核苷酸/S/酶分子；55℃ 24核苷酸/S/酶分子；高于90℃时，DNA合成几乎不能进行。PCR反应的延伸温度一般选择70～75℃，常用温度为72℃，过高的延伸温度不利于引物和模板的结合。PCR延伸反应的时间，可根据待扩增片段的长度而定，一般1kb以内的DNA片段，延伸时间1min是足够的。3～4kb的靶序列需3～4min；扩增10kb需延伸至15min。延伸进间过长会导致非特异性扩增带的出现。对低含量模板的扩增，延伸时间要稍长些。

（2）循环次数　常规PCR一般为25～40个周期。一般的错误是循环次数过多，这将导致非特异性背景严重，复杂度增加。当然循环反应的次数太少，则产率偏低。所以，在保证产物得率前提下，应尽量减少循环次数。

另外，在进行PCR时还需要考虑以下因素：

（1）温度的选择　变性温度对PCR扩增来说相当重要，如变性温度低，变性时间短，

极有可能出现假阴性；退火温度过低，可导致非特异性扩增，退火温度过高影响引物与模板的结合而降低PCR扩增效率。

（2）靶序列　如靶序列发生突变或缺失，影响引物与模板特异性结合，或因靶序列某段缺失使引物与模板失去互补序列，其PCR扩增是不会成功的。选择的扩增序列与非目的扩增序列有同源性，因而在进行PCR扩增时，扩增出的PCR产物为非目的性的序列。靶序列太短或引物太短，容易出现假阳性。

（3）靶序列污染　这种污染主要是外源基因组或大片段DNA污染，导致假阳性。这种假阳性可通过对实验器具灭菌以及无菌操作克服。

（4）非特异性扩增　PCR扩增后出现的条带与预计的大小不一致，或大或小，或者同时出现。非特异性条带的出现原因，一是引物与靶序列不完全互补或引物聚合形成二聚体。二是$Mg^{2+}$离子含量过高、退火温度过低，及PCR循环次数过多。三是酶的质和量，往往一些来源的酶易出现非特异条带而另一来源的酶则不出现，酶量过多有时也会出现非特异性扩增。其对策有包括：必要时重新设计引物，减少酶量或调换另一来源的酶，降低引物量，适当增加模板量，减少循环次数以及适当提高退火温度。

（5）出现拖尾带　PCR扩增有时出现拖尾带或地毯样带。其原因往往是酶量过多或酶的质量差，dNTP含量过高，$Mg^{2+}$含量过高，退火温度过低，循环次数过多。其对策有：减少酶量，或调换另一来源的酶；减少dNTP的含量；适当降低$Mg^{2+}$含量；增加模板量，减少循环次数。

### 11.1.4　微生物分子生态学研究准备

在环境工程的微生物分子生态研究中，由于学科交叉的原因，很多学者都是非专业出身，对实验的方法原理知之较少，对实验过程中需要的试剂和仪器设备更无法确知，故此，在这部分内容中，将列出环境工程微生物分子生态学实验需要提前具备的软硬件条件，以供参考。

微生物分子生态学是比较纯的生物学研究，所以实验过程中需要的试剂耗材和仪器设备更与生物实验（尤其是分子生物学实验）相似，而后续的序列分析又与生物信息学相一致。

（1）DNA的提取　提取污泥、堆肥、土壤等环境样品的总DNA，若选择试剂盒，建议应用美国Mobio公司的PowerSoil DNA提取试剂盒，基于物理和化学方法直接获得基因组DNA，所得产物比较干净，利于后续实验的进行，国内的试剂盒还未见效果较好、耗时较短的品牌。若使用该试剂盒，需要准备旋涡振荡器以及一般的高速离心机，以及在整个实验过程中均要用到的10μL、100μL、1000μL微量移液器各一支（可以买法国吉尔森、德国Eppendorf或国内大龙的）。也可以自己配制药品，参考最常用的Zhou等或其他进行过适当修改的方法。

（2）电泳分析　电泳仪成套设备，美国伯乐或北京六一的都可以，最好用北京六一生产的制胶槽，比伯乐的既节省，又方便。在此需要使用琼脂糖和TAE或TBE缓冲液，6×DNA上样缓冲液（可自己配制，一般购买*Taq* DNA聚合酶时厂家会赠送一管），基因DNA片段长度marker，如λ/HindIII（大连，宝生物）。电泳完成后，需要使用凝胶成像系统进行照相和分析，美国伯乐或英国UVI的凝胶成像系统都不错。

（3）PCR扩增及产物纯化　所需要的仪器为PCR扩增仪（美国ABI，德国Eppendorf、德国耶拿下属的 Biometra 等)，超净工作台。试剂包括 PCR 扩增用的 *Taq* DNA 聚合酶及缓冲液（大连，宝生物），dNTP（大连，宝生物），根据目标自行设计订购的引物（Invitrogen，上海）；以及电泳时用的 DL2000marker（大连，宝生物）。PCR 产物纯化可用国内公司试剂盒进行。

(4) DGGE 分析　仪器为美国伯乐的 DNA 突变检测系统，需要自行配制 2×上样缓冲液，凝胶试剂均为进口试剂，按说明书要求配制梯度胶。

(5) 特异条带的克隆测序分析　克隆可用 T 载体（大连，宝生物），感受态细胞 DH5α，以及筛选阳性克隆的 LB 培养基、氨苄西林、X-gal、IPTG。另外需要针对 T 载体的引物以通过 PCR 检测转化的白斑是否为阳性，引物 M13F，M13R。阳性克隆可交给生物公司进行测序，序列通过 RDP 或 NCBI 网站比对，并可通过 Mega 4.0 软件构建系统发育树。

## 11.2 基因指纹技术

### 11.2.1 基因指纹技术的分类

在环境工程领域中，基因指纹技术主要指在进行微生物群落分析时，通过某种基于基因的手段将群落中的微生物个体以条带或波峰的形式展现出来，由于群落中微生物物种的差异导致群落图谱表现出排他的独特性，类似于人的指纹，故称之为基因指纹技术。根据形成指纹的原理不同可分为两类，一类是根据 DNA 序列长度进行电泳分离；一类是根据 DNA 的空间构象进行电泳分离。前者如 TRFLP、AFLP、ARDRA 等；后者如 DGGE 和 SSCP。由于 DGGE、SSCP 和 TRFLP 应用最广，故本节主要介绍这三种技术的原理及应用。

### 11.2.2 DGGE 技术及其应用

DGGE 技术是由 Fischer 和 Lerman 于 1979 年最先提出的用于检测 DNA 突变的一种电泳技术。它的分辨精度比琼脂糖电泳和聚丙烯酰胺凝胶电泳更高，可以检测到一个核苷酸水平的差异。1985 年 Muzyer 等首次在 DGGE 中使用“GC 夹板”和异源双链技术，使该技术日臻完善。1993 年 Muzyer 等首次将 DGGE 技术应用于分子微生物学研究领域，并证实了这种技术在揭示自然界微生物区系的遗传多样性和种群差异方面具有独特的优越性。由于 DGGE 技术避免了分离纯化培养所造成的分析上的误差，通过指纹图谱直接再现群落结构，目前已经成为微生物群落遗传多样性和动态性分析中强有力的工具。此外，基于相同原理，又相继出现了用温度梯度代替化学变性剂的温度梯度凝胶电泳（Temperature Gradient Gel Electrophoresis，TGGE）、瞬时温度梯度凝胶电泳（Temporal Temperature Gradient Gel，TTGG）等技术。

**1. DGGE 的技术原理**

如果对 DNA 分子不断加热或采用化学变性剂处理，两条链就会开始分开（解链）。首先解链的区域由解链温度（melting temperature）较低的碱基组成。GC 碱基对比 AT 碱基对结合得要牢固，因此 GC 含量高的区域具有较高的解链温度。同时影响解链温度的因素还有相邻碱基间的吸引力（称做“堆积”）。解链温度低的区域，通常位于端部称做低温解链区（lower melting domain）。如果端部分开，那么双螺旋就由未解链部分束在一起，这一区域便称做高温解链区（high melting domain）（图11-6）。

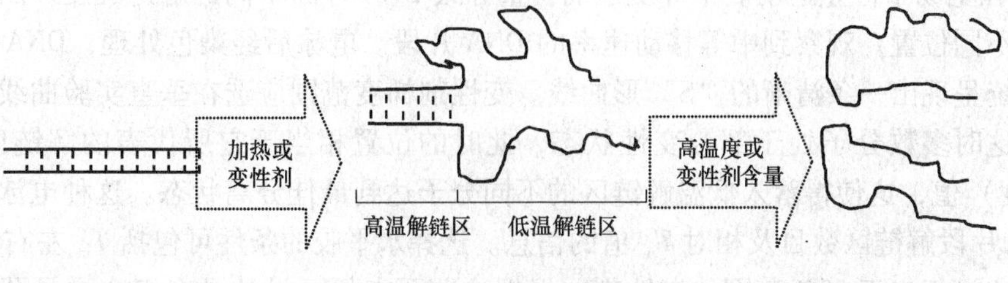


图11-6　DNA双链的变性过程

变性梯度凝胶电泳技术主要依据的第一点是：DNA双链一侧末端一旦解链，其在凝胶中的电泳速度将会急剧下降；第二点是，如果某一区域首先解链，而与其仅有一个碱基之差的另一条链就会有不同的解链温度，因此，将样品加入含有变性剂梯度的凝胶进行电泳就可将二者分开。为使仅有一个碱基之差的不同分子取得最好的分离效果，必须先选择所要研究的DNA范围以及电泳样品的变性剂含量梯度。可以做正交变性梯度实验进行经验性的解决。变性剂梯度应选在曲线斜率大的部分，因为这时多数分子处于部分变性状态，这使得落入低温解链区的不同分子达到最佳分离。

为防止在样品分析之前，对目标DNA片段的经验性摸索占去大量时间，Leonard Lerman的实验室设计了一项计算机程序，它可以模拟和任何已知序列DNA解链温度有关的解链行为。以碱基序列为基础，程序可以给出解链图像。程序还可给出最佳凝胶电泳时间以及任何碱基改变对解链图像产生的预期影响。

现在多数分析是用“GC夹板”（GC clamp）技术进行的。它是将一段长度为30~50个富含GC碱基的DNA序列附加到双链的一端以形成一个人工高温解链区，如在一条引物的5′端加附加这样的夹板，5′CGCCCGCCGC GCCCCGCGCC CGTCCCGCCG CCCCCGCCCG-引物-3′，这样经过PCR的产物均在其5′端有一个40bp富含GC的夹子，在DGGE分析过程中形成高温解链区。这样，片段的其他部分就处在低温解链区从而可以对其进行分析。这一技术使该方法可检测的突变比例大大增加。

**2. DGGE技术的关键环节**

根据变性剂梯度方向的不同，DGGE可分为：垂直DGGE——其变性剂梯度同电场方向垂直，常用的变性剂含量梯度范围比较宽，如0~100%，20%~70%。主要用于试验决定分离目标DNA时的最佳变性剂梯度范围。平行DGGE——其变性剂的梯度同电场的方向平行，常用的变性剂含量梯度范围则比较窄，以便更好的分离DNA片断。主要用于解链范围明确的DNA片断的检测。目前应用在环境微生物样品分析的主要是平行DGGE。若应用DGGE技术对DNA片断达到最佳的分离效果，必须了解与待测DNA片段相关的解链性质，以选择适合检测该DNA片断的最理想的变性剂含量范围以及电泳时间。

（1）最佳变性剂梯度的选择　为使仅有一个碱基之差的不同DNA片断取得最佳的分离效果，可以用垂直变性梯度试验来选择所要研究的DNA片断的解链性质、变性剂含量梯度。在垂直变性梯度电泳实验中，电泳方向与变性剂梯度线性增加方向垂直。加样孔是一个占胶板整个宽度的单一大孔（与梯度方向平行）。从低含量变性胶的一侧进胶的DNA片段，由于未与变性剂发生作用，DNA片断未解链，DNA以双链分子形式迁移较远。DNA片段在高含量变性剂一侧进胶后在电泳过程中几乎不能移动，此时 DNA 分子已大部分解链，单链 DNA 分子在电场中停止运动。中等变性剂含量导致 DNA 片断不同的解链程度，因此会停留在胶板的不同位置，观察到中等移动速率的 DNA 片段。电泳后经染色处理，DNA 片段经凝胶成像系统呈现出一条清晰的“S”形曲线。变性剂梯度范围应选在垂直实验曲线斜率较大的部分，这时多数分子处于部分变性状态，此时的位置相当于它所代表的解链区域的 $T_m$（解链温度）值，这使得落入低温解链区的不同分子达到最佳分离状态。这种电泳胶提供了有关 DNA 片段解链区数目及相对 $T_m$ 值的信息。选择水平胶的条件可包括 $T_m$ 左右约 10℃的范围区，10℃相当于 30% 范围的变性剂。根据这些要点便可设计具有多个样品孔的平行变性梯度胶，在最佳条件下进行靶片段的分析。

（2）最佳电泳时间及温度的确定　DGGE 系统要求在聚丙烯酰凝胶中对待测 DNA 片段进行电泳，电泳的温度要低于待测解链区域 $T_m$ 值。对绝大多数天然的 DNA 片段 50 ~ 65℃是比较适合的。最佳解链温度是由平行凝胶电泳实验确定的。变性剂梯度由胶板的顶端向底端线性增加，电泳方向平行于变性剂梯度变化方向。平行 DGGE 技术适用于多个样品的比较分析。样品分析之前，首先要将待测样品以恒定的时间间隔在同一块胶版上点样，跑胶。根据 DNA 片断的分辨情况来确定电泳时间。电泳的时间长短与系统的电压密切相关，一般来讲采用低电压，则电泳时间要长一点，采用高电压则相反。DNA 片断为 200bp 左右，通常在电压为 150V 时，电泳 4h 可以达到良好的分离效果。

目前，计算机程序预测解链性质，节省了对目标 DNA 片断的分析所占用的大量时间。这些程序以寡核苷酸溶解性的研究及解链理论为基础，可以模拟和任何已知序列 DNA 解链温度有关的解链行为、最佳凝胶电泳时间以及任何碱基改变对解链图像产生的预期影响。可用 WinMelt/MacMelt（http://www.medprobe.com/es/melt.html），TGGE-STAR（http://www.charite.de/bioinf/tgge）和 Poland analysis（http://www.biophys.uni-duesseldorf.de/local/POLAND/poland.html）等软件进行分析。

（3）染色及测序　核酸电泳后需要进行染色才能呈现出带形和指纹图谱，最常用的是溴化乙啶染色法和银染法。由于聚丙烯酰胺对溴化乙啶（Ethidium Bromide，EB）具有熄灭作用，因此导致溴化乙啶灵敏度大为降低，人为缩小了微生物多态性，导致分析误差。同时 EB 是强致变剂，不利于身体健康。银染法是通过银离子（$Ag^+$）可与核酸形成稳定的复合物，再使用还原剂如甲醛使银离子（$Ag^+$）还原成银颗粒，可把核酸电泳带染成黑褐色，其灵敏度比 EB 高 200 倍，是目前最灵敏的方法。但银染法不易回收 DNA，无法进行后续的杂交分析。近年来，相继出现了 SYBR Gold、SYBR Green Ⅰ 和 SYBR Green Ⅱ等新一代荧光核酸凝胶染料，这类染料的背景极低，可以更好地观察微量的条带。致突变性远低于 EB 数倍甚至数十倍，几乎具有银染的超高灵敏度。由于该染料渗透入凝胶的速度极快，无须脱色，因此使染色过程更加简便，节省时间。虽然这种染料价格比较昂贵，但还是一类具有良好应用前景的荧光染料。显色后，凝胶上的条带可以在回收后用于测序，也可直接进行凝胶的杂交分析。

**3. DGGE 的操作方法**

该技术主要包括以下几个步骤：样品的采集、样品总 DNA 提取及纯化、样品 16S rRNA 基因片断的 PCR 扩增、预实验（主要是对扩增出的 16S rRNA 基因片断的解链性质及所需的化学变性剂含量范围或温度梯度范围进行分析）、制胶以及样品的 DGGE 分析。

（1）仪器设备　简要地讲，就是先把凝胶灌到盒子里，然后放入大的加热培养槽中，加入经充分搅拌的缓冲液。然后，将一个电极（阳极）与这个缓冲液相连，另一个电极（阴极）与上端的缓冲液相接，它可以将凝胶顶部与培养槽或低处缓冲液隔开。现在需要用一个小泵将缓冲液由外面（低处）泵到高处以抵消上端缓冲液向下面的流失。

（2）对样品序列进行分析　由于使用“GC 夹板”技术可使多数突变落入低温解链区，所以用计算机程序选择最佳引物位置就非常重要，但仍需决定对哪一端连接“GC 夹板”较好的问题。一旦基因组 DNA 引物位置确定，电泳条件就可由以下步骤确定：对样品进行正交凝胶电泳，选择曲线陡峭部分两端作为梯度凝胶的化学变性剂含量范围。

（3）样品制备　用两个引物对基因组 DNA 进行扩增，一个引物的5′端连以40～45bp 富含 GC 的一段序列。

（4）制胶　制胶时要选择梯度范围，这可用梯度混合器完成，两个容器分别放有变性剂的极端含量和合适含量的丙烯酰胺。

（5）电泳　经过电泳和溴化乙啶染色可以很好地分辨1～2μg 样品。当温度平衡到60℃后，移去梳子，加入混合有缓冲液的样品，电压控制在60～160V 之间，电泳完后，以标准方法用溴化乙啶染色，用凝胶成像系统进行照相观察。

**4. DGGE 技术的局限性**

理论上，只要选择的电泳条件如变性剂梯度、电泳时间、电压等足够精细，DGGE/TGGE 技术对于 DNA 片段的分辨率可以达到一个碱基差异水平。但是，Vallaeys 等发现 DGGE 法并不能对样品中所有的 DNA 片断进行分离。Muyzer 等指出 DGGE 法只能对微生物群落中数量上大于1%的优势种群进行分析。此外，不同的 DGGE/TGGE 电泳实验条件很可能导致不同的带形谱图，这无疑对序列信息的探针设计和系统发育分析都有一定的影响。

待测样品的预处理过程是 DGGE 技术能否发挥效能的关键步骤。这一步骤也是实验误差的主要来源。很多因素都会影响样品 DNA 的提取过程，如待测细胞是否充分裂解；一些抑制 DNA 降解的物质是否完全去除等。此外，在 PCR 扩增过程中，如何避免优先扩增，使所有模板以均等的概率被扩增，基因组的大小、引物的设计以及扩增程序的选择均对扩增后的 DNA 片断的质量和数量有很大的影响，这些都将间接影响 DGGE 的分析结果。

另外，基于16S rRNA 基因扩增的 DGGE 技术以及克隆技术在分析微生物种群差异方面，如果细菌存在多个 *rrn* 操纵子，或者利用简并性引物在 PCR 中获得的双链 DNA 片断，则可能夸大群落差异和扩大群落的多态性。此外，DGGE 电泳技术不能提供有关微生物活性的信息。

尽管 DGGE 技术具有以上局限性，但是其重现性强、可靠性高、速度快、能够弥补传统方法分析微生物群落的不足，已经成为现代微生物学领域的一种重要研究手段。在国内 DGGE 技术在微生物分子生态学研究中的应用还处于起步阶段，借助于标记基因的 PCR 扩增技术以及 rRNA 和 mRNA 为靶序列，DGGE 技术能够再现微生物群落多样性，获得微生物在时间和空间上的动态信息。由分子生物技术所测得的微生物种类及其数目可用于建立更完整的微生物种群动力学模式，可提高污染物处理的稳定性及提供处理效率不佳时的解决方法。因此，充分解了 DGGE 技术的基础背景和局限性，结合其他分子生物学技术是诊断和评价复杂微生物群落的种群结构及其动态学最有前景的技术手段。

PCR-DGGE 最早应用于基因点突变的检测，它的发明使传统琼脂糖电泳和聚丙烯酰胺凝胶电泳检测的分辨率精度提高到一个核苷酸残基差异的水平，该技术在揭示微生物遗传多样性和微生物种群异化方面具有独特的优越性，因此被广泛应用到分子微生物生态学研究领域中，尤其在微生物多样性检测、微生物鉴定、微生物分子变异以及种群异化等方面的应用更加广泛。

### 11.2.3 TRFLP 技术原理及其应用

末端限制性片段长度多态性（Terminal Restriction Fragment Length Polymorphism，TRFLP）是对现有的 RFLP 技术的延伸，Liu 等（1997 年）首先将 TRFLP 技术应用于微生物群落分析中，其原理是采用一端荧光标记的引物进行 PCR 扩增，PCR 产物以识别 4 个碱基的限制性内切酶进行消化，消化产物以 DNA 测序仪分离，通过激光扫描，得到荧光标记端片段的图谱，未标记端虽然也同时分离，但由于没有荧光，所以没有显示。图谱中条带（或波峰）的多少表明了群落的复杂程度。峰面积的大小代表了该片段的含量，即相应群落的相对数量。

同其他指纹图谱技术相比具有以下优点：

1）高通量，能够迅速产生大量重复、精确的数据，用于微生物群落结构的时空演替研究。

2）数据的输出形式允许对大量信息的快速分析，由于片段分析软件已经预装于 DNA 测序仪中，这些软件能够自动将电泳结果数字化并以表格方式输出，用于标准统计分析，避免了将指纹图谱再数字化的程序，节省人力物力，能够监视大规模的微生物群落动态。

3）根据末端限制性片段（Terminal Restriction Fragments，TRFs）的长度与现有数据库进行对比，有可能直接鉴定群落图谱中的单个菌种。

4）由于产生 TRFs 的设备为 DNA 测序仪，所以精确度和分辨率都要较其他方法产生的图谱高。随着自动测序仪在国内实验室的不断普及，很有必要将这种快速精确的群落分析技术引入到实验中来，以提高群落分析领域的技术水平。

**1. TRFLP 的技术关键**

TRFLP 的操作过程同其他基因指纹技术基本相同，主要以核糖体小亚基 RNA 基因（SSU rRNA 基因）为靶对象进行 PCR 扩增，再对 PCR 产物进行不同的处理，根据 PCR 产物的多样性反映出研究的群落的多样性（图 11-7）。而 TRFLP 难点在于引物-酶的选择和对峰值数据的处理。

（1）引物-酶选择　引物-酶组合是实现群落多样性与真实性的重要因素，当以核糖体小亚基 RNA 基因（SSU rRNA 基因）为靶对象时，可通过 TAP-RFLP 软件，将荧光标记端的引物序列和内切酶输入到该软件中进行在线模拟分析，从而找到适合分析特异群落的引物-酶组合。如要调查植物根际微生物的群落多样性时可采用引物 63F、783R，用于消除植物体内 SSU rRNA 基因的污染。

（2）TRFLP 图谱数据分析　酶切产物通过测序胶电泳分离，带有荧光标记的条带通过收集软件自动转化为数字化的峰值图谱，如图 11-8 为 4 株标准菌株组成的模式群落的 TRF 图谱，其中除 A ~ D 之外的波峰为内对照 GenScan Rox 500（ABI）。对获得的指纹图谱进行分析主要包括以下内容。

1）群落指纹图谱相似性比较：指纹图谱比较结果反映的是群落相似关系，一般采用

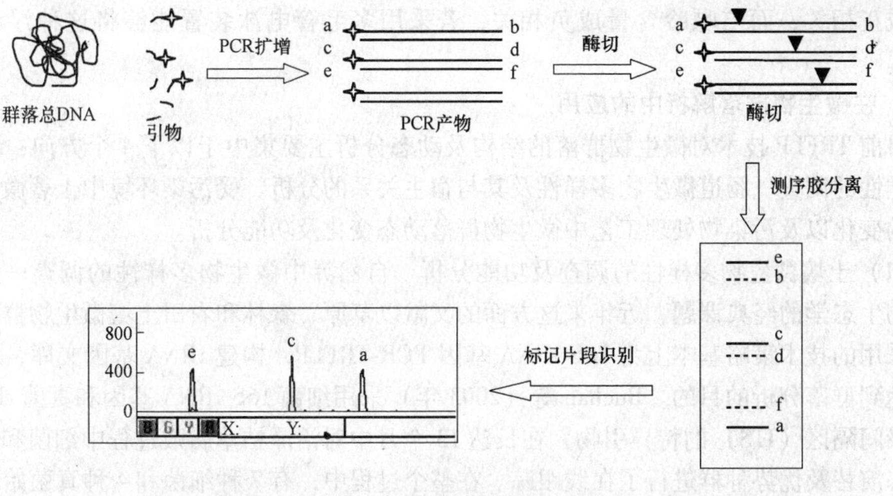


图11-7 TRFLP的工作原理

注：✦为荧光标记：ab、cd、ef为PCR产物：▼为酶切位点。

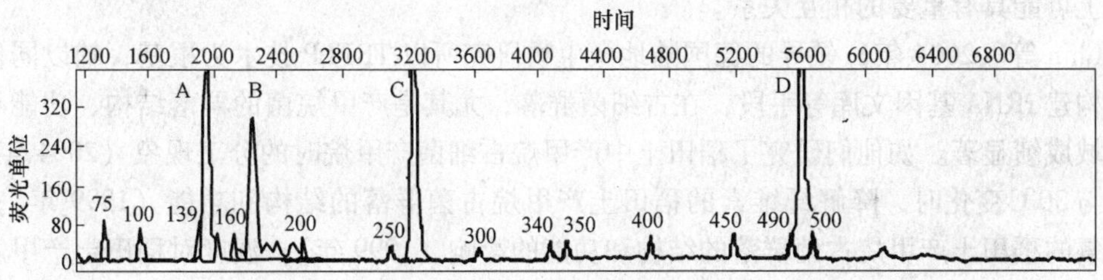


图11-8 包含4个菌株的模式群落TRFLP分析

A—*Bacillus. subtilis*（GenBank Accession No：AF548498）

B—*Desulfovibrio desulfuricans subsp. Desulfuricans*（AF192153）

C—W-1（AY434721） D—*Escherichia coli*（AF076037）

UPGMA（Unweighted Pair Group Method with Arithmetic）聚类方法比较不同群落形成的图谱相似性及距离，从而研究环境对微生物群落的影响或微生物群落的动态演替方式；而主元素分析（Principle Component Analysis，PCA）可以比较群落TRFLP中物种的数量以及物种的组成。

2）波峰的数量：波峰的数量与群落的多样性（richness）相对应，GenScan的自动分析软件能够自动统计超过一定荧光强度的波峰数量，波峰数量的多少是群落多样性的体现。

3）波峰面积和波峰的TRFs长度：当采用不同的内切酶进行酶切时，形成不同的峰值图谱，便相应得到几套不同的TRF长度和波峰面积数据。操作分类单元（Operational Taxonomic Unit，OTU）是系统发育学中的重要术语，指的是系统发育树中的最末端分支，在TRFLP分析中，长度不同的TRF片段也视为不同的OTUs。将同一群落的几套不同的数据及使用的内切酶导入软件TRFLP Fragment Sorter（http：//www.oardc.ohio-state.edu/trflpfragsort/）中，通过与RDP数据库（http：//rdp.cme.msu.edu）的对比分析，检索出最可能的序列及对应的菌株。对同一群落采用的引物-酶组合越多，分析的准确性越高。研究还表明，图谱中TRFs观察长度一般要比TRFs的真实长度短0~4bp，且这种浮动与TRFs的真实长度成正相关，而与嘌呤含量成负相关，若采用多毛管电泳装置能够将这种浮动缩小至±1bp。

**2. 在微生物群落解析中的应用**

目前TRFLP技术对微生物群落的结构及动态分析主要集中于以下4个方向：土壤微生物多样性的调查、肠道微生物多样性及其与宿主关系的分析、受污染环境中土著微生物群落结构的变化以及污染物处理工艺中微生物群落动态变化及功能分析。

（1）土壤微生物多样性的调查及功能分析　自然界中微生物多样性的调查一直以来是微生物生态学的经典课题，近年来这方面的文献以草原、森林和农田土壤微生物群落研究为主，采用的技术策略基本上为16S rRNA基因PCR-TRFLP，构建rRNA基因文库，二者相互结合达到群落分析的目的。Buchan等（2003年）采用细菌16S rRNA基因和真菌rRNA基因内转录间隔区（ITS）的特异引物，在长达13个月中对沼泽枯草腐败过程中细菌和真菌的群落动态演替及优势种群进行了在线跟踪。在整个过程中，有7种细菌和4种真菌始终占有优势，ITS rRNA基因的TRFS可以将真菌鉴定至种水平。微生物的群落结构随着空间或时间的不同而发生着演替，真菌和细菌在降解过程中惊人的丰度相关性，预示着这两类微生物在生态学上可能具有重要的相互关系。

Chin等（2004年）领导的德国陆地微生物研究所以TRFLP技术为根基，辅以同位素示踪、构建rRNA基因文库等手段，在古细菌群落，尤其是产甲烷菌的群落结构、功能与动态学领域成绩显著。如他们研究了稻田土中产甲烷古细菌产甲烷时的分工现象（2004年）；在15℃与30℃变化时，降解纤维素的稻田土产甲烷古菌群落的结构和功能（1999年）；温度对缺氧的稻田土产甲烷古菌群落的结构和功能的影响（1999年）；温度对稻田土产甲烷古菌群落、碳及电子流的影响（2000年）；以功能基因甲基辅酶M还原酶K亚基基因（*mcrA*）为靶对象，对来自不同地域中的稻田土中的优势微生物种群进行调查（2001年）；以功能基因甲烷单加氧酶基因（*pmoA*）为分析对象，对湖边沉积物甲烷氧化菌群的多样性及功能进行研究（2004年）。

（2）肠道微生物多样性及其与宿主关系分析　TRFLP最初用于医学微生物鉴定中，其快速准确的特性得到了研究者的广泛认可。并且新的引物-酶组合也不断引进到肠道微生物群落的分析中来。肠道生物群落是一个复杂的生态系统，能通过营养、病理和免疫等多方面影响宿主的机能。Nagashima等（2003年）采用了新的引物-酶组合来分析人粪便内的微生物群落，对8个样品DNA进行TRFLP分析时，*Rsa*I + *Bfa*I双酶切得到8个优势OTUs，而*Bsl*I单酶切时产生了14个优势OTUs，OUTs的分布与计算机TAP-RFLP软件模拟分析的结果相吻合。这一策略使人们能够预测TRFLP产生的TRFs对应什么样的肠道细菌群，甚至能够直接鉴定由TRFLP产生的OTUs。

白蚁是土壤生物群落的重要组成部分，对土壤的结构和营养成分具有重要的影响。白蚁的消化过程主要同肠道的结构，肠道内的生理化学条件以及肠道共生菌有关。Liu等（1993年）对来自白蚁肠道、河流沉积物及两个不同的活性污泥样品中的微生物群落采用TRFLP技术进行了对比，可得到高达35个不同的核型，其中白蚁肠道菌群同其他三者明显不同。另外，Donovan等（2004年）分别对白蚁肠道和居住在土壤中的古细菌进行了TRFLP分析，用以阐明白蚁肠道内的古细菌群落是遗传而来还是后天从土壤中摄取而来。结果显示肠道内的古细菌群落与周围土壤中的TRFs不尽相同，二者的古细菌群落存在少许的重叠，可能是群落自肠道至土壤的过度。

（3）受污染环境中土著微生物群落结构的变化 TRFLP 可以检测到微生物群落数量和种类的微小波动，通过生物学特征评价环境污染状况。Tom-Petersen 等（2003 年）报道，通过比较受铜污染和正常土壤中的细菌和特殊类群微生物的 TRFs，表明土壤中的铜能够对整个细菌水平根瘤菌-土壤农杆菌类群微生物的结构产生很强的影响。Kaplan 等（2004 年）对石油污染治理过程中的微生物群落动态学进行了调查研究，表明在前 3 周石油污染被迅速降解，之后 21 周内降解越来越慢，TRFs 也显示细菌群落在石油污染降解速度下降时发生一次很大变化。同 rRNA 基因文库比较后得知黄杆菌属和假单孢菌属为石油快速降解时 TRFs 中的优势 OTUs，降解变慢后，这两个优势 TRFs 被另外四个 TRFs 代替。

在人为的干扰下，某些具有特殊功能的微生物往往更容易富集，如亚硝酸还原酶是反硝化过程中的关键酶，该酶基因（*nirK* 和 *nirS*）的 TRFLP 分析也已用于描述特异功能群落的结构及动态变化。Wolsing 等（2004 年）以该基因为靶对象，对施加化学氮肥和有机氮肥土壤中的反硝化菌的群落进行了动态监测，在整个过程中 *nirK* 均能够得到丰富 TRFs 并表现明显的随着季节的变化而演替的现象，而 *nirS* 基因只在三月份的土壤中得到了 TRFs。另外，施加氮肥的不同以及是否施加氮肥都能够对反硝化菌群结构产生明显的影响，测序结果表明这些反硝化菌为未培养过的反硝化类群。而 Braker 等（2001 年）在以 *nirS* 基因为靶对象研究不同氧化还原梯度中反硝化菌群落的结构时，同时也对其中的古细菌的多样性进行了调查。其中包含 *nirS* 基因的反硝化菌表现出极大的多样性，但在不同氧化还原梯度中的反硝化菌群结构并没有较大改变，古细菌也较少，所以认为在沉积物表层的氧化还原梯度可能是由洋底的生物群落（如洋底无脊椎动物等）与反硝化菌群共同维持。

（4）污染物处理工艺中微生物群落动态变化及功能分析 Liu 等（1998 年）采用 TRFLP 技术描述和比较了不同碳磷比的 A/O SBR 反应器对聚糖菌（GAO）和聚磷菌（PAO）的选择作用，自富集 GAO 和 PAO 的反应器中分别得到 12 和 14 个 *HhaI* + *RsaI* TRFs，其中高 G + C 细菌（HGC）群落分别占 6% 和 17%；同样，只采用 *MspI* 单酶切，GAO 和 PAO 富集培养物中分别出现了 16 个和 10 个 TRFs，两种群落中的 HGC TRFs 仅有 5 个是相同的，这表明富集培养引起微生物群落结构的极大改变，从而导致了 GAO 和 PAO 特异群落的建立。Ayala-del-Río 等（2004 年）研究了两个分别以酚和酚-三氯乙烯（TCE）为底物的好氧 SBR 反应器中微生物群落结构与功能的对应关系。分别以 16S rRNA 基因和酚羟化酶（TCE 共氧化中的酶）基因为对象，对各时期的群落进行分析表明以酚 - 三氯乙烯为底物的群落在又加入三氯乙烯以后两年多，三氯乙烯的转化率始终维持较低但很稳定的水平，而与之相反，以酚为底物的群落在加入三氯乙烯后，虽然转化率较高但出现了周期性波动，并且三氯乙烯转化率与酚羟化酶基因的量成正相关。

为了提高 TRFLP 技术的可判断性，很多学者在进行群落多样性研究时，同时也应用了其他指纹技术，如变 DGGE 加以佐证。Marsh 等（1998 年）采用 18S rRNA 基因特异引物描述了反应器活性污泥真菌群落的结构特征，共得到高达 15 个 TRFs，而只有 5 ~ 6 条 DGGE 条带，克隆的 rRNA 基因测序比较表明 11 个克隆均是 *Ciliophora* 门，这说明在进行亲缘关系较近的真菌群落结构分析时 TRFLP 技术要比 DGGE 敏感得多。Brodie 等（2003 年）在监测丘陵草原土壤中真菌的结构改变时，也得到同样的结论，其中 TRFLP 得到 26 ~ 33 个 OTUs，而 DGGE 却只得到 13 ~ 18 个 OTUs。

**3. TRFLP 技术存在的问题**

TRFLP 技术无法像 DGGE 那样对图谱进行杂交或直接克隆测序分析，而且单酶切的 TRF 片段在数据库中匹配不够精确，无法鉴定至种甚至属水平。可以采用不同的内切酶对同一分析样品分别进行消化，通过叠加靶基因酶切位点，使待鉴定种属在数据库中的匹配度提高。由于数据库，尤其是除了 rRNA 基因之外的其他功能基因库的不完善，某些出现在 TRFLP 中的 RTF 可能找不到匹配的对象。可以在产生 TRFs 图谱的同时，对分析样品创建克隆文库、测序鉴定，二者互补即可解决上述问题。

TRFLP 技术是一种快速、敏感的用于细菌菌株鉴定、群落比较分析的方法。由于技术设备的限制，在国内起步较晚，研究性文献极少。但随着实验经费的日益充足，自动测序仪等较昂贵的实验仪器也逐渐普及，这为 TRFLP 技术的实现和改进提供了良好的硬件基础。对自然群落及人工生境中微生物群落结构和动态学的研究，能够为我们提供群落演替方向，功能微生物种群数量变化，以及相关微生物种群状态等信息，根据获得的信息做出正确的判断，从而更好地为科研服务。在特定生态系统的生理生化数据及功能基因信息的帮助下，TRFLP 将会揭示目前未知的微生物群落结构和功能的真实图景。

## 11.2.4 SSCP 技术及其应用

单链构象多态性技术（Single-Strand Conformation Polymorphism，SSCP）是随着对人类基因组的研究而发展起来的用于检测碱基突变的技术，首先是由日本的 Orita 等（1989 年）创立的。而将 SSCP 技术应用于微生物群落组成分析，首先是 Lee 等于 1996 年报道的，1998 年，Tebbe 及其同事将该技术进一步改进，提高了 SSCP 图谱带形的可读性，能够分析较为复杂的微生物群落结构，又有学者将其与荧光毛细管电泳（Fluorescence Capillary Electrophoresis，FCE）技术及测序技术相结合，使 SSCP 图谱的分辨率和自动化程度有了很大的提高，已经成为群落动态分析中重要的基因指纹图谱技术（Genetic Fingerprinting Profiling）之一。

**1. SSCP 技术的基本原理**

在非变性的聚丙烯酰胺凝胶中，单链核酸分子通过内部碱基互补配对形成不同的空间构象，有时即使只有一个碱基的不同，其构象也会差异很大，当这些分子在电场中泳动时，就会受到凝胶不同的分子筛作用力，最终使长度近似而碱基序列不同的核酸分子分开。

采用 SSCP 对群落动态进行分析与对突变子进行检测类似，只是群落动态分析检测的是由复杂的微生物群落组成的环境基因组信息，而不是单个含有突变的序列，这就决定了群落分析得到的 SSCP 图谱要比突变子检测复杂得多，而且还要对图谱中重要的条带进行再扩增并测序，进行系统发育学分析；另外荧光 SSCP（Fluorescent SSCP），是通过测序仪将带形图谱变成了峰值图谱，分辨率有所提高，但得到的峰值图谱无法进行后续的克隆等分析，所以在群落分析中较少使用，主要应用于纯种微生物的比较鉴定中。

**2. SSCP 的操作关键**

（1）对监测过程中不同时期的环境基因组 DNA 的提取　Stach 等（2001 年）认为土壤中的腐殖酸对 PCR 的特异性有很强的影响，并提出 DNA 提取质量的评价，认为不能单从量和纯度来衡量，更重要的是以多样性来衡量，这样才能最大程度地反映环境群落结构的本征。

（2）引物的选择及 PCR 扩增　在研究微生物群落结构及系统发育学分析中，核糖体小亚基 RNA（SSU rRNA）基因由于其进化上的保守性以及操作上的简便性成为公认的进化分析中的金指标，所以无疑是最理想的靶基因。表 11-2 给出了应用于 SSCP 分析的 16S rRNA 基因的通用引物。PCR 扩增是造成微生物群落真实结构与 SSCP 图谱脱离的重要环节之一，所以应尽量减少循环次数及采用合适的退火温度，以降低对部分微生物的无效放大作用。

**表 11-2　应用于 SSCP 分析的 16S rRNA 基因的通用引物**

| 引物名称 | 引物序列（5′→3′） | 目标微生物 | 16S rRNA 基因中目标区 | 扩增序列长度/bp | 退火温度/℃ |
|---|---|---|---|---|---|
| F243<br>R531 | GGATGAGCCCGCGGCCTA<br>CGGCCCCGCGGCTGCTGGCACGTA | Actinomycetes | V3 | ≤308 | 60 |
| W36<br>W34 | TCCAGGCCCTACGGGG<br>TTACCGCGGCTGCTGGCAC | Archea | V3 | ≤200 | 50 |
| SRV-1<br>SRV-2 | CGG(C/T)CCAGACTCCTACGGG<br>TTACCGCGGCTGCTGGCAC | Bacteria | V3 | ≤200 | 62 |
| Com1<br>Com2 | CAGCAGCCGCGGTAATAC<br>CCGTCAATTCCTTTGAGTTT | Bacteria | V4-V5 | ≤407 | 50 |
| 120f<br>518r | ACTGGCGGACGGGTGAGTAA<br>CGTATTACCGCGGCTGCTGG | Bacteria | V2-V3 | ≤436 | 50 |
| F-968<br>R1346 | AACGCGAAGAACCTTAC<br>TAGGGATTCCGACTTCA | Bacteria | V6-V8 | ≤378 | 50 |

（3）反意义链的去除　传统 SSCP 技术无此步骤，所以生成的图谱称为异源双链 SSCP 图谱，而去除反意义链之后则成为单链 SSCP 图谱。反意义链的去除有两种方法，一是用 λ 核酸外切酶（lambda exonuclease）将 5′磷酸标记的反意义链水解掉；另一种方法是通过链霉亲和素（Streptavidin）将生物素标记的反意义链钓取出去。

（4）SSCP 图谱的获得　将 PCR 产物或单链产物与一定体积的变性剂混合热变性后，进行含甘油（5%～10%）的聚丙烯酰胺凝胶（丙烯酰胺: 双丙烯胺 >49: 1）电泳，可根据灵敏度需要选择不同的染色方法。银染可检测到每带 1pg 的双链 DNA，而 SYBR® Green I 只有当每带含有 20pg 以上双链 DNA 时才能检测到，EB 的敏感性更低一些。

（5）特异条带的测序及系统学分析　条带之间的亲缘关系及重要条带在系统发育学中的位置是人们一直关心的问题。可采用挤压法获得 PCR 再扩增的模板，然后扩增、克隆、测序后进行系统发育学分析。

**3. SSCP 技术在微生物群落分析中的应用**

SSCP 技术已经被应用于多种环境微生物群落动态分析中，主要可分为人工创建的微生物群落和自然群落两大类。另外，也有学者对人为影响下的自然群落进行了分析，如转基因植物根际微生物的变化，施加氮肥对西伯利亚大草原真菌多样性的影响等。

异源双链 SSCP 及荧光 SSCP 技术为病原微生物的鉴定作出了重要贡献。通过比较 PCR 扩增的菌株的 rRNA 基因同其他标准菌株的异源 SSCP 图谱，即可进行快速鉴定。SSCP 在微生物鉴定中的长足发展为其在群落分析中的应用奠定了基础。Lee 等（1996 年）以 16S rRNA 基因的 V3 区为靶，首先分析了模式菌株的特征条带，以及不同模式菌株混合后异源双链 SSCP 带形变化情况，通过对构建的模式群落分析，认为不同微生物在模式群落中能够产生特征条带，可以反映一个“群落”的多样性，而且可以检测到占“群落”1.5%的菌株的存在；对此结果，Schwieger 等也进行了验证和改进，他们以 16S rRNA 基因的 V4～V5 区为靶序列，并且对反意义链引物的5′端进行了磷酸标记，PCR扩增完成后，通过λ核酸外切酶将该链特异的DNA片段水解掉，理论上至少可使SSCP图谱的复杂性降低一半，从而提高技术的识别能力，以该方法可以检测到包含了11种微生物的模式群落中的10种微生物。

Tebbe领导的实验小组在对模型群落的大量研究的基础上，又对其他的自然群落结构进行了一系列的研究，主要是针对转基因对作物的根际微生物的群落结构是否有影响而进行的。他们分别对转抗除草剂基因的甜菜根际、转抗除草剂基因的玉米根际、不同豆科植物的根际、施加生物菌肥的植物根际，以及施加石灰的杉树林根际中微生物的群落结构进行了动态监测。他们认为植物根际微生物的群落结构动态变化应该是对转基因植物风险评价的重要内容之一，通过对多种转基因植物的研究，一致得出转基因植物同非转基因植物的根际微生物在组成结构上无显著变化；在对豆科植物，紫花苜蓿、芸豆、三叶草等根际的研究中，发现在发芽期三者根际微生物的单链SSCP图谱差异显著，而通过BIOLOG GN®检测，发现这些微生物在功能上又无显著区别，有可能这些组成上不同的微生物群落提供了相似的功能；施加石灰的杉树林土壤，其中的氨氧化细菌多样性会有显著的提高，这与DGGE分析的结果完全相符。

**4. SSCP技术存在的问题**

（1）SSCP图谱与群落实际结构符合程度有待提高　这主要是由基因组DNA提取方法和PCR选择性放大造成的偏差，到目前为止，还没有更好的办法消除。

（2）SSCP图谱的重现性较差　易受胶含量及电泳温度等条件的影响，从而使该技术的共享性和可读性受到了限制；而且异源双链SSCP图谱过于复杂，“一菌对多带”的现象大大增加了后续实验的难度。

（3）传统的SSCP能够分离的序列过短　在系统发育分析过程中不能提供太多的信息，所以提高SSCP分析长片段的能力是当务之急。

（4）如何选择不同的引物对　引物对SSCP图谱的影响也较大，Schmalenberger等（2001年）便以纯培养为对象对扩增V2~V3区，V4~V5区及V6~V8的三对引物的特异性进行了研究，结果表明以V2~V3区为靶时，平均每个纯培养可产生2.2条带，V6~V8可产生2.3条带，而V4~V5区最少平均只有1.7条带。

（5）SSCP中的一条带有可能对应着多个操作分类单元（Operational Taxonomical Units, OTUs）　在对植物根际的微生物群落进行单链的SSCP分析时，由于群落结构非常复杂，在图谱上可出现高达60个可辨带，对一个弱带克隆测序发现至少包含了两个OTUs，对另外两个较亮的带分析，发现至少包含了24和22个OTUs。这说明该技术在进行群落的动态分析时，有一定的灵敏度限制，无法检测到不影响序列三维构象的碱基替换。

（6）常规的双链相对分子质量标记无法应用于单链DNA的SSCP图谱中　虽然可以采用不同纯培养细菌的同一扩增位置作为相对分子质量标记，但纯培养往往又很难获得。

## 11.3　16S rRNA基因克隆文库构建与应用

### 11.3.1　基因克隆文库技术的原理

在环境工程领域中，基因克隆文库大多以16S rRNA基因为对象，构建整个群落的16S

rRNA 基因文库。而传统基因文库指通过 DNA 克隆技术构建含有细胞内所有染色体 DNA 片段的质粒，并转化至细菌内，构成 DNA 文库。

16S rRNA 基因文库是以微生物群落中所有个体的 16S rRNA 基因为对象，以通用引物 PCR 扩增获得所有个体的 16S rRNA 基因，将这些基因连接到载体上形成活性质粒，再转化至细菌体内储存起来，构成一个包含所有微生物个体 16S rRNA 基因的数据库。通过对数据库中每个序列的测定和比对即可获知原微生物群落包含的微生物种类和丰度等信息。可见，16S rRNA 基因文库的构建主要涉及 PCR 扩增、基因克隆与筛选、基因测序以及 DNA 序列的分析等工作，是对微生物群落进行普查的最有效的方法。

## 11.3.2　16S rRNA 基因克隆文库的构建

目前，有多种试剂盒可以用于细菌 16S rRNA 基因文库的建立，如 pGEM-T 克隆试剂盒和 TA 克隆试剂盒。建立文库之后的工作是获取质粒中的 16S rRNA 基因序列，通常采用细菌菌落 PCR 扩增或质粒提取方法。菌落 PCR 扩增是利用先前进行 PCR 扩增的引物对，或是“插入片段”两端的质粒上的引物对，直接挑取克隆单菌落中的细胞作为模板进行 PCR 反应，从而扩增并回收出质粒中插入的 16S rRNA 基因片段。质粒提取与全细胞 PCR 扩增相比，工作量较大，但提取到的质粒质量较好，一般不需进一步纯化就可以直接用于 DNA 测序，而全细胞 PCR 扩增得到的 PCR 产物通常需要纯化后才能用于测序。为了使回收的序列具有代表性，通常需要选取至少 100 个左右的单菌落进行序列回收。回收的序列最好全部进行测序，以便进行后续微生物分类分析。但有时限于测序费用，不能将回收的全部序列测序，则需要先进行筛选，剔除重复序列，仅将代表性的、丰度较大的序列测序。序列筛选一般采用前面提到的基因指纹技术，如 DGGE、RFLP、SSCP 等。

16S rRNA 序列的分析方法有两种：一种是从新鲜菌体提取 16S rRNA，提纯后用反转录酶获得 16S rRNA 的 cDNA；另一种方法是扩增细菌核基因组中的 16S rRNA 基因，然后与已知结构的特定的质粒连接起来进行克隆和测序。由于 16S rRNA 基因测序的方便性，16S

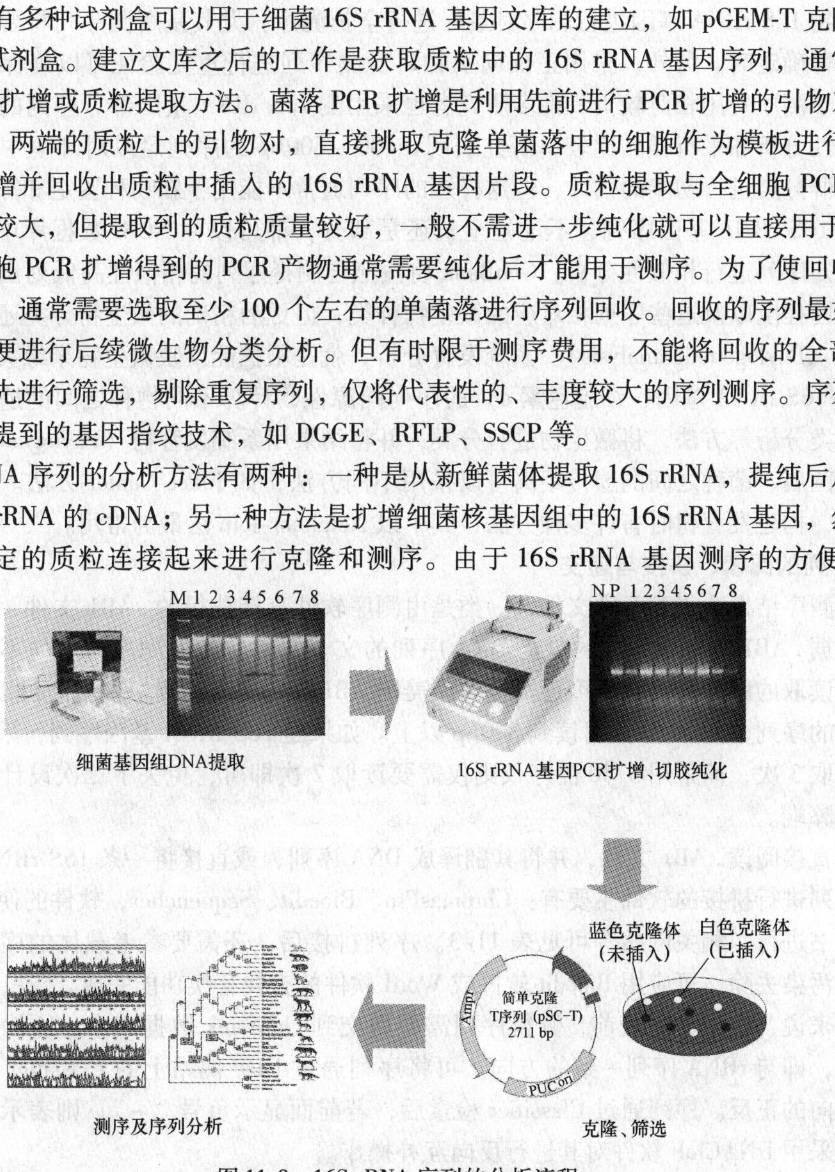


图 11-9　16S rRNA 序列的分析流程

rRNA 基因已成为研究细菌分类地位菌种类别系统发育，建立分子生物学分类系统的重要基础之一。16S rRNA 文库的分析流程如图 11-9 所示。16S rRNA 文库的分析的操作步骤主要包括：①细菌基因组 DNA 的提取和纯化；②PCR 扩增 16S rRNA 基因；③扩增的 16S rRNA 基因克隆于质粒载体上，将扩增的 16S rRNA 基因首先通过琼脂糖凝胶电泳纯化，纯化的 PCR 产物连接到 T 载体上，然后转化入 *E. coli* DH5α，转化子在含 X-gal 和氨苄西林的 LB 平板上筛选；④DNA 序列分析，从 *E. coli* DH5α 细胞中提取含 16S rRNA 基因质粒。纯化的质粒作为 DNA 模板，以质粒上的引物进行测序，通常使用的 M13F、M13R 由测序公司免费提供；⑤细菌分类地位的确定或系统发育分析。

### 11.3.3 系统发育分析

微生物 16S rRNA 基因进行测序时最好进行全长测序，尤其是所测序列将要用于探针设计和新物种确定时。另外，采用正反向引物对所测序列进行重复验证可以确保序列的准确性。但由于测序费用相对较贵，许多研究者也采用测 16S rRNA 基因部分序列的方法进行微生物多样性分析和平行样品比较。研究表明，400 ~ 600bp 的序列足以对环境中微生物的多样性和种群分类进行初步的估计，但这样短的序列通常不能用于新物种鉴定和探针设计。有了微生物 16S rRNA 基因序列，不论是全长还是部分，都可以在 NCBI 数据库中采用 BlastN 程序与已知序列进行相似性分析。GenBank 将按照与测得序列的相似性高低列出已知序列名单、相似性程度以及这些序列相对应的微生物种类，但更为精确的微生物分类还取决于系统发育分析（Phylogenetic analysis）。系统发育分析，就是根据能反映微生物亲缘关系的生物大分子（如 16S rRNA 基因、细胞色素 c）的序列同源性，计算不同物种之间的遗传距离，然后采用聚类分析等方法，将微生物进行分类，并将结果用系统发育树（Phylogenetic tree）表示。计算菌属、菌种之间的遗传距离可以采用不同方法，如 Jukes-Cantor 方法。在计算遗传距离之后，构建发育树时有许多种方法，其中以 Neighbor-Join 法最为常用。

**1. 序列的阅读、拼接与递交**

一般测序结果会得到两类文件，一类是由测序软件直接获得的 . AB1 文件，一类是由阅读软件根据 . AB1 文件翻译出的包含 DNA 序列的文本文件。随着测序技术的不断革新，测序仪能够读取的序列长度和精度逐渐提高。美国 ABI 公司的 377 测序仪一般可以获得 500bp 较为准确的序列，而 3730 则可读到 800bp 以上。如果是 16S rRNA 基因序列，采用 377 测序仪需要读取 3 次，而采用 3730 测序仪则仅需要读取 2 次即可，免去了二次设计引物阅读中间序列的弊端。

能够直接阅读 . AB1 文件，并将其翻译成 DNA 序列，或直接将一条 16S rRNA 基因的两条正反序列进行拼接的软件主要有：ChromasPro、Bioedit、Sequencher，软件的使用方法可参考其说明书进行，相关网站等可见表 11-3。序列拼接后，还需要参考载体的序列，将序列中的载体污染去除，可应用 Bioedit 软件或 Word 软件的查找替换功能完成。

一般来说，在论文发表前，测得序列需要递交到 GenBank 数据库中，这就要求序列必须为正向，即与 rRNA 序列一致的方向。可将序列通过 RDP 网站上的 Classifier 分类程序判别序列方向的正反。序列通过 Classifier 检索后，若前面显示负号“ - ”，则表示该序列为反向，需要采用 DNAClub 软件对其进行反向互补操作。

**表 11-3 序列分析常用程序与软件**

| 程序或软件 | 网 址 | 说 明 |
|---|---|---|
| Blastn | http://www.ncbi.nlm.nih.gov/blast | 应用该程序可以搜索与提交序列相似的核酸序列 |
| Classifier | http://rdp.cme.msu.edu | 通过将测得的序列与数据库收集的16S rRNA基因的比较进行分类 |
| Seqmatch | http://rdp.cme.msu.edu | 根据提交的序列，在数据库中搜索最相似的序列 |
| Sequencher | http://www.genecodes.com | 基因序列拼接和分析软件，内含有多种拼接算法，还有功能强大的序列编辑工具 |
| Sequin | http://www.ncbi.nlm.nih.gov/projects/Sequin | 向GenBank提交DNA序列及序列更新的工具 |
| Chromas ChromasPro | http://www.technelysium.com.au/ChromasPro.html | 能看测序图谱的软件，打开并保存序列为FASTA、EMBL、GenBank、SwissProt、GenPept、GCG、RSF和纯文本格式 |
| Bioedit | http://www.mbio.ncsu.edu/BioEdit/BioEdit.zip | 是一个性能优良的免费的分子生物学应用软件，可对核酸序列和蛋白质序列进行常规的分析操作 |
| DNAClub | http://Xc11@cornell.edu | 是一个简单的对DNA进行与PCR有关的操作的软件。功能有：查找ORF序列；把DNA翻译成蛋白序列；查找酶切位点；查找PCR引物序列 |
| PHYLIP | http://evolution.genetics.washington.edu/phylip/getme.html | 目前发布最广，用户最多的通用系统树构建软件，由美国华盛顿大学Felsenstein开发，可免费下载，适用绝大多数操作系统 |
| PAUP | ftp://onyx.si.edu/paup 或 scavotto@sinauer.com | 国际上最通用的系统树构建软件之一，美国simthsonion institute开发，仅适用Apple-Macintosh和UNIX操作系统 |
| MEGA 4.0 | http://www.megasoftware.net | 可用于序列比对、发育树的推断、估计分子进化速度、验证进化假说等。MEGA还可以通过网络（NCBI）进行序列的比对和数据的搜索 |
| Primer Premier 5.0 | http://www.premierbiosoft.com/primerdesign/index.html | 由加拿大的Premier公司开发的专业用于PCR或测序引物以及杂交探针的设计、评估的软件，其主要界面分为序列编辑窗口（Genetank）、引物设计窗口（Primer Design）、酶切分析窗口（Restriction Sites）和纹基分析窗口（Motif） |

可以采用GenBank提供的软件Sequin生成特定类型文件后递交到GenBank中。下载并安装Sequin后，输入必要的一些信息将序列生成.sqn文件。将文件直接通过email发送给gb-sub@ncbi.nlm.nih.gov，数天内即可收到回复并得到GenBank登录号。

**2. 序列的相似性检索分析**

目前，在论文的发表中，对16S rRNA基因文库序列或从基因指纹图谱中获得的序列，倾向于直接通过列表的方式给出最相近的序列，而非构建一个包括全部序列的系统发育树。对获得的完整序列，可通过GenBank数据库中的Blastn程序或RDP数据库中的Seqmatch程序获得最相似序列。相比而言，GenBank数据库收集的序列更多，但不可培养或无法分类的一些序列也会更多，这样得到的相似序列会让人无所适从。而RDP数据库序列是从GenBank数据库中重新筛选过的16S rRNA基因序列，而且可以通过检索限制，搜索序列完整、可培养的序列，这样对获得的序列背景会更清晰，有助于我们对序列对应菌株特性的认识。因此，建议对获得的序列，统一采用FASTA格式，即序列名称开头用大于号“>”，紧接着是序列名称，换行后是序列，多个序列可以放在一个文本文件中，进行检索时，可将所有序列粘到 Seqmatch 对话框中，进行检索。

为了对 16S rRNA 基因文库中序列进行分类，可将一个文库中测得序列以 FASTA 格式放置在一个文本文件中，通过 RDP 数据库的 Classifier 程序进行一次性检索分类。

**3. 系统发育树的构建**

在进行单个菌种鉴定或序列数量较少时，可通过构建系统发育树的方式，显示序列同其他物种的关系。一般通过 Blastn 和 RDP 检索后获得相似序列的 GenBank 登录号，然后通过 GenBank 数据库获得相似序列。方法是在 NCBI 的首页检索窗口中，选择要检索核酸，然后在对话框中输入相似序列的 GenBank 登录号，可以多个登录号一起输入，中间以逗号隔开（图 11-10a）。检索结果以 FASTA（TXT）形式显示后（图 11-10b），保存到用户。选取哪些相似序列构建发育树主观性较强，一般选择相似性最高且背景信息清楚的序列。将测得的序列和相似性序列均以 FASTA 格式放置在同一个文本文件中，并将文本文件的扩展名改为 . fas。

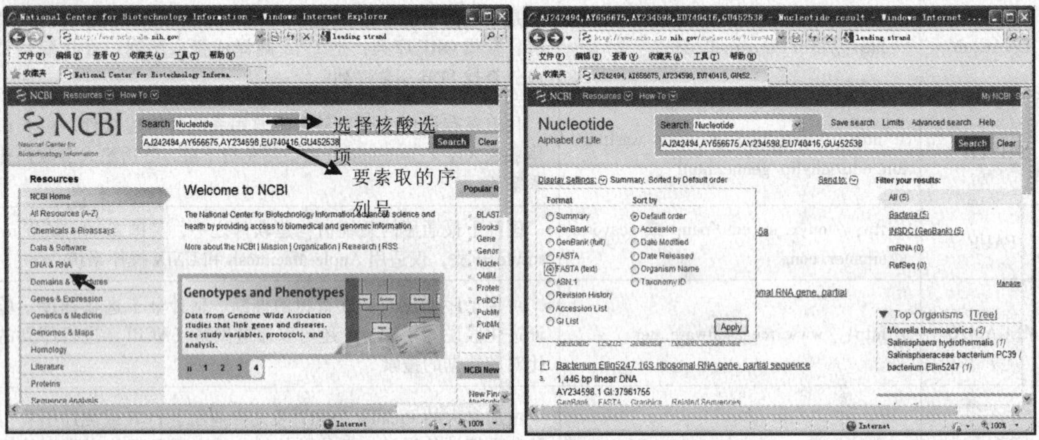


a) b)

图 11-10 通过 GenBank 数据库获得相似序列

虽然 PHYLIP 和 PAUP 软件是当前应用最多的系统发育树构建的软件，但由于界面不够好、操作复杂或需要 Linux 操作系统等弊端，建议应用 Mega 4. 0 软件。其实在系统发育树构建前，需要对所有序列进行对齐（Alignment）操作，应用的程序主要是 Clustal W。这个程序已经被整合到 Bioedit 和 Mega 4. 0 软件中，所以若应用 Mega 4. 0 软件，可以连续进行对齐（Alignment）和系统发育树构建。

下面介绍如何应用 Mega 4. 0 软件构建系统发育树。软件打开后，选择对齐菜单（Alignment）中的 Alignment explorer/ CLUSTAL，如图 11-11a 所示。

打开该程序，并创建一个 DNA 对齐空白文件，然后打开要构建发育树的序列文件，结果如图 11-11b 所示。

然后选择菜单 Alignment 中的 Align by Clustal W，其他参数一般无须改动，即可直接对齐，对齐后的序列，需要去除两侧的非共有的多余的序列，而某些序列中间存在的空格恰是序列的差异，无须改动。序列处理好以后，保存为 . mas 文件和 . meg 文件。然后回到主程序窗口。

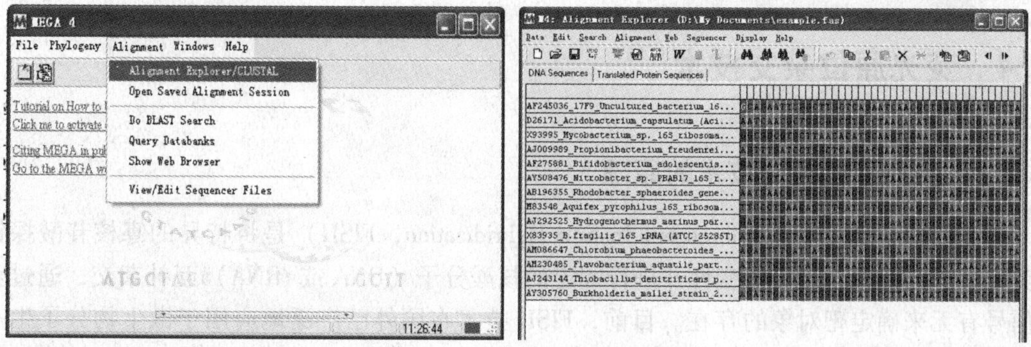


a)　　　　b)

图 11-11　Mega 4.0 软件及序列文件

打开刚才保存的 .meg 文件（图 11-12a）。选择 Phylogeny→Bootstrap Test of Phylogeny→Neighbor-Joining（图 11-12b），应用相邻法构建发育树。在弹出的窗口中根据需要，将 Bootstrap 修改成 100 或者 1000，它表明该树中某些树枝可能出现的概率，或称为支持率（图 11-13a）。计算后即得到校正的发育树（Bootstrap consensus tree），其中分枝处的数字即为支持率，它表明构建 1000 个这样的发育树，出现该分枝的概率（%），下面比例尺则为各序列间的差异，即 2%，可参照比例尺确认两条序列的差异（图 11-13b）。该树图可直接复制到 word 软件中，修改物种的名称或字体格式；或保存为 .Tiff 格式文件，用其他图形软件处理。

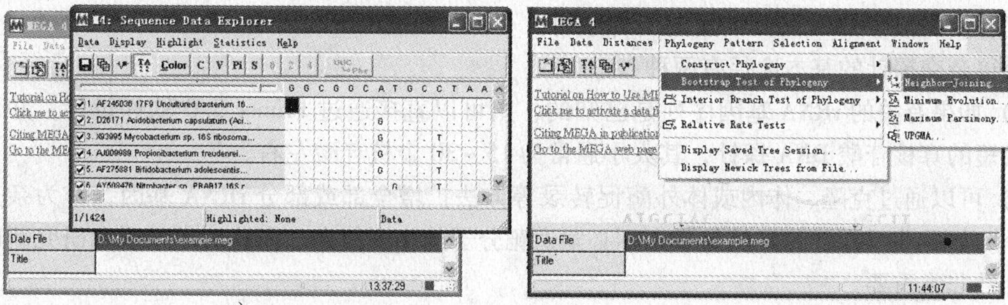


a)　　　　b)

图 11-12　打开 .meg 文件应用相邻法构建发育树

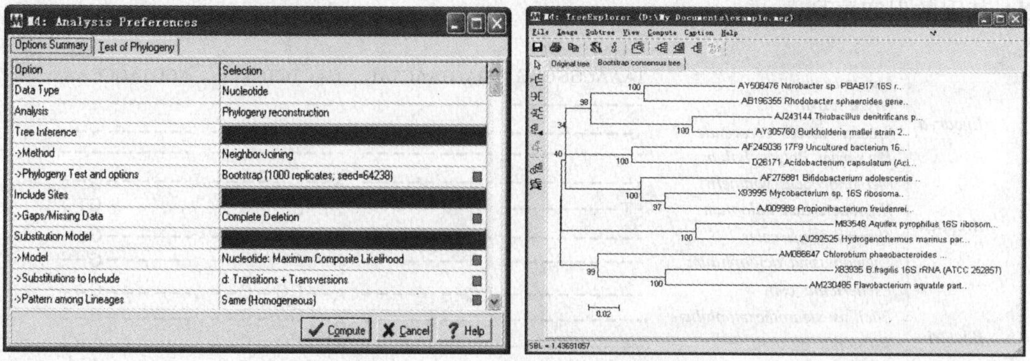


a)　　　　b)

图 11-13　修改支持率构建输出发育树

# 11.4 荧光原位杂交技术

## 11.4.1 荧光原位杂交技术的原理

荧光原位杂交技术（Fluorescent In Situ Hybridization，FISH）是将特异的寡核苷酸探针用荧光素进行标记，然后与变性并进行固定的核酸分子（DNA 或 rRNA）互补杂交，通过荧光信号有无来确定靶对象的存在。目前，FISH 技术在国外已广泛地应用于微生物分子生态学研究中，并且成为诊断和评价废水（物）处理系统微生物群落结构的重要手段。Neef 等以荧光标记 *Sphingomonads* 属的 16S rRNA 基因的特异片段为探针，对城市污水的活性污泥进行原位杂交，表明该属有助于污泥的形成，占总细胞的 5% ~10%。同样，Gudrun 等也使用 FISH 技术证明了分离的纯培养的细菌来自于样品。Burggraf 等利用古细菌以 16S rRNA 为靶子的特异荧光探针对热水源中的古细菌种群进行快速原位（In Situ）的监测，并通过参照菌对探针的特异进行了评价。

利用 rRNA 分子进行微生物生态学研究的一个主要优点是它们本身能够作为杂交探针的靶分子，这样我们就可以设计特异的探针用以检测特定的微生物，甚至是那些至今还没有被成功培养的微生物，值得注意的是，这里的 rRNA 靶分子指的是 rRNA 基因的转录产物，是以游离态或与核蛋白结合的形式存在的，在正常生长的细胞中数量非常高，是理想的 FISH 杂交对象，也正是这个原因，我们设计的探针也必须要与 rRNA 分子而不是 rRNA 基因分子能够互补，类似于 PCR 用到的反向引物序列。

获得杂交探针的基本途径有两种：

1）如果有关的 rRNA 基因序列是已知的，则可以直接通过 Primer 5.0 软件设计，并化学合成短的寡核苷酸 DNA 探针，其大小通常为 15 ~30 个核苷酸左右。

2）可以通过克隆、体内或体外酶促转录等方法扩增全部或部分 rRNA 基因，作为杂交的探针。如此获得探针的好处是事先不必知道靶分子的序列信息，而这对于发现和研究新的微生物种非常重要。

因为生物的 rRNA 基因均有特异性的保守序列，这样通过探针杂交可以很容易将古细菌（*Archaea*）、细菌（*Bacteria*）和真核生物（*Eucarya*）区分开，图 11-14 给出了能区分三界的 rRNA 基因的保守序列。

| | | 3400 | | | 3439 |
|---|---|---|---|---|---|
| *Eucarya* | *Mus musculus* | TAAACGGCGG | GAGTAACTAT | GACTCTCTTA | AGGTAGCCAA |
| | *Oryza sativa* | ---------- | ---------- | ---------- | ---------- |
| | *Saccharomyces cerevisiae* | ---------- | ---------- | ---------- | ---------- |
| | *Physarum Polycephalum* | ---------- | ---------- | ---------- | ---------- |
| *Archaea* | *Methanococcus vannielii* | ---------- | -G-------- | A--C------ | ------G--- |
| | *Halobacterium halobium* | -T-------- | -G-------- | ---C------ | ------GT-- |
| | *Thermococcus celer* | ---------- | -G-------- | A--C------ | ------G--- |
| | *Themoplasma acidophilum* | ---------- | -G-------- | A--C------ | ------G--- |
| *Bacteria* | *Escherichia coli* | ---------- | CC-------- | A--GG-C--- | ------G--- |
| | *Bacillus stearothermophilus* | ---------- | CC-------- | A--GG-C--- | ------G--- |
| | *Ralstonia pickettii* | ---------- | CC-------- | A--GG-C--- | ------G--- |
| | *Zoogloea ramigera* | ---------- | CC-------- | A--GG-C--- | ------G--- |

图 11-14 三界中 rRNA 基因保守区中的特征序列

### 11.4.2 荧光原位杂交技术流程

FISH技术的基本过程是利用荧光标记的探针在细胞内与特异的互补核酸序列杂交，通过激发杂交探针的荧光来检测信号，从而检测相应的核苷酸序列。该技术的主要操作步骤如图11-15所示，包括样品的固定；样品的制备和预处理；预杂交；探针和样品变性；用不同的探针杂交以检测不同的靶序列；漂洗去除未结合的探针；检测杂交信号，进行结果分析。下面，简要介绍FISH技术中的三个关键环节：荧光染料、杂交和杂交后检测。

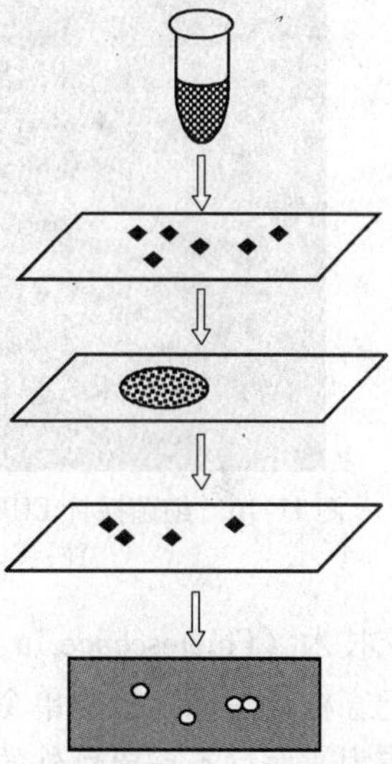

图11-15 FISH流程图

在保持细胞形状条件下，进行细胞内杂交、显影或显色，用于DNA或RNA分析。

（1）细胞固定与处理　细胞用离心涂片机涂片于载玻片上。4%多聚甲醛（PFA）/PBS固定（固定时间因标本而异10~20min，也可用含2%甲醛，0.05%戊二醛，2.5mmol/L $CaCl_2$的0.1mol/L磷酸缓冲液pH 7.3，500W微波炉中照射10~20s，固定）。马上用PBS洗标本三次，2.5μg/ml蛋白酶K，37℃，5~20min（因标本和固定条件而定）处理。磷酸盐类缓冲液（PBS NaCl 137mmol/L，KCl 2.7mmol/L，$Na_2HPO_4$8.1mmol/L，$KH_2PO_4$1.5mmol/L）洗涤。4% PFA/PBS后固定，PBS洗一次，0.2%甘氨酸/PBS洗二次，每次15min。

（2）预杂交　42℃，1h。预杂交缓冲液：10%硫酸葡聚糖，10% Denhardt液，0.5%吐温-20，250μg/mL鲑鱼精子DNA，500μg/mL酵母tRNA。

（3）杂交　42℃，4h。用2×杂交缓冲液（4×SSC，0.2mol/L磷酸钠pH6.5，2×Denhardt）溶解标记探针，使其终质量浓度为0.1~1.0μg/mL。DNA检测时把探针覆盖在标本上，置100℃ 5min（变性）取出，杂交。mRNA检测则先把探针95℃水浴3min，然后立即置冰水浴，再覆盖在标本上进行杂交。

（4）覆盖标本洗涤　用液量100~200μL洗涤覆盖标本，2×SSC，50℃过夜；0.2×SSC，室温1h。载玻片浸在缓冲液中。

（5）显色　试剂、方法参照斑点杂交的封闭-显色部分，20min~2h后，显微镜下观察结果（图11-16）。

### 11.4.3 FISH技术操作关键环节

1969年，Pardue等和John两个研究小组发明了原位杂交（In Situ Hybridization，ISH）技术，它是将放射性标记的DNA或28S RNA杂交到细胞制备物上，然后通过放射自显影技术（Micro Auto Radiography，MAR）检测杂交位点，这一技术可以在保持细胞形态完整性的条件下，检测到细胞内的核酸序列。此后，ISH技术被改进并用于研究染色体进化和肿瘤等。1988年，Giovannoni等首次将ISH引入细菌学研究，使用放射性标记rRNA寡核苷酸探针检测微生物。

随着荧光标记技术的发展，非同位素染料逐渐取代了放射性标记，从而发展为荧光原位

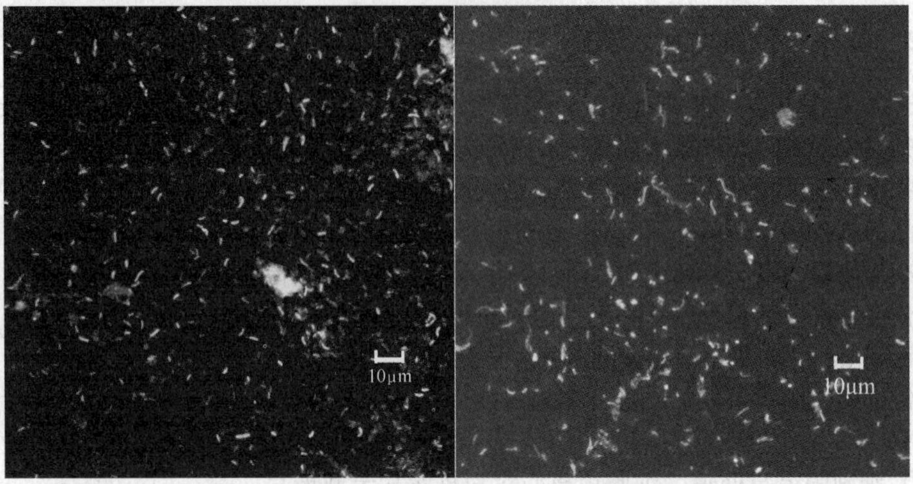


图 11-16 细菌探针 EUB338 和硫酸盐还原菌探针 SRB385 同硫酸盐废水处理污泥双杂交结果
注：EUB338 用 6-FAM 标记；硫酸盐还原菌 SRB385 用 cy3 标记。

杂交技术（Fluorescence In Situ Hybridization，FISH）技术。1989 年，DeLong 首次使用荧光标记寡核苷酸探针检测单个微生物细胞。与放射性探针相比，荧光探针具有更好的安全性和分辨力，而且不需要额外的检测步骤。此外，还可用不同激发和散射波长的荧光染料标记探针，在一步杂交中检测数个靶序列。由于 FISH 技术的灵敏性和快捷性使其成为微生物系统发育学、生态学、诊断学和环境科学研究的有力工具。

**1. 寡核苷酸探针**

在微生物学研究中 FISH 检测最常使用的靶序列是 16S rRNA，这是由于 16S rRNA 具有遗传稳定性，它的结构域具有保守区和可变区。对于每个分类水平，根据 rRNA 目标区域可设计寡核苷酸探针，进行种属特异性鉴定。当处理混合菌群和未被培养的微生物时更为重要。在每个处于复制和代谢活跃期的细胞中高拷贝的 16S rRNA 通常为监测单个细菌细胞提供了足够的靶序列，甚至可以在 FISH 中用单个标记的寡核苷酸。其他的目标物如 23S rRNA、18S rRNA 和 mRNA 也被成功地用于 FISH 检测。近年来，广泛应用寡核苷酸探针或核酸肽（PNA）探针的 FISH 技术对特异微生物进行了鉴定和定量分析。

FISH 技术的探针必须要求具有较好的特异性、灵敏性和良好的组织渗透性。根据需要合成的寡核苷酸探针可识别靶序列内一个碱基的变化，能够用酶学或化学方法进行非放射性标记。表 11-4 中列举了 rRNA 为靶序列 FISH 检测的一些微生物的寡核苷酸探针。最常用的寡核苷酸探针一般是 15～30bp，短的探针易于结合到靶序列，但一般很难被标记。探针的荧光标记分为间接标记和直接标记。直接荧光标记是最常用的方法，通过荧光素与探针核苷或磷酸戊糖骨架共价结合，或是掺入荧光素-核苷三磷酸，一个或更多荧光素分子直接结合到寡核苷酸上，在杂交后可直接检测荧光信号。在寡核苷酸的 5′末端或 3′末端加入一个带长碳链的氨基臂或巯基臂，活性的氨基和巯基进一步与荧光素反应，通常氨基臂或巯基臂加在寡核苷酸的 5′末端杂交时不会影响氢键的形成。间接荧光标记是指将标记物（如地高辛、生物素）连接到探针上，然后利用耦联有荧光染料的亲和素、链亲和素或抗体进行检测的方法。化学方法在合成过程中通过氨基臂连接在探针 5′末端，酶法用末端转移酶将标记物连接到寡核苷酸探针 3′末端。FITC（荧光素-异硫氰酸）通过 18-C 间隔物耦联到寡核苷酸与直接连接到探针相比可增加信号强度。通过两端标记探针增加荧光信号经常被报道。一个荧光分子在3′末端，四个分子在5′末端，用相应的间隔物防止荧光熄灭。

**2. 核酸肽（PNA）探针**

PNA（Peptide Nucleic Acid）即核酸肽，是一种不带电荷的DNA类似物，其主链骨架是由重复的N-（2-氨基乙基）甘氨酸以酰胺键聚合而成，碱基通过亚甲基连接到PNA分子的主链上。PNA分子骨架上所携带的碱基能与互补的核酸分子杂交，而且这种杂交与相应的DNA分子杂交相比结合力及专一性都较高。由于PNA/DNA分子之间没有电荷排斥力，使其杂交形成双螺旋结构的热稳定性高，这种杂交的结合强度和稳定性与盐含量无关。PNA由碱基侧链和聚酰胺主链骨架构成，所以它不易被核酸酶和蛋白酶识别从而降解。

**表11-4 FISH杂交中应用的寡核苷酸探针**

| 探针 | 序　列 | 特异性 | 靶位点 |
| --- | --- | --- | --- |
| ARCH915 | GTGCTCCCCCGCCAATTCCT | *Archaea* | 16S rRNA，915~934 |
| EUB338 | GCTGCCTCCCGTAGGAGT | *Eubacteria* | 16S rRNA，338~355 |
| EUB338-Ⅱ | GCAGCCACCCGTAGGTGT | *Planctomycetales*，*Verrucomicrobia* | 16S rRNA，338~355 |
| EUB338-Ⅲ | GCTGCCACCCGTAGGTGT | Non-sulfur bacteria | 16S rRNA，338~355 |
| NHGC | TATAGTTACGGCCGCCGT | Low % G+C Bacteria | 23S rRNA，1901~1918 |
| HGC69a | TATAGTTACCACCGCCGT | High % G+C gram-positive bacteria | 23S rRNA，1901~1918 |
| ALF1b | CGTTCG（CT）TCTGAGCCAG | α-Proteobacteria | 16S rRNA，19~35 |
| ALF968 | GGTAAGGTTCTGCGCGTT | α-Proteobacteria，some δ-Proteobacteria | 16S rRNA，968~985 |
| BET42a | GCCTTCCCACTTCGTTT | β-Proteobacteria | 23S rRNA，1027~1043 |
| GAM42a | GCCTTCCCACATCGTTT | γ-Proteobacteria | 23S rRNA，1027~1043 |
| SRB385 | CGGCGTCGCTGCGTCAGG | δ-Proteobacteria，some gram-positives | 16S rRNA，385~402 |
| SPN3 | CCGGTCCTTCTTCTGTAGGTAACGTCACAG | *Shewanella putrefaciens* | 16S rRNA，477~506 |
| CF319 | TGGTCCGTGTCTCAGTAC | *Cytophaga-Flavobacterium* cluster | 16S rRNA，319~336 |
| BACT | CCAATGTGGGGGACCTT | *Bacteroides* cluster | 16S rRNA，303~319 |
| PLA46 | GACTTGCATGCCTAATCC | Planctomycetales | 16S rRNA，46~63 |
| Aero | CTACTTTCCCGCTGCCGC | *Aeromonas* | 16S rRNA，66~83 |
| ANME-1 | GGCGGGCTTAACGGGCTTC | ANME-1 | 16S rRNA，862~879 |
| Preudo | GCTGGCCTAGCCTTC | *Preudomans* | 23S rRNA，1432~1446 |
| BAC303 | CCAATGTGGGGGACCTT | *Bacteroides-Prevotella* | 16S rRNA，303~319 |
| CF319a | TGGTCCGTGTCTCAGTAC | *Cytophagai-Flavobacterium* | 16S rRNA，319~336 |
| HGC69a | TATAGTTACCACCGCCGT | *Actinobacteria* | 23S rRNA，1901~1918 |
| LGC354a | TGGAAGATTCCCTACTGC | Low % G+C *Firmicutes* | 16S rRNA，354~371 |
| LGC354b | CGGAAGATTCCCTACTGC | Low % G+C *Firmicutes* | 16S rRNA，354~371 |

（续）

| 探针 | 序　列 | 特异性 | 靶位点 |
|---|---|---|---|
| LGC354c | CCGAAGATTCCCTACTGC | Low % G + C *Firmicutes* | 16S rRNA, 354 ~ 371 |
| DSV698 | GTTCCTCCAGATATCTACGG | *Desulfovibrionaceae* | 16S rRNA, 698 ~ 717 |
| DSB985 | CACAGGATGTCAAACCCAG | *Desulfovibrionaceae* | 16S rRNA, 985 ~ 1004 |
| MX825 | TCGCACCGTGGCCGACACCTAGC | *Methanosaeta* | 16S rRNA, 825 ~ 847 |
| MS821 | CGCCATGCCTGACACCTAGCGAGC | *Methanosarcina* | 16S rRNA, 821 ~ 844 |

PNA 探针是 rRNA 靶序列的最理想的探针，在低盐含量条件下二级结构的 rRNA 不稳定，使探针更易于接近靶序列。PNA 探针的最大优势是能够接近位于 rRNA 高级结构区域中的特异靶序列，极大提高了 PNA-FISH 检测的灵敏性，而 DNA 探针不具备这一特性。由于 PNA 与核酸之间具有高亲和力，因此，以 rRNA 为靶序列的 PNA 探针通常比 DNA 探针短，一般长度为 15 个碱基的 PNA 探针比较适宜。这样短的探针具有较高的特异性，即使是一个碱基的错配也会不稳定，表 11-5 中列举了微生物 FISH 检测中的一些 PNA 探针。

**表 11-5　FISH 杂交中应用的 PNA 探针**

| 探针 | 序列（5′→3′） | $T_m$/℃ | 特异性 |
|---|---|---|---|
| EuUni-1 | CTG CCT CCC GTA GGA | 70.3 | *Eucarya* |
| BacUni-1 | ACC AGA CTT GCC CTC | 66.2 | *Eubacteria* |
| Eco16S06 | TCA ATG AGC AAA GGT | 68.9 | *Escherichia. coli* |
| Pse16S32 | CTG AAT CCA GGA GCA | 70.2 | *Pseudomonas. aeruginosa* |
| Sta16S03 | GCT TCT CGT CCG TTC | 61.8 | *Staphyloccous. aureus* |
| Sal23S10 | TAA GCC GGG ATG GC | 73.9 | *Salmonella* |

研究表明，PNA 探针与 DNA 探针相比能有效地辨别一个碱基的差别。Worden 等用 FISH 分析海洋浮游细菌时应用 PNA 探针使信号强度与 DNA 探针相比提高 5 倍。Prescott 等应用 PNA-FISH 直接检测和鉴定生活用水过滤膜上的大肠杆菌。

**3. 多彩（Multicolor）FISH 技术**

近几年来，很多学者致力于以不同染色的标记探针和荧光染料同时检测出多个靶序列的研究，最新的多彩 FISH 技术可以同时用七种染色进行检测，如 Reid 等人已经成功地应用七种不同标记的探针进行了七色彩的荧光原位杂交，探针的设计见表 11-6。1992 年，科学界已经能够在中期染色体和间期细胞同时检测 7 个探针。科学家们的目标是实现 24 种不同颜色来观察 22 条常染色体和 X、Y 染色体。荧光原位杂交法提高了杂交分辨率，可达 100 ~ 200kb。此法除了应用于基因定位外，还有多种用途，它已日益发展成为代替常规细胞遗传学的检测和诊断方法，在此不多论述。

Leitch 等人曾首次利用多彩 FISH 技术对黑麦的重复 DNA 序列进行了检测和定位。据报道，Nederlof 等人用三种荧光染料标记探针，每个探针具有多个半抗原可以检测多种荧光染料，成功地检测了三个以上的靶序列。Perry-O'keefe 等应用四种 PNA 探针的多彩 FISH 技术对铜绿假单胞菌、金黄色葡萄球菌、沙门氏菌和大肠杆菌进行了检测。

表 11-6 七色彩重复序列探针的标记

| 探针 | DNTP | | | | 荧光 | 颜色 |
|---|---|---|---|---|---|---|
| | Fluorescein-11-dUTP | Rhodamine-4-dUTP | Coumarin-4-dUTP | dATP, dCTP, dGTP | | |
| 1 | 1 | — | — | 1 | 绿色 | 绿色 |
| 2 | — | 1 | — | 1 | 红色 | 红色 |
| 3 | — | — | 1 | 1 | 蓝色 | 蓝色 |
| 4 | 1/2 | 1/2 | — | 1 | 绿 + 红 | 黄色或橙色 |
| 5 | 1/2 | — | 1/2 | 1 | 绿 + 蓝 | 蓝绿色 |
| 6 | — | 1/2 | 1/2 | 1 | 红 + 蓝 | 紫色 |
| 7 | 1/3 | 1/3 | 1/3 | 1 | 绿 + 红 + 蓝 | 白色 |

为同时观察 Multicolor FISH，应注意以下问题：①采用多波峰的滤镜；②混合的荧光染料应该具有狭窄的散射峰，以防止探针间光谱重叠，从而去除背景和避免褪色（bleed-through）等问题；③在检测低丰度靶序列时，应采用光稳定的高亮度染料。多彩 FISH 中常使用具有狭窄波段滤镜的表面荧光显微镜检测。近年来，广视野消旋表面荧光显微镜（widefield deconvolution epifluorescence microscopy）大大改进了细菌群落空间分布的数字分析效果。

**4. FISH 技术结合流式细胞计（FCM）定量监测微生物**

流式细胞计（FCM）是 20 世纪 70 年代初发展起来的一项高新技术，20 世纪 80 年代开始从基础研究发展到的微生物分子诊断和监测。FCM 采用流式细胞仪对细胞悬液进行快速分析，通过对流动液体中排列成单列的细胞进行逐个检测，得到该细胞的光散射和荧光指标，分析出其体积、内部结构、DNA、RNA、蛋白质、抗原等物理及化学特征。FCM 综合了光学、电子学、流体力学、细胞化学、生物学、免疫学以及激光和计算机等多门学科和技术，具有检测速度快、测量指标多、采集数据量大、分析全面、方法灵活等特点，还有对所需细胞进行分选等特殊功能。随着该仪器性能的不断完善，操作简单的各新型流式细胞计相继问世。新试剂的不断发现使试验费用日益降低，FCM 也从研究室逐步进入临床实验室，成为常规实验诊断的重要手段，不仅为临床提供了重要的诊断依据，也使检验科室的诊断水平、实验技术提高到一个新的高度。

生产流式细胞计的主要厂家是美国的 BD 公司和贝克曼库尔特（Beckman Coulter）两家公司，它们生产出一系列的流式细胞计，并研制生产了 FCM 所用的各种单克隆抗体和荧光试剂。流式细胞计的工作原理是将待测细胞经特异性荧光染料染色后放入样品管中，在气体的压力下进入充满鞘液的流动室。在鞘液的约束下细胞排成单列由流动室的喷嘴喷出，形成细胞柱，后者与入射的激光束垂直相交，液柱中的细胞被激光激发产生荧光。仪器中一系列光学系统（透镜、光阑、滤片和检测器等）收集荧光、光散射、光吸收或细胞电阻抗等信号，计算机系统进行收集、储存、显示并分析被测定的各种信号，对各种指标做出统计分析。

科研型流式细胞计还可以根据所规定的参量把指定的细胞亚群从整个群体中分选出来，以便对它们进行进一步的研究分析。其分选原理如图 11-17 所示，液滴形成的信号加在压电晶体上使之产生机械振动，流动室即随之振动，使液柱断列成一连串均匀的液滴，一部分液滴中包有细胞，而细胞性质是在进入液滴以前已经被测定了的，如果其特征与被选定要进行分选的细胞特征相符，则仪器在这个被选定的细胞刚形成液滴时给整个液柱充以指定的电荷，使被选定的细胞形成液滴时就带有特定的电荷，而未被选定细胞形成的细胞液滴和不包含细胞的空白液滴不被充电。带有电荷的液滴向下落入偏转板的高压静电场时，按照所带电荷符号向左或向右偏转，落入指定的收集器内，完成分类收集。对分选出的细胞可以进行培养或其他处理，做更深的研究。

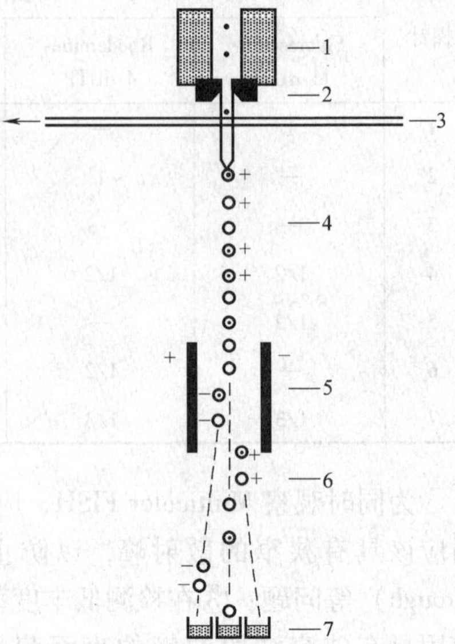

图 11-17　流式细胞计细胞分拣原理

1—管口　2—蓝宝石　3—激光束　4—液滴　5—偏转板　6—带电荷液滴　7—收集器

目前，流式细胞计常用于记录和检出液相中 FISH 的荧光信号，尽管不能获得微生物的形态学和空间分布信息，但是对于悬浮细菌或浮游的混合群落可进行自动化定量分析，并且能够对微生物进行高频率的分选。Chisholm 等发现了海洋 *Prochorococcus* 属，Capmpbell 应用光合成色素和 DNA 分析证实了传统方法在分析光合成海洋细菌生物量时的局限性。流式细胞计最理想的研究是细胞处于悬浮状态的水分析，是近几年来分析土壤活性污泥等环境样品中微生物分拣和数量的有效手段。

可以说，结合流式细胞计的 FISH 技术更适用于对有关微生物群落进行快速和频繁的监测，而且自动化操作水平高，是诊断和评价复杂微生物群落结构及其动态的最有前景的技术手段。

### 11.4.4 FISH 技术存在的主要问题

**1. FISH 检测的假阳性**

FISH 检测的精确性和可靠性依赖于寡核苷酸探针的特异性，因此探针的设计和评价十分重要。在每次 FISH 检测中都要设置阳性对照和与靶序列相似具有几个错配碱基的探针作为阴性对照。对于一些培养条件要求苛刻的和暂时未被培养的微生物，首先应该用杂交（如点杂交）分析探针的特异性，以确定探针设计的合理性。否则就要重新分离菌株，然后重新设计探针。此外，微生物本身的荧光会干扰 FISH 检测，目前在一些真菌和酵母中发现这种自身荧光现象，此外一些真菌如假单孢菌属、军团菌属、世纪红蓝菌、蓝细菌属和古细菌如产甲烷菌也存在这样的荧光特性。这种自身荧光的特性使应用 FISH 分析环境微生物变得复杂。环境样品（如活性污泥和饮用水）中天然的可发荧光的生物或化学残留物总是存在于微生物周围的胞外物质中。尽管自身的背景荧光利于复染，但经常降低信噪比，同时掩饰了特异的荧光信号。通过分析样品的自身背景荧光和避免其对 FISH 检测的影响是很困难的，微生物的培养基、固定方法和封固剂对荧光的信号强度均有很大的影响。使用狭窄波段的滤镜和信号放大系统可能降低自身背景荧光，不同的激发波长对自身背景荧光强度也有影响。因此，在检测未知混合菌群时要进行防止自身背景荧光的处理，以防止假阳性的发生。

**2. FISH 检测的假阴性**

细胞壁的结构影响探针的渗透力，可能导致杂交信号强度降低。革兰阴性菌通透性较好，即使是多聚核苷酸探针也能很好地渗透到细胞内。革兰阳性菌则必须进行特殊的固定和前处理，以提高探针的渗透力。有时由于 RNA 形成三级结构，存在发夹、颈环结构和 RNA -蛋白质的复合体，使寡核苷酸探针无法接近靶序列，阻碍了杂交，这也就是在杂交中即使将 RNA 或 DNA 变性也不能获得理想结果的原因。此外，由于探针设计不合理形成的自身退火或发夹结构也能导致杂交信号降低。采用 PNA 探针可以解决上述问题，提高杂交效果，从而避免 FISH 检测的假阴性。细菌细胞中 rRNA 含量对其杂交有较大的影响，不同种属 rRNA 含量变化较大，即使是同一菌株的不同生理状态其含量也不同，低的生理活性可能导致信号强度降低或假阴性。使用高亮度的荧光染料 Cy3 或 Cy5 和多重探针标记，以及应用信号放大系统或多聚核苷酸探针均可增强杂交信号。由于许多荧光染料在激发后很快就发生光熄灭，因此，最好使用狭窄波段的滤镜和光稳定的荧光染料，防褪色的封固剂也是十分重要的。此外，在 FISH 检测中为了分析假阴性问题，可使用阳性对照探针 EUB338 和不产生信号的非特异性阴性探针 NON338。

## 11.4.5 荧光原位杂交技术的应用

**1. 对硝化细菌的监测**

硝化细菌是一类生理上非常特殊的化能自养菌，传统的分离培养等研究方法耗时长、选择性强，因此得到的优势类群与环境样品中的真实情况差异较大。FISH 技术恰好解决了上述困难，Wagner 和 Bruce 等较早地将 FISH 技术应用于硝化细菌检测，他们研究了一套较完善的对硝化细菌检测的 FISH 技术。后来，随着硝化细菌及氨氧化菌探针的不断完善，FISH 技术被越来越广泛地应用于活性污泥系统、硝化流化床反应器和膜生物反应器等污水处理系统中。Juretschko 和 Schramm 对硝化流化床、普通活性污泥等工艺中的硝化细菌的多样性采用 FISH 法进行了跟踪分析，发现 *Nitrosospira*、*Nitrospira* 为优势菌种，而并未检测到 *Nitrosomonas* 和 *Nitrobacter*。Helmer 等对生物膜内细菌进行了 FISH 检测发现，亚硝酸细菌主要分布于生物膜的好氧表层，而厌氧氨氧化菌主要分布于生物膜的缺氧内层。Kazuaki 等用 EUB338、NSO190、NYI3 和 NSR1156 等探针研究了同时硝化反硝化好氧膜生物反应器中生物膜上的菌群结构，结果表明氨氧化菌是生物膜中的优势菌群，而亚硝酸盐氧化菌则未被检出。Olav Sliekers 等采用 FISH 技术对 CANON 工艺调试过程中的优势菌种变化进行研究，结果表明：在厌氧运试阶段，以亚硝酸菌或硝酸菌的核酸探针检测，没有在污泥中检出亚硝酸细菌和硝酸细菌（检测限 1%），以厌氧氨氧化细菌的核酸探针检测，大部分细胞呈阳性反应。污泥中的厌氧氨氧化菌占 80% 左右；在限氧运行 7 周后，同等测试结果显示活性污泥中的亚硝酸菌与厌氧氨氧化菌所占的百分率分别为 45% 和 40% ，而硝酸菌则未被检出。由此推断，在限氧条件下，硝酸细菌不能与亚硝酸细菌竞争氧，也不能与厌氧氨氧化菌竞争亚硝酸盐。

**2. 对除磷细菌的监测**

近年来，国内外许多学者利用 FISH 技术对不同除磷工艺中聚磷菌的生态变化进行了大量研究。FISH 技术的应用克服了以往除磷菌难以用常规方法培养造成的研究上的困难，并对不同条件下生物除磷工艺的改进起到了指导性的作用。Malnoru 对除磷工艺的 FISH 研究中，使用 ALFlb、HGC 和 Bet42a 探针检测出的细菌量所占比例较大，分别在 10% ~64%；MP2 和 CF 探针探测到的细菌含量并不高，在 4% 以下。在强化除磷（EBPR）工艺中，好氧区或厌氧区的活性污泥中都存在着大量丰富的除磷微生物，其中常见类群为 β-变形菌纲中的 Actinobacteria、GPBHGC、Epbrl5 和 Epbrl6 等。

**3. FISH 监测丝状微生物**

在污水生物处理工艺系统内，丝状微生物的大量滋生是引起污泥膨胀的主要原因。由于其对培养基的选择性很强，不易进行实验室分离培养，所以用传统的方法对丝状菌进行监测困难较大。利用 FISH 技术使该问题得到了较好的解决，许多科学工作者对活性污泥中丝状微生物作了大量的 FISH 鉴定工作，从探针的设计及应用等方面作了详尽的阐述。FISH 技术的应用对深入认识丝状微生物膨胀机理提供了大量有用的信息。

**4. 对厌氧颗粒污泥中微生物的监测**

厌氧颗粒污泥是由多种具有互营共生关系的厌氧微生物形成的复杂聚集体，是 UASB、EGSB 和 IC 等厌氧反应器高效稳定运行的关键，众多研究者对其形成机理、微观结构、微生态等进行了大量研究，但基于纯培养的传统微生物学研究方法自身存在的缺陷、颗粒污泥中微生物组成及其相互关系的复杂性以及某些厌氧细菌（如产氢产乙酸细菌和产甲烷细菌）的生长特异性等，使得对厌氧颗粒污泥的认识至今仍未取得共识。FISH 技术的出现可以在很大程度上弥补传统方法的不足。利用 FISH 技术对颗粒污泥所进行的研究，主要集中在以下几个方面：

1）组成颗粒污泥的各种微生物的种属关系及其空间分布。

2）工艺或环境条件对颗粒污泥内部微生物空间分布的影响。

3）两种或多种特定微生物之间的生态关系等。

Hennie 等人利用 EUB338、ARC915、MX825 和 MG1200 等探针的不同组合，研究以蔗糖为基质的颗粒污泥，发现分为三层：外层为细菌，中间层为产氢产乙酸细菌与产甲烷丝菌的共生体，内层存在着较大空洞，有少量产甲烷细菌和无机物；而以混合挥发酸为基质的颗粒污泥只分为较明显的两层：外层是细菌，内层则以产甲烷丝菌为主。Sekiguchi 等人利用 EUB338 和 ARC915 探针确定了细菌和古细菌在中温和高温厌氧颗粒污泥中的分布情况，然后利用 MX825、MG1200、MB1174、MS1414 和 D660 等探针的不同组合对不同种类产甲烷细菌与细菌的空间分布进行研究。结果表明：中温和高温颗粒污泥具有相似的微生物分布结构，外层主要是细菌，内层主要是古细菌；颗粒中心均不能被染色，可能是无机物或死亡细菌；古细菌中以索氏产甲烷丝菌为主，在高温颗粒污泥中还存在少量的产甲烷八叠球菌；细菌则种类较多，主要有脱硫叶菌、互营杆菌和绿色非硫细菌等。Tagawa 等人利用 ARC915、MB1174 和 MT757 等探针，采用计数法描述了颗粒污泥中古细菌、产甲烷丝菌和产甲烷八叠球菌的丰度。结果表明：古细菌是颗粒污泥中的优势菌群，占细菌总数的 28% ~53%；古细菌中产甲烷丝菌和产甲烷八叠球菌是主要代表，分别占细菌总数的 13% ~38% 和4% ~27%。

**5. 对自然环境中微生物多样性的监测**

99% 以上微生物是不能通过常规方法培养的，实际上培养所得到的微生物只是自然环境中的极少部分。而且，在进行培养时，往往加入了含量远高于自然状况的营养物质，其结果是在新的选择压力下群落结构通常会发生变化，适应丰富营养条件的菌种成为优势种，取代了自然条件下的优势种。应用FISH技术研究自然环境微生物多样性的报道较多，如河水和高山湖水的浮游菌体、海水沉积物的群落以及土壤和根系表面的寄居群落。FISH技术也被用于监测环境中的微生物群落动态，如季节变化对高山湖水微生物群落的影响、原生动物的摄食对浮游生物组成的影响等。此外，我们不仅可以更准确地了解不同环境下微生物群落中各种功能菌群的组成比例，而且对不同功能菌群的相互作用有了更直观的认识。研究表明，自然界中在空间上聚集在一起的不同微生物类群大都在代谢上互惠互利。

总之，FISH技术在国内外环境微生物监测中已得到较为广泛的应用，技术水平日趋成熟。然而，FISH技术在环境微生物研究中的应用尚处在起步阶段，还存在着不足：首先，FISH检测的精确性和可靠性依赖于寡核苷酸探针的特异性，因此探针的设计和评价十分重要，目前一些探针的灵敏度还有待提高；其次，微生物的自身荧光也会干扰FISH检测而出现假阳性使检测结果出现正偏差，一些细菌如假单孢菌属、军团菌属、世纪红蓝菌、蓝细菌属和古细菌如产甲烷菌中存在这样的荧光特性，环境样品中自发荧光的生物或存在于微生物周围的化学残留物使应用FISH分析环境微生物变得复杂；此外，试验过程中杂交液渗透不充分、杂交后荧光标记见光褪色等则会导致假阴性而使检测结果出现负偏差；另外，一些生长缓慢的细胞由于rRNA含量低而很难被探测到。因此，FISH技术作为一项新兴的研究手段和工具，还需要在高灵敏度探针的研究与开发、荧光信号的完善与加强、杂交过程的优化等几个方面进行加强和改进。随着分子生物学技术和精密仪器设备研制技术的不断发展和新探针的开发，FISH技术将具有更强的可操作性和实用性，从而使FISH技术在环境微生物的监测和生态学解析中具有更广阔的应用前景。

## 11.5　宏基因组技术

宏基因组学（Metagenomics）又叫微生物环境基因组学、元基因组学。宏基因组技术通过直接从环境样品中提取全部微生物的DNA，构建宏基因组文库，利用基因组学的研究策略研究环境样品所包含的全部微生物的遗传组成及其群落功能。

### 11.5.1　宏基因组相关概念

宏基因组（metagenome）的概念最先是由Handelsman等（1998年）提出的，是指特定环境中全部生物遗传物质的总和，决定生物群体的生命现象。宏基因组学就是一种以环境样品中的微生物群体基因组为研究对象，以功能基因筛选和测序分析为研究手段，以微生物多样性、种群结构、进化关系、功能活性、相互协作关系及与环境之间的关系为研究目的的新的微生物研究方法。宏基因组文库既包含了可培养的又包含了不能培养的微生物基因，避开了微生物分离培养的问题，极大地扩展了微生物资源的利用空间，增加了获得新的生物活性物质的机会，为新的医药产业和发现新的生物技术提供丰富的基因文库，并利于环境微生物有机群体的分布和功能的研究。

### 11.5.2　宏基因组基本技术

**1. 宏基因组文库的构建**

宏基因组文库的构建沿用了分子克隆的基本原理和技术方法，并根据具体环境样品的特点和建库目的采取了一些特殊的步骤和策略。获得高质量的总 DNA 是宏基因组文库构建的关键因素之一，既要尽可能地完全抽提出样品中的 DNA，又要保持其较大的片段以获得完整的目的基因或基因簇。提取方法主要有两种，一种为原位裂解法，即直接将样品进行处理抽提纯化；另一种是异位裂解法，先采用物理方法将微生物细胞分离出来，然后再用较温和的方法抽提 DNA。在载体方面，构建宏基因组文库目前多采用质粒、细菌人工染色体（BAC）和粘粒（Cosmid）载体。质粒一般用于克隆小于 10kb 的 DNA 片段，适用于单基因的克隆与表达；粘粒（插入片段在 40kb 左右）和细菌人工染色体（插入片段可达 350kb）已被广泛地用于大插入片段文库的构建中，以期获得由多基因簇调控的微生物活性物质完整的代谢途径。为了提高宏基因的表达水平，便于重组克隆子活性检测，有研究者直接利用表达载体构建宏基因组文库，此外穿梭载体可扩大宿主范围而有利于外源基因的表达。宿主菌株的选择主要考虑转化效率、重组载体在宿主细胞中的稳定性、宏基因的表达、目标性状（如抗菌）筛选等因素。研究结果表明，不同微生物种类所产生的活性物质类型有明显差异，因此可根据研究目标不同选择不同的宿主菌株，如 70% 的抗生素来源于放线菌，若寻找抗菌、抗肿瘤活性物质应选择链霉菌为宿主菌，而大肠杆菌则用于新型酶的筛选等。

**2. 宏基因组文库的筛选**

目前用于宏基因组文库的筛选方法主要有基于功能筛选（function-based screening method）、基于序列筛选（sequence-based screening）、化合物结构筛选和底物诱导基因表达筛选（substrate-induced gene expression screening method）。基于功能筛选是根据克隆子产生的新的生物活性进行筛选，如抗菌活性、酶活性及溶血性；基于序列筛选是根据已知相关功能基因的序列设计探针或 PCR 引物，通过杂交或 PCR 扩增筛选阳性克隆；化合物结构筛选则通过比较转入和未转入外源基因的宿主细胞或发酵液、提取液的色谱图不同进行筛选，但该方法筛选的物质未必具有活性；底物诱导基因表达筛选是利用底物诱导克隆子分解代谢基因进行筛选，这种方法可用于活性酶的筛选，现已成功应用于地下水宏基因组中芳香族碳水化合物的筛选。

### 11.5.3 宏基因组技术的应用

**1. 发现新基因**

自然界中大多数微生物物种都是未知的，从所构建的任一宏基因组文库中鉴定出的大部分基因都是新基因。因此即使是对一个相对较小的宏基因组文库进行筛选，所获得的序列与已公布的数据库中序列的相似性也很低。如 Tyson 等对一个群落结构相对简单的嗜酸生物膜的宏基因组进行了测序，从 76Mb 基因中鉴定出的新基因超过 4000 个；Venter 构建了马尾藻海（Sargasso Sea）的微生物群落宏基因组文库，从所测 $1.05\times10^{10}$ 个碱基对中，鉴定出 $1.21\times10^{6}$ 个新基因，发现 1800 多种新的海洋微生物，获得了大量物种多样性和丰度方面的信息，为研究海洋生命的代谢潜力和海洋生态学提供了前所未有的原始素材。利用宏基因组文库，发现的新基因主要有生物催化剂基因、抗生素抗性基因及编码转运蛋白基因等。

**2. 微生物活性物质筛选**

传统的培养方法限制了生物活性物质的开发和利用，宏基因组概念的提出使人们认识到利用非培养微生物进行活性物质筛选的潜能和价值，因而加快了生物活性物质开发和利用的步伐。到目前为止，所发现的抗生素的生物合成基因都是成簇排列的，因此有可能克隆到完整的次级代谢产物合成基因簇，使其在异源宿主中表达。Wang 等（2000 年）首次以链霉菌为宿主从土壤中筛选到具有抗菌活性的 5 种新的小分子生物活性物质 Terragine A、B、C、D、E，Terragine 类为首次从环境 DNA（environmental DNA，eDNA）重组微生物产物中发现的新类型化合物。Brady 等（2000 年）筛选出 65 个具有抗芽孢杆菌活性的克隆，并从中分离出一系列具有抗菌活性的长链 N-酰基酪氨酸类新化合物。Brady 等（2001 年）还筛选到一株产生蓝色色素的克隆，并从中分离到蓝色化合物 Violacein，该物质具有抗菌和诱导成纤维细胞凋亡等生物活性。Gillespie 等（2003 年）获得了两个具有广谱抗菌作用的新抗生素 Turbomycin A 和 B 及其合成酶基因簇。Lim 等（2005 年）以枯草杆菌为宿主菌，从森林土壤筛选出具有抗菌活性和表达靛红和靛蓝的克隆子。宏基因组文库同样也是获得新的生物催化剂的丰富来源。Yun 等（2004 年）得到一种新的淀粉水解酶（Amy M），该酶可水解可溶性淀粉、环糊精和出芽短梗孢糖，并表现出高转糖基活力，表明它是介于麦芽糖淀粉酶、α-淀粉酶和 4-α-葡聚糖转移酶之间的一种中间类型的新型淀粉水解酶。Kim 等（2005 年）筛选出一种新的可能来源于土壤嗜温微生物的酯水解酶（Est25），该酶具有 2. 5kb 的开放阅读框，由 363 个氨基酸组成，分子质量为 38. 3ku，活性中心可能为由 Ser201、Asp303 和 His333 组成的三联体。此外，Ferrer 等（2005 年）利用一噬菌体构建瘤胃宏基因组文库，得到 22 个具有水解酶活力的克隆，序列分析结果表明，其中 8 个是新发现的。Wexler 等（2005 年）从废水处理场厌氧消化器获得 DNA，建立宏基因组粘粒文库，筛选到一种新的醇/醛脱氢酶。许跃强等（2006 年）构建了造纸厂废水纸浆沉淀物的宏基因组文库，从中筛选到多个表达内/外切葡聚糖酶活性和 β-葡萄糖苷酶活性的克隆，并鉴定出 3 个新的纤维素酶基因（umce15L、umce15M 和 umbg13D）。张金伟等（2006 年）从南极普利兹湾深海 900m 深的沉积物中获得宏基因组 DNA 并构建克隆文库，从中获得低温脂肪酶（1ip3）开放阅读框的完整序列，对其进行重组表达后得到了具有活性的低温酶。Lammle 等（2007 年）构建土壤宏基因组粘粒文库，获得 12 个可能编码琼脂糖水解酶及几种可能编码下列酶的基因：1 个立体选择酰胺酶、2 个纤维素酶、1 个 α-淀粉酶、1 个 1，4-α-葡聚糖分支酶、2 个果胶裂解酶和 2 个与 I 型分泌系统有关的脂酶。

**3. 微生物分子生态学研究**

环境生物宏基因组概念的提出，使得研究者可能绕过细菌分离培养这一步骤，而从基因水平进行微生物分子生态学的研究。从环境中提取 DNA，再通过 PCR 等方法获得各种细菌 rRNA 基因，测序后进行系统学分析，即可描述环境微生物的遗传多样性，使人们对大量不可培养的微生物群体有了全新的认识。方光伟等（2005 年）从土壤宏基因组中筛选到不动杆菌属细菌基因序列，该研究为分析土壤环境种群结构奠定了基础。Goodman 采用 BAC 载体，构建不同土壤细菌宏基因组文库。通过 16S rRNA 基因序列的系统发生学分析结果表明，文库 DNA 包含许多种不同分类的新微生物，如 Acidobacterium、Cytophagales 和 Proteobacteria 等，提示环境微生物具有极其广泛的多样性。Rodriguez-Brito 等（2006 年）分析了 10 个新的分枝杆菌噬菌体，并推断全世界获得的噬菌体宏基因组还不到总量的 0. 0002%，表明噬菌体的生物多样性。宏基因组扩大了生态学研究的对象，随着分子生物学技术的发展，以功能基因为基础的功能生态学将成为今后研究的方向。

**4. 生物降解作用研究**

随着工业的快速发展及人类对资源的大量开发和利用，给环境带来了严重的污染问题，微生物是适应环境能力最强的物种，探索污染环境微生物适应性及其获得适应性的途径，可以更好地揭示生物与环境之间的生态学意义，为污染环境的生物修复提供理论依据。利用微生物的生物修复潜能解决环境污染问题是目前环境治理的一个重要研究方向。细菌可能通过改变启动子结构或激活启动子之间不活泼的核心序列来参与专一性底物降解过程，或通过抑制非必需因子及较强蛋白质分子的精细调节作用来降解异形生物复合物。研究结果表明，某些细菌对有机污染物具有生物矿化作用，Janssen 等（2005 年）发现细菌的脱卤素反应可催化碳卤结合物的分裂，而碳卤结合物的分裂是环境污染物——卤素化合物需氧矿化的关键一步，采用基因突变使细菌沉默的基因发挥催化功能或使其作用的底物范围改变，而增强细菌分解有机合成卤素的能力。环境微生物中具有大量的未知的脱卤素序列片段，利用宏基因组方法可以筛选出具有降解能力的目的克隆，达到清除有毒污染物以净化环境的目的。此外，某些细菌具有固定污染水中的重金属能力。随着对环境细菌宏基因组研究的不断深入，人类可获得大量的降解基因，通过遗传工程的方法，设计新的代谢途径，构建出具有多降解基因的 T 程菌，这将对治理环境污染的生物修复有着重大的意义。

从环境宏基因组中获得功能基因，不仅可以用于新药的研发，而且在新的工业用酶等生物活性物质的筛选及在解决环境污染的生物修复等问题方面都具有广阔的前景，是基因工程研究的一个主要方向。目前，运用宏基因组技术对海洋病毒已有较深入的研究，而对土壤病毒所开展的研究还很少。构建环境 cDNA 文库，促进真菌资源的开发应用研究，也将是宏基因组学的主要研究内容之一。尽管目前存在表达的外源基因量少、缺乏高效的筛选方法等不足，但是随着新的科技方法的不断发展，应用范围将会越来越广泛。

【案例】

### 厌氧脱硫反应器中微生物群落结构及功能解析

利用两相厌氧工艺中的产酸相进行硫酸盐还原，为废水中重金属的去除提供硫化物或者进一步氧化硫化物为单质硫元素的思想正在得到认同和应用。在处理硫酸盐废水的工艺中，研究者通过调整各种工控参数，以使硫酸盐相关的微生物类群富集，提高硫酸盐的还原效率，对其中的微生物类群有了初步认识。普遍认为，在产酸硫酸盐还原过程中，存在两类微生物类群，即产酸发酵微生物和硫酸盐还原微生物，而采用分子生物学技术对这两种类群的结构以及反应器状态与群落结构的关系研究还很少。本案例即采用钼酸盐抑制 SRB，通过反应器功能的变化来研究其与产酸发酵类群的生态学关系以及它们对反应器功能的贡献。

对 SRB 产硫化氢活性的抑制及与其他功能微生物关系研究，主要采用 SRB 专一抑制剂钼酸盐等 VI 族元素的最高价盐，而在实际应用中，硝酸盐应用最多。硝酸盐对 SRB 抑制的机理较为复杂，可能是通过直接与硫酸盐竞争电子受体而抑制硫化氢的产生，但同时，硝酸盐加入后可能刺激了硝酸盐还原硫化物氧化菌（NR-NOB）的增殖，从而抑制了硫化氢的产生，而还原产生的亚硝酸盐能阻断 SRB 的电子传递过程，使电子传递与 ATP 产生解耦联，进而使 SRB 代谢终止。虽然采用硝酸盐抑制 SRB 已得到广泛应用，但对硝酸盐抑制作用下的微生物群落结构及动态变化涉及较少。

SSCP 作为重要的分子指纹技术，已经被广泛应用到了各种生态系统微生物群落的动态监测中，其分辨率和可操作性与 DGGE 几乎一致。16S rRNA 基因文库技术也已经成为研究不同生境中微生物群落的种类、组成和比例关系的重要技术，本案例综合利用针对细菌群落和 SRB 群落的 SSCP 技术以及重要时期的 16S rRNA 基因文库技术，研究群落的动态演替和种类组成，阐明SRB与其他功能微生物类群的生态学关系，以为硫酸盐还原系统的稳定运行和反应器的优化设计提供理论指导和依据。

**1. 实验方法**

（1）工艺条件 实验采用连续搅拌槽式反应器（CSTR），有效体积1L，以磁力搅拌器进行搅拌，速度为200r/min，内设简单的气-液-固三相分离装置，采用计量泵从反应器底部进水。外缠加热丝，由温度控制仪控制温度在（35±1）℃。产生的气体经洗气瓶后进入湿式气体流量计，计算产量。最终经碱液吸收，处理排放。反应器的配套设备有：ES—B15VC—23ON1型进水控制计量泵（Iwaki）；DJ—1型磁力搅拌器、WMZK—02型温度指示控制仪、LML—1湿式气体流量计、pH/mV检测计和氧化还原电位（ORP）检测装置。

反应器种泥取自黑龙江双城市护城河底泥，初步沉淀后滤去较大颗粒杂质，接种污泥，悬浮固体（Solid Suspension，SS）=166 g/L，挥发性悬浮固体（Volatile Suspended Solid，VSS）=27g/L于CSTR反应器中。温度（35±1）℃；搅拌速度200r/min。处理废水采用人工模拟配制，模拟废水中有机物的COD正常情况下为4000mg/L，硫酸盐（$SO_4^{2-}$）2000mg/L；同时加入磷酸氢二铵以补充氮源和磷源，加入比例按COD∶N∶P=100∶5∶1。COD负荷率（loading rates）为9 kg/(m³·d)；硫酸盐负荷率为4.5kg/(m³·d)，HRT为10h。

乳酸（4000mg/L）为碳源和电子供体，硫酸钠为电子受体（2000mg/L）。pH=7，碱度自然。待反应器进入稳定状态后，将进水中COD自9kg/(m³·d)下调至2.25kg/(m³·d)持续约15d，反应器在低碳硫比下运行稳定后，又将COD复调至9kg/（m³·d）。当反应器完全恢复后，分别于进水中加入物质的量浓度逐渐升高的钼酸铵（0.1~0.4mmol/L），运行11d，当产物中硫化物含量几乎为0时，去掉钼酸铵，使反应器再次恢复到以前状态。

每天检测用于显示反应器运行状态的各项参数，并自起动始，间隔4~5d于CSTR上方污泥取样口吸取2mL活性污泥，立即置于冰上，用于总DNA的提取或VSS检测。

（2）微生物群落监测方法 群落动态学监测主要采用SSCP技术和16S rRNA基因文库技术结合来进行。

1）基因组DNA提取。采用无菌移液管于CSTR反应器中部吸取2mL活性污泥，立即置于冰上，用于总DNA的提取或VSS检测。取0.5~1.0mL污泥置于Eppendorf管中，10000g离心1 min，弃去上清液，获得污泥沉淀0.25~0.5mg，采用MOBIO土壤DNA提取试剂盒（MOBIO，美国加利福尼亚州）提取总DNA，最终溶解于100μL 2mmol/L Tris-HCl（pH8.0）。取5μL用1%琼脂糖于1×TBE（0.089mol/L Tris碱，0.089mol/L硼酸，0.002mol/L EDTA）中电泳1 h，采用凝胶成像系统（Omega 10，UltraLum. Inc，美国加利福尼亚州）照相分析，同时，采用紫外分光光度法（Beckman Coulter DU800，美国加利福尼亚州）检测提取DNA样品的含量和纯度。

2）16S rRNA基因文库的构建。为研究底物对不同功能微生物群落的定向选择作用，投加钼酸盐及乙醇对群落结构的影响，分别对种泥、不同底物稳定运行反应器中泥样构建16S rRNA基因文库并结合TRFLP技术，分析群落的种类组成及结构变化。

① PCR引物及扩增。在构建16S rRNA基因文库时采用细菌16S rRNA基因序列的保守引物：BSF8/20和BSR926/20。为防止PCR对某些片段的特异扩增，PCR采用4管平行进行，25μL反应体系于GeneAmp PCR system 2700 PCR仪（Applied Biosystems，美国加利福尼亚州）进行。包括：10×缓冲液2.5μL（含$Mg^{2+}$），10% BSA 1μL，引物各0.75μL

(0.6μmol/L), dNTP 2 μL (200μmol/L), *Ex Taq* 酶 0.8U（宝生物，大连），模板 10 ~ 50ng。反应程序为：预变性 94℃，5min；并接以 30 个循环，包括 94℃变性 40s，53℃退火 40s，72℃延伸 1min，循环完毕，72℃延伸 5min。4 管混合后采用琼脂糖电泳分析 PCR 产物的含量和质量，采用切胶回收试剂盒（NucleoSpin® Extract II，Macherey-Nagel，德国）纯化，最终均使用 40 μL 2 mmol/L Tris-HCl（pH8.0）洗脱 PCR 产物。

② 构建 16S rRNA 基因文库。将纯化的 PCR 产物按说明书连接于 pMD19-T 载体中（宝生物，大连），采用氨苄和 PCR 法筛选阳性克隆，根据群落的复杂性，每个样品随机挑取一定数量的克隆直接提取质粒，以 M13 +/- 为引物进行测序。采用 Sequencher 5.0 软件（Gene Codes，美国密歇根州安阿伯市）拼接测序结果，并去掉载体序列。应用 Mega 4.0 中整合的程序 Clustal W 软件将各文库序列与细菌界框架序列对齐后，以 Mega 4.0 主程序以 NJ 法绘制发育树，将序列通过 RDP 中 Classifier 程序检索并分析各序列在不同类群中的分布及比例。

3）SSCP 操作方法及数据分析。

① PCR 引物及 PCR 扩增。PCR 扩增采用细菌 16S rRNA 基因通过引物，BSF8/20 和 BSR534/18，能够扩增 V1 ~ V3 可变区，长约 520 bp。反向引物 BSR534/18 的 5′端采用磷酸标记，用于后续分析中 λ 核酸外切酶的识别及作用，由 Invitrogen（上海）合成并标记。

在研究投加钼酸盐对群落结构的影响时，为同时显示部分 SRB 的群落结构变化，采用了针对 SRB 16S rRNA 基因序列的引物，正向引物能够与 δ-Proteobacteria 中的 SRB 特异结合，SRB385F：5′-CTGACGCAGCGACGCCG-3′，反向引物为细菌 16S rRNA 基因通用引物 BSR926/20，PCR 产物长度约 542 bp，反向引物 5′端采用磷酸标记。

PCR 扩增体系及程序同上。

② SSCP 图谱的获得。λ 核酸外切酶能够专一降解双链 DNA 中 5′磷酸标记的链，从而使非标记的单链释放出来。为降低群落图谱的复杂性，提高条带与种群的对应关系，采用该酶将群落 PCR 产物磷酸标记的反意义链降解。100 μL 反应体系中包括 λ 核酸外切酶 20 U（New England Biolabs，美国马萨诸塞州）；10 × 缓冲液 10 μL；PCR 产物 30 μL。37℃温浴 2h，处理完毕后，72℃10min 灭活 λ 核酸外切酶。酶解产物采用酚/氯仿纯化，并最终溶解于 20μL MilliQ$H_2O$ 中。取酶解产物（约 2μg）10μL 与 5μL 上样缓冲液（体积分数）[20 mmol/L EDTA（pH8.0），24% 甘油，35%（体积分数）甲酰胺，0.025%（质量浓度）的溴酚蓝和 0.025%（质量浓度）二甲苯青] 混合后 95℃变性 5min，迅速插入冰中，5min 后上样。

为获得 SSCP 图谱，采用了 0.67 × MDE 凝胶基质（Cambrex，美国罗克兰）。电泳设备为 PowerPac 1000（Bio-Rad）电泳仪和微型垂直夹心槽（DYY—6C，北京六一），电泳槽高为 20cm，胶厚 1mm，缓冲液为 1 × TBE。采用 300V，在室温下电泳 24h。电泳完毕，根据 Bassam 等方法进行银染，并采用 UMAX Powerlook 1000（美国德克萨斯州）进行扫描。

③ SSCP 中特异条带的回收、测序及比较分析。选取含量较大或变化较大的条带按 Tebbe 方法回收单链 DNA。取回收的 DNA 为模板，以产生该 SSCP 图谱相同的引物，采用同前体系和 PCR 程序进行扩增，产物同样进行 SSCP 分析，以验证回收条带是否仍具有相同的迁移距离。对于正确条带，PCR 产物切胶纯化（NucleoSpin® Extract II，Macherey-Nagel，德国）后，按产品说明书克隆进 T-载体（pMD19-T，宝生物）。同前方法进行克隆转化及测序

分析。

**2. 结果与分析**

反应器运行分3个时期（图11-18），一是碳硫比为2时反应器的成功起动；二是低碳硫比条件下反应器的运行；三是碳硫比为2，加入SRB抑制剂钼酸盐后反应器的运行状况。

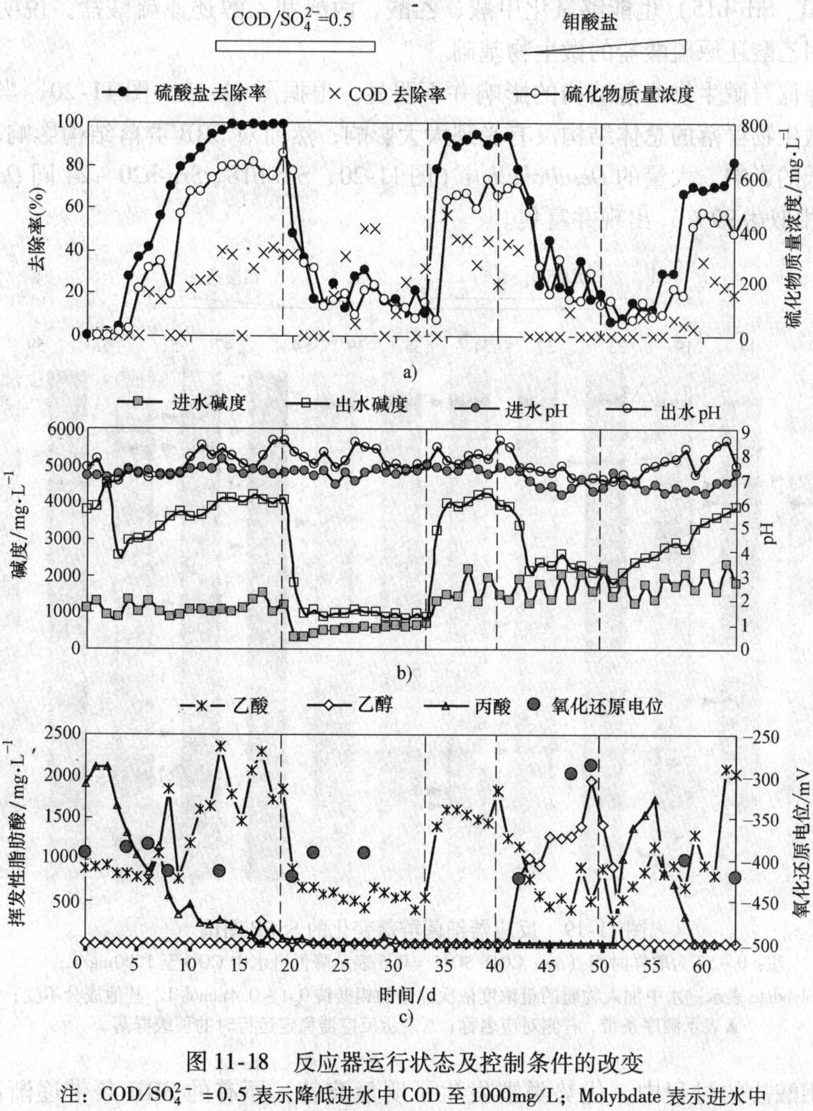


图11-18 反应器运行状态及控制条件的改变

注：$COD/SO_4^{2-}=0.5$ 表示降低进水中COD至1000mg/L；Molybdate表示进水中加入物质的量浓度依次递增的钼酸盐0.1～0.4mmol/L。

1）钼酸盐作用下的群落动态变化。细菌和硫酸盐还原菌SSCP图谱如图11-19、图11-20所示；对应的条带分析见表11-7和表11-8。

在反应器起动阶段（0～19d），反应器内的细菌微生物以及SRB不同类群竞争非常激烈，条带变化明显。种泥中绝大多数优势类群，经过底物筛选，逐渐被淘汰，最终形成了以条带△1～△5为优势类群的细菌群落结构（图11-19），测序比较发现这些条带分别同*Desulfobulbus sp.*（△1，Eu-b1；△5，Eu-b21）、*Pseudomonas putida*（△2，Eu-b5）、*Desulfovibrio desulfuricans*（△4，Eu-b18；△3，Eu-b16）等属中的菌株相似性较大。结合该时期硫酸盐去除率（图 11-18a），表明以这几种微生物为优势类群的群落结构模式具有较高的硫酸盐去除率（99%）。*Desulfobulbus*、*Desulfovibrio* 以及图 11-20 中 *Desulfuromonas thiophila*（Srb-b24）在进行硫酸盐还原时，均不能以乙酸为电子供体，*Desulfotomaculum kuznetsovii*（Eu-b11）为一嗜热的（thermophilic）氧化各种醇和酸的 SRB，能够将有机物彻底氧化，*Desulforhabdus amnigena*（Srb-b1，Srb-b15）也能够氧化甲酸、乙酸、丙酸和乙醇还原硫酸盐，说明在该反应器中存在利用乙酸还原硫酸盐的微生物基础。

碳硫比降低对微生物群落结构的影响并不明显，根据图 11-19、图 11-20，当降低碳硫比后，细菌微生物群落的总体结构没有受到太大影响；然而对 SRB 群落结构影响却较明显，受碳硫比降低的影响，大量的 *Desulfobulbus*（图 11-20，Srb-b18、Srb-b20 ~ 24 同 *Desulfobulbus rhabdoformis* 相似达 99%）出现并富集。

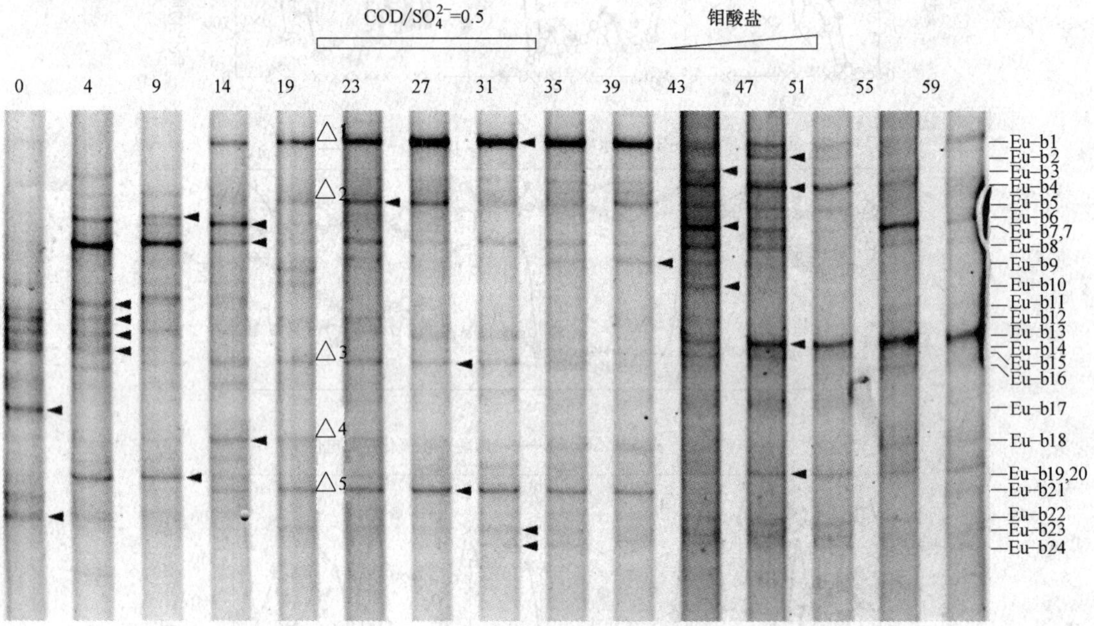


图 11-19　反应器细菌群落变化的 SSCP 图谱

注：0 ~ 59 为取样时间（d）；$COD/SO_4^{2-}$ = 0.5 表示降低进水中 COD 至 1000mg/L；
Molybdate 表示进水中加入物质的量浓度依次递增的钼酸铵 0.1 ~ 0.4mmol/L，其他成分不变；
▲表示测序条带，右侧对应名称；△表示反应器稳定运行时的顶级群落。

在加入钼酸盐的过程中，优势类群发生了明显演替，原有的 SRB 条带逐渐消亡（Eu-b1、Eu-b21），在进入到完全抑制阶段时仍有条带处于波动中，主要是产酸微生物。43 ~ 47d 时，SRB 被逐渐抑制，而发酵产酸菌逐渐显露出来，结合图 11-18，表明这些 FAB 负责发酵乳酸产乙醇的过程，从而在该时期乙醇含量逐渐升高。结合反应器稳定运行状态时的细菌 SSCP 图谱表明 *Pseudomonas*（Eu-b5）相关种属一直存在，可能在产乙醇过程中具有重要贡献。

反应器中 SRB 于 51d 时受到完全抑制，硫酸盐去除率仅为 6%。根据图 11-19 和 11-20，表明在 51 ~ 55d 时 SRB 的数量比例很低，而此时，反应器中优势类群为 *Clostridium*（Eu-b4，Eu-b7′），*Bacteroides*（Eu-b14）和 *Ruminococcus*（Srb-b9、Srb-b16），它们均能够通过丙酸发

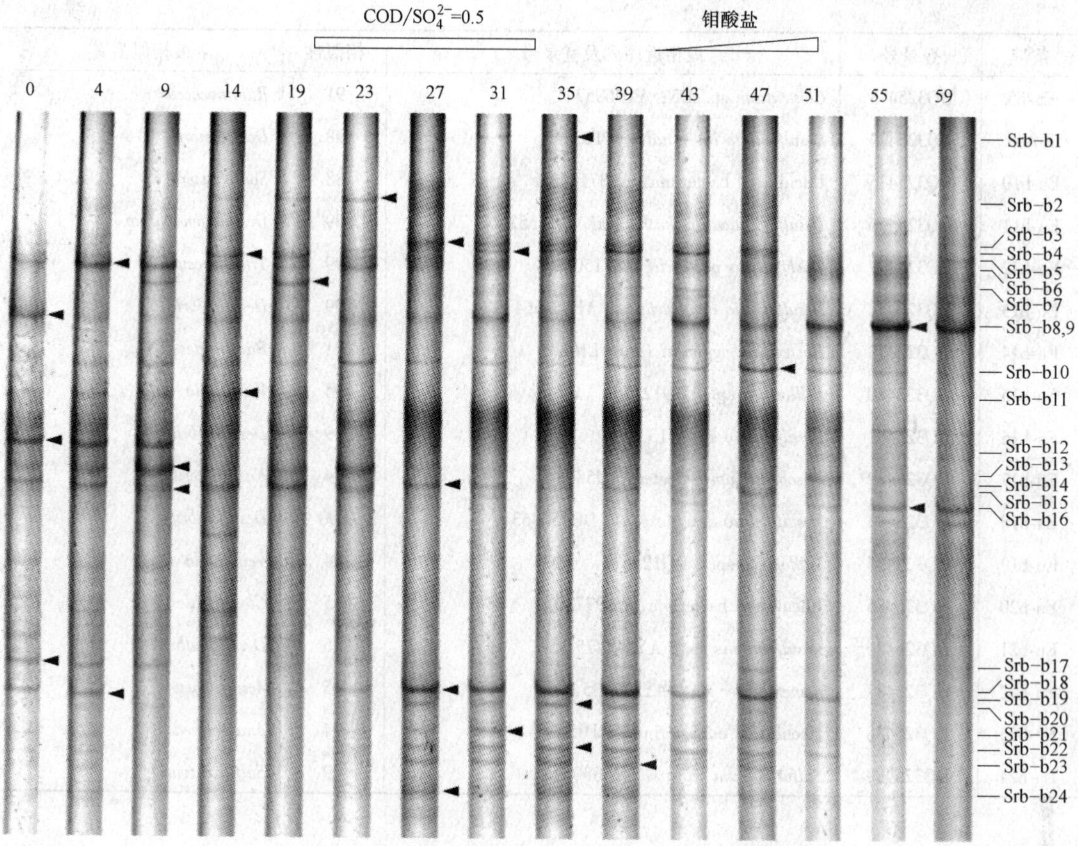


图 11-20　反应器 δ-Proteobacteria 中的 SRB 群落的 SSCP 图谱

酵代谢乳酸产生丙酸和乙酸，结合图 11-18 发现，这 3 类微生物参与了乳酸发酵产生丙酸及乙酸的反应。Desulfobulbus 属均能够利用丙酸、乳酸和乙醇为电子供体还原硫酸盐和亚硫酸盐，Okabe 等发现 *Desulfobulbus* 是废水生物膜中的优势类群，在氧化丙酸产生乙酸并还原硫酸盐过程中起重要作用，Laanbroek 和 Pfennig 的研究也表明在淡水和海洋沉积物中负责丙酸降解的 SRB 为 *Desulfobulbus spp.* 。而乳酸、乙醇的主要利用者是 *Desulfovibrio* 属中某些种，这表明自 55d 后丙酸的降低是由于部分 SRB 类群氧化所致。

**表 11-7　对细菌 SSCP 条带序列比较分析**

| 条带 | 登录号 | 最相近序列及登录号 | 相似性 | 最相似菌属 |
|---|---|---|---|---|
| Eu-b1 | DQ325465 | *Desulfobulbus spp.* , AY548775 | 96 | *Desulfobulbus* |
| Eu-b2 | DQ325466 | *Clostridium neopropionicum*, X76746 | 97 | *Clostridium* |
| Eu-b3 | DQ325467 | *Clostridium ganghwense*, AY903294 | 94 | *Clostridium* |
| Eu-b4 | DQ325468 | *Clostridium lactatifermentans*, AY033434 | 92 | *Clostridium* |
| Eu-b5 | DQ325469 | *Pseudomonas putida*, AY972175 | 99 | *Pseudomonas* |
| Eu-b6 | DQ325470 | Uncultured bacterium, AY977697 | 94 | *Clostridium* |
| Eu-b7 | DQ325471 | Uncultured bacterium, AY977697 | 94 | *Clostridium* |
| Eu-b7′ | DQ325472 | Uncultured bacterium, AY977697 | 94 | *Clostridium* |

（续）

| 条带 | 登录号 | 最相近序列及登录号 | 相似性 | 最相似菌属 |
|---|---|---|---|---|
| Eu-b8 | DQ325473 | *Clostridium* sp. ID5；AY960574 | 91 | *Ruminococcus* |
| Eu-b9 | DQ325474 | *Desulfovibrio intestinalis*，Y12254 | 98 | *Desulfovibrio* |
| Eu-b10 | DQ325475 | Uncultured bacterium，AF371748 | 88 | *Sporobacter* |
| Eu-b11 | DQ325476 | *Desulfotomaculum kuznetsovii*，DQ155286 | 99 | *Desulfotomaculum* |
| Eu-b12 | DQ325477 | *Trichococcus pasteurii*，X87150 | 99 | *Trichococcus* |
| Eu-b13 | DQ325478 | *Desulfovibrio desulfuricans*，AF354664 | 99 | *Desulfovibrio* |
| Eu-b14 | DQ325479 | *Bacteroides eggerthii*（T）；L16485 | 91 | *Bacteroides* |
| Eu-b15 | DQ325480 | *Veillonella* sp.，DQ123534 | 95 | *Veillonella* |
| Eu-b16 | DQ325481 | *Desulfovibrio* sp. AJ133797 | 99 | *Desulfovibrio* |
| Eu-b17 | DQ325482 | *Fusobacterium perfoetens*，M58684 | 94 | *Fusobacterium* |
| Eu-b18 | DQ325483 | *Desulfovibrio desulfuricans*，DQ450463 | 100 | *Desulfovibrio* |
| Eu-b19 | DQ325484 | *Veillonella* sp.，DQ123534 | 94 | *Veillonella* |
| Eu-b20 | DQ325485 | Uncultured bacterium，AY977307 | 95 | *Clostridiales* |
| Eu-b21 | DQ325486 | *Desulfobulbus* sp.，AY548775 | 96 | *Desulfobulbus* |
| Eu-b22 | DQ325487 | *Acinetobacter* sp.，AY211135 | 95 | *Acinetobacter* |
| Eu-b23 | DQ325488 | Uncultured eubacterium，AF050563 | 94 | *Anaerolinea* |
| Eu-b24 | DQ325489 | *Sulfuricurvum kujiense*，AB080644 | 99 | *Sulfuricurvum* |

**表 11-8　δ-Proteobacterial SRB SSCP 条带序列分析**

| 条带 | 登录号 | 最相近序列及登录号 | 相似性 | 最相似菌属 |
|---|---|---|---|---|
| Srb-b1 | DQ325490 | Unidentified SRB，U49429 | 94 | *Desulforhabdus* |
| Srb-b2 | DQ325491 | Uncultured bacterium，AY667266 | 94 | *Clostridium* |
| Srb-b3 | DQ325492 | *Desulfobulbus rhabdoformis*，U12253 | 99 | *Desulfobulbus* |
| Srb-b4 | DQ325493 | *Desulfobulbus rhabdoformis*，U12253 | 99 | *Desulfobulbus* |
| Srb-b5 | DQ325494 | *Veillonella atypical*，AY995768 | 90 | *Veillonella* |
| Srb-b6 | DQ325495 | Uncultured bacterium，AY692052 | 99 | *Thermotoga* |
| Srb-b7 | DQ325496 | *Desulfovibrio intestinalis*，Y12254 | 93 | *Desulfovibrio* |
| Srb-b8 | DQ325497 | Uncultured bacterium，AF129861 | 96 | *Sporobacter* |
| Srb-b9 | DQ325498 | Uncultured bacterium，AF429358 | 98 | *Ruminococcus* |
| Srb-b10 | DQ325499 | *Clostridium ganghwense*，AY903294 | 98 | *Clostridium* |
| Srb-b11 | DQ325500 | *Veillonella atypical*，AY995768 | 96 | *Veillonella* |
| Srb-b12 | DQ325501 | Uncultured bacterium，DQ014825 | 96 | *Sporobacter* |
| Srb-b13 | DQ325502 | *Clostridium ganghwense*，AY903294 | 95 | *Clostridium* |
| Srb-b14 | DQ325503 | *Desulfobulbus rhabdoformis*，U12253 | 99 | *Desulfobulbus* |
| Srb-b15 | DQ325504 | *Desulforhabdus amnigena*，X83274 | 99 | *Desulforhabdus* |
| Srb-b16 | DQ325505 | *Clostridium spp.*，AY960574 | 97 | *Ruminococcus* |
| Srb-b17 | DQ325506 | Uncultured bacterium，DQ014825 | 96 | *Sporobacter* |

（续）

| 条带 | 登录号 | 最相近序列及登录号 | 相似性 | 最相似菌属 |
|---|---|---|---|---|
| Srb-b18 | DQ325507 | *Desulfobulbus rhabdoformis*, U12253 | 99 | *Desulfobulbus* |
| Srb-b19 | DQ325508 | *Desulfobulbus rhabdoformis*, U12253 | 99 | *Desulfobulbus* |
| Srb-b20 | DQ325509 | *Desulfobulbus rhabdoformis*, U12253 | 99 | *Desulfobulbus* |
| Srb-b21 | DQ325510 | *Desulfobulbus rhabdoformis*, U12253 | 99 | *Desulfobulbus* |
| Srb-b22 | DQ325511 | *Desulfobulbus rhabdoformis*, U12253 | 99 | *Desulfobulbus* |
| Srb-b23 | DQ325512 | *Desulfobulbus rhabdoformis*, U12253 | 99 | *Desulfobulbus* |
| Srb-b24 | DQ325513 | *Desulfuromonas thiophila*, Y11560 | 99 | *Desulfuromonas* |

通过以上分析，表明在43～47d时，在*Pseudomonas*相关种属作用下发生了乙醇代谢的反应产生了乙醇，而在51～55d时，由于FAB的实际生态位改变，FAB的优势种类出现更迭，发生了乳酸发酵产生丙酸及乙酸的反应，从而使产物中丙酸/乙酸升高。进而证明，乙醇-乙酸代谢产物向丙酸-乙酸代谢产物的转变是由两类不同的产酸发酵微生物来完成的。当抑制逐渐解除之后，丙酸又重新被*Desulfobulbus*等利用，表现为55d后丙酸含量的降低，这与前面的推测及SSCP均相一致。

在反应器运行的整个阶段，MB的相对数量很高且波动很小，表明了在该反应器条件下产甲烷过程的普遍存在；而SRB的相对数量与反硝化微生物的相对数量恰好互补，碳硫比降低没有影响SRB的相对数量，当钼酸盐对SRB产生强烈抑制，SRB的相对数量很少时，反硝化类群相对数量逐渐升高。这说明二者存在竞争，尤其是对碳源的竞争。细菌群落SSCP分析表明，反应器运行过程中，确实存在硝酸盐还原-硫氧化微生物，图11-19中条带Eu-b24的序列同菌株*Sulfuricurvum kujiense*的相似性为99%，研究表明*S. kujiense*能够以硫化物或单质硫为电子供体还原硝酸盐［式（11-1）］，所以参与了在反应该反应器中硫元素的循环过程，并与SRB形成非常密切的共生关系。

$$S^{2-} + 4NO_3^- \rightarrow SO_4^{2-} + 4NO_2^-,\ \Delta G = -534\text{kJ/mol} \qquad (11\text{-}1)$$

根据对反应器运行效果的化学分析及对应的微生物群落SSCP图谱，推测在该反应器中以乳酸为底物进行硫酸盐还原的代谢方式如图11-21所示。

2）钼酸盐影响下群落组成分析。采用16S rRNA基因文库技术对反应器运行0d、19d和47d活性污泥中微生物群落种类组成进行普查的结果如图11-22所示，经拼接后，3个文库分别共得到76个，20个和25个完整序列，经Sequencher 5.0分析分别含有50个、9个和17个OTU，文库覆盖率分别为35%、55%和37%。

序列分类表明（图11-22）种泥中微生物群落的多样性最高，分布于9个门或亚门中，含量占10%以上的分别是Bacteroidetes（28.95%），Firmicutes（18.42%），α-Proteobacteria（17.11%），δ-Proteobacteria（15.79%）；反应器稳定运行后，硫酸盐去除率高达98%以上，主要得益于SRB的含量和绝对数量，此时δ-Proteobacteria占95%；加入钼酸盐（40d）后，反应器中δ-Proteobacteria所占的比例已经低于4%，即25个序列没有SRB相关菌株。

SRB类群在整个群落中比例直接反映了硫酸盐还原能力。于19 d时，反应器硫酸盐还原率高达98.85%，构建文库分析表明95%均为SRB，另外还有1株菌为Firmicutes门（Lm7，同*Clostridium ganghwense*相似性95%），而对细菌SSCP条带进行测序分析表明，在该时期反应器中还存在有 Pseudomonas（△2，Eu-b5），而 *Clostridium* 条带并非占优势。在反应器运行 47 d 时，硫酸盐还原率为 21.23%，仍有 SRB 处于呼吸状态，SSCP 图谱均显示 *Desulfobulbus* 仍占有一定的数量比例（图 11-19 中 Eu-b1，图 11-20 中 Srb-b3 ~ b4，Srb-b19 ~ Srb-b23），而文库检测表明，在该时期 SRB 已经低于 4%，PCR 检测也证实其相对数量处于非常低的水平。由上可见，SSCP 图谱与文库序列间存在部分分歧，主要是由于文库覆盖率较低而对应 SSCP 图谱中条带无法穷尽造成的。

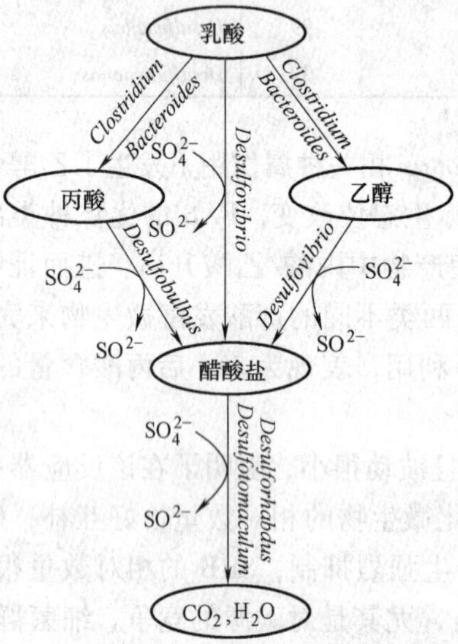


图 11-21 根据 SSCP 图谱及反应器功能推断的功能微生物类群关系

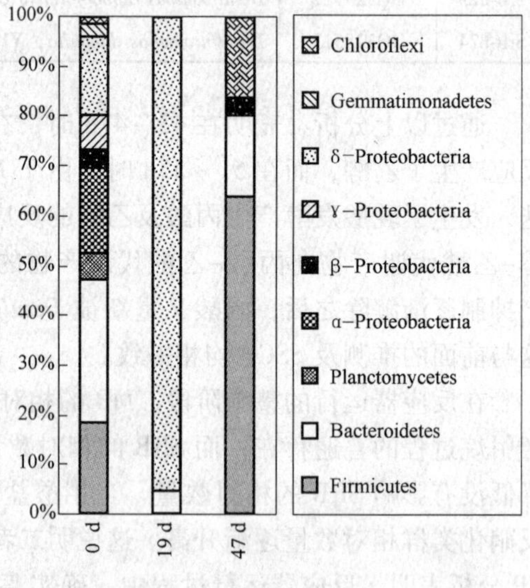


图 11-22 反应器不同时期微生物群落组成

注：0d、19d、47d 对应反应器运行时间，右框中显示不同门或亚门。

将 19d 和 47d 文库序列合并后构建系统发育树，比较发现二者具有很大的相似性，序列均分布于以下门或亚门中：δ-Proteobacteria、Chloroflexi、Firmicutes 和 Bacteroidetes。另外也有较小分歧，对二者 SRB 的多样性比较表明，克隆文库分析得到两个 SRB 属 *Desulfobulbus* 和 *Desulfovibrio*，而细菌 SSCP 图谱还得到另外一个 SRB 属即 *Desulfotomaculum*（Eu-b11），从发育关系上看，该属为 Firmicutes 门，是革兰阳性产芽孢的 SRB，与 *Clostridium* 一样同为低 G + C 的革兰阳性微生物，除此之外，对 SRB 的 SSCP 图谱进行分析还得到一株以乙酸为唯一碳源和能源的 SRB，即 *Desulforhabdus amnigena*（Srb-b1 和 Srb-b15），而对种泥进行文库分析得到更多不同的 SRB 属。

## 思 考 题

1. 简述 PCR 的原理及步骤。
2. 基因指纹技术根据图谱形成原理可分成几类？DGGE、SSCP 和 TRFLP 的技术原理是什么？
3. 简述 DGGE 技术的操作步骤、注意事项以及在环境工程中的应用。
4. 简要说明 16S rRNA 基因克隆文库构建步骤以及在环境工程中的应用。
5. 同基因指纹技术相比，荧光原位杂交技术有哪些优越性？
6. 简明论述宏基因组学的应用步骤及前景。

# 参考文献

[1] Kowalchuk G A, Bruijn F J de, Head I M, et al. Molecular Microbial Ecology Manual [M]. 2nd ed. Dordrecht: Kluwer Academic publishers, 2004.

[2] 张素琴. 微生物分子生态学 [M]. 北京: 科学出版社, 2005.

[3] 周集中, 等. 微生物功能基因组学 [M]. 张洪勋, 等译. 北京: 化学工业出版社, 2007.

[4] 李冰冰, 肖波, 李蓓. FISH 技术及其在环境微生物监测中的应用 [J]. 生物技术, 2007, 17 (5): 94-97.

[5] 任南琪, 赵阳国, 高崇洋, 等. TRFLP 在微生物群落结构与动态分析中的应用 [J]. 哈尔滨工业大学学报, 2007, 39 (4): 552-556.

[6] 魏志琴, 曾秀敏, 宋培勇. 土壤微生物 DNA 提取方法研究进展 [J]. 遵义师范学院学报, 2006, 8 (4): 53-56.

[7] 邢德峰, 任南琪, 王爱杰. FISH 技术在微生物生态学中的研究及进展 [J]. 微生物学通报, 2003, 30 (6): 114-119.

[8] 张辉, 崔焕忠. 宏基因组学及其研究进展 [J]. 中国畜牧兽医, 2010, 37 (3): 87-90.

[9] 赵阳国, 任南琪, 王爱杰, 等. SSCP 技术在微生物群落监测中的应用 [J]. 中国给水排水, 2004, 20 (11): 25-28.

[10] Lee D-H, Zo Y G, Kim S J. Nonradioactive method to study genetic profiles of natural bacterial communities by PCR-single-strand-conformation polymorphism [J]. Appl Environ Microbiol, 1996, 62 (9): 3112-3120.

[11] Liu W T, Marsh T L, Cheng H, et al. Characterization of microbial diversity by determining terminal restriction fragment lengthpolymorphisms of genes encoding 16S rRNA [J]. Appl Environ Microbiol, 1997, 63 (11): 4516-4522.

[12] Muyzer G, De Waal E C, Uitterlinden A G. Profiling of complex microbial populations by denaturing gradient gel electrophoresis analysis of polymerase chain reaction – amplified genes coding for 16S rRNA [J]. Appl Environ Microbiol, 1993, 59 (3): 695-700.

[13] Woese C R, Fox G E. Phylogenetic structure of the prokaryotic domain: the primary kingdoms [J]. Proceedings. of the National Academy. of Sciences of the United States of America, 1977 (74): 5088-5090.

[14] Wuyts J, Perriere G, Van de Peer Y. The European ribosomal RNA database [J]. Nucleic Acids Res, 2004 (32): D101-D103.

[15] Zhao Y, Ren N, Wang A. Contributions of fermentative acidogenic bacteria and sulfate-reducing bacteria to lactate degradation and sulfate reduction [J]. Chemosphere, 2008 (72): 233-242.

# 第 12 章

# 水污染控制工程原理

**本章提要：**本章详细介绍了水污染控制工程中常用的物理法、化学法、物化法及生物处理法的基本原理以及其在水处理中的应用。

## 12.1 物理处理方法

### 12.1.1 沉淀

在沉淀池（或称为澄清池）中，利用重力来将悬浮颗粒物从水中去除。在最基本的设计中，水在水平方向上缓慢流过一个池子，悬浮颗粒物是上升还是下降取决于它的密度是比水大还是比水小。沉淀既用在给水处理中，也用在废水处理中。在两种情况下，重的固体都沉降到水池的底部而被去除。在废水处理中，将油脂、油类和其他可漂浮的物质从水的上表面撇去。

图 12-1 所示是一个理想化矩形沉淀池的垂直横截面。水从左边的入口处进入，然后缓慢流过沉降区，到达右边的出口。在理想情况下，水流是分层并且均匀流过沉降区。悬浮颗粒物通过平流作用水平迁移，再通过重力作用垂直沉降。

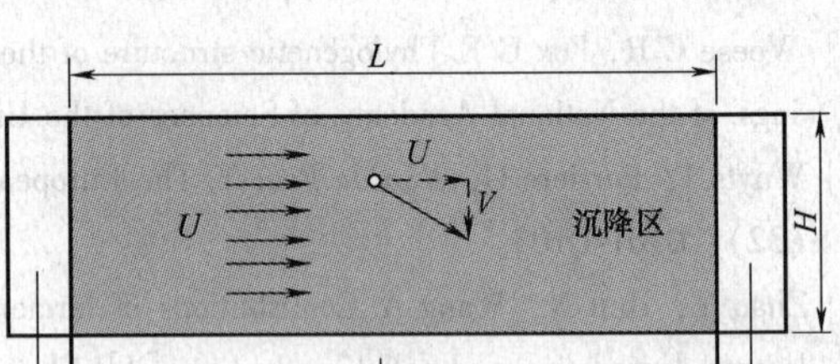


图 12-1　一个理想化的矩形沉淀池的垂直横截面

为了简化起见，假设颗粒物的沉降速度是恒定并稳定的。那么池子里的每一个颗粒物都将在沉降区遵循对角线的轨迹运行，其水平流速为 $U$，垂直沉降速度为 $V$。任何一个从沉降区移除并进入污泥区的颗粒物都被俘获并从水中去除，而其他进入到出口区的颗粒物则会随出水流出。

将沉降到污泥区而被从水中去除的颗粒物与进入沉淀池的颗粒物的比定义为去除效率 $\eta$，去除效率根据颗粒物大小的不同而变化很大。分别定义 $H$ 和 $L$ 为沉降区的高度和长度，那么水在沉降区的输送时间则为 $L/U$。沉降速率（$V$）足够大的颗粒物可以下降穿过沉降区的整个高度 $H$，这些颗粒物可以 100% 从水中去除。这种情况如图 12-2a 所示。

如果沉降速率更小一些，使得它在$L/U$的期间内沉降的距离小于$H$，那么在沉降区的顶部进入的这个颗粒物将不会沉降到污泥区，而是会进入到出水中。在这种情况下，可以定义一条从高度$H'$处到污泥区远角的一条临界轨迹线，如图12-2b所示。以低于$H'$的高度进入到池中的所有颗粒物都将会被俘获，而以高于$H'$的高度进入池中的颗粒物则不会被去除。假设进入的颗粒物沿着入口高度是均匀分布的，那么去除效率$\eta = H'/H$。此外，从简单的几何学可以看到$H'/V = L/U$。将这个表达式重新整理，可以得到任意一个颗粒物的沉降距离以其沉降速率（$V$）和反应器的构型（$L/U$）为函数的表达式。然后我们可以利用某一特定沉降池的设计参数来定义该系统中颗粒物去除的临界沉降速度$V_c$

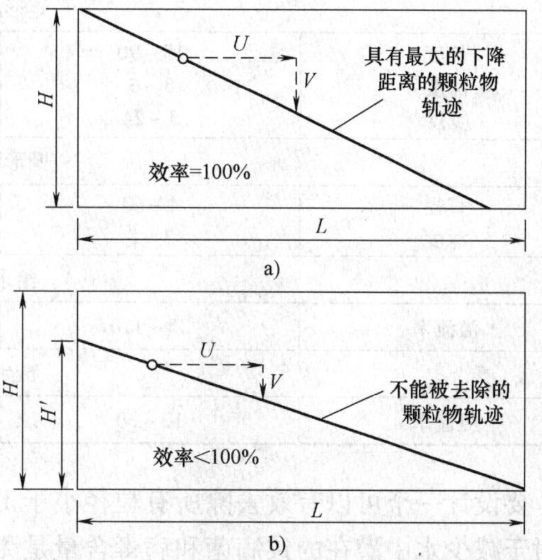


图12-2 一个理想化的矩形沉淀池中沉降区的颗粒物轨迹示意图

a）沉降速度足够高，所有的颗粒物都被去除

b）沉降速率要低一些，被俘获去除的颗粒物小于100%

$$V_c = \frac{UH}{L} \tag{12-1}$$

其中，$V_c$是要将颗粒物100%去除所需要的颗粒物最小沉降速率。那些沉降速率比临界速率快（$V > V_c$）的颗粒物将会被全部去除，因为颗粒物沉降经过整个沉降区所需要的时间小于从入口流到出口所需要的时间（$H/V < L/U$）。另外一方面，对那些沉降速率比临界速率要小（$V < V_c$）的颗粒物，其效率为

$$\eta = \frac{H'}{H} = \frac{LV}{UH} = \frac{V}{V_c} \quad (V < V_c) \tag{12-2}$$

此外，我们也可以将矩形沉淀池的水平面面积定义为$A_s = LW$，流过池子的水的体积流量为$Q = UHW$，因而临界沉降速率可以表示为

$$V_c = \frac{UH}{L} \cdot \frac{W}{W} = \frac{Q}{A_s} \tag{12-3}$$

$Q/A_s$称为溢流率，它就等于临界速率$V_c$。

沉淀池通常被设计成圆形的，在这种情况下，水在中心轴的位置被引入并呈放射状地向外流动。水的水平流速随径向距离增大而减小，因此颗粒物经过的轨迹不再是直线。但是，即使是在这种设计中，临界沉降速率还是等于溢流率，即$V_c = Q/A$，并且去除效率的计算方法与矩形沉淀池是一样的。

表12-1列出了在给水和废水处理中沉淀池的典型设计参数值。在很多处理过程的设计中，溢流率是基于效率和成本两个因素来考虑的。一般来说，工程师必须针对某一特定的流量来进行设计。增加水面面积（$A_s$）可以得到较低的溢流率，并且小一些的颗粒物所对应的临界沉降速率也较低，从而得到更大的颗粒物去除率。然而在一个典型的处理厂中，沉淀池占了相当大的一部分土地面积，并且增加$A_s$则需要更多的土地面积和更高的建设成本。

表 12-1 常见的沉淀池的设计参数值

| 参数 | 范围 | 典型值 | 单位 |
| --- | --- | --- | --- |
| 矩形沉淀池 | | | |
| 长度 | 15 ~ 90 | 25 ~ 40 | m |
| 深度 | 3 ~ 5 | 3. 5 | m |
| 宽度 | 3 ~ 24 | 6 ~ 10 | m |
| 圆形沉淀池 | | | |
| 直径 | 4 ~ 60 | 12 ~ 45 | m |
| 深度 | 3 ~ 5 | 4. 5 | m |
| 给水处理 | | | |
| 溢流率 | 35 ~ 110 | 40 ~ 80 | m/d |
| 废水处理 | | | |
| 溢流率 | 10 ~ 60 | 16 ~ 40 | m/d |

要设计一个可以有效去除所有粒径小于 10um 的颗粒物的沉淀池是不实际的。因此，沉淀对于减少水中潜在的致病菌和病毒含量是无效的，并且它对于提高水的澄清度也相对没有什么效果。

颗粒物在实际的沉淀池中的沉降情况比上面所考虑的理想化的情况要复杂得多。实际上，沉降有时可以分为四种类型。这里考虑的类型Ⅰ包括在稀释悬浮液中单个的颗粒物的沉降。当颗粒物在沉降过程中发生碰撞并聚集（或絮凝）而沉降的情况被描述为类型Ⅱ的沉降。类型Ⅲ是受阻沉降，当颗粒物含量很高并取代向上的流体时，就会妨碍沉降的进行，从而增加阻力并降低净沉降速度。最后，类型Ⅳ是压缩沉降，它指的是由于压实作用引起的沉降颗粒物体积的缓慢减小。虽然在沉淀池中每一种类型的沉降都可能发生，但是类型Ⅰ的沉降通常占主导。

通常要做试验来估算拟采用的沉淀池的总效率。用一个圆柱形的容器来试验，其高度与拟采用的沉淀池的深度相等（即 3 ~ 5m），并均匀地分布采样点。在圆柱体充满待处理的水样之后，在规定的时间间隔从每一个采样点取样。将某一特定的时间收集到的样品混合到一块后分析其浊度或悬浮颗粒物含量。混合样中的平均颗粒物含量对应的是水力停留时间为圆柱体充满水和取样之间的时间间隔时沉淀池出口的水样含量。

沉淀池有效地运转取决于理想的流体流动。流体速率应该是均匀的、分层的，没有死区，没有短路，没有垂直混合。入口和出口区域设计有挡板以促进均匀的分层流动。实际上，永远也达不到理想的流动。不均匀的流动可能由下面几种机制引起：热分层、风、盐度分层和入口水流的动能。

根据经验，给水和废水处理厂总是设计有至少两个沉淀池平行运转，以便于进行维修和保养，而不需要整个工厂停机。对废水处理厂，在法律上就要求必须有多余的沉淀池。

所有的沉淀池都有一些连续或批次去除沉淀污泥的机械装置。去除污泥的一种方法是使池子的底表面稍微向排放口方向向下倾斜，而排放口一般位于入水口附近。在传动链条上安装的一系列刮泥器将积累的沉积物刮向排放口。然后通过泵抽将池子里的污泥去除。

废水处理厂的沉淀池还通常有将浮在水面上的物质从水面撇去的机械装置。有时通过在入口附近往废水中鼓入气泡来推动气浮，从而有助于固体颗粒和油脂等的去除。

### 12.1.2 过滤

沉淀池的出水中仍含有絮体颗粒，且出水的浊度在1~10NTU之间，常见值为3NTU。为了将浊度降低到0.3NTU，一般使用过滤方法。水的过滤是利用砂或其他多孔介质，将流经的水与悬浮状或胶体状物质分开的过程。水充满砂粒之间的空隙，水中杂质因阻塞在空隙中或附着在砂粒表面上而与水分离。

滤池的分类方法很多，一种是根据使用的介质，如砂、煤（称为无烟煤）、双介质（煤加砂）或混合介质（煤、砂和砾石）进行分类。另一种常用的分类方法是根据允许的容积负荷率分类。负荷率（loading rate）是单位面积滤床上流过的水量，它是水流经滤床表面的流速

$$V_a = \frac{Q}{A_s} \tag{12-4}$$

式中 $V_a$——表面流速（m/d），又称负荷率[$m^3/(d \cdot m^2)$]；

$Q$——滤床表面的流量（$m^3/d$）；

$A_s$——滤床的表面积（$m^2$）。

按照不同的负荷率，可将滤池分为慢砂滤池、快砂滤池和高速砂滤池。

慢砂滤池的应用最早始于约1800年，水流经滤池的负荷率在2.9~7.6$m^3/(d \cdot m^2)$之间。当悬浮态或胶体态物质经过砂层时，这些颗粒被阻留在砂层前75mm厚的空隙里。当空隙填满时，水就无法再继续流过砂滤层，此时表层的砂层必须取出加以清洗或替换。慢砂滤池需要很大的土地面积及较多的人力操作。

在20世纪初期，为了防止流行病，需要建立大量过滤系统。快砂滤池便在这种急切需求下产生。这种过滤池使用级配（分层滤料）。滤砂的粒径分配原则是使尽可能多的水通过滤床，使尽可能少的粒状杂质通过滤床，以获得最佳的过滤效果。

当过滤池运转时，孔道容易被俘获的颗粒物堵住，因此过滤池必须周期性地利用一个称为“反冲洗”的过程进行清洗。冲洗水的流量大到足以使砂层膨胀，使阻塞于其中的粒状杂质被冲出。反冲洗过后，砂层又沉回到原位置。最大的砂粒会先沉降，使得细砂层会留在顶部，粗砂层沉到底部。快砂滤池是目前水处理中最常使用的滤床形式。

图12-3所示是一个传统的快速砂滤池的基本组成。

冲洗水可能被排入污水管，到污水处理厂进行处理，或者以其他的方式去除水中的废颗粒物。在传统的快速砂滤池中，反冲洗过程中向上的水的流速大约是30m/h。

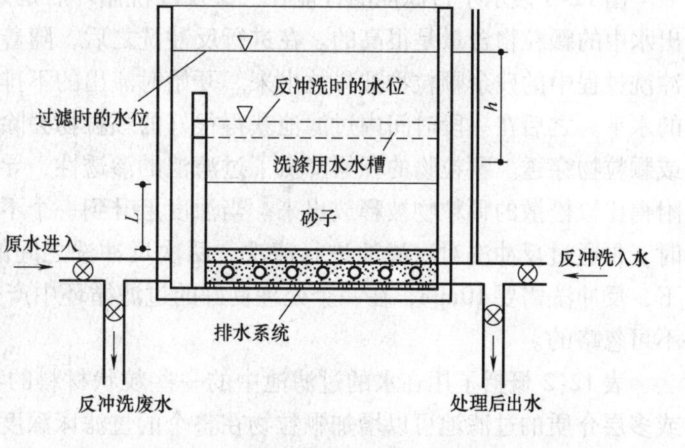

图12-3 用于去除水中的微细颗粒物的深床砂滤池

控制粒料过滤池的设计和运行的两个关键因素是水力学和颗粒物俘获机制。当粒料的粒径变小时，粒料之间的空隙也会变小，颗粒物的俘获效率就会提高。然而，粒料粒径变小也会增

加过滤床对水流的阻力。粒状材料和过滤床深度的选择在一定程度上必须折中考虑过滤池的效率和水力处理量。

颗粒物在砂滤池中的俘获依赖于由颗粒物与滤料之间的接触导致的迁移过程，以及之后的颗粒物在滤料表面的附着过程。虽然关于颗粒物在多孔介质中的过滤的细节问题已经可以从定性上理解，但是还不足以进行定量分析来为设计服务。导致颗粒物俘获的五个过程如图 12-4所示。当一个颗粒物太大而不能通过孔道时就会发生沥滤机制，因此它就会受到机械的阻挡。沥滤对相对较大的颗粒物是最有效的俘获机制。当一个颗粒物的流线撞击到一个粒料时就会发生截留机制。第三种机制是沉降，当一个颗粒物在重力的影响下沉降到了一个粒料的上表面时便会发生沉降机制。第四种机制是碰撞机制，当颗粒物的惯性足够大，使得当流体流过一个粒料而路径偏移了流线并与粒料发生碰撞时，就会发生碰撞机制。对很小的颗粒物，由布朗运动造成的颗粒的自由运动会引起其与滤料的碰撞。如果将混凝剂加入到过滤池的上游来水中，与滤料接触之后颗粒物的粘附力就会加强。备选过滤池的设计方案的颗粒物去除效率通常先进行小试和中试来确定。

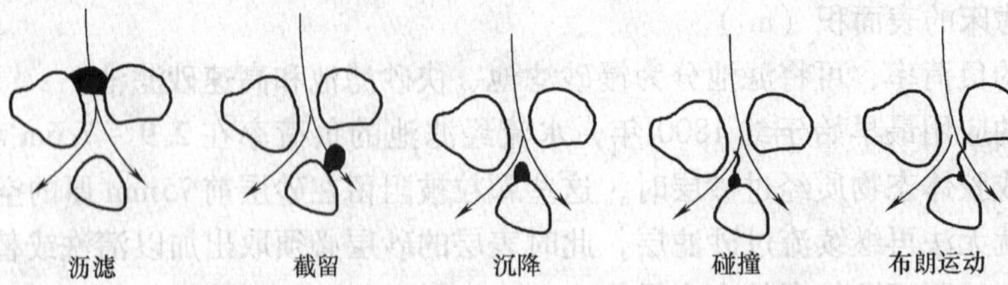


图 12-4 粒料过滤池中颗粒物的去除机制

与颗粒物的俘获相比，粒料过滤池的水力方面的问题可以很容易地进行定量分析，其基本原理在前面的章节中已进行了详细的讨论。

在过滤池的运行过程中，要测量两个参数来监测其性能，一是过滤池的水头损失，二是出水的浊度。测定过滤池的水头损失来监测其渗透性的下降情况。测定出水的浊度来监测颗粒物的去除效率。因为小的颗粒物能有效地散射光，因此可以用由光散射浊度计测得的浊度来确定过滤效率。

图 12-5 表示了过滤池的性能在一个反冲洗循环后是如何随时间而变化的。开始的时候，出水中的颗粒物含量是很高的。在进行反冲洗之后，随着滤料的沉降，大的孔隙被阻塞，反冲洗过程中的残余颗粒物被释放出来。开始时流出的不排掉，直到浊度降低到了一个可接受的水平。之后在一段时间内过滤池获得很好的颗粒物去除性能，直到观察到水头损失的增加或颗粒物穿透。颗粒物的积累降低了过滤池的渗透性，导致了局部速度的增加，这又引起粘附得比较松散的颗粒物被释放出来。当浊度上升到一个不可接受的水平或水力阻力变得太大时，再通过反冲洗对过滤池进行清洗。两次反冲洗之间的间隔约为 10h 到数天。一般情况下，反冲洗需要 10min，在一个处理良好的过滤循环中产生的废水的体积量很小，但是却是不可忽略的。

表 12-2 概括了用在水的过滤池中的一些粒状材料的特征。相对于单层砂子来说，双层或多层介质的过滤池可以增加颗粒物在整个的过滤床深度内被俘获的程度。因为对均匀性不是很好的单层的粒料，反冲洗循环会引起粒度的分离，大的颗粒物会迁移到滤床的底部而小

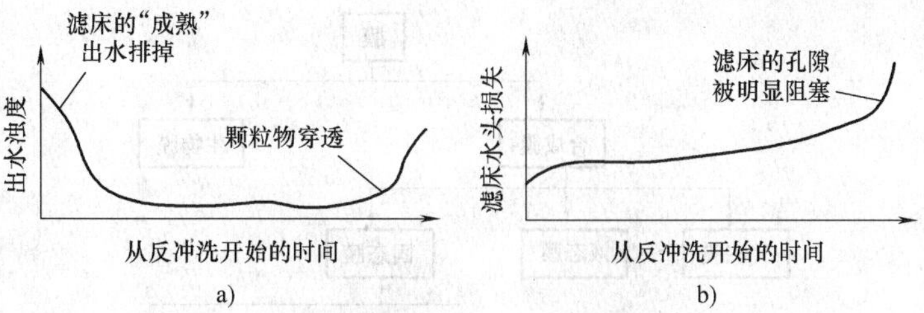


图 12-5　快速砂滤池运行过程中性能参数的变化情况
a）过滤后的水的浊度
b）通过过滤池的水头损失（假设处理的水量是恒定的）

的颗粒物会移动到滤床的上部。因此，在滤床的上部的孔隙最小，并且对颗粒物的过滤在这里最有效。穿过上面部分的颗粒物就不会被俘获，因为当它们通过滤池的时候它们会遇到更大的孔隙，而对双介质或多介质系统，水会依次流过更细的材料。穿过第一层的颗粒物会被第二层或第三层俘获。

**表 12-2　滤池中常用的颗粒材料的性质**

| 参数 | 石英砂 | 无烟煤 | 石榴石 |
|---|---|---|---|
| 粒料直径 $d_{eq}$/mm | 0.45~0.55 | 0.9~1.1 | 0.2~0.3 |
| 粒料密度/（$g/cm^3$） | 2.65 | 1.45~1.73 | 3.6~4.2 |
| 球形度 $\phi$ | 0.7~0.8 | 0.46~0.60 | 0.6 |
| 孔隙率 | 0.42~0.47 | 0.56~0.60 | 0.45~0.55 |

这种分层的滤床的稳定性的关键在于不同材料间的密度差异。最细的材料具有最大的密度并且会留在底部，即使是在反冲洗时。多层介质滤床的最现实的好处在于两次反冲洗之间可以有很长的间隔。用更大粒级的滤床来俘获颗粒物，孔隙的阻塞会更慢，并且在更长的时段内水头的损失也可以保持在一个可接受的低水平。

## 12.1.3　膜分离

膜分离作为一项新型的高效分离、浓缩、提纯及净化技术得到了广泛的应用。膜是膜分离技术的核心，是指同种流体相内或两种流体间一层薄的凝聚相物质，能够把流体分隔成互不相通的两部分，并能使这两个部分之间产生传质作用。根据膜的性质、来源、相态、材料、用途等的不同，有不同的分类方法（图12-6）。

膜分离是以具有选择透过功能的薄膜为分离介质，通过在膜两侧施加一种或多种推动力，使原料中的某组分选择性地优先透膜，从而达到混合物分离和产物提取、浓缩、纯化等目的的过程。污水处理中常用一些以压力差作为推动力的膜分离过程，如反渗透、纳滤、超滤、微滤等。图 12-7 所示为工业中常用的膜分离过程的应用范围。

各种膜分离法的共同特点是：分离过程不发生相变，能量转化效率高；分离过程在常温下进行；装置紧凑，占地省；操作简便，易于自动化。概括起来膜分离有如下特点：

1）在常温下进行，特别适于对热敏感物质的分离。

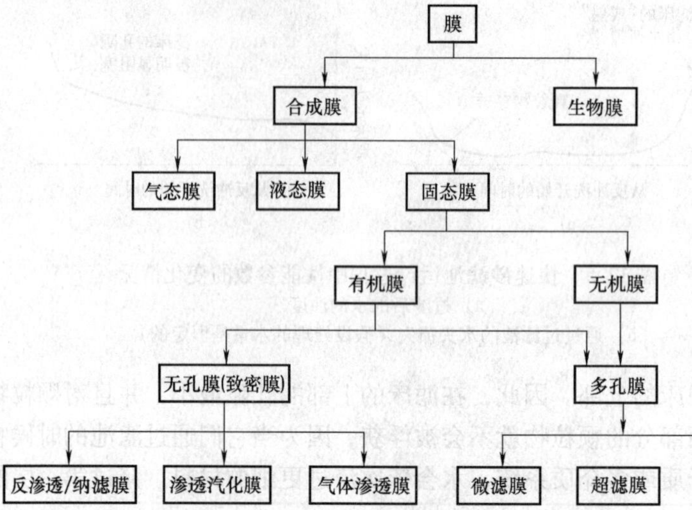


图 12-6 膜的分类

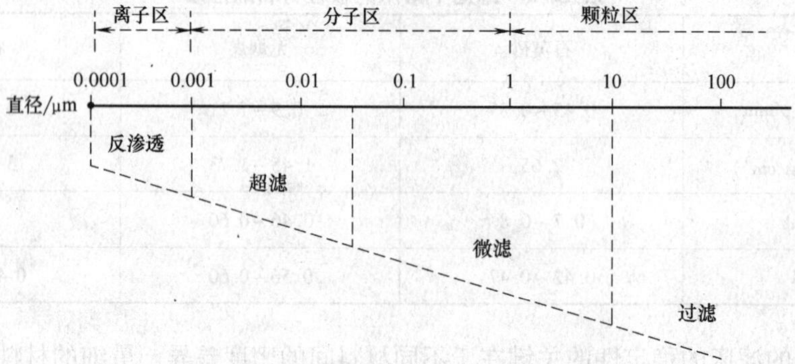


图 12-7 几种膜分离过程的应用范围

2）无相态变化，与其他分离方法相比能耗低、能量的转化效率高。

3）无化学变化，无需投加化学药剂，不改变分离物质的固有属性。

4）选择性好，分离和浓缩同步进行，易于回收有价值的物质。

5）适应性强，可实现连续分离，易于实现自动化控制。

不同的膜分离过程施加的推动力不同，主要包括压力差、浓度差及电位差。表 12-3 列出了一些工业中常用膜分离过程的作用机理及特征。

**表 12-3 工业中常用膜分离过程的作用机理及特征**

| 按推动力分类的膜过程 | | 传递机理 | 截留物 | 透过物 |
|---|---|---|---|---|
| 压力差 | 反渗透 | 吸附 | 溶剂、离子、溶质大分子 | 水 |
| | 超滤 | 筛分 | 生物大分子 | 溶剂、离子、小分子 |
| | 微滤 | 筛分 | 悬浮微粒、细菌 | 水、溶剂 |
| | 气体分离 | 筛分、溶解、扩散 | 难渗气体 | 气体 |
| | 渗透气化 | 溶解、扩散 | 难渗气体 | 蒸气 |
| 浓度差 | 渗析 | 扩散 | 溶剂相对分子质量 > 1000 | 离子、低相对分子质量溶质 |
| 电位差 | 电渗析 | 反离子迁移 | 离子、水分子 | 离子 |
| | 膜电解 | 离子迅速传递、电极反应 | 非电解质离子 | 电解质离子 |

（1）电渗析 电渗析是在直流电场作用下，以电位差为推动力，利用离子交换膜的选择渗透性（与膜电荷相反的离子透过膜，相同的离子则被截留），使溶液中离子发生定向移动以达到脱除或富集电解质的膜分离操作。由于电荷有正、负两种，因此离子交换膜也有两种，只允许阳离子通过的膜称为阳膜，只允许阴离子通过的称为阴膜。

如图12-8所示，在电渗析槽中，阴、阳电极分别设置在槽的两端，隔室称为阴极室和阳极室。阴、阳极室的物质组成为：阳极室的$OH^-$（由水的解离而生成）在阳极放电，析出氧气；$Cl^-$趋向阳极，在阳极放电，析出氯气；阳极产生的$H^+$在直流电场作用下，欲向阴极方向移动，但受到阴离子交换膜的阻挡而留在阳极室内，与通过阴膜渗析而来的$Cl^-$结合成HCl。阴极室的$H^+$（由水的解离而生成），在阴极放电，不断有氢气析出；阴极产生的$OH^-$在直流电场作用下，欲向阳极方向移动，但受到阳离子交换膜的阻挡而留在阴极室内，与阳膜渗析出来的$Na^+$结合成NaOH。因此，阳极室析出氧气和氯气，溶液为HCl溶液；阴极室析出氢气，溶液为NaOH溶液。

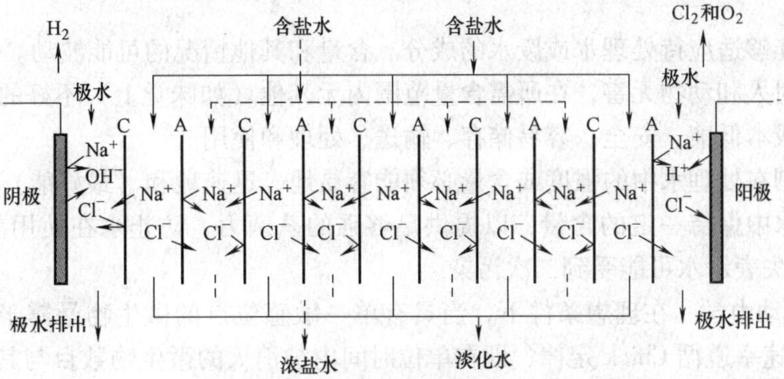


图12-8 电渗析脱盐原理示意图
C—阳膜 A—阴膜

（2）反渗透 利用一种特殊的半透膜将溶液隔开，使其中的某种溶质或水渗透出来，达到分离溶质的目的，凡使溶液中一种或几种成分不能透过，而其他成分能透过的膜称为半透膜。

半透膜只允许溶剂通过而不允许溶质通过，如果用这种膜将两种溶质含量不同的溶液隔开，则可发现水将从溶质含量低的一侧通过膜自动渗透到溶质含量高的一侧，达到某一程度后便自行停止，此时即达到了平衡状态，这种现象称为渗透（图12-9a）。当渗透平衡时，溶液两侧液面的静水压差称为渗透压（图12-9b）。如果在溶质含量高的一侧施加大于渗透压的压力，则此时水就会从溶质含量高的一侧流向溶质含量低的一侧，这种现象称为反渗透（图12-9c）。

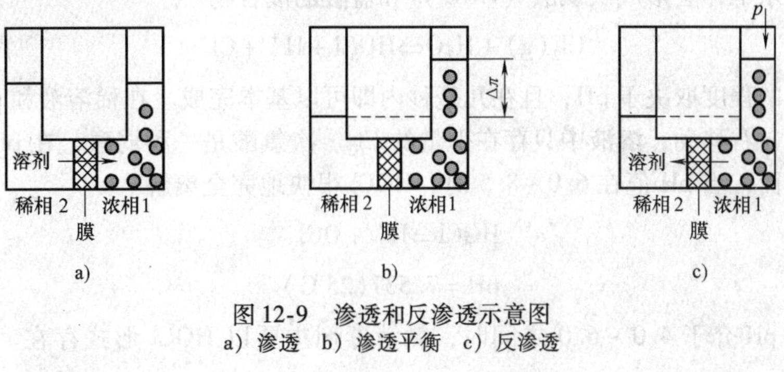


图12-9 渗透和反渗透示意图
a）渗透 b）渗透平衡 c）反渗透

反渗透主要用于苦咸水及海水脱盐制取饮用水，生产高纯锅炉给水，电子元件制造和制药用超纯水的离子交换系统等。

## 12.2 化学和物理化学处理方法

### 12.2.1 消毒

消毒的主要目标是降低与饮用水和废水相关的疾病传播的风险，它是将水中的微细颗粒物分离的物理处理过程。大多数的消毒都是通过对饮用水和废水进行消毒以杀死微生物或使微生物失活来实现的。消毒与灭菌不同，灭菌消灭了所有活的生物，饮用水不需要达到无菌。

在实际应用中，水的消毒剂必须具有以下特性：

1）必须能够消灭一定温度范围内在水中存在相当时间的所有种类和数目的病原微生物。

2）必须能够适应待处理水或废水的成分、含量和其他情况的可能波动。

3）必须对人和动物无害，在所需含量范围内无其他（如味觉上）不好的感觉。

4）必须成本低廉，安全，容易储存、输送、处理和使用。

5）消毒剂在处理水中的强度或含量必须能容易地、迅速地和（最好能）自动地测定。

6）能在水中保持一定的含量，以提供足够强的杀菌力，防止水在使用前被再次污染。残余杀菌力消失表示水可能受到二次污染。

（1）消毒动力学　在理想条件下，当具有单一敏感位点的微生物暴露于单一的消毒剂中时，其死亡速率遵循 Chick 定律，即在单位时间内被消灭的微生物数目与其残余的数目成正比

$$-\frac{\mathrm{d}N}{\mathrm{d}t}=kN \tag{12-5}$$

这是一个一级反应。在实际情况下，杀菌率可能偏离 Chick 定律。由于消毒剂进入生物细胞中心引起时间延迟，而可能使杀菌率增加。当消毒剂含量减少或消毒剂与病原菌分布不均匀时，杀菌率可能逐渐降低。

（2）水中加氯反应　氯是最常使用的消毒剂。氯化作用（chlorination）这个术语常用做消毒的同义词。氯作为消毒剂，其利用形式有氯气（$Cl_2$）、次氯酸钠（NaOCl）和次氯酸钙［$Ca(OCl)_2$］。

将氯加入水中，会形成次氯酸（HOCl）和盐酸的混合物

$$Cl_2(g)+H_2O \Leftrightarrow HOCl+H^++Cl^-$$

上述反应的程度取决于 pH，且在几毫秒内即可以基本完成。在稀溶液和 pH 大于 1.0 的情况下，反应向右移动，溶液中只存在少量的 $Cl_2$。次氯酸是一种弱酸，在 pH 小于 6.0 时，难于离解。然而，当 pH 值在 6.0 ~ 8.5 时，HOCl 很快地完全离解

$$HOCl \Leftrightarrow H^++OCl^-$$

$$pH=7.537(25℃)$$

因此，在 pH 介于 4.0 ~ 6.0 之间时，氯消毒剂主要以 HOCl 形式存在。当 pH 值低于

1.0时，HOCl会按式向左移动，转变成$Cl_2$。在20℃、pH值大于7.5时或在0℃、pH值大于7.8时，次氯酸根离子（$OCl^-$）占优势。pH值大于9时，几乎只存在次氯酸根离子。以HOCl和（或）$OCl^-$形式存在的氯称为游离有效氯。

次氯酸盐溶于水中产生次氯酸根离子

$$NaOCl \Leftrightarrow Na^+ + OCl^-$$

$$Ca(OCl)_2 \Leftrightarrow Ca^{2+} + 2OCl^-$$

次氯酸根离子与氢离子之间的平衡关系同样取决于pH值。因此，不管是使用氯气还是次氯酸，在水中都会形成相同的活性氯，但最终pH值、HOCl和$OCl^-$的相对比例不同。氯气倾向于降低pH值，1mg/L的氯可降低$CaCO_3$碱度1.4mg/L。为维持次氯酸盐的稳定性，其中加多余的碱，因此会提高pH值。为获得最佳消毒效果，pH值维持在6.5~7.5之间。

（3）氯消毒　氯消毒涉及一系列复杂反应，并且受到与氯反应物质（包括氮）的种类、反应程度、温度、pH值、试验生物活性以及各种其他因素的影响。这些因素使氯对细菌及其他微生物的作用变得复杂化。多年来，消毒的理论已取得一定进展。早期的一种理论认为，氯直接与水反应产生初生氧；另一种理论认为，氯可以将微生物完全氧化分解。目前，这些理论都已被否定，因为在加氯的水中发现低含量的次氯酸能杀死细菌，而其他的氧化剂（如过氧化氢和高锰酸钾）在相同条件下却不能。稍后的理论指出，氯与细胞的蛋白质和氨基酸反应，改变并最终破坏了细胞的原生质。近来，有人认为氯与细菌的反应是物理化学作用。而氯消毒中细菌、孢子、胞囊、病毒的抗药性变化及其突变体的产生等现象仍有待研究。

一般情况下，假设消毒剂的杀菌作用遵循Ct理论，即溶液中的消毒剂含量（$C$）与杀菌时间（$t$）的乘积为一常数。在SWTR中，Ct理论广泛用于胞囊与病毒消毒的标准。Ct是一种定义生物失活性能的经验公式

$$Ct = 0.9847C^{0.1758}\mathrm{pH}^{2.7519}T^{-0.1467} \tag{12-6}$$

式中　$C$——消毒剂含量；

$t$——微生物与消毒剂的接触时间；

pH——$-\lg C(H^+)$；

$T$——温度（℃）。

上式表示当游离氯含量、pH值、水温已知时，游离氯使梨形虫胞囊减少99.9%时，所需要的含量和时间的组合（$Ct$）。

（4）氯—氨反应　氯与氨的反应在水的氯化过程中具有重要的意义。当氯消毒剂加入含有氨（氨与氢离子达到平衡时形成铵离子）的水中时，氨与HOCl反应，形成氯胺化合物。与HOCl一样，氯胺化合物也保留了氯的氧化力。氯与氨的反应式为

$$NH_3 + HOCl \Leftrightarrow NH_2Cl\text{（一氯胺）} + H_2O$$

$$NH_2Cl + HOCl \Leftrightarrow NHCl_2\text{（二氯胺）} + H_2O$$

$$NHCl_2 + HOCl \Leftrightarrow NCl_3\text{（三氯胺或三氯化氮）} + H_2O$$

三种反应产物之间的比例由一氯胺和二氯胺的生成速率决定。该速率与pH值、温度、

时间以及初始的 $Cl_2$ 与 $NH_3$ 含量比值等有关。一般在高的 $Cl_2$ 与 $NH_3$ 含量比、低温、低 pH 值下容易形成二氯胺。

氯也会与有机氮，如蛋白质、氨基酸等反应形成有机氯胺化合物。氯与氨或有机氮化合物在水中结合形成的氯化合物称为结合有效氯。

游离氯溶液的氧化能力随 pH 值变化，这是由 HOCl 与 $OCl^-$ 含量的比值随 pH 值变化所致。同样，氯胺溶液的氧化能力随 $NHCl_2$ 与 $NH_2Cl$ 含量的比值变化。在高 pH 值下，溶液中含较多的一氯胺。氯胺杀菌力远低于游离有效氯，即氯胺比游离有效氯的活性低。

（5）二氧化氯　二氧化氯是一种很强的氧化剂，通常用于初期消毒，杀灭细菌和胞囊，然后利用氯胺在配水管网系统消毒。二氧化氯不能在配水系统中维持长时间的余氯量，但二氧化氯不会与水中的前体物质形成 THMs。

当二氧化氯与水反应时会形成两种副产物，即亚氯酸盐和氯酸盐。这些副产物会影响人体健康，因此美国许多州的立法机构限定二氧化氯的使用量不得超过 1.0mg/L。在许多情况下，这样低的限值可能不具有足够的消毒能力。使用二氧化氯还会产生味与嗅的问题。对健康的担忧、味与嗅的产生以及相对高的成本等因素限制了二氧化氯的使用。然而，很多水处理设施中应用二氧化氯作为初期消毒剂已得到满意结果。

（6）臭氧　臭氧是一种具有刺激味、不稳定的气体，由三个氧原子结合成 $O_3$ 分子。由于其不稳定性，通常在使用地点生产臭氧。臭氧发生器通常是一种放电电极装置。为减少设备的腐蚀，空气需要经过干燥后再进入臭氧发生器。臭氧发生器内部有两个电极板，电压高达 15000 ~ 20000V。空气中的氧气因与放电电极上的电子撞击而解离。然后，原子氧再与空气中的氧结合形成臭氧

$$O + O_2 \rightarrow O_3$$

从臭氧发生器出来的空气中约有 0.5% ~ 1.0%（体积分数）是臭氧，这样的臭氧-空气混合物便被注入水中进行消毒。

在欧洲普遍采用臭氧处理饮用水，在美国也逐渐流行。它是一种很强的氧化剂，比次氯酸还强，比氯更能有效地杀死病毒和胞囊。

除了可以作为强氧化剂，臭氧在消毒过程中不会形成 THMs 或任何含氯消毒副产物。与二氧化氯一样，臭氧不会长时间地存在于水中，几分钟后就会重新变成氧气。因此，典型的流程是在原水或沉淀池与过滤池之间加入臭氧进行初级消毒，然后再加入氯胺作为配水系统的消毒剂。

（7）紫外线照射　紫外（UV）线是波长在 0.2 ~ 0.39μm 范围的电磁波，它使皮肤被晒黑。利用紫外线进行消毒的方法是将薄层的水暴露于汞蒸气弧光灯中，该弧光灯产生波长在 0.2 ~ 0.29μm 范围的紫外线。紫外线在水中的穿透深度大约在 50 ~ 80mm。为了覆盖更大的水域范围，需要使用更多的灯管。光线能否穿过水体到达水中的目标物影响着杀菌的效果，因此必须保证灯管不被粘膜或沉淀物所覆盖，且需要处理的水浊度很小。

紫外线对细菌和病毒的杀灭效果很好。其主要缺点是不能在配水系统中持续杀菌，且其成本十分昂贵。

### 12.2.2　凝聚和絮凝

凝聚和絮凝一般在饮用水的处理中以两阶段工艺来结合使用，用于去除小的悬浮颗粒

物。凝聚和絮凝是转化过程，其目的是使得小颗粒结合生成更大的团聚体，从而使其更容易通过沉淀和过滤的方法从水中分离。

在淡水中，颗粒物与离子间的静电相互作用阻止了颗粒物碰撞形成团聚体，由于它们的直径非常小，这些颗粒物会在水中保持悬浮状态持续很长时间。如果胶体微粒的表面性质阻止它们聚集并且它们会因此在水柱中保持悬浮状态很长一段时间，那么这种胶体微粒的悬浮液就是稳定的。凝聚和絮凝过程打破了颗粒物的稳定并促进它们的碰撞，使得淡水中的颗粒物不再保持悬浮状态，并形成团聚体，从而可以在一小时或更短的时间内将这些团聚体从水中去除。

在这个工艺的凝聚段，往水中加入一种化学试剂并在水中迅速混合，从而破坏胶体微粒的稳定性。在絮凝段，对水进行缓慢的搅拌从而促进颗粒物之间的碰撞。在这个过程中形成的团聚体叫做絮凝体。

当凝聚和絮凝应用于以地表水为水源的饮用水的处理时，这个工艺应置于沉淀池的前面。絮凝体然后就可以通过沉淀去除，它们通过沉淀阶段后还可以进一步通过过滤来去除。如果水源水基本不含颗粒物的话，则不需要沉淀池。在这种情况下，可以在快速砂滤池的上游加入混凝剂以提高其性能。对浊度为10NTU的原水，如果应用设计得非常好但不添加混凝剂的过滤池的话，它只可以被澄清到5NTU，但是如果带有最理想的凝聚和絮凝过程的话，其浊度可以降到0.2NTU。

除了可以提高惰性颗粒物的去效率以外，凝聚和絮凝还可以促进水中其他一些有害杂质的去除，在用砂滤池去除微生物时，如果在砂滤前段加入混凝剂，那么微生物的去除效率可以大大提高。凝聚和絮凝也有助于水中一些天然有机质的去除，如腐殖酸和富里酸，它们一般以大分子或微细胶体颗粒的形式存在。如果不能将它们去除，这些物质会导致饮用水中形成颜色并会造成一些消毒副产物的形成。其他物质，比如有毒金属、人工合成分子、铁和锰等都可以被吸附在微细颗粒物上并随着这些颗粒物被去除。

为了理解凝聚和絮凝的工作原理，我们需要考虑混凝的两个主要方面：碰撞诱导机制和颗粒物的相互作用机制。颗粒物要发生碰撞，必须向其他颗粒物发生移动。这种移动过程可能是图12-10中所示的四种过程中的一种或几种。在差动沉降中，一个大的颗粒物比小的颗粒物沉降要快，并超过它。布朗运动造成的碰撞是由颗粒物的自由运动引起的。层流剪切和湍流剪切造成了由于流体中的速率梯度，使得不同流体流线上的颗粒物向其他的颗粒物移动。在絮凝器中我们设法提高的就是由剪切诱导产生的碰撞的速率。

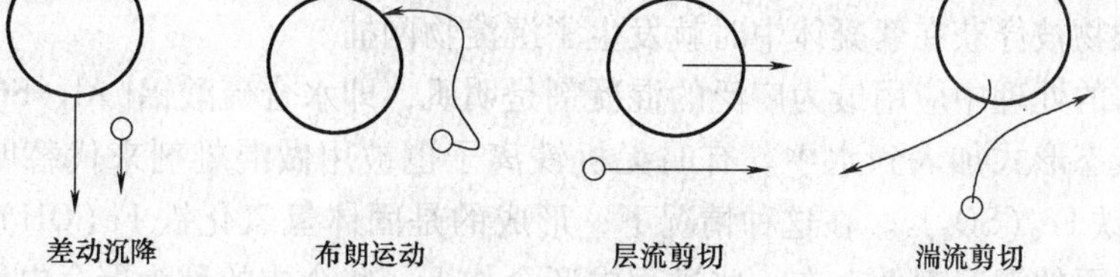


图12-10 引起水中悬浮颗粒物碰撞的几种主要机制

胶体微粒间的碰撞通常会导致颗粒物之间的相互粘附。存在于固体分子间的非特异性的范德华力通常会使颗粒物间有足够的附着力。此外，如果不是因为粒子间的静电斥力的作用的话，即使是在没有絮凝剂的情况下，胶体微粒也会经常发生相互碰撞并足以在水中形成团聚体。这种斥力，是由颗粒物的表面电荷引起的，它足以使淡水中的胶粒悬浮液保持稳定。

为了理解粒子间的静电斥力，必须先探讨一下为什么颗粒物会带有表面电荷。在水中有很多种类型的胶体微粒，而它们产生表面电荷的机制是不同的。

在一个含有带负电荷的颗粒物的溶液中，有些人可能认为直接的静电斥力会导致颗粒物之间相互排斥，从而形成稳定的悬浮液。但是实际情况比这要复杂一些。正如我们所知道的，水中既含有阳离子，也含有阴离子。阳离子会被表面带有负电荷的胶体颗粒吸引，使得这些微粒被正电荷云包围。负的表面电荷与阳离子之间的静电引力由于受到阳离子之间的静电斥力的影响而被抵消。胶体颗粒周围阳离子云的大小取决于溶液的离子强度。在离子强度低的淡水中，正电荷电子云是相对分散的，因为溶液中能被吸引到颗粒物上的离子很少(图 12-11a)。分散的阳离子之间的静电斥力阻止了颗粒物之间的碰撞。溶液中有足够的用来中和颗粒物的电荷的阳离子会被颗粒物吸引并紧挨着颗粒物的表面（图 12-11b）。在这种情况下，表面电荷与中和阳离子之间电荷相差很小，颗粒物基本呈现出电中性，因此它们可以移动、靠到一起并发生碰撞。

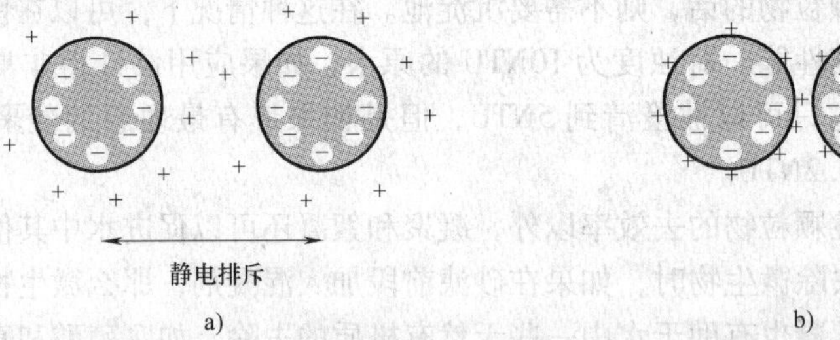


图 12-11　带负电荷的颗粒物被阳离子云包围的示意图

a）溶液的离子强度低，阳离子云是分散的；阳离子云之间的静电斥力阻碍了颗粒物间的碰撞

b）溶液的离子强度高，使得阳离子云被压缩在紧挨着颗粒物的表面，从而使颗粒物发生碰撞

离子云加上带电荷的颗粒物表面被称为双电荷层。当溶液的离子强度增加时发生的离子云的大小的减小叫做双电层压缩。虽然双电层压缩常常可以在很多地方观察到，但它却不是水处理应用中给颗粒物脱稳所用到的最主要的机制。事实上，应用于水处理中的混凝剂通过下面四种机制来起作用：双电层压缩、电荷中和（通过吸附带相反电荷的离子）、颗粒物间吸附架桥和沉淀物网捕。在这四种机制中，双电层压缩可能是最不重要的。颗粒物间吸附架桥指的是混凝剂形成可以附着两个或更多颗粒物的聚合物链的状态。以这种方式，颗粒物被束缚在一起，即使它们永远都不会相互接触。当胶状絮凝体在形成中或形成后在水中沉降的过程中，颗粒物被俘获在絮凝体中时就发生了沉淀物网捕。

在饮用水的处理中应用最为广泛的混凝剂是明矾，即水合硫酸铝[$Al_2(SO_4)_3 \cdot 14H_2O$]。它以固态或液态形式加入到水中。有时无机铁离子也被用做混凝剂来代替明矾，如氯化铁 $FeCl_3$ 或硫酸铁 $Fe_2(SO_4)_3$。在这种情况下，形成的是固体氢氧化铁 $Fe(OH)_3$，而不是氢氧化铝。除了主要的混凝剂外，在一些过程中还会加入一些合成的称为聚合电解质的有机聚合物作为助凝剂。助凝剂的使用可以减少所需要的混凝剂剂量，并且在颗粒物间吸附架桥的促进作用下可以获得更大、更牢固的絮凝体。

混凝剂的加入步骤：在快速混合的反应器中进行，为了优化混凝剂的性能，需要通过加入硫酸（降低 pH 值）和石灰（CaO）或纯碱（$Na_2CO_3$）（提高 pH 值）对 pH 值进行控制。

可以通过瓶式实验来确定最佳的 pH 值。一般情况下，明矾的最佳 pH 值范围在 5.5 ~ 7.5；氯化铁的最佳 pH 值范围在 5 ~ 8.5。

经过一段较短时间的剧烈搅拌之后，将水转移到絮凝器中（除非使用了在线的过滤装置），然后再在絮凝器中缓慢搅拌一段时间（20 ~ 40min），以促进絮凝体的增大。絮凝器的目的是在不剧烈搅拌的情况下，使颗粒物间相互接触的速率尽可能的大，因为剧烈搅拌会将絮凝体打碎。絮凝器的设计或者是为了达到水力上的混合，或者是为了达到机械上的混合，在后面的这一种情况中可以用搅拌叶片，也可以用叶板。絮凝形成的颗粒物的粒径可能小于 100μm，也可能达到 0.1 ~ 3mm。

### 12.2.3 有机分子的吸附

吸附是一种传质过程，物质从液相转移到固体表面，通过物理或化学作用相结合。

一般来讲，在水处理中常用的吸附剂是活性炭，有颗粒状（GAC）和粉末状（PAC）两种。PAC 通常以悬浆态加入原水中，用于去除产生味与嗅的物质，或去除合成有机物质（SOCs）。GAC 的使用方式是取代滤池中的无烟煤或在滤池后另加一接触池。GAC 接触池的设计与滤池的设计相似，只是更深一些。

目前在美国，吸附在水处理中主要用于味与嗅的去除。然而，吸附也逐渐开始用于去除 SOCs、VOCs 以及自然产生的有机物质，如 THM 前体物质和消毒副产物。

供水系统中，生物产生泥土霉味是一个普遍存在的问题。其产生周期与产生量随季节变化，且无法预测。除去这些物质最流行的方法是在原水中加 PAC，其加入量通常小于 10mg/L。PAC 的优点是设备的投资成本相对较低，缺点是吸附作用不完全，有时甚至使用 50mg/L的投加量仍无法达到满意的去除效果。

许多水厂已经将过滤池中的无烟煤换成 GAC，以控制味与嗅的产生。GAC 可使用 1 ~ 3 年，然后必须更换，对去除各种产生味与嗅的物质十分有效。

在饮用水的 SOCs 问题上，人们将吸附用于去除一些微量的有毒物质和潜在的致癌性物质。其他工艺很难将 SOCs 去除到限值以下。通常，将 GAC 用做过滤介质或放在一个独立的接触池中，以去除 SOCs。有关 GAC 去除不同 SOCs 时使用寿命长短的资料很有限，需要根据实际情况而定。对于间歇式的原水处理，最好将 GAC 用做滤池介质；如果要连续地去除 SOCs，则最好使用独立的 GAC 接触池。

GAC 已用于去除天然有机物，以减少消毒副产物，特别是 THMs 的形成。试验结果显示：GAC 能够去除这些有机物。由于传统的滤床用作 GAC 滤床时其深度不够，因此，必须设计独立的 GAC 接触池。通常，GAC 的使用时间可维持 90 ~ 120d，直到失去吸附容量为止。由于其使用寿命较短，GAC 需要现场再生，或在高温炉中再生。显然，再生处理费用较高。

GAC 也可用于去除 THMs。然而，其吸附容量非常低，使用时间仅能维持 30d 左右。所以，实际上并不用 GAC 来去除 THMs。

### 12.2.4 离子交换

离子交换的工作原理是通过将水中的离子交换成其他的离子而将其从水中去除。如果被去除的离子比替代的离子更有害、更危险或更是我们不希望有的，就可以获得净利益。

离子交换发生在某些固体的表面。沸石、天然黏土矿物是最早用于水处理中离子交换的材料。现在大多数的应用中用的是树脂粒等合成材料，树脂是由聚苯乙烯聚合物制成，通过二乙烯基苯分子交联起来的。这些树脂的离子交换的性质是在制造的过程中加入了一些表面分子的结果。用于交换阳离子的树脂含有强酸性（如 $SO_3^{2-}$）或弱酸性（如 $COO^-$）的共轭碱。用于交换阴离子的树脂含有 $N^+(CH_3)_3$ 或 $N(CH_3)_2$ 等胺表面基因。相对于沸石，树脂具有以下优点：高的化学和物理稳定性，均匀的大小和组成，大的交换容量，高的可逆性以及持久性等。

水的软化是离子交换中一个很重要的技术应用。因为离子交换过程是以一种简单的方式进行的，因此对小型的城市自来水厂而言，它的应用比化学沉淀法更有吸引力，它也可以用于居民家庭的水软化。离子交换一般不用于大型水处理厂的水软化，因为它比石灰苏打工艺更贵。

除了硬度离子以外，离子交换也可以用于去除溶液中其他我们不需要的阳离子。与化学沉淀法一样，它也被列为去除饮用水中过多的钡、镉、铬、镍和镭的最佳可行技术之一。它也是一种处理一些诸如氰（$CN^-$）、氟（$F^-$）、硝酸根（$NO_3^-$）和硫酸根（$SO_4^{2-}$）等不良离子的适合方法。

先看一下用强酸阳离子交换剂去除钙的情况。如果离子交换活性点位是磺酸基团且其开始结合的是钠，那么交换式应可以写成

$$2\equiv SO_3Na + Ca^{2+} \Leftrightarrow (\equiv SO_3)_2Ca + 2Na^+$$

其中$\equiv SO_3$ 表示的是交联在树脂表面的磺酸基团。在正向反应中，两个表面基团将它们附着的钠离子释放到溶液中并结合一个钙离子。当未耗尽的树脂暴露于普通的水中时，这个反应的正反应是非常容易进行的。很多其他的离子也很容易与钠离子交换从而结合在树脂上。

要用离子交换法来处理水，水必须经过一个与粒料活性炭相同的粒料固定床。如果动力学不是限制步骤的话，离子交换过程可以一直进行下去，直到交换材料上的表面点位被交换的离子全部占据。当达到这一点之后，交换材料不再具有俘获离子的能力，并且出水中阳离子的含量将上升到与入口相同的水平。

为了重新发挥作用，必须对离子交换材料进行再生。对阳离子交换树脂，可以将浓缩的 NaCl 盐水流过接触床来实现这个目的。高含量的钠离子推动式向左进行，使得表面结合的多价阳离子重新被释放到溶液中，钠离子重新取而代之。然后再处置高度浓缩的盐水。一旦这个过程完成了，又可以重新进行水处理。在一般的应用中，在树脂需要再生之前它可以处理相当于接触床体积本身 300 ~ 60000 倍的体积的水。再生过程需要 1 ~ 5 倍接触床体积的盐水加上 2 ~ 20 倍床体积的干净的冲洗水，浓缩盐水的处置和经处理后的水中 $Na^+$ 含量的增加是离子交换应用中相关的两个最重要的问题。

离子交换也可以应用于工业应用中生产去离子水。在这种情况中，将阳离子交换树脂床和阴离子交换树脂床串联起来。与盐再生不同的是，用强酸来再生阳离子交换剂，使得 $H^+$ 成为交换时释放到溶液中的离子。同样，用强碱来再生阴离子树脂，使得 $OH^-$ 成为被交换的离子。

高含量盐的处置是限制离子交换技术应用的一个重要问题。当用于水的软化和去离子

时，可以将盐水排入到污水管中。对在沿海地区的应用，则可以排放到海洋中。然而，如果离子交换用于去除有毒物质，这几种处置方法都不可用。可能的处置方法包括储存在蒸发塘中，回收再利用和在危险废物场所进行处置等。

## 12.3 废水生物处理

生物处理法是利用自然环境中微生物的生物化学作用来氧化分解污水中的有机物和某些无机毒物（如氰化物、硫化物），并将其转化为稳定无害的无机物的一种污水处理方法，具有投资少、效果好、运行费用低等优点，在城市污水和工业污水的处理中得到最广泛的应用。

现代的生物处理法根据微生物在生化反应中是否需要氧气分为好氧生物处理和厌氧生物处理两类。

### 12.3.1 好氧生物处理

好氧生物处理是好氧微生物和兼性微生物参与，在有溶解氧的条件下，处理污水中有机物的过程。好氧生物处理主要有活性污泥法和生物膜法两种。

**1. 活性污泥法**

（1）活性污泥法的基本原理　向生活污水中不断地注入空气，维持水中有足够的溶解氧，经过一段时间后，污水中即生成一种絮凝体。这种絮凝体是由大量繁殖的微生物构成，易于沉淀分离，使污水得到澄清，这就是“活性污泥”。活性污泥法就是以悬浮在水中的活性污泥为主体，在对微生物生长有利的环境条件下和污水充分接触，使污水净化的一种方法。

活性污泥去除水中有机物，主要经历三个阶段：

1）生物吸附阶段——污水与活性污泥接触后的很短时间内水中有机物含量（BOD）迅速降低，这主要是由吸附作用引起的。由于絮状的活性污泥表面积很大（约2000～10000$m^2/m^3$混合液），表面具有多糖类粘液层，污水中悬浮的和胶体的物质被絮凝和吸附迅速去除。活性污泥的初期吸附性能取决于污泥的活性。

2）生物氧化阶段——在有氧的条件下，微生物将吸附阶段吸附的有机物一部分氧化分解获取能量，一部分则合成新的细胞。从污水处理的角度看，不论是氧化还是合成都能从水中去除有机物，只是合成的细胞必须易于絮凝沉淀而能从水中分离出来。这一阶段比吸附阶段慢得多。

3）絮凝体形成与凝聚沉淀阶段——氧化阶段合成的菌体有机体絮凝形成絮凝体，通过重力沉淀从水中分离出来，使水得到净化。

活性污泥的吸附凝聚性能，有机物的去除速率及活性污泥增长速率和活性污泥中微生物的生长期有关。在对数增长期，微生物活动能力强，有机物氧化和转换成新细胞的速率最大，但不易形成良好的活性污泥絮凝体；在减速增长期，有机物去除速度与残存有机物呈一级反应，速率有所降低，但污泥絮凝体易于形成；内源呼吸期，有机物迅速耗尽，污泥量减少，絮凝体形成速率高，吸附有机物的能力显著。

（2）活性污泥法的基本流程　采用活性污泥法，处理污水的流程如图12-12所示。流程中的主体设备是曝气池，污水必须先进行沉淀预处理，除去某些大的悬浮物及胶体颗粒等，然后进入曝气池与池内活性污泥混合成混合液，并在池内充分曝气，一方面使活性污泥处于悬浮状态，污水与活性污泥充分接触；另一方面，通过曝气，向活性污泥提供氧气，保持好氧条件，保证微生物的正常生长和繁殖。而水中的有机物被活性污泥吸附、氧化分解。处理后的污水和活性污泥一同流入二次沉淀池进行分离，上层净化后的污水排出。沉淀的活性污泥部分回流通过曝气池进口，与进入曝气池的污水混合。由于微生物的新陈代谢作用，不断有新的原生质合成，所在系统中活性污泥量会不断增加，多余的活性污泥应从系统中排出，这部分污泥称为剩余污泥，回流使用的污泥称为回流活性污泥。通常参与分解污水中有机物的微生物的增殖速度，都慢于微生物在曝气池内的平均停留时间。因此，如果不将浓缩的活性污泥回流到曝气池，则具有净化功能的微生物将会逐渐减少。除污泥回流外，增殖的细胞物质将作为剩余污泥排入污泥处理系统。

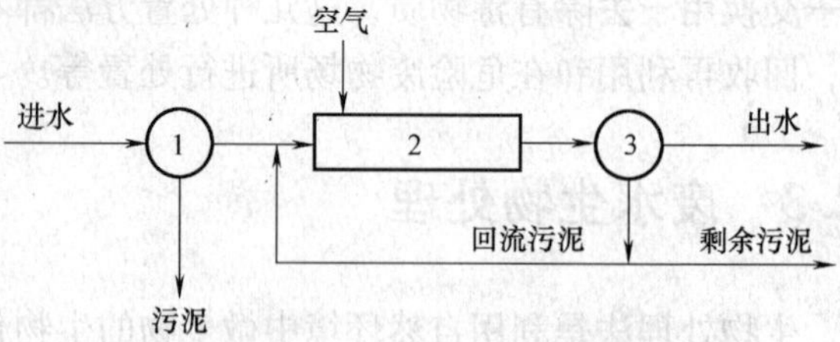

图 12-12　活性污泥法的基本流程
1—初次沉淀池　2—曝气池　3—二次沉淀池

（3）曝气池装置　曝气池装置又分为两类。

1）鼓风曝气式曝气池——曝气池常采用长方形的池子。采用定型的鼓风机供给足够的压缩空气，并使它通过布设在池侧的散气设备进入池内与水流接触，使水流充分充氧，并保持活性污泥呈悬浮状态。根据横断面上水流情况，又可分为平面和旋转推流式两种。

2）机械曝气式曝气池——机械曝气式曝气池又称曝气沉淀池，是曝气池和沉淀池合建的形式，如图 12-13 所示。它利用曝气器内叶轮的转动剧烈翻动水面使空气中的氧溶入水中，同时造成水位差使回流污泥循环。

叶轮通常安装在池中央水表面。池子多呈圆形或方形，由曝气区、导流区、沉淀区和回流区四部分组成。污水入口在中心，出口在四周。在曝气区内污水与回流污泥和混合液得到充分的混合，然后经导流区流入沉淀区。澄清后的污水经出水槽排出，沉淀下来的污泥则沿回流区底部的回流缝流回曝气区。此种结构布置紧凑、流程缩短，有利于新鲜污泥及时地得到回流，并省去一套回流污泥的设备。由于新进入的污水和回流污泥同池内原有的混合液可快速混合，池内各点的水质比较均匀，好氧菌和进水的接触保证相对稳定，能承受一定程度的冲击负荷。

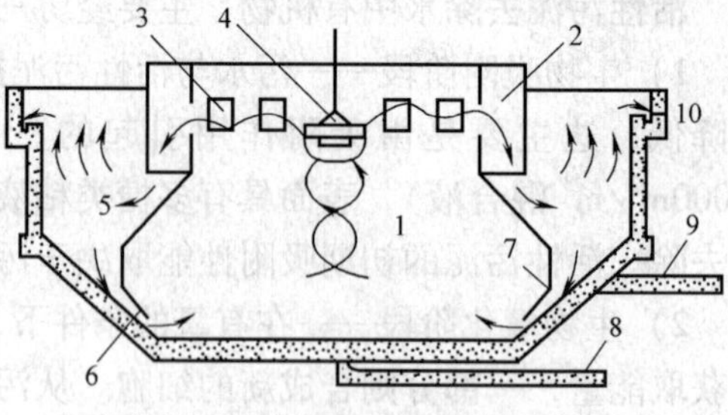

图 12-13　机械曝气法装置简图
1—曝气区　2—导流区　3—回流区　4—曝气叶轮
5—沉淀区　6—回流圈　7—回流挡板
8、9—进水管　10—出水槽

该法的主要缺点是，由于曝气池和沉淀池合建于一个构筑物内，难于分别控制和调节，连续的进出水有可能发生短流现象（即污水未经处理直接流向出口处），据分析，出水中约有 0.7% 的进水短流，使其出水水质难以保证，国外已趋淘汰。

另外还有借压力水通过水射器吸取空气以充氧混合的新型曝气系统，国内尚在试验阶段。

**2. 生物膜法**

生物膜法是另一种好氧生物处理法，是依靠固着于固体介质表面的微生物来净化有机物的，因而这种方法亦称为生物过滤法。

生物膜法有以下几个特点：固着于固体表面上的微生物对污水水质、水量的变化有较强的适应性；和活性污泥法相比，管理较方便；由于微生物固着于固体表面，即使增殖速度慢的微生物也能生息，从而构成了稳定的生态系。高营养级的微生物越多，污泥量自然就越少。一般认为，生物过滤法比活性污泥法的剩余污泥量要少。

（1）基本原理　生物膜法净化污水的机理如图 12-14所示。生物膜具有很大的表面积。由于生物膜的吸附作用，在膜外附着一层薄薄的缓慢流动的水层，叫附着水层。在生物膜内外、生物膜与水层之间进行着多种物质的传递过程。污水中的有机物由流动水层转移到附着水层，进而被生物膜所吸附。空气中的氧溶解于流动水层中，通过附着水层传递给生物膜，供微生物呼吸之用。在此条件下，好氧菌对有机物进行氧化分解和同化合成，产生的 $CO_2$ 和其他代谢产物一部分溶入附着水层，一部分析出到空气中（即沿着相反方向从生物膜经水层排到空气中去）。如此循环往复，使污水中的有机物不断减少，从而净化污水。

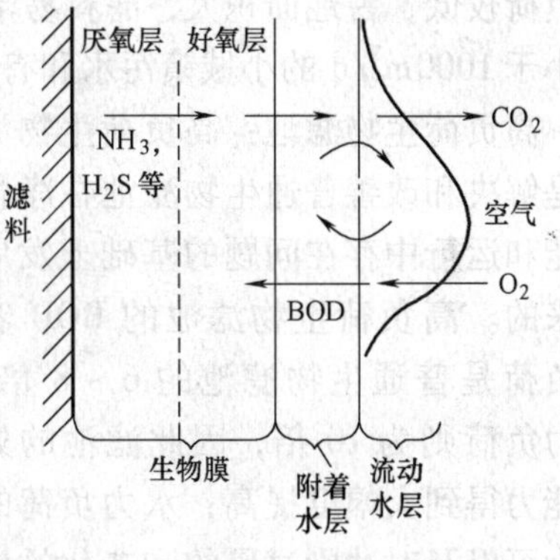

图 12-14　生物膜对污水的净化作用

当生物膜较厚，污水中有机物含量较高时，空气中的氧很快地被表层的生物膜所消耗，靠近滤料的一层生物膜就会得不到充足的氧的供应而使厌氧菌发展起来。并且产生有机酸、甲烷（$CH_4$）、氨（$NH_3$）及硫化氢（$H_2S$）等厌氧分解产物。它们中有的很不稳定，有的带有臭味，将大大影响出水的水质。生物膜的厚度一般以 0.5 ~ 1.5mm 为佳。

（2）生物膜法设备　生物膜法设备又分为以下几种类型：

1）生物滤池。生物滤池从其构造特征和净化功能看可分为普通生物滤池、高负荷生物滤池和塔式生物滤池三种。

普通生物滤池：普通生物滤池由池体、滤料、布水装置和排水系统四部分组成，如图 12-15 所示。

普通生物滤池多为方形或矩形，池体用砖石砌筑，用于围护的滤料一般应高出过滤用滤料 0.5 ~ 0.9 m。

滤料是生物滤池的主体部分，对生物滤池净化功能影响很大。理想的滤池应具有较大的表面积和空隙率，并有一定的强度和耐腐蚀能力。普通生物滤池一般采用碎石、卵石、炉渣和焦炭等做滤料，分成工作层和承托层两层，粒径要求均匀一致，以保证较高的空隙率。

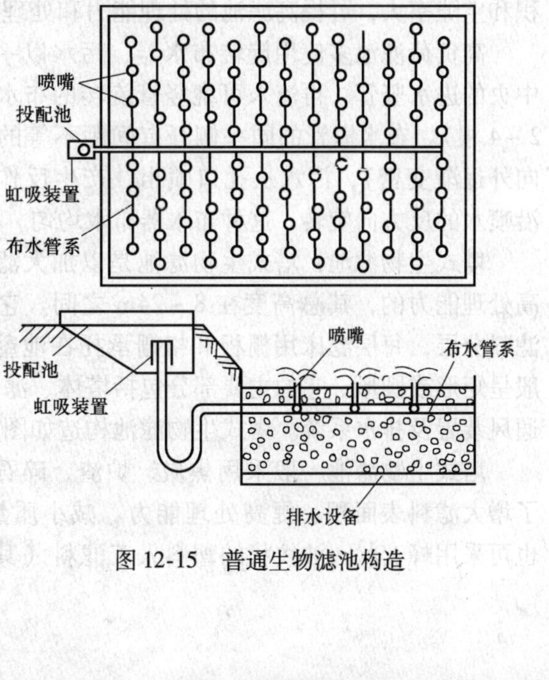

图 12-15　普通生物滤池构造

布水装置的主要任务是向滤池表面均匀布水，普通生物滤池大多采用固定喷嘴式布水装置系统。固定喷嘴式布水系统由投配池、布水管道和喷嘴三部分组成。投配池设在滤池一端，布水管道设在滤池上表面以下0.5~0.8m处，布水管道上装一系列伸出池表面0.15~0.20m的竖管，竖管顶安装喷嘴。

滤池的排水系统设于底部，用于排除处理后出水和保证滤池通风良好，包括渗水装置、汇水沟和总排水沟等。常用的是混凝土板式渗水装置。

普通生物滤池$BOD_5$去除率高，一般在95%以上，工作稳定，易于管理，运转费用低。但负荷较低，占地面积大，滤料易堵塞，影响周围环境卫生。这种方法一般适用于处理污水量小于$1000m^3/d$的小城镇污水和有机工业污水。

高负荷生物滤池：高负荷生物滤池是解决和改善普通生物滤池在净化功能和运行中存在问题的基础上发展起来的。高负荷生物滤池的BOD容积负荷是普通生物滤池的6~8倍，水力负荷则为10倍，因此滤池的处理能力得到大幅度提高；水力负荷的加大可以及时冲刷过厚的和老化的生物膜，促进生物膜更新，防止滤料堵塞。但出水水质不如普通生物滤池，出水$BOD_5$常大于30mg/L。高负荷生物滤池剖面如图12-16所示。

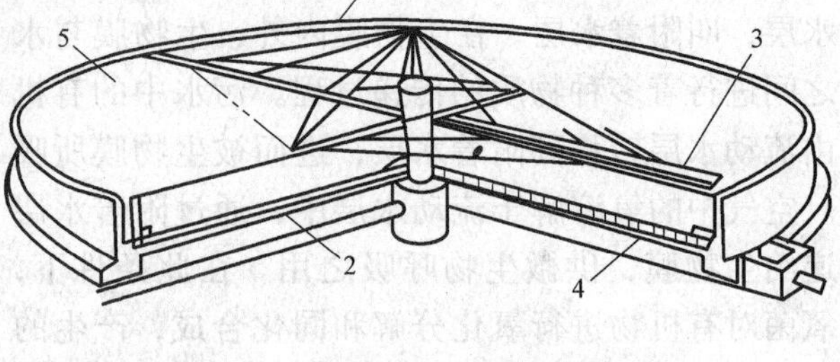

图12-16 高负荷生物滤池剖面图
1—池壁 2—池底 3—布水器 4—排水沟 5—滤料

在构造上它与普通生物滤池相似。不同的地方有以下几点：

高负荷生物滤池多为圆形，为防止堵塞，滤料粒径大(4~10cm)，空隙率较高。近年来，高负荷生物滤池开始使用由聚氯乙烯、聚苯乙烯和聚酰胺为原料的波形板式、列管式和蜂窝式塑料滤料，这种滤料质轻、高强、耐蚀，比表面积和空隙率大，可提高滤池的处理能力和处理效率。

高负荷滤池多使用旋转布水器，污水以一定压力流入池中央的进水竖管，再流入可绕竖管旋转的布水横管（一般为2~4根）。布水横管的同一侧开有间距不等的孔口（自中心向外逐渐变密），污水从孔口喷出，产生反作用力，使横管沿喷水的反方向旋转。这种布水器布水均匀，使用较广。

塔式生物滤池：塔式生物滤池是以加大滤层的高度来提高处理能力的，其总高度在8~24m之间。它的主要特征是滤料分层，每层滤床用栅板和格栅承托在池壁上。池断面一般呈矩形或圆形。它的主要部分包括塔体、滤料、布水设备、通风装置及排水系统。塔式生物滤池构造如图12-17所示。

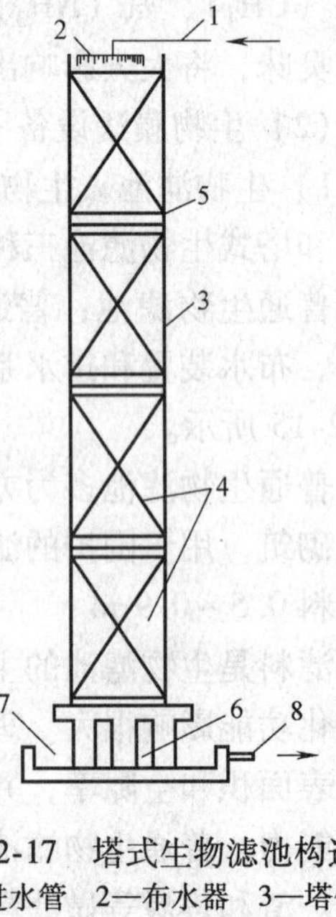

图12-17 塔式生物滤池构造
1—进水管 2—布水器 3—塔体 4—滤料 5—滤料支撑 6—塔体进风口 7—集水器 8—出水管

塔式生物滤池一般采用焦炭、炉渣、碎石等做滤料。为了增大滤料表面积、提高处理能力、减小质量及降低造价，也可采用蜂窝状、波纹状的塑料人工滤料（其单位体积表面积可达80~220$m^2/m^3$)。人工滤料结构均匀，有利于布水和通风。近年来轻质滤料的采用，使生物滤池平面尺寸可以扩大，由塔式向高层建筑发展。

通风装置有自然通风和机械通风两种：自然通风的塔式滤池，在塔底设进风孔，风孔总面积不能太小，使空气畅通无阻；机械通风时，按气水比为（100~150）：1的要求选择风机。

当被处理污水含有易挥发的有毒物质时（如硫化物在低pH值时放出$H_2S$等），应对塔内逸出的毒气进行净化。

塔式滤池也是一种高负荷滤池，其负荷比普通高负荷滤池还要高。它具有以下特点：水力负荷和有机物负荷都很高；淋水均匀、通风良好、污水与生物膜接触时间长；生物膜的生长、脱落和更新快。

2）生物转盘。生物转盘又称做浸没式生物滤池，其结构如图12-18所示。生物转盘工作原理和生物滤池基本相同，主要的区别是它以一系列绕水平轴转动的盘片（直径一般为2~3m）代替固定的滤料，盘片半浸没在水中。当转动时，盘面依次通过水和空气，吸取水中的有机物并溶入空气中的氧。生物转盘投入运行经1~2周左右，在盘片表面即会形成约0.5~2mm厚的生物膜。

运行时，污水在池中缓慢流动，盘片在水平轴带动下缓慢转动（0.8~3r/min）。当盘片某部分浸入污水时，生物膜吸附污水中的有机物，使好氧菌获得丰富的营养；当转出水面时，生物膜又从大气中直接吸收所需的氧气。转盘转动还带进空气，并引起槽内污水中溶解氧的均匀分布。如此反复循环，使污水中的有机物在好氧菌的作用下氧化分解。盘片上的生物膜会不断地自行脱落，被转盘后设置的二次沉淀池除去。一般污水的BOD负荷保持在低于15mg/L，可使生物膜维持正常厚度，很少形成厌氧层。

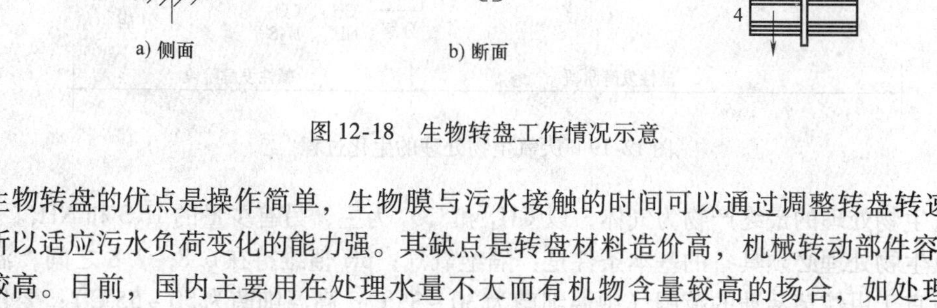

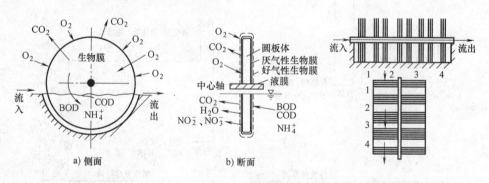


图12-18 生物转盘工作情况示意

生物转盘的优点是操作简单，生物膜与污水接触的时间可以通过调整转盘转速加以控制，所以适应污水负荷变化的能力强。其缺点是转盘材料造价高，机械转动部件容易损坏，投资较高。目前，国内主要用在处理水量不大而有机物含量较高的场合，如处理印染污水等。

## 12.3.2 厌氧生物处理

厌氧生物处理是在无氧的条件下，利用兼性菌和厌氧菌分解有机物的一种生物处理法。

厌氧生物处理技术最早仅用于城市污水处理厂污泥的稳定处理。由于有机物厌氧生物处理的最终产物是以甲烷为主体的可燃性气体（沼气），可以作为能源回收利用；处理过程产生的剩余污泥量较少且易于脱水浓缩，可作为肥料使用；运转费也远比好氧生物处理低。因此，在当前能源日趋紧张的形势下，厌氧生物处理作为一种低能耗、并可回收资源的处理工艺，重新受到世界各国的重视。最近的研究结果表明，厌氧生物处理技术不仅适用于污泥稳定处理，而且适用于高含量和中等含量的有机污水处理，有些国家还对低含量城市污水进行厌氧生物处理研究，并取得了显著进展。

**1. 厌氧生物处理的基本原理**

厌氧生物处理（或称厌氧消化），是在无氧条件下，通过厌氧菌和兼性菌的代谢作用，对有机物进行生化降解的处理方法。厌氧生物处理需由数种菌种接替完成，整个生化过程分为两个阶段，如图12-19所示。

第一阶段是酸性发酵阶段。在分解初期，厌氧菌活动中的分解产物为有机酸（如甲烷、醋酸、丙酸、丁酸、乳酸等）、醇、$CO_2$、$NH_3$、$H_2S$以及其他一些硫化物，这时污水发出臭气。如果污水中含铁质，则生成硫化铁等黑色物质，使污水呈黑色。此阶段内有机酸大量积累，pH值随即下降，故称为酸性发酵阶段。参与此阶段作用的细菌称为产酸细菌。

第二阶段是碱性发酵阶段，又称做甲烷发酵阶段。由于所产生的$NH_3$的中和作用，废水的pH值逐渐上升，这时另一群统称甲烷细菌的厌氧菌开始分解有机酸和醇，产物主要为$CH_4$和$CO_2$，此时随着甲烷细菌的繁殖，有机酸迅速分解，pH值迅速上升，所以又称做碱性发酵阶段。

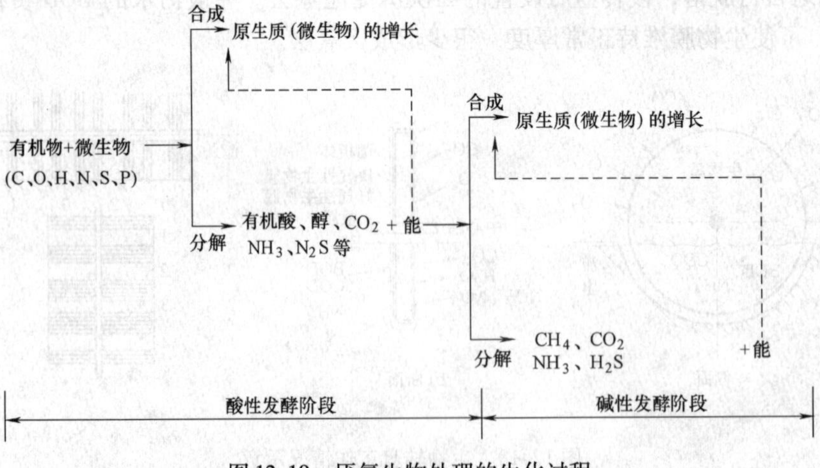


图12-19　厌氧生物处理的生化过程

厌氧生物处理的最终产物为气体，以$CH_4$和$CO_2$为主，另有少量的$H_2S$和$NH_3$。

厌氧生物处理必须具备的基本条件是：隔绝氧气；pH值维持在6.8~7.8之间；温度应保持在适宜于甲烷菌活动的范围（中温细菌为30~35℃；高温细菌为50~55℃）；要供给细菌所需要的N、P等营养物质；并要注意在有机污染物中的有毒物质的含量不得超过细菌的忍受极限。

**2. 常用的厌氧处理设备**

（1）厌氧消化池　用于稳定污泥的带有固定盖式厌氧消化池如图12-20所示。池内有进泥管、排泥管，还有用于加热污泥的蒸汽管和搅拌污泥用的水射器。投料与池内污泥充分混合，进行厌氧消化处理。产生的沼气聚集于池的顶部，从集气管排走，送往用户。

（2）上流式厌氧污泥床反应器（UASB） 此种反应器的结构如图 12-21 所示。在反应器底部装有大量厌氧污泥，污水从器底进入，在穿过污泥层时进行有机物与微生物的接触。产生的生物气附着在污泥颗粒上，使其悬浮于污水中，形成下密上疏的悬浮污泥层。气泡聚集变大脱离污泥颗粒而上升，能起到一定的搅拌作用。有些污泥颗粒被附着的气泡带到上层，撞在三相分离器上使气泡脱离，污泥固体又沉降到污泥层，部分进入澄清区的微小悬浮固体也由于沉降作用而被截留下来，滑落到反应器内。这种反应器的污泥质量浓度可维持在 40～80g/L，容积负荷达（COD）5～15kg/（$m^3$·d），有时还要高。水力停留时间一般为 4～24h。

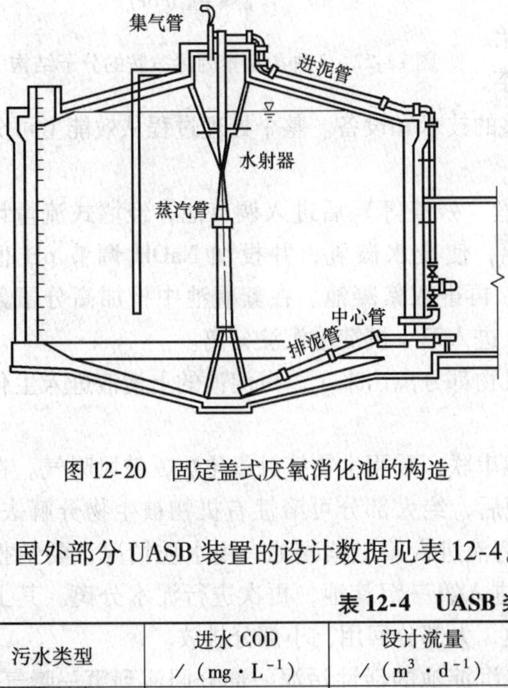


图 12-20 固定盖式厌氧消化池的构造

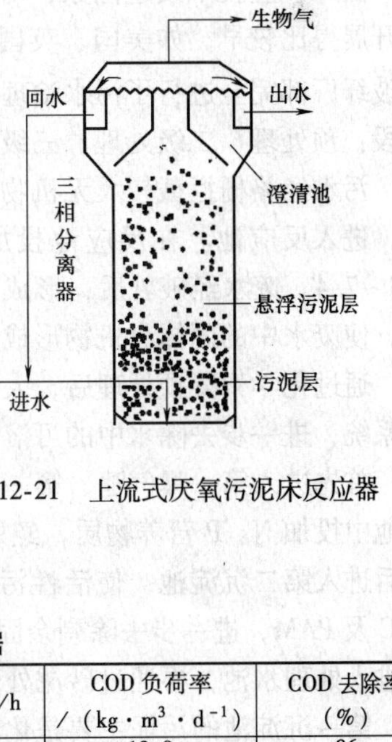


图 12-21 上流式厌氧污泥床反应器

国外部分 UASB 装置的设计数据见表 12-4。

表 12-4 UASB 装置的设计数据

| 污水类型 | 进水 COD /（mg·$L^{-1}$） | 设计流量 /（$m^3$·$d^{-1}$） | 水力停留时间/h | COD 负荷率 /（kg·$m^3$·$d^{-1}$） | COD 去除率（%） |
|---|---|---|---|---|---|
| 甜菜制糖 | 7500 | 2400 | 15.0 | 12.0 | 86 |
| 淀粉加工 | 22000 | 910 | 47.0 | 11.0 | 85 |
| 土豆加工 | 4300 | 3000 | 17.5 | 6.0 | 80 |
| 啤酒 | 2500 | 23000 | 4.9 | 14.1 | 86 |
| 酒精 | 5300 | 2000 | 8.0 | 10.0 | 90 |

在 UASB 顶部必须设置性能优良的水、气、固三相分离器，以防止污泥固体流失，但由此也造成构造的复杂化，并占用了一定的容积。

近年，出现了在悬浮泥层上部安装一薄层软性填料以强化处理效能的装置，填料还在一定程度上起气固分离的作用。

**【案例】**

## 聚丙烯酰胺在废水处理中的应用

### 1. 聚丙烯酰胺的结构及机理

聚丙烯酰胺按其侧链所带的官能团的不同可分为非离子（PAM）、阴离子（PHP）和阳离子（CPAM）等类型，其结构如图12-22所示。聚丙烯酰胺的酰胺基（—$CONH_2$）可与许多物质亲和、吸附形成氢键。高分子量的聚丙烯酰胺在被吸附的粒子间形成桥联，使粒子连在一起，生成絮团，加速粒子下沉，这使它成为最理想的絮凝剂。阴离子型（PHP）和阳离子型（CPAM）还能同水中的胶体粒子或离子发生吸附、架桥及电性中和作用，形成较大的絮凝物，使悬浮物沉降或浮上，从而达到净化水的目的。聚丙烯酰胺的类型不同，其作用机理、絮凝效果及适宜的絮凝对象也不同。

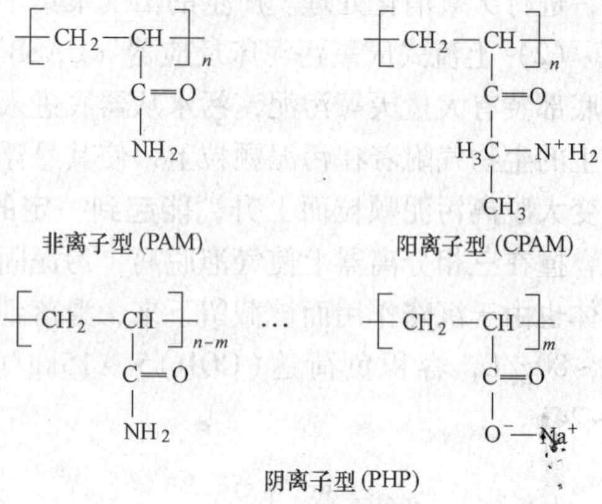


图12-22 3种类型聚丙烯酰胺的分子结构

**2. 聚丙烯酰胺在玻纤废水治理中的应用**

国外一些技术发达国家，对玻纤废水的治理开展得比较早，如美国、英国、德国和日本的玻纤厂都完全进行了污水治理，形成了完整的技术和设备。整个处理过程从效能上可分为三段：预处理、二级处理、三级深度处理。

污水经格栅拦截较大无机物（如废玻纤丝、残渣等）后进入调节池，经堰式流量计计量，进入反应池。在反应池投加碱式氯化铝，使废水破乳，并投加NaOH调节pH值在6.8~7.4。废水经破乳后，形成细小絮状物，再进入絮凝池。在絮凝池中投加高分子絮凝剂，使废水中的固体有机物形成大的絮凝体，进入第一沉淀池沉淀分离。

通过化学絮凝预处理后，大部分固体有机物都分离出来了。沉淀池的上清液进入生化处理系统，进一步去除水中的可溶性有机物。

首先进入第一曝气池。第一及第二曝气池串联，采用生物接触氧化法，鼓风曝气。在曝气池中投加N、P营养物质，经好氧曝气处理后，绝大部分可溶性有机物被生物分解去除，随后进入第二沉淀池，使活性污泥分离。上清液进入第二絮凝池，视水质情况，酌情投加PAC及PAM，进一步去除剩余固体有机物后进入第三沉淀池，再次进行泥水分离。其上清液进入处理水池，再通过砂滤处理至回用水池，大部分回用，小部分排放。

第一沉淀池的污泥主要是化学污泥，第二沉淀池的活性污泥一部分回流到第一曝气池，剩余部分与第一沉淀池的化学污泥一并定时泵至污泥浓缩池，再至污泥池，然后由污泥池泵至脱水机脱水后，袋装外运填埋。

经过这一整套工艺流程处理后，BOD5去除率约为80%，外排水可达到国家一级或二级标准。

**3. 技术经济分析**

基准水处理量2000$m^3$/d，$COD_{Cr}$质量浓度1500mg/L，即每天处理的有机物为3000kg。运转费用只分析电费和药剂费，不包括折旧费和人工费。

综合化学絮凝池絮凝剂沉淀、生化、其他辅机用电费用，处理每吨水的总费为1.69元/$m^3$。

进水$COD_{Cr}$按平均1500mg/L计，$COD_{Cr}$总去除率按97%计，则每天去除的$COD_{Cr}$为2910kg/d，每年则为1047.6t，每年外排$COD_{Cr}$为32.4t。

**4. 玻纤废水的深度处理与回用**

从三级处理工艺流程看，其净化功能能够符合国家排放标准，但出水中仍然还会含有相当数量的污染物质，这部分水外排，仍然会影响水体，更不适于回用，必须对其进一步进行深度处理。深度处理的对象与目标是：去除处理水中残存的悬浮物（包括活性污泥颗粒）；脱色、除臭，使水进一步得到澄清；进一步降低 $BOD_5$、$COD_{Cr}$ 等指标，使水进一步稳定；消毒杀菌，去除水中的有毒有害物质。

经过深度处理后的水可成为包括具有较高经济价值水体及缓流水体在内的任何水体，补充地面水源；还可回用于农田灌溉、市政杂用，如浇灌城市绿地，冲洗街道、车辆，景观用水等；也可回用于冲洗厕所，甚至回用于制作软化水及纯水。

## 思 考 题

1. 简述理想沉淀池的原理。沉淀池中的溢流率有什么重要意义？
2. 试分析粒料过滤池中颗粒物的去除机制。
3. 什么是膜分离操作？按推动力和传递机理的不同，膜分离过程可分为哪些类型？
4. 什么叫电渗析？其基本原理是什么？
5. 什么叫反渗透？其分离机理是什么？在水处理中使用反渗透有什么特别的目的？
6. 由于加氯可以维持余氯含量，因此在自来水厂优先使用氯消毒剂而不使用臭氧。为什么维持余氯含量非常重要？
7. 简述离子交换技术在水质净化与水污染控制工程中的应用。
8. 简述好氧和厌氧生物处理的基本原理。

## 参考文献

[1] 王春蓉. 离子交换改性 NaX 分子筛的交换规律研究 [J]. 化学与黏合，2011，33（2）：42-44.
[2] 翟海群，董朝红，朱平，等. 离子交换织物对水中 $Cu^{2+}$ 的吸附研究 [J]. 染整技术，2011，33（4）：30-33.
[3] 宋世红. 离子交换膜综述 [J]. 浙江国际海运职业技术学院学报，2006（2）：16-17.
[4] 刘景涛，孔垂雪，符征鸽，等. 污水处理中生物膜载体研究现状与前景 [J]. 中国沼气，2011，29（2）：3-6.
[5] 李鱼. 自然水体生物膜上铁、锰氧化物的形态及其吸附机理研究 [M]. 长春：吉林大学出版社，2008.
[6] 曾一鸣. 膜生物反应器技术 [M]. 北京：国防工业出版社，2007.
[7] Simon Judd，Claire Judd. 膜生物反应器：水和污水处理的原理与应用 [M]. 陈福泰，黄霞，译. 北京：科学出版社，2009.
[8] 常青. 水处理絮凝学 [M]. 2 版. 北京：化学工业出版社，2011.
[9] 郭玲香. 聚合物絮凝与助滤作用机理 [M]. 南京：东南大学出版社，2007.

13

# 第 13 章 大气污染控制工程原理

**本章提要：**本章以大气污染控制为主要内容，介绍了大气污染物的种类及来源和环境空气质量控制标准的种类和作用。第 13.3 节侧重介绍燃烧过程的基本原理；燃料燃烧产生的污染物的种类及其生成机理；如何控制燃烧过程，以便减少污染物的排放量。第 13.4 节介绍了各种除尘装置的结构原理、性能特点，是本章的重点内容。

## 13.1 大气和大气圈

大气是指环绕地球的全部空气的总和。环境空气是指人类、动植物和建筑物暴露于其中的室外空气。由于大气污染控制工程的研究内容和范围基本上都是环境空气的污染与防治，而且更侧重于和人类关系最密切的近地层空气，因此很难将大气与空气截然区分开。本章中所涉及的“大气”与“空气”都是指环境空气。

### 13.1.1 大气的组成及其物化性质

（1）大气的组成 大气是由多种气体混合而成的，其组分可分为表 13-1 所列的三个部分。

表 13-1 大气的组成部分

| 组成 | 成分 | 体积百分含量（干气体） |
|---|---|---|
| 干燥清洁的空气 | 氮气、氧气、氩和二氧化碳 | 99.996% |
| 水蒸气 | — | 变化 |
| 各种杂质 | 氖、氦、氪、甲烷等 | 0.004% |

（2）物化性质 由于垂直运动、水平运动、湍流运动及分子扩散，使不同高度、不同地区的大气得以交换和混合，因此，地面以上 90km 高度的范围内，干洁空气的组成基本不变。在自然界大气的温度和压力条件下，干洁空气的所有成分都处于气态，不可能液化，因此可以看成是理想气体。因此可以得出

$$\frac{n}{V}=\frac{p}{RT}$$

式中 $n$——体积 $V$ 包含的气体分子的物质的量；

$p$——气体的压力；

$T$——气体温度（以热力学温标表示）；

$R$——摩尔气体常数[$R=8.314\text{J}/(\text{mol}\cdot\text{K})=82.05\times10^{-6}\text{atm}\cdot\text{m}^3/(\text{mol}\cdot\text{K})$]。

空气中的气体含量有时也用它们的分压来表示。道尔顿定律表明气体总压等于组成该气体中各种气体的压力总和，那么

$$p_i=\frac{n_i}{V}RT$$

式中 $p_i$——气体组分 $i$ 的分压；

$n_i$——体积 $V$ 中所含组分 $i$ 的物质的量。

因此某种气体分压与总气体压力的比等于这种气体在空气中的摩尔分数 $Y_i$

$$\frac{p_i}{p}=\frac{n_i}{n}=Y_i$$

大气中的水蒸气含量虽然很少，但却引起了云、雾、雨、雪、霜、露等复杂的天气现象。这些现象不仅引起了大气中湿度的变化，而且导致了大气中热能的输送和交换，也对地面起到了保湿的作用。

自然过程和人类的活动向大气中直接或间接地排放了各种的悬浮颗粒和气态物质。这些物质中有许多会引起大气的污染。它们的分布随着时间、地点和气象条件变化而变化。它们的存在，对辐射的吸收和散射，对云、雾和降水的形成，对大气中的各种光学现象，皆具有重要影响，因而对大气污染也具有重要影响。

### 13.1.2 大气圈的结构和功能

在自然地理学上，把由于地心引力而随地球旋转的大气层称为大气圈，其厚度大约为10000km。离地面越远，空气越稀薄，到地表上空1400km以外的区域已非常稀薄。因此，从污染气象学研究的角度来讲，大气圈是指地球表面到1000~1400km的范围。

大气的密度、温度和组成随高度的不同而不同，呈现层状结构。根据气温在垂直方向的变化情况，将大气圈分为对流层、平流层、中间层、暖层和散逸层五层。对流层是大气圈中最接近地面的一层，对流层顶高度随着纬度和季节的变化而变化。在赤道低纬度区为16~18km，在两极地附近的高纬度地区为6~10km。暖季比冷季要高。对流层顶至50~55km高度称为平流层。其中，从对流层顶到30~35km，气温几乎不随高度而变化，称为同温层。平流层顶至85km高度称为中间层。中间层顶至800km高度称为暖层。由于太阳的强烈紫外线辐射和宇宙射线的作用，气温随高度增加而迅速上升，暖层空气处于高度的电离状态，故又称为电离层。散逸层是大气圈的最外层，层顶不明确。对于大气环境工程来说，我们所关注的主要是对流层。

对流层中的空气混合很快，入射的太阳辐射对地球表面的加热作用起到了加速混合空气的作用。地球表面的空气受热变轻而逐渐上升，随着高度的升高，它们为了适应上层较低的大气压而发生膨胀。这种膨胀需要做功来实现。当气体的内动能转化为膨胀所做的机械功时，气体的温度降低。

## 13.2 大气污染

### 13.2.1 大气污染物及其发生源

**1. 大气污染物**

大气污染是指由于人类活动而排放到空气中的有害气体和颗粒物质，累积到超过其自净化过程（稀释、转化、洗净、沉降等作用）所能降低的程度，在一定的持续时间内有害于生物及非生物。

大气污染物是指由于人类活动或自然过程，排放到大气中对人或环境产生不利影响的物质。所谓人类活动不仅包括生产活动，而且也包括生活活动，如做饭、取暖、交通等。自然过程，包括火山活动、山林火灾、海啸、土壤和岩石的风化及大气层中空气运动等。由于自然环境所具有的自净作用，经过一段时间后，自然过程造成的大气污染会自动消除。所以，造成大气污染的主要是人类活动。

大气污染物质种类很多，按存在状态可分为颗粒物和气态污染物。颗粒物与气体行为类似，所以又称为气溶胶。

（1）气溶胶态污染物　气溶胶指固体粒子、液体粒子或它们在气体介质中的悬浮体。从大气污染控制的角度，按照气溶胶的来源和物理性质，可将其分为如下几种：

1）粉尘（dust）：粉尘指悬浮于气体介质中的细小固体颗粒。粒子的形状往往是不规则的，粒子的尺寸范围一般为1~200μm，能因重力作用发生沉降，但在一段时间内能保持悬浮状态。它通常是在煤、矿石等固体物料的运输、分级、碾磨和卸料等机械处理过程中形成，或者在土壤、岩石风化等自然过程中形成。属于粉尘类的大气污染物的种类很多，如黏土粉尘、石英粉尘、煤粉、水泥粉尘、各种金属粉尘等。

2）烟（fume）：烟一般指由冶金过程形成的固体粒子的气溶胶。烟的粒子尺寸一般为0.01~1.0μm。它是熔融物质挥发后生成的气态物质的冷凝物，在生成过程中总是伴有诸如氧化之类的化学反应。

3）飞灰（fly ash）：飞灰指随燃料燃烧过程产生的随烟气排出的分散得较细的灰分。灰分是含碳物质燃烧后残留的固体渣，尽管其中可能含有未完全燃尽的燃料，作为分析目的总是假定它是完全燃烧的。

4）黑烟（smoke）：黑烟一般指由燃料燃烧产生的能见气溶胶。黑烟的粒度范围为0.05~1μm。

5）雾（fog）：雾是气体中液滴悬浮体的总称。在气象中指造成能见度小于1km的小水滴悬浮体。在工程中，雾一般泛指小液体粒子悬浮体，它可能是由于液体蒸气的凝结、液体的雾化及化学反应等过程形成的，如水雾、酸雾、碱雾、油雾等。

此外，在环境空气质量标准中，还根据大气中粉尘（或烟尘）颗粒的大小，将其分为总悬浮微粒、可吸入颗粒和微细颗粒。

总悬浮微粒（TSP）：能悬浮在空气中，空气动力学当量直径小于或等于100μm的固体颗粒。颗粒物主要来源于燃料的燃烧和工业过程。燃料燃烧室将灰分以颗粒物形式（烟尘）释放出来，其产生量与燃料中的灰分含量有关。

可吸入颗粒（$PM_{10}$）：能悬浮在空气中，空气动力学当量直径小于或等于10μm的固体颗粒。

微细颗粒（$PM_{2.5}$）：能悬浮在空气中，空气动力学当量直径小于或等于2.5μm的所有固体颗粒。

就颗粒物的危害而言，小颗粒比大颗粒的危害要大得多。

（2）气态污染物　气体状态污染物是指以分子状态存在的污染物，简称气态污染物。气态污染物的种类很多，总体上分为五类：以二氧化硫为主的含硫化合物、以氧化亚氮和二氧化氮为主的含氮化合物、碳氢化合物、碳氧化物及卤素化合物等，见表13-2。

**表13-2　大气污染物按形成过程分类**

| 类别 | 一次污染物 | 二次污染物 |
| --- | --- | --- |
| 含硫化合物 | $SO_2$、$H_2S$ | $SO_3$、$H_2SO_4$、$MSO_4$ |
| 含氮化合物 | NO、$NH_3$ | $NO_2$、$HNO_3$、$MNO_3$ |
| 碳氢化合物 | $C_mH_n$ | 醛、酮、过氧乙酰、硝酸酯等 |
| 碳的氧化物 | CO、$CO_2$ | 无 |
| 卤素化合物 | HF、HCl | 无 |

注：M表示金属离子。

（3）一次污染物和二次污染物　气态污染物又可分为一次污染物和二次污染物。一次污染物是指直接从各种污染源排出的原始污染物质。在大气污染中目前受到普遍重视的一次污染物主要有硫氧化物（$SO_x$）、氮氧化物（$NO_x$）、碳氧化物（CO、$CO_2$）以及碳氢化合物（HC）等。二次污染物是指由一次污染物与大气中原有组分或几种一次污染物之间经过一系列化学或光化学反应而生成的与一次污染物性质完全不同的新污染物。这类物质颗粒小，一般在0.01～1.0μm，其毒性比一次污染物还强。受到普遍重视的二次污染物主要有硫酸烟雾（硫酸雾或硫酸盐气溶胶）和光化学烟雾。

对上述主要气态污染物的特征、来源等简单介绍如下：

1）硫氧化物。硫氧化物主要是指$SO_2$和$SO_3$。$SO_2$来自于燃料中硫的氧化及使用含硫化合物的工业生产。它是目前大气污染物中数量较大、影响面较广的一种气态污染物。大气中$SO_2$的来源很广，几乎所有工业企业都可能产生。它主要来自化石燃料（煤和石油）的燃烧过程。在排放$SO_2$的各种过程中，约有96%来自燃料燃烧过程，其中火电厂排烟中的$SO_2$含量虽然较低，但总排放量占$SO_2$总排放量的一半以上。$SO_2$参与形成硫酸烟雾和酸雨，硫酸烟雾和酸雨腐蚀性较大，导致很多材料受到破坏，影响植物的正常生长，刺激人的呼吸系统等。

2）氮氧化物。氮和氧的化合物有$N_2O$、NO、$NO_2$、$N_2O_3$和$N_2O_5$，总称用氮氧化物（$NO_x$）表示。造成大气污染的$NO_x$主要是NO、$NO_2$，NO是燃烧过程的主要副产物，主要来源于煤、油等燃料中氮的氧化，其毒性不太大，但进入大气后可被缓慢地氧化成$NO_2$，当大气中有$O_3$等强氧化剂存在时，或在催化剂作用下，其氧化速度会加快。$NO_2$的毒性约为NO的5倍。$NO_2$是带有明显刺激性气味的红棕色气体，有毒并具有腐蚀性。当$NO_2$参与大气中的光化学反应，形成光化学烟雾后，其毒性更强。大气中的$NO_x$几乎一半以上来自化石燃料的燃烧过程、硝酸或使用硝酸等的生产过程。燃烧产生的$NO_x$主要是NO，只有很少一部分被氧化成$NO_2$。表13-3给出了不同类型的污染源排放出的NO和$NO_2$比率。

表 13-3 不同污染源排放物中 NO 和 $NO_2$ 的比率

| 污染源类型 | $NO/NO_2$ |
|---|---|
| 天然气 | 0.90~1.0 |
| 煤 | 0.95~1.0 |
| 六号燃油 | 0.96~1.0 |
| 内燃机 | 0.99~1.0 |
| 柴油马力轮车① | 0.77~1.0 |
| 柴油马力货车和公交车② | 0.73~0.98 |
| 氮酸厂排出的非控制尾气 | 0.50 |
| 石油炼制加热器：天然气 | 0.93~1.0 |
| 气涡轮发电机 | 0.55~1.0 |

① 最低限度是指空转状况；最高是指 $80.5km \cdot h^{-1}$。
② 最低限度是空载，最高限度是满载。

3）碳氧化物。CO 和 $CO_2$ 是各种大气污染物中发生量最大的一类污染物，它主要来自矿物燃料燃烧和机动车排气。CO 是一种无色无味、具有可燃性和窒息性的有毒气体。CO 的来源有天然源和人为源。理论上，来自天然源的 CO 排放量约为人为源的 25 倍。天然源主要有：火山爆发、森林火灾、海洋生物的作用、上层大气中甲烷的光化学氧化和 $CO_2$ 的光解等。人为源主要是化石燃料的不完全燃烧，冶金、建材等生产过程以及汽车、飞机、轮船等移动源。排入大气后，由于大气的扩散稀释作用和氧化作用，一般不会造成危害。但在城市冬季采暖季节或在交通繁忙的十字路口，当气象条件不利于排气扩散稀释时，CO 的含量有可能达到危害环境的水平。

$CO_2$ 是动植物生命循环的基本要素，虽然是无色、无味、无毒气体，但当其在大气中的含量过高时，会使氧气含量相对减小而对人类及其生存环境产生很多不良的影响。近几十年，由于人类使用矿物燃料数量增加，自然森林遭到大量破坏，地球上 $CO_2$ 含量增加了 0.2%，这一结果虽然对人的生理没有危害，但其对人类环境的影响，尤其是对其后代的影响不容低估，最主要是引起了“温室效应”，使全球气温逐渐升高，生态系统和气候发生变化。

4）碳氢化物。碳氢化物主要来自燃料燃烧和机动车排气。其中的多环芳烃类物质（PAH），如蒽、萤蒽、芘、苯并芘、苯并蒽、苯并萤蒽及晕苯等，大多数具有致癌作用，其中苯并［a］芘是作为大气受 PAH 污染的依据。碳氢化物的危害还在于它参与大气中的光化学反应，生成危害性更大的光化学烟雾。

由于近代有机合成工业和石油化学工业的迅速发展，使大气中的有机化合物愈益增多，其中许多是复杂的高分子有机化合物。如含氧的有机物有酚、醛、酮等，含氮有机物有过氧乙酰基硝酸酯（PAN）、过氧硝基丙酰（PPN）、联苯胺等，含氯有机物有氯化乙烯、氯醇、有机氯农药 DDT、除草剂 TCDD 等，含硫有机物有硫醇、噻吩、二硫化碳等。这些有机物大量地进入大气中，可能对眼、鼻、呼吸道产生强烈刺激作用，对心、肺、肝、肾等内脏产生有害影响，甚至致癌、致畸，促进遗传因子变异，因而是非常令人担忧的。

5）硫酸烟雾。硫酸烟雾是大气中的 $SO_2$ 等硫化物，在有水雾、含有重金属的飘尘或氮氧化物存在时，发生一系列化学或光化学反应而生成的硫酸雾或硫酸盐气溶胶。硫酸烟雾引起的刺激作用和生理反应等危害，要比 $SO_2$ 气体强烈得多。

6）光化学烟雾。光化学烟雾是在阳光照射下，大气中的氮氧化物、碳氢化合物和氧化剂之间发生一系列光化学反应而生成的蓝色烟雾（有时带些紫色或黄褐色），其主要成分有臭氧、过氧乙酰基硝酸酯（PAN）、酮类和醛类等。光化学烟雾的一个显著特征是引起不利影响的污染物一般不是从排放源排出的污染物。这个系统的核心是转化过程，即化学动力学反应和相变，光化学烟雾的刺激性和危害要比一次污染物强烈得多。

**2. 大气污染源**

大气污染源通常是指向大气排放出足以对环境产生有害影响的或有毒有害物质的生产过程、设备或场所等。根据对主要大气污染物的分类统计分析，其主要来源可概括为三个方面：燃料燃烧、工业生产过程和交通运输。前两类污染源统称为固定源，交通运输工具（机动车、火车、飞机等）则称为流动源。

按污染物质的来源可分为自然污染源和人为污染源。自然污染源是指自然界向环境排放污染物的地点或地区，如排出火山灰、$SO_2$、$H_2S$ 等污染物的活火山，自然逸出瓦斯气和天然气的煤气田和油气井，以及发生森林火灾、飓风、沙尘暴和海啸等自然灾害的地区。而人为污染源指人类生活和生产活动所形成的污染源。按源的形态分为固定源（工厂烟囱）和移动源（飞机、轮船、火车等）；按源离地高度分为高架源（排气筒有一定高度）和地面源（直接从地面排放）；按源的几何形状分为点源（烟囱）、线源（公路）和面源（车间无组织排放）；按排放时间分为连续源（连续排放）和间断源（间歇排放）等。表13-4介绍了几种大气污染源的分类。

**表13-4 大气污染源分类**

| 分类 | 名称 | 说明 |
|---|---|---|
| 按成因 | 自然污染源 | 火山爆发喷放的 $SO_2$、$H_2S$ 和尘；森林火灾产生的 $CO_2$、CO 和烃类等 |
| | 人为污染源 | |
| | 工业 | 燃烧煤、石油排放出的含 $SO_2$、$NO_x$ 和 $CO_2$ 废气；生产过程排出的有害废气等 |
| | 农业 | 燃烧煤、柴草和石油等排出的废气；农业废物腐烂和堆肥中排出的含 $CH_4$、$NH_3$ 的废气 |
| | 生活 | 燃烧煤、石油和煤气排出的废气 |
| | 第三产业 | 汽车、轮船等交通工具排放的含 $NO_x$、$SO_2$ 和烃类的废气 |
| 按污染源几何形状 | 点源 | 工业企业和民用锅炉房的排气筒和烟囱，污染物影响下风向扇形范围 |
| | 线源 | 公路、铁路和航空线上车辆和飞机的沿程排放废气，影响下风向一片面积 |
| | 面源 | 居民区分散的无数小炉灶，影响该区域上空和周围空气质量 |
| 按污染源位置 | 固定源 | 由固定地点（如工厂的排气筒）向大气排放污染物 |
| | 移动源 | 各种交通工具（如汽车、火车）排出的废气 |

## 13.2.2 大气环境质量控制标准

大气环境标准是执行环境保护法规、实施大气环境管理的科学依据和手段。环境空气质量控制标准是环境保护法的重要组成部分，是科学管理大气环境质量的依据和重要手段。各类环境标准的建立和进展，在一定程度上反映出一个国家的法制现状和科技水平。

**1. 环境空气质量控制标准的种类和作用**

环境空气质量控制标准按其用途可归纳为环境空气质量标准、大气污染物排放标准、大气污染物控制技术标准和大气污染警报标准；按其使用范围可分为国家标准、地方标准和行业标准。此外，我国还实行了大中城市空气污染指数报告制度。

（1）环境空气质量标准　环境空气质量标准以改善环境空气质量、防止生态破坏、创造清洁适宜的环境、保障人体健康和一定的生态环境为主要目标，规定出大气环境中某些主要污染物的允许限值。它是进行大气环境质量管理、大气环境评价、制定大气污染防治规划及污染物排放标准的依据，是环境管理部门执法的依据。

（2）大气污染物排放标准　1996 年 4 月 12 日经原国家环保局批准，GB 16297—1996《大气污染物综合排放标准》于 1997 年 1 月 1 日实施，同时取消 GBJ 4—1973《工业三废排放试行标准》中的废气部分及 10 各行业标准。包括洗涤剂、火炸药、雷汞、硫酸、船舶、重有色金属等行业。大气污染物排放标准是以实现环境大气质量标准为目标，而对从污染源排入大气的污染物允许含量所作的限制规定。其作用是直接控制污染源排出的污染物含量或排放量，是废气净化装置设计的依据，同时也是环境管理部门执法的依据。大气污染物排放标准是根据国家大气环境质量标准和国家经济、技术条件制定的，其可分为国家标准、地方标准和行业标准，地方标准应严于国家标准。

（3）大气污染控制技术标准　大气污染控制技术标准是根据污染物排放标准引申出来的，根据大气污染物排放标准的要求，结合生产工艺特点，对必须采取的污染控制措施作出具体规定，如燃料（或原料）使用标准、净化装置选用标准、排气筒高度标准及卫生防护带标准等。这种辅助标准不仅便于实施环境保护和检查造成大气污染的原因，同时也可作为技术设计标准，目的是使生产、设计和管理人员容易掌握和执行。

（4）大气污染警报标准　大气污染警报标准是大气环境污染恶化到必须向社会公众发出一定警告，以防止大气污染事故发生而规定的污染物排放允许值。超过这一极限位时就发出警报，以便采取必要的措施。这类标准对预防污染事故、保护公众健康起到一定的作用。

**2. 环境空气质量标准**

我国 1982 年制定并于 1996 年修订实施的 GB 3095—1996《环境空气质量标准》列入了二氧化硫（$SO_2$）、总悬浮颗粒（TSP）、可吸入颗粒物（$PM_{10}$）、二氧化氮（$NO_2$）、一氧化碳（CO）、臭氧（$O_3$）、铅（Pb）、苯并［a］芘(B[a]P)、氟化物（F）9 项污染物进行控制。

根据环境质量基准、各地大气污染状况、国民经济发展规划和大气环境的规划目标，按分级分区管理的原则，我国大气环境质量标准划分为三级。

一级标准：为保护自然生态和人群健康，在长期接触情况下，不发生任何危害性影响的空气质量要求。

二级标准：为保护人群健康和城市、乡村的动植物，在长期和短期的接触情况下，不发生伤害的空气质量要求。

三级标准：为保护人群不发生急、慢性中毒和城市一般动植物（敏感者除外）正常生长的空气质量要求。

根据各地区地理、气候、生态、政治、经济和大气污染程度，将大气环境质量分为三类区。

一类区：自然保护区、风景名胜区和其他需要特殊保护的地区。

二类区：城镇规划中确定的居住区、商业交通居民混合区、文化区、一般工业区和农村地区。

三类区：大气污染程度比较重的城镇和工业区以及城市交通枢纽、干线等。

标准中对各类环境空气质量功能区执行标准的对应级别进行了确定，二、三类区以及适用区域的地带范围由当地人民政府划定。上述三类区一般分别执行相应的三级标准；但是凡位于二类区内的工业企业，应执行二级标准；凡位于三类区内的非规划的居民区，应执行三级标准。一类区由国家确定，同时制定了上述9种污染物的标准值及其分析方法。

**3. 大气污染物排放标准**

（1）大气污染综合排放标准　1996年4月12日经原国家环保总局批准，GB 16297—1996《大气污染物综合排放标准》于1997年1月1日实施，同时取消GBJ 4—1973《工业三废排放试行标准》中的废气部分及10个行业标准，包括合成洗涤剂、火炸药、雷汞、硫酸、船舶、钢铁、轻金属、重有色金属、沥青等行业。

按照综合性排放标准与行业性排放标准不交叉的原则，仍继续执行的行业性标准有：锅炉执行GB 13271—2001《锅炉大气污染物排放标准》、火电厂执行GB 13223—2011《火电厂大气污染物排放标准》、水泥厂执行GB 4915—2004《水泥工业大气污染物排放标准》、炼焦炉执行GB 16171—1996《炼焦炉大气污染物排放标准》；恶臭物质执行GB 14554—1993《恶臭污染物排放标准》、汽车和摩托车排放执行有关汽车、摩托车排放的系列标准。

GB 16297—1996规定了33种大气污染物的排放限值，该标准将1997年1月1日前设立的污染源称为现有污染源；将1997年1月1日起设立（包括新建、扩建、改建）的污染源称为新污染源。该标准规定的最高允许排放速率，现有污染源分为一、二、三级，新污染源分为二、三级。按照污染源所在的环境空气质量功能区类别，执行相应级别的排放速率标准。

（2）制定地方大气污染物排放标准的技术方法　GB/T 3840—1991《制定地方大气污染物排放标准的技术方法》是指导和修订地方大气污染物排放标准的方法标准。该标准规定了地方大气污染物排放标准的制定方法，用于指导各省、自治区、直辖市及所辖地区制定大气污染物排放标准。

**4. 环境技术标准**

1）大气环境基础标准（如名词标准）、方法标准（采样分析标准）、样品标准（监测样品标准）。

2）大气污染控制技术标准（如原料、燃料使用标准，净化装置选用标准，排气筒高度标准等）。

3）环保产品质量标准等。它们都是为保证前述标准的实施而做出的具体技术规定，目的是使生产、设计、管理、监督人员容易掌握和执行。

### 13.2.3　大气污染综合防治

环境污染综合防治的基本点是防与治的综合。这种综合立足于环境问题的区域性、系统性和整体性。大气污染作为环境污染的一个重要方面，也只有纳入区域环境综合防治之中，才能真正解决污染问题。

所谓大气污染的综合防治，实质上就是为了达到区域环境空气质量控制目标，对多种大气污染控制技术方案的技术可行性、经济合理性、实施可能性和区域适应性等作最优化选择和评价，从而得出最优的控制技术方案和工程措施，达到整个区域的大气环境质量控制目标。

**1. 全面规划、合理布局**

大气污染控制是一项综合性很强的技术，影响大气环境质量的因素很多，从社会、经济发展方面看，涉及城市的发展规模、城市功能区划分、人口增长和分布、经济发展类型、规模和速度、交通运输发展和调整、能源结构及改革等各个方面；从环境保护方面看，涉及污染物排放的种类、数量、方式和特性及污染源的类型、数量和分布等。所以在建设前必须进行全面环境规划，采取区域性综合防治措施。

环境规划是经济、社会发展规划的重要组成部分，是体现环境污染综合防治以及预防为主的最重要、最高层次的手段。它的主要任务，一是解决区域的经济发展和环境保护之间的矛盾；二是对已造成的环境污染和环境问题，提出改善和控制污染的最优化方案。因此，做好城市和大工业区的环境规划设计工作，采取区域性综合防治措施，是控制环境污染（包括大气污染）的一个重要途径。

现在我国及各工业国家都规定，新建和改、扩建的工程项目，要先做好环境影响评价，论证该项目的建设可能会产生的环境影响和采取的环境保护措施等。

**2. 严格环境管理**

环境管理，从广义上说，是在环境容量的允许下，以环境科学的理论为基础，运用技术的、经济的、法律的、教育的和行政的手段，对人类的社会经济活动进行管理、协调社会经济发展与保护环境的关系，使人类具有一个良好的生活、劳动环境，使经济得到长期稳定的增长。狭义的环境管理，是对环境污染源和污染物的管理，通过对污染物的排放、传输、承受三个环节的调控达到改善环境的目的。

完整的环境管理体制是由环境立法机构、环境监测机构和环境保护管理机构三部分组成的。环境法是进行环境管理的依据，它以法律、法令、条例、规定、标准等形式构成一个完整的体系。环境监测是环境管理的重要手段，可为环境管理及时、准确和在主要环境领域内提供完善的监测数据。环境保护管理机构是实施环境管理的领导者和组织者。

我国的环境管理体制正在逐步建立和完善。1979 年公布实行，1989 年修改后实施了《中华人民共和国环境保护法》，而后又公布或实施了《中华人民共和国海洋环境保护法》（1999 年 12 月 25 日修订通过，自 2000 年 4 月 1 日起施行）、《中华人民共和国水污染防治法》（2008 年 2 月 28 日修订通过，自 2008 年 6 月 1 日起施行）、《中华人民共和国森林法》（1984 年 9 月 20 日通过，根据 1998 年 4 月 29 日第九届全国人民代表大会常务委员会第二次会议《关于修改 < 中华人民共和国森林法 > 的决定》修正）、《中华人民共和国草原法》（1985 年 6 月 18 日通过，2002 年 12 月 28 日修订）、《中华人民共和国大气污染防治法》（2000 年 4 月 29 日通过，自 2000 年 9 月 1 日起施行）等法律，以及各种环境保护方面的条例、规定和标准。与此同时. 从国务院到各省、市、地、县以至各工业企业，都建立了相应的环境保护管理机构及环境监测中心、站、室，为环境法的实施和严格环境管理提供了组织保证。

**3. 控制大气污染的技术措施**

1）实施清洁生产：清洁生产包括清洁的生产过程和清洁的产品两个方面。对生产工艺而言，节约资源与能源、避免使用有毒有害原材料和降低排放物的数量和毒性，实现生产过程的无污染或少污染；对产品而言，使用过程中不危害生态环境、人体健康和安全，使用寿命长，易于回收再利用。

2）实施可持续发展的能源策略：包括以下四个方面：①综合能源规划与管理，改善能源供应结构和布局，提高清洁能源和优质能源比例，加强农村能源和电气化建设等；②提高能源利用效率和节约能源；③推广少污染的煤炭开采技术和清洁煤技术；④积极开发利用新能源和可再生能源，如水电、核能、太阳能、风能、地热能、海洋能等。

3）合理利用能源，改革能源构成，改进燃烧设备和燃烧条件是节约能源和控制大气污染的重要途径。

4）建立综合性工业基地：开展综合利用，使各企业之间相互利用原材料和废弃物，减少污染物的排放总量。

**4. 控制环境污染的经济政策**

1）保证必要的环境保护设施的投资，并随着经济的发展逐年增加。

2）对治理环境污染从经济上给予鼓励，如低息长期贷款，对综合利用产品实行利润留成和减免税政策。

3）贯彻“谁污染谁治理”的原则，并把排污收费的制度和行政、法律制裁措施具体化。一般分三种形式：排污收费，赔偿损失和罚款，追究行政责任和刑事责任。

**5. 绿化造林**

绿化造林，是区域生态环境中不可缺少的重要组成部分。不仅能美化环境，调节空气温度、湿度及城市小气候，保持水土，防风防沙，而且在净化大气、减低噪声方面皆会起到显著作用。

**6. 安装废气净化装置**

当采取了各种大气污染防治措施后，大气污染物的排放仍达不到排放标准或环境空气质量标准时，则必须安装废气净化装置。对污染源进行治理，安装废气净化装置，是控制大气环境质量的基础，也是实行环境规划等项综合防治措施的前提。

## 13.3　燃烧与大气污染

燃料的燃烧及其利用在人类生产和生活活动中有着极为重要的作用，然而燃料在燃烧过程中排放大量有害的废物，如$SO_2$、烟尘、$NO_x$、$CO_2$和一些碳氢化合物等，这些有害物质已成为主要的大气污染物。

### 13.3.1　燃料性质

燃料是指能在空气中燃烧，其燃烧热可经济利用的物质。应用于固定燃烧装置的主要是化石燃料包括煤、燃料油和天然气等常规燃料，以及统称为非常规燃料的多种其他燃料。

燃料按物理状态分为固体燃料、液体燃料和气体燃料三类。

（1）气体燃料　气体燃料的优点是燃烧迅速，其燃烧状态可基本上由空气与燃料的扩散或混合所控制。气体燃料是防止大气污染最理想的燃料。气体燃料除天然气外，均是由其他液体燃料或固体燃料制成的。

天然气由油气地质构造地层采出，主要成分为甲烷（体积分数约 85%）、乙烷（体积分数约 10%）和丙烷（体积分数约 3%），还有少量 $CO_2$、$N_2$、$O_2$、$H_2S$ 和 CO 等。天然气是工业、交通、民用燃料和化工原料。天然气中的硫化氢具有腐蚀性，它的燃烧产物为硫的氧化物。在大多数情况下，天然气中的惰性组分可忽略不计，但当其所占比例增加时，将降低其燃烧热，并增加输送成本。惰性组分也会影响燃料的其他燃烧特征，当其影响严重时，必须除去惰性组分或与其他气体混合以使其稀释。如氦在天然气中的体积分数超过 0.2% 时，就必须设法除去。

（2）液体燃料　液体燃料也是以气态形式燃烧，因此它的燃烧速度受其蒸发过程控制。液体燃料分为天然液体燃料和人工液体燃料两类，前者是石油（原油），后者是石油加工后的产品、合成的液体燃料以及煤经高压加氢所获得的液体燃料等。

石油是液体燃料的主要来源。原油是天然存在的易流动的液体，它是由链烷烃、环烷烃和芳香烃等碳氢化合物组成的混合液体。这些化合物主要含碳和氢，还有少量的氮、氧和硫，它们的含量因产地而异。通常原油还含有微量金属，如钒和镍，也可能受到氯、砷和铅的污染。原油虽然是易燃的，但出于安全和经济的考虑，一般将原油加工为各种石油化学产品。通过蒸馏、裂化和重整过程，生产出各种汽油、溶剂、化学产品和燃料油。

燃料油的一个重要性质是其密度为燃料油的化学组成和发热值提供了一种指示。当氢的含量增加时，密度减小，发热量增加。

（3）固体燃料　固体燃料一般没有气体和液体燃料燃烧容易，且容易发生不完全燃烧，产生的污染物量大。固体燃料中挥发性组分被蒸馏后以气态燃烧，而遗留下来的固定碳则以固态燃烧，后者的速率由氧向固体表面的扩散控制。

煤是最重要的固体燃料，它是一种不均匀的有机燃料，主要是由植物的部分分解和变质而形成的。煤的可燃成分主要是由碳、氢及少量氧、氮和硫等一起构成的有机聚合物。各种聚合物之间由不同的碳氢支链互相连接成更大的颗粒。煤中有机成分和无机成分的含量，因煤的种类和产地的不同而有很大差别。

基于沉积年代的分类法，可以把煤分为褐煤、烟煤和无烟煤三类，表 13-5 分别介绍了它们特征。

**表 13-5　褐煤、烟煤和无烟煤的组成及其特征**

| 种　类 | 组　成 | 特　征 |
| --- | --- | --- |
| 褐煤 | 干燥后无灰的褐煤中碳的含量为 60% ~ 75%，氧含量为 20% ~ 25%。褐煤的水分和灰分含量都较高 | 由泥煤形成的初始煤化物，是煤中等级最低的一类，形成年代最短。呈黑色、褐色或泥土色，其结构类似于木材。褐煤的挥发分较高且析出温度较低。燃烧热值较低，不能用于制焦炭，易破裂 |
| 烟煤 | 挥发分含量为 20% ~ 40%，碳含量为 75% ~ 90% | 烟煤的形成历史较褐煤长，呈黑色，外形有可见条纹，成焦性较强且含氧量低，水分和灰分含量一般不高，适于工业上的一般应用 |
| 无烟煤 | 煤炭的含量一般高于 93%，无机物含量低于 10% | 煤化时间最长，具有明亮的黑色光泽，机械强度高。着火困难，储存时稳定，不易自燃。无烟煤的成焦性极差 |

煤中含有四种形态的硫：黄铁矿硫（$FeS_2$）、硫酸盐硫（$MSO_4$）、有机硫（$C_xH_yS_z$）和元素硫。一般把硫分划为硫化铁硫、有机硫和硫酸盐硫三种。煤中各种形态硫的比例，直接影响煤炭脱硫方法的选择。前两种能燃烧放出热量称挥发硫；硫酸盐硫不参加燃烧，是灰分

的一部分。

(4) 非常规燃料　除了煤、石油和天然气等常规燃料外，所有可燃性物质都属于非常规燃料。某些较低级的化石燃料，如泥炭、焦油砂、油页岩，也作为非常规燃料对待。

根据来源，非常规燃料可分为如下几类：城市固体废弃物，商业和工业固体废弃物，农产物及农村废物，水生植物和水生废物，污泥处理厂废物，可燃性工业和采矿废物，天然存在的含碳和含碳氢的资源，合成燃料。

## 13.3.2 燃料燃烧产生的污染物

燃料的燃烧过程并不仅仅用方程式就可以简单表示，因为它还有分解、其他的氧化、聚合等过程。燃烧烟气主要由悬浮的少量颗粒物、燃烧产物、未燃烧和部分燃烧的燃料、氧化剂以及惰性气体（主要为 $N_2$）等组成。不管是对移动源还是固定源，$CO_2$、$SO_2$ 和 $NO_x$ 都是燃烧后排放源排放的主要污染物。燃烧也是挥发性有机气体的一种重要来源，这些挥发性有机气体都是有害物质，它们的形成与燃烧条件有关。

(1) 二氧化碳　含碳的燃料燃烧时，最理想的效果是所有的碳都转化为 $CO_2$，并释放出最大的热量。在地质年代的时间尺度上，大气中 $CO_2$ 的增加并不重要。因为在某种程度上，大气中 $CO_2$ 含量调节了全球的温度，当其含量增加时，地质作用力就会起作用，使 $CO_2$ 含量下降。但人类的发展却使 $CO_2$ 的排放量急剧增加，直接导致了温室效应这一气候变化。

在全球范围内，每年因燃烧而排放的 $CO_2$ 量为

全球燃料燃烧排放的 $CO_2$ = 全球人口 × 人均燃料消耗 × 每单位燃料消耗的 $CO_2$ 排放

目前全球的人口每年增长 1.4%，而这个增长速率并没有减缓的趋势。人均燃料消耗因不同的国情而差别很大，最高的是美国，最低的是第三世界国家。而每单位燃料消耗的 $CO_2$ 排放取决于燃烧燃料的 C/H。

假设燃料燃烧时所有的碳都转化为 $CO_2$ 释放到空气中，可以利用化学计量学来求含碳燃料燃烧后释放出 $CO_2$ 的量。假设一种普通的烃类燃料的有效分子式为 $C_nH_m$，其燃烧过程可以用下面这个方程式来描述：

$$C_nH_m + 空气 \rightarrow nCO_2 + \cdots$$

我们知道，H、C、$CO_2$ 分别为 1g/mol、12 g/mol、44 g/mol，因此根据方程式可以得到每燃烧 1g 燃料会排放出 $44n/(12n+m)$ g 的 $CO_2$。

目前，减少 $CO_2$ 排放量的主要方式就是减少化石燃料的燃烧以及停止对森林的采伐。因此，人们更多地将关注转向了可持续性、无污染的能源，如太阳能、风能、氢能等。

(2) 一氧化碳　含碳燃料与空气不适当混合于燃料系统在氧气不足的情况下燃烧就会排放出不完全燃烧的产物——CO。不完全燃烧发生后，燃烧迅速停止，这个过程叫淬火，是在火焰快速冷却时发生的。即使在高温和氧气过量的情况下也会有 CO 与 $CO_2$ 处于平衡状态。随着燃烧产物的冷却，平衡条件就会向有利于 $CO_2$ 生成的方向转变。但是 CO 氧化为 $CO_2$ 是需要时间的，因此，如果燃烧副产物冷却速度过快，那么氧化动力学就会迅速变慢，从而排放出大量的 CO。

假设废气中唯一的不完全氧化的元素是 C，并不含有氧气。那么对纯的碳氢化合物 $C_nH_m$ 的燃烧可以得到下面这个化学计量平衡：

$$C_nH_m+\frac{1}{\phi}\left(n+\frac{m}{4}\right)(O_2+3.78N_2)\rightarrow bCO+(n-b)CO_2+\frac{m}{2}H_2O+\frac{3.78}{\phi}\left(n+\frac{m}{4}\right)N_2$$

$\phi$ 是当量比。系数 $b$ 表示每燃烧 1mol 的燃料生成的 CO 的物质的量，可以通过方程两边的氧的平衡求得

$$b=2\left(\frac{\phi-1}{\phi}\right)\left(n+\frac{m}{4}\right)$$

（3）二氧化硫　所有人类使用的有机燃料，如石油、煤、天然气、木材及其他有机物质都含有一定量的硫。当含硫的燃料燃烧时，几乎所有的硫都被转化成了二氧化硫。

$$S+O_2\rightarrow SO_2$$

控制硫的排放有三种主要的方法：在燃料燃烧之前将硫从燃料中去除。如天然气中的硫化氢一般在被输送到使用者之前就通过气体吸收剂将它们去除掉了。然后将获得的硫化氢转化为元素硫，进一步用于生产硫酸。在硫燃烧的过程中获得硫。如在流化床中，沙砾大小的煤炭在热的石灰石流化床中燃烧。石灰石的表面被氧化成 CaO，它会与煤炭燃烧释放出的 $SO_2$ 迅速反应，生成石膏。废气中取出二氧化硫。如产硫酸的工厂可以通过以下反应而得到处理 $SO_2$ 经济的处理方法：

$$SO_2+\frac{1}{2}O_2\xrightarrow{\text{矾催化剂}}SO_3$$

$$SO_3+H_2O\rightarrow H_2SO_4$$

（4）氮氧化物　全球范围内，化石燃料燃烧排放的氮氧化物占了氮氧化物排放总量的重要部分。燃烧过程中产生的氮氧化物主要是 NO，其他的是 $NO_2$，但是由于 NO 在大气中会迅速地被氧化为 $NO_2$，因此氮氧化物的排放速率和排放系数通常以 $NO_2$ 的形式报道。反应式为

$$N_2+O_2\rightleftharpoons 2NO$$

$$NO+\frac{1}{2}O_2\rightleftharpoons NO_2$$

根据氮的来源和 $NO_x$ 的形成机理，燃烧产生的 $NO_x$ 可分为三种类型：燃料型、热力型和瞬时型 $NO_x$。

在高温条件下，形成的 $NO_x$ 大部分是热力型 $NO_x$，这种 $NO_x$ 是在火焰或其他外部加热条件下氮气和氧气之间经简单反应形成的。热力型 $NO_x$ 的形成与温度有关，当温度在 1500K 以下时，热力型 $NO_x$ 的形成是不显著的；当温度高于 1800K 时则会变得显著。其反应可用式（13-1）、式（13-2）表示

$$N_2+O\rightleftharpoons NO+N \tag{13-1}$$

$$N+OH\rightleftharpoons NO+H \tag{13-2}$$

由于与温度密切相关，因此控制热力型 $NO_x$ 的形成的一种重要方法就是限制最高火焰温度。获得较低的火焰温度的常用方法是用一种惰性化合物来稀释空气与燃料的混合物。除了这种技术外，还可以用分段燃烧法来控制热力型 $NO_x$ 的形成。

瞬时型 $NO_x$ 是经过在缺氧的条件下，氮气和氧气以及从燃料中析出的活性有机物质瞬

间反应形成的。含碳燃料燃烧时没有这种 $NO_x$ 产生。在燃料燃烧的起始阶段，含碳燃料通过下述反应式生成含碳自由基：

$$CH + N_2 \rightleftharpoons HCN + N \tag{13-3}$$

$$N + O_2 \rightleftharpoons NO + O \tag{13-4}$$

CH 和 C 自由基的生成和式（13-3）反应类似。这样产生的 N 通过式（13-4）和与氧反应提高了 NO 的含量；部分 HCN 和 $O_2$ 反应产生 NO，部分和 NO 反应产生 $NO_2$。瞬时型 $NO_x$ 的形成与温度的关系不大。

燃料型 $NO_x$ 是由燃料本身含有的氮在燃烧过程中转化而成的。同硫一样，氮也是煤炭和一些燃料油中重要的组成部分。当含氮的燃料燃烧时，根据燃烧条件不同，氮可能会转化为 $N_2$ 或氧化为 NO 的形式释放出来。在火焰中，燃料氮转化为 NO 主要依赖于 $NO/O_2$ 的值。在高温火焰中，如果维持较低的氧气含量，那么燃料氮转化为 NO 的数量就会很少。

（5）颗粒物　通过燃烧或蒸发作用剥离大粒径颗粒物的一部分使其变小而形成颗粒物。大部分燃料含有不可燃烧的部分，在燃料燃烧时这些物质就留下来，称为灰分。木材、煤炭或木炭燃烧后的灰分主要包括硅、钙和铝的氧化物及其他一些微量物质。燃烧产生的颗粒物可以根据它们的化学成分和形成方式大致分类，见表 13-6。

**表 13-6　燃烧中产生的颗粒物的分类**

| 类　型 | 描　述 |
|---|---|
| 灰分 | 燃料中的不可燃烧物质 |
| 黑烟 | 含碳燃料的不完全燃烧生成的一种产物热解后形成的含碳颗粒物 |
| 木炭 | 比挥发性物质燃烧更慢而未被燃烧的粉煤中的含碳非挥发性物质 |
| 焦炭 | 燃料油喷雾液滴中形成的粒径大的多孔含碳物质 |
| 酸性液滴 | 来源于燃料中的 S，废气中的硫酸和水在从气体向颗粒物转化过程中生成 |

颗粒物控制的基本措施就是将其集合成容易捕集的大颗粒物。可以通过使单个颗粒物彼此接触或使其与水滴接触来达到这个目的。

## 13.4　除尘器

几乎所有的颗粒物的控制装置都是基于同样的基本原理：利用惯性力或物理障碍引起颗粒物与固体或液体表面发生碰撞并粘附在固体或液体表面，从而将它们从气流中去除。引起碰撞的物理机制主要有惯性漂移、静电漂移、布朗运动和截流作用。表 13-7 总结了五种可以用于净化气流的颗粒物去除装置。

**表 13-7　俘获颗粒态空气污染物的控制装置**

| 装　置 | 适用的颗粒物直径 | 收集机制 | 应　用 |
|---|---|---|---|
| 沉降室 | 大于 20μm | 通过重力作用分离气流中的颗粒物 | 用于处理含有较粗颗粒物的非常脏的空气流 |
| 旋风除尘器 | 大于 1μm | 利用涡流的惯性分离颗粒物 | 常用于静电除尘器或织物过滤器之前的预处理过程 |
| 湿式除尘器 | 大于 1μm | 诱导颗粒物和水滴间发生碰撞，以利用惯性作用去除气流中的颗粒物 | 可以用于同时去除颗粒物和水溶性气体 |

（续）

| 装　置 | 适用的颗粒物直径 | 收集机制 | 应　用 |
|---|---|---|---|
| 静电除尘器 | 所有 | 使颗粒物表面产生静电荷，从而可以通过电场将颗粒物去除 | 它是用于处理工业过程中产生的烟道气的高效装置 |
| 过滤式除尘器 | 所有 | 气流被强制流过纤维充填的材质，通过布朗运动、物理过滤、截留和碰撞等作用俘获颗粒物；可能是高效的 | 应用于处理废气或在空气使用前去除空气中的颗粒物 |

## 13.4.1 沉降室

沉降室就是一个简单的大型箱体，污染的气体缓慢地流过，有一定的时间使颗粒物在重力的作用下沉降在底部。它的建造和运行的成本都很低，但它只适用于非常大的颗粒物。在大多数的实际情况下，气流的速度是很快的。因此停留时间很短，这大大限制了沉降室用于去除颗粒物的有效性。

在原理上，沉降室可以简化成如图13-1所示的理想工作过程。假设沉降室的长、宽和高分别为 $l$、$b$ 和 $h$。含尘气体进入沉降室后均匀分布在整个入流断面上，并以速度 $u_i$ 水平流向出口端。假设某一直径为 $d_c$ 的颗粒处于入流断面的顶部，该颗粒有两种运动：第一种是随流体的水平运动，那么

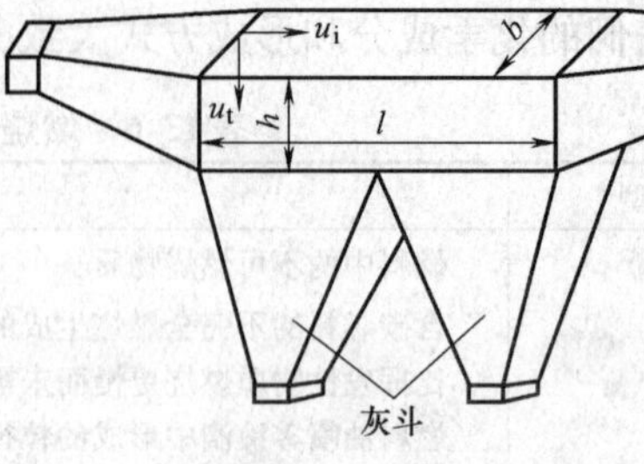

图13-1　简单的重力沉降室

$$t_{停}=\frac{l}{u_i}=\frac{V}{q_V}$$

式中　$t_{停}$——该颗粒从入口到出口的停留时间（s）；

$V$——沉降室的容积（$m^3$）；

$q_V$——流体的体积流量（$m^3/s$）。

第二种运动是沉降运动。假设颗粒沉降速度为 $u_t$，则颗粒从池顶沉降到池底的沉降时间为

$$t_{沉}=\frac{h}{u_t}$$

颗粒在沉降室中能够被分离的条件是 $t_{停}\geqslant t_{沉}$，即

$$\frac{V}{q_V}\geqslant\frac{h}{u_t},\ q_V\leqslant\frac{Vu_t}{h}=u_t lb$$

显然，若处于入口顶部的颗粒在沉降室中能够被除掉，则处于其他位置的直径为 $d_c$ 的颗粒都能被除掉。

## 13.4.2 旋风除尘器

旋风除尘器结构简单、操作方便，因此被广泛应用于去除气流中的粗颗粒物。它利用颗粒物的惯性将颗粒物从空气中分离。相对于沉降室，旋风除尘器主要用于去除气体中粒径在

5μm 以上的粉尘。它通常用在静电除尘器或织物过滤器等微细颗粒物控制设备的上游。

图 13-2 是一个旋风除尘器的示意图。其主体的上部分为圆筒形，下部分为圆锥形，顶部中央有一升气管，进气管位于圆筒的上部，与圆筒切向连接。含尘空气从上部进入，其速率为 $v_i$，含尘气流进入除尘器后，沿外壁由上向下作旋转运动，同时有少量气体沿径向运动到中心区域。当旋转气流的大部分达到锥底部以后，转而向上沿轴心旋转，最后从排出管排出。这样在筒内部形成了旋转向下的外旋流和旋转向上的内旋流，外旋流是旋风除尘器的主要除尘区。气体中的粉尘只要在气体旋转向上进入排出管之前能够沉到器壁，就能够与气体分离。

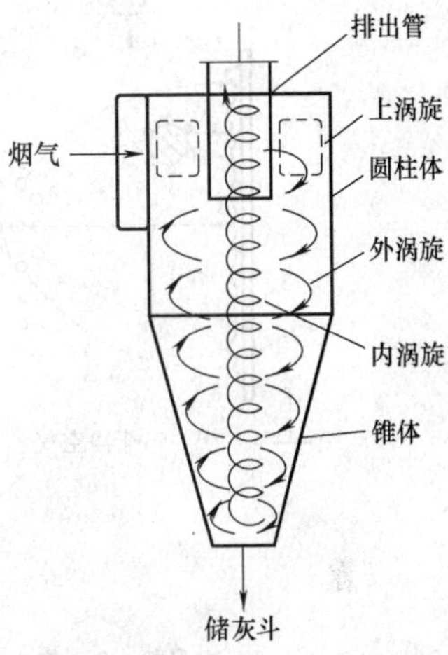


图 13-2　普通旋风除尘器的结构及内部气流

反映旋风分离器的分离性能的主要指标有临界直径和分离效率。临界直径是指在旋风分离器中能够从气体中全部分离出来的最小颗粒的直径。该临界直径是旋风分离器分离效率高低的重要标志。临界直径越小，分离效果越高。一般旋风分离器以圆筒直径 $D$ 为参数，其他尺寸与圆筒直径成一定比例，如在标准旋风分离器中，矩形进气筒宽度 $B = D/4$，高度 $h_i = D/2$。临界直径随分离器尺寸增大而增大，由此导致旋风分离效率的降低。分离效率有两种表示方法，一是总效率，二是分效率也叫粒级效率。总效率是指进入旋风分离器的全部粉尘中被分离下来的粉尘的比例。粒级效率表示进入旋风分离器的指定粒径的颗粒被分离出来的比例。

## 13.4.3　静电除尘器

静电除尘器（ESP）类似于沉降室或离心分离器，只不过它是通过静电力使颗粒物移向器壁。对小粒径颗粒物而言，这种设备比前两种设备更有效。ESP 可以用来处理高温气体。它的缺点包括需要很高的基建投资，当用于处理电导率低的颗粒物时性能会下降，以及由于使用高电压会造成潜在的安全危害等。

所有静电除尘器的基本原理都是使颗粒物荷电，在电场中使它们向器壁移动。荷电的颗粒物在电场的作用下穿过气流，沉积在集尘板上。通过不时地机械击打集尘金属板将被收集的颗粒物去除，使积累的颗粒物落入灰斗中进行处置。颗粒物的荷电是通过电晕放电的方式实现的。金属线和集尘金属盘之间带有上万伏的直流电压。天然存在的离子会在金属线附近的电场中加速，达到一个很高的速度。当离子沿着电场的方向移动，与穿过电场的颗粒物发生碰撞时就会发生电场荷电。对亚微米粒径的颗粒物，以扩散荷电为主，对更大的颗粒物则以电场荷电为主。ESP 一般对很宽粒径范围的颗粒物都具有很高的去除效率。图 13-3 表示了一个静电除尘器的基本原理。

在电场中，如果颗粒物带电，荷电颗粒将会受到静电力 $F_e$ 的作用，即

$$F_e = qE$$

式中　$q$——颗粒的荷电量（C）；

$E$——颗粒所处位置的电场强度（V/m）。

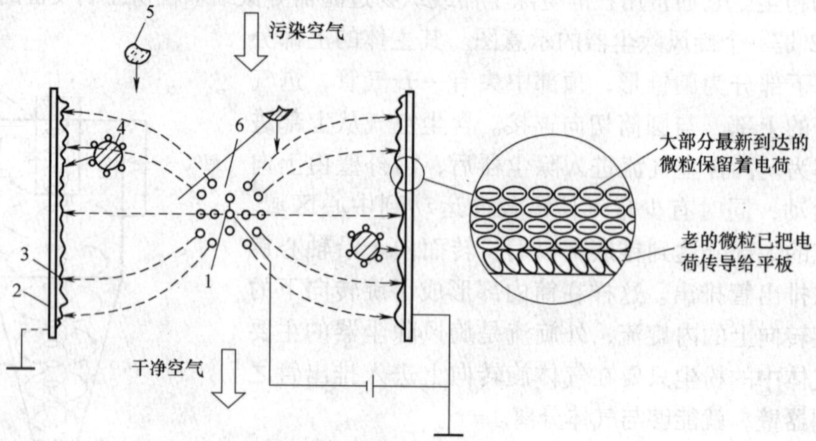


图 13-3 静电除尘器的基本原理
1—电晕极 2—集尘极 3—粉尘极 4—荷电尘粒 5—未荷电尘粒 6—电晕区

假设电场强度很强，那么重力或惯性力等作用力忽略不计，荷电颗粒所受到的作用力主要是静电力和流体阻力。当静电力和流体阻力达到平衡时，荷电颗粒达到一个终端电沉降速度，称为静电驱进速度，由下式计算得到

$$V_e = \frac{qEC_c}{3\pi\mu d_p}$$

式中 $V_e$——静电驱进速度；

$\mu$——颗粒与流体之间的相对运动速度（m/s）；

$C_c$——滑流修正系数；

$d_p$——颗粒的定性尺寸，对于球形颗粒，$d_p$ 为其直径（m）。

### 13.4.4 湿式除尘器

湿式除尘器是使含尘气体与液体密切接触，利用水滴和颗粒的惯性碰撞及其他作用捕集颗粒或使粒径增大的装置。它能在有效地去除液态或固态粒子的同时脱除部分气态污染物。湿式除尘器具有结构简单、造价低、占地面积小、操作机维修方便和净化效率高等优点。但是用湿式除尘器时要特别注意设备和管道腐蚀以及污水和污泥的处理等问题。

### 13.4.5 过滤式除尘器

过滤式除尘器又称空气过滤器，是使含尘气流通过过滤材料将粉尘分离捕集的装置，采用滤纸或玻璃纤维等填充层作滤料的空气过滤器，主要用于通风及空气调节方面的气体净化。袋式除尘器的除尘效率一般可达 99% 以上，由于它效率高、性能稳定可靠、操作简单而广泛应用。

图 13-4 所示为机械振动袋式除尘器。含尘气流从下部进入圆筒形滤袋，在通过滤料的空隙时，粉尘被捕集于滤料上，透过滤料的清洁气体由排出口排出。沉积在滤料上的粉尘，可在机械振动的作用下从滤料表面脱落，落入灰斗中。颗粒因截留、惯性碰撞、静电荷扩散

等作用，逐渐在滤袋表面形成粉尘层，常称粉尘初层。初层形成后，它成为袋式除尘器的主要过滤层，提高了除尘效率。

### 13.4.6 除尘器的选择

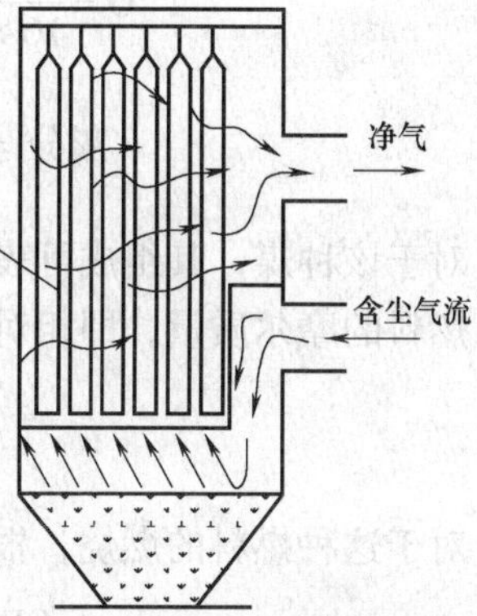

图 13-4 机械振动袋式除尘器

选择除尘器时必须全面考虑有关因素，如需捕集的颗粒物粒径、气体流量、清灰间隔的时间、一次投资、维修管理等，最主要的是除尘效率，因此在选择除尘器时应注意以下几个方面：

1）选用的除尘器必须满足排放标准规定的排放要求。对于运行情况不稳定的系统，要注意烟气处理量变化对除尘效率和压力损失的影响。

2）粉尘颗粒的物理性质对除尘器性能具有较大影响。对于非粘性粒径大于5μm的颗粒物而言，旋风分离器可能是唯一的选择。对于粒径远小于5μm的颗粒物而言，一般要考虑静电除尘器、过滤除尘器和洗涤器。

3）气体的含尘量。含尘量较高时，在静电除尘器或袋式除尘器前应设置低阻力的预净化设备，去除较大尘粒，以使设备更好地发挥作用。

4）烟气温度和其他性质是选择除尘设备时必须考虑的因素。对于高温、高湿气体不宜采用袋式除尘器。

5）对于流量小或间歇性气流刻意使用抛式设备来处理；粘度大的颗粒物必须捕集于抛式设备或液体中。

6）颗粒物的电学性质。颗粒物的电学性质在静电除尘器中是最重要的，在其他的一些设备中，摩擦力使颗粒表面产生静电荷而使捕集作用被促进或阻碍。

7）考虑收集粉尘的处理问题。有些工厂工艺本身设有泥浆废水处理系统，或采用水力输灰方式，在这种情况下可以考虑采用湿法除尘，把除尘系统的泥浆和废水纳入工艺系统。

8）选择除尘器需要考虑的其他因素。选择除尘器还必须考虑设备的位置、可利用的空间、环境条件、设备的一次投资以及操作和维修费用等因素。

**【案例】**

**案例 1：** 假定煤的化学组成以质量计为：C77.2%、H5.2%、N1.2%、S2.6%、O5.9%、灰分7.9%。试计算这种煤燃烧的理论空气量。

**解：** 首先由煤的质量百分比组成确定其摩尔组成。为了计算简便，相对于单一原子标准化其摩尔组成。

$$C=\frac{77.2}{12\times 6.43}(\text{mol/mol 碳})=1(\text{mol/mol 碳})$$

$$H=\frac{5.2}{1\times 6.43}(\text{mol/mol 碳})=0.808(\text{mol/mol 碳})$$

$$N=\frac{1.2}{14\times 6.43}(\text{mol/mol 碳})=0.013(\text{mol/mol 碳})$$

$$S=\frac{2.6}{32\times6.43}(\text{mol/mol 碳})=0.013(\text{mol/mol 碳})$$

$$O=\frac{5.9}{16\times6.43}(\text{mol/mol 碳})=0.057(\text{mol/mol 碳})$$

$$\text{灰分}=\frac{7.9}{6.43}(\text{mol/mol 碳})=1.23(\text{mol/mol 碳})$$

对于该种煤，其组成可表示为：$CH_{0.808}N_{0.013}S_{0.013}O_{0.057}$。

燃料的摩尔质量，即相对于每摩尔碳的质量，包括灰分，为

$$M=\frac{100}{6.43}\frac{\text{g}}{\text{mol 碳}}=15.55\text{g/mol(碳)}$$

对于这种燃料的燃烧，根据上面的六项简化假定，则有

$$CH_{0.808}N_{0.013}S_{0.013}O_{0.057}+a(O_2+3.78N_2)$$
$$\rightarrow CO_2+0.404H_2O+0.013SO_2+(3.78a+0.0065)N_2$$

其中，$a=1+\frac{0.808}{4}+0.013-\frac{0.057}{2}=1.19$

因此，理论空气条件下燃料与空气的质量比为

$$\left(\frac{m_f}{m_a}\right)_s=\frac{\frac{15.55\text{g}}{\text{mol}}}{\frac{1.19\times(32+3.78\times28)\text{g}}{\text{mol}}}=0.0948$$

若以单位质量燃烧需要空气的标准体积 $V_a^0$ 表示，则有

$$V_a^0=\frac{1.19\times(1+3.78)\text{mol}}{15.5\text{g}}\times\frac{1000\text{g}}{1\text{kg}}\times22.4\times10^{-3}\text{m}^3/\text{mol}=8.22\text{m}^3/\text{kg}$$

**案例 2**：假设有一个粒径为 1μm 的颗粒物的荷电量为 +1（也就是失去了一个电子），那么这个粒子在电场强度为 100V/cm 的电场中驱进速度是多少？

**解**：首先注意单位的正确处理。1V = 1J/C。因此，如果 $q$ 的单位是 C，$E$ 的单位是 V/m，那么 $qE$ 的单位就是 C · V/m，等于 J/m，也就是 N。利用 m-kg-s 的单位制来计算静电驱进更方便一些，如果需要的话可以再将得到的速度转化为 cm/s。

对这个问题，有

$$q=e=1.6\times10^{-19}\text{C}$$

$$E=100\text{V/cm}=\frac{10^4\text{V}}{\text{m}}$$

$\mu=1.81\times10^{-2}\text{g/(m}\cdot\text{s)}=1.81\times10^{-5}\text{kg/(m}\cdot\text{s)}$（动力粘度）

$$C_c=1+\frac{\lambda_g}{d_p}\left[2.51+0.80\exp\left(-\frac{0.55d_p}{\lambda_g}\right)\right]$$

$$\lambda_g=0.066\mu\text{m}$$

$$d_p=1\mu\text{m}=10^{-6}\text{m}$$

因此，将这些参数带入得到

$$qE = 1.6 \times 10^{-15}\,\mathrm{N} = 1.6 \times 10^{-15}\,\mathrm{kg \cdot m/s^2}$$

$$C_c = 1.17$$

$$V_e = \frac{qEC_c}{3\pi\mu d_p} = 1.09 \times 10^{-5}\,\mathrm{m/s} = 1.1 \times 10^{-3}\,\mathrm{cm/s}$$

## 思 考 题

1. 成人每次呼吸所吸入空气量平均为500cm$^3$，假若每分钟呼吸15次，空气中颗粒物的质量浓度为200μg/m$^3$，试计算每小时沉积于肺泡内的颗粒物质量。已知该颗粒物在肺泡中的沉降系数为0.12。

2. 粒径为1μm，相对介电常数为6的颗粒物在电场强度为300kV/m的静电除尘器中达到电荷平衡，计算其荷电量。

3. 静电除尘器实测效率为90%，我们希望将其提高到99%，那么要将捕集面积增加到多大?

4. 一个除尘器由平行的两部分组成，每部分分别处理1/2的气流。目前的除尘效率为95%。现在我们保持气体流量不变，但使2/3气流进入除尘器中的一部分，1/3气流进入除尘器的另一部分。总除尘效率如何?

## 参考文献

[1] 毕玉森. 低氮氧化物燃烧技术的发展状况 [J]. 热力发电，2000 (2)：2-9.
[2] 国家环境保护局科技标准司. GB 3095—1996 环境空气质量标准 [S]. 北京：中国标准出版社，1996.
[3] 宋文彪，等. 空气污染控制工程 [M]. 北京：冶金工业出版社，1988.
[4] 蒋展鹏. 环境工程学 [M]. 北京：高等教育出版社，1992.
[5] 郝吉明，马广大. 大气污染控制工程 [M]. 2版. 北京：高等教育出版社，2002.

# 第 14 章

# 固废污染控制工程原理

**本章提要**：固体废物作为“放错了地方的资源”，其潜在的利用价值也逐渐为人们所认知。特别是在目前大力发展循环经济和走新型工业化道路的大背景下，固体废物的处理与利用的重要性显得尤为突出。本章围绕着固废的性质及其处理方式展开讨论，对固体废物控制工程原理进行了简单的描述。14.1 为固体废物概述及储存；14.2 为固体废物的物化处理，重点讲述了固体废物的浮选、溶剂浸出、固体废物的稳定化/固化、包胶固化、焚烧、热解的原理和方法；14.3 为固体废物的生物处理，重点讲述了固体废物的好氧堆肥处理、厌氧消化处理、微生物浸出的原理和方法。

## 14.1 固体废物概述及储存

### 14.1.1 固体废物的概述

所谓固体废物（简称固废，solid wastes），在不同的国家有着不同的定义，在 1975 年颁布的欧洲共同体理事会《关于废物的指令（75/442/EEC）》对废物（固体废物）的定义为：“‘废物’是指那些被所有者丢弃或者准备丢弃或者被要求丢弃的材料或者物品。”；在修订后的《中华人民共和国固体废物污染环境防治法》中明确提出：固体废物，是指在生产、生活和其他活动中产生的丧失原有利用价值或者虽未丧失利用价值但被抛弃或者放弃的固态、半固态和置于容器中的气态的物品、物质以及法律、行政法规规定纳入固体废物管理的物品、物质。

固体废物主要来源于人类的生产和消费活动过程。由于人类在一定时期利用自然资源的能力有限，不可能把所用的资源全部转化为产品，产品的使用寿命有限，一旦超出了使用寿命，就成为了废物，其来源如图 14-1 所示。

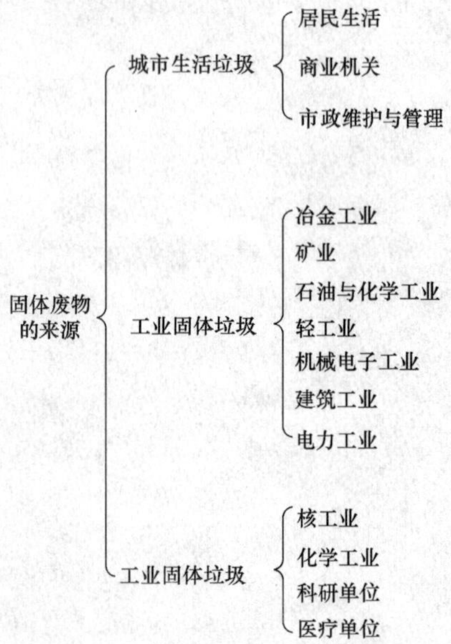


图 14-1 固体废物来源示意图

在《中华人民共和国固体废物污染环境防治法》中，固体废物分为城市生活垃圾、工业固体废物和危险废物三类。

(1) 城市生活垃圾（Municipal Solid Waste，MSW） 城市是产生生活垃圾最集中的地方。城市生活垃圾又称为城市固体废物，是指在城市日常生活中或为城市日常生活服务的活动中产生的固体废物，以及法律、行政法规视作城市生活垃圾的固体废物。城市生活垃圾主要来自于城市居民家庭、城市商业、餐饮业、旅馆业、旅游业、服务业、市政环卫业、交通运输业、街道打扫垃圾、建筑遗留垃圾、文教卫生业、行政事业单位、工业企业单位、水处理污泥和其他零散垃圾等，其产生过程与分类见表14-1。

**表14-1 城市生活垃圾的产生过程与分类**

| 来 源 | 产生过程 | 城市垃圾种类 |
|---|---|---|
| 居民 | 产生于城镇居民生活过程 | 食品废物、生活垃圾、炉灰及某些特殊废物 |
| 商业 | 仓库、餐馆、商场、办公楼、旅馆、饭店及各类商业与维修业活动 | 食品废物垃圾、炉灰、某些特殊废物、偶尔产生的危险废物 |
| 公共地区 | 街道、小巷、公路、公园、游乐场、海滩及娱乐场所 | 垃圾及特殊废物 |
| 城市建设 | 居民楼、公用事业、工厂企业、建筑、既有建筑拆迁修缮等 | 建筑渣土、废木料、碎砖瓦及其他建筑材料 |
| 水处理厂 | 给水与污水、废水处理厂 | 水处理厂污泥 |

(2) 工业固体废物（industrial solid waste or commercial solid waste） 工业固体废物，是指来自工业生产过程中的固体废物，包括轻、重工业生产和加工等过程中产生的固态和半固态废物，近年来，还有大量使用后报废的工业产品和部件等废物也涉及其中。工业固体废物与生活垃圾、社会源固体废物相比，主要具有以下三个特点：

产生源相对集中——工业固体废物产生于工业过程中，所以工业固体废物也就产生于企业中，这相对于家庭就比较集中。我国有99个行业，但是煤炭采选业，黑色金属矿采选业，电力、水蒸气、热水的生产和供应业，黑色金属冶炼及压延加工业，有色金属矿采选业和化学原料及化学制品制造业这六个行业所产生的固体废物占全部工业固体废物产生量的76.07%。

种类复杂——工业固体废物的种类非常复杂，并且各种固体废物的组成与其来源和产品生产工艺有密切关系。

产生量、成分与性质与工业结构和生产工艺、原料等因素有关——某一地区的工业固体废物种类与这一地区的工业结构有着密切关系。如黑龙江是我国重要产煤地区和重点产粮地区，其产生的工业固体废物中煤矸石、尾矿、粉煤灰、锅炉煤渣和粮食及食品加工废物占工业固体废物总量的90%；云南是我国重要的矿藏基地，其产生的工业固体废物中尾矿占工业固体废物总量的41%。

(3) 危险废物（hazardous waste） 又称有害固体废物（harmful solid waste），主要是指其有害成分能通过环境媒介，引起人严重的、难以治愈的疾病和死亡率增高的固体废物，或者是由于对其管理、储存、运输、处置和处理不善而能导致环境质量恶化，从而对人体健康造成明显的或潜在的危害的固体废物。其主要来源于核处理、核电工业、医疗单位以及化学工业，我国于1998年公布的《国家危险废物名录》中，共有47类危险废物，包括：医药废物、农药、有机溶剂、焚烧残渣等。危险废物同一般的固体废弃物的区别在于其特有的危害性，对人体健康和环境具有极大的直接或潜在危害，因此是固体废物管理、处置体系的工作重点，我国危险废物的相关标准主要包括《国家危险废物名录》和 GB 5085—2007 系列标准。

## 14.1.2 固体废物的危害

任何固体废物，其量在一定数值以下，不会对环境产生危害，这个数值与固体废物的种类和性质有关。当固体废物的量达到一定程度时，就可能产生环境污染，且固体废物对环境的污染随着固体废物的排放量的增加而加剧；除了量的因素以外，固体废物的性质也决定了固体废物的危害性，如建筑垃圾属于无毒无害废物，量再大，也不会造成严重环境污染。废电池、废荧光灯等，量可能不大，但任意丢弃在环境中，就会对环境造成严重污染和危害。固体废物在堆积的过程中除了侵占土地之外，还会对大气、水体和土壤等产生许多危害。

**1. 对大气质量的影响**

1）城市生活垃圾：在大量生活垃圾露天堆放的场区，臭气冲天，蚊蝇滋生，有大量的甲烷、氨、氮气、硫化物等污染物向大气释放。经检测，其中有机挥发性气体就达 100 多种，含有许多致癌、致畸物质。

2）医疗废物：在堆放过程中，由于温度、水分的作用，某些有机物质发生分解，产生有害气体；有一些医疗废物具有一定的反应性和可燃性，在和其他物质反应过程中或自燃时会放出 $CO_2$、$SO_2$ 等气体；一些以微粒状态存在医疗废物，在大风吹动下散至远处，既污染环境，影响人体健康，又玷污建筑物、花果树木，影响市容与卫生；此外，医疗废物在运输与处理的过程中，由医疗废物而扩散到大气中的有害气体和粉尘会造成大气质量的恶化。

3）农村生活垃圾：堆放的农村生活垃圾中的细微颗粒、粉尘等可随风飞扬，进入大气并扩散到很远的地方；特别是农村生活垃圾有机物含量高，在适宜的温度和湿度下还可发生生物降解，释放出 $CH_4$，在一定程度上消耗其上层空间的氧气，使植物衰败。

4）工业固体废物：工业固体废物中有很多呈细微颗粒状，如选矿尾矿砂、高炉渣、除尘灰、石棉粉尘、产品的切磨废料等。堆放的工业固体废物中的细微颗粒、粉尘等可随风飞扬，从而对空气环境造成污染。而且，由于堆积的废物中某些物质的分解和化学反应，可以不同程度地产生毒气或恶臭，造成局部性空气污染。如果固体废物露天焚烧，将会产生更严重的空气污染。

**2. 对水体的影响**

1）城市生活垃圾：据研究，城市生活垃圾是集重金属、有机物和病原微生物三位一体的污染源，其在堆放腐败过程中会产生大量的酸性和碱性有机物，并将垃圾中的重金属溶解出来。

2）医疗废物：医疗废物可随地表径流进入河流湖泊，或随风迁徙落入水体，特别是当医疗废物露天放置或者混入生活垃圾露天堆放时，有害物质在雨水的作用下，很容易流入江河湖海，造成水体的严重污染与破坏，影响水生生物正常生长，甚至杀死水中生物，破坏水体生态平衡；医疗废物中往往含有重金属和人工合成的有机物，这些物质大都稳定性极高，难以降解，水体一旦遭受污染就很难恢复；许多有机型的医疗废物长期堆放后产生的渗滤液进入土壤使地下水受污染，或直接流入河流、湖泊和海洋，造成水资源的水质型短缺。

3）农村生活垃圾：农村生活垃圾可随地表径流进入河流湖泊，或随风迁徙落入水体，从而将有毒有害物质带入水体，杀死水中生物，污染人类饮用水水源，危害人体健康。特别是在落后农村，如果还以河流作为饮用水水源，很容易暴发大规模传染病。农村生活垃圾堆积产生的渗滤液危害更大，它可进入土壤使地下水受污染，或通过地表径流流入河流、湖泊和海洋，造成水资源的水质型短缺。农村生活垃圾不但含有大量的细菌和微生物，而且在堆放过程中产生大量的酸碱性物质，从而将垃圾中的有毒有害重金属溶出，成为集有机物、重金属和微生物于一体的综合污染源。

4）工业固体废物：固体废物弃置于水体，将使水质直接受到污染，严重危害水生生物的生长，并影响水资源的充分利用。此外，堆积的固体废物经过雨水的浸渍和废物本身的分解，其渗滤液和有害化学物质的转化和迁移，将对附近地区的河流及地下水系和资源造成污染；另外，固体废物的处理过程产生的污水也可能造成对水体的污染。

**3. 对土壤的影响**

土壤是许多细菌、真菌等微生物聚集的场所，这些微生物与其周围环境构成一个生物系统，在大自然的物质循环中，担负着碳循环和氮循环的一部分重要任务。国际禁止使用的持续性有机污染物在环境中难以降解，这类废弃物进入水体或渗入土壤中，将会严重影响当代人和后代人的健康，对生态环境也会造成长期的不可低估的影响。

1）城市生活垃圾：大量的生活垃圾或作简单处理，或直接堆存在郊外，垃圾的各种成分就会进入土壤，破坏土壤团粒结构和物理化学性质，使土壤的保水、保肥能力降低，直接影响农作物的产量和质量。

2）医疗废物：医疗废物是伴随医疗服务过程产生的，若任意露天堆放，不仅占用了一定的土地，导致可利用土地资源减少，而且大量的有毒废渣或废液在自然界到处流失，有的医疗卫生机构甚至将医疗废物简单掩埋，有毒物质一旦进入土壤，会被土壤所吸附，杀死土壤中微生物和原生动物，破坏土壤中的微生态，降低土壤对污染物的降解能力；其中的酸、碱和盐类等物质会改变土壤的性质和结构，导致土质恶化，影响植物根系的发育和生长；许多有毒的有机物和重金属会在植物体内积蓄，当土壤中种有牧草和食用作物时，由于生物积累作用，会最终在人体内积聚，对肝脏和神经系统造成严重损害，诱发癌症和使胎儿畸形。

3）农村生活垃圾：农村生活垃圾不加利用，任意露天堆放，不进行严密的场地工程处理和填埋后的科学管理，容易污染土壤环境。残留毒害物质不仅在土壤里难以挥发消解，会杀死土壤中微生物，改变土壤的性质和结构，阻碍植物根系的发育和生长，并在植物体内积蓄，由于生物积累作用，最终会积存在人体内，对肝脏和神经系统造成严重损害，诱发癌症和使胎儿畸形。

4）建筑垃圾：建筑垃圾及其渗滤液所含的有害物质对土壤的污染包括改变土壤的物理结构和化学性质，影响植物营养吸收和生长；影响土壤中微生物的活动，破坏土壤内部的生态平衡；有害物质在土壤中发生积累，致使土壤中有害物质超标，妨碍植物生长，严重时甚至导致植物死亡；有害物质通过植物吸收，转移到果实体内，通过食物链影响人体健康和饲喂的动物。

5）工业固体废物：工业固体废物特别是危险废物，经过风化、雨雪淋溶、地表径流的侵蚀，产生高温和毒水或其他反应，能杀灭土壤中的微生物，使土壤丧失分解能力，导致草木不生。

在固体废物污染的危害中，最为严重的是危险废物的污染。其中的剧毒性废物最易引起即时性的严重破坏，并会造成土壤的持续性危害影响。土壤一旦受污染，很难去除，土壤中的污染物将长期源源不断地被作物吸收，对人体健康产生影响。

### 14.1.3 固体废物的收集、运输和储存

（1）工业固体废物的收集、运输和储存 工业固体废物的产生源是企业，因此废物具有明显的归属性，不像城市生活垃圾具有无主性；工业固体废物的组分复杂，有毒有害物质含量大；工业固体废物的处理处置技术的要求也比较高，以上特点决定了对工业固体废物的收集和城市生活废物的收集具有明显的不同。

在保护公共卫生、保护生活和生态环境的前提下进行收集和运输时，必须面对收集运输费的增加、作业环境不佳、收集运输风险较大等问题。因此，必须建立一套适合未来日益多样化的工业固体废物的收集和运输系统。

通常，工业固体废物的收集需遵循以下原则：以工业区规划为基础；以企业为负责人，同时服从工业区域的整体规划或者工业固体废物管理机构的宏观调控；在资源综合利用基础上实行规模处理和处置，建立厂商或者企业之间的资源综合利用线路图和集中处理处置运输路线图；建立固体废物收集、运输调度机构；对于危险性或者是有毒有害废物，必须科学地规划运输路线。

工业固体废物的运输方式包括车辆运输、铁路运输、管道运输和船舶运输等。一些危险废物具有易燃性、反应性、毒性、感染性和腐蚀性等，可能会给人类的健康和生活环境带来较大的危害。因此，要选择特殊的收集、运输机械，并要特别注意这些机械的使用及维护管理，以下就几种主要的运输方式加以详述：

1）车辆运输方式。车辆运输具有上门收集、运送的便利性，同时具有应付状况变化的灵活性，初期投资和运营成本低，容易调配工作人员，同时机械的种类也很多。因此，车辆与船舶、铁路结合的方式可组成更适合于实际情况的收集、运输系统。

2）船舶运输方式。船舶能把大量货物长距离运送，在两个地点的运送中，与其他运输方式相比成本较低，极少受到陆地交通影响。如日本鉴于其地理特点，已利用船舶进行一般工业固体废物的长距离大量运送，但和车辆运输相比较，其运输总量还是较少。

3）铁路运输方式。近年来，在发达国家，以大城市圈为中心的运送长距离化，车辆运送成本过高和运送效率下降成为令人关注的问题。因为铁路运输方式具有受道路交通的影响少、事故风险小，适于危险废物的搬运，委托人不需要具备车辆和铁路集装箱等设施，不需要调配驾驶员等优势，其运送量在逐步增加。

4）管道运输方式。真空抽吸和空气压送方式是常用的管道运输方式。这两种方式以提高废物收集和运送效率为目的，不受天气的影响。从运用管道方式的现状来看，只限于企业内的泥浆和液态废物的运输。

对于一般工业固体废物，大多数工矿企业采用露天堆存法、筑坝堆存法和压缩干储法等方法，工业固体废物储存、堆放场地的设置需要设置专用储存、堆放场地，设有污水收集系统，设立环境保护图形标志牌等。

（2）生活垃圾的收集、运输与储存 生活垃圾的收集方式可分为分类收集和混合收集两种。在生活垃圾的源头进行分类收集，是生活垃圾收集最理想和能耗最小的收集方法。我

国现在许多大中城市逐步实现了生活垃圾在源头分类。实际上，我国混合收集的生活垃圾，从居民家庭到垃圾中转站，大都经历了家庭分类回收、居民小区的垃圾收集人员的分类回收、中转站垃圾装卸和垃圾预处理人员的分类回收等多个环节的分类。

在生活垃圾收集之后，要对收集的生活垃圾进行运输，生活垃圾的运输过程分为自行搬运和收集人员搬运两种。自行搬运就是由居民自行将其产生的生活垃圾从产生地点搬运到生活垃圾的公共存储地点、集装点或垃圾收集车内。收集人员搬运则是由专门的生活垃圾收集人员将居民产生的生活垃圾从居民的家门口搬运到集装点或垃圾收集车内，这种方法对居民来说十分方便，但居民要为生活垃圾的运输支付一定的费用。

对于生活垃圾的储存，通常可以分为公共储存、街道储存、单位储存、家庭储存等储存方式。生活垃圾的公共储存，通常采用固定的混凝土大容量垃圾箱、移动式大容量铁制圆形垃圾桶；对于生活垃圾的街道储存，除使用公共储存容器外，在城市繁华的商业街区，常在街道两侧设置垃圾箱，收集和储存行人随时丢弃的垃圾，路面垃圾则由清扫车或人力进行清扫，以保持街区的环境卫生。对于单位储存，则由垃圾产生单位根据自身的垃圾产生量和收集的要求，选择垃圾的储存容器和临时堆放地点。对于家庭储存，通常由家庭用的小型垃圾箱或者其他容器暂时存放生活垃圾。

（3）危险废物的收集、运输与储存　与一般废物相比，如果在危险废物的收集、运输和储存过程中管理不善，它可能对人类和环境造成严重的危害，因此在危险废物的收集、运输和储存过程中，要求比一般废物的收集、运输和储存更加严格。

危险废物的产生部门、单位和个人，都必须拥有安全存放危险废物的密封装置，如钢桶、钢罐、塑料桶和塑料袋等。在危险废物产生的时候，就要立即按照法律规定的技术和安全要求将其妥善存放于盛装危险废物的密闭容器里，并按照要求在危险废物的盛装容器的外壁上标明容器内盛装的危险废物的类别、名称、数量、装入日期以及危害说明等有关信息。

危险废物的生产者对暂存的桶装或袋装危险废物，可由自己直接送到危险废物的收集中心或回收站，也可以通过地方主管部门配备的专用运输车辆按规定的路线运往指定的地点储存或作进一步处理。

收集站一般由砖砌的防火墙及铺设有混凝土地面的若干库房式构筑物组成，储存废物的库房内应保证空气流通，以防止具有毒性和爆炸性的气体集聚而发生危险。入库的危险废物应详细登记其类型、名称、数量等有关信息，并按照危险废物的不同特征分别妥善保管。

危险废物转运站的位置选择在交通路网便利的场所或其附近，由设有隔离带或埋在地下的液态危险废物储罐、油分离系统及盛有废物的桶或罐等的库房群组成。危险废物转运站内的工作人员应严格执行危险废物的交接手续，按时将所存放的危险废物如数装入运往危险废物处理场的运输车，由运输车的工作人员确保运输途中的安全。危险废物转运站内部的典型运作方式如图14-2所示。

危险废物的运输主要采用公路运输方式，为了确保危险废物公路运输过程中的安全，在采用汽车作为主要运输工具时，应采取如下措施：

承担危险废物运输的车辆必须经过主管部门检查，并持有有关单位签发的许可证；车身需有明显的标志或适当的危险符号，以引起关注；在公路上行驶时，需持有运输许可证，许可证上应注明废物的来源、性质和运送目的地。

负责危险废物运输的驾驶员应经过培训并持有证明文件的人员担任，必要时须由专业人

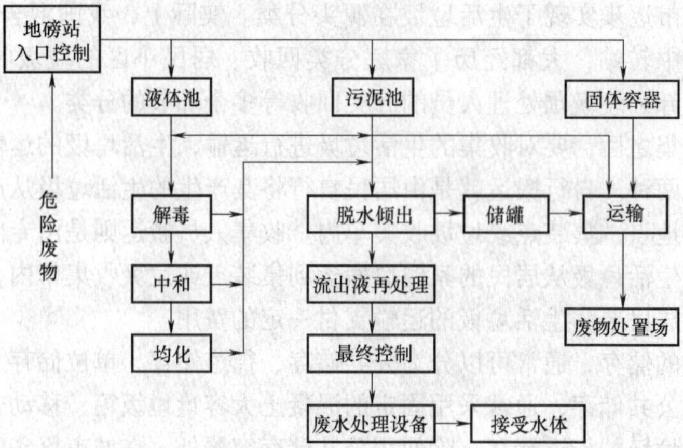


图 14-2 典型危险废物转运站内部运作方式

员负责押运。

组织运输危险废物的单位，事先应制订出周密的运输计划，确定好行驶路线，并提出废物泄漏时的有效应急措施。

## 14.2 固体废物的物化处理

固体废物的物化处理是利用物理化学反应过程对固体废物进行处理的方法。常见的固体废物物化处理方法有浮选、溶剂浸出、稳定化/固化、包胶固化、焚烧、热解等。

### 14.2.1 浮选

物质被水润湿的程度称为物质的润湿性。许多无机废物极易被水润湿，而有机废物则不易被水润湿。易被水润湿的物质，称为亲水性物质；不易被水润湿的物质，称为疏水性物质。浮选就是根据不同物质被水润湿的程度的差异，而在水介质中对其进行分离的过程，其可浮性的好坏主要取决于其润湿性的强弱。

（1）浮选原理　物质的天然可浮性差异均较小，仅利用它们的天然可浮性差异进行分选，分选效率很低。因此通过在固体废物与水调成的料浆中加入浮选药剂，来扩大不同组分可浮性的差异，再通入空气形成无数细小气泡，使目的颗粒粘附在气泡上，并随气泡上浮于料浆表面成为泡沫层后刮出，成为泡沫产品；不上浮的颗粒仍留在料浆内，通过适当处理后废弃。

（2）浮选药剂　物质对气泡的粘附作用都具有选择性，其中有些物质表面的疏水性较强，容易粘附在气泡上，而另一些物质表面亲水，则不易粘附在气泡上。物质表面的亲水/疏水性，可以通过浮选药剂的作用而加强，因此，在浮选工艺中正确选择、使用浮选药剂是调整物质可浮性的重要手段，浮选药剂根据它在浮选过程中的作用不同，可分为捕收剂、起泡剂和调整剂三大类。

1）捕收剂。能够选择性地吸附在欲选的颗粒上，使目的颗粒表面疏水，增加可浮性，使其易于向气泡附着的药剂称为捕收剂。良好的捕收剂应具有以下特点：捕收作用强，具有足够的活性；有较高的选择性；易溶于水、无毒、无臭、成分稳定、不易变质；价廉易得。

2）起泡剂。是一种作用在水-气界面上使界面张力降低的表面活性物质，它能促使空气在料浆中弥散，形成小气泡，防止气泡兼并，增大分选界面，促进气泡与颗粒的粘附和提高上浮过程中的稳定性，以保证气泡上浮形成泡沫层，常与捕收剂联合作用。常用的起泡剂有松醇油、脂肪醇等。

3）调整剂。用于调整捕收剂的作用及介质条件的药剂就是调整剂。表 14-2 所列为常用的调整剂种类以及其功能。

**表 14-2　常用的调整剂种类以及其功能**

| 调整剂系列 | pH 值调整剂 | 活化剂 | 抑制剂 | 絮凝剂 | 分散剂 |
|---|---|---|---|---|---|
| 典型代表 | 酸、碱 | 金属阳离子、阴离子 $HS^-$、$HSiO_3^-$ | $O_2$、$SO_2$ 和淀粉、单宁等 | 聚丙烯酰胺 | 水玻璃、磷酸盐 |
| 功能 | 调整介质的 pH 值 | 促进目的颗粒与捕收剂作用 | 抑制非目的颗粒可浮性 | 促使料浆中目的细粒联合成较大团粒 | 促使料浆中非目的细粒成分散状态 |

浮选剂的种类和用量随废物性质和浮选条件及流程特点而各异，可用试验单位提供药方（或称药剂制度），在生产实践过程中也可根据上述各种条件的变化而加以改变。

（3）浮选工艺过程　主要包括调浆、调药、调泡三个程序。

1）调浆。即废物的破碎、磨碎等。浮选的料浆必须适合浮选工艺的要求：一般浮选密度及粒度较大的废物颗粒，往往用较浓的料浆；反之浮选密度较小的废物颗粒，可用较稀的料浆，但是若料浆很稀，则回收率很低，但产品质量很高；当料浆很浓时，回收率反而下降。

2）调药。即调整浮选过程中药剂的过程。调药包括提高药效、合理添加、混合用药、料浆中药剂含量调节与控制等。药剂合理添加主要是为了保证料浆中药剂的最佳含量，一般顺序为先加调整剂，再加捕收剂，最后加起泡剂。

3）调泡。即调节浮选气泡的过程。对于机械搅拌式浮选机而言，当料浆中有适量起泡剂存在时，大多数气泡直径介于0.4～0.8 mm，最小0.05 mm，最大1.5 mm，平均0.9 mm左右。气泡主要供疏水颗粒附着，并在料浆表面形成三相泡沫层，不与气泡附着的亲水颗粒，则留在料浆中。因此，气泡的大小、数量和稳定性对浮选具有重要影响。一般来说，气泡越小，数量越多，在料浆中分布越均匀，料浆的充气程度越好，为欲浮颗粒提供的气液界面越充分，浮选效果越好。

## 14.2.2　溶剂浸出

（1）概述　所谓溶剂浸出，是用适当的溶剂与废物作用使物料中有关的组分有选择性地溶解的物理化学过程。适宜成分复杂、嵌布粒度微细且有价成分含量低的矿业固体废物、化工和冶金过程的废弃物。其特点在于能够使物料中有用或有害成分能选择性地最大限度地从固相转入液相。同时具有对目的组分选择性好、浸出率高，速率快、成本低，容易制取，便于回收和循环使用以及对设备腐蚀性小等优点。

（2）浸出过程的化学反应机理　物料浸出是一个极为复杂的溶解过程，在简化情况下，根据物料（溶液）和溶剂的互相作用特性，溶解过程可分为物理溶解过程和化学溶解过程。

物理溶解过程：指溶质在溶剂作用下仅发生晶格的破坏，溶质可以从溶液中结晶出来。过程消耗的能量等于晶格能。离子或原子之间化学键的破坏，是一种可逆过程。

化学溶解过程：指溶剂与物料的有关组分之间发生化学反应生成可溶性的化合物进入溶

液相的过程。这种化学作用主要包括交换反应、氧化还原反应、络合反应等，是一种不可逆过程。

(3) 影响浸出过程的主要因素　浸出操作要保证有较高的浸出率。浸出率是目的溶质进入溶液的质量分数。浸出过程的主要影响因素包括物料粒度及其特性、浸出压力、搅拌速度和溶剂含量等，在渗滤浸出中还有物料层的孔隙率等。

1) 浸出温度：大部分浸出化学反应和扩散速率随温度升高而加快，因为此时大量的颗粒积存了大量的热能，以破坏或削弱原物质中的化学键，同时浸出料浆的流体力学性质如粒度、流态等，也发生有利于浸出的变化。温度升高，化学反应速率会快于扩散速率，常使反应从动力区转入扩散区。但温度升高的程度受到浸出溶剂沸点和技术经济条件的限制。

2) 搅拌速度：搅拌的目的是为了减小扩散层厚度，但不能消除扩散层。当搅拌速度达到一定值时，由于此时反应已不受扩散条件限制，而是受到反应动力学因素限制，因此进一步提高搅拌速度并不能完全加速离子或分子的扩散，因此适宜的搅拌速度应通过具体的实验确定，而不能一言而盖之。

3) 物料粒度及其特性：通常粒度细、比表面积大、组成简单、结构疏松、裂隙和孔隙发达、亲水性强的物料浸出率高。如含铜废渣酸浸时，粒度由150mm磨细到0.2mm，完全浸出时间由4~6年减少到4~6h，浸出速率提高近万倍。但是浸出粒度不宜过细，渗滤池浸出粒度以0.5~1.0cm为宜，搅拌浸出粒度小于0.74mm占30%~90%即可，过细则粉磨费用太高，浸出后固液分离困难，浸出率也不会显著提高。

4) 浸出压力：通常情况下浸出速率随着压力增加而增大。

5) 固液比：固液比是溶解条件的重要特性，在浸出一定的固体物质时，固液比减小，溶剂的绝对量增加，粘度下降（对微细颗粒和胶粒，若存在絮凝条件，则不利于浸出）。浸出料浆中的氧分压具有很大意义，升高温度会使氧溶解度减小。同时，由于料浆中气体可以通过加强溶解氧的化学作用，从而影响固体物质被水润湿的程度，因此必须充分注意。

6) 溶剂含量：溶剂含量越大，固体的溶解速率和溶解程度都随之增加，但溶剂含量过高时，杂质进入溶液的量增多，这不仅不经济，对设备腐蚀程度也严重。适宜的溶剂含量也必须通过实验确定。

通过对以上因素的有效控制，固体废物中目的组分浸出，进入了浸出液，再通过离子沉淀、置换沉淀、电沉积、离子交换、溶剂萃取等方法可从浸出液中提取或分离目的组分。

### 14.2.3 固体废物的稳定化/固化

(1) 定义　固化是在危险废物中添加固化剂（固化所用的惰性材料被称为固化剂），使其转变为不可流动的固体或形成紧密固体的过程。稳定化是将有毒有害污染物转变为低溶解度、低迁移性及低毒性物质的过程。经固化处理后的固化产物称为固化体，是结构完整的整块密实固体，这种固体可以以方便的尺寸大小进行运输，而无需任何辅助容器。

固化虽然可以看做是一种特定的稳定化过程，但是固化和稳定化技术在处理固体废物时通常无法清楚地分开，固化的过程中会有稳定化的作用，而稳定化的过程中也往往有固化的作用，无论是稳定化还是固化，其目的都是减小废物的毒性和可迁移性，同时改善被处理对象的工程性质。

通常危险废物的稳定化/固化途径为：先将污染物通过化学转变，引入到某种稳定固体物质的晶格中去，然后再通过物理过程把污染物直接掺入到惰性基材中去。

（2）目的及特点　在工业生产和废物管理的过程中，往往会产生不同数量和状态的危险废物，包括半固态的残渣、污泥和浓缩液等，因此这些废物在处置前必须经过无害化处理，将危险废物中的所有污染组分用固化剂包容起来，减小它们在储存或填埋处置过程中污染环境的潜在危险性，并便于运输、利用和处置。

目前，根据固体废物的性质、形态和处理目的不同，可供选择的有以下几种稳定化/固化方法：水泥固化、石灰固化、塑性材料固化、有机聚合物固化、自胶结固化、熔融固化（玻璃固化）、高温烧结固化、化学稳定化等。

稳定化/固化的基本要求：

1）所得到的产品应该是一种密实的具有良好的抗渗透性、抗浸出性、抗干湿性、抗冻融性及足够的机械强度、一定几何形状和较好物理性质、化学性质稳定的固体。

2）处理过程必须简单，能有效减少有毒有害物质的逸出，避免工作场所和环境的污染。

3）最终产品的体积尽可能小于掺入的固体废物的体积。

4）产品中有毒有害物质的水分或其他指定浸提剂所浸析出的量不能超过允许水平（或浸出毒性标准）。

5）处理费用低廉。

6）固化剂来源丰富，价廉。

（3）对不同危废的适应性　迄今为止，尚未研究出一种适于处理任何固体废物的最佳固化方法。固化技术是从放射性废物处理中发展起来的，国外已经应用多年，处理的废物也已经从原先的放射性废物发展到了其他有毒有害废物，如电镀污泥、汞渣、铬渣等。

目前，比较成熟的固化方法往往只适用于处理一种或几种类型固体废物，而且主要用来处理无机废物，虽然也可用于有机废物的处理，但效果不如处理无机废物那样好。表 14-3 列出了不同种类的废物对不同稳定化/固化技术的适应性，从表中可以看出，在经济有效地处理大量危险废物的目标下，以水泥和石灰稳定化/固化技术较为适用，其在处理程序的操作上无需特殊的设备和专业技术，一般的技术人员和施工设备即可进行，其稳定化/固化的效果，不仅结构强度方面可满足不同处置方式的要求，同时也可满足固化体浸出试验的要求。然而稳定化/固化技术优劣的评定尚须考虑处理程序、添加剂的种类、废物性质、所在位置的条件等。

**表 14-3　不同种类的废物对不同稳定化/固化技术的适应性**

| 废物成分 | | 处理技术 | | | | | |
|---|---|---|---|---|---|---|---|
| | | 水泥固化 | 石灰等材料固化 | 热塑性微包容法 | 大型包容法 | 熔融固化法 | 化学稳定法 |
| 有机物 | 有机溶剂和油 | 影响凝固，有机气体挥发 | 影响凝固，有机气体挥发 | 加热时有机气体会溢出 | 先用固体基料吸附 | 可适应 | 不适应 |
| | 固态有机物（如塑料、树脂、沥青） | 可适应，能提高固化体的耐久性 | 可适应，能提高固化体的耐久性 | 有可能作为凝结剂来使用 | 可适应，可作为包容材料使用 | 可适应 | 不适应 |

（续）

| 废物成分 | | 处理技术 | | | | | |
|---|---|---|---|---|---|---|---|
| | | 水泥固化 | 石灰等材料固化 | 热塑性微包容法 | 大型包容法 | 熔融固化法 | 化学稳定法 |
| 无机物 | 酸性废物 | 水泥可中和酸 | 可适应，能中和酸 | 应先进行中和处理 | 应先进行中和处理 | 不适应 | 可适应 |
| 无机物 | 氧化剂 | 可适应 | 可适应 | 会引起基料的破坏甚至燃烧 | 会破坏包容材料 | 不适应 | 可适应 |
| 无机物 | 硫酸盐 | 影响凝固，除非使用特殊材料，否则引起表面剥落 | 可适应 | 可适应，发生脱水反应和再水合反应而引起泄漏 | 可适应 | 可适应 | 可适应 |
| 无机物 | 卤化物 | 很容易从水泥中浸出，妨碍凝固 | 妨碍凝固，从水泥中浸出 | 会发生脱水反应、再水合反应 | 可适应 | 可适应 | 可适应，通过氧化还原反应解毒 |
| 无机物 | 重金属盐 | 可适应 | 可适应 | 可适应 | 可适应 | 可适应 | 可适应 |
| 无机物 | 放射性废物 | 可适应 | 可适应 | 可适应 | 可适应 | 可适应 | 不适应 |

### 14.2.4 包胶固化

包胶固化就是指用某种固化基材对废物块或废物堆进行包覆处理，按照不同的包胶材料将包胶固化分类阐述。

（1）水泥固化　水泥固化是以水泥为固化剂将危险废物进行固化的一种处理方法。在用水泥稳定固化时，废物被掺入水泥的基质中，水泥与废物中的水分或另外添加的水分发生水化反应后生成坚硬的水泥固化体。在此过程中，污泥中的重金属离子会由于水泥的高 pH 值作用而生成难溶的氢氧化物或碳酸盐等，有些重金属离子也可以固定在水泥基体的晶格中，从而可以有效地防止重金属的浸出。

其工艺过程如下：将有害的需要固化的废物通过计量装置以一定质量比与水泥、添加剂和水共同投入原料混合机中，经搅拌混合均匀，然后通过出料装置送去成形，再将成形的胚体养护，使之形成具有一定强度的固化产品，操作流程如图 14-3 所示。这些产品一般被填埋处理，也有被用作建筑材料的。

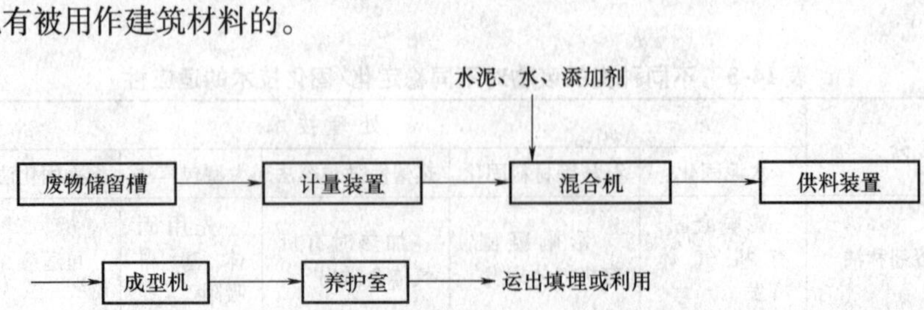


图 14-3　水泥固化法处理废物的流程

影响水泥固化的因素很多，为确保废物、水泥、添加剂、水等混合物料有良好的和易性及达到满意的固化效果，在固化操作过程中要严格控制一些工艺参数，见表 14-4。

表 14-4　影响水泥固化法的工艺参数

| 工艺参数 | 影响方面 |
|---|---|
| pH 值 | 在水泥固化过程中，由于在碱性条件下某些金属以不溶性的氢氧化物或碳酸盐的形式存在，一些金属离子还可以转入固化体的晶格之中，因此 pH 值应控制在 8 以上。但 pH 过高时，会形成带负电荷的羟基络合物，溶解度反而升高 |
| 水泥与废物之比 | 水分过小，则无法保证水泥的充分水合作用；水分过大，则会出现泌水现象，影响固化快的强度。但在被处理的危险废物中往往含有妨碍水合反应的物质，为了不影响固化体的强度及其他理化性能，可适当加大水泥配比 |
| 养护条件 | 养护是水泥固化的重要环节，一般在室温条件下进行，相对湿度大于 80%，养护时间约为 28d |
| 凝固时间 | 为确保水泥、废物料浆有适宜的流动性，以免在输送、装桶或现场浇筑过程凝结，初凝和终凝时间必须控制得当。一般初凝时间应大于 2h，终凝时间在 48h 以下。通过添加促凝剂（偏铝酸钠、氯化钙、氢氧化铁等无机盐）、缓凝剂（有机物、泥砂、硼酸钠等）来完成凝固时间的控制 |
| 水灰比 | 为了确保水泥充分的水合和具有良好的和易性，必须选定适宜的水灰比，一般控制水灰比在 1:2 为宜，不宜过大，以防渗水 |
| 添加剂 | 为使固化体达到良好的性能，改善固化条件，提高固化体质量，经常加入其他成分。如适当数量的沸石或蛭石可消耗导致固化体破裂的硫酸盐，少量的硫化物可以有效地固定重金属离子等。添加剂根据其性质及作用的不同，可分为促凝剂、缓凝剂、减水剂、吸附剂和乳化剂等，使用时根据具体需求而添加 |

（2）沥青固化　沥青固化是以沥青为固化剂且与危险废物在一定的温度、配料比、碱度和搅拌作用下产生皂化反应，使危险废物均匀地被包容在沥青中，形成固化体的过程。该过程消耗的包容材料少，固化体中污染物浸出率和增容率低。

沥青是一种高分子碳氢化合物的混合物，它具有较好的化学稳定性和粘结性，而且对大多数酸和碱都有较高的耐腐蚀性，不溶于水，具有良好的包容性能和一定的塑性及弹性。目前使用的沥青主要来自天然的沥青矿和原油炼制，其化学成分包括沥青质、油分、游离碳、胶质、沥青酸和石蜡等。沥青固化的工艺主要包括三个部分，即固体废物的预处理、废物与沥青的热混合以及二次蒸汽的净化处理，其中关键的部分为热混合环节。

高温熔化混合蒸发沥青固化流程（图 14-4）为将废物加入预先熔化的沥青中，在沥青的熔点和闪点之间，即 150～230℃下搅拌混合蒸发（温度过高容易发生火灾），待水分和其他挥发组分排出后，将混合物排至储存器或处置容器中。

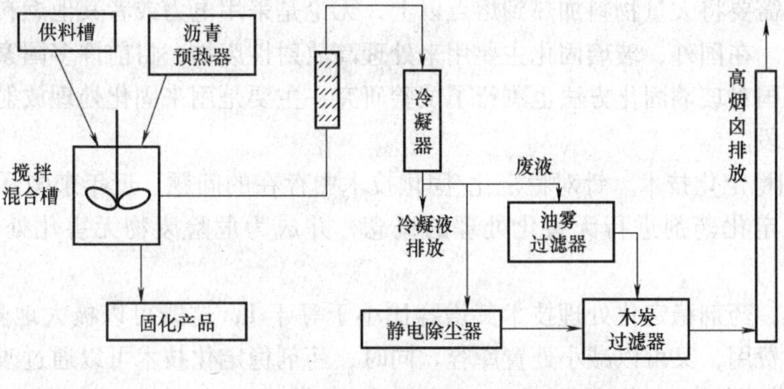


图 14-4　高温熔化混合蒸发沥青固化流程

由于沥青不吸水，固化过程中不发生水化过程，因此，对于干燥的废物，可以将加热的沥青与废物直接搅拌混合；而对于水分较多的废物，需要对废物预先进行脱水或浓缩；当固体废物中含有大量水分时，大多采用带有搅拌装置的立式的薄膜混合蒸发设备。

(3) 自胶结固化　自胶结固化是利用废物自身的胶结特性来达到固化目的的方法。该技术主要用来处理含有大量硫酸钙和亚硫酸钙的废物，如磷石膏、烟道气脱硫废渣等。通常先将8%～10%的废物进行煅烧，然后加入特殊药剂与未经煅烧的废物混合，最后得到的产物是一种容易处理的稳定固体。

自胶结固化法的主要优点是工艺简单，不需要加入大量的添加剂。该法已经得到大规模应用，美国泥渣固化公司（SFT）利用自胶结固化原理开发了Terra—Crete技术用以处理烟道气脱硫的泥渣，其流程如图14-5所示。

得到滤饼分成两部分，一部分滤饼直接送入混合器，另一部分滤饼送入煅烧器进行煅烧，干燥脱水而转化为胶结剂，并被送到储槽。最后把煅烧产品、添加剂、粉煤灰一起送入混合器混合，经凝结硬化形成自胶结固化体。添加剂是经过特殊处理的，煅烧产品所加添加剂的量为混合物总重的10%以上，固化体可送往土地填埋场处置。

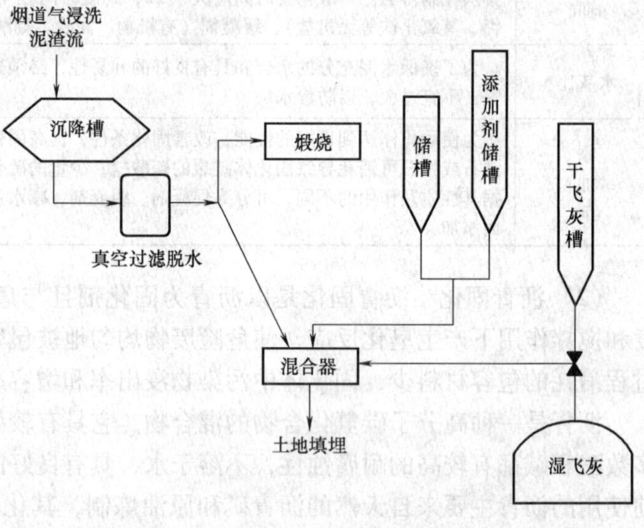


图14-5　烟道气脱硫泥渣固化流程

(4) 熔融固化技术　熔融固化技术是以玻璃原料为固化剂的一种固化方法，又称为玻璃固化。与目前应用于高放射性废物的玻璃固化工艺相比，其主要区别在于熔融固化技术不需要加入稳定剂。该技术是将玻璃与待处理的危险废物以一定的配料比混合后，在高温（900～1500℃）下煅烧、熔融、烧结，经退火后即可转化为稳定的玻璃固化体，借助玻璃体的致密结晶结构，确保固化体的永久稳定。

熔融固化需要将大量物料加热到熔点以上，无论是采用电力或者其他燃料，所需的能源和费用都极高。在国外，玻璃固化主要用来处理高放射性废物，目前许多国家都已达到工业应用规模。我国对玻璃固化方法也进行了试验研究，主要是用来固化处理放射性废物，目前尚处于试验阶段。

(5) 药剂稳定化技术　针对稳定化/固化技术中存在的问题，近年来国际上提出了采用高效的化学稳定化药剂进行无害化处理的概念，并成为危险废物无害化处理领域的研究热点。

相对来说，药剂稳定化处理技术其增容比小于等于1，这既可以极大地降低后续运输、储存和处置的费用，又可以减小处置库容。同时，药剂稳定化技术可以通过改进螯合剂的结构和性能使其与废物中危险成分之间的化学螯合作用得到强化，进而提高稳定化产物的长期稳定性，减少最终处置过程中稳定化产物对环境的影响。

药剂稳定化技术主要应用于重金属危险化学品废物的预处理，目前为止发展的重金属稳定化技术主要包括：pH 值控制技术、氧化/还原电势控制技术和沉淀技术。技术的主要作用机理是在一定的药剂作用下，改变废物中重金属的化合态，使其稳定不浸出。

化学药剂主要通过3种机理起作用：

1）对飞灰的 pH 值进行调整使重金属离子达到最小溶解度。

2）根据所选化学药剂成分的不同，分别与重金属产生不同类型的化学反应，从而把重金属由固相浸取到液相中，降低飞灰中的重金属含量，或者通过与飞灰中重金属生成不同的沉淀物而达到去除重金属的目的。

3）通过对特定重金属离子的吸附作用达到去除重金属的效果。化学药剂处理流程如图14-6所示。

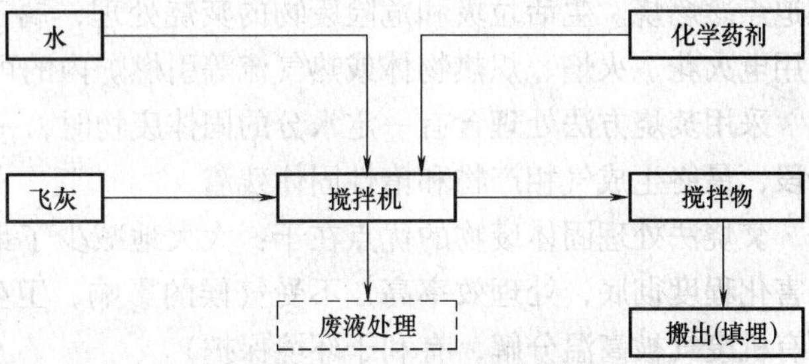


图14-6　化学药剂处理流程图

## 14.2.5　焚烧

固体废物的焚烧是一种高温热处理技术，即在800～1000℃的焚烧炉膛内，废物中的有机活性成分被充分氧化，留下的无机组分成为融渣被排出，从而使废物减容并稳定，在燃烧过程中，具有强烈的放热效应，并伴随着光辐射，是一种可同时实现废物无害化、减量化、资源化的处理技术。焚烧与以加热为目的的燃烧不同，焚烧的目的侧重于减容、减量、解毒和残灰的安全稳定化；而燃烧的目的只在于获得热量。

固体废物焚烧技术经历了从简单到复杂、从小到大、从间歇式炉型到半连续炉型直至连续运行的高效炉型的发展过程。进入20世纪60年代，随着计算机技术和自动控制技术的进步，垃圾焚烧炉逐步发展成为集高新技术于一体的现代化工业装置。现代化的废物焚烧系统已成为了一个复杂的系统工程，其典型系统框图如图14-7所示。

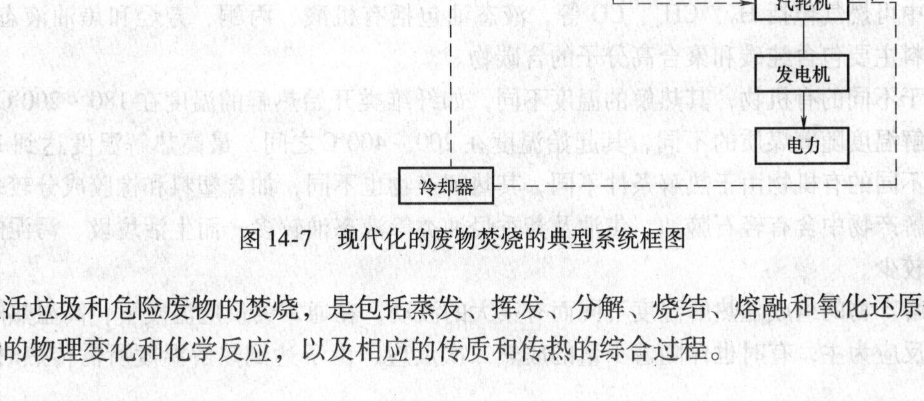

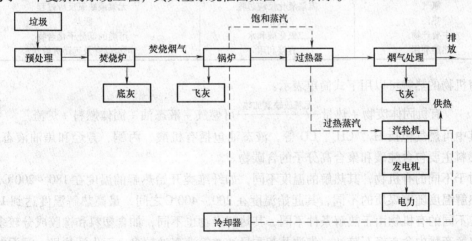


图14-7　现代化的废物焚烧的典型系统框图

生活垃圾和危险废物的焚烧，是包括蒸发、挥发、分解、烧结、熔融和氧化还原等一系列复杂的物理变化和化学反应，以及相应的传质和传热的综合过程。

可燃物质着火实际是燃烧系统的与热力学、动力学、流体力学等有关的各种因素共同作用的综合结果，必须满足一定的着火条件：可燃物质、助燃物质和引燃火源同时存在，并在着火条件下才会着火燃烧。按照燃烧机理的不同，固体物质的燃烧有以下几种形式：蒸发燃烧，分解燃烧，表面燃烧等。

按照着火方式的不同，固体物质的燃烧又分为以下几种形式：化学自燃燃烧、热燃烧、强迫点燃燃烧。生活垃圾和危险废物的焚烧处理，属于强迫点燃燃烧。当焚烧炉在点火时，可用电火花、火焰、炽热物体或热气流等引燃炉内的可燃物质。

采用焚烧方法处理含有一定水分的固体废物时，一般都要经过干燥、热分解和燃烧三个阶段，最终生成气相产物和惰性固体残渣。

焚烧法处理固体废物的优点在于：大大地减少了最终处置的废物量，减量化效果显著、无害化程度彻底，处理效率高，不受气候的影响，卫生条件好（生活垃圾中带恶臭的氨气和有机废气被高温分解，有利于环境保护）。

该方法也存在一些缺点，主要表现在：费用昂贵，操作复杂、严格，要求工作人员技术水平高，另外，还有些技术风险问题。随着技术的发展和系统设计的优化及运行的正确管理，这些缺点已经大大减少，近年来焚烧处理技术受到了人们的重视。

## 14.2.6 热解

热解的严格定义为：将有机物在不同反应器内通入氧、水蒸气或加热的一氧化碳的条件下，通过间接加热使含碳有机物发生热化学分解生成燃料（气体、液体和炭黑）的过程。整个过程中，主要进行着大分子热解成小分子的反应，直至气体的生产，同时伴随着小分子聚合成较大分子的过程。热解与焚烧不同，两者的主要区别见表14-5。

**表14-5 热解与焚烧的主要区别**

| 比较项目 | 焚烧 | 热解 |
|---|---|---|
| 氧气 | 需氧氧化反应过程 | 无氧或缺氧反应过程 |
| 热能 | 放热 | 吸热 |
| 主要产物 | 二氧化碳和水 | 可燃的低分子化合物 |
| 热能利用 | 直接利用 | 可以储存及远距离输送 |

有机物的热解可以用下式简单表示：

$$\text{有机固体废物}+\text{热量}\xrightarrow{\text{无氧或缺氧加热}}\text{可燃气}+\text{液态油}+\text{固体燃料}+\text{炉渣}$$

其中可燃气包括 $H_2$、$CH_4$、CO 等，液态油包括有机酸、丙酮、芳烃和焦油液态燃料，固体燃料主要包含纯碳和聚合高分子的含碳物。

对于不同的有机物，其热解的温度不同，如纤维类开始热解的温度在180～200℃之间，煤的热解温度随着煤质的不同，其起始温度在200～400℃之间，最高热解温度达到1000℃以上。不同的有机物由于热解条件不同，其热解产物也不同，如含塑料和橡胶成分较多的废物其热解产物中含有轻石脑油、焦油及芳香烃油类等液态油较多，而生活垃圾、污泥的热解产物则较少。

热解产物的组成随热解温度不同而有很大的波动，在通常的反应温度下，高温热解过程以吸热反应为主，有时也伴随着少量的放热二次反应，由于达到热解温度所需传热时间长，扩散传质时间也长，因此二次反应在这个过程中更容易发生。在固体废物的热解过程中，能否得到高能量产物，取决于原料中的氢转化为可燃气体与水的比例。表 14-6 中列出了各种固体燃料及废物中 C、H、O 含量关系。热解过程的产物包括可燃性气体、有机液体、固体残渣。

1）可燃性气体：按照产物中所含成分的数量多少排序为 $H_2$、CO、$CH_4$、$C_2H_4$ 以及其他少量高分子碳氢化合物气体。这种气体混合物的热值可达 6390～10230kJ/kg，是很好的燃料。

2）有机液体：又称为“焦木酸”或“木醋酸”，是一种复杂的化学混合物，此外还有焦油和其他高分子烃类油等。焦油是一种褐黑色的油状混合物，以苯、萘等芳香族化合物以及沥青为主，还含有游离碳、焦油酸、焦油碱、石蜡等化合物，也是一种有使用价值的产品。

3）固体残渣：主要是碳渣，发热值为 12800～21700kJ/kg，含硫量很低，在支撑煤球后也是一种好燃料。

**表 14-6　不同固体燃料及废物的 $C_6H_xO_y$ 表示的固体废物组成一览表**

| 固体燃料 | $C_6H_xO_y$ | H/C | $H_2+1/2O_2 \rightarrow H_2O$ 完全反应后的 H/C | 固体废物 | $C_6H_xO_y$ | H/C | $H_2+1/2O_2 \rightarrow H_2O$ 完全反应后的 H/C |
|---|---|---|---|---|---|---|---|
| 纤维素 | $C_6H_{10}O_5$ | 1.67 | 0.0/6 = 0.00 | 半无烟煤 | $C_6H_{2.3}O_{0.38}$ | 0.38 | 2.0/6 = 0.33 |
| 木材 | $C_6H_{8.6}O_4$ | 1.43 | 0.6/6 = 0.10 | 城市垃圾 | $C_6H_{9.64}O_{3.75}$ | 1.61 | 2.14/6 = 0.36 |
| 泥炭 | $C_6H_{7.2}O_{2.6}$ | 1.20 | 2.0/6 = 0.33 | 新闻纸 | $C_6H_{9.12}O_{3.75}$ | 1.52 | 1.2/6 = 0.20 |
| 褐煤 | $C_6H_{6.7}O_2$ | 1.12 | 2.7/6 = 0.45 | 塑料薄膜 | $C_6H_{10.4}O_{1.06}$ | 1.73 | 8.28/6 = 1.38 |
| 烟煤 | $C_6H_4O_{0.53}$ | 0.67 | 2.94/6 = 0.49 | 厨余物 | $C_6H_{9.93}O_{2.97}$ | 1.66 | 4.0/6 = 0.67 |
| 无烟煤 | $C_6H_{1.5}O_{0.07}$ | 0.25 | 1.4/6 = 0.23 | | | | |

热解工艺可以根据供热方式、产品状态、热解炉结构等方面的不同而进行不同的分类。其主要分类方法如下：

1）按供热方式分类：热解反应一般是吸热反应。需要提供热源对物料进行加热，所谓热源指的是提供给被热解的热量是被热解物直接燃烧或者向热解反应器中提供补充燃料时所产生的热，根据加热法的不同可分为直接加热法、间接加热法。

2）按热解温度的不同：可分为高温热解（热解温度一般在 1000℃以上）、中温热解（热解温度一般在 600～700℃之间）、低温热解（热解温度一般在 600℃以下）。

3）按热解反应系统压力不同：常压热解法和真空（减压）热解法。

4）按热解炉的结构不同：分为固定床、移动床、流化床和旋转炉等。

5）按热解产物的物理形态不同：分为气化方式、液化方式和炭化方式。

6）按热分解与燃烧反应是否在同一设备中进行不同：分为单塔式和双塔式。

7）按热解过程是否生成炉渣不同：分为造渣型和非造渣型。

## 14.3　固体废物的生物处理

自然界中存在的许多微生物都具有氧化、分解有机物的能力。利用微生物的这种能力，处理可降解的有机固体废弃物，可实现无害化和资源化，是处理、利用有机固体废物的一条重要途径。固体废物的生物处理就是指直接或间接地利用微生物的这种机能，对固体废物的某些组成部分进行降解、转化以建立降低或消除污染物产生的生产工艺，或者能够高效去除污染，二次污染少，又对环境友好，同时还可以生产有用物质和能源的工程技术。

## 14.3.1 固体废物的好氧堆肥处理

固体废物的堆肥化处理就是制造富含腐殖质的肥料，并进行土地肥力还原的过程。废物经过堆肥化处理，所得的产品叫做堆肥。它是一类腐殖质含量很高的疏松物质，故也称为“腐殖土”。废物经过堆制，体积一般只有原体积的50%～70%。堆肥能够改良土壤肥力，促进农作物生长，增加产量。它不同于卫生填埋、自然腐烂和腐化，堆制过程的实质是生物化学过程。

20世纪20年代后，开始出现了机械堆制技术，并逐渐发展成为处理生活垃圾、污水、污泥、人和畜禽粪便以及农林废物等的重要方法之一。同时，随着人们生活水平的提高，固体废物中有机组分的含量提高，使固体废物的堆肥化处理成为可能。

现代化堆肥工艺，特别是城市垃圾堆肥工艺，大都是好氧堆肥。好氧堆肥系统温度一般为50～65℃，最高可达80～90℃；堆制周期短，故也称为高温快速堆肥。

有机废物好氧堆肥化过程实际上就是基质的微生物发酵过程。在有氧存在的条件下，以好氧微生物（主要是好氧细菌）为主，使有机物降解，是一种稳定的无害化处理方法。堆肥中使用的有机物原料、填充剂和调节剂绝大部分来自植物，主要成分是碳水化合物、蛋白质、脂和木质素。微生物通过新陈代谢活动分解有机底物来维持自身生命活动的同时，把复杂的有机物分解成可被生物利用的小分子物质。在堆肥化过程中，有机废物中的可溶性有机物质可以透过细菌的细胞壁和细胞膜被细菌直接吸收，而那些不溶的胶体有机物，吸附在细菌体外，先被细菌分泌的胞外酶分解为可溶性的物质，再渗入细菌细胞。好氧堆肥基本原理示意图如图14-8所示。

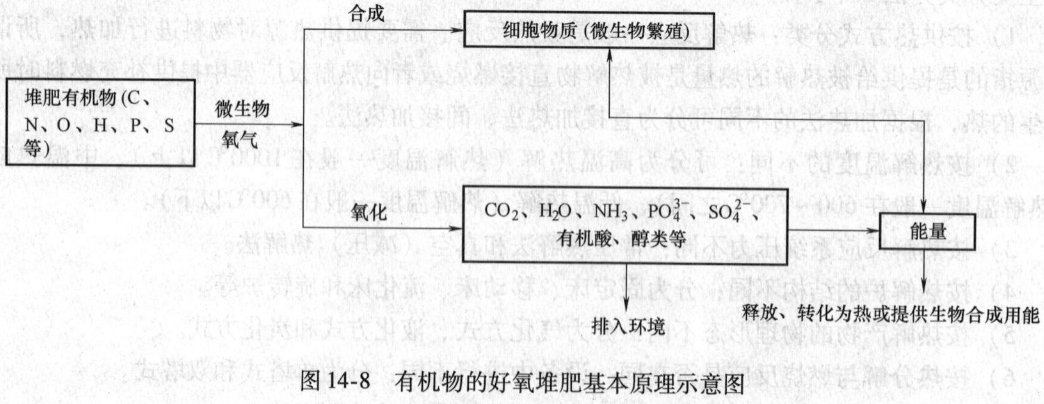


图14-8 有机物的好氧堆肥基本原理示意图

### 1. 堆肥化原理

细菌和真菌是堆肥化过程中起主要作用的微生物。细菌是微生物中数量和种类最多的群落。细菌缺乏细胞核和一些细胞器，属原核生物，在自然界中以球状、杆状、弧状、螺旋形等不同的形式存在。它们形态都很小，通常只有0.5～1.0μm，所以比表面积大，难降解的有机物更容易进入细胞，进行新陈代谢，细菌的有机物约占其固体成分的90%，含水率约为80%。

在酶的作用下，微生物可以通过自身的生命代谢活动，对环境中的有机物进行一系列复杂的分解代谢（氧化还原过程）和合成代谢（生物合成过程），把吸收的部分有机物氧化成简单的无机物，并释放出供生物体生长、活动所需的能量，把另一部分有机物转化、合成新的细胞物质，供微生物生长繁殖，产生更多的微生物。堆肥化的生物反应过程为

有机物 + $O_2$ + 营养物→细胞质 + $CO_2$ + $H_2O$ + $NH_3$ + $SO_4^{2-}$ + $PO_4^{3-}$ + … + 有机酸 + 能量

在好氧堆肥化过程中，温度可以看做是评价微生物活动的间接指标。堆体温度的变化主要是微生物代谢产热的反映，而温度反过来又是微生物的代谢活性的决定因素。堆肥化温度也会受堆体冷却、通风散热和水分散失等因素的影响，但这些影响是可以忽略不计的。故按温度的变化，堆肥化过程大致可分为四个阶段，如图14-9所示。

（1）低温阶段　这一阶段是驯化过程，即堆肥化开始时微生物适应新环境的过程。

（2）中温阶段（亦称产热阶段）　在堆肥化初期阶段，堆层基本处于中温（15~45℃）状态，较为活跃的是细菌、真菌和放线菌等嗜温性微生物，堆肥中的蛋白质、淀粉类物质、简单的糖类等可溶性有机物的迅速分解供微生物生长繁殖。在这一阶段中分解这些有机物的微生物以中温好氧菌为主，常见的有细菌和丝状真菌等。

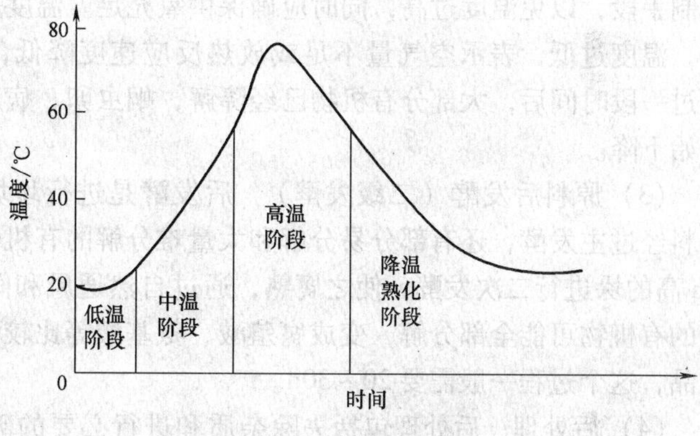

图14-9　堆肥化过程中温度变化

（3）高温阶段　当肥堆温度超过50℃（或45℃）以后，即进入高温阶段。在这个阶段，嗜温性微生物受到抑制甚至死亡，嗜热性微生物逐渐代替了嗜温性微生物的活动，除少部分残留下来的和新形成的水溶性有机物继续分解转化外，复杂的有机物，如半纤维素、纤维素等开始遭到强烈的分解，同时开始了腐殖质的形成过程，出现了能溶解于弱酸的黑色物质。

（4）降温熟化阶段（腐熟阶段）　在内源呼吸后期，堆积层内只剩下部分较难分解的有机物和新形成的腐殖质，此时微生物活性下降，减少了发热量，导致温度下降。在此阶段嗜中温微生物又重新占有优势，对剩下的较难分解的有机物作进一步分解，腐殖质不断增多且逐渐稳定，此时堆肥即进入腐熟阶段。降温后，堆肥物空隙增大，含水量也降低，需氧量大大减少，氧扩散能力增强，此时只需自然通风。

**2. 好氧堆肥工艺**

传统的堆肥技术采用厌氧的露天堆积法，这种方法占地大，时间长。现代化的堆肥生产，通常由原料预处理（前处理）、主发酵（初级发酵或称一级发酵）、后发酵（次级发酵、二级发酵）、后处理、脱臭及储存六个工序组成。

（1）原料预处理　在以家畜粪便、污泥等为堆肥原料时，预处理主要包括原料的分选、破碎、筛分、含水率和碳氮比的调整，以及添加菌种和酶制剂。由于垃圾中往往含有粗大垃圾和不能堆肥的物质，通过破碎使堆肥化原料和含水率达到一定程度的均匀化；分选、破碎

和筛分可去除粗大垃圾和降低不可堆肥化物质的含量，使原料的表面积增大，便于微生物繁殖，提高发酵速度。但颗粒的粒径不能太小，以保持一定程度的空隙率和透气性，便于均匀充分地通风供氧。

（2）原料主发酵 主发酵可在露天或发酵装置内进行。主发酵是微生物进行分解有机物实现垃圾无害化的初级阶段。通过翻堆可强制通风向堆积层或发酵装置内堆肥物质供给氧气。由于在原料和土壤中存在着微生物作用，在发酵初期，微生物吸取有机碳、氮等营养成分，分解易分解的有机物，产生 $CO_2$ 和 $H_2O$，同时产生热量，使堆温上升。在这一阶段，物质的合成、分解作用主要依靠生长繁殖最适温度为 30~40℃的嗜中温菌进行的。随着温度的逐渐升高，生长繁殖最适宜温度为 45~60℃的嗜高温菌逐渐取代了嗜中温菌，使其在 60~70℃或更高温度下进行高效率的分解。堆肥从中温阶段进入高温阶段，此时应采取温度控制手段，以免温度过高，同时应确保供氧充足。温度是评价微生物活动程度的主要参数之一，温度过低，表示空气量不足或放热反应速度降低，分解接近尾声。当温度达到 60℃，经过一段时间后，大部分有机物已经降解，蛔虫卵、病原菌、孢子等均可被杀灭，堆层温度开始下降。

（3）原料后发酵（二级发酵） 后发酵是进行垃圾无害化处理后的进一步腐熟阶段，物料经过主发酵，还有部分易分解和大量难分解的有机物，需将其送到后发酵室，堆成 1~2m 高的垛进行二次发酵，使之腐熟，通过自然通风和间歇性翻堆，进行后发酵。这些难分解的有机物可能全部分解，变成腐殖酸、氨基酸等比较稳定的有机物，得到完全成熟的堆肥产品，这个过程一般需要 20~30d。

（4）后处理 后处理包括去除杂质和进行必要的破碎处理。经过后发酵后的物料，几乎所有的有机物都变细碎和变形，数量也减少了，但是在前处理工序后可能还残存有塑料、破碎金属、小石块等杂物，需要进行去除。净化后的散装堆肥产品，既可以直接销售给用户，施用于农田、果园、菜田，也作为土壤改良剂，还可以根据土壤的情况、用户的要求，在散装的堆肥中加入氮、磷、钾添加剂后生产复混肥，做成袋装产品，既便于运输，也便于储存，而且肥效更佳。

（5）脱臭 在堆肥化过程中，常用的脱臭方法有化学除臭剂除臭，水、酸、碱溶液等吸收法，臭氧氧化法，活性炭、沸石、熟堆肥等吸附法等。其中经济有效的方法是熟堆肥氧化吸附除臭法，当臭气通过该装置时，恶臭成分被熟化后的堆肥吸附，进而被其中的好氧微生物分解而脱臭。也可用特种土壤代替熟堆肥使用，这种过滤器称为土壤生物脱臭过滤器。

（6）储存 堆肥一般在春、秋较两季使用，夏、冬两季生产的堆肥只能进行储存，因此需要建立一个可储存 6 个月生产量的库房。可直接将堆肥堆存在二次发酵仓中或包装袋中，环境要求干燥、通风。如果是在密闭和受潮的情况下，则会影响制品的质量。堆肥成品可以在室外堆放，但必须有不透雨的覆盖物。

**3. 典型好氧堆肥化工艺**

堆肥技术的主要区别在于维持堆体物料均匀及通气条件所使用的技术手段，根据技术的复杂程度，一般将堆肥系统分为三类：条垛式系统、静态通气垛式系统、发酵仓式系统（或称反应器系统），下面分别介绍这三种堆肥系统的特点及其技术。

（1）条垛式堆肥系统 条垛式是堆肥系统初期最简单的形式，最古老的堆肥系统，它是在露天或棚架下，将堆肥物料以条垛状或者条堆堆置，通过定期翻堆来保证堆体中的含氧量，从而满足微生物降解有机质时对氧气的需求。翻堆可以采用人工方式或利用特有的机械设备进行堆肥物料的翻转，翻堆能使所有的物料在堆肥内部高温区域停留一定时间，以满足物料杀菌和无害化的需要。最普遍的堆形是梯形条垛，也可以是不规则四边形或三角形。

建堆方法应随着当地气候条件、物料特性以及是否有污泥、粪便类添加物而异。而形状主要取决于气候、翻堆设备的类型以及所采用的通风方式。尺寸方面首先考虑的是发酵条件，其次是场地的有效使用面积以及物料主要组成成分的结构强度等。最普遍的条垛形状是 3～5m 宽，2～3m 高的梯形条垛。

（2）静态通气垛式系统　静态通气垛式堆肥的关键技术是通气系统（包括鼓风机和通气管路）。在此系统中，堆体下部设有一套管路，与风机连接。通气管路可以是固定式的，也可以是移动式的。在固定式通气系统中通气管路可放入水泥沟槽中或者直接平铺在水泥地面上，上面可以铺一些木屑、刨花等空隙较大的物质作为填充料，使堆肥能够形成多孔气流通路，达到均匀布氧的效果。移动式通气系统主要由简单的管道直接放在地面上构成，这种通气系统易于调整，设计灵活，成本也低，故使用更普遍。

静态通气垛式系统的缺点和条垛式堆肥差不多，都易受气候条件的影响，如雨天、寒冷天气等。当然这个问题可以通过加盖棚顶得到解决，但同时也会增加投资。静态通气垛式系统在美国使用最普遍。静态通气垛式系统适合于小城镇的污泥处理（每天小于 1t 干重污泥产量）。当然操作运行费用低也是选用静态通气垛式系统的一个很重要原因。

（3）发酵仓式系统　发酵仓式系统是在全部封闭的容器（如发酵仓、塔）内，控制水分和通气条件，使物料进行生物降解和转化，也称装置式堆肥系统。发酵仓式系统与其他两类系统的根本区别在于该系统的堆肥化过程在密闭容器内进行，占地面积小；整个堆肥化过程完全自动化、机械化。

相对于条垛式和静态通气垛式系统而言，反应过程中产生的废气可以统一进行收集处理，降低对环境二次污染的程度；堆肥过程参数（水、气、温度等）能很好地控制；堆肥过程不受气候条件的影响；回收堆肥过程中产生的热量可以加以利用。该系统也有一些缺点：发酵仓式系统机械化程度高，维持整个发酵仓内良好的通气状态，都需要很高的建设投资和运行维护费，同时若机器故障会对堆肥过程产生影响；堆肥周期相对较短，堆肥产品会有潜在的不稳定性，几天的堆腐不足以得到一个稳定的无臭味的完全的产品，堆肥的腐熟后期时间相对延长。发酵仓式堆肥系统在美国、法国等发达国家使用比较普遍。

### 14.3.2　固体废物的厌氧消化处理

厌氧消化或称厌氧发酵是一种普遍存在于自然界的微生物新陈代谢过程。蛋白质和类脂化合物（脂肪、磷脂、游离脂肪酸、蜡脂和油脂）、其他有机物（包括纤维素、半纤维素、木质素、糖类、淀粉和果胶等）等经微生物厌氧分解可产生甲烷、二氧化碳、硫化氢和氨等气体，以及水和其他有机酸等还原性终产物。

（1）厌氧消化的原理　厌氧发酵的两段理论较为简单、清楚，被人们普遍接受。两段理论将厌氧消化过程分成两个阶段，即酸性发酵阶段和碱性发酵阶段，如图 12-19 所示。大体上，微生物菌群可分为两大类，即是第一阶段的产酸菌，也可以叫做水解菌；第二阶段的产甲烷菌。在分解初期，产酸菌的活动占主导地位，有机物被分解成有机酸、二氧化碳、醇、硫化氢、氨等，产生的有机酸大量积累，pH 值随之下降，故将这一阶段称做酸性发酵阶段。

在分解后期，产甲烷细菌成为优势菌群，进一步分解在上一个阶段产生的有机酸和醇等小分子物质产生甲烷和二氧化碳等。有机酸的分解加上所产生的氨的中和作用，使得 pH 值迅速上升，厌氧发酵过程进入第二个阶段——碱性发酵阶段。到碱性发酵后期，大多数可降解的有机物被分解，整个消化过程即将完成。厌氧消化利用厌氧微生物的活动，产生沼气等生物气体，生产清洁的可再生能源，且动力消耗低，不需要提供氧气；但是厌氧发酵效率低、消化速率低、稳定化时间长。

（2）厌氧消化装置　一个完整的厌氧消化系统应包括原料预处理，厌氧消化反应，消化气净化与储存，消化液与污泥的分离、处理和利用等设施。对不同固体废物，采用不同的消化反应器时，可组成多种厌氧消化工艺。

厌氧反应器一般由密闭反应器、搅拌系统、加热系统和固液气三相分离系统组成。厌氧消化反应器的类型主要有：常规消化反应器（也称常规沼气池）、连续搅拌式反应器（又称完全混合式反应器）、推流式反应器、折流式反应器、厌氧生物滤池、上流式厌氧污泥床反应器等。

按照厌氧反应器的操作条件（如进料的含固率、运行温度等）的不同，厌氧消化处理工艺可分为如下三类：按照含固率可分为湿式、干式或低固体、高固体厌氧消化；按照阶段数可分为一阶段、二阶段也称单相、多相或单级、多级；按照进料方式分为间歇式、连续式。

按照堆肥化方式的不同，可将厌氧堆肥化工艺分为两相堆肥化和混合堆肥化。两相堆肥化是将厌氧发酵的产酸阶段与产甲烷阶段分开在两个不同的装置内分别进行，有机质的转化率很高，但是沼气产量较低。混合堆肥化则是将产酸阶段和产甲烷阶段两个阶段放在同一装置内完成，反应条件相对比较难以控制。

厌氧堆肥化装置是微生物进行分解转化有机废物的场所，是厌氧堆肥化工艺的主体装置，厌氧消化池亦称厌氧消化器。常见的厌氧消化器有纺锤形厌氧消化器、塞流式厌氧发酵器和水压式沼气池等，按消化间的结构形式，有圆形池、长方形池；按储气方式有气袋式、水压式和浮罩式等。消化罐是整套装置的核心部分，附属设备有气压箱、导气管、出料机、预处理设备、搅拌器等。附属设备可以进行原料的处理，产气的控制、监测，目的都是提高沼气的产量与质量。

### 14.3.3　固体废物的微生物浸出

细菌浸出又称生物浸出是指利用氧化亚铁硫杆菌等化能自养细菌对含有有价元素的硫化矿物进行氧化，如将亚铁氧化为高铁（三价铁）、将硫及还原性硫化物氧化为硫酸，被氧化后的目的元素以离子状态进入溶液中（如硫化铜矿中铜的氧化浸出）或矿物经生物氧化后有价元素“暴露”出来以利于有价元素的后续浸出（如金、银提取），然后对浸出的溶液进行处理，这类细菌生长在简单的无机培养基中，并能耐受较高含量金属离子和氢离子，利用化能自养菌的这种独特生理特性，从矿物料中将某些金属溶解出来，提取有价元素的过程。同时，化能自养细菌还可以从空气中摄取二氧化碳、氧以及水中微量元素合成细胞质。用于浸矿的几十种细菌，按其生长的最佳温度可以分为三类，即中温菌、中等嗜热菌与高温菌。

细菌浸出的工业利用发展速度很快，该法主要用于处理以铜的硫化物和一般氧化物

（$Cu_2O$、CuO）为主的铜矿和铀矿废石，回收铜和铀。目前，细菌浸出在国内外得到大规模工业应用，每年利用细菌浸出从贫矿、尾矿废渣中回收的Cu达400kt。除能浸出铜、铀外，对锰、砷、钴、镍、锌、钼及若干稀有元素也有应用前景。我国目前也有一些矿山利用细菌浸出回收铜、铀等金属。

**1. 浸出机理**

目前细菌浸出机理有三种学说，即化学反应学说、细菌直接作用学说和复合作用机理学说。

（1）化学反应学说　也称间接作用学说。这种学说认为，废料中所含金属硫化物，在细菌代谢过程中所产生的硫酸高铁和硫酸作用下发生化学溶解作用；如 $FeS_2$ 先被水中的氧氧化成 $FeSO_4$，细菌的作用仅在于把 $FeSO_4$ 氧化成化学溶剂 $Fe_2(SO_4)_3$，三价铁离子，形成新的强氧化剂，对硫化物进一步氧化，硫化物氧化析出有价金属及铁离子，铁离子被催化氧化，如此反复，使间接作用不断进行下去；再把浸出金属硫化物生成的S氧化为化学溶剂 $H_2SO_4$，$Fe^{3+}$ 和 $Fe^{2+}$ 在过程中起了桥梁作用。即

氧化硫杆菌作用下　$2FeS_2+7O_2+2H_2O \rightarrow 2FeSO_4+2H_2SO_4$

氧化硫杆菌作用下　$2S+3O_2+2H_2O \rightarrow 2H_2SO_4$

氧化铁（铁硫）杆菌作用下 $4FeSO_4+2H_2SO_4+O_2 \rightarrow 2Fe_2(SO_4)_3+2H_2O$

化学反应学说认为氧化硫杆菌的作用仅在于生产优良浸出剂 $H_2SO_4$ 和 $Fe_2(SO_4)_3$，而金属的溶解浸出则是单纯的化学反应过程。至少 $Cu_2O$、$UO_2$、MnS、CuS 等化合物的微生物浸出确实是化学反应过程。即

$$Cu_2S+Fe_2(SO_4)_3 \rightarrow CuSO_4+2FeSO_4+CuS$$

$$CuS+Fe_2(SO_4)_3 \rightarrow CuSO_4+2FeSO_4+S$$

$$Cu_2O+Fe_2(SO_4)_3+H_2SO_4 \rightarrow 2CuSO_4+2FeSO_4+H_2O$$

$$UO_2+Fe_2(SO_4)_3 \rightarrow UO_2SO_4+2FeSO_4$$

$$MnS+Fe_2(SO_4)_3 \rightarrow MnSO_4+2FeSO_4+S$$

（2）直接作用学说　微生物的直接作用是指附着于矿物表面的浸矿微生物能通过有关酶的直接催化，与矿石中的硫化物发生作用，将金属硫化物氧化为酸溶性的二价金属离子和硫化物的原子团，使该矿物溶解。并从中直接得到能源和其他矿物营养元素满足自身生长需要。据研究，细菌能直接利用铜的硫化物（$CuFeS_2$、CuS）中低价铁和硫的还原能力，导致矿物结晶晶格结构破坏，从而易于氧化溶解，其可能的反应式为

$$CuFeS_2+4O_2 \rightarrow CuSO_4+FeSO_4$$

$$2Cu_2S+2H_2SO_4+5O_2 \rightarrow 4CuSO_4+2H_2O$$

这类反应中，细菌既不是反应物也不是产物，只是起着催化的作用。因为细菌的细胞质的主要成分为水、蛋白质、核酸、脂类并有少量糖及无机盐，还有渗透并溶解于其中的氧，其pH值为6左右。

（3）复合作用学说　复合作用是指在硫化物细菌浸出中，既有微生物的间接作用又有直接作用，在实际情况下两种作用是同时存在的，不过有时是以直接作用为主，有时是以间接作用为主，两种作用都不可排除，这是金属硫化物细菌浸出所遵循的一般规律。

**2. 细菌浸出工艺**

通常采用就地浸出、堆浸和槽浸，它主要包括浸出、金属回收和菌液再生三个过程。

（1）浸出　废渣堆积可选择不渗透的山谷，利用自然坡度收集浸出液，也可选择微倾斜的平地，开出沟槽并铺上防渗材料，利用沟槽来收集浸出液。每堆数十万吨至数百万吨，用推土机推平即成浸出场。布液可以用喷洒法、灌溉法和垂直管法进行，这应根据当地气候条件、堆高和表面积、操作周期、浸出物料组成和浸出要求等仔细研究决定。

（2）金属回收　经过一定时间的循环浸出后，废料中的铜含量降低，浸出液中铜含量增高，一般可达1g/L，即可采用常规的铁屑转换法或萃取电积法回收铜。同时要注意废料中的其他金属，如镍、钴等在浸出液中有一定含量时也要加以综合回收。

（3）菌液再生　一般有两种方法进行菌液再生：一种是将贫液和回收金属之后的废液调节 pH 值后直接送矿堆，让它在渗滤过程中自行氧化再生；另一种方法是将这些溶液放在专门的菌液再生池中培养，除了调 pH 值外，还要加入营养液，鼓空气以及控制 $Fe^{3+}$ 的含量，培养好后再送去用作浸出液。

**3. 生物浸出技术的优缺点**

生物浸出技术的主要优点有：提高金等贵重金属的回收率；从商业角度证实下游技术如溶剂萃取、电积法可用于经生物技术处理过的溶液生产金属物质；简单化的生产过程使前期投入和运营费用降低，建设时间缩短，维修简单方便；可在常压和室温条件下进行生产，不用冷却设备，降低了投资和运营资本；生物浸出的废弃物为环境所接受，节约了处理后续废弃物的成本；细菌易于培养，可承受生产条件的变化。

应用微生物浸矿，其优势在于：环境友好，反应温和，能耗低，流程短，特别适于废矿、贫矿、表外矿及难采、难选、难冶矿的就地浸出和堆浸，微生物浸矿技术将是金属元素提取、环境保护及废物利用的最佳手段。近年来，该技术的研究已成为国外矿冶领域的热点，细菌浸出已发展成了一种成熟的矿物加工手段，利用此法可以浸出铜、金、银、锌、铅、镍、铬、锰、钼、铋、钒、镉、镓、铀、钴等几十种金属。

生物浸出技术的缺点是：罐浸出的时间通常为 4～6d，与焙烧和高压氧化的几小时相比，时间较长；难以处理碱性矿床和碳酸盐型矿床。

【案例】

现已采用连二硫酸钙法浸出含锰的多元金属氧化物，并从中综合回收 Ag、Pb、Zn 等金属举例说明，图 14-10 为含锰、锌渣溶剂浸出工艺流程图，主要作业简述如下。

浸出作业：通入的 $SO_2$ 气体与锰作用生成硫酸锰及部分连二硫酸锰。

$$SO_2 + H_2O + 1/2O_2 \rightarrow H_2SO_4 + 229kJ$$

$$2SO_2 + H_2O + 1/2O_2 \rightarrow H_2S_2O_6 + 517kJ$$

$$MnO_2 + SO_2 \rightarrow MnSO_4 + 224kJ$$

$$2MnO + 2SO_2 + O_2 \rightarrow 2MnSO_4$$

$$Mn_3O_4 + 2SO_2 + 2H_2SO_4 \rightarrow 2MnSO_4 + MnS_2O_6 + 2H_2O$$

转化作业：除铁后，在富含 $MnSO_4$ 的滤液中加入 $CaS_2O_6$，生成的 $MnS_2O_6$ 纯度很高，过滤后得到洁白的合成石膏，这不但可将通用流程中沉淀于浸渣中的 $CaS_2O_6$ 分离成单一副产品，而且使浸渣量大大减少，有利于浸渣综合利用。

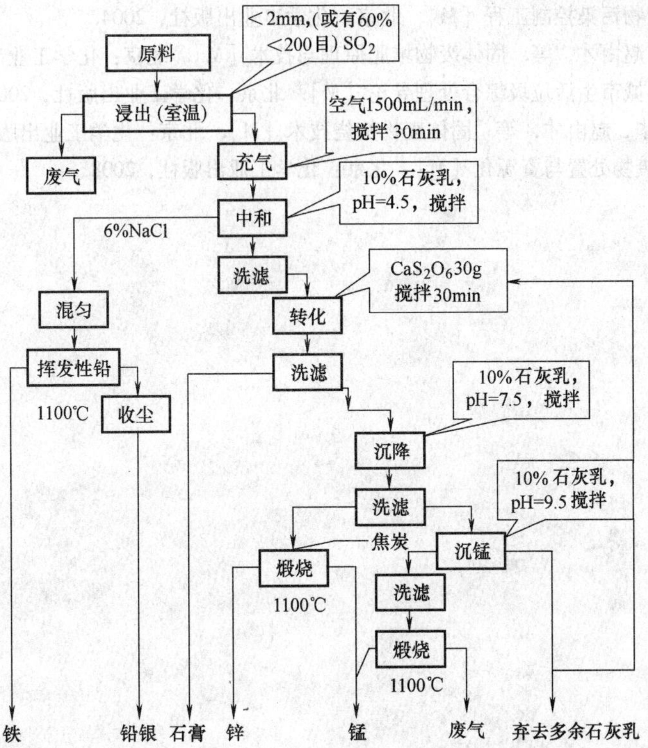


图 14-10　含锰、锌渣溶剂浸出工艺流程图

$$MnSO_4 + CaS_2O_6 \rightarrow MnS_2O_6 + CaSO_4\downarrow - 225kJ$$

沉锰作业：在滤除了 $CaSO_4$ 后，向富含 $MnS_2O_6$ 的溶液中加入石灰乳。

$$MnS_2O_6 + Ca(OH)_2 \rightarrow Mn(OH)_2\downarrow + CaS_2O_6$$

煅烧作业：过滤得到的 $Mn(OH)_2$ 经高温煅烧，得到氧化亚锰。

$$Mn(OH)_2 \xrightarrow{1100℃} MnO + H_2O\uparrow$$

浸出过程为放热反应，转化过程为吸热反应，实践表明一年四季均不需控制温度。

## 思考题

试述好氧堆肥原理及影响参数。

## 参考文献

[1] 李传统，等. 现代固体废物综合处理技术 [M]. 南京：东南大学出版社，2008.
[2] 杨建设. 固体废物处理处置与资源化工程 [M]. 北京：清华大学出版社，2007.
[3] 朱能武. 固体废物处理与利用 [M]. 北京：北京大学出版社，2006.
[4] 宁平. 固体废物处理与处置 [M]. 北京：高等教育出版社，2007.
[5] 杨慧芬. 固体废物处理技术及工程应用 [M]. 北京：机械工业出版社，2003.
[6] 庄伟强. 固体废物处理与利用 [M]. 2 版. 北京：化学工业出版社，2008.

[7] 张小平. 固体废物污染控制工程 [M]. 北京：化学工业出版社，2004.
[8] 柴晓利，张华，赵由才，等. 固体废物堆肥原理与技术 [M]. 北京：化学工业出版社，2005.
[9] 陶渊，黄兴华. 城市生活垃圾综合处理导论 [M]. 北京：化学工业出版社，2006.
[10] 柴晓利，赵爱华，赵由才，等. 固体废物焚烧技术 [M]. 北京：化学工业出版社，2006.
[11] 蒋建国. 固体废物处置与资源化 [M]. 北京：化学工业出版社，2008.